Preisermittlung und Veranschlagen

von Hoch-, Tief- und Eisenbetonbauten

Ein Hilfs- und Nachschlagebuch
zum Veranschlagen von Erd-, Straßen-, Wasser- und
Brücken-, Eisenbeton-, Maurer- und Zimmer-Arbeiten

Achte
neubearbeitete Auflage

von

Dr.-Ing. Ludwig Baumeister
Regierungs-Baumeister a. D.

Mit 120 Abbildungen

Springer-Verlag Berlin Heidelberg GmbH 1941

ISBN 978-3-662-26841-4   ISBN 978-3-662-28307-3 (eBook)
DOI 10.1007/978-3-662-28307-3

Vorwort zur siebenten Auflage.

Bereits in der sechsten Auflage war das Buch „Bazali, Kostenberechnung" im Jahre 1927 von mir völlig neu bearbeitet und der Praxis angepaßt worden. Ganz befriedigen konnte mich diese Neubearbeitung jedoch noch nicht, zumal ich mich noch zu sehr an den Rahmen des früheren Buches gehalten hatte. Ich habe mich daher in den Krisenjahren entschlossen, aus der Not der Zeit eine Tugend zu machen und durch grundlegende Arbeiten über die Grundlagen der Baukostenrechnung, sowie durch Sichtung und Verarbeitung einer langjährigen gründlichen Bauingenieurerfahrung ein *völlig neues Buch* vorzubereiten, das ich der Fachwelt hiermit vorlegen darf.

Die neue Auflage erscheint in einem neuen Deutschland. Ungeahnte Bauaufgaben des Hoch- und Tiefbaues werden gestellt und müssen gelöst werden. Neben der künstlerischen Vollendung der Bauwerke und der sozialen Betreuung aller am Bau schaffenden Menschen darf die technisch-wirtschaftliche Seite nicht übersehen werden. Eine weitere Gesundung des Vergebungswesens, die Erzielung „angemessener" Preise im Baugewerbe und die Beseitigung der sog. „Nachforderungen" sind anzustreben. Dieses Ziel ist aber nur zu erreichen, wenn nicht nur entsprechend geschulte Ingenieure mit großer Betriebspraxis beim Unternehmer kalkulieren, sondern vor allem auch bei den Bauverwaltungen die Vergebungen lenken.

In die „Baukostenberechnung" kann nur der eindringen, der selbst jahrelang Baubetriebe geleitet hat. *Kostenberechnung und Baubetriebspraxis sind nicht voneinander zu trennen.* Es ist daher auch nicht im Interesse der Volkswirtschaft, von vorneherein „Unternehmeringenieure" nur für die praktische Bauausführung und „Behördeningenieure" nur für die Verwaltung heranzubilden. Wo sich die Kostenermittlung vorwiegend in mathematischen Spekulationen ergeht, verliert sie die so notwendige Fühlung mit der Praxis. Kalkulieren kann nicht nur aus Büchern gelehrt werden.

Auch die neue Auflage dieses Buches will trotz aller Verbesserungen den in der Praxis stehenden Ingenieuren nur Anregungen geben, in welcher Richtung sie ihre Erfahrungen aufbauen und ergänzen müssen. Dem praktischen Kalkulator soll es als Nachschlagewerk Auskunft und einen tieferen Einblick in die Zusammenhänge des Kostenaufbaues geben. Dem Betriebsingenieur soll es den Blick weiten und im Anhang Anleitung für die Durchführung der *Kostennachrechnung* geben. Den technischen Lehranstalten kann es als Hilfsmittel zur Einführung in diese Materie dienen. Da der knappe Raum es nicht erlaubt, für alle Arbeiten fertige Kostenberechnungen vorzuführen und im allgemeinen nur Erfahrungssätze über Lohnaufwand und Materialverbrauch gegeben sind, wurde ein Musterbeispiel (S. 244) auch zur Erläuterung der allgemeinen Ausführungen der Abschnitte I und II vollständig durchgerechnet, um auch den lebendigen Zusammenhang mit der Bauausführung zu zeigen.

So wünsche ich, daß das Werk, neben anderen guten Büchern über Baukostenrechnung, der Praxis gute Dienste leisten möge. Den Baumaschinenfabriken danke ich für das mir zur Verfügung gestellte Material. Ebenso danke ich Herrn Gewerbeoberlehrer FRITZ ENGEMANN in Dessau, welcher das Kapitel „Dachdeckerarbeiten" neu bearbeitet hat. Dem Verlag danke ich für die verständnisvolle Beratung bei der völligen Neugestaltung des Werkes und die gute Ausstattung des Buches. Vor allem danke ich meiner lieben Frau, welche mich bei der Zusammenstellung der Handschrift, bei der stilistischen Durchsicht und besonders beim Korrekturlesen mit großem Verständnis unterstützt hat.

Anregungen aus der Praxis nehme ich stets dankbar entgegen.

Dessau, im Februar 1938.

Dr.-Ing. LUDWIG BAUMEISTER.

Vorwort zur achten Auflage.

Die günstige Aufnahme der 7. Auflage hatte zur Folge, daß bereits im Frühjahr 1941 die Auflage vergriffen war. Die neu bearbeitete 8. Auflage darf ich der Fachwelt in geschichtlich denkwürdiger Zeit vorlegen. Die ungeheure Anspannung der deutschen Bauwirtschaft hat auch während des Krieges angehalten, wenn nicht gar sich noch verstärkt. Der Mangel an deutschen Baufachkräften, welche in großer Zahl im Wehrdienst stehen, zwingt die Bauherren, teils mit ausländischen Arbeitskräften und Kriegsgefangenen große Bauprogramme durchzuführen. Die Eingliederung der Bauvorhaben in das Wehrprogramm fordert zuweilen Umstellungen, die von der Bauwirtschaft Opfer verlangen. Leistungsrückgänge und Mehrkosten sind dabei nicht zu vermeiden, vor allem in Gebieten, wo große Bauvorhaben konzentriert zur Durchführung kommen. Außergewöhnliche und zeitlich bedingte Verhältnisse können Kalkulations- und Bauwagnis vorübergehend erhöhen. Die auch in dieser Auflage angenommenen Lohn-Stundensätze für die verschiedenen Bauarbeiten beruhen auf *normalen Leistungen geübter deutscher Bauarbeiter*. Dadurch können sie auch *Leistungsakkorden* zugrunde gelegt werden. Wo weniger geeignete Arbeitskräfte zur Verfügung stehen, ist dies bei der Kalkulation zu berücksichtigen.

In den grundsätzlichen Darlegungen des Abschnittes II sind die Ausführungen über Bauverträge erweitert worden. In § 9 sind die wichtigsten gesetzlichen Baupreisverordnungen aufgeführt und in § 10 die

Methoden der Kalkulation und der Kostenaufbau nach Kostenarten behandelt.

Bei den grundsätzlichen Ausführungen des Abschnittes I und bei den Beispielen habe ich möglichst die kalkulatorischen Begriffe und Verfahren übernommen, welche sich durch die wertvollen Arbeiten in den Schriften der Wirtschaftsgruppe Bauindustrie, von Dr. BLUNCK u. a. m. in den letzten Jahren — entsprechend der einheitlichen Kontierung der Baubuchführung — herausgebildet haben und in der Baupreisverordnung (veröffentlicht von Min.-Rat BAUCH) ihren Niederschlag gefunden haben. Herrn Prof. LÖSER in Dresden verdanke ich wertvolle Anregungen für die neue Auflage aus der Besprechung des Buches in der Zeitschrift „Die Bautechnik". Für weitere Anregungen aus der Praxis bin ich stets dankbar. Dem Verlag danke ich für die verständnisvolle Beratung, die angenehme Zusammenarbeit und die anerkannt gute Ausstattung des Buches.

Linz a. D., im Mai 1941.

Dr.-Ing. LUDWIG BAUMEISTER.

Inhaltsverzeichnis.

Inhaltsverzeichnis.

VII

Abkürzungen.

a) Stundenlöhne.

St.	Stundenlohn eines		Tiefbauarbeiters bzw. Bauhilfsarbeiters.
Stan.	„	„	Anstreichers.
Stas.	„	„	Asphaltarbeiters.
Stb.	„	„	Betonarbeiters, Zementeurs.
Stbm.	„	„	Betonarbeiters oder Maurers.
Stc.	„	„	Kanalarbeiters.
Std.	„	„	Dachdeckers.
Ste.	„	„	Eisenbiegers, Eisenlegers.
Stf.	„	für eine	Fuhre einschl. Kutscher.
Stfa.	„	eines	Faschinenlegers.
Stg.	„	„	Gesellen.
Stl.	„	„	Lokomotivführers.
Stm.	„	„	Maurers.
Sto.	„	„	Oberbauarbeiters bei Eisenbahnbau.
Stpf.	„	„	Pflasterers.
Str.	„	„	Rohrlegers.
Sts.	„	„	Steinarbeiters, Steinsprengers, Steinbrechers.
Stsch.	„	„	Schiffsmanns oder Kahnfahrers.
Stsl.	„	„	Schlossers.
Stst.	„	„	Steinmetzen.
Stv.	„	„	Vorarbeiters.
Stz.	„	„	Zimmermanns, Stellmachers.
$St_{masch.}$	„	„	Maschinisten (I., II., III. Klasse $masch_I$ usw.).
$St_{mi.}$	„	Mittlerer	Stundenlohn.
$St_{einsch.}$	„	eines	Einschalers.
$St_{schm.}$	„	„	Schmiedes.
$St_{bo.}$	„	„	Bohrmeisters.

b) Maße.

$$1\ m = 1\ \text{meter} = 100\ cm = 1000\ mm.$$
$$1\ m^2 = 1\ qm.$$
$$1\ m^3 = 1\ cbm = 1000\ l\ (\text{Liter}).$$
$$1\ t = 1000\ kg = 1\ \text{Tonne}.$$
$$m/s = \text{meter/secunde}.$$
$$1\ PS = 75\ mkg/1\ sec = 1\ \text{Pferdestärke}.$$
$$1\ PSh = 1\ \text{Pferdestärke-Stunde}.$$
$$1\ kWh = 1\ \text{Kilowattstunde} = 1{,}36\ PSh.$$

I. Allgemeines über die Baukostenrechnung mit einem Grundplan der Selbstkostenrechnung.

Der Wert der *Baukostenrechnung* für die Baustellenorganisation und die Bauwirtschaft überhaupt kann nicht hoch genug eingeschätzt werden. Die Kalkulation *angemessener Preise* durch den Unternehmer und die Kenntnis der Berechnung der angemessenen Preise durch die Bauverwaltungen sind die Voraussetzung für eine weitere Gesundung des Verdingungswesens im Baugewerbe. Die Unterlagen hierfür schaffen *Zwischen- und Nachkalkulationen* bei allen Bauarbeiten[1].

Preisermittlungen sind auch nicht zu trennen vom Baubetrieb und dürfen, besonders bei großen Tiefbauarbeiten, nur in Anlehnung an einen genauen *Betriebs- und Terminplan* erfolgen und unter Zugrundelegung eines genauen *Planes über den Geräteeinsatz* (als Musterbeispiel für eine solche Preisermittlung kann das Beispiel Abschnitt XVI, S. 244 dienen). Die wirtschaftliche Erfahrung der letzten Jahrzehnte in allen Ländern der Erde hat bei den stets schwankenden Preisgrundlagen eine *Kostenzergliederung* beim Kostenaufbau in die *Kostenelemente* gebieterisch gefordert. Auch die *örtliche Verschiedenheit der Lohntarife* und die besonderen Verhältnisse jeder Baustelle und jeder Baustelleneinrichtung verlangen eine solche. Der Verfasser hält daher eine eingehende Behandlung der Grundlagen einer soliden Kostenberechnung in diesem und dem folgenden Abschnitt für unbedingt erforderlich.

Einteilung der Kalkulation.

So verschieden wie die einzelnen Bauobjekte sich uns in der Praxis darstellen, so verschieden ist auch die Art der Kalkulation je nach dem Zwecke, den sie im einzelnen Falle zu verfolgen hat. Wenn man die Kalkulation zunächst *nach Bauobjekten* in eine solche für den *Hochbau* (unter Einschluß des Eisenbetonhochbaues) und andererseits eine solche des Tiefbaues unterscheiden will, so muß uns ein grundsätzlicher Unterschied auffallen. Während man beim Hochbau die ganze Bauausführung, die ganze Bauorganisation und die Kosten der einzelnen Arbeiten auf Grund früherer Erfahrungen verhältnismäßig sehr genau übersehen und schätzen kann — eine Verteuerung infolge von Bauunfällen, welche auf höhere Gewalt oder Verfehlen gegen anerkannte Regeln der Baukunst zurückzuführen ist, soll aus der Betrachtung ausgeschlossen sein —, liegen die Dinge im allgemeinen doch wesentlich anders im *Tiefbau*, welcher große Erdarbeiten, Gründungen, Rammarbeiten, Tunnelbauten und ähnliche Arbeiten umfaßt. Die Einschätzung der hier oft eintretenden Schwierigkeiten bei der Bauausführung ist trotz jahrzehntelanger

---

[1] Über Nachkalkulation handelt der Anhang S. 369 ff.

Erfahrung doch an Schätzungen und Vermutungen gebunden, da z. B. bei Erdarbeiten die vorhandenen Bodenaufschlüsse durchaus nicht immer einen Schluß auf die Beschaffenheit der gesamten Bodenmassen gestatten und schon kleine Unterschiede in der Festigkeit des Bodens oder der Einfluß der Witterung bei gewissen Bodenarten, besonders bei Handarbeit, große Unterschiede in den Kosten zur Folge haben können. Tiefbaukalkulationen enthalten also infolge der schwierigeren Fassung der die Kostenbildung bestimmenden Faktoren eine größere Unsicherheit und ein größeres Risiko, welches selbst durch langjährige Betriebserfahrungen des Kalkulators nicht ganz ausgeschaltet werden kann.

Je nach dem zeitlichen Verhältnis, in welchem die Kalkulation zur Bauausführung selbst steht, unterscheidet man folgende Arten von Kalkulationen:

1. Die *Vorkalkulation,* welche der Bauausführung vorausgeht.

2. Die *Zwischenkalkulation,* als Betriebskontrolle während des Baues.

3. Die *Nachkalkulation* (Erfolgskontrolle) nach Vollendung des Baues oder einzelner Teile desselben.

2. und 3. sind aufs engste verbunden, da eine gute Nachkalkulation jederzeit eine Zwischenkalkulation zulassen muß.

Die *Vorkalkulation* kann man sodann je nach dem Grad der Genauigkeit weiter unterteilen in

a) Kostenschätzung nach großen Einheiten (1 km Bahnstrecke, Kanalstrecke od. dgl.) oder *an Hand eines Skizzenprojekts* auf Grund der Hauptleistungen (vorläufiges Leistungsverzeichnis) für erste finanzwirtschaftliche Erwägungen.

b) Genaue Kalkulation aller einzelnen Arbeiten nach dem endgültigen Projekt durch Einsetzung von für die Ausführung bindenden Preisen in das endgültige Leistungsverzeichnis auf Grund einer sorgfältigen *Preisanalyse* (Angebotspreise). Nur die letztere ist als Kalkulation im eigentlichen Sinne Gegenstand unserer Betrachtung.

Die genaue Ermittlung von Angebotspreisen.

Nach der Ausschreibung von Bauarbeiten durch den Bauherrn erwächst den beteiligten Bauunternehmungen die Aufgabe, die *Angebotspreise* auf die einzelnen Teilarbeiten des Kostenanschlags abzugeben. Diese *Vorkalkulation* des Bauunternehmers ist es auch, welche man unter der *Kalkulation im engeren Sinne* zu verstehen hat. Da sie der Ermittlung von Preisen dient, welche bei Auftragserteilung bindend sind und über Sein oder Nichtsein des Unternehmers entscheiden können, so muß man von ihr einen größtmöglichen Grad der Genauigkeit erwarten. Die Preise sind auch, sofern nichts anderes (z. B. Gleitpreise) vereinbart wird, Festpreise (s. Abschnitt II, § 8, Bauvertrag). Die Unternehmungen müssen daher auf Grund der früheren Erfahrungen bei ähnlichen Bauarbeiten (in Form von „Nachkalkulationen", s. Anhang) die Preisberechnung sorgfältig vornehmen lassen durch Ingenieure, welche auf diesem Spezialgebiet sowie in der praktischen Betriebsführung von

Baustellen genügende Erfahrung besitzen. Es sollte daher auch der Bauherr bei der Ausschreibung großer Bauarbeiten zur Ermöglichung sorgfältiger und wohlüberlegter Kalkulationen so verständig sein und nicht innerhalb weniger Tage Angebote auf umfangreiche Bauarbeiten einfordern, so daß es auch bei besten Erfahrungen nicht möglich ist, die Preisermittlung mit der entsprechenden Sorgfalt durchzuführen.

Die Preisbildung hat sich erfreulicherweise in den letzten Jahren immer mehr vervollkommnet und zu einer eigenen Wissenschaft entwickelt. Sie ist auch schon lange keine Geheimwissenschaft mehr, welche nur von eingeweihten Interessentenkreisen gepflegt wird.

Die Preisbildung erfolgt heute fast ausschließlich durch genaue Ermittlung der „*Selbstkosten*" jeder einzelnen Teilleistung oder Position des Kostenanschlags unter getrennter Ermittlung der einzelnen Kostenfaktoren („Preisanalyse"). Zu den ermittelten Selbstkosten kommen dann noch die Zuschläge für Wagnis und Gewinn des Unternehmers. Die folgenden Ausführungen beziehen sich in erster Linie auf *die Ermittlung der Selbstkosten unter Ausschluß von Wagnis- und Gewinnzuschlägen.*

Den Anspruch einer technischen Wissenschaft kann also nur eine Preisermittlung machen, welche die *Selbstkosten* auf die einzelnen Kostenfaktoren zurückführt. Sie erfordert ein großes Maß von technischem und organisatorischem Wissen. Die *Gliederung der Selbstkosten bei der Vorkalkulation von Einzelleistungen des Bauvertrages muß natürlich grundsätzlich dieselbe sein wie die Zergliederung und Aufteilung der Selbstkosten bei der Kostennachrechnung* während der Bauausführung. Es handelt sich also vor allem darum, einen allgemein verwendbaren *Grundplan der Selbstkosten* aufzustellen, welcher sowohl der Kostennachrechnung (Nachkalkulation) als auch der Kostenvorrechnung (Vorkalkulation) zugrunde gelegt werden kann. Die Kunst der Aufstellung eines guten Selbstkostenplanes für spezielle Bauarbeiten besteht nun darin, daß alle Kostenanteile, welche getrennt preisbildend wirken, auch getrennt erfaßt werden. Die Trennung darf aber andererseits nicht zu weit getrieben werden, so daß nebensächliche Einflüsse in der Kalkulation erscheinen, d. h. einzelne Arbeiten etwa noch in die Arbeitselemente zerlegt werden. Letzteres ist die *Aufgabe der wissenschaftlichen Rationalisierung* zur Verbesserung der Arbeitsmethoden. Bei der Kostenvor- und Kostennachrechnung handelt es sich darum, *auf möglichst einfache und klare Weise ein möglichst vollkommenes Bild über die Kosten der Arbeitsvorgänge des Baubetriebes zu bekommen,* das den Betriebsplan zahlenmäßig ergänzt.

Wenn nun auch die grundsätzliche Kostengliederung nach *Kostenarten* (Löhne, Material, Gerätekosten, Gemein- und Geschäftskosten, Gewinn) bei allen Bauarbeiten in gleicher Weise auftritt, so sind doch die *Kostenstellen,* d. h. die Stellen, wo die Kosten bei der Bauausführung verschiedener Bauobjekte entstehen, grundverschieden je nach den einzelnen *Kostenträgern,* d. h. den einzelnen Leistungen, welche mit den Bauarbeiten zusammenhängen. Der Verfasser hält es aus diesem Grunde für zweckmäßig, zur Ausscheidung der wichtigsten Kostenstellen, bei welchen die Hauptkostenarten (Löhne und Material) erscheinen, die verschiedenen Gebiete des Bauwesens nach *Tiefbau* einerseits, sowie *Hoch- und Eisenbetonbau* andererseits, getrennt zu behandeln. Es werden daher bei der *Nachkalkulation,* nach den genannten Fachgebieten getrennt, Vorschläge für eine zweckmäßige Unterteilung nach den Kostenstellen der Lohn- und Materialkosten gegeben werden, aus welchen auch hervorgeht, mit welchen Einheiten bei den verschiedenen Teilarbeiten gerechnet werden muß. Denn diese spezielle Unterteilung in erster Linie der Lohnkosten, in zweiter Linie der Materialkosten, ist für die verschiedenen Bauarbeiten außerordentlich charakteristisch. Andererseits macht es aber erfahrungsgemäß dem Anfänger in den ersten Jahren der Praxis oft erhebliche Schwierigkeiten, das Wichtige und Wesentliche der Kostenzergliederung herauszuschälen, d. h. die ausschlaggebenden und bei derselben Arbeit immer wiederkehrenden Kostenstellen und die zweckmäßigste Einteilung zur Beurteilung der einzelnen Leistungen in einer Form zu wählen, welche die beste Wiederverwendung für die Vorkalkulation gestattet. Aus diesem Grunde wird auch bei der Behandlung der Nachkalkulation auf Baustellen noch innerhalb der einzelnen Fachgebiete eine Unterteilung nach den in der Praxis am häufigsten vorkommenden Bauobjekten vorgenommen.

Da also grundsätzlich Kostenvorrechnung und Kostennachrechnung dieselben Wege bei der Kostenzergliederung gehen müssen und die Vorkalkulation sich auf die Nachkalkulation bei gleichartigen Bauarbeiten stützen muß, ist der Grundplan der Selbstkostenrechnung bei beiden Kalkulationsarten derselbe.

Der folgende *Grundplan der Selbstkostenrechnung für Bauarbeiten* wird als ein in erster Linie für die Vorkalkulation geeignetes Kostenschema in Vorschlag gebracht. Die Hauptsache bei Aufstellung eines Grundplanes ist, daß *sämtliche Kosten von Bedeutung* erfaßt werden. Die Frage, unter welcher Kostengruppe man ein Kostenelement aufführen will, ist oft weniger eine Frage der systematisch richtigen Eingliederung als vielmehr eine Frage der praktischen Zweckmäßigkeit im Hinblick auf die Kostenvorrechnung bzw. Kostennachrechnung.

Grundplan der Selbstkostenrechnung[1].

A. Geräteunkosten:
- I. Groß- und Kleingeräte.
    - 1. Gerätekosten:
        - a) Abschreibung und Verzinsung.
        - b) Materialkosten der Geräteunterhaltung (Reparaturmaterialien und Ersatzteile, Kleingeräte und Werkzeuge).
    - 2. Zusammenbau, Abbau sowie An- und Rücktransport der Geräte (einschl. Auf- und Abladen) und Baustelleneinrichtung.
    - 3. Hin- und Rückfracht für die Geräte und Baustelleneinrichtung.

---

[1] Bei Ermittlung der „*Baupreise*" und „*Baukosten*" kommen zu den „*Selbstkosten*" die Zuschläge für *Wagnis und Gewinn* sowie *Umsatzsteuer.*

B. Kosten für den Arbeitsverbrauch:

  I. Löhne für die Arbeiter und das Aufsichtspersonal (einschl. Überstunden-, Nacht-, Sonntags-Zuschlägen u. dgl., Prämien, Auslösungen usw.).

    1. Für Einrichtung und Abräumen der Baustelle.

    2. Für allgemeine Arbeiten (Werkstätte, Magazine usw.).

    3. Für den Baubetrieb im engeren Sinne.

  II. Materialien (frei Baustelle):

    a) Baustoffe.

      1. Für Einrichtung und Abräumen der Baustelle [1].

      2. Zum Einbau in das Bauwerk.

    b) Betriebstoffe (Kohle, Öle, Strom usw.).

      1. Für Einrichtung und Abräumen der Baustelle.

      2. Für allgemeine Arbeiten (Werkstätte, Magazine usw.).

      3. Für den Baubetrieb im engeren Sinne.

    c) Bauhilfsstoffe.

      1. Zur Abschreibung bestimmte verbrauchte Bauhilfsstoffe (Schalholz, Nägel, Draht usw.).

      2. Kosten des An- und Rücktransportes für den Gesamtbedarf an Bauhilfsstoffen.

C. Unkosten der Baustelle und Zentrale:

  I. Gemeinkosten.

    1. Sozialer Aufwand (Arbeiterversicherung, Urlaub).

    2. Unkosten der örtlichen Bauleitung (Gehälter der Angestellten, Telephon, Heizung und Beleuchtung, Reisen, Mieten, Büromaterialien usw.).

  II. Allgemeine Geschäftskosten.

    1. Anteilige Kosten der Zentrale (Technisches Büro, Direktion, Personalkosten der Geräteverwaltung usw.).

    2. Allgemeine Geschäftskosten (Kosten der Kapitalbeschaffung, Zinsen, Mieten, Steuern und Abgaben, Vereinsbeiträge, Versicherungen gegen Brand, Diebstahl usw. und sonstige Geschäftskosten).

Bemerkung. Einmalige Kosten sind A I 2, A I 3, B I 1, B II a) 1, B II b) 1.

Alle übrigen Kostenstellen zählen zu den *dauernden Kosten*, d. h. Kosten, welche sich über die ganze Dauer der Bauzeit erstrecken. Zur *Baustelleneinrichtung* zählen A I 2, A I 3, B I 1, B II a) 1, B II b) 1, B II c) 2.

In Anlehnung an die Baupreisverordnung vom 16. 6. 1939 § 10, wonach die Verpflichtung zur Baukontenführung ausgesprochen wird, empfiehlt die Wirtschaftsgruppe Bauindustrie ihren Mitgliedern etwa folgende

---

[1] Es ist der *Neuwert* der Baustoffe frei Baustelle abzüglich des Werts der Stoffe nach Baubeendigung einzusetzen, sofern der Verbrauch nicht bereits als „Abschreibung" unter A I 1 a) erfaßt wurde.

Gliederung der Baukosten [1].

A. Unmittelbare Selbstkosten der Bauarbeiten (Herstellkosten).

I. Einzelkosten der Bauarbeiten.

Lohnkosten [2].

1. Baubetriebslöhne (Löhne der Arbeiter, Vorarbeiter, Aufseher, Schachtmeister und Poliere):
   a) Reine Löhne.
   b) Zuschläge, für Auslösungen, Wegezulagen, Fahrkosten, Überstunden,
      Nacht- und Sonntagsarbeit, Wasser-, Tunnel-, Höhen-, Tiefen-,
      Schwarz-, Druckluftzulagen.

Stoffkosten.

2. Baustoffe (zum Einbau in das Bauwerk bestimmt).
   a) Reine Materialkosten (Ankauf).
   b) Fracht, Überfuhrgebühr, Ausladen, Abtransport zur Baustelle,
      Abladen, Stapeln usw. („Verladelöhne" mit Sozialaufwand in-
      begriffen).
   c) Materialrisiko (Streuverluste, Verluste durch Verschnitt und
      Schwinden, Bruch, kleinere Diebstähle, Verderben durch Witterung
      usw.).

3. Betriebstoffe (z. B. Kohle, Strom, Benzin, Öle, Putzwolle usw.) gleiche
Einteilung wie unter 2. a, b, c.

4. Bauhilfstoffe (z. B. Schal- und Rüstholz usw.) einschließlich An- und
Rücktransport.

II. Gemeinkosten der Baustelle.

1. Gerätekosten.

a) Abschreibung und Verzinsung der Maschinen und des Großgerätes
   (Eigengeräte) und Mieten für fremdes Gerät.
b) Verbrauchsgeräte (Kleingeräte und Werkzeuge) [3].
c) Auf- und Abladen. Aufbau und Abbau [4].
d) Frachten, hin und zurück. *An- und Abfuhr* (Landfuhrwerk, Auto
   usw.) [4].

---

[1] Nach Opitz, Selbstkostenermittlung für Bauarbeiten. Berlin: Otto Elsner
(1940).

[2] Der *Lohnaufwand je Leistungseinheit* und die Lohnsätze (Tariflöhne) sollen
aus der Kalkulation ersichtlich sein. An Stelle der Lohnsätze der einzelnen Arbeiterkategorien (Poliere, Facharbeiter, Tiefbauarbeiter usw.) kann ein nachzuweisender
„*Mittellohn*" eingesetzt werden. Lohnnebenkosten für besondere soziale Maßnahmen
(Wegegelder, Trennungsentschädigung, Wochenendheimfahrten usw.) bleiben hier
unberücksichtigt.

[3] Im *Tiefbau* (besonders Erdbau) fällt hierunter auch der *Verbrauch an Gleisschwellen.* Im *Hoch- und Eisenbetonbau* mag es angängig sein (nach Opitz), diese
Kosten den „allgemeinen örtlichen Baukosten" zuzuzählen. Im Tiefbau empfiehlt
sich besondere Erfassung als Gerätekostenanteil.

[4] Soweit diese Kosten nicht unter II, 2, „Kosten der Baustelleneinrichtung"
erfaßt werden.

e) Werkstättenbetrieb, Reparatur- und Instandhaltungskosten, sowie Ersatzteile für laufende Reparatur und Schlußreparatur.

Löhne,
Betriebstoffe[1],
Reparaturmaterial und Ersatzteile.

2. Kosten der Baustelleneinrichtung und Baustellenräumung.

Die Kosten der *Baustelleneinrichtung*[2] (und -räumung), d. h. die Kosten aller Anlagen, Baulichkeiten, Vorrichtungen und vorbereitender Arbeiten zur Durchführung des Baues oder einzelner Teilleistungen (Baubüros, Magazine, Reparaturwerkstätten, Unterkunftsbaracken, Unterkunftslager, Einrichtung der Wasser- und Stromversorgung, Beleuchtungsanlagen, Streckenfernsprecher, Umschlagbahnhöfe mit Kran- und Rangieranlagen, erstes Gleislegen auf Erdlosen, Bohlen- und Schwellenfahrten) und zwar

a) Kosten der Baustoffe, Bauhilfsstoffe und *Betriebsstoffe*[3] für Auf- und Abbau, Betrieb und Unterhaltung der gesamten Baustelleneinrichtung.

b) Lohnkosten für Auf- und Abladen beim An- und Rücktransport, für Auf- und Abbau, Betrieb[4] und Unterhaltung der gesamten Baustelleneinrichtung, Herstellen und Instandsetzen von Zufahrtsstraßen.

c) Frachten und Fuhrkosten für Antransport und Rücktransport der Baustelleneinrichtung[2].

3. Betriebskosten besonderer Anlagen[5]

für allgemeine Zwecke der Baustelle, z. B. Rangieranlagen, Entladekrananlagen, Baukraftwerke für Kraftstrom und Beleuchtung, Pumpstationen für die Wasserversorgung u. dgl., soweit die Kosten nicht in den Einzelkosten von Teilleistungen bzw. in der Baustelleneinrichtung A II, 2 miterfaßt sind.

4. Kosten der örtlichen Bauleitung und Hilfslöhne für allgemeine Arbeiten kurz „allgemeine örtliche Baukosten" genannt.

a) Personalkosten der Baustelle (Gehälter der Bauleiter, Bauführer, Lohnbuchhalter, Techniker, Reisekosten für Zu- und Rückreisen,

---

[1] Die *Betriebstoffkosten* des Werkstättenbetriebs fallen selbst bei großen Tiefbauarbeiten kaum ins Gewicht. Sie betragen etwa 5% der unter a) genannten reinen Lohnkosten (ohne Zuschläge). Große Reparaturwerkstätten für Erdbaustellen von 2000 bis 4000 m³ Tagesleistung benötigen bei 10stündigem Betrieb je 1 Arbeitstag etwa: 80 bis 100 kWh Strom, 80 kg Schmiedekohle und 5 kg verschiedene Öle, Fette, Putzwolle, Karbid u. dgl.

[2] Soweit diese Kosten nicht bereits unter II 1c) oder II 1d) erfaßt sind.

[3] Nur der „Verbrauch" an Baustoffen darf berechnet werden. Der Wert der zurückgewonnenen Baustoffe nach Baubeendigung ist also abzusetzen.

[4] *Betriebslöhne* von Geräten, welche bei der Einrichtung der Baustelle eingesetzt werden (z. B. Entladekrane) und in den Betriebslöhnen A I 1 nicht erfaßt sind.

[5] Für *größere Tiefbaustellen* empfiehlt sich allerdings die gesonderte Kalkulation derartiger Anlagen, aus welcher der *Strompreis, Wasserpreis* usw. errechnet und in die Baukalkulation eingeführt wird. Es würden dann nur die geringfügigen Betriebskosten für allgemeine Zwecke hier erscheinen, also z. B. die *Beleuchtungskosten*. Strom, Wasser usw. werden in der Baukalkulation dann als „Stoffe" behandelt und wie bei Bau- und Betriebsstoffen mit den Unkostenzuschlägen versehen.

Heimreisen, Umzugsspesen. Bauzulagen und Sozialaufwand für Angestellte).

b) Besondere Personalkosten der Zentrale für die Baustelle (Entwurfsbearbeitung, Reisen der Oberleitung u. dgl.).

c) Hilfslöhne (fälschlich auch „unproduktive Löhne" genannt) für Platzmeister, Magazinverwalter, Bürodiener, Nachtwächter, Meßgehilfen, Laufjungen, Sanitäter, Reinemachefrauen, Küchenhilfen usw.

d) Kosten des Bürobetriebes der Baustelle: Büromiete, Reinigung, Beleuchtung, Heizung von Büros, Magazinen und Werkstätten, Schreib- und Zeichenmaterial, Porto, Fernsprechanlagen, Zeitungen, Lichtpausen usw.

e) Kosten der Verkehrsmittel (Kraftwagen, Motorräder, Motorboote, Fahrräder u. dgl.).

f) Sonstige allgemeine örtliche Unkosten der Baustelle: z. B. Urkundensteuer, Beförderungssteuer, Lohnsummensteuer, Gutachten, Kameradschaftsabende, Betriebssport u. dgl.

g) Haftpflichtversicherung, Unfallversicherung der Bauleiter und Bauführer, Bauschadenversicherung.

5. Sozialaufwand,

d. h. gesetzliche soziale Abgaben und tarifliche soziale Leistungen für Meister, Facharbeiter und Arbeiter für Krankenkasse, Invalidenversicherung, Berufsgenossenschaft, Urlaub usw. (s. Abschnitt II, 3, S. 30).

6. Lohnnebenkosten,

d. h. Auslösungen (Trennungsentschädigungen), Wegegelder, Wochenendheimfahrten, Zu- und Rückreisevergütung, Arbeiterunterbringung usw., soweit diese Kosten nicht *auf besonderen Nachweis* vom Bauherrn getragen werden.

7. Bauzinsen

für Einsatz von Betriebskapital

    a) durch Vorleistung der Baustelleneinrichtungskosten,

    b) durch Auslagen für die Bauleistungen bis zur Anweisung der Abschlagszahlungen,

    c) durch Einbehalte des Bauherrn (Sicherheitsleistung und Gewährleistung).

8. Sonderkosten.

    a) Pachten, Lizenzen, Bürgschaften, Bauwesenversicherung u. dgl.

    b) Besondere mit der Eigenart der Baustelle verbundene Bauwagnisse (z. B. schwierige Wasserbauten).

B. Allgemeine Geschäftskosten.

1. Kosten der Oberleitung und zentralen Verwaltung des Bauunternehmens (und seiner Niederlassungen).

    a) Gehälter und sonstige Bezüge der Leitung und der Angestellten des Zentralbüros (einschließlich der Vergütung für den Einzelunternehmer).

b) Bürounkosten der Zentrale (Schreibbedarf, Porto, Telephon, Planpausen, Miete, Heizung, Beleuchtung, Reinigung, Zeitschriften, Bücher, Inserate, Verdingungsunterlagen usw.).

c) Reisekosten, Kraftwagen.

d) Löhne für Büroboten, Reinemachefrauen usw. einschließlich des Sozialaufwandes.

e) Abschreibung, Verzinsung und Instandhaltung von Gebäuden, Büromöbeln und Büromaschinen.

2. Kosten des Bauhofes und zentraler Lagerplätze, Laboratorien, Lehrwerkstätten u. dgl.

3. Freiwillige soziale Aufwendungen für die Gesamtgefolgschaft wie Pensionen, Unterstützungen u. dgl.

4. Steuern und öffentliche Abgaben: Grundsteuer, Aufbringungsumlage, Gewerbesteuer (ohne gewerbliche Lohnsummensteuer[1], Vermögenssteuer, Berufsschulbeiträge u. dgl.

5. Wirtschaftsgruppen- und Verbandsbeiträge: Betonverein, Handelskammerbeiträge, Forschungsgesellschaften u. dgl. (etwa 0,35% der Löhne).

6. Versicherungen, d. h. Kollektivversicherung gegen Feuer, Einbruch, Diebstahl, Insassenversicherung der Kraftwagen u. dgl. (nicht die Haftpflichtversicherung der Baustellen und Bauschadenversicherung).

7. Sonstige allgemeine Geschäftskosten: Werbung, Rechtskosten, Sachverständigengutachten, Lizenzgebühren u. dgl.

C. Gewinn und Unternehmerwagnis [2].

Das allgemeine Bau- und Unternehmerwagnis ist einzuschließen (besondere Bauwagnisse nach A II, 8).

D. Umsatzsteuer.

Dieses Kostenschema betont mehr die kaufmännisch-buchhalterische Seite, während das erstere mehr auf die technische Kostenvorrechnung abgestimmt ist. Je nach dem Zwecke (Kostenvorrechnung, technische oder kaufmännische Kostennachrechnung) und den jeweils vorliegenden besonderen Bauarbeiten (Hochbau — Tiefbau) wird man sich das Selbstkostenschema zurechtlegen. *Hauptsache ist, daß nichts Wesentliches dabei vergessen wird.* Die verschiedenartige Verwendung des Grundplans der Selbstkostenrechnung bei der technischen Kostennachrechnung gegenüber der kaufmännischen Kostennachrechnung soll im Anhang (S. 369) gezeigt werden. Eine Anwendung in der Kostenvorrechnung zeigt das Musterbeispiel einer zweckmäßig angelegten Kostenberechnung Abschnitt XVI, S. 244.

---

[1] *Die Lohnsummensteuer*, welche nur an einzelnen Baustellen bezahlt wird, zählt zweckmäßig zu A II 4f) oder A II 8. Sie beträgt 0 bis 2% der Lohnsumme.

[2] Über den Begriff des *Unternehmergewinns* und seine Abhängigkeit vom Beschäftigungsgrad handelt Abschnitt II, § 7, S. 46.

II. Grundlegendes zur Vorkalkulation von Bauarbeiten, besonders des Tiefbaues.

Die folgenden grundlegenden Betrachtungen haben zwar allgemeine Gültigkeit für Bauarbeiten, sind jedoch in erster Linie auf große Bauobjekte, d. h. *Tiefbauarbeiten* zugeschnitten. Es werden die einzelnen Kostenfaktoren näher untersucht und dadurch die allgemeinen Ausführungen über den Grundplan der Selbstkostenrechnung dem Verständnis näher gebracht. Das Zahlenmaterial für Tiefbaukalkulationen ist für den praktischen Kalkulator bestimmt. Das in Abschnitt XVI, S. 244 gegebene *Musterbeispiel für die Kalkulation einer größeren zusammenhängenden Bauarbeit* zeigt die zweckmäßige Anlage einer Kostenberechnung in der Praxis an Hand des Betriebsprogramms. Es soll dem Irrtum vorbeugen, als seien die in den folgenden Abschnitten des Buches gegebenen Kalkulationssätze bereits fertige Kalkulationen. Sie sollen lediglich durch Angabe vor allem des Lohnaufwands je Einheit der Leistung für die verschiedenen Bauvorgänge die Aufstellung von Kostenberechnungen erleichtern.

§ 1. Grundsätzliches zur Frage der Abschreibung und Verzinsung von Baugeräten.

Der Verfasser gibt hier Gedanken wieder, die er erstmals in der Zeitschrift „Der Bauingenieur" 1933, Heft 29/30 veröffentlicht hat.

Nach allgemeiner Auffassung im Maschinenbau bildet bekanntlich die Abschreibung einen Ausgleich für die Wertminderung des Gerätes infolge Verschleiß durch die Benutzung bzw. infolge von Veraltung. Die Geldbeträge für die Abschreibungen sollen demnach nicht nur Rücklagen sein zur Beschaffung einer neuen Maschine nach Verschleiß der alten, sondern sie sollen auch den Ersatz veralteter Maschinen ermöglichen. Durch die letztere Begriffsbestimmung wird natürlich die Wahl der Höhe der Abschreibung von Geräten bis zu einem gewissen Grade Sache der persönlichen Beurteilung. Indessen wird man im Baugewerbe den letzteren Gesichtspunkt stark vernachlässigen können. Denn es wird wohl niemandem einfallen, betriebsfähige Baumaschinen, wie Bagger, Betonmaschinen usw., nur deshalb nicht mehr zu benutzen, weil neuere Konstruktionen auf den Markt gelangen. Eine andere viel wichtigere Frage ist es, inwieweit der *Beschäftigungsgrad der Maschinen* bei der Abschreibung zu berücksichtigen ist. In einer aus dem Jahre 1929 stammenden Druckschrift des Reichsverbandes Industrieller Bauunternehmungen[1] ist diese Frage in der Weise gelöst, daß bei Errechnung der monatlichen Mietsätze (d. h. der Geräteleihgebühren, mit welchen die Baustellen seitens der Zentrale der Unternehmung belastet werden müssen) ein 60%iger Beschäftigungsgrad von Baumaschinen und

---

[1] „Selbstkostenermittlung für Bauarbeiten", Reichsverband Industrieller Bauunternehmungen 1929, neu herausgegeben 1934.

8stündiger Betrieb angenommen wurde. Da eine gesunde Geschäftspolitik bei Bauunternehmungen dahin gehen muß, mit möglichst wenig Maschinen auszukommen und diese aber bei den vorliegenden Aufträgen so intensiv als möglich auszunutzen, d. h. den Beschäftigungsgrad dadurch möglichst hochzuhalten, so dürfte es zweckmäßiger sein, den Beschäftigungsgrad der Maschinen zunächst überhaupt nicht in die Berechnung der Abschreibung hereinzunehmen und auch nicht „die Zahl der Verwendungsjahre" der Abschreibung zugrundezulegen, sondern vielmehr die „wirtschaftliche Lebensdauer", d. h. die Lebensdauer, welche das Gerät bei fortgesetzter Verwendung auf der Baustelle bei einer durchschnittlichen jährlichen Betriebszeit von 2000 Betriebstunden haben würde. Für das Gerät wird dann, solange es sich zur Arbeit auf der Baustelle befindet, der dieser Lebensdauer entsprechende Mietsatz berechnet. Man ist dann völlig unabhängig vom sog. Beschäftigungsgrad der Maschine. Dafür hat man aber unter allen Umständen sowohl bei der Vorkalkulation (entsprechend dem Bauprogramm) als auch bei der späteren Belastung der Baustelle mit Gerätemiete die voraussichtliche bzw. tatsächliche Inanspruchnahme des Gerätes auf der Baustelle zu berücksichtigen, wenn man dem Zweck der Abschreibung gerecht werden und die Wertminderung feststellen will. Eine Bauunternehmung kann ja aber nur das auf Baustellen befindliche Gerät mit „*Gerätemiete*" (Geräteleihgebühren) belasten. Wie dabei die Stärke der Inanspruchnahme des Gerätes zweckmäßig berücksichtigt werden kann, zeigen die folgenden Ausführungen. Wollte man aber die Abschreibungen in Abhängigkeit vom tatsächlichen Beschäftigungsgrad festlegen, so würde sich das unmögliche Ergebnis herausstellen, daß in Zeiten schlechter Geschäftslage und daher meist auch schlechter Ausnutzung des Geräteparks die Baubetriebe trotz der schlechteren Preise auch noch höhere Gerätemieten zu zahlen hätten. Bei dem zweiten Kostenanteil der Geräteabschreibung, der Verzinsung, ist allerdings nach den späteren Ausführungen tatsächlich die Abhängigkeit vom Beschäftigungsgrad vorhanden.

Zu der kalkulatorischen Abschreibung bzw. den Gerätemietsätzen (welche nicht ganz identisch sind mit den kaufmännischen „Abschreibungen" in der Bilanz, obgleich natürlich an und für sich beide dem gleichen Zwecke dienen) ist noch zu bemerken, daß man dabei nicht etwa vom „Buchwert" des Gerätes, sondern immer nur vom *Neuwert* ausgehen darf. Dabei bleibt man dann auch unabhängig vom Geldwert, von Währungsfragen, von der Kaufkraft des Geldes usw., da man ja bei der Berechnung der Geräteleihgebühren jeweils nur die zur Zeit der Berechnung gültigen Einkaufspreise zugrunde legt.

Bei der folgenden Untersuchung über *die Gerätekosten aus Abschreibung und Verzinsung* sind die Baugeräte mit gleicher Abschreibungsquote zu Maschinengruppen zusammengefaßt. Bei der Kapitalverzinsung wurde zwar ein Zins von $p = 6\%$ zunächst angenommen, indessen wurde der Möglichkeit einer Veränderung der Zinssätze Rechnung getragen. Bei der Verzinsung wurde auch berücksichtigt, daß im Hinblick auf die fortschreitende Abschreibung das zu verzinsende Anlagekapital sich bis zur vollständigen Abschreibung der Maschine ständig verringert. Die

Verzinsung darf daher nur mit dem durchschnittlichen Wert von $0,5\ p\%$ in die Gerätekostenrechnung eingeführt werden. Dieser Wert bedarf aber insofern einer Korrektur, als ja das Anlagekapital auch während der Zeit, wo das Geräte nicht auf der Baustelle tätig ist, und demnach keine Gerätemiete erhoben werden kann, verzinst werden muß. Man könnte natürlich mit dem Zins für das untätig auf dem Lagerplatz der Zentrale liegende Gerät den Lagerplatz belasten und diese Kosten den Zentralunkosten zuzählen. Damit würden sich aber die allgemeinen Geschäftskosten in Zeiten schlechter Geschäftslage auch noch durch diese Zinsbelastung erhöhen. *Bei der Verzinsung der Baugeräte ist also tatsächlich die Abhängigkeit vom Beschäftigungsgrad vorhanden,* wenn man an dem gesunden Grundsatz festhält, daß nur auf Baustellen befindliche Geräte mit Gerätezinsen belastet werden können. Der Kapitalzins für das nicht beschäftigte Gerät muß demnach durch die den Baustellen verrechneten Gerätemieten aufgebracht werden. Es erfährt dann der sog. Zinssatz von $0,5\ p$ bei Annahme einer 60%igen Beschäftigung des Gerätes eine Abänderung und beträgt dann:

$$\frac{0,5\ p \cdot 100}{60} = 0,8\ p\,.$$

Mit diesem jährlichen Zinssatz ist auch in der Folge gerechnet. Es steht aber nichts im Wege, wo berechtigter Anlaß dazu vorhanden ist, mit einem günstigeren Beschäftigungsgrad zu rechnen.

Führt man nun die Betriebstundenzahl als veränderliche Größe b ein und nimmt man die jährliche Abschreibung a als Funktion von dem sog. „Grundwert der Geräteabschreibung" a_0, wobei der letztere Wert die Abschreibung bei 2000 Betriebstunden im Jahre (250 Arbeitstage zu 8 h) bedeutet, so läßt sich für die Abschreibung von *neuem Geräte* folgende Gleichung aufstellen:

$$(\mathrm{I}) \qquad a = a_0 \left(1 - \frac{2000 - b}{1,25 \cdot 2000} \right).$$

In dieser Formel ist dann berücksichtigt, daß z. B. bei doppelt so starker Ausnutzung eines Gerätes nicht auch der doppelte Jahresprozentsatz für Abschreibung gerechnet ist, weil in diesem Falle der Beschäftigungsgrad für die Maschinen günstig beeinflußt wird und auch der unter Annahme einer 60%igen Beschäftigung gerechnete Zinssatz zu hoch ist. Außerdem fallen die Gefahren fort, welche bei schwacher Ausnützung eines Gerätes und bei längeren Lagerzeiten die Wertminderung durch Rostansatz usw. bedingen. Der letztere Umstand, welcher auf der praktischen Erfahrung beruht, daß bei schwach ausgenutzten Geräten lange Lagerzeiten sehr ungünstig auf den Zustand des Gerätes zu wirken pflegen, ist in der Formel (I) berücksichtigt. Aus dieser Gleichung ergibt sich nämlich bei Doppelschichtbetrieb, d. h. 4000 Betriebstunden im Jahre, nur eine 80% höhere und bei 6000 Betriebstunden im Jahre nur eine 160% höhere Abschreibungsquote als bei einschichtigem Betrieb. Es ist also für $b = 4000$ bzw. $b = 6000$ die jährliche Abschreibung $a = 1,8\ a_0$ bzw. $a = 2,6\ a_0$. Andererseits ergibt sich für schwach ausgenütztes Gerät, das beispielsweise nur eine durchschnittliche jährliche

Betriebstundenzahl von $b = 500$ aufzuweisen hätte, nicht etwa $a = 0{,}25\,a_0$ sondern $a = 0{,}40\,a_0$. — Wenn von mancher Seite für mehrschichtigen Betrieb wegen der verhältnismäßig stärkeren Inanspruchnahme der Geräte eine noch höhere Abschreibung verlangt wird, als sie dem Verhältnis der erhöhten Stundenzahl entspricht, so beruht diese Forderung auf einer irrtümlichen Auffassung des Begriffes der „Abschreibung". Denn man darf nicht verkennen, daß bei einer höheren Betriebstundenzahl der Baumaschinen der Beschäftigungsgrad wesentlich günstiger und die Gefahr des Veraltens wesentlich geringer wird und daß außerdem die Geräte im mehrschichtigen Betrieb tatsächlich vielfach nicht 16 oder 24 Stunden im Betrieb sind, sondern kürzere Zeit, und zwar mit Rücksicht auf die nunmehr häufiger in die Betriebszeit fallenden Reparaturen. Die infolge höherer Inanspruchnahme des Gerätes unter Umständen mit Mehrschichtenbetrieb verbundenen Mehrkosten sind aber bei anderen Kostenanteilen (vor allem den Löhnen) zu berücksichtigen. Soweit „Gerätekosten" in Frage kommen, kann eine Erhöhung der Kosten eintreten bei der Geräteunterhaltung, d. h. der laufenden Instandsetzung und Hauptreparatur des Großgerätes (Reparaturmaterialien und Ersatzteile, Werkstattlöhne). —

Verfolgen wir aber zunächst weiter die *jährlichen Gerätekosten für Abschreibung und Verzinsung*, ausgedrückt in Prozenten des Anlagekapitals, und bezeichnen wir dieselben mit g_0, so läßt sich mit den früher gewählten Bezeichnungen die Abhängigkeit der jährlichen Gerätekosten aus Abschreibung und Verzinsung von der Betriebstundenzahl in folgender Gleichung ausdrücken:

$$g_0 = 0{,}8\,p + a_0\left(1 - \frac{2000 - b}{1{,}25 \cdot 2000}\right)$$

oder

(II)
$$g_0 = 0{,}8\,p + a_0 \cdot \frac{500 + b}{2500}\,.$$

Danach ergibt sich die *monatliche Gerätemiete* (Geräteleihgebühren) g_m in Prozenten des Anlagekapitals:

(III)
$$g_m = \frac{p}{15} + a_0 \cdot \frac{500 + b}{30\,000}\,.$$

Es handelt sich nun darum, 'die verschiedenen *Gerätegruppen* zusammenzustellen, für welche der gleiche „Grundwert der Geräteabschreibung" angenommen werden kann. Der Verfasser ist der Ansicht, daß mit Rücksicht auf das Veralten der Geräte eine längere Lebensdauer als 10 Jahre — bei Annahme einer ununterbrochenen Benutzung auf Baustellen mit 2000 Betriebstunden jährlich — in keinem Falle angenommen werden darf. Der *niedrigste Satz für Abschreibung von Gerät* wurde daher in der folgenden Tabelle für die Gerätegruppe 0 mit $a_0 = 10\%$ festgelegt. *Er kann auch bei gutem Beschäftigungsgrad und bei Arbeiten, welche sich über mehrere Jahre im Mehrschichtenbetrieb erstrecken und unter sonst günstigen Verhältnissen für die Gruppen 1—3 angewandt werden.*

Für *altes, bereits abgeschriebenes Geräte* kann man unabhängig von der Betriebstundenzahl mit 10% *jährlicher Abschreibung rechnen.*

Tabelle 1. Grundwerte der Geräteabschreibung nach Gerätegruppen geordnet.

Gruppe	Bezeichnung der Geräte	Wirtschaftliche Lebensdauer Jahre	a_0 in %
0	Altes, bereits abgeschriebenes, noch im Betrieb befindliches Gerät und bei *langfristigen Arbeiten*, besonders bei *Mehrschichtenbetrieb*, auch für die Gruppen 1—3 ($p = 0\%$)	10	10
1	Absetzapparate, Aufzugswinden, Bauaufzüge, Turmdrehkrane, Bohrtürme in Eisen, Dampflokomobilen, Dampfstraßenwalzen, Einebnungspflüge, Gleisanlagen (lose Schienen 80—140 mm hoch, ohne Schwellen und Kleineisenzeug), Quersiederohrkessel, Rohrleitungen für Pumpen 100—400 mm, Transformatoren, Dampflokomotiven 100—225 PS	7,5	13
2	Dampflokomotiven 30—80 PS, Dampfkrane, Diesellokomotiven 8—40 PS, Eimerbagger, Elektromotore, Greifbagger, Löffelbagger, Kompressoren (stationär), Rahmengleis, Weichen und Drehscheiben	6	17
3	Betonmischmaschinen 250—1200 Liter, Bohrtürme in Holz, Bohrwagen (für Tunnelvortrieb), Bandbetoniertürme, Dampframmen, elektrische Lokomotiven, Elevatoren, Kabelbahnen, Kalkrührwerke, Kieswaschmaschinen, Kippwagen aus Holz und Eisen (auch Selbstkipper), Kolbenpumpen, Muldenkipper, Schnellbauaufzüge, Spülpumpen, Steinbrecher verschiedener Maulweiten, Werkstattmaschinen für Metall- und Holzverarbeitung (ausgenommen Bandsägen), Zentrifugalpumpen	5	20
4	Bauhütten in Holz, Bandsägen, Benzollokomotiven, Benzin- und Benzolmotore, Betonmischmaschinen 150 bis 250 Liter, Betondruckluftstampfer, Bremsberge, Diaphragmapumpen mit Benzolmotor, Drucklufthämmer, Gesteinsbohrmaschinen, Gießmaste, Gießtürme, Kleineisenzeug für Gleise (Laschen, Bolzen, Schienennägel), Mörtelmaschinen, Personen- und Lastkraftwagen, Kompressoren (fahrbar mit Benzolmotor), Rohölmotore, Waggons mit Kippvorrichtung	4	25
5	*Verbrauchsgeräte:* Druckluftwerkzeuge, Förderbänder, Kleingeräte und Werkzeuge, Schalholz und Rüstholz, Schwellen	2	25—50

Man erhält dann für die verschiedenen Gerätegruppen die *monatlichen Mietsätze* g_m in Form folgender Gleichungen:

$$\text{Gruppe 0} \quad a_0 = 10\% \quad g_0 = \frac{p}{15} + \frac{500 + b}{3000}$$

$$\text{Gruppe 1} \quad a_0 = 13\% \quad g_1 = \frac{p}{15} + \frac{6500 + 13\,b}{30000}$$

$$\text{Gruppe 2} \quad a_0 = 17\% \quad g_2 = \frac{p}{15} + \frac{8500 + 17\,b}{30000}$$

$$\text{Gruppe 3} \quad a_0 = 20\% \quad g_3 = \frac{p}{15} + \frac{500 + b}{1500}$$

$$\text{Gruppe 4} \quad a_0 = 25\% \quad g_4 = \frac{p}{15} + \frac{500 + b}{1200}$$

$$\text{Gruppe 5} \quad a_0 = 50\% \quad g_5 = \frac{p}{15} + \frac{500 + b}{600}\,.$$

Rechnet man mit diesen Formeln die Werte von g_m für verschiedene Betriebsstundenzahlen von $b = 500$ bis $b = 6000$, so kann man daraus die in Abb. 1 gezeigte Tafel konstruieren, mit deren Hilfe man in der

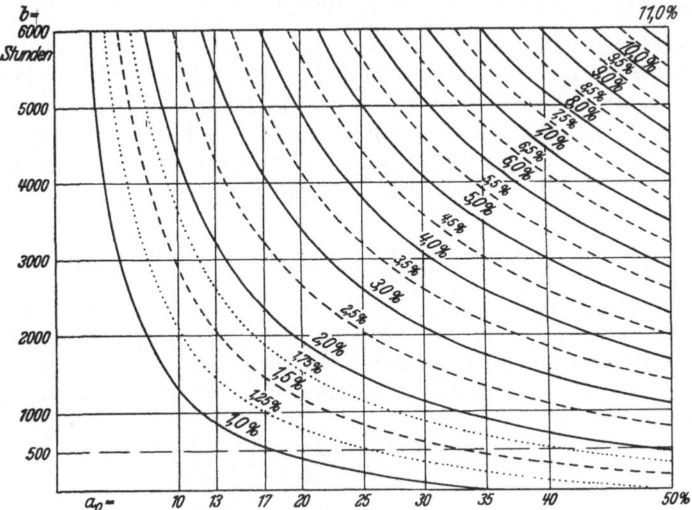

Abb. 1. Monatliche Gerätemieten in Prozent des Geräteneuwertes bei einem Kapitalzins $p = 6\%$. Zuschläge (für $p = \pm 1\%$) $= \pm 0,07\%$.

Lage ist, für eine beliebige durchschnittliche jährliche Betriebsstundenzahl und für jeden beliebigen Abschreibungsgrundwert die *monatliche Gerätemiete in Prozenten des Geräteneuwertes* abzulesen. Den Tafelwerten liegt ein *Zinssatz* von $p = 6\%$ zugrunde. Man kann sie indessen auch bei anderen Zinssätzen verwenden, indem man für $p = \pm 1\%$ den *Korrekturwert* $\pm 0,07\%$ hinzufügt oder abzieht. Aus der Abb. 1 lassen sich demnach für alle Baugeräte, unter Berücksichtigung der Betriebsintensität, die angemessenen *Geräteleihgebühren* (für *neues* Geräte) entnehmen, mit welchen Baustellen zur Erzielung einer angemessenen Abschreibung zu belasten sind. Diese Mietsätze sind aber auch für *Vorkalkulationen* an Hand des Bauprogramms maßgebend. Es bleibt dann eine Frage der Zweckmäßigkeit, ob man für bestimmte Arbeiten bei den zur Verwendung gelangenden Baumaschinen nur *einen* einheitlichen Abschreibungsgrundwert benutzen will, welcher etwa der Beteiligung der verschiedenen Geräte an der Arbeit entspricht, statt für die verschiedenen Gerätegruppen einzeln die Abschreibungen zu ermitteln. Für Baumaschinen und Geräte bei Baggerarbeiten (ausgenommen Gleis und Schwellen) könnte man dann z. B. bei vorwiegend neuem Geräte mit $a_0 = 18\%$ einheitlich rechnen.

Jedenfalls ist stets dem Ausnutzungsgrad der Maschinen in etwa Rechnung zu tragen. Man muß dabei vor allem eine ungenügende Ausnutzung der Geräte dadurch zu verhindern suchen, daß man bei den Mietsätzen unter eine bestimmte Betriebstundenzahl, am besten wohl $b = 1000$ Betriebstunden, überhaupt nicht heruntergeht. Grundsätzlich sollen die Gerätemietsätze zu möglichst starker Ausnutzung der Geräte anregen, was auch unbedenklich ist, wenn an dem Grundsatz festgehalten wird, daß die Baustellen Geräte nur gut durchrepariert und in einwandfrei betriebsfähigem Zustand abgeben dürfen.

Bemerkung. Die Tafelwerte für die *Verbrauchsgeräte* der Gruppe 5 können *nur für Kalkulationszwecke* dienen, nicht jedoch für die Belastung der Baustelle mit Gerätemiete, da ja die Baustellen nur entsprechend dem *tatsächlichen Verbrauch* an Kleingerät, Werkzeugen u. dgl. belastet werden können. Die „Verbrauchsgeräte" werden also hier wie die Reparaturmaterialien und Ersatzteile behandelt.

Ermittlung der Gerätekosten für eine Betriebstunde.

In manchen Fällen kann es auch vorteilhaft sein, die *Gerätekosten aus Abschreibung und Verzinsung für eine Betriebstunde* g_I unmittelbar als Funktion der Betriebstundenzahl b und des Anlagekapitals A (Geräteneuwert) zu kennen. Für g_I läßt sich aus der Gleichung (II) die folgende Gleichung aufstellen:

$$(IV) \qquad g_I = \left(\frac{0,8\,p}{b} + a_0 \cdot \frac{500 + b}{2500\,b} \right) \cdot \frac{A}{100}.$$

Für ein Anlagekapital $A = 1000$ RM. ergeben sich für verschiedene Abschreibungsgrundwerte folgende Gleichungen:

$$a_0 = 10\% \quad g_I = 10 \left(\frac{0,8\,p}{b} + \frac{500 + b}{250\,b} \right)$$

$$a_0 = 13\% \quad g_I = 10 \left(\frac{0,8\,p}{b} + \frac{6500 + 13\,b}{2500\,b} \right)$$

$$a_0 = 17\% \quad g_I = 10 \left(\frac{0,8\,p}{b} + \frac{8500 + 17\,b}{2500\,b} \right)$$

$$a_0 = 20\% \quad g_I = 10 \left(\frac{0,8\,p}{b} + \frac{500 + b}{125\,b} \right)$$

$$a_0 = 25\% \quad g_I = 10 \left(\frac{0,8\,p}{b} + \frac{500 + b}{100\,b} \right)$$

$$a_0 = 50\% \quad g_I = 10 \left(\frac{0,8\,p}{b} + \frac{500 + b}{50\,b} \right).$$

Die Werte von g_I sind als mit b veränderliche Größen für die verschiedenen Abschreibungsgrundwerte bei Annahme einer Kapitalverzinsung von $p = 6\%$ in Abb. 2 dargestellt. Aus der Tafel können die *Gerätekosten je eine Betriebstunde in Pfennig je 1000 RM. Anlagekapital* abgelesen werden. Die Tafel kann auch für alle anderen Zinssätze

Verwendung finden, wenn man folgende Korrekturwerte für $p = \pm 1\%$ beachtet:

Korrekturwerte für $p = \pm 1\%$ in Pfennig.

$b = 500$	1000	2000	3000	4000	5000	6000
1,6	0,8	0,4	0,25	0,2	0,15	0,13

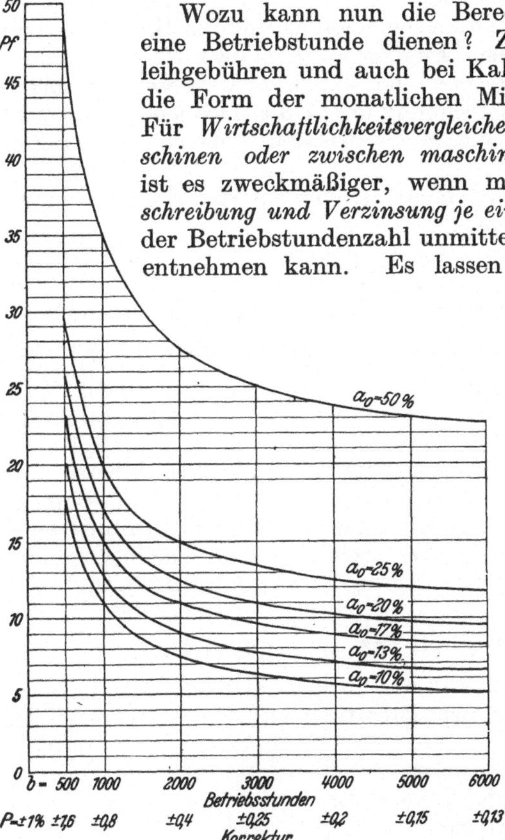

Abb. 2. Abschreibung und Verzinsung ($p = 6\%$) je 1 Betriebstunde und 1000 R.M. Anlagekapital in Pfennig.

Wozu kann nun die Berechnung der Gerätekosten je eine Betriebstunde dienen? Zur Berechnung der Geräteleihgebühren und auch bei Kalkulationen wird man besser die Form der monatlichen Mietsätze nach Abb. 1 wählen. Für *Wirtschaftlichkeitsvergleiche zwischen verschiedenen Maschinen oder zwischen maschineller Arbeit und Handarbeit* ist es zweckmäßiger, wenn man die *Gerätekosten aus Abschreibung und Verzinsung je eine Betriebstunde* als Funktion der Betriebstundenzahl unmittelbar aus Tabellen oder Tafeln entnehmen kann. Es lassen sich dann gleichzeitig die *Wirtschaftlichkeitsgrenzen* bei verschieden starker Inanspruchnahme des Geräts sofort erkennen, wenn man die „Unterhaltungskosten" und die „reinen Betriebskosten" der Geräte hinzufügt.

Bemerkungen. Die vorstehenden Ausführungen sollten das Wesen der „Gerätevorhaltungskosten" klarstellen und besonders die Abhängigkeit dieser Kosten von der Betriebstundenzahl, d. h. der *Intensität des Betriebes* untersuchen.

Der Unternehmer wird sich heute zweckmäßig der in § 1a genannten amtlichen (Wibau-) Sätze bedienen. Die graphische Darstellung Abb. 1, S. 15 gibt jedoch die Möglichkeit bei Abweichung von den bei den amtlichen Sätzen angenommenen 2000 Betriebstunden im Jahre ein angemessenes Verhältnis für die Erhöhung dieser Sätze zu finden (bei Gerätegruppe $a_0 = 13\%$ ergibt sich z. B. bei 5000 Betriebstunden im Jahre, d. h. verlängertem Zweischichtenbetrieb ein Verhältnis für die Erhöhung der Abschreibungssätze von $\frac{A_{5000}}{A_{2000}} = \frac{2,8}{1,5} = 1,9$. Auch nach den Wibau-Vorschriften erhöht sich in diesem Falle die Miete um $0,3 \times 300 = 90\%$).

§ 1 a. Berechnung der Gerätemiete nach den amtlich zugelassenen Sätzen der Wirtschaftsgruppe Bauindustrie (Wibau-Sätze).

Gemäß § 4 der *Verordnung über die Preisbildung* vom 16. 6. 1939 und § 5 der *Verordnung über Höchstmieten für Baugeräte* vom 16. 6. 1939 (siehe auch § 9 S. 54) werden die in der *Geräteliste der Wirtschaftsgruppe Bauindustrie*[1] angegebenen Abschreibungs- und Verzinsungssätze (Gerätevorhaltungskosten) für die Baupreisberechnung und die Berechnung der Gerätemiete amtlich zugelassen. Für *eigenes Gerät* darf der Unternehmer *höchstens die Wibau-Sätze* berechnen und kalkulieren. Diese Sätze bilden auch die Grundlage für die Berechnung der *Geräteleihgebühren für Fremdgeräte* (für Leihgeräte kann die Miete bis zum 2,5fachen Wibau-Satz betragen, siehe § 9, S. 54).

Der Berechnung der Monatsmiete ist die aus der Rentenrechnung bekannte Formel zugrunde gelegt:

$$x = \frac{(q-1) \cdot 100}{q^n - 1}$$

$x =$ Abschreibung $+$ Verzinsung in Prozent des Geräteneuwertes,

$q = 1 + \frac{p}{100} =$ Verzinsungsfaktor (gerechnet ist mit $p = 5\%$ jährlich),

$n =$ Anzahl der Nutzungsjahre.

Ab 14. 2. 1941 ist eine *Senkung der Wibau-Sätze um 20%* durch den Preiskommissar verfügt worden.

Die wichtige Frage, ob die Gerätemieten als Unkosten zu betrachten sind oder ob *Zuschläge auf die Vorhaltungskosten* zulässig sind, ist in der Baupreisverordnung § 7 eindeutig entschieden: „Die Berechnung eines angemessenen Zuschlages auf die Abschreibungs- und Verzinsungssätze für Unterhaltung[2], Verwaltungskosten und Gewinn ist zulässig."

§ 2. Kosten der Geräteunterhaltung.

Die Kosten der Geräteunterhaltung gliedern sich in
1. Lohnkosten für laufende Instandhaltung und Hauptreparatur der Geräte und
2. Materialkosten für Verbrauchsmaterialien,
a) Reparaturmaterialien und Ersatzteile.
b) Kleingeräte und Werkzeuge.
Der äußerst geringfügige Verbrauch an *Betriebstoffen* für Geräteunterhaltung in der Werkstätte kann vernachlässigt werden.

A. Lohnkosten der Geräteunterhaltung.

Für die *Lohnkosten der Geräteunterhaltung* ist die Kostenstelle in erster Linie die *Reparaturwerkstätte mit Nebenbetrieben.* Man pflegt die Löhne,

---

[1] *Abschreibung und Verzinsung für Maschinen und Großgeräte* (Geräteliste), 1. genehmigte (September-) Ausgabe 1939, Druck und Verlag Hermann Klokow, Berlin SW 68, Alexandrienstraße 77. Auch das Buch OPITZ, Selbstkostenermittlung für Bauarbeiten Teil I, Verlag Otto Elsner, Berlin, enthält die Wibau-Sätze.

[2] Die Lohn- und Materialkosten der Geräteunterhaltung werden zweckmäßig bei Bauarbeiten mit umfangreichem Geräteeinsatz (besonders Tiefbau) gesondert ermittelt nach § 2.

welche unter den Titel „Allgemeine Arbeiten" fallen, in der Kalkulation nach ihrer Ermittlung auf die Hauptposition des Bauvertrages, also bei Erdarbeiten auf diese, zu verteilen. Für rohe Kostenüberschläge mag man bei Erdarbeiten, wo ja die Werkstattlöhne wohl die größte Rolle spielen, den *Lohnaufwand für die Gerätereparatur gleich den Materialkosten* setzen. Diese Gleichung ist aber nur richtig für leichte Bodenarten und mehr oder weniger neues Geräte. Bei der Kalkulation der Werkstattlöhne wird man zweckmäßig so verfahren, daß man die dem Gerätepark und der angenommenen Betriebszeit entsprechende Belegschaft der Werkstätte und des Lagerplatzes (Magazinverwalter, Platzarbeiter, Dreher, Maschinenschlosser, Stellenmacher, Nachtwache usw.) auf Grund von früheren Erfahrungen festlegt und den gesamten Lohnaufwand hierfür der Gesamtleistung (m³ Bodenbewegung) gegenüberstellt.

Man kann bei Erdarbeiten für Bodenarten, welche ohne Sprengung mit Baggern gelöst und geladen werden, den *Lohnaufwand für Werkstätte, Magazin, Lagerplatz usw.* je 1 m³ Bodenbewegung etwa wie folgt veranschlagen:

bei 60 cm Spurgeräte 0,20 bis 0,25 Facharbeiterstd./1 m³,
bei 75 cm Spurgeräte 0,15 bis 0,20 Facharbeiterstd./1 m³,
bei 90 cm Spurgeräte 0,12 bis 0,18 Facharbeiterstd./1 m³.

Die reinen Werkstattlöhne betragen etwa $^2/_3$ der oben genannten Sätze. Bei felsigen Bodenarten und auch bei Verwendung von älterem Geräte erhöhen sich die Werkstattlöhne. Etwa die Hälfte der Werkstattlöhne entfällt bei hölzernen Kippwagen auf die Rollwagenreparatur. Die Bauart der Wagen (hölzerne oder eiserne Selbstkipper), die Beschaffenheit des Bodens und der Förderwege und das Alter der Wagen beeinflussen die Höhe der Reparaturlöhne.

B. Materialkosten der Geräteunterhaltung.

a) Reparaturmaterialien und Ersatzteile. Zu den *Reparaturmaterialien* zählt man alle Verbrauchsmaterialien, welche in der Reparaturwerkstätte oder auf der Baustelle für die Maschinenunterhaltung und Maschinenreparatur verbraucht werden, also z. B. Dichtungs- und Pakkungsmaterial (Asbestschnur, Graphitpackung, Gummidichtungen, Klingerit, Hanfpackungen, Putzlochdichtungen, Filz u. dgl.), Maschinenschrauben und Niete, Anschweißenden mit Muttern und Unterlagscheiben, Splinte, Werkzeugstahl (Rundstahl, Meißelstahl, Maschinenstahl), Feinmetalle (Kupfer- und Messingstangen, Kupferrohre, Blei, Zink, Lötzinn, Rotguß, Lagermetall, Kompositionsmetall für Lokomotiven usw.), Rundeisen, Flacheisen, Formeisen, Eisenbleche, Gasrohre, Eichen und Kiefernholz (Kantholz und Schnittholz für Rollwagenreparatur) usw.

Zu den *Ersatzteilen* rechnet man alle Maschinenteile, welche im Betrieb infolge Abnützung oder Bruch unbrauchbar geworden sind und daher ersetzt werden müssen, z. B. Drahtseile (Hubseile für Löffelbagger), Bremsbänder, Rollwagenlager, Radsatzrollen, Roststäbe von Lokomotiven und Baggern, Siederohre, Zahnräder usw.

Auch die sorgfältigste *Maschinenpflege* und größte Sparsamkeit bei der Bewirtschaftung der Reparaturmaterialien in der Werkstätte und im Betrieb können nicht verhindern, daß zur laufenden Instandhaltung der Maschinen *auf Tiefbaustellen jährlich große Summen für Reparaturmaterialien und Ersatzteile* verausgabt werden. Der Verbrauch ist zu ermitteln für die *laufende Instandsetzung* der Geräte auf der Baustelle zuzüglich der in gewissen Zeitabständen für Großgeräte vorgenommenen „Hauptreparatur", d. h. der gründlichen Überholung der Geräte nach mehrjähriger Tätigkeit auf Baustellen.

Zur Ermittlung des Verbrauches an Reparaturmaterialien und Ersatzteilen bei der Vorkalkulation kann man verschiedene Wege beschreiten. Beim *kaufmännischen Weg*, welcher sich auf die Erfahrungen der kaufmännischen Selbstkostenrechnung stützt (s. Anhang, Kapitel „Kaufmännische Nachkalkulation"), entnimmt man die Kosten der Reparaturmaterialien und Ersatzteile nach dem Geldwert aus den Selbstkostenbüchern und errechnet danach entweder die *Jahreskosten des Materialverbrauches bei der Geräteunterhaltung in Prozent des Anschaffungswertes (Neuwert) des auf der Baustelle befindlichen Großgerätes* oder die *Materialkosten der Reparaturen in Geldwert (RM.) je Einheit der Leistung* (z. B. 1 m³ Erdbewegung). Zu beachten ist, daß natürlich in die Berechnung nur „Großgeräte" einbezogen werden darf, bei welchem die Verbrauchsmaterialien auch unter dem Titel „Reparaturmaterialien und Ersatzteile" in der Selbstkostenrechnung geführt werden und nicht etwa Transportgleis, wo die Verbrauchsmaterialien (Schwellen, Bolzen, Laschen usw.) unter dem Titel „Kleingeräte und Werkzeuge" geführt werden.

Der geschätzte Prozentsatz für jährliche Geräteunterhaltung muß sich *den örtlichen Verhältnissen und dem Bauprogramm anpassen.* Es ist zu beachten, ob neues oder älteres Gerät zur Verwendung vorgesehen ist, ob in einer oder in mehr Schichten gearbeitet werden soll und ob bei den örtlichen vorliegenden Verhältnissen mit einer stärkeren oder schwächeren *Inanspruchnahme des Gerates* (Laden von Hand oder mit Baggern, lange oder kurze Transportwege) zu rechnen ist. Die Berücksichtigung all dieser Umstände bei dem *Jahresprozentsatz für Geräteunterhaltung* kann natürlich nur gefühlsmäßig erfolgen, so daß dem Verfahren eine gewisse Ungenauigkeit anhaftet.

Bei dem zweiten Verfahren entnimmt man ebenfalls den Selbstkostenbüchern nach früheren ähnlichen Arbeiten die Auslagen für Reparaturmaterialien und Ersatzteile in bezug auf 1 m³ Erdbewegung oder 1 m³ Beton, also den *Geldwert je Leistungseinheit*, welcher höchstens noch nach dem Alter des Gerätes eine kleine Abänderung erfährt. Dieses Verfahren hat ohne Zweifel den Vorteil, daß es *von der Intensität des Betriebes weniger abhängige Werte* ergibt, welche unter sonst gleichen Verhältnissen (gleiche Bodenart, Geräteart, Transportweite usw.) *bei der Einheitspreisbildung unmittelbar verwertbar* sind. Auf der anderen Seite setzt aber dieses Verfahren, wenn es genau sein soll, da es ja Geldwerte benützt, eine gleichbleibende Kaufkraft des Geldes oder eine feststehende Währung voraus. Bei dem ersteren Verfahren, welches stets vom Neuwert des Gerätes, d. h. den Anschaffungskosten zur Zeit der Berechnung ausgeht, ist in dieser Hinsicht allerdings ein gewisser Ausgleich geschaffen, da ja z. B. bei steigenden Löhnen und Materialpreisen sich auch die

Anschaffungskosten der Geräte erhöhen werden. Die erstere Art der Berechnung ist daher in Zeiten mit starken Preisschwankungen vorzuziehen. Diese Jahresprozentsätze der Geräteunterhaltung bilden allerdings durchaus keine festen Werte, sondern schwanken mit dem *Alter* der Maschinen, insofern ältere Maschinen wesentlich höhere Reparaturkosten verursachen. Sie schwanken ferner sehr stark bei den verschiedenen *Maschinengruppen* und sind außerdem eine Funktion der stärkeren oder schwächeren Inanspruchnahme der Maschinen, und zwar nicht etwa nur infolge längerer oder kürzerer Betriebszeit, sondern auch — und das wird meist übersehen — infolge eines größeren oder geringeren *Ausnutzungsgrades der Maschinen* [1] (wichtig bei Transportmaschinen, z. B. Lokomotiven) oder infolge des durch die örtlichen Verhältnisse bedingten Grades der Inanspruchnahme von Arbeitsmaschinen (z. B. Bagger in leichtem oder schwerem Boden). Die Reparaturkosten von Förderwagen in Erdbetrieben hängen z. B. außer von der Größe der Transportgefäße davon ab, ob leichter bzw. schwerer oder gar felsiger Boden geladen wird und weiter davon, mit welchen Geräten der Boden geladen wird. Selbstverständlich sind hier (wie auch bei Lokomotiven) Steigungen, Kurven und allgemeiner Zustand des Fördergleises von Einfluß auf die Reparaturkosten.

Für die verschiedenen *Maschinen des Erd- und Betonbaues* können folgende Angaben als Anhaltspunkte dienen:

Materialkosten der Maschinenreparatur für 2500 Betriebstunden.

Absetzapparate (mit Förderband)· $u = $ . . .	3— 5%	des Geräteneuwerts
Eimerkettenbagger	4— 6%	„ „
Löffelbagger	4— 8%	„ „
Greifbagger	5—10%	„ „
Dampflokomotiven (je nach Größe, Alter und Inanspruchnahme)	2— 5%	„ „
Diesellokomotiven (je nach Größe, Alter und Inanspruchnahme)	3— 6%	„ „
Einebnungspflüge	3— 4%	„ „
Muldenkipper bis 2 m³ Inhalt		
beim Beladen von Hand	3— 5%	„ „
beim Beladen mit Löffelbaggern	6—10%	„ „
Eiserne Selbstkipper 3 bis 6 m³ Inhalt . . .	2— 5%	„ „
Hölzerne Förderwagen (auch Selbstkipper) .	8—10%	„ „
Betonmischmaschinen	4— 6%	„ „
Gießtürme	5— 8%	„ „
Dampframmen	8—10%	„ „
Kreiselpumpen	3— 5%	„ „
Werkzeugmaschinen	5— 8%	„ „
Steinbrecher (je nach Gesteinshärte)	15—20%	„ „
Elektromotoren	4— 6%	„ „

Mittelwert für Tiefbaustellen

im Einschichtenbetrieb	$b = 2500$	4%	des Geräteneuwertes [2]
„ Zweischichtenbetrieb	$b = 4000$	8%	„ „
„ Dreischichtenbetrieb	$b = 6000$	12%	„ „

---

[1] Man vergleiche dazu das Kapitel „Nachkalkulation der Betriebstoffe" im Anhang, S. 399.

[2] *Ohne Gleisanlagen.* Der Schwellenverbrauch erscheint unter „Kleingeräte und Werkzeuge".

Behandlung der „Reserveteile“ bei der Kostenberechnung.

Die Ersatzteilbeschaffung verlangt für die häufigem Verschleiß ausgesetzten Maschinenteile einen gewissen Vorrat an *Reserveteilen* auf der Baustelle. Wollte man, wie teils in der Literatur vorgeschlagen, auch die Verzinsung des in Reserveteilen auf der Baustelle angelegten Kapitals bei der Kostenberechnung berücksichtigen, so hieße das, eine Genauigkeit in solche Berechnungen hereintragen, welche praktisch nicht existiert. Bei guter Organisation in einem Unternehmen (d. h. bei Verwendung möglichst gleicher Maschinentypen) ist das in Ersatzteilen angelegte Kapital verhältnismäßig gering. Gegenüber den an und für sich nur geschätzten Sätzen für Abschreibung und Verzinsung tritt die Verzinsung des Kapitals für Reserveteile vollkommen zurück.

b) Kleingeräte und Werkzeuge. Mit Rücksicht auf den großen Verschleiß an „Kleingeräten und Werkzeugen“ bei Tiefbauarbeiten, rechnet man diese zweckmäßig nicht unter „Geräte“, sondern unter „Verbrauchsmaterialien“. Denn sie können ja nach dem Verschleiß nicht mehr instand gesetzt werden bzw. geht ein beträchtlicher Teil auf der Baustelle verloren, selbst wenn man durch Ausgabe von Werkzeugbüchern und sorgfältige Kontrolle das Abhandenkommen von Werkzeugen zu verhindern sucht. Die Bestandsaufnahmen der Materialverwaltung, welche in gewissen Zeitabständen stattfinden, ergeben die Verluste und die Unterlage für die „Verbrauchsmeldung“ des als *verbraucht abzuschreibenden* Kleingerätes.

An wichtigen Materialien, welche unter den Begriff „Kleingeräte“ fallen, sind zu nennen: *Kleineisenzeug* (Laschen, Bolzen, Schienennägel, Schwellenschrauben usw.) und *hölzerne Gleisschwellen*. Der Verschleiß an Schwellen hängt sehr von den örtlichen Verhältnissen der Baustelle ab, d. h. Art der Verwendung (Fördergleis, Ladegleis, Kippgleis, Baggergleis usw.) von der Beschaffenheit des Untergrundes und Bettungsmaterials, von der Verwendungsdauer und betrieblichen Inanspruchnahme des Fördergleises (Mehrschichtenbetrieb), von der Sorgfalt der Gleisunterhaltung, Dauer der Zwischenlagerung auf Lagerplätzen usw.

Als *mittlere jährliche Abschreibungssätze* kann man *bei Vorkalkulationen* etwa annehmen:

	Einschichtenbetrieb		Mehrschichtenbetrieb	
Für Werkzeuge . . .	40% des Neuwertes		50% des Neuwertes	
„ Kleineisenzeug .	15% „	„	20% „	„
„ Holzschwellen . .	30% „	„	40% „	„

§ 3. Kosten des Zusammenbaues und Abbaues von Baugeräten.

Die folgenden Tabellen geben Anhaltspunkte zur Ermittlung der Montagekosten. Die Klammerwerte gelten als zulässige Grenzwerte (für Erstmontagen).

1. *Erdarbeiten.*

Tabelle 2.

Geräte	Dienst-gewicht in t	Lohnstundenaufwand		Dauer der Montage Tage
		für Montage	für De-montage	
Absetzapparate				
1. Typ $\frac{400}{34}$ Bagger	210	8800 (10000)	4500	70 (80)
Elektromontage		3500 (4500)	1500	
2. Typ $\frac{500}{40}$ Bagger	250	10000 (12000)	4800	75 (85)
Elektromontage		3500 (4500)	1500	
3. Typ $\frac{500}{47}$ Bagger	270	11000 (13000)	5300	80 (95)
Elektromontage		3500 (4500)	1500	
Absetzergleise mit Kippgleis und Fahr-leitung je 1 m Strosse		8,5	4,5	
Eimerbagger				
E-Bagger 300 l, 14 m Tiefe.	160	2500 (3000)	1500	22 (30)
B-Bagger 250 l, 15 m Tiefe.	145	2400 (3000)	1400	20 (25)
1 m *B*-Baggergleis		8,0	4,0	
A-Bagger 180 l, 10 m Tiefe.	80	1700 (2200)	1000	16 (20)
1 m *A*-Baggergleis.		6,0	3,5	
C-Bagger 100 l, 8 m Tiefe	50	1100 (1400)	700	10 (14)
1 m *C*-Baggergleis		5,0	3,0	
Ältere Dampflöffelbagger				
Menck und Hambrock				
G 20 2 m³-Löffel.	70	1000 (1400)	700	15 (20)
F 1,6 m³-Löffel	53	850	500	10
F 1,3 m³-Löffel	45	600	400	8
E 1 m³-Löffel	36	500	300	6
Universalraupenbagger (Dampfbagger)				
VI 2,2 m³-Löffel	140	1300 (1600)	1000	18 (24)
V 1,5 m³-Löffel	88	1000 (1400)	700	15 (18)
IV 1 m³-Löffel	55	680 (800)	400	8 (10)
III 0,67 m³-Löffel	33	450 (600)	300	6 (9)
Greifbagger				
auf Gleis bzw. Raupendampfgreifer				
C 0,4 m³-Greifer.	13	250	150	4
E 0,8 m³-Greifer.	23	350	250	5
G 2 m³-Greifer	50	900	600	12
Wasserhaltung[1]				
Zentrifugalpumpen mit 15 m Rohr-leitung				
300 mm Saugrohr-⌀	2,50	160	100	4
250 mm Saugrohr-⌀	1,70	140	80	4
200 mm Saugrohr-⌀	1,20	110	70	3
150 mm Saugrohr-⌀	0,90	80	50	3
100 mm Saugrohr-⌀	0,50	70	40	2

[1] Zu Wasserhaltung: Bei den Montagestunden ist die Aufstellung eines Antriebs-motors mitgerechnet, *nicht* jedoch *bei der Gewichtsangabe. Nicht* eingerechnet sind die Kosten des Pumpenschachtes und Aufstellung einer Schutzhütte.

2. Betonarbeiten.

Tabelle 3.

Geräte	Dienstgewicht in t	Lohnstundenaufwand		Dauer der Montage Tage
		für Montage	für Demontage	
Betonmaschinen ohne Antriebsmotore				
1200 l (25 PS)	12,00	350	200	8
1000 l (20 PS)	10,0	300	180	6
750 l (15 PS)	6,0	200	120	5
500 l (12 PS)	5,0	160	100	4
375 l (8 PS)	3,0	120	70	3
250 l (6 PS)	1,85	80	60	3
150 l (3 PS)	1,40	50	30	2
Beton-Gießtürme und Gießmaste				
Gießmast 350 l komplett, 40 m hoch $v = 0,5$ m/s, 10 PS Antriebsmotor	8,5	350 (450)	200	7 (9)
Gießturm 500 l komplett, 50 m hoch, $v = 0,5$ m/s, 15 PS Antriebsmotor	17,7	1200 (1500)	600	14 (18)
Gießturm 750 l komplett, 50 m hoch, $v = 1,0$ m/s, 35 PS Antriebsmotor	39,0	2400 (3000)	1200	25 (30)
Bandbetonierturm 48 m Höhe, 26 m Ausladung	38,0	2400 (3000)	1200	25 (30)
Kabelbahnen				
Kabelkraftanlage 2,8 t Tragkraft, Spannweite $L = 300$ m	33,0	6000 100 m³ Betonfundament	3000	70
Kabelkraftanlage 5,2 t Tragkraft, Spannweite $L = 300$ m	40,0	12000 120 m³ Betonfundament	6000	110
Drehkrane				
Turmdrehkran 5 bis 12 m Ausladung, 6 bis 3 t Tragkraft	18,5	800	500	10
Dampfdrehkrane, man vergleiche die entsprechenden Greifbaggertypen!				
Steinbrecher ohne Antriebsmaschine, Fundamente, Silos und Schutzhütte				
750/400 mm Maulweite	12,5	600	300	10
515/300 mm ,, ...	7,0	300	200	6
450/250 mm ,, ...	4,4	180	120	4
300/200 mm ,, ...	3,0	120	80	4
Kieswaschmaschinen ohne Antriebsmaschine und Fundamente				
30 m³ Stundenleistung	10,0	300	200	6
12 m³ ,, ...	5,0	200	120	5
8 m³ ,, ...	4,0	150	90	4
Elevatoren ohne Antriebsmaschine				
15 m³/h, 20 l-Becher	2,7	150	80	6

3. Rammarbeiten.
Tabelle 4.

Geräte	Dienst-gewicht in t	Lohnstundenaufwand		Dauer der Montage Tage
		für Montage	für De-montage	
Dampframmen ohne Rammgerüste und Rammgleis				
Kleindampframme 500 kg Bärgewicht, 6,5 m Nutzhöhe	4,0 mit Bär	120	60	3
Drehramme 1000 kg Bärgewicht, 7,0 m Nutzhöhe	10,0 mit Bär	400	250	7
Drehramme direkt wirkend, 2000 kg Bärgewicht, 16 m Nutzhöhe . . .	23,0 mit Bär	1000	500	14 (18)
Universalbetonpfahlramme, 4000 kg Dampfbär, 18 m Nutzhöhe	40,0 mit Bär	1500	1000	18 (22)

4. Druckluftarbeiten.
Tabelle 5.

Geräte	Dienst-gewicht in t	Lohnstundenaufwand		Dauer der Montage Tage
		für Montage	für De-montage	
Stationäre Kompressoren ohne Antriebsmaschine, ohne Funda-ment und ohne Barackenbau				
Bis 3 at-Druck, 5 m³/min Luftansau-gung	1,50	90	50	2
Bis 3 at-Druck, 10 m³/min Luftansau-gung	2,50	120	60	3
Bis 7 at-Druck, 5 m³/min Luftansau-gung	2,20	100	50	2
7 m³/min Luftansaugung	3,50	130	80	4
11 m³/min Luftansaugung	4,00	150	90	5

5. Hochbauaufzüge und Winden.
Tabelle 6.

Geräte	Dienst-gewicht in t	Lohnstundenaufwand		Dauer der Montage Tage
		für Montage	für De-montage	
Schnellbauaufzüge mit Friktionswinde ohne Antriebsmaschine 20 m hoch, 600 kg Tragkraft, $v = 0{,}8$ m/s (10 PS) (*ohne* Holzkonstruktion)	1,7	80	40	2
Baugrubenaufzüge mit Windwerk *ohne* Antriebsmaschine, 0,75 m³, 7 m Höhe	4,0	150	90	4

Tabelle 6. (Fortsetzung.)

Geräte	Dienst-gewicht in t	Lohnstundenaufwand		Dauer der Montage Tage
		für Montage	für De-montage	
Friktionswinden für Riemenantrieb, ohne Motor mit 1 Trommel und 2 Gängen, $v = 0,5$ und 0,8 m/s				
3000 kg Tragkraft (25 PS)	1,53	50	30	2
2000 kg ,, (17 PS)	1,20	35	20	2
1500 kg ,, (13 PS)	1,00	25	15	1
1000 kg ,, (8,5 PS)	0,80	20	15	1
750 kg ,, (6,5 PS)	0,60	15	10	$^1/_2$
(für $v = 0,5$ m/s)				
Muldenaufzüge mit Seilrollen und Führungsschienen ohne Winden und Motor bis 30 m Höhe				
350—500 l-Mulde (10 PS)	2,0	100	60	2
750 l-Mulde (15 PS)	2,50	120	80	3
$v = 0,5$ m/s				

Bemerkung. Bei den Muldenaufzügen kommt hinzu die Aufstellung der hölzernen Aufzugstürme, welche einen Holzbedarf von 0,25 m³/1 stgd.m Gerüst erfordern. Für Abbinden, Aufstellen und Abseilen des *Aufzugturmes* kann man je 1 m Turmhöhe 8 Zimmererstunden rechnen, bei bereits abgebundenen Türmen 6 Zimmererstunden je 1 stgd.m und für Wiederabbrechen des Holzturmes 3 Zimmererstunden je 1 stgd.m, d. h. insgesamt etwa *10 Zimmererstunden je 1 stgd.m.*

6. Antriebsmaschinen.

Tabelle 7.

Geräte	Gewicht in kg	Lohnstundenaufwand		Dauer der Montage Tage
		für Montage	für De-montage	
Elektromotore ohne Fundamente mit Vergießen und Anschließen der Maschine				
3 PS Motor	100	15	10	$^1/_2$
5 PS ,, ...	180	20	15	1
10 PS ,, ...	340	25	18	2
20 PS ,, ...	450	30	20	2
25 PS ,, ...	550	40	25	3
30 PS ,, ...	770	50	25	3
50 PS ,, ...	1050	60	30	-3
70 PS ,, ...	1320	70	35	4
100 PS ,, ...	2000	100	50	5
Rohölmotore ohne Fundament				
12 PS Bulldogg		20	10	2
20 PS Motor	1500	40	20	2
30 PS ,, ...	3000	80	40	3
50 PS ,, ...	3500	100	50	4
100 PS ,, ...	8000	150	80	7
Benzolmotore ohne Fundamente				
4 PS Motor	700	30	20	1
6 PS ,, ...	1000	40	20	2
10 PS ,, ...	1350	50	25	2
12 PS ,, ...	1500	60	35	3
16 PS ,, ...	2900	80	40	3
20 PS ,, ...	3200	100	60	4

7. Werkstattmaschinen.

Nachstehend ist für die *Reparaturwerkstätte einer Tiefbaustelle* (Erdarbeiten) die Geräteausstattung und der *Lohnstundenaufwand für den Zusammenbau und Abbau der Werkstattmaschinen* zusammengestellt. Das zugehörige Werkstattgebäude, welches einen Grundriß von 540 m² aufweist, enthält auf der einen Seite die Werkstattmaschinen für die Instandsetzung der Baumaschinen und auf der anderen Seite die Stellmacherei für die Rollwagenreparatur. Der Lohnaufwand für das Betonieren der Maschinenfundamente ist in die Montagelöhne eingeschlossen, nicht dagegen die Materialkosten der Fundamente.

Tabelle 8. Lohnaufwand für den Zusammenbau der Maschinen
einer Reparaturwerkstätte.

Geräte	Gewicht in kg	Lohnstundenaufwand		Fundament m³ Beton
		für Montage	für Demontage	
1 Antriebsmotor 20 PS	450	30	20	0,40
2 Transmissionen 13 m mit Hängelagern und				
Riemenscheiben	1000	80	40	—
1 Leitspindeldrehbank 3000 × 500	5800	150	100	1,00
1 Schnelldrehbank 1500 × 220	2000	80	50	0,40
Dreherwerkzeuge	100			
1 Shapingmaschine 500 mm Hub	1500	60	40	0,30
1 Säulenbohrmaschine bis 60 mm	800	30	26	0,30
1 ,, bis 25 mm	400	15	10	0,20
1 Wandbohrmaschine bis 30 mm	320	13	10	—
1 Schmirgelschleifmaschine				
1 Schleifstein für Kraftantrieb	180	8	5	0,20
1 Kaltsäge	100	4	3	0,20
1 Federhammer 60 kg Bärgewicht	1450	60	30	0,50
1 Antriebsmotor 10 PS	340	25	20	0,20
1 Schmiedeherd mit 2 Feuern und Ventilator	400	50	30	0,30
1 Richtplatte, 1 Lochplatte				
2 Ambosse	500			
Schmiedewerkzeuge	600			
1 Schmiedeherd mit 1 Feuer und Ventilator	320	40	25	0,20
1 Amboß	180			
1 Eisenschere mit Stanze	1500	50	35	0,20
1 Radsatzpresse	2500	80	60	0,40
1 Kreissäge	600	20	15	0,20
1 Bandsäge	700	30	20	0,30
1 Antriebsmotor 8 PS	320	10	8	0,20
1 Bohrmaschine mit Zubehör	500	20	15	0,20
1 elektrische Handbohrmaschine	150			
1 Hobelbank und Werkbänke	800	10	5	—
1 Schienenbiege- und Richtmaschine	1200	30	20	0,30
1 Schweißapparat	150	5	3	—
Verschiedene Einrichtungsarbeiten	140	100	30	—
Insgesamt:	25000	1000	620	6,00

Es ergeben sich demnach für die *Einrichtung ganzer Reparaturwerkstätten die Lohnkosten:*

für *Montage* der Werkstattmaschinen zu *40 Facharbeiterstunden,*

für *Demontage* der Werkstattmaschinen zu *25 Facharbeiterstunden* je *1 t Werkstattausstattung.*

Bei einer Belegschaft von 1 Maschinenmeister, 4 Maschinenschlossern und 2 Tiefbauarbeitern würde also bei Einhaltung des 8-Stundentages die maschinelle Einrichtung der vorstehenden Reparaturwerkstätte 18 Arbeitstage in Anspruch nehmen. Der höheren Entlohnung des Maschinenmeisters wird dadurch Rechnung getragen, daß für die Montage nur mit „Facharbeiterstunden" gerechnet wird. Es kann in der Kalkulation aber auch mit dem „mittleren Stundenlohn" gerechnet werden, nachdem eine bestimmte Zusammensetzung der bei der Montage tätigen Belegschaft angenommen wurde.

§ 4. Grundsätzliches zur Lohnkostenermittlung.
1. Allgemeines.

Für die Wichtigkeit der richtigen Erfassung der *Lohnkosten* bei der Kalkulation spricht die Tatsache, daß der *Kostenanteil der reinen Löhne*

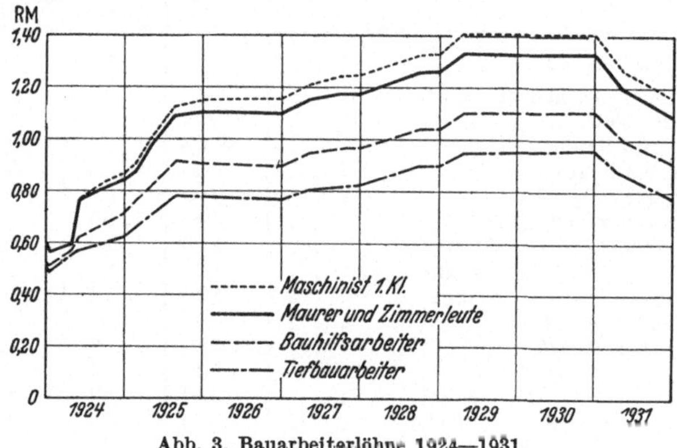

Abb. 3. Bauarbeiterlöhne 1924—1931.

(ohne soziale Aufwendungen) an den Selbstkosten von Bauarbeiten etwa zwischen 33% (Hoch- und Eisenbetonbau) und 50% (Erdarbeiten) beträgt.

Die Höhe des Stundenlohnes für die einzelnen Arbeiterkategorien (Maurer, Zimmerleute, Bauhilfsarbeiter, Tiefbauarbeiter, Maschinisten, Steinsetzer usw.) ist in Deutschland nach *Tarifgebieten* festgelegt und wird durch die *Treuhänder der Arbeit* überwacht. Der für das Baugewerbe gültige *Reichstarif für das Baugewerbe* enthält die allgemeinen Arbeitsbedingungen, Einstellung und Entlassung von Arbeitern, Arbeitszeit, Überstunden-, Nacht- und Sonntagszuschläge, Entlohnung und soziale Leistungen, Urlaub, Auslösungen, Lehrlingsarbeit, Arbeiterunterbringung usw.

Die Übernahme von langfristigen Bauverträgen durch den Unternehmer zu „Festpreisen", setzt eine Beurteilung der Lohnentwicklung und der sozialen Leistungen über die Dauer dieser Zeit voraus. Zur Erläuterung der starken Lohnschwankungen in Deutschland in früherer Zeit ist die Entwicklung der *Bauarbeiterlöhne von 1924—1931* (Mittel aus den 6 Großstädten Berlin, Beuthen, Essen, Frankfurt, Hannover, München) dargestellt (Abb. 3).

Wahl des Arbeitssystems. Bei *Tagelohnarbeit* ist der tarifliche *Stundenlohn* vom Unternehmer ohne Rücksicht auf die Leistung zu bezahlen.

Akkordtarife (Leistungstarife), in welchen eine bestimmte Leistung bezahlt wird, bestehen nur noch vereinzelt (der Tariflohn muß garantiert sein). Bei der *Prämienarbeit* werden dem Arbeiter bei Überschreitung einer Soll-Leistung *Leistungszulagen* oder Prämien gewährt. Bei reiner Handarbeit soll ein Mehrverdienst von wenigstens 20 bis 25% möglich sein. Indessen läßt sich das Prämiensystem mit Erfolg auch auf stark mechanisierte Tiefbaubetriebe anwenden.

Wahl der Arbeitszeit. Neben der Wahl des Arbeitssystems ist noch von Einfluß auf die Lohnkosten die Wahl der *Arbeitszeit* und die Art der Einschaltung und Dauer der Arbeitspausen. Einschichtiger und zweischichtiger Betrieb wird stets wirtschaftlicher für den Unternehmer sein als dreischichtiger Betrieb, da beim letzteren bei $7^1/_2$stündiger tatsächlicher Arbeitszeit 8 h bezahlt werden müssen und mit Minderleistungen der Nachtschicht möglicherweise, sowie mit Mehrkosten der Nachtbeleuchtung und der tariflichen Entlohnung der Nachtarbeit überhaupt gerechnet werden muß.

Auch die *Jahreszeit* kann von großem Einfluß sein (Winterarbeit!).

Personalfrage. Von entscheidendem Einfluß auf die Lohnkosten, d. h. auf ein wirtschaftliches Arbeiten ist die Auswahl des *Betriebsführers und Aufsichtspersonals* sowie des Facharbeiterpersonals im Baugewerbe, welche meist als *Stammarbeiter* bei den Bauunternehmungen das Maschinen- und Werkstättenpersonal bilden. Sehr wichtig für das Baugewerbe ist die Heranbildung von geeignetem *Facharbeiternachwuchs* in den Betrieben und in den Lehrwerkstätten.

Arbeiterwohlfahrt. Die soziale Einstellung des Bauunternehmers bzw. Betriebsführers wird auch Leistung und Stimmung der Gefolgschaftsmitglieder beeinflussen. Die vordringlichsten Forderungen der Arbeiterwohlfahrt lauten kurz zusammengefaßt: freundliche, saubere und hygienisch einwandfreie *Unterkünfte*, Maßnahmen der Unfallverhütung, Betreuung verunglückter Gefolgschaftsmitglieder (erste Hilfe bei Unglücksfällen), Fernhaltung des *Alkohols* von der Baustelle.

2. Ermittlung der Lohnkosten.

Wie die Ermittlung der Selbstkosten für Bauarbeiten überhaupt, soll auch die Ermittlung der *reinen Lohnkosten* nur im Zusammenhang mit einem wohldurchdachten *Betriebsprogramm* erfolgen, aus dem die Dauer der Arbeiten wie auch die angenommenen Leistungen und die Zahl der erforderlichen Arbeitskräfte hervorgeht. Eine vorherige Durchdenkung des ganzen Betriebes schützt am besten gegen falsche Kostenermittlungen. Kostenermittlung und Baustellenorganisation sind auf das engste miteinander verbunden.

Die richtige *Dimensionierung des Geräteparks* und *Schätzung der Arbeiterzahl* in den verschiedenen Teilen des Betriebes an Hand eines wohlüberlegten *Betriebsprogramms* ist besonders bei der *Vorkalkulation von Tiefbauarbeiten* wichtig und muß hier als Kontrolle von vereinfachten Kalkulationsmethoden diese ergänzen. Im übrigen besteht dann die Kalkulation der Lohnkosten nur in der richtigen *Schätzung der Leistung von Mensch und Maschine* im Betrieb. Sorgfältige *Nachkalkulationen* früher ausgeführter Arbeiten und eigene Betriebserfahrungen des Kalkulators bilden die Grundlage für diese Schätzungen.

Maßstab der Leistung des Arbeiters ist einzig und allein der *Lohnstundenverbrauch je Einheit der Leistung.* Dieser Maßstab ist unabhängig von der Arbeitszeit (gegenüber dem „Arbeitertagewerk") und von der Lohnhöhe (gegenüber dem „Geldwert der Lohnkosten je Leistungseinheit"). Dabei ist eine *Trennung nach Facharbeiter- und Hilfsarbeiterstunden* manchmal erwünscht und im Hochbau auch üblich. Sie ist aber in den wenigsten Fällen unbedingt erforderlich, da dem Betriebspraktiker bei den meisten Bauarbeiten bekannt ist, in welchem Verhältnis etwa Aufsichtspersonal, Maschinisten, Facharbeiter und Hilfsarbeiter bei der betreffenden Arbeitsleistung Verwendung finden. Auch Prämien, Auslösungen, Wegegelder, Nacht- und Sonntagszuschläge sowie andere zusätzliche Lohnvergütungen, wie z. B. Beförderungskosten oder Unterbringungskosten, Zureisekosten[1] usw. — den Urlaub rechnet man besser zu den „sozialen Aufwendungen" —, können in Form eines Zuschlages zum *reinen Lohn* in der Kalkulation berücksichtigt werden. Man rechnet daher zweckmäßig bei Tiefbauarbeiten bei der Ermittlung der Lohnkosten für die Lohnstunde einen „*mittleren Stundenlohn*". Dieser kann entweder aus der Zusammensetzung der Belegschaft nach den verschiedenen Arbeiterkategorien ermittelt werden oder auf Grund früherer Erfahrungen (Feststellungen der Lohnbuchhaltungen) — im *Tiefbau* vor allem mit seiner vielseitigen Staffelung der verschiedenen Facharbeiterkategorien hält der Verfasser diese Methode für die zweckmäßigste, während im *Hochbau* eine Trennung nach Facharbeitern und Hilfsarbeitern sich meist leicht durchführen läßt — durch einen *prozentualen Zuschlag auf den Arbeiterlohn* berechnet werden (im Tiefbau z. B. bei großen Erdarbeiten etwa 30%).

3. Soziale Aufwendungen [2].

In unmittelbarer Abhängigkeit von den Lohnkosten stehen die *sozialen Aufwendungen,* welche daher auch *in Prozenten der Löhne* ausgedrückt werden. Sie bestehen aus

Unternehmeranteil zur Krankenkasse (örtlich verschieden), etwa 1,8%,

Unternehmeranteil zur Invalidenversicherung, etwa 2,44%,

Unternehmeranteil zur Angestelltenversicherung der Schachtmeister und Poliere, etwa 0,23%,

Beiträge zur Berufsgenossenschaft (Unfallversicherung nach Gefahrenklassen verschieden), Tiefbau etwa 2,5%, Hochbau etwa 2,2%,

Erwerbslosenversicherung, etwa 3,3%,

Arbeiterurlaub und Bezahlung von Arbeitsversäumnis etwa 3,15%,

Bezahlung von Feiertagen etwa 2,4%,

Bezahlung von Krankheit u. dgl. 1,2%.

Die *sozialen Zuschläge* sind nach den Tarifgebieten *örtlich verschieden* und betrugen 1940 in Großdeutschland 16 bis 17% der reinen Löhne (ohne Auslösungen).

---

[1] *Nicht* einzuschließen sind die *Kosten der besonderen sozialen Maßnahmen* Punkt 1 bis 6, S. 31.

[2] Die gewerbliche *Lohnsummensteuer* (0 bis 2% der Löhne) zählt zu den „Allgemeinen Geschäftsunkosten", die Ausfuhrförderungsabgabe (3% der Löhne) zum Gewinn (entgegen LSBÖ. Nr. 29).

Kosten besonderer sozialer Maßnahmen [1].

An sonstigen „sozialen Maßnahmen" können noch auf Grund von *Sondertarifen* in Frage kommen:

1. Entfernungszulagen (oder Wegegelder genannt). Einzelne Sondertarife sehen vor bei Entfernungen über 10 km vom Wohnort des Gefolgschaftsmitglieds 0,50 RM./Tag, bei Entfernungen über 20 km 1,— RM./Tag.

2. Trennungsentschädigung für von den Arbeitsämtern zugewiesene verheiratete Arbeiter, welche getrennt von ihren Familien leben müssen (für Stammarbeiter haben die Unternehmer die im Reichstarif vorgesehenen „Auslösungen" zu bezahlen). Einzelne Sondertarife (z. B. für die Reichsautobahnen) sehen vor

für Verheiratete oder Gleichgestellte je 1 Kalendertag 1,— RM.,

bei Gefolgschaftsmitgliedern aus Städten mit über 100000 Einwohnern 1,50 RM./Kalendertag.

3. Erstattung der Übernachtungskosten für zugewiesene Arbeiter, welche sich selbst privat unterbringen (z. B. 0,50 RM. je Tag bei den Reichsautobahnen).

4. Wochenendheimfahrten mit unbezahlten Urlaubstagen für auswärtige Arbeiter (der „bezahlte Urlaub" ist bereits in den „sozialen Zuschlägen" behandelt. Es werden nach der T. O. gewährt nach 32 Wochen 4 Tage, nach 48 Wochen 6 Tage).

5. Schlechtwetterregelung [2], d. h. Vergütung von 60 % des Tariflohnes für Ausfallstunden infolge von schlechter Witterung.

6. Vorhalten von warmen (im Winter) *bzw. kalten* (im Sommer) *Getränken auf der Baustelle* (Kaffee oder Tee).

7. Kostenlose Unterbringung in Barackenlagern mit billiger Verpflegung (etwa 1,20 RM. für volle Verpflegung/Tag).

Kosten der Arbeiterunterbringung auf Baustellen.

Zu den sozialen Maßnahmen im neuen Deutschland zählt vor allem die würdige Unterbringung der von auswärts zugewiesenen Arbeiter. Es gilt hier das „Gesetz für Unterkunft" von Bauten vom 13. 12. 1934 (RGBl. I, 1934, Nr. 134 vom 15. 12. 1934 mit Ausführungsverordnung vom 10. 1. 1935 RGBl. I, 1925, Nr. 2).

Abb. 4 zeigt die Lageplanskizze eines Arbeiterlagers für etwa 300 Mann.

Beispiel 1. Lagerbeschaffungs-, Lageraufbau- und Lagerbetriebskosten eines Barackenlagers für max. 300 Mann sind zu ermitteln und auf 1 Arbeitertagewerk umzurechnen.

Lösung.

A. Lagerbeschaffung für 300 Mann.

4 Mannschaftsbaracken mit je 75 Mann (mit Stuben für Lagerführer usw.), 1 Wirtschaftsbaracke (Kantine), 1 Waschbaracke, 1 Abortbaracke und sämtliche

---

[1] Die sozialen Aufwendungen 1. bis 4. betrugen 1940 15 bis 18 % der reinen Lohnkosten. Sie müssen aber nach § 2, 2 der Baupreisverordnung besonders ausgewiesen werden.

[2] Gemäß Erlaß des Reichskommissars für die Preisbildung vom 28. 7. 1939 hat der Unternehmer Anspruch auf einen *Zuschlag von 20 %* auf die baren Lohnauslagen + Gewerbelohnsummensteuer in tatsächlicher Höhe.

Einrichtungsgegenstände, maschinelle Anlagen für Wasserversorgung, Heizung, Kücheneinrichtung usw.

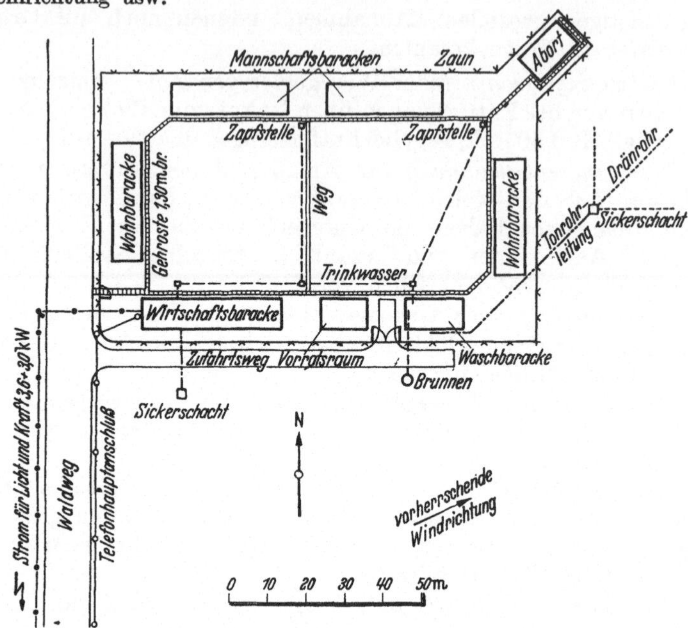

Abb. 4. Lageplan eines Arbeiterlagers.

Pos. 1. *4 Mannschaftsbaracken* doppelwandig, für je 75 Mann zu je
$30 \cdot 8 = 240$ *m² Grundfläche* zu je 0,15 t/m² $= 36$ t Holzgewicht (einschl. 360 Pfählen, $\varnothing$ 14 cm, 1,2 m lang)

  a) Gebäude 240 m² zu 39,50 RM. . . . . .   9500,— RM.

  b) Einrichtung: Betten (77), Schränke (77),
     Tische (10), Öfen (6), Bettausstattung (77),
     Handtücher, Feuerlöscher (4) usw. $75 \cdot 80$ 6000,— ,,

  c) Material für Elektroinstallation der Barak-
     ken nebst Anteil der Außenleitung im
     Lagerhof . . . .   700,— ,,

  Neuwert für 1 komplette Mannschafts-
  baracke . . . . 16200,— RM.

Neuwert von 4 Baracken zu je 16200,— RM. . . . . . . 64800,— RM.

Pos. 2. *1 Wirtschaftsbaracke* (Kantine) doppelwandig mit $35 \cdot 8 =$
280 m² Grundfläche mit 185 m² Speiseraum für 200 Sitz-
plätze, etwa 50 m² Küche, 30 m² Vorratsraum, Verkaufsraum.
280 m² zu 0,13 t $= 36$ t Holzgewicht (einschl. 360 Pfähle,
$\varnothing$ 14 cm, 1,2 m lang)

  a) Gebäude 280 m² zu 44,50 RM. . . . . . 12500,— RM.

  b) Einrichtung: Kochanlagen mit 3 Kesseln
     300 l, 1 Küchenherd usw. . . . .   3800,— ,,
     1 Kühlzelle . . . .   2800,— ,,
     Bestecke, Eßschüsseln, Öfen, Stühle, Bänke,
     Küchenwäsche, Vorhänge, Handtücher usw. 2700,— ,,

  c) Anteil der Elektroinstallation . . . . .   200,— ,,

Neuwert für 1 komplette Wirtschaftsbaracke . . . . . . 22000,— RM.

Pos. 3. *1 Waschbaracke*, 13,5 · 8 m mit Waschraum (35 m²), Auskleide-
raum, Duschraum (10 Duschen), Trockenraum, Heizraum
und Lüftung, *ohne Fundamente* (s. B. Lageraufbau), 108 m²
Grundfläche zu 0,10 t = 11 t Holzgewicht

   a) Gebäude 108 m² zu 53,50 RM. . . . . .   5800,— RM.

   b) Maschinelle Anlage für Heizung und Was-
      serversorgung (selbstansaugende Kreisel-
      pumpe, 2″ Druckstutzen, Druckwindkessel,
      Boiler, Niederdruckwarmwasserkessel) . .   3500,— „

   c) Material für Elektroinstallation . . . . .   500,— „

   d) Einrichtung (200 Waschschüsseln und
      Bänke) . . . .   700,— „

Neuwert für 1 komplette Waschbaracke . . . .   10500,— RM.

Pos. 4. *1 Abortbaracke*, 15 · 8 m = 120 m²
Grundfläche (mit 18 Sitzen) zu 18,40 RM. .   2200,— RM.
Elektroinstallation . . . .   300,— „

Neuwert der Abortbaracke . . . .   2500,— RM.

Summe Pos. 1 + 2 + 3 + 4 = 99800,— RM. oder rd. 100000,— RM.
Vorratsschuppen, Keller usw. je nach Entfernung des Lagers von Ortschaften
verschieden (s. B. Lageraufbau).

B. *Lageraufbaukosten* (einschl. Abbau).

I. Allgemeine Arbeiten.

1. Fracht für 190 t Barackenteile Frachtkl. F für 200 km . . .   1850,— RM.
2. Lastautotransport für 190 t Barackenteile zu 4,50 RM. . . .   855,— „
   Rücktransport desgl. . . . .   855,— „
3. Vorarbeiten (Roden, Vermessung usw.), Platzmiete . . . . .   1600,— „
4. Wegearbeiten für Zufahrtswege 2000 m² zu 2,— RM. . . . .   4000,— „
5. Planierarbeiten 1600 m² zu 0,50 RM. . . . .   800,— „
6. 420 lfd. m Zaun zu 3,75 RM. . . . .   1575,— „
7. 400 m² Lattenroste (auf Kiesbettung) zu 5,50 RM. . . . . .   2200,— „

8. Wasserversorgung des Lagers

   a) Brunnen 20 m tief mit Kiesfilter (einschl.
      Versuchsbohrung) . . . .   1300,— RM.

   b) 150 lfd. m Trinkwasserleitung 2″ mit 6 Schäch-
      ten, Zapfstellen, Absperrschieber usw. zu
      10,— RM. . . . .   1500,— „   2800,— „

9. Kanalisation des Lagers
   80 lfd. m Tonrohrleitung 125 mm ⌀ mit Sickerschächten und
   Drainagen einschl. Materiallieferung . . . .   1300,— „

10. Stromversorgung und Telephonanlage

   a) 1700 m Niederspannungsleitung 220/380 V 35
      bis 50 mm² Alum.-Freileitung herstellen ein-
      schließlich Materiallieferung mit An- und Ab-
      schaltgebühren, Schrank für Sicherungen usw.   4500,— RM.

   b) 1700 m Telephonhauptanschlußleitung . . .   2000,— „

   c) Installation der Gebäude . . . .   1000,— „   7500,— „

Summe: Allgemeine Arbeiten . . . .   25335,— RM.

Für Abbau dieser Anlagen und Geländeherstellung . . . . .   5665,— „

                                                    31000,— RM.

II. Gebäudeaufbau (und Abbau).

1. 4 Mannschaftsbaracken aufstellen (mit Pfahlrostschlagen) 240 m²
   zu 4,15 RM. = 1000,— RM./Baracke . . . .   4000,— RM.
2. 1 Wirtschaftsbaracke 280 m² zu 4,50 RM. . . . .   1260,— „
3. 1 Waschbaracke mit Maurerarbeiten für Maschinenfundamente,
   Maschinenraum, Kohlenbunker, Schornstein usw. 108 m² zu
   23,10 RM. . . . .   2500,— „
4. 1 Abortbaracke aufstellen mit Maurerarbeiten für die Grube
   120 m² zu 12,50 RM. . . . .   1500,— „
5. Anstrich von Pos. 1 bis 4 . . . .   4500,— „
6. 1 Vorratsschuppen 8 · 12 = 96 m², Grundfläche mit 32 m²,
   Keller 2 m tief, Außenwände Stülpschalung (einschl. Materiallieferung zu 34,50 RM. . . . .   3300,— „
7. Für sonstige Anlagen (Aschengrube, Bühne, Beschilderung usw.)   750,— „

Insgesamt für II. Gebäudeaufbau . . . . 17810,— RM.
Für Gebäudeabbau . . . .   6190,— „

                                                         24000,— RM.

Insgesamt für B. aus I. und II. . . . . *55000,— RM.*

C. *Lagerbetriebskosten.*

1. Personalkosten, gerechnet auf *1 Kalendertag*

   a) *Gehaltsempfänger* (einschl. freier Verpflegung), 1 Lager-
      führer, 2 Unterführer 690/30 . . . .   23,— RM./Tag
   b) *Wochenlohnempfänger,* 2 Köche, 1 Hilfe, 1 Sanitäter,
      1 Heizer, 1 Kantinenverkäufer, 4 Barackenwärter, 4 Kar-
      toffelschälfrauen 490/7 . . . .   70,—   „
   c) Sozialaufwand + Geschäftskosten 30% von 83,— RM. . .   25,—   „

   Personalkosten je 1 Kalendertag . . . . .118,— RM./Tag

Kosten je 1 Belegungstagewerk bei durchschnittlich 75%

Belegung, d. h. $\dfrac{75 \cdot 300}{100} = 225$ Tagewerk/Tag

$\dfrac{118}{225} = 0,53$ *RM./1 Belegungstagewerk*

   (0,42 RM./1 Belegungstagewerk ohne Lagerführer).

2. Sachliche Kosten

   a) Einrichtungskosten (Büro und Sanitätsraum) und Lager-
      ausschmückung . . . . 950,— RM.
      Bei 2jährigem Betrieb 950/720 . . . .   1,32 RM./Tag
   b) Laufende Betriebskosten/Monat
      Unterhaltung und Reinigung der Gebäude . 280,— RM.
      Hygienische Überwachung . . . . 40,— RM.
      Kohlenverbrauch . . . . 335,— „
      Licht- und Kraftverbrauch (je 1000 kWh) . 230,— „
      Wäschereinigung . . . . 250,— „
      Zeitungen, Telephon, Büro, Rundfunkgebühr,
      Fäkalabfuhr, Lagerfeiern u. dgl. . . . . . 325,— „

   Sachliche Betriebskosten/Monat . . . . . .1460,— RM.   48,70 RM./Tag

                                                         50,02 RM./Tag

Kosten je 1 Belegungstagewerk bei einer durchschnittlichen

Belegung von 75% $\dfrac{50,02}{0,75 \cdot 300} = 0,22$ RM./Belegungstagewerk

   Summe aus 1. und 2. 0,53 + 0,22 = *0,75 RM.*

Lagerbetriebskosten 0,75 RM./Belegungstagewerk
(ohne Lagerführerpersonal 0,66 RM./Belegungstagewerk).

Zusammenstellung der Kosten aus A., B. und C. je 1 Belegungstagewerk.

Es sei eine Abschreibung von 25% bei 1jähriger bzw. 33% bei 2jähriger bzw. 40% bei 3jähriger und 50% bei 4jähriger Bauzeit angenommen. Die *durchschnittliche Belegung* sei 75% oder $\dfrac{75 \cdot 365 \cdot 300}{100} = 82000$ Belegungstagewerke/Jahr.

Kosten aus A. + B.

	Dauer der Baustelle			
	1 Jahr	2 Jahre	3 Jahre	4 Jahre
	RM.	RM.	RM.	RM.
1. Abschreibung (Kapital 100000,— RM.) . .	25000,—	33000,—	40000,—	50000,—
2. Verzinsung 5/2 = $2^1/_2$% p. a.	2500,—	5000,—	7500,—	10000,—
3. Auf-Abbaukosten.	55000,—	55000,—	55000,—	55000,—
4. Zinsen 4% von Aufbaukosten = 43000,— RM.	1700,—	3400,—	5100,—	6800,—
Kosten aus A. und B. insgesamt	84200,—	96400,—	107600,—	121800,—
Je 1 Belegungstagewerk	1,03	0,59	0,44	0,37
Kosten aus C. je 1 Belegungstagewerk	0,75	0,75	0,75	0,75
Gesamtkosten G je 1 Belegungstagewerk	1,78	1,34	1,19	1,12
Je 1 Arbeitertagewerk *1,25 G* .	*2,23*	*1,68*	*1,49*	*1,40*

§ 5. Erfahrungswerte
über den Betriebstoffverbrauch von Baugeräten.

Nachstehend sind für verschiedene Baugeräte Angaben über den *Betriebstoffverbrauch* gemacht. Selbstverständlich sind es nur Durchschnittswerte aus der Praxis. Bei Vorkalkulationen müssen jeweils die besonderen Betriebsbedingungen und der zu erwartende „Grad der Ausnützung" der Maschinen berücksichtigt werden. Auch die Güte der verwandten Putz- und Schmiermittel ist von Einfluß auf den Verbrauch. Bei den angegebenen Verbrauchsziffern sind Öle in mittleren Preislagen zugrunde gelegt.

1. *Verbrauch an Betriebstoffen bei Dampflöffelbaggern und Dampfgreifbaggern.*

Die Diagramme der Abb. 5, a—c geben für verschiedene Bodenarten und Stundenleistungen den *Kohlenverbrauch* in kg/1 PSh. Dieser schwankt bei Löffelbaggern bis 2 m³ = Löffelinhalt je nach der Bodenart und dem Grad der Ausnützung (Stundenleistung) zwischen 1,0 und 1,6 kg/PSh (1 PSh als rechnerischer Wert; man vergleiche im Anhang das Kapitel „Nachkalkulation der Betriebstoffe", S. 399f.).

Für den Putz- und Schmiermittelverbrauch kann man die nachstehend angegebenen Verbrauchsziffern, welche sich auf 1 Betriebstunde beziehen, als mittlere Werte der Kalkulation zugrunde legen.

Putz- und Schmiermittelverbrauch für Dampflöffelbagger je 1 Betriebstunde.

| Betriebstoff | Löffelbagger | | Greifbagger 0,8 m³ |
	1 m³ kg	2 m³ kg	kg
Maschinenöl	0,18	0,28	0,12
Heißdampfzylinderöl	0,15	0,25	0,10
Putzöl	0,04	0,05	0,03
Putzwolle	0,04	0,05	0,03
Staufferfett	0,07	0,10	0,04

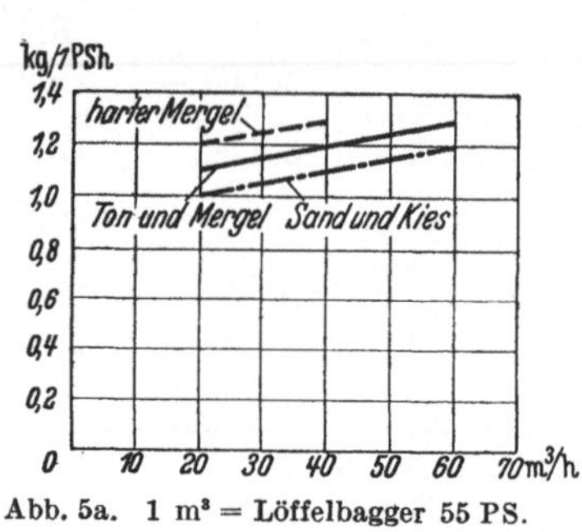

Abb. 5a. 1 m³ = Löffelbagger 55 PS.

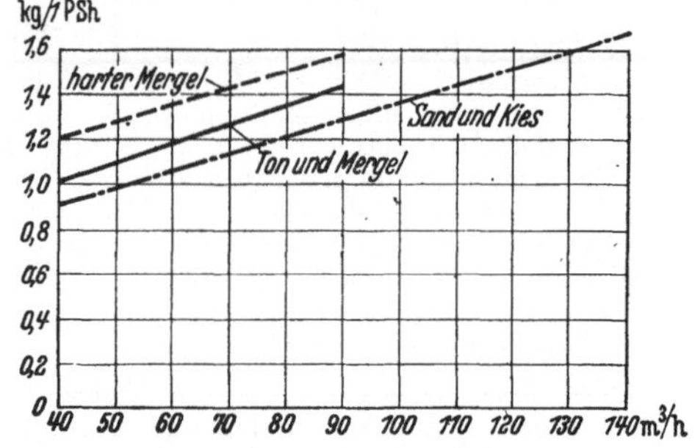

Abb. 5b. 2 m³ = Löffelbagger 120 PS.

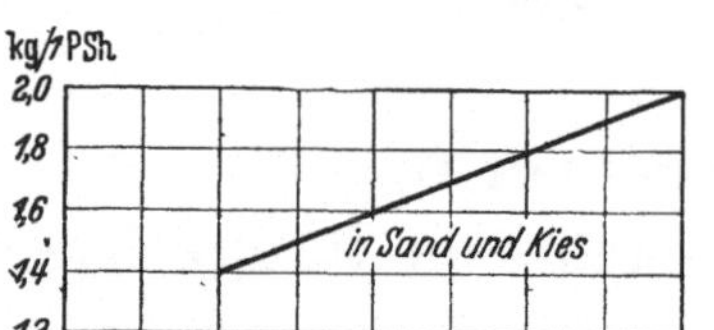

Abb. 5c. 0,8 m³ = Greifbagger 45 PS.

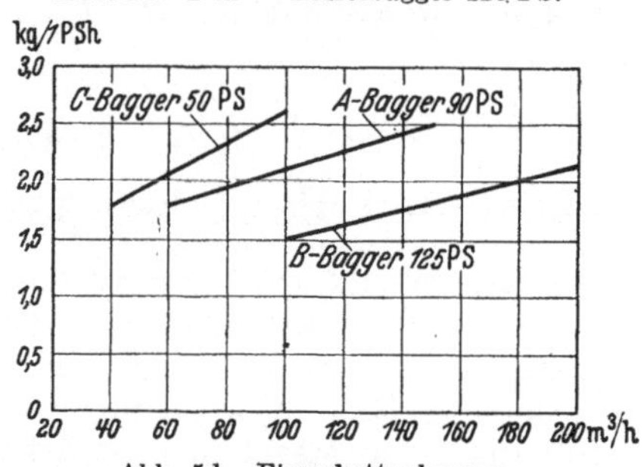

Abb. 5d. Eimerkettenbagger.

Abb. 5 a—d. Kohlenverbrauch von Baggern in kg/1 PSh.

2. Betriebstoffverbrauch von Diesellöffelbaggern.

(Siehe Abschnitt VIII., Baggerarbeiten, S. 98f.)

Verbrauch an Treiböl (Dieselöl) *in kg/h.*

Modell	Löffelinhalt	PS	kg Treiböl je 1 Betriebstunde	kg/PSh	kg/m³ (Boden Kl. 1/2)
M_o	0,53	48	5,8	0,12	0,20
M_a	0,75	70	7,0	0,11	0,16
M_b	1,0	107	10,5	0,10	0,15
M_c	1,4	142	14,0	0,10	0,14
M_d	1,9	200	18,0	0,09	0,14
M_e	2,6	300	24,0	0,08	0,14

Für *Dieselgreifbagger* kann man mit *0,09* bis *0,08 kg/PSh* Treibölverbrauch rechnen.

Verbrauch an Putz- und Schmiermitteln in kg/1 Betriebstunde.

Man kann für die praktische Kalkulation genügend genau den *Stundenverbrauch an Putz- und Schmiermitteln* $= \frac{1}{10}$ *des Treibölverbrauchs* setzen, also z. B. für $M_c =$ Dieselbagger 1,4 kg/1 h. Rechnet man mit einem Preis von Rohöl von 0,25 RM. je 1 kg und von 0,50 RM. je 1 kg Putz- und Schmiermittel, so betragen die *Kosten 20% der Treibölkosten.*

3. Betriebstoffverbrauch von Eimerbaggern mit Dampfantrieb.

Der Kohlenverbrauch für verschiedene Eimerbagger mit Dampfantrieb, bezogen auf 1 PSh, bei Baggerung von Sand- und Kiesboden aus dem Trockenen, ergibt sich aus dem Diagramm Abb. 5d. (Bei Baggerung aus dem Nassen sind die angegebenen Werte um 20% zu erhöhen.)

Für den Putz- und Schmiermittelverbrauch, bezogen auf 1 Betriebstunde, kann man folgende mittlere Verbrauchswerte der Kalkulation zugrunde legen.

Putz- und Schmiermittelverbrauch für Eimerbagger in kg je 1 Betriebstunde.

Betriebstoff	C-Bagger	A-Bagger	B-Bagger
Maschinenöl	0,18	0,25	0,35
Heißdampfzylinderöl	0,20	0,30	0,55
Putzöl	0,03	0,04	0,06
Putzwolle	0,03	0,03	0,04
Staufferfett	0,05	0,08	0,10

4. Betriebstoffverbrauch für Absetzapparate mit elektrischem Antrieb.

In dem Diagramm der Abb. 6 ist der Stromverbrauch in kW je 1 Betriebstunde für die Typen 400/34 und 500/40 des Krupp'schen

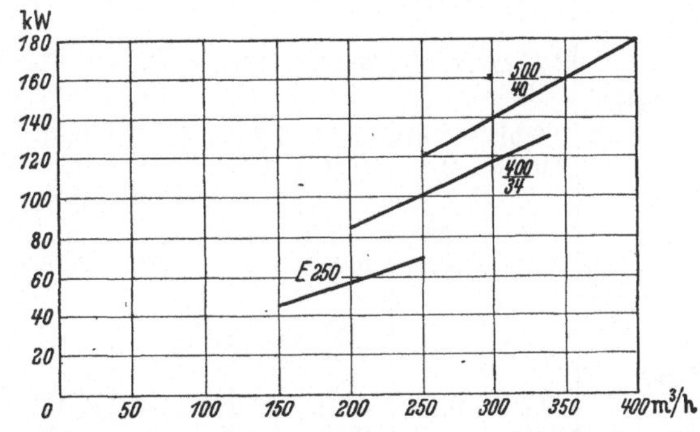

Abb. 6. Stromverbrauch in kW für Absetzapparate und elektrischem E-Bagger.

Schwenkabsetzers und eines elektrisch betriebenen E-Baggers gegeben. Der Stromverbrauch je 1 kW und 1 Betriebstunde bewegt sich bei den angenommenen Leistungsgrenzen zwischen 0,30 und 0,55 kW.

Den Putz- und Schmiermittelverbrauch von Absetzapparaten kann man in der Kalkulation wie folgt annehmen:

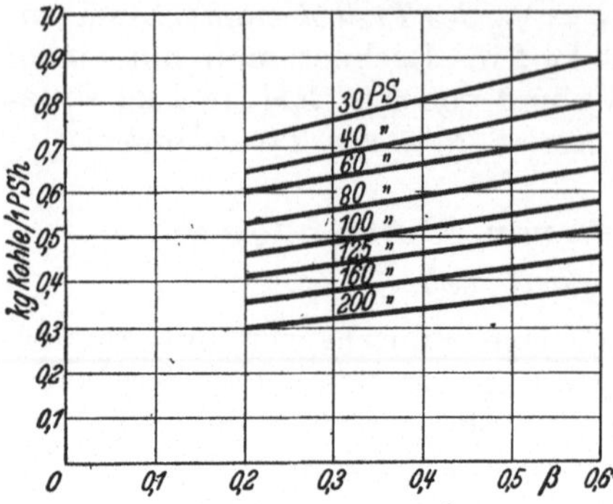

Abb. 7. Kohlenverbrauch für Zuglokomotiven von Baggerzügen in kg/PSh (mit Anheizen).

Putz- und Schmiermittelverbrauch von Absetzapparaten je 1 Betriebstunde.

Betriebstoff	Absetzapparat	
	400/34 kg	500/40 kg
Maschinenöl . .	0,10	0,12
Putzöl	0,05	0,05
Putzwolle . . .	0,03	0,04
Benzol	0,02	0,03
Staufferfett . . .	0,20	0,26

5. Betriebstoffverbrauch von Dampflokomotiven.

Der Kohlenverbrauch von Dampflokomotiven hängt nach den Untersuchungen des Verfassers [1] in erster Linie von dem „Grad der Ausnützung β" der Maschine ab $\left(\beta = \dfrac{F}{T} = \dfrac{\text{Reine Fahrzeit}}{\text{Gesamtbetriebszeit}}\right)$. Demnach sind im Diagramm der Abb. 7 die Kohlenverbrauchswerte für Zuglokomotiven in Baggerbetrieben in Funktion des Ausnützungsgrades, bezogen auf 1 PSh (als rechnerischer Wert), gegeben. Der Ausnützungsgrad wird sich in der Praxis meist zwischen $\beta = 0,2$ und 0,5 bewegen. Für Rangierlokomotiven kann man den Verbrauchswert für $\beta=0,2$, vermindert um 20%, Kalkulationen zugrunde legen.

Über den Putz- und Schmiermittelverbrauch sowie auch über den Speisewasserbedarf von Lokomotiven gibt die folgende Tabelle [2] näheren Aufschluß.

Tabelle 9. Betriebstoffverbrauch für Dampf-Zuglokomotiven je 1 Betriebstunde (Kohlenverbrauch ausschließlich Anheizen der Maschine).

Betriebstoffe	Lok. 30 PS	Lok. 40 PS	Lok. 50 PS	Lok. 60 PS	Lok. 80 PS	Lok. 100 PS	Lok. 125 PS	Lok. 160 PS	Lok. 200 PS
Brennstoffe									
Kohlen kg/h	17 bis 24	20 bis 28	30 bis 33	33 bis 37	35 bis 40	37 bis 45	45 bis 50	50 bis 65	55 bis 75
(7500 bis 8200 Cal) kg/PSh	0,6 bis 0,8	0,5 bis 0,7	0,5 bis 0,65	0,5 bis 0,6	0,45 bis 0,60	0,37 bis 0,50	0,35 bis 0,45	0,32 bis 0,40	0,26 bis 0,35
Für Anheizen									
Kohle kg	35	35	45	50	50	55	55	60	75
Holz Ztr.	0,2	0,25	0,25	0,30	0,30	0,35	0,35	0,40	0,50
Putz- und Schmiermittel									
Maschinenöl kg/h . .	0,12	0,13	0,15	0,16	0,18	0,20	0,25	0,30	0,35
Sattdampfzylinderöl kg/h	0,10	0,10	0,12	0,12	0,13	0,14	0,15	0,18	0,25
Putzöl kg/h	0,02	0,02	0,02	0,02	0,03	0,03	0,03	0,04	0,05
Putzwolle kg/h . . .	0,02	0,03	0,03	0,04	0,04	0,05	0,05	0,05	0,05
Speisewasser m³/h . .	0,30	0,30	0,35	0,40	0,45	0,50	0,50	0,60	0,75

[1] BAUMEISTER: „Über Berechnung des Kohlenverbrauchs von Baulokomotiven bei Baggerarbeiten." Bauingenieur 1933 H. 13/14.

[2] Nach BAUMEISTER: „Grundlagen zur Berechnung der Lokomotivförderkosten in Baubetrieben." Bauingenieur 1934 H. 7/8 u. 9/10.

Über den Betriebstoffverbrauch von *Diesellokomotiven* s. Abschnitt X, „Förderkosten", S. 122.

6. Betriebstoffverbrauch von Förderwagen.

Dieser besteht im wesentlichen im Verbrauch von *Rollwagenöl* für die Schmierung der Achslager.

Tabelle 10. Verbrauch an Rollwagenöl je 1 Betriebstunde je 1 Wagen.

Eiserne Muldenkipper		Holzkastenkipper (auch Selbstkipper)			Eiserne Selbstkipper
0,5 m³	1,5 m³	2,0 m³	3,0 m³	4,0 m³	5,3 m³
0,005 kg	0,010 kg	0,012 kg	0,014 kg	0,018 kg	0,025 kg

Bemerkung. Ersparnisse bei den großen Wagentypen können mit „Dauerschmierpolstern" erzielt werden.

7. Betriebstoffverbrauch von Betonmaschinen.

Der Betriebstoffverbrauch für Betonmischmaschinen geht aus nachstehender Tabelle hervor.

Tabelle 11. Verbrauch an Betriebstoffen für Betonmischmaschinen.

Füllung	Vor-gesehene Leistung	Stärke der Antriebs-maschine	Betriebstoffverbrauch je 1 Betriebstunde						
			bei elektr. Antrieb		bei Rohöl-Antrieb			Betonmischer	
			Strom	Motorenöl	Rohöl	Mo-torenöl	Putzwolle	Ma-schinenöl	Putzwolle
l	m³/h	PS	kWh	kg	kg	kg	kg	kg	kg
250	4	5	3,5	0,025	1,2	0,06	0,005	0,025	0,005
300	6	6	4,8	0,030	1,5	0,08	0,010	0,030	0,006
500	8	12	7,0	0,050	3,0	0,12	0,010	0,050	0,010
750	12	15	9,5	0,060	3,5	0,15	0,015	0,075	0,015
1000	20	25	15,0	0,080	5,5	0,25	0,020	0,100	0,020

Wie man aus der Tabelle ersieht, spielen Putz- und Schmiermittel eine geringe Rolle. Ausschlaggebend ist der Strom- oder Rohölverbrauch der *Antriebsmaschine.*

Bei *elektrischem Antrieb* kann man je nach Leistung, Maschinenstärke und Maschinentyp mit einem *Stromverbrauch* rechnen von 0,5 bis 0,7 kWh je 1 PS-Motorstärke oder *0,8 bis 1,0 kWh je 1 m³ Beton.*

8. Betriebstoffverbrauch von Kreiselpumpen.

Tabelle 12. Putz- und Schmiermittelverbrauch für Kreiselpumpen (ohne Antriebsmaschine) je 1 Betriebstag (24 Betriebstunden).

Durchmesser des Saugrohrs mm	Maschinenöl kg	Putzwolle kg	Petroleum kg
125—150	0,5	0,05	0,10
200—250	0,6	0,05	0,10
300—350	0,7	0,06	0,12
400—500	0,85	0,075	0,15

Ausschlaggebend ist auch hier der Betriebstoff- bzw. Stromverbrauch der *Antriebsmaschine*. Wählt man hierfür, wie dies häufig bei Wasserhaltungen auf Baustellen geschieht, Dampflokomobilantrieb, so ergibt sich folgender Betriebstoffverbrauch:

9. Betriebstoffverbrauch für Heißdampflokomobilen.

Kohlenverbrauch für Lokomobilen 10 PS bis 30 PS je 1 PSh 2,5 kg bis 1,5 kg.

Putz- und Schmiermittelverbrauch je 1 Betriebstunde für Lokomobilen 10 bis 30 PS.

Maschinenöl kg	Zylinderöl kg	Putzwolle kg	Putzöl kg	Wasser m³
0,10—0,12	0,8—0,10	0,03	0,02	0,30—0,50

10. Betriebstoffverbrauch von kompressorlosen Dieselmotoren bei Dauerbelastung (Stromversorgung, Wasserhaltung usw.).

	Treiböl	*Schmieröl*
Für Motoren bis 40 PS	0,22 kg/PSh	0,02 kg/PSh
Für Motoren von 40 bis 80 PS	0,20 kg/PSh	0,02 kg/PSh
Für Motoren über 80 PS	0,18 kg/PSh	0,02 kg/PSh

§ 6. Materialkostenermittlung.

Die *Materialkosten* für Baustoffe und Betriebstoffe werden „frei Verwendungsstelle" oder wie man sagt „frei Bau" ermittelt. Zum Preis ab Werk kommen unter der Voraussetzung, daß das Werk Gleisanschluß hat, hinzu:

A. *Materialpreis frei Waggon ab Werk* je Einheit . . . . RM.

    1. | Fracht . . . . Tarifklasse . . . . . . km . . . . RM.

    2. + Anschlußgebühr und Zustellgebühr . . . . RM.

    3. + Überladen vom Waggon auf Lastkraftwagen (Fuhrwerke) und Beförderung . . . . km . . . . RM.

    4. + Abladen vom Lastkraftwagen an der Baustelle . . . . . Lohnstunden + ... % Sozialaufwand . . . . . RM.

    5. + Überladen vom Waggon (bzw. Lastkraftwagen) auf Feldbahngleis und Transport zur Verwendungsstelle (einschl. Abladen an der Verwendungsstelle) . . . . . . km . . . . RM.

B. *Reine Materialkosten* je Einheit (Summe 1 bis 5) . . . . RM.

    6. + Verlust (beim Transport und Aufladen bzw. Schnittverlust bei Rundeisen) 2 bis 5% von B . . . . RM.

    7. + Allgemeine Geschäftskosten der Materialbewirtschaftung [1] 8—12% von B . . . . RM.

    8. + Anteilige Kosten für Anlage besonderer Zufahrtswege (Schwellenwege) oder Gleisanlagen [2] . . . . RM.

C. *Materialpreis frei Baustelle* je Einheit (Summe 1 bis 8) . . . RM.

---

[1] Einschließlich Gewinn- und Umsatzsteuer.
[2] Wird besser zur „Baustelleneinrichtung" gerechnet.

Bemerkungen. Wenn die *Baustelle Gleisanschluß* hat, entfallen Punkt 3 und 4.

Bei *Lastkraftwagentransport* oder Fuhrwerkstransport vom Bahnhof zur Baustelle entfällt im allgemeinen Punkt 5. Bei ausgedehnten oder unzugänglichen Tiefbaustellen schließt sich allerdings bisweilen an die Straßenförderung noch ein *Feldbahntransport* an.

Die Kosten für besondere Zufahrtswege (Schwellenwege und Gleisanlagen) können auch schon bei den „Einrichtungskosten" der Baustelle berücksichtigt werden. Dann entfällt Punkt 8.

Sofern ein Fuhrunternehmer die Leistung Punkt 3 ausführt, entfällt für den Bauunternehmer die Berechnung der Sozialzuschläge auf die Überladelöhne (nicht jedoch z. B. Umsatzsteuer).

Punkt 4 entfällt beim Abkippen auf der Baustelle.

Wo der *Bauherr die Baustoffe selbst liefert* (z. B. frei einem Reichsbahnhof), kann Punkt 6 und Punkt 7 ermäßigt werden. Bei Lieferung frei Verwendungsstelle seitens des Bauherrn entfällt Punkt 6.

Das Schema Punkt 1 bis 5 kann auch zur Ermittlung des *Geräte-an- und Rücktransports* Verwendung finden.

Fracht.

Die *Fracht* wird aus dem *Frachtsatzzeiger der Deutschen Reichsbahn* entnommen. Baugeräte und Baustoffe fallen fast ausnahmslos unter Tarif F. Zur Fracht kommt meist noch eine „Anschlußgebühr" für den Werkanschluß. Ein Auszug des Frachtsatzzeigers, soweit er das Baugewerbe angeht, ist angeschlossen.

Es fallen unter

Tarifklasse C: Lagermetall, Weißmetall, Gußstücke bis 100 kg Einzelgewicht.

Tarifklasse B: Neue Maschinen.

Tarifklasse D: Rundeisen, T-Eisen, U-Eisen, Bandeisen, Flacheisen, Gußstücke über 100 bis 2000 kg Einzelgewicht, Winkeleisen usw., Asphaltpappe, Teerpappe.

Tarifklasse E: Schnittholz.

Tarifklasse F: Baugerätschaften *gebraucht*, wie Baracken, Baubuden, Bagger, Krane, Rammen, Schienen, Schwellen, Laschen, Klemmplatten usw., Gleisrahmen, Weichen, Kippwagen, Förderwagen, Eisenbahnfahrzeuge usw., auch zerlegt. Schiebkarren, Mörtelkübel, Mörtelträger, Leitern, Gießkannen, Stammholz, Stangenholz, Kanthölzer, Bretter, Borde, Dielen, Eisenbahnschwellen, Schalung, Betonstützen usw.

Zement, Kalk, Gips, Ziegelsteine, Tonrohre, Drainrohre, Traß, Tuffsteine, Schwemmsteine, Gips- und Bimszementdielen, Dachziegel, Fliesen, Platten, Steine, rohe Bruchsteine, Steinschlag.

Waren aus Beton und Eisen, wie Platten, Dielen, Fenster- und Türstürze, Steine, Pfähle, Pfosten usw.

Möbelwagen, Wohnungswagen mit Einrichtung, Umzugsgut.

Stroh, Heu usw.

Hobelspäne, Sägespäne, Sägemehl, Öle, Holzteer, Steinkohlenteer.

Tarifklasse G: Stammholz.

AT. 2 B 23: Steine aus Naturgestein (Kies, Sand u. dgl.), zerkleinert oder gemahlen zur Herstellung von Betonbauten, Betonbauteilen und Betonwaren, die sämtlich weder geschliffen noch poliert werden.

AT. 5 B 1: Packlage usw., Schlacken, auch Abraum nur bei Verwendung zum Wege-, Bahn- und Wasserbau, ausgenommen zu Bauten aus Beton.

Frachttarife.

Tabelle 13. Frachten in RM./1 t[1].

km	Klasse				AT. 2 B 23 u. 5 B 1	km	Klasse				AT. 2 B 23 u. 5 B 1
	B	D	E	F			B	D	E	F	
5	1,25	1,15	1,10	1,10	0,90	200	18,10	13,00	10,80	8,70	5,10
10	2,00	1,80	1,70	1,60	1,30	250	21,60	15,40	12,70	10,30	6,00
20	2,80	2,30	2,10	1,90	1,50	300	25,00	17,80	14,70	11,80	6,80
30	3,60	2,80	2,50	2,20	1,80	350	28,00	19,90	16,40	13,20	7,60
40	4,60	3,60	3,10	2,70	2,20	400	31,00	22,00	18,20	14,50	8,40
50	5,40	4,10	3,60	3,00	2,40	450	33,60	23,80	19,60	15,70	9,00
60	6,30	4,60	4,00	3,40	2,60	500	36,20	25,60	21,10	16,80	9,60
70	7,50	5,50	4,60	3,80	2,80	550	38,30	27,10	22,30	17,80	10,20
80	8,30	6,00	5,00	4,20	3,00	600	40,60	28,60	23,60	18,80	10,80
90	9,20	6,60	5,60	4,50	3,20	650	42,30	29,80	24,50	19,60	11,20
100	10,50	7,60	6,40	5,20	3,40	700	43,90	31,00	25,50	20,30	11,60
125	12,40	9,00	7,50	6,10	3,90	800	46,50	32,80	27,00	21,50	12,30
150	14,30	10,30	8,60	7,00	4,30	900	48,10	33,90	27,90	22,20	12,70
175	16,20	11,70	9,70	7,80	4,70	1000	49,10	34,60	28,50	22,60	12,90

Bemerkungen. 1. In den „*Baustoffpreisen ab Werk frei Waggon*" ist das Aufladen auf Eisenbahnwaggons bereits enthalten.

2. Bei *Lastkraftwagenförderung* vom Bahnhof zur Baustelle (s. Abschnitt XI, S. 131) ist das Überladen aus dem Eisenbahnwaggon auf die Lastautos, wenn nichts anderes gesagt ist, im Förderpreis mitenthalten.

3. Auf leistungsfähige *Entladebahnhöfe* (Umschlagstellen) ist bei großen Tiefbaustellen besonderer Wert zu legen. Ausrüstung mit Handdrehkran oder besser *Portalkran und Kopframpe* erforderlich.

Lastkraftwagenförderung (auch einschl. Überladen am Empfangsbahnhof). (Siehe Abschnitt XI, S. 132f.)

Die *Materialpreise* sind von Fall zu Fall für jede Baustelle auf Grund der *besonderen örtlichen Verhältnisse* zu ermitteln. Man benützt dabei zweckmäßig entsprechend obiger Zusammenstellung *Vordrucke* für die verschiedenen Materialien bzw. Bauarbeiten.

---

[1] Die Frachtsätze gelten für volle 15 t-Ladungen in ungedeckten Wagen. Für Ladungen von 5 bis 10 t und 10 bis 15 t und bei geschlossenen Waggons siehe Frachtsatzzeiger. Für Ladungen unter 5 t gilt der *Stückguttarif.*

Aufladen und Entladen von Baustoffen und Geräten.
Aufladen auf Fahrzeuge.
Tabelle 14.

Einheit	Bezeichnung	Lohnaufwand in Stunden für Aufladen (Überladen) auf					Bemerkungen
		Schub-karren	Mulden-kipper oder Feld-bahn-wagen	Pferde-wagen	Eisen-bahn-wagen	Last-autos	
1000 kg	Baugeräte (Loks, Wagen usw.)	—	1,2	1,4	1,2	1,5	Portalkran 10 t und Kopframpe am Entladebahnhof
1000 kg	Baustoffe	0,5	0,6	0,7	0,8	0,8	
1 m³	Beton	0,7	0,8	—	—	1,0	
1 lfd. m	Bordsteine (Hoch- und Tiefbau).	0,2	0,2	0,2	0,25	0,25	vorsichtigesLaden!
1000 kg	Brikettkohle	0,6	0,7	0,8	0,9	1,0	einschl. Stapeln in den Wagen
1 m³	Bruchsteine						
	a) Granit, Porphyr, Basalt	0,8	0,9	0,9	0,9	1,0	
	b) Sandstein, Kalkstein	0,7	0,75	0,75	0,8	0,9	
1000 St.	Dachziegel	0,5	0,6	0,6	0,6	0,7	
1000 kg	Eisenteile (schwere für Bagger, Brücken usw.)	—	1,0	1,0	1,1	1,2	Teile > 300 kg mit Kran entladen (Handdrehkran oder Portalkran)
1 m³	Holz (Bauholz, Kantholz, Schnittholz) .	—	0,45	0,5	0,6	0,6	Stücke < 100 kg, sonst Zuschlag + 25%
1 m³	Kalk (Stückkalk) . .	—	0,8	0,9	1,0	1,0	
1 m³	Kies (und Ton) $\gamma = 1,6$ t	0,5	0,6	0,7	0,75	0,8	von „Hand“. Mit Greifern billiger
1 m³	Mutterboden (Lehm) .	0,5	0,55	0,6	0,65	0,7	
1000 kg	Packlagesteine(0,60 m³) 18/22, 22/25	0,5	0,55	0,6	0,75	0,8	
1000 kg	Pflastersteine 9/11 (= 4,5 m²)	0,6	0,6	0,7	0,75	0,8	
1000 kg	Rundeisen.	—	—	1,1	1,1	1,2	
1 m³	Sand, Splitt	0,6	—	0,7	0,75	0,8	
1000 St.	Schamottsteine. . .	1,5	1,5	1,6	1,8	2,0	
1 m³	Schotter ($\gamma = 1,8$) . .	0,8	0,8	0,85	0,9	1,5	mit Gabeln
1000 Stück	Schwemmsteine (Tuffsteine) Format 9,5 × 12 × 25 cm . .	—	1,5	1,8	2,0	2,2	
1000 kg	Tonrohre	0,8	1,0	1,2	1,25	1,4	
1 m³	Werksteine	—	—	1,2	1,4	1,5	100 bis 200 kg mit Einlegen von Stroh und andernSchutzmitteln, besonders schwere Stücke teurer
1000 kg	Zement	—	0,5	0,6	0,7	0,8	
1000 St. (3500 kg)	Ziegel 25 × 12 × 6,5 .	1,5	1,6	2,0	2,2	2,4	

Entladen aus Fahrzeugen.

Tabelle 15.

Einheit	Bezeichnung	Lohnaufwand in Stunden *für Entladen*						
		1. Überladen auf Förderwagen oder Lastautos			2. Abladen (bzw. Abkippen) und Stapeln bis 10 m Entfernung			
							aus Lastautos oder Kippwagen	
		aus Eisenbahnwaggons	aus Lastautos	aus Fuhrwerken	aus Eisenbahnwaggons	aus Fuhrwerken	ohne Kippvorrichtung	mit Kippvorrichtung
1000 kg	Baugeräte[1]	1,0	1,1	1,2	1,1	1,2	1,1	—
1000 kg	Baustoffe	0,5	0,6	0,6	0,4	0,5	0,4	0,06
1 m³	Beton	—	0,8	—	—	—	—	0,06
1 lfd. m	Bordsteine	0,25	0,25	0,25	0,25	0,25	0,20	0,06
1000 kg	Brikettkohle	0,7	0,8	0,8	1,0	1,2	1,4	0,06
1 m³	Bruchsteine a) Granit, Porphyr, Basalt	0,8	0,9	1,0	0,8	1,0	0,8	0,06
	b) Kalkstein, Sandstein	0,7	0,8	0,9	0,7	0,8	0,7	0,06
000Stück	Dachziegel (zu 2,2 kg)	2,0	2,2	2,4	2,5	2,6	2,5	—
1000 kg	Eisenteile (schwere für Brücken usw.)	1,0 mit Kranen	1,2	1,5	1,0 mit Kranen	1,5	1,4	—
1 m³	Holz (Bauholz, Rundholz, Kantholz)	0,5	0,55	0,6	0,6	0,7	0,65	0,45
100 m²	100 m² Bretter 1″ (5/4″)	1,3	1,4	1,5	2,0	2,2	2,0	0,75
	100 m² Bohlen 2″	2,4	2,5	2,6	3,5	3,6	3,5	1,00
	100 m² Dielen 3/4″	1,0	1,1	1,2	1,5	1,6	1,5	0,6
1 m³	Kalk	0,8	0,9	1,0	—	0,8	0,9	0,06
1000Stück	Klinker	2,0	2,0	2,2	3,0	3,2	3,0	—
1 m³	Kies ($\gamma = 1,6$) und Ton	0,6	0,65	0,7	0,7	0,5	0,5	0,06
1 m³	Mutterboden (Sand- und Lehmböden)	0,5	0,55	0,6	0,55	0,5	0,5	0,06
1000 kg	Packlagesteine	0,6	0,65	0,7	—	0,5	0,5	0,05
1000 kg	Pflastersteine 9/11 (= 4,5 m²)	0,6	0,7	0,8	0,8	0,7	0,6	0,05
1000 kg	Rundeisen	0,7	0,8	1,0	1,3	1,5	1,2	—
1 m³	Sand, Splitt	0,55	0,6	0,7	0,6	0,5	0,5	0,06
1000Stück	Schamottesteine	2,2	2,2	2,4	2,8	3,0	2,8	—
1 m³	Schotter ($\gamma = 1,9$) (mit Gabeln)	0,8	0,7	0,8	0,8	0,7	0,6	0,06
1000Stück	Schwemmsteine (Tuffsteine) 9,5 × 12 × 25 cm	2,0	2,0	2,2	2,5	2,8	2,5	—
1000 kg	Tonrohre	1,0	1,0	1,1	1,1	1,2	1,1	—
1 m³	Werksteine (vorsichtig lagern zw. Stroh) 100 bis 200 kg	1,2	1,2	1,4	1,2	1,5	1,4	—
1000 kg	Zement	0,6	0,6	0,7	0,8	0,9	0,8	—
1000Stück	Ziegel (25 × 12 × 6,5)	1,8	1,8	2,0	2,4	2,6	2,5	—
					einschl. Stapeln der Steine			

[1] *Entladekran* zum Entladen schwerer Geräte vorausgesetzt, sonst mindestens 100% Aufschlag. Gerätekosten sind zu berücksichtigen.

Beispiele für Materialkostenermittlung von Baustoffen.

Tabelle 16.

Fracht km	125	250	60	80	50	50	125	100
Kostenanteile	Packlagesteine 1 t RM.	Werksteine 1 m³ (= 2600 kg) RM.	Ziegel 1000 Stück (= 3000 kg) RM.	Kantholz und Schnittholz 1 m³ RM.	Mauersand 0/7 1 m³ RM.	Betonkies 7/15, 15/30, 30/70 1 m³ RM.	Kleinpflaster 9/11 Kl. 1 b 1 t (= 4,4 m²) RM.	Portlandzement 100 kg RM.
Ab Werk	2,90	120,—	36,—	65,—	3,—	3,30	21,—	—
Transport mit Auto zum Bahnhof H. und Aufladen auf Waggon . .	—	—	—	3,—	—	—	—	—
Fracht/Einheit	3,90 (5 B 1)	29,50 (F 10)	10,20 (F)	4,0 (E)	3,6 (2 B 23)	3,6 (2 B 23)	3,90 (5 B 1)	3,50 frei Bahnhof H.
Zustellgebühr	0,10	0,26	0,30	0,10	0,15	0,15	0,10	0,01
Überladen von Waggons in Lastautos und befördern zur Baustelle 5 km . ·.	1,90	5,20	6,—	1,80	3,—	3,—	1,90	0,20
Abladen (Abkippen) an der Baustelle 1 h = 0,80 RM. (mit Zuschlägen) und Stapeln	—	1,—	2,—	0,60	—	—	—	0,07
Kosten frei Bau	8,80	155,96	54,50	74,50	9,75	10,05	26,90	3,78
+ Verlust[1] und Bruch. .	0,20	—	2,80[1]	—	0,30	0,30	—	0,12
+ Geschäftskosten und Gewinn (10%)	0,88	15,60	5,50	7,50	0,95	1,00	2,70	0,40
Baustoffpreis je Einheit zu kalkulieren	9,88 RM./t	171,56 RM./m³	62,80 RM./1000 St.	82,00 RM./m³	11,00 RM./m³	11,35 RM./m³	29,60 RM./t	4,30 RM./100 kg

[1] Wenn der Verlust besonders berechnet wird, ist bei der Kalkulation der Materialmenge natürlich nur der Bedarf ohne Zuschlag in die Kalkulation einzuführen.

§ 7. Allgemeine Geschäftskosten und Gewinn im Baugewerbe.

Die Begriffsbestimmung der „*Allgemeinen Geschäftskosten*" ist in dem *Grundplan der Selbstkostenrechnung* S. 8 eindeutig festgelegt. Nur noch im *Hochbau* ist es üblich, die „Gemeinkosten der Baustelle" mit den „Allgemeinen Baukosten", dem Gewinn (mit Wagnis) und der Umsatzsteuer zusammen in *einem* einzigen *Geschäftskostenaufschlag* auf Löhne und Stoffe zusammenzufassen (siehe Muster 3, § 9, S. 52). Im Tiefbau und Eisenbeton hat sich die getrennte Erfassung dieser Kostenanteile als zweckmäßig erwiesen und allgemein durchgesetzt.

Der Unternehmergewinn.

Was im kalkulatorischen „*Gewinn*" gleichzeitig abgegolten wird, ist durch den Preiskommissar festgelegt (LSBÖ):

a) Eine angemessene Verzinsung des für den Auftrag gebundenen betriebsnotwendigen Kapitals (soweit nicht bereits in A II 7 des Grundplans in den Gemeinkosten erfaßt).

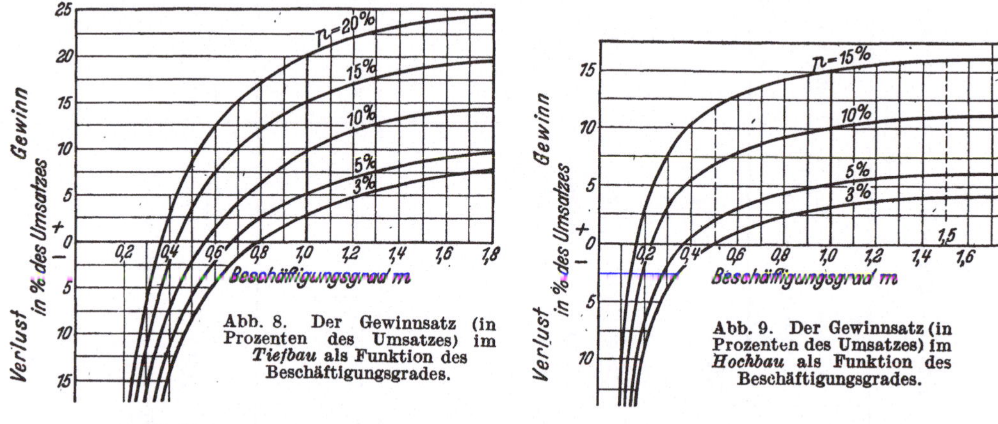

Abb. 8. Der Gewinnsatz (in Prozenten des Umsatzes) im *Tiefbau* als Funktion des Beschäftigungsgrades.

Abb. 9. Der Gewinnsatz (in Prozenten des Umsatzes) im *Hochbau* als Funktion des Beschäftigungsgrades.

b) Das privatwirtschaftliche Unternehmerwagnis und normale Bauwagnis.

c) Die mit dem Auftrag verbundenen technischen und organisatorischen Leistungen.

d) Die auf a) bis c) entfallende Körperschaftssteuer.

e) Ausfuhrförderungszahlungen.

f) Öffentliche Spenden in angemessener Höhe.

Die allgemeinen Bauwagnisse (vor allem das Kalkulationswagnis mit der Annahme bestimmter Leistungen von Arbeitern und Maschinen), das allgemeine Unternehmerwagnis und der Gewinn sind als „*Gewinn und Wagnis*" zusammenzufassen.

Zum allgemeinen Unternehmerwagnis zählt auch das Wagnis aus einer wenn auch vorübergehenden ungenügenden Beschäftigung des Unternehmers. *Die Abhängigkeit des Geschäftskostensatzes und des Gewinns vom Beschäftigungsgrad* ist in einer Veröffentlichung des Verfassers[1] aus dem Jahre 1933 eingehend untersucht. Hier ist nachgewiesen, daß Geschäftskosten und Gewinn mit dem Beschäftigungsgrad eines Unternehmens stark schwanken, wobei der Tiefbau wesentlich empfindlicher gegen solche Schwankungen ist. Die beiden Kurvendiagramme Abb. 8 und 9, welche diesem Aufsatz entnommen sind, zeigen mit aller Deutlichkeit die Gefahren, welche vor allem für größere Bauunternehmen in dem Rückgang des Auftragsbestandes liegen. Bei einem kalkulierten „Reingewinn" von 5% bewirkt z. B. ein Rückgang des normalen Auftragsbestandes um 20% ein Absinken des Gewinns auf 2,5% im Tiefbau bzw. 4% im Hochbau.

§ 8. Bauvertrag und Kostenanschlag.

Dem Abschluß von Bauverträgen geht die Ausschreibung voraus (beschränkt oder öffentlich), worauf die an dem Ausschreiben interessierten Bauunternehmungen ihre Angebote einreichen. Innerhalb einer bestimmten Frist nach Eröffnung der Angebote erfolgt dann der Zuschlag und der Abschluß des *Bauvertrags*, dessen Fassung allerdings meist schon bei der Ausschreibung der Arbeiten bekannt gegeben wird. Hier soll indessen nicht die rechtliche Seite von Bauverträgen besprochen werden, sondern es werden lediglich die in bezug auf die *Preisermittlung* verschiedenen Formen von Bauverträgen und Kostenanschlägen behandelt. Zur allgemeinen Orientierung über das Verdingungswesen dienen die „Verdingungsordnung für Bauleistungen", (VOB) DIN 1960, 1961 und die „Technischen Vorschriften für Bauleistungen" DIN 1962 bis 1985.

A. Der Bauvertrag.

In bezug auf die Preisbildung kann man folgende Arten von Bauverträgen unterscheiden:

1. Der Selbstkostenvertrag[2]. Dem Unternehmer werden alle Selbstkosten auf Nachweis ersetzt und für die allgemeinen Geschäftskosten ein vereinbarter Prozentsatz von den Lohnkosten vergütet. Diese Vertragsform, welche in der Inflationszeit bei den ständig sich ändernden Preisgrundlagen gebräuchlich war, kommt heute nur bei Arbeiten in Frage, deren Übernahme im Akkord dem Unternehmer ein allzu großes Risiko aufbürden würde.

2. Der Akkordvertrag mit Festpreisen. Die Bezahlung der Leistungen erfolgt hier nach Aufmaß und festen Einheitspreisen eines Kostenanschlages, welche unabhängig sind von Schwankungen der Tariflöhne oder Materialpreise. Der Unternehmer trägt das Risiko für Änderungen der Preisgrundlagen bei den vertraglichen Arbeiten. Fallen z. B. Löhne und Materialpreise, so erhöht sich sein Gewinn.

3. Der Akkordvertrag mit Gleitpreisen. Bauverträge dieser Art sehen vor, daß sich die Einheitspreise für die einzelnen Leistungen des Kostenanschlages mit der Veränderung der Preisgrundlagen (in erster Linie

---

[1] *Baumeister:* Zeitgemäße Untersuchungen über Geschäftsunkosten und Gewinn im Baugewerbe. Bauingenieur 1933, Heft 5/6.
[2] Für den *Selbstkostenvertrag* ist ausschließlich die LSBÖ maßgebend (siehe § 9, S. 53).

Löhne und Materialpreise) nach einem bestimmten Schlüssel ebenfalls verändern. Es kann sich dann z. B. bei Erdbewegungen der Preis für 1 m³ Bodenbewegung zusammensetzen aus einer bestimmten Anzahl von Tariflohnstunden, einer bestimmten Kohlenmenge und einem festen Preisanteil. Es gilt demnach, wenn P der Einheitspreis, St der tarifliche Stundenlohn eines Tiefbauarbeiters, K der Kohlenpreis für 1 kg Kohle und a, b und c konstante Größen sind, die Gleichung

$$P = a \cdot \mathrm{St} + b \cdot K + c.$$

In Zeiten, wo mit einer Veränderung der Preisgrundlagen zu rechnen ist, kann der Bauherr billigerweise dem Unternehmer das Risiko hierfür nicht zumuten. Es ist dann die Vertragsform der *Gleitpreise* zu empfehlen. Zweckmäßig wird der Unternehmer, wenn er freie Wahl hat, in solchen Fällen den festen Kostenanteil bei Gleitpreisen möglichst niedrig ansetzen.

4. Der Akkordvertrag mit fester Pauschalsumme. Der Unternehmer übernimmt hier die Herstellung eines Bauwerks bis zur schlüsselfertigen Übergabe für einen fest vereinbarten Geldbetrag. Er trägt das Risiko einer Veränderung der Preisgrundlagen und unter Umständen erforderlich werdender Mehrleistungen. Ein solcher Vertrag birgt die Gefahr in sich, daß Ersparnisse auf Kosten der Güte des Bauwerks gemacht werden. Diese Vertragsform empfiehlt sich daher nur in Fällen, wo alle Bauleistungen im voraus klar zu übersehen sind. Denn es können dem Unternehmer billigerweise keine Leistungen zugemutet werden, welche er vorher nicht übersehen kann und nachträglich nicht bezahlt bekommt.

B. Der Kostenanschlag und das Leistungsverzeichnis.

Die *Preisbildung der Einzelpreise* durch den Unternehmer dient zur Einsetzung der Preise in den *Kostenanschlag*, welcher gleichzeitig als *Leistungsverzeichnis* der einzelnen Bauleistungen einen Bestandteil des Bauvertrags darstellt.

Für die kalkulatorische Ermittlung der *Einzelpreise* sind die in dem vorausgegangenen Kapitel I gegebenen Gesichtspunkte zu beachten. Grundsätzlich ist nach *Kostenarten* zu trennen. Bei der Preisbildung pflegt man die Gerätekosten, ebenso wie die Lohnkosten für die Baustelleneinrichtung (wenn der Kostenanschlag hierfür keine besondere Position vorsieht) und allgemeine Arbeiten, auf die Hauptleistung des Vertrags zu verteilen. Die allgemeinen Geschäftskosten und der Gewinn werden in Form eines prozentualen Zuschlages auf die Löhne und Stoffe bei den Einzelpreisen berücksichtigt. Für die Wahl des Prozentsatzes sind die in § 7 und § 10 entwickelten Gesichtspunkte maßgebend.

Was die äußere Form des Kostenanschlages anbelangt, so würden sich hier für die wichtigsten Bauarbeiten des Hoch-, Tief- und Eisenbetonbaus „*Kostenanschlagsnormen*" empfehlen, welche einerseits die Interessen des Bauherrn wahrnehmen und andererseits unbillige Zumutungen an den Unternehmer verhindern. Eine solche *Normierung der Kostenanschläge*, vor allem im Hochbau, wäre leicht möglich und würde neben einer großen Arbeitserleichterung mit dazu beitragen, einheitliche klare Rechtsverhältnisse für alle Bauausführungen zu schaffen.

Der Forderung nach einer *gesunden Gestaltung der Leistungsverzeichnisse*, welche seit Jahren immer wieder erhoben wird, trägt die Baupreisverordnung vom 16. 6. 1939 Rechnung. Der Bauherr ist nach § 1 (3) verpflichtet, „die geforderten Bauleistungen so eindeutig und erschöpfend zu beschreiben und aufzugliedern, daß die mit ihnen verbundenen Wagnisse klar und deutlich zu erkennen sind und die Baupreisermittlung durch den Unternehmer einwandfrei und ohne umfangreiche Vorarbeiten erfolgen kann". Es heißt dort weiter wörtlich: „Alle für die Baupreisermittlung wichtigen Grundlagen wie z. B. Bodenart, Grundwasserverhältnisse, Anfuhrmöglichkeiten, Lagerplätze u. a. sind durch *hinreichend genaue Untersuchungen* (also Bohrungen, Schürfungen usw.) *durch den Bauherrn* hinreichend zu klären und in den Ausschreibungsunterlagen zu erläutern. Unklare Leistungsverzeichnisse sind ebenso unzulässig wie die Aufbürdung eines unbegrenzten Wagnisses". „Pauschalverträge sind nur bei klaren Verhältnissen gestattet." Die Zusammenfassung ungleichartiger Leistungen in Sammelpositionen, die schwer zu berechnen sind (hohes Wagnis!), ist verboten. Bei größeren Aufträgen ist aus Gründen einer klaren Vertragsabwicklung im beiderseitigen Interesse vorgeschrieben, daß für *Baustelleneinrichtung* und *Baustellenräumung* eine *besondere Ordnungszahl* vorgesehen wird. Sog. „Wasserhaltungspauschalen" bei großen Tiefbauarbeiten (Gründungen, Erdarbeiten) sind daher *nicht zulässig.* Es ist vielmehr klar zu trennen zwischen Einrichtung (und Räumung) und Betrieb der einzelnen Pumpenaggregate (je 1 Betriebstunde).

Die Baupreisverordnung verlangt zwar keine besondere Ordnungszahl für *Vorhaltekosten* (von Geräten, Maschinen, Baracken, Unterkünften usw.). Jedoch hält sie eine besondere Ordnungszahl für notwendig für den Fall, daß aus übergeordneten Gründen die Baustelle stilliegt. Rechtlich liegen allerdings, sofern der Bauherr den Stillstand zu vertreten hat, die Verhältnisse klar. Der Unternehmer kann hier nach der Verordnung über Höchstmieten für Eigengeräte nur die Wibau-Sätze (nach LSBÖ. bei Stilliegen nur 70% davon) mit einem angemessenen Aufschlag für Unterhaltung, Verwaltungskosten und Gewinn verlangen.

§ 9. Gesetzliche Vorschriften für die Baupreisbildung.

Zur Verhinderung ungerechtfertigter Preissteigerungen und zur Förderung einer gesunden Preisbildung sind Reichsbehörden und Bauwirtschaftsgruppen seit Jahren bemüht, die Begriffe und Verfahren der Baupreisbildung einheitlich zu gestalten. Schon 1929 und 1934 hat die Wirtschaftsgruppe Bauindustrie eine Veröffentlichung „Selbstkostenermittlung für Bauarbeiten"[1] herausgegeben. In den Schriften von Dr.-Ing. BLUNCK[2] wurden Verfahren zur Ermittlung der Unkostensätze veröffentlicht. Die Deutsche Reichsbahn hat bereits im Jahre 1925 einen „*Richtausschuß für Stahlbauten*" ins Leben gerufen, welcher jährlich Richtlinien

---

[1] Die Veröffentlichung „OPITZ, GERHARD, *Selbstkostenermittlung für Bauarbeiten,* Verlag Otto Elsner, Berlin" ist eine Neufassung der früheren Wibau-Veröffentlichung. Sie enthält auch ein Kommentar zu den Baupreisrichtlinien und eine Geräteliste (Wibau-Sätze) mit der Höchstmietenverordnung.

[2] Dr.-Ing. BLUNCK: Der gerechte Preis für massive Ingenieurbauten. — Dr.-Ing. BLUNCK: Preisermittlung für massive Ingenieurbauten.

für die Preisgestaltung bei Vergebung von Stahlbrücken und Stahl-
hochbauten herausbringt.

Der Reichskommissar für die Preisbildung, welcher auf Grund des § 2
des Gesetzes zur Durchführung des Vierjahresplans vom 29. 10. 1936
(RGBL. I S. 927) bestellt wurde, hat im Zusammenhang mit der Preisstoppverordnung wichtige *Verordnungen über die Baupreisbildung*[1] er-
lassen:

1. Verordnung über die Baupreisbildung vom 16. 6. 1939 RGBl.
1939, Teil I, S. 1041 ff. (kurz „*Baupreisverordnung*" genannt).

2. Verordnung über Höchstmieten für Baugeräte vom 16. 6. 1939,
RGBl. 1939, Teil I, S. 1043 ff.

Diese beiden wichtigsten Verordnungen geben genaue Richtlinien für
die Baupreisbildung und legen eindeutig die Mietsätze (Abschreibung + Verzinsung) für Eigengeräte und Fremdgeräte (Leihgeräte) fest.

Für die *Lohnkosten* dürfen nur die *Tariflöhne* (mit den gesetzlichen
Zuschlägen) und für die Baustoffe, Bauhilfsstoffe sowie Betriebsstoffe
höchstens die *Materialpreise* nach der Preisstoppverordnung in die Kal-
kulation eingeführt werden. Erhöhungen der Tagelohnzuschläge bei
Tagelohnarbeiten z. B. bedürfen der besonderen Genehmigung der
Preisprüfungsstellen.

Im Einvernehmen mit dem Generalbevollmächtigten für die Regelung
der Bauwirtschaft hat mit Erlaß vom 27. 9. 1939 der Reichskommissar
für die Preisbildung die Abschreibungssätze in der Geräteliste der Wirtschaftsgruppe Bauindustrie[2] für die Baupreisberechnung von Gerätemieten zugelassen. Diese Mietsätze sind daher jetzt als Höchstmieten
für Unternehmer und Behörden bindend[3] (kurz Wibau-Sätze genannt).

3. Runderlaß des Reichskommissars für die Preisbildung vom 16. 1.
1940—V—420—7429 betreffend die *Durchführung der Baupreisverordnung*. Dieser Erlaß enthält im I. Abschnitt wichtige Erläuterungen zur
Baupreisverordnung, z. B.:

Die *Baupreisverordnung* steht im Rang *vor der VOB.* und vor den besonderen
Vertragsbedingungen eines Bauvertrages. Die Mitarbeit des Bauherrn durch klare,
eindeutige und erschöpfend beschreibende Leistungsverzeichnisse (§ 8, B, S. 48) wird
gefordert. Die Kosten der besonderen sozialen Maßnahmen (Wegegelder, Trennungsentschädigungen, Auslösungen, Wochenendheimfahrten usw.) dürfen nicht in die
Baupreisberechnung einbezogen werden. Der Arbeitsaufwand je Leistungseinheit
muß sachlich gerechtfertigt sein (keine Verschleierung überhöhter, nicht auf besonderer Leistung beruhender Löhne!). Die Begriffe der „Gemeinkosten", „Geschäftsunkosten" und „Gewinn" werden näher erläutert. Bei Tagelohnarbeiten mit
Geräten werden angemessene *Zuschläge* (für Unterhaltung, Verwaltungskosten und
Gewinn) *auf die Abschreibungssätze* für zulässig erklärt.

„*Zusatzforderungen*" werden für zulässig erklärt, wo ein Mehraufwand durch
Umstände verursacht wird, welche der Unternehmer nicht zu vertreten hat und
bei der ursprünglichen Preisermittlung nicht berücksichtigt werden konnten. Es
bleibt aber Verhandlungen zwischen Bauherrn und Unternehmern vorbehalten,
inwieweit einer solchen „Zusatzforderung" entsprochen wird. Entscheidend wird
sein, ob der Bauherr die Kosten rechtlich zu vertreten hat bzw. ob die Auswirkungen

---

[1] Eine Sammlung dieser Verordnungen ist veröffentlicht von Min.-Rat
B. BAUCH: Die Preisvorschriften im Baugewerbe. Berlin: Otto Elsner 1940.

[2] *Wirtschaftsgruppe Bauindustrie:* Abschreibung und Verzinsung für Maschinen
und Großgeräte (Geräteliste), 1. genehmigte September-Ausgabe 1939. Druck und
Verlag Hermann Klokow, Berlin SW 68. Auch die Veröffentlichung von OPITZ
(Selbstkostenermittlung für Bauarbeiten) enthält die Wibau-Sätze.

[3] Ab 13. 2. 1941 sind diese Sätze um 20% gesenkt worden.

derart sind, daß der Unternehmer dadurch in seiner wirtschaftlichen Existenz gefährdet wird.

Die von den Wirtschaftsgruppen herausgegebenen Vorschriften über die *Führung von Baukonten*[1] wird für die Bauwirtschaft für bindend erklärt.

Nach § 10 (3) der Baupreisverordnung war unbedingt verlangt eine Gliederung der Baukosten nach

    a) Löhne,
    b) Bau-, Bauhilfs- und Betriebsstoffe,
    c) Gemeinkosten (Gemeinkosten der Baustelle und Allgemeine Geschäftskosten),
    d) Sonderkosten.

Bei *öffentlichen* Aufträgen über 100000,— RM. sind die Unternehmer zur Aufgliederung verpflichtet. Der Bauherr ist auch berechtigt, bei größeren Bauobjekten eine Zergliederung wichtiger Einheitspreise zu verlangen.

Im II. Teile der Verordnung sind die Aufgaben *der Preisbildungsstellen* und der *Preisüberwachungsstellen* festgelegt (z. B. Festlegung der Tagelohnzuschläge):

4. Der Runderlaß des Reichskommissars für die Preisbildung Nr. 77/40 vom 28. 6. 1940 betreffend die *Aufgliederung der Preisangebote nach § 12 der Baupreisverordnung: Die Verpflichtung der Aufgliederung der Angebote* des Unternehmers ist festgelegt unabhängig von der Art der Ausschreibung (öffentlich, beschränkt oder freihändig). Es wird die Aufgliederung nach folgenden 3 Mustern vorgeschrieben für Arbeiten des Bauhauptgewerbes (d. h. Wibau, Innungen des Baugewerbes, des Zimmerhandwerks und des Pflaster- und Straßengewerbes):

Muster 1.

Bei Bauleistungen jeder Art mit einem Bauwert von 5000,— RM. bis 100000,— RM. — ausgenommen alle ausgesprochenen Hochbauarbeiten, für die Muster 3 gilt — ist der Angebotsendpreis durch den Unternehmer nach Muster 1 aufzugliedern.

Aufgliederung nach Muster 1.

A. Unmittelbare Kosten der Teilleistungen:

    1. Gesamtsumme der Löhne, die unmittelbare Kosten der Teilleistungen sind, ausschließlich der sozialen Abgaben (Baubetriebslöhne) . . . . RM.
    Angabe des Gesamtstundenaufwandes . . . . RM.

    2. Stoffe, die unmittelbare Kosten der Teilleistungen sind, einschließlich Fracht- und Fuhrkosten . . . . RM.

    3. Nachunternehmerleistungen, ohne Zuschlag des Hauptunternehmers, der unter C, 2 ausgewiesen ist . . . . RM.

B. Gemeinkosten der Baustelle:

    1. Sonderkosten . . . . RM.
    2. Sonstige Gemeinkosten der Baustelle . . . . RM.

C. Zuschlag für Allgemeine Geschäftskosten, Gewinn und Wagnis:

    1. auf die eigenen Leistungen . . . . RM.
    2. auf die Nachunternehmerleistungen . . . . RM.

D. Umsatzsteuer . . . . RM.

                                 Angebotsumme . . . . RM.

---

[1] Richtlinien über die „*Preisermittlung von Bauleistungen*", d. h. Aufgliederung der Baukosten sind in dem 8. Rundschreiben der Wirtschaftsgruppe Bauindustrie vom 6. 6. 1940 den Mitgliedern empfohlen. Sie sind der Aufstellung des Selbstkostenplans der Wibau S. 6 zugrunde gelegt.

Muster 2.

Bei Bauleistungen jeder Art mit einem *Bauwert über 100000,— RM.* ist der Angebotsendpreis durch den Unternehmer nach *Muster 2* aufzugliedern.

Muster 2 gilt ebenso wie Muster 1 grundsätzlich nicht für alle ausgesprochenen Hochbauarbeiten, für die Muster 3 anzuwenden ist.

Aufgliederung nach Muster 2.

A. Unmittelbare Kosten der Teilleistungen:
1. Gesamtsumme der Löhne, die unmittelbare Kosten der Teilleistungen sind, ausschließlich der sozialen Abgaben (Baubetriebslöhne) . . . . RM.
   Angabe des Gesamtstundenaufwandes . . . . RM.
2. Stoffe, die unmittelbare Kosten der Teilleistungen sind, einschließlich Fracht- und Fuhrkosten . . . . RM.
3. Nachunternehmerleistungen, ohne Zuschlag des Hauptunternehmers, der unter C, 2 ausgewiesen ist . . . . RM.

B. Gemeinkosten der Baustelle:
1. Gerätekosten (Gerätemiete und sonstige Gerätekosten) . . RM.
2. Sonderkosten . . . . RM.
3. Sonstige Gemeinkosten der Baustelle . . . . RM.

C. Zuschlag für Allgemeine Geschäftskosten, Gewinn und Wagnis:
1. Auf die eigenen Leistungen . . . . RM.
2. Auf die Nachunternehmerleistungen . . . . RM.

D. Umsatzsteuer . . . . RM.

Angebotssumme . . . . RM.

Muster 3.

Bei ausgesprochenen *Hochbauarbeiten* über 5000,— RM. (obere Grenze unbeschränkt), bei denen die Preise für die zahlreichen Teilleistungen häufig unter Verwendung von Erfahrungswerten gebildet werden, hat der Bauunternehmer den Endpreis nach Muster 3 aufzugliedern.

Aufgliederung nach Muster 3.

1. Löhne, soweit sie unmittelbare Kosten der Teilleistungen sind, ausschließlich der sozialen Abgaben (Baubetriebslöhne) . . RM.
2. Stoffe, soweit sie unmittelbare Kosten der Teilleistungen sind, einschließlich Fracht- und Fuhrkosten . . . . RM.
3. Nachunternehmerleistungen, ohne Zuschlag des Hauptunternehmers, der unter 6 ausgewiesen ist. . . . . RM.
4. Sonderkosten . . . . RM.
5. Zuschlag für Gemeinkosten der Baustelle (ausschließlich der Sonderkosten), Allgemeine Geschäftskosten, Gewinn, Wagnis, und Umsatzsteuer auf die eigenen Leistungen
   a) Löhne . . . . RM.
   b) Stoffe . . . . RM.
6. Zuschlag auf die Nachunternehmerleistungen für Allgemeine Geschäftskosten, Gewinn, Gewährleistung und Umsatzsteuer RM.

Angebotssumme . . . . RM.

Aufgliederung der Einheitspreise.

Vorgeschrieben für die Aufgliederung der Einheitspreise ist folgendes Muster:

a) Löhne, soweit sie unmittelbare Kosten der Teilleistungen sind, *ausschließlich der sozialen Abgaben* (d. h. der gesetzlichen Sozialaufwendungen für Löhne. Die Kosten der besonderen sozialen Maßnahmen wie z. B. Wegegelder, Trennungsentschädigung, Wochenendheimfahrten usw. sind je gesondert auszuweisen.)

b) Stoffe, soweit sie unmittelbare Kosten der Teilleistungen sind, einschließlich Fracht- und Fuhrkosten.

c) Gesamtzuschlag auf Löhne und Stoffe für Gemeinkosten der Baustelle, Allgemeine Geschäftskosten, Gewinn, Wagnis und Umsatzsteuer. Summe 1. Löhne + 2. Stoffe + 3. Gesamtzuschlag = Angebotspreis.

5. Verordnung über die *Preisermittlung auf Grund der Selbstkosten bei Bauleistungen für öffentliche Auftraggeber vom 25. 5. 1940* (RGBl. 1940, I, S. 850ff.), kurz LSBÖ. genannt.

Der Anwendungsbereich der LSBÖ. ist allerdings auf die *freihändige* Vergebung beschränkt. Auch bei der freihändigen Vergabe soll sie nur dann angewandt werden, wenn die angemessenen Preise auf keinem anderen Wege ermittelt werden können.

Die LSBÖ. enthalten jedoch einige Bestimmungen, welche grundsätzliche Bedeutung für die Preisermittlung haben, z. B.:

Nr. 25, Vorhaltekosten in Stilliegezeiten. Kann durch einen Umstand, den weder der Bauherr noch der Unternehmer zu vertreten hat, ein *eigenes* Gerät (nicht Fremdgeräte!), dessen Verbleiben an der Baustelle betriebsnotwendig ist, länger als 10 aufeinanderfolgende Tage nicht benutzt werden, so hat der Unternehmer *für jeden weiteren Tag, den das Gerät nicht benutzt werden kann, nur Anspruch auf 75% der höchstzulässigen Mietsätze* (Wibau-Sätze) für Abschreibung und Verzinsung des Gerätes.

Nr. 43, Bemessung des Gewinns. Hier ist genau festgelegt, was im Gewinn mitenthalten ist (siehe § 7, S. 46).

Nr. 46, Aufgliederung der Kalkulation:
A Baubetriebslöhne,
B Stoffe (Baustoffe, Bauhilfsstoffe, Betriebsstoffe),
C Kosten der Gerätevorhaltung,
D Gemeinkosten
    a) Gemeinkosten der Baustelle[1],
    b) Allgemeine Geschäftsunkosten,
E Sonderkosten (z. B. Leistungen der Nachunternehmer, Bauversicherungen, Lizenzgebühren u. dgl.),
F Gewinnaufschlag (und Wagnis),
A + B + C + Da = Baustellenkosten,
A + B + C + D + E = Selbstkosten,
A + B + C + D + E + F = Selbstkostenfestpreis[2].

6. *Verordnung über Höchstmieten für Baugeräte vom 16. 6. 1939* (RGBl. I, S. 1043). Diese Verordnung betrifft nur Vermietgeschäfte von Vermietern, welche selbst keine Bauarbeiten durchführen. Für Bauunternehmer, welche Bauarbeiten mit eigenen Geräten durchführen, gelten die Wibau-Sätze (§ 9, 7). *Wichtige Bestimmungen* dieser *Gerätemietverordnung:*

---

[1] Hierunter fallen z. B. die Löhne für „Allgemeine Arbeiten", also Lohn- und Materialkosten der Geräteunterhaltung, Lohn- und Materialkosten (Frachten, Fuhrkosten u. dgl.) der Baustelleneinrichtung, Sozialaufwendungen (gesetzliche).

[2] Auf diese Kosten ist die Umsatzsteuer mit 2,04% zu schlagen.

Tabelle 17. Prozentuale Kostenaufteilung

Kostenarten	1. Hoch- und Wohnungsbau (einschließlich Innenausbau) %		2. Eisenbetonhochbau %	
I. Löhne[1] (reine Löhne)	33		28	
II. Baustoffe[2] (+ Bauhilfsstoffe und Betriebsstoffe)	45		44	
III. Gemeinkosten.	10		14	
a) Baustelleneinrichtung[2]		2		3
b) Gerätekosten		1		3,5
c) Kosten der örtlichen Bauleitung		2		3
d) Sozialaufwand (16—18% der Löhne)		5		4,5
IV. Allgemeine Geschäftskosten . . .	12		14	
+ Gewinn + Wagnis	= 8%		= 10%	
+ Umsatzsteuer[3]	auf Material + 25% auf Löhne		auf Material + 34% auf Löhne	

[1] Ohne Sozialaufwand und ohne Kosten der besonderen sozialen Maßnahmen einrichtung.

[2] Einschließlich Fracht und Beifuhr der Baustoffe (bzw. Geräte), Bauhilfs-

[3] 2,04% der Selbstkosten.

[4] Einschließlich Werkstattlöhne (reine Löhne).

[5] Einschließlich Fracht und Beifuhr der Baustoffe, einschließlich Materialkosten

[6] Einschließlich der Zuschläge auf die Werkstattlöhne.

§ 5 (2). Bei Mietdauer von 3 bis 6 Monaten kann als Monatsmiete höchstens der 2,5fache Betrag der Wibau-Sätze (für Eigengeräte) verlangt werden.

§ 5 (3) sieht bei kürzerer Mietdauer von einem Monat einen Zuschlag von 30%, von 1 bis 2 Monaten von 20%, von 2 bis 3 Monaten von 10% vor.

§ 5 (4) sieht bei längerer Mietdauer von 6 bis 9 Monaten einen Mindestnachlaß von 10% und bei mehr als 9 Monaten einen Nachlaß von mindestens 20% vor.

§ 7 sieht vor, daß *bei Überschreitung der Höchststundenzahl von 200 Stunden im Monat für jede angefangene Überstunde ein Zuschlag von 0,3% der gültigen Monatsmiete* gefordert werden kann.

§ 8 besagt, daß für „neues Baugerät" (12 Monate mit genauer Arbeitszeit) *ein Höchstzuschlag von 20% zulässig* ist.

§ 12 bestimmt, daß der „Einheitsmietvertrag"[1] ab 10. 6. 1940 vom Reichskommissar für die Preisbildung für allgemeinverbindlich erklärt wird. (Deutscher Reichsanzeiger 1940, Nr. 132.)

7. *Erlaß des Reichskommissars für die Preisbildung vom 27. 9. 1939* genehmigt für *eigenes Gerät* die sog. *Wibau-Sätze*[2] (Abschreibungs- und Verzinsungssätze für Großgeräte gemäß der Geräteliste der 1. genehmigten Septemberausgabe 1939 der Wirtschaftsgruppe Bauindustrie).

Für die *Berechnung der über 200 Betriebstunden hinausgehenden Arbeitsstunden* ist ein *Zuschlag zur Miete von 0,3% je Überstunde* vorgesehen (nach den Ausführungen S. 17 führt die Benutzung der Verhältniszahlen aus Abb. 1 S. 15 etwa zum gleichen Ergebnis).

[1] Formular für den Einheitsmietvertrag zu beziehen durch Otto Elsner, Verlagsgesellschaft, Berlin SW 68.

[2] Siehe auch § 1 a dieses Buches S. 18. Sonderabdruck der Wibau-Sätze durch Verlag Hermann Klokow, Berlin SW 68. Auch die Veröffentlichung OPITZ, Selbstkostenermittlung für Bauarbeiten, enthält die Wibau-Sätze (ab 13. 2. 41 um 20% gesenkt).

der Baukosten nach Kostenarten.

3. Erdbau (Baggerarbeiten, nicht Felsarbeiten) %	4. Betonstraßenbau %	5. Brückenbau	
		Eisenbeton und Beton %	Stahlbrücken %
41	20	25	26[4]
10	50	44	40[5]
33	18	16	16
3	4,5	4	4
20	7	5	5
3	3	3	3
7	3,5	4	4
16	12	15	18[6]
= 10% auf Material + 37% auf Löhne	= 10% auf Material + 35% auf Löhne	= 10% auf Material + 42% auf Löhne	= 10% auf Material + 56% auf Löhne

(Trennungsentschädigung usw.) einschließlich der Lohnkosten der Baustellenstoffe und Betriebsstoffe, Einrichtungslöhne unter I.

des Gerüstzuschlags, einschließlich Vorfrachten.

§ 10. Methoden der Kalkulation und Verteilung der Gesamtbaukosten auf die einzelnen Kostenarten.

Für alle Arbeiten von Bauarbeiten eine einheitliche Kalkulationsmethode zu geben, ist kaum möglich. Die Schwierigkeit liegt einmal in der Verschiedenartigkeit der Bauarbeiten selbst:

Das *Hochbaugewerbe* unterscheidet sich wesentlich von den mehr industriellen *Eisenbeton- und Tiefbauunternehmungen.* Dazu kommt die Verschiedenartigkeit der Bauverträge. Viele Bauherrn schließen in die Bauverträge alle Baustofflieferungen ein, während andere selbst den Baustoff liefern. Größere Bauunternehmen, z. B. Eisenbeton- und Stahlbrückenbauunternehmen, müssen große Ingenieurbüros für die Ausarbeitung von Entwürfen vorsehen und haben daher naturgemäß höhere Geschäftskosten als Hochbaugeschäfte.

Tabelle 17 gibt eine Übersicht über die Verteilung der einzelnen Kostenarten auf die Gesamtbaukosten bei verschiedenen Bauarbeiten. Sie beansprucht keine Allgemeingültigkeit, zeigt jedoch andererseits die grundsätzliche Verschiedenheit der verschiedenen Bauarbeiten in kalkulatorischer Hinsicht.

Die Tabelle 17 zeigt, besonders auch bezüglich der Geschäftskosten (zentral), daß man vorwiegend *2 große Baugruppen* unterscheiden kann:

a) den mehr gewerblichen „*Hochbau*" (besonders Wohnungsbau);

b) den mehr industriellen „*Tiefbau*" und Eisenbetonbau, welch letzterer durch größeren Geräteeinsatz und das Erfordernis großer Entwurfsbüros gekennzeichnet ist. Der letztere ist daher auch bezüglich

Geschäftskosten und Gewinn Umsatzschwankungen gegenüber wesentlich empfindlicher (siehe § 7). Im „Hochbau" können die „Gemeinkosten" mit Geschäftskosten, Wagnis, Gewinn und Umsatzsteuer als „Unkosten" zusammengefaßt werden. Im „Tiefbau" dagegen, besonders bei Erdarbeiten, ist eine getrennte Erfassung dieses Kostenanteils notwendig. Es wird auch die Aufgliederung dieser Kosten erforderlich nach Gerätekosten, Baustelleneinrichtungs-(und Räumungs-)kosten, Kosten der örtlichen Bauleitung und Kosten des Sozialaufwands (direkt lohngebundene Kosten für Versicherungen usw.).

Methoden der Kalkulation[1].

Ein Generalrezept für die Kalkulation der verschiedenen Bauaufträge gibt es nicht. Wichtigster Grundsatz ist, sich jeweils auf das Wesentliche zu beschränken und keine schwierigen mathematischen Probleme zu suchen, wo sie nicht vorhanden sind. Wenn man von größeren Umsatzschwankungen und ihre Auswirkungen auf die Höhe der Geschäftskosten absieht, gibt es für den *erfahrenen* Bauunternehmer und Kalkulator bei der Kalkulation neuer Bauvorhaben eigentlich nur *eine große Unbekannte*, nämlich die *Lohnkosten*. Denn diese hängen ab von der vorher nicht bekannten Leistung des Arbeiters (besonders des zugewiesenen Arbeiters im Gegensatz zum *Stammarbeiter*) und von der Fähigkeit der örtlichen Bauleitung. Der Unternehmer kann sich auf die Ergebnisse der Nachkalkulation stützen, wo ihm eine erprobte Bauleitung und ein Stamm von guten Facharbeitern zur Verfügung steht. Alle anderen Kosten sind dem erfahrenen Praktiker bekannt:

Über *Baustoff- und Betriebsstoffverbrauch* hat auch jeder Bauleiter genügend Erfahrung. Die *Gerätekosten* liegen bei bekannten Terminen gleichfalls fest (Wibau-Sätze bei Eigengeräten!). Über Lohn- und Materialkosten der *Geräteunterhaltung* hat der Unternehmer Erfahrungswerte gesammelt. Die *Kosten der Baustelleneinrichtung* (Transport + Fracht + Auf- und Abbau) lassen sich genau errechnen. Die Kosten der *örtlichen Bauleitung* lassen sich bei bekannter Bauzeit genau ermitteln. Die Kosten des *Sozialaufwands* sind lohngebundene Kosten, welche heute 16—18% der reinen Löhne bzw. 15 bis 17% der gesamten Lohnkosten betragen. Sie werden im Tiefbau heute zu den „Gemeinkosten" gerechnet, während sie im „Hochbau" zu den „Unkosten" zählen. Auf Baustellen sind sie aus den Lohnlisten jederzeit zu ermitteln.

Bei *Festlegung des Gewinnanteils* (mit Bau- und Unternehmerwagnis, Ausfuhrförderungszahlungen, Spenden und Gewährleistungsverpflichtungen) ist die Einschätzung des Wagnisses durch den Unternehmer ausschlaggebend. Der Zuschlag für Wagnis und Gewinn wird sich zwischen 5 und 8% der Selbstkosten bewegen (z. B. 5% bei Tagelohnarbeiten). Die *Umsatzsteuer* ist genau bekannt. Sie beträgt 2,0% des Umsatzes oder $\frac{2,0}{1,0-0,02} = 2,04\%$ von (Selbstkosten + Gewinn).

So bleibt also nur noch zu bestimmen, wie die „*Allgemeinen Geschäftskosten*" zu kalkulieren sind, welche umfassen: Personal- und Sachkosten für zentrale technische und kaufmännische Leitung, Entwurfsbüros,

---

[1] Zum Studium der neuen Kalkulationsmethoden in Anlehnung an die Baupreisverordnung sei das im Verlag Otto Elsner, Berlin 1941, erschienene Schulungsheft der Wirtschaftsgruppe Bauindustrie „Die vorschriftsmäßige Ermittlung der Baupreise" besonders empfohlen.

Lagerplätze, Bauhöfe (soweit nicht in dem Aufschlag auf die Gerätevorhaltekosten berücksichtigt), Steuern und öffentliche Abgaben (Gewerbesteuer, Vermögenssteuer, Aufbringungsumlage u. dgl.), Kosten der Kapitalbeschaffung, Zinsverluste für ausstehende Forderungen, Büromiete, Kraftwagen, Zeitschriften usw. In § 7 ist auf die Abhängigkeit dieser Kosten von den *Umsatzschwankungen* besonders hingewiesen. Der Unternehmer muß die *Höhe der Geschäftskosten* in den „Selbstkostenbüchern" besonders nachweisen. Es dürfen *nur ähnliche Arbeiten* verglichen werden. Wo der Zuschlag in Prozent der Baustellenkosten gewählt wird, muß unterschieden werden, ob der *Bauvertrag mit oder ohne Materiallieferung* abgeschlossen wird. Wenn man aber die durch die *Materialbeschaffung* tatsächlich entstehenden *Geschäftskosten* (gleichgültig ob sie in der Zentrale oder auf der Baustelle entstehen) grundsätzlich durch einen *Unkostenaufschlag auf die Materialkosten frei Verwendungsstelle* berücksichtigt (der Zuschlag wird z. B. ohne Umsatzsteuer 6 bis 8% betragen), und alle Materialkosten (einschließlich Frachten, Betriebsstoffe u. dgl.) mit diesem Unkostensatz belastet, können die noch verbleibenden *Geschäftskosten in Prozent der Lohnkosten* ausgedrückt werden. Die so ermittelten Unkostensätze hat der Unternehmer an Hand seiner Buchhaltung (Selbstkostenbücher) sorgfältig zu überprüfen. Umfang der Arbeit und des Gesamtumsatzes müssen berücksichtigt werden. Ein für alle Arbeiten und für alle Bauunternehmungen anwendbares mathematisches Verfahren zur Ermittlung der Geschäftskosten gibt es nicht. Kleine und mittlere Baugeschäfte werden für kleine und mittelgroße Bauaufträge keine höheren Unkostenprozente einsetzen müssen als sie Großfirmen für große Aufträge einsetzen. Dagegen werden Großfirmen bei Übernahme kleinerer Aufträge höhere Geschäftskosten berechnen müssen. Man darf nicht übersehen, daß die *Unsicherheit einer Kalkulation* im allgemeinen *nicht bei der Berechnung des Geschäftskostenanteils* liegt — hier sind nur Schwankungen von wenigen Prozenten möglich — *sondern bei der Schätzung der Lohnkosten und Maschinenleistungen.*

Auch die Rückberechnung vom *Unkostensatz bezogen auf die Gesamtkosten* auf den *Unkostensatz bezogen auf die Selbstkosten,* kann man sich sparen, wenn man sich grundsätzlich daran gewöhnt, bei Vor- und Nachkalkulation die Geschäftskosten in Prozent der Selbstkosten bzw. der Löhne zu rechnen. Wo aber der Unternehmer gewohnt ist, seine Geschäftsunkosten mit $a\%$ des Umsatzes zu bewerten, beträgt der Zuschlag u auf die Selbstkosten $u = \dfrac{a}{1{,}0 - 0{,}01\,a}$.

III. Erd- und Felsarbeiten.
(Lösen ohne Maschinen.)
A. Vorarbeiten.

Allen größeren Bauvorhaben mit Erdarbeiten wie Eisenbahnbauten, Straßenbauten, Kanalbauten usw. gehen Ermittlungen über die bei der Linienführung angetroffenen *Bodenarten* und Grundwasserstände voraus. Die Ergebnisse dieser *Vorarbeiten,* welche aus Schürfungen und Bohrungen ermittelt werden, trägt man in das Längenprofil (Bohrprofil) ein.

Wenn auch für die Kostenschätzung zur Bauausführung (s. III, B, S. 58) in erster Linie die *tiefbautechnischen Eigenschaften* (Lösbarkeit mit Werkzeugen bzw. Maschinen, Wasserempfindlichkeit usw.) interessieren, so sind doch auch die *geologischen Bezeichnungen* und bodenmechanischen Eigenschaften für den praktischen Ingenieur von Bedeutung (Rutschgefahr u. dgl.).

Geologische Bezeichnungen für die Bodenarten.

Sand (Körnung 0/3 und 3/7 mm angeben), Kies (Körnung 7/15, 15/30, 30/70 angeben), Ton (kieselsaure Tonerde), Mergel (Kalkgehalt von 25 bis 50% im Ton durch Salzsäure festzustellen), Tonmergel, Kalkmergel (50 bis 70% Kalk), Tegel (blaugrüner Mergel), Lehm (Gemenge von Ton und mindestens 30% Quarzsand), Löß, Letten (Zwischenstufen von Ton, Lehm und Mergel), Torf- und Moorboden, Schluff, Mutterboden, Kalkstein, Sandstein, Urgesteine (Granit, Porphyr, Gneis usw.).

Kosten der Vorarbeiten.

1. Schürfungen.

Schürfgruben sind nach B., 2., S. 61 zu kalkulieren.

2. Bohrungen.

(Zur Feststellung der Bodenarten und des Grundwasserstandes.)

In Sand, Kies, Mergel und ähnlichen Bodenarten kosten (einschließlich aller Unkosten, ausgedrückt in Lohnstunden) Bohrungen

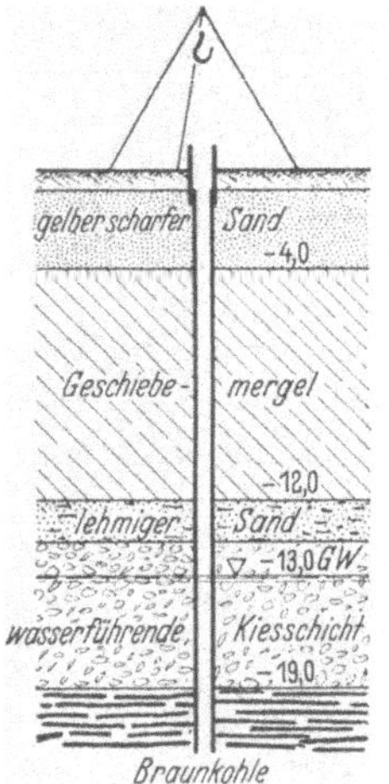

Abb. 10.
Beispiel einer Bohrung.

bis 10 m Tiefe . . . *8 St.*/1 lfd. m Bohrloch
10 bis 20 m Tiefe . *10 St.*/1 lfd. m „
20 bis 30 m Tiefe . *15 St.*/1 lfd. m „
also mit St. = 0,60 RM.

bis 10 m Tiefe . . . *4,80 RM.*/1 m Bohrloch
10 bis 20 m Tiefe . . *6,— RM.*/1 m „
20 bis 30 m Tiefe . . *9,— RM.*/1 m „

Dazu kommen die Kosten für *Antransport, Rücktransport und Rücken des Bohrgerätes* von Bohrstelle zu Bohrstelle. Man kann rechnen außer den Transportkosten die Zeit des Transports für 1 Bohrkolonne von 1 Bohrmeister und 2 bis 3 Hilfsarbeitern.

3. Bohrungen zur Anlage von Filterbrunnen

für Trinkwasser oder zur Wasserversorgung von Baustellen mit Speisewasser siehe Abschnitt XXII, Wasserversorgung, S. 327.

B. Bauausführung.

Tiefbautechnische Einteilung der Bodenarten.

Die Bodenarten werden nach dem Grade der Schwierigkeit ihrer Gewinnung, ihrer Kohäsion und nach dem Widerstand, den sie der Lösung entgegenstellen, in 7 bzw. 9 Klassen eingeteilt.

Klasse 1. Bodenarten ohne Zusammenhang oder solche mit einem sehr geringen Zusammenhang wie Sand, Ackererde, Gartenerde, Mutterboden, feiner Kies ohne Bindemittel.

Lösegerät. Schaufel, Spaten.

Die Leistung eines Arbeiters[1] ist etwa 1 bis 1,5 m³, im Durchschnitt 1,2 m³ in der Stunde. (Lösen und Laden in Förderwagen.)

Ladekoeffizient $q = 1,1$, das ist der Raum, den 1 m³ Boden in dem Fördergefäß einnimmt.

Auflockerung. Anfänglich 10 bis 15%, bleibend 1 bis 2%. Spezifisches Gewicht von 1 m³ Boden $\gamma = 1500$ bis 1600 kg.

Klasse 2. Bodenarten mit geringem Zusammenhang und weichem Gefüge, die noch mit dem Spaten gestochen werden können. Sandiger Lehm, leichter Ton, grober Sand, feuchter Sand, Torfmoor, feiner Kies mit Bindemittel.

Lösegerät. Schaufel und Spaten, schlesische Schaufel.

Ladekoeffizient $q = 1,2$.

Die Leistung eines Arbeiters[1] ist etwa 0,8 bis 1,2 m³, im Durchschnitt 1,0 m³ in der Stunde. (Lösen und Laden in Fördergefäße.)

Auflockerung. Anfänglich 15 bis 20%, bleibend 1 bis 2%.

Diese Bodenart gehört zum mittelschweren Stichboden. $\gamma = $ etwa 1600 kg.

Klasse 3. Bodenarten mit stärkerem Zusammenhang. Steiniger Sand, sandiger Lehm.

Lösegerät. Breithacke, Kreuzhacke, außerdem Geräte wie Klasse 2.

Die Leistung eines Arbeiters[1] für Lösen allein ist etwa 1,2 bis 1,5 m³, im Durchschnitt 1,3 m³ in der Stunde.

Ladekoeffizient $q = 1,2$.

Auflockerung. Anfänglich 20 bis 25%, bleibend 2 bis 4%.

Diese Bodenart gehört zu dem schweren Stichboden. $\gamma = 1650$ bis 1750 kg.

Klasse 4. Feste Bodenarten wie grobsteiniger Boden, grober loser Kies, kleines loses Gerölle.

Lösegerät. Wie Klasse 3 und Hand.

Die Leistung eines Arbeiters[1] ist etwa 0,8 bis 1,2 m³ fürs Lösen allein, im Durchschnitt 1,0 m³ in der Stunde.

Ladekoeffizient $q = 1,2$.

Auflockerung. Anfänglich 20 bis 25%, bleibend 2 bis 4%.

Diese Bodenart gehört zu dem schweren Stichboden. $\gamma = 1700$ bis 1800 kg.

Klasse 5. Bodenarten mit zähem Gefüge und starkem Zusammenhang, jedoch mit geringem Härtegrad. Schwerer Lehm und Ton, Letten, Mergel, grober Kies, steiniger Boden, loses Gerölle. Diese Bodenarten müssen erst besonders aufgelockert werden, ehe sie mit der Schaufel gefaßt werden können.

---

[1] Angegeben sind die Leistungen geübter Tiefbauarbeiter.

Lösegerät. Spitzhacke, Kreuzhacke, Keile, Schlägel und Brechstangen.

Die Leistung eines Arbeiters ist etwa 0,75 bis 0,9 m³, im Durchschnitt 0,85 m³ in der Stunde.

Ladekoeffizient $q = 1{,}25$.

Auflockerung. Anfänglich 25 bis 30%, bleibend 4 bis 6%.

Diese Bodenart wird zum leichten, milden Hackboden gerechnet. $\gamma =$ 1800 bis 1900 kg.

Klasse 6. Bodenarten, die den Übergang zum Felsen bilden. Festes Gerölle verwitterter Felsen, Trümmergesteine, weichere Sandsteine, zerklüfteter Kalkstein, kleinbrüchiger Schiefer.

Lösegerät. Spitzhacke, Keilhaue, Treibekeile, Brechstangen, auch Bohrungen mit Sprengmitteln.

Die Leistung eines Arbeiters ist etwa 0,4 bis 0,6 m³ für Lösen, im Durchschnitt 0,50 m³ in der Stunde.

Ladekoeffizient $q = 1{,}35$.

Auflockerung. Anfänglich 30 bis 45%, bleibend 6 bis 7%.

Diese Bodenart gehört zum schweren Hackboden. $\gamma =$ etwa 2000 kg.

Klasse 7. Gesteine in Bänken von nicht zu großer Mächtigkeit und Festigkeit, bei denen die einzelnen Lager noch mit Spitzhacke, Brecheisen und Keile gelöst werden können. Brüchiger Schiefer, klüftiger weicher Sandstein, Kalkstein, Kreide.

Lösegerät. Spitzhacke, Keilhaue, Treibekeile, Brechstangen, Bohrungen mit Sprengmitteln.

Die Leistung eines Arbeiters ist etwa 0,22 bis 0,30 m³, im Durchschnitt 0,25 m³ in der Stunde für Lösen allein.

Ladekoeffizient $q = 1{,}40$.

Auflockerung. Anfänglich 40 bis 50%, bleibend 8 bis 15%.

Diese Bodenart gehört zum milden Hackfelsen. $\gamma =$ 2200 bis 2400 kg.

Klasse 8. Felsen in geschlossenen Bänken, harte Sand- und Kalksteine, die mit Pulver oder Dynamit gesprengt werden müssen.

Lösegerät. Brechstangen, Bohrungen und Sprengmittel.

Die Leistung eines Arbeiters ist etwa 0,15 bis 0,20 m³, im Durchschnitt 0,17 m³ in der Stunde.

Ladekoeffizient $q = 1{,}4$ bis 1,5.

Auflockerung. Anfänglich 40 bis 50%, bleibend 8 bis 15%.

Diese Bodenart gehört zum festen Gebirge. $\gamma =$ 2500 bis 2600 kg.

Klasse 9. Feste, schwer schießbare Gesteine, harter Felsen, Gneis, Granit, Quarz, Syenit, Porphyr.

Lösegerät. Bohrungen bzw. Bohrmaschinen und Sprengmittel.

Die Leistung eines Arbeiters ist etwa 0,10 bis 0,16 m³, im Durchschnitt 0,13 m³ in der Stunde.

Auflockerung und Ladekoeffizient wie Klasse 8.

$\gamma =$ etwa 2800 kg.

1. Lösen und Laden des Bodens[1] (Einschnittsmaße).

St. = Stundenlohn des Erdarbeiters.

Klasse 1.

1 m³ Boden zu lösen und zu laden kostet . . . . . . 0,6 St.

Klasse 2.

1 m³ Boden zu lösen und zu laden kostet . . . . . . 0,9 St.

Klasse 3.

1 m³ Boden zu lösen kostet 0,75 St.
1 m³ Boden zu laden kostet 0,45 St.
Vorhalten und Unterhalten (Abnutzung und Abschreibung) der Geräte und Werkzeuge, schärfen, neue Stiele usw. für 1 m³ gewachsenen Boden . . . . 0,10 St.

Klasse 4.

1 m³ Boden zu lösen kostet 1,00 St.
1 m³ Boden zu laden kostet 0,50 St.
Vorhalten und Unterhalten der Werkzeuge für 1 m³ Boden . . . . 0,15 St.

Klasse 5.

1 m³ Boden zu lösen kostet 1,20 St.
1 m³ Boden zu laden kostet 0,55 St.
Vorhalten und Unterhalten der Werkzeuge für 1 m³ Boden . . . . 0,15 St.

Klasse 6.

1 m³ Boden zu lösen kostet 2,00 St.
1 m³ Boden zu laden kostet 0,80 St.
Vorhalten und Unterhalten der Geräte für 1 m³ Boden 0,20 St.
Für Sprengmittel und Nebenmaterialien je 1 m³ Boden 0,40 St.

Sprengfels.

Klasse 7.

1 m³ Boden zu lösen kostet bis . . . . . 1,5 Sts. + 4,00 St.
1 m³ Boden zu laden kostet 0,80 St.
Vorhalten und Unterhalten der Geräte für 1 m³ Boden 0,50 St.
Für Sprengmittel und Nebenmaterialien je 1 m³ Boden 0,80 St.

Klasse 8.

Sehr festes Sprenggestein 1 m³ zu lösen kostet 3,0 Sts. + 5,00 St.
1 m³ Boden zu laden . . . 1,00 St.
Vorhalten und Unterhalten der Geräte . . . . 0,80 St.
Für Sprengmittel und Nebenmaterialien je 1 m³ Boden 1,00 St.

Klasse 9.

Höchst festes Gestein 1 m³ zu lösen . . . 5,0 Sts. + 5,00 St.
1 m³ zu laden . . . . 1,0 St.
Vorhalten und Unterhalten der Geräte . . . . 1,0 St.
Sprengmittel und Nebenmaterialien für 1 m³ Boden . 1,50 St.

Ausheben im sumpfigen Boden (Schlamm).

Wenn die Trockenlegung nicht durch Herstellung von Abzugsgräben geschehen kann, *erhöhen sich die Kosten für die Bodengewinnung* bei den *Klassen 1 bis 4 um 40 bis 50%.*

Statt dessen wird vielfach auch für 1 m³ Boden ein Zuschlag von 0,5 St. gewählt.

Wenn der Aushub auf mehr als 1 m Tiefe ins *Grundwasser* zu liegen kommt, ist eine „*Wasserhaltung*" erforderlich, welche bei kleinen Baugruben mit einer Diaphragmapumpe bewältigt wird.

Bemerkung zu Boden Klasse 7 bis 9. Nähere Kostenangaben über Bohrungen und Sprengungen siehe unter *Abschnitt IV,* „*Bohr- und Sprengarbeiten*", S. 77.

2. Bodenaushub aus Baugruben und Fundamentgräben.

St. = Stundenlohn des Erdarbeiters.
Sts. = Stundenlohn des Steinarbeiters.
Aushub des Bodens aus engen Baugruben und aus Fundamentgräben von Hand einschl. Herausschaffen des Bodens.

---

[1] Vorausgesetzt sind normale Leistungen geübter Tiefbauarbeiter.

Dazu kommen bei Kalkulationen:

a) Aussteifung der Baugrube nach S. 71 und Abschnitt IX, „Gründung und Untergrundentwässerung“, S. 118ff.

b) Laden des herausgeschafften Bodens nach Nr. 1.

c) Förder- und Kippkosten nach Abschnitt X, „Förderkosten“, S. 122ff. bzw. Abschnitt XI, „Neuzeitliche Fördermittel“, S. 131ff.

d) Wiedereinfüllung der Baugrube.

Aushub aus Baugruben.

a) Ohne Maschinen.

Klasse 1.

1 m³ Boden ausheben und herausschaffen kostet
bis zu 2 m Tiefe ohne Absteifung . . . . 1,0 St.
bei 2 bis 4 m Tiefe ohne Absteifung . . . . 1,8 St.
bei 4 bis 6 m Tiefe . . . 2,6 St.

Klasse 2.

1 m³ Boden ausheben und herausschaffen kostet
bis zu 2 m Tiefe ohne Absteifen . . . . 1,3 St.
bei 2 bis 4 m Tiefe ohne Absteifen . . . . 2,0 St.
bei 4 bis 6 m Tiefe . . . 3,0 St.

Klasse 3.

1 m³ Boden ausheben und herausschaffen kostet
bis zu 2 m Tiefe ohne Absteifen . . . . 1,6 St.
bei 2 bis 4 m Tiefe ohne Absteifen . . . . 2,4 St.
bei 4 bis 6 m Tiefe ohne Absteifen . . . . 3,2 St.

Klasse 4.

1 m³ Boden ausheben und herausschaffen kostet
bis zu 2 m Tiefe ohne Absteifen . . . . 2,0 St.
bei 2 bis 4 m Tiefe ohne Absteifen . . . . 2,8 St.
bei 4 bis 6 m Tiefe ohne Absteifen . . . . 3,6 St.

Klasse 5.

1 m³ Boden ausheben und herausschaffen kostet
bis zu 2 m Tiefe ohne Absteifen . . . . 2,8 St.
bei 2 bis 4 m Tiefe ohne Absteifen . . . . 4,0 St.

bei 4 bis 6 m Tiefe ohne Absteifen . . . . 5,0 St.

Klasse 6.

1 m³ Boden ausheben und herausschaffen kostet
bis zu 2 m Tiefe ohne
Absteifen . . . . 4,0—4,5 St.
bei 2 bis 4 m Tiefe
ohne Absteifen . . 4,8—5,5 St.
bei 4 bis 6 m Tiefe
ohne Absteifen . . 5,8—6,5 St.

Klasse 7.

1 m³ Boden ausheben und herausschaffen kostet
bis 2 m Tiefe . 2,0 Sts. + 4,0 St.
bei 2 bis 4 m
Tiefe . . . . 2,0 Sts. + 5,0 St.
bei 4 bis 6 m
Tiefe . . . . 2,0 Sts. + 6,0 St.

Klasse 8.

1 m³ Boden ausheben und herausschaffen kostet
bis 2 m Tiefe
ohne Absteifen . . . . . 3,0 Sts. + 5,0 St.
bei 2 bis 4 m
Tiefe . . . . 3,2 Sts. + 6,5 St.
bei 4 bis 6 m
Tiefe . . . . 3,5 Sts. + 8,5 St.

Klasse 9.

1 m³ Boden ausheben und herausschaffen kostet
bis 2 m Tiefe
ohne Absteifen . . . . . 5,0 Sts. + 6,0 St.
bei 2 bis 4 m
Tiefe . . . . 5,5 Sts. + 8,0 St
bei 4 bis 6 m
Tiefe . . . . 6,0 Sts. + 10,0 St.
Vorhalten und Unterhalten der Werkzeuge wie unter 1. S. 61.

Schlammboden.

1 m³ Boden ausheben und herausschaffen kostet

	mit Schaufeln	mit Eimern
bis 2 m Tiefe ohne Absteifen . . .	2,0 St.	2,8 St.
bei 2 bis 4 m Tiefe ohne Absteifen.	2,8 St.	3,5 St.
bei 4 bis 6 m Tiefe ohne Absteifen.	3,8 St.	4,2 St.

b) Mit Maschinen.

Bei *Baugrubenaushub mit großen Massen* und Tiefen von mindestens 2—3 m bedient man sich zweckmäßig entsprechender *Maschinen* zum Heben des Materials. Es kommen in Frage:

a) Schrägaufzug der Loren mit Windenantrieb;

b) Schrägaufzug mit Förderkübel und Entleerung in oberhalb der Baugrube stehende Fördergefäße;

c) Schwenkmast oder Derrickkran zum Hochziehen der Fördergefäße aus der Baugrube;

d) Dampfdrehkran oder elektrischer Drehkran mit Kranübeln;

e) Greifbagger;

f) Förderbänder.

Ob und welche Hilfsmittel im einzelnen Falle in Frage kommen, ist jeweils durch eine *Wirtschaftlichkeitsberechnung* festzustellen, bei der die Belegschaft und der Betriebstoffverbrauch nach der Erfahrung eingesetzt werden. Bei der Besetzung des Ladeschachts ist vor allem darauf zu achten, welche Förderleistung im Maximum bei der gewählten Anlage möglich ist. Das kann auch nur auf Grund von Erfahrungen bestimmt werden.

Beispiele für maschinellen Baugrubenaushub.

Beispiel 2. Aus einer Baugrube (s. Abb. 11) mit einer mittleren *Aushubtiefe von 6 bis 7 m* werden etwa 3000 m³ Boden (Material: Keuperauffüllung mit lettigen Beimengungen, nur mit Pickel zu lösen) aus den unteren Teilen der Baugrube mit *1 Winde* (Antriebsmotor 8,4 kW, 1 Drahtseil 50 m lang) hochgezogen in 3 Loren von ³/₄ m³ Inhalt und in eine benachbarte Mulde verkippt. Die Selbstkosten sind zu ermitteln bei einem mittleren Stundenlohn von 0,75 RM. und einem Strompreis von 0,20 RM./kWh.

Lösung. Die *Belegschaft* setzt sich wie folgt zusammen: 1 Schachtmeister, *Ladeschacht:* 11 Mann, *Winde:* 1 Maschinist, *Kippe* und Planierungsarbeiten: 3 Mann, für *allgemeine Arbeiten:* 1 Mann. *Leistung* in 8 h: 57 Loren zu 0,6 m³ = 34 m³.

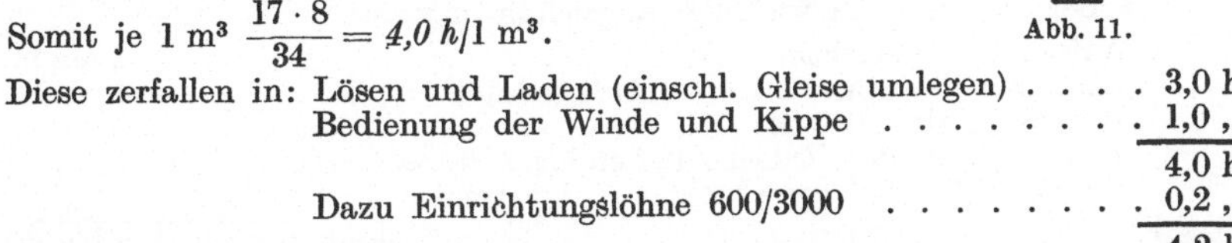

Abb. 11.

Somit je 1 m³ $\dfrac{17 \cdot 8}{34} = 4{,}0\ h/1\ m^3$.

Diese zerfallen in: Lösen und Laden (einschl. Gleise umlegen)	3,0 h
Bedienung der Winde und Kippe	1,0 ,,
	4,0 h
Dazu Einrichtungslöhne 600/3000	0,2 ,,
	4,2 h

Zur Ermittlung des *Stromverbrauches* dient die Beobachtung, daß das Aufziehen von 2 Wagen = 1,2 m³ 2,5 min dauert. Es entfallen somit auf 1 m³ $\dfrac{8{,}4 \cdot 2{,}5}{60 \cdot 1{,}2}$ = 0,3 kWh. Gerechnet wird vorsichtshalber mit 0,4 kWh.

Zusammenstellung der Kosten je 1 m³.

a) Löhne: 4,2 h zu 0,75 RM. 3,15 RM.
b) Betriebstoffe: 0,4 kWh zu 0,20 RM. . . . . 0,08 „
    Öle und Schmiermittel . . . . 0,02 „
c) Gerätekosten: je 1 m³ . . . . 0,15 „
d) Sozialaufwand und Geschäftskosten: 40% von 3,15 RM.⎫
             10% „ 0,25 RM.⎭ . . . 1,29 „

Selbstkosten (ohne Gewinn, Wagnis und Umsatzsteuer) . . . . . 4,69 RM./1 m³

Bemerkung. Bei kleineren und beengten Baugruben ist ein entsprechender Zuschlag zu machen!

Beispiel 3. Schrägaufzug. Es soll die Ersparnis festgestellt werden, welche beim Aushub einer Baugrube von 20 m Länge, 12 m Breite und 5 m Tiefe erzielt wird bei Verwendung eines Baugrubenaufzugs mit Aufzugskübel von 0,75 m³ Füllung gegenüber dem Aushub durch Hochpritschen des Materials. Der Baugrubenaufzug habe ein Gesamtgewicht von etwa 3500 kg (einschl. Motor und Winde) und koste 3500,— RM. Als Antrieb diene ein Dieselmotor. Der mittlere Stundenlohn sei 0,80 RM.

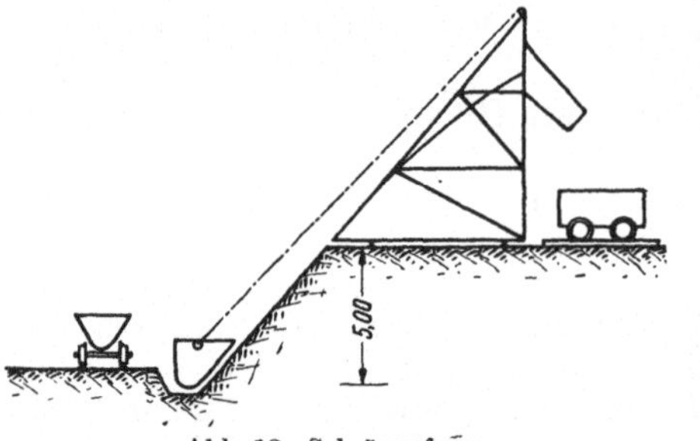

Abb. 12. Schrägaufzug.

Lösung. Da die Kosten des Lösens in beiden Fällen dieselben sind, werden nur die Förderkosten zum Vergleich gestellt:

a) **Fördern des Materials durch Hochpritschen.** Man kann mit folgender Belegschaft rechnen:

Aufsicht: 1 Schachtmeister . . . . 1 Mann
4 Mann für Beifahren des Bodens . . . . 4 Mann
Je 2 Mann unten, auf jeder Pritsche und oben zum Einwerfen in Förderwagen oder Fuhrwerke . . . . 8 Mann

Gesamtbelegschaft 13 Mann

Gefördert werden in 10 h bei dieser Besetzung 40 bis 50 m³, im Mittel 45 m³. Somit Lohnkosten $\dfrac{13 \cdot 10}{45} = 2,89 \text{ St}_{mi}$.

Diese Förderkosten fallen an für die untersten Schichten des Aushubs, während man für die obersten Schichten mit 1,0 St$_{mi}$. rechnen kann. Die Kosten betragen demnach im Mittel je 1 m³ $\dfrac{1,0 + 2,89}{2} = 1,95 \text{ St}_{mi}$. zu 0,80 RM. = 1,56 RM.

Dazu kommen für Sozialaufwand und Geschäftskosten 45% von 1,56 RM. = 0,70 RM./1 m³. Gesamtkosten *2,26 RM./*1 m³.

b) **Fördern mit Schrägaufzug in den untersten Schichten.** Die Maschine leiste etwa 14 Förderspiele stündlich zu 0,5 m³ feste Masse, das ist etwa 7,0 m³ je 1 h.

Die Belegschaft kann wie folgt angenommen werden:

 Aufsicht (1 Schachtmeister) . . . . 1 Mann
 Beifahren des Materials zum Aufzugskübel . . . . 4 „
 Bedienung des Aufzugs . . . . 1 „
 Lösen des an der Rutsche haftenden Materials . . . . 1 „
 Reinigen des Aufzugsschachtes und verschiedene Arbeiten . 1 „

Gesamtbelegschaft 8 Mann

Somit betragen die *Lohnkosten* $\dfrac{8 \cdot 1}{7} = 1,14 \text{ St}_{mi}$. zu 0,80 RM. = 0,91 RM. +

45% für Sozialaufwand und Geschäftskosten = 0,41 RM. Zusammen *1,32 RM./*1 m³. Dazu kommen noch die Gerätekosten und Betriebstoffkosten, welche etwa wie folgt ermittelt werden können:

Gerätekosten. 1. Abschreibung und Verzinsung bei Annahme von 200 Arbeitstagen 25% von 3500,— RM. = 875 RM. im Jahr oder 875/2000 = 0,44 RM./1 h oder je 1 m³ 0,06 RM.

2. An- und Rückfuhr etwa 3,5 t zu 20,— RM. = 70,— RM., welche sich auf einen Gesamtaushub von etwa 1200 m³ verteilen; dazu kommt der Auf- und Abbau des Schrägaufzugs: 180,— RM. oder 250/1200 = 0,21 RM. je 1 m³.

1. + 2. *Gerätekosten* 0,06 + 0,21 = *0,27 RM./1 m³.*

Bei elektrischem Antrieb zusätzlich an *Einrichtungskosten* 300,— RM. oder 300/1200 = *0,25 RM.*

Betriebsstoffverbrauch.

Dieselantrieb 15 PS. Verbrauch an Treiböl 15 · 0,18 = 2,5 kg/1 h

2,5 kg Treiböl zu je 0,25 RM. . . . . 0,625 RM.

Putz- und Schmiermittel 0,18 kg zu 0,50 RM. . . . . 0,090 „

Betriebsstoffe je 1 Betriebstunde . . . . 0,715 RM.

oder *je 1 m³* 0,715:7 = *0,10 RM.*

Elektrischer Antrieb. 10 PS. Stromverbrauch 0,7 · 10 = 7 kWh/1 h oder

7 kWh: 7 = 1 kWh . . . . 0,15 RM.

Putz- und Schmiermittel . . . . 0,01 „

je *1 m³* . . . . *0,16 RM.*

Die *Gesamtkosten* des Aushubs in den unteren Schichten betragen demnach:
Bei *Dieselantrieb* 1,32 + 0,27 + 0,10 = 1,69 RM.
Bei *elektrischem Antrieb* 1,32 + 0,27 + 0,25 + 0,16 = 2,00 RM.

In den oberen Schichten kostet die Materialförderung 1,0 St. zu 0,80 RM. = 0,80 RM. +45% für Sozialaufwand und Geschäftskosten = *1,16 RM.*

Die mittleren Förderkosten mit Schrägaufzug (Selbstkosten) betragen daher $\dfrac{1,16 + 1,69}{2} = 1,43\ RM./1\ m³$.

Die *Ersparnis an Selbstkosten* beträgt demnach: 2,26 — 1,43 = *0,83 RM.* oder für 1200 m³: 1200 · 0,83 = *996,— RM.*

Bemerkung. Zur Ermittlung der *gesamten Selbstkosten je 1 m³ Baugrubenaushub* müssen die Kosten für Lösen und Laden im Schacht, sowie Transport und Kippe berücksichtigt werden, also z. B. *für Boden Klasse 1* (Sand):
Im Ladeschacht . . . . 4 bis 5 Mann
Transport, Kippe und allgem. Arbeiten 3 bis 4 „

Im Mittel 8 Mann

Somit 8/7 = 1,15 St. zu 0,80 RM. . . . 0,92 RM.
+ 45% für Zuschläge[1] . . . . 0,41 „

1,33 RM.

Also *Selbstkosten* [2] *je 1 m³* 1,33 + 1,43 = *2,76 RM.*

Bei der Ermittlung des Angebotspreises ist vor allem die *Zwischenlagerung der Hinterfüllungsmassen* und das Einstampfen dieser Massen zu beachten.

Wasserhaltung ist, wenn erforderlich, getrennt zu ermitteln.

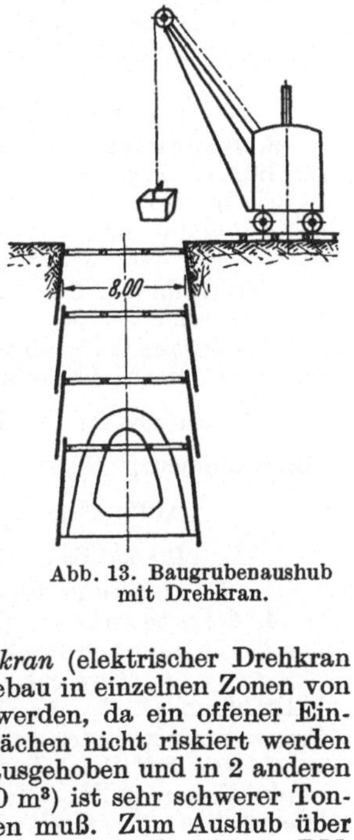

Abb. 13. Baugrubenaushub mit Drehkran.

Beispiel 4. *Baugrubenaushub mit dem Dampfdrehkran* (elektrischer Drehkran oder Dieseldrehkran). Ein Tunnel soll im offenen Tagebau in einzelnen Zonen von 6 × 8 m-Schächten von 8 bis 10 m Tiefe ausgeführt werden, da ein offener Einschnitt wegen der im Untergrund befindlichen Gleitflächen nicht riskiert werden kann (Rutschgefahr!). Es soll immer nur in 2 Zonen ausgehoben und in 2 anderen Zonen betoniert werden. Der Boden (insgesamt 10000 m³) ist sehr schwerer Tonboden und Kalkstein, der teils sogar gesprengt werden muß. Zum Aushub über 2 m Tiefe wird ein Dampfdrehkran 10 PS von 12,0 t Gewicht und 14000,— RM.

Neuwert verwendet (s. Abb. 13). Mittlerer Stundenlohn $\dfrac{0,60 + 1,00}{2} = 0,80$ RM.

Kohle 30,— RM./t, Schnittholz 80,— RM./1 m³, Rundholz 60,— RM./1 m³.

---

[1] Zuschläge auf Lohn für Sozialaufwand, Gemeinkosten, Geschäftskosten.
[2] Ohne Gewinn, Wagnis und Umsatzsteuer.

Nachkalkulation für 1 m³ Baugrubenaushub.

1. **Löhne** (ohne Ausschalen und Hinterfüllen!). Belegschaft: Schacht und Kippe 1 Schachtmeister, 13 Tiefbauarbeiter, *2 Einschaler*, 1 Kranführer, 1 Heizer, 1 Lokführer, 1 Heizer. Für Gleisunterhaltung, allgemeine Arbeiten (Wasserversorgung, Schmiede usw.) 1 Schmied, 2 Mann.

Leistung in 8 h bei Kranaushub ab 2 m Tiefe durchschnittlich 30 m³.

Lohnaufwand je 1 m³ Aushub $\dfrac{23 \cdot 8{,}5}{30}$ . . . . 6,5 Lohnstunden

Für Einrichtungsarbeiten und Baustellenräumung . . 1,0 „

Insgesamt *Löhne je 1 m³ Baugrubenaushub* . . . . . 7,5 Lohnstunden
(zur Hälfte Facharbeiter und Tiefbauarbeiter).

Reine Lohnkosten je 1 m³ 7,5 St$_{\text{mi.}}$ zu 0,80 RM. = *6,— RM.*

2. **Betriebstoffe.**

Kohlen: 1 Dampfdrehkran 10 PS, 9 h: $10 \cdot 9 \cdot 2{,}8$ . . 250 kg
       1 Lokomotive (Transport) 50 PS . . . . 300 „
       Schmiede, Wasserversorgung . . . . 50 „
                                        600 kg

je 1 m³ 600/30 = 20 kg Kohle.

Da etwa $^{1}/_{4}$ des Aushubs ohne Dampfdrehkran ausgeführt wird, kann man rechnen: 110 m³ Aushub ohne Dampfdrehkran 0 kg Kohle, 330 m³ Aushub mit Dampfdrehkran zu 20 kg = 6600 kg Kohle, somit 6600/440 = *15 kg Kohle/1 m³ Aushub.*
An *Putz- und Schmiermitteln: 0,2 kg Maschinenöl.*
Sprengstoffe: 0,3 kg je 1 m³ Aushub.

Kosten der *Betriebstoffe je 1 m³:*

     15 kg Kohle zu 0,03 RM. . . . . 0,45 RM.
     0,2 kg Putz- und Schmiermittel zu 0,50 RM. . 0,10 „
     0,3 kg Sprengstoff zu 1,85 RM. . . . . . . 0,55 „
     Betriebstoffkosten je 1 m³ Aushub . . . . . *1,10 RM.*

3. **Bauhilfstoffkosten für Baugrubenaussteifung** (s. auch Abschnitt IX, S. 119). *Je 1 lfd. m Schacht = 48 m³ Aushub:*

     32 m² Schachtbohlen 6 cm stark . . . . 1,9 m³
Rundholz und zweiseitig beschnittenes Rundholz für Sprieße
     und Rahmen (4% vom „verbauten Raum") . . . . 1,9 „
     Holzbedarf (7,5% des verbauten Raums) . . . . 3,8 m³.
Kleineisenzeug: 25 kg

Holzverbrauch (5malige Verwendung): 0,8 m³ je lfd. m Schacht (1,5% des verbauten Raums). Verbrauch je 1 m³ Aushub 0,8/48 = *0,017 m³ Holz* ($^1/_2$ Schnittholz, $^1/_2$ Rundholz). Verbrauch je 1 m³ Aushub $\dfrac{25}{5 \cdot 48} = $ *0,1 kg Kleineisenzeug* (Bauklammern). Kosten der *Bauhilfstoffe je 1 m³ Aushub:*

     0,017 m³ Holz zu $\dfrac{60{,}0 + 80{,}0}{2}$ . . . . 1,20 RM.

     0,1 kg Bauklammern zu 0,50 RM. . . . . 0,05 „

     Insgesamt für Bauhilfstoffe je 1 m³ Aushub . . . . *1,25 RM.*[1]

4. **Geräteunkosten.** a) Geräteabschreibung, Verzinsung und Materialkosten der Geräteunterhaltung 25% im Jahr

	Gewicht	Neuwert		Gerätekosten
1 Drehkran . .	12,0 t	14000,— RM.	25% von 14000,— =	3500,— RM.

Somit bei 200 Betriebstagen im Jahr 3500/200 = 17,5 RM./1 Tag oder 17,5/30 = rd. *0,60 RM./1 m³* Baugrubenaushub.

b) Einmalige Kosten für An- und Rücktransport des Kranes, Aufbau und Wiederabbau des Gerätes:

     Die Frachtkosten sollen 20,— RM./t, also $14 \cdot 20$ . . . 280,— RM. betragen.
     Für 4maliges Auf- und Abladen . . . . 100,— „
     Für Auf- und Abbau sowie Transport des Kranes
     250 St$_{\text{masch.}}$ zu 1,60 RM. . . . . 400,— „
     Somit 1malige Geräteunkosten $280 + 100 + 400 =$. *780,— RM.*

---

[1] Dazu kommen noch die Kosten für An- und Rücktransport der Bauhilfsstoffe.

oder bei einer Gesamtleistung von 10000 m³ Aushub

$$je \ 1 \ m^3 \ Aushub \ 780/10000 = 0{,}078 \ RM.$$

Geräteunkosten a) + b) je 1 m³ Aushub *0,68 RM.*

5. Zusammenstellung des Angebotspreises.

	L RM.	M RM.
Löhne	6,—	
Betriebsstoffe		1,10
Bauhilfsstoffe		1,25
Gerätekosten		0,68
	6,—	3,03
Zuschläge 40% von L	2,40	
10% von M		0,30
Selbstkosten	8,40 + 3,33 = 11,73 RM.	

+ 10% für Gewinn, Wagnis und Umsatzsteuer . . . . 1,17 „

Angebotspreis je 1 m³ . . . . *12,90 RM.*

Über *Baugrubenaushub mit Greifbaggern* siehe Abschnitt VIII, Baggerarbeiten, S. 98 f.

Beispiel 5. *Restaushub und Fundamentaushub in einer Krafthausbaugrube mit dem Derrickkran* (Abb. 14): Ca 1500 m³ zähen, schlammigen Boden auszuheben (teils Wasserarbeit) in Rollwagen zu verladen und zu verkippen in etwa 500 m Entfernung.

Leistung: 11 Spiele/h = 11 · 0,4 = 4,4 m³, i. M. je Doppelschicht 16 · 4,4 = *70 m³.*

Belegschaft: 1 Aufseher, 1 Maschinist (Dampfkessel und Winde), 10 Mann im Schacht (Wasserzulage!), 1 Lokführer, 1 Heizer, 3 Mann für Gleis und Kippe, 1 Mann für allgemeine Arbeiten (Wasser u. dgl.).

Aus dieser Zusammensetzung der Belegschaft läßt sich der „mittlere Stundenlohn" berechnen.

Nachkalkulation.

a) Die *Nachkalkulation der Löhne* ergibt (einschl. Aufsicht, allgemeine Arbeiten und Baustelleneinrichtung) je 1 m³ Aushub 4,3 St$_{mi}$.

b) Die *Nachkalkulation der Betriebstoffe*

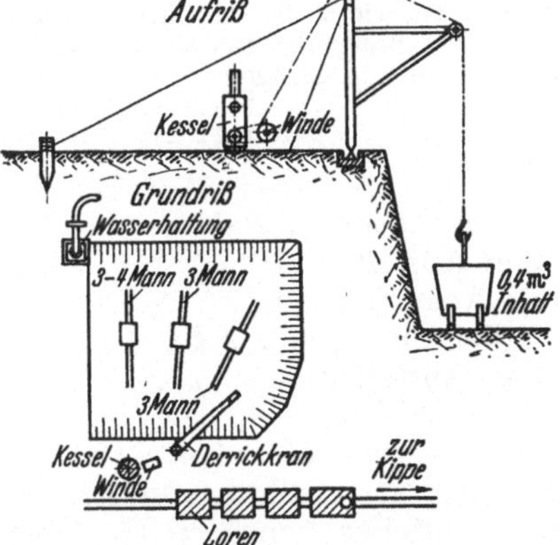

Abb. 14. Baugrubenaushub mit Derrickkran.

Kohle: 1 Dampfwinde 10 PS zu 2 kg/PSh · 16 h . . . . 320 kg

1 Lokomotive 80 PS zu 0,45 kg/PSh · 16 h . . . . . 576 kg

Kohlenverbrauch je Doppelschicht . . . . · . . . . 896 kg

Kohlenverbrauch je 1 m³ 896/70 = 12,8 kg.

Verbrauch an *Ölen, Putzwolle* usw. je 1 m³ *0,15 kg* Maschinenöl.

c) *Gerätekosten* (geschätzt):

Geräteleihgebühren 300,— RM. oder je 1 m³ 300/1500 . . 0,20 RM.
Einmalige Gerätekosten, Frachten, Auf- und Abbau, Transport usw. seien zu 600,— RM. ermittelt oder je 1 m³
600/1500 . . . . 0,40 „

Somit *Gerätekosten insgesamt je 1 m³* 0,20 + 0,40 . . . . 0,60 RM.

Die Zusammenstellung des *Angebotspreises* erfolgt wie bei Beispiel 4 und ergibt *6,72 RM./1 m³.*

3. Grabarbeiten in Rohrgräben für Wasserversorgungs- und Kanalisationszwecke.

Bis zu 2 m wird der Boden gelöst und nach oben geworfen. Bei größeren Tiefen wird der ausgehobene Boden auf Zwischenbühnen aufgeworfen, um von da aus weiter befördert zu werden. Auf der Straße wird der Boden aufgeschaufelt und zur Seite geworfen, so daß etwa 50 cm Baugrubenrand freibleibt. In den angegebenen Preisen ist auch der Lohn für den Schachtmeister enthalten. In den Gesamtkosten sind auch die Gerätekosten (Baubude, Nägel, Krampen usw.) zu erfassen.

Das Abfahren des übriggebliebenen Bodens muß *besonders in Rechnung gesetzt* werden.

Es sind hier *folgende Leistungen enthalten:*
Bodenaushub, Auf- und Zuwerfen, Zufüllen des Grabens, Werfen auf Zwischenbühnen und Weiterbeförderung (bei größeren Tiefen als 2 m).

Das *Absteifen der Baugrube* und *das Einstampfen des Bodens* sind *besonders zu veranschlagen.* Siehe auch Abschnitt XXI, „Kanalisationsarbeiten".

Bemerkung. Bei Aushubtiefen von 3 m ab wird man, statt den Boden hochzupritschen, zweckmäßig *Kanaldreifüße mit Aufzugskübeln* verwenden, die oben von 1 oder 2 Mann bedient werden, welche auch, soweit erforderlich, das Material zurückschaufeln. Dadurch entfällt das Bedienen der Pritschen. Bei größeren Tiefen und entsprechenden Massen lohnt sich auch die Benutzung von Fördermaschinen wie z. B. fahrbare Dampf- oder Benzoldrehkrane, welche auf Gleisen längs der Baugrube fahren und die Fördergefäße (Klappkübel) hochziehen und zur Entleerung bringen.

Baugrubenbreite $B = 1{,}0$ bis $1{,}5$ m.

Klasse 1.

$1\ m^3$ Bodenaushub bis 2 m Tiefe kostet:	Mit Hochpritschen	Mit Dreibock und Kübeln
ohne Absteifen	1,7 St.	—
mit Absteifen	2,5 St.	—
Bei Tiefen von 2 bis 4 m		
ohne Absteifen	2,8 St.	2,8 St.
mit Absteifen	3,8 St.	3,8 St.
Bei *Tiefen über 4 m*		
Zuschlag für Aushub von *1 m Mehrtiefe* . . .	+ 0,4 St.	+ 0,1 St.
für Aussteifen von *1 m³* (= *1 m²*)	1,2 Stc.	1,2 Stc.

Klasse 2.

$1\ m^3$ Bodenaushub bis 2 m Tiefe kostet:		
ohne Absteifen	2,2 St.	—
mit Absteifen	3,0 St.	—
Bei 2 bis 4 m Tiefe		
ohne Absteifen	3,2 St.	3,1 St.
mit Absteifen	4,0 St.	3,9 St.
Bei *Tiefen über 4 m*		
Zuschlag für Aushub von *1 m Mehrtiefe* . . .	+ 0,5 St.	+ 0,1 St.
für Aussteifen von *1 m³* (= *1 m²*)	1,2 Stc.	1,2 Stc.

Klasse 3.

$1\ m^3$ Bodenaushub bis 2 m Tiefe kostet:		
ohne Absteifen	2,5 St.	—
mit Absteifen	3,4 St.	—

	Mit Hoch- pritschen	Mit Dreibock und Kübeln
Bei 2 bis 4 m Tiefe		
ohne Absteifen	3,6 St.	3,5 St.
mit Absteifen	4,5 St.	4,4 St.
Bei *Tiefen über 4 m*		
Zuschlag für Aushub von *1 m Mehrtiefe* . . .	+ 0,55 St.	+ 0,1 St.
für Aussteifen von *1 m³ (= 1 m²)*	1,2 Stc.	+ 1,2 Stc.

Klasse 4.

1 m³ Bodenaushub bis 2 m Tiefe kostet:

ohne Absteifen	2,8 St.	—
mit Absteifen	3,6 St.	—
Bei 2 bis 4 m Tiefe		
ohne Absteifen	3,8 St.	3,8 St.
mit Absteifen	4,8 St.	4,8 St.
Bei *Tiefen über 4 m*		
Zuschlag für Aushub von *1 m Mehrtiefe* . . .	+ 0,6 St.	+ 0,1 St.
für Aussteifen von 1 m³ (= 1 m²)	1,2 Stc.	1,2 Stc.

Klasse 5.

1 m³ Bodenaushub bis 2 m Tiefe kostet:

ohne Absteifen	3,5 St.	—
mit Absteifen	4,5 St.	—
Bei 2 bis 4 m Tiefe		
ohne Absteifen	4,3 St.	4,2 St.
mit Absteifen	5,7 St.	5,6 St.
Bei *Tiefen über 4 m*		
Zuschlag für Aushub von *1 m Mehrtiefe* . . .	+ 0,7 St.	+ 0,1 St.
für Aussteifen von 1 m³ (= 1 m²)	1,0 Stc.	1,0 Stc.

Klasse 6.

1 m³ Bodenaushub bis 2 m Tiefe kostet:

ohne Absteifen	5,0 St.	—
mit Absteifen	6,0 St.	—
Bei 2 bis 4 m Tiefe		
ohne Absteifen	5,8 St.	5,5 St.
mit Absteifen	6,8 St.	6,5 St.
Bei *Tiefen über 4 m*		
Zuschlag für Aushub von *1 m Mehrtiefe* . . .	+ 0,8 St.	+ 0,12 St.
für Aussteifen von 1 m³ (= 1 m²)	0,8 Stc.	0,8 Stc.

Klasse 7.

	Mit Hochpritschen	Mit Dreibock und Kübeln
1 m³ Bodenaushub bis 2 m Tiefe kostet	2,5 Sts. + 5 St.	—
bei 2 bis 4 m Tiefe	2,5 Sts. + 6 St.	2,5 Sts. + 5 St.
Bei *Tiefen über 4 m*		
Zuschlag für Aushub von *1 m Mehrtiefe*	+ 0,2 Sts. + 1,1 St.	+ 0,2 Sts. + 0,15 St.

Klasse 8.

	Mit Hochpritschen	Mit Dreibock und Kübeln
1 m Bodenaushub bis zu 2 m Tiefe kostet	4,0 Sts. + 6,0 St.	—
bei 2 bis 4 m Tiefe	4,5 Sts. + 8,5 St.	4,5 Sts. + 6,0 St.
Bei *Tiefen über 4 m* Zuschlag für *1 m Mehrtiefe* .	+ 0,2 Sts. + 1,3 St.	+ 0,2 Sts. + 0,2 St.

Klasse 9.

	Mit Hochpritschen	Mit Dreibock und Kübeln
1 m Bodenaushub bis zu 2 m Tiefe kostet:		
ohne Sprengstoffe	6,0 Sts. + 6,0 St.	—
bei 2 bis 4 m Tiefe	6,5 Sts. + 8,5 St.	6,5 Sts. + 6 St.
Bei *Tiefen über 4 m* Zuschlag für *1 m Mehrtiefe* .	+ 0,25 Sts. + 1,3 St.	+ 0,25 Sts. + 0,2 St.

1. Bemerkung. Bei größeren Tiefen und entsprechenden Massen lohnt sich auch die Benutzung von *Fördermaschinen* wie z. B. fahrbare Dampf- oder Benzoldrehkrane, welche auf Gleisen längs der Baugrube fahren und die Fördergefäße (Klappkübel) hochziehen und zur Entleerung bringen.

2. Bemerkung. In *Fließsand* und ähnlichem Boden wird ein gewöhnliches Absteifen (selbst bei Verwendung von Dichtungsmitteln wie Stroh, Lehm, Mist u. dgl.) nicht mehr ausreichen und es erweist sich als notwendig, vor dem Aushub der Erdmassen Spundwände zu rammen (Kleindampframme). Näheres hierüber siehe unter „Rammarbeiten", Abschnitt XIV.

4. Grabenaushub einschließlich Reinplanie für Straßen-, Eisenbahngräben u. dgl.[1]

Die beiden Seitenflächen sind unter 45° geneigt.

Es bedeutet: b = die obere Grabenbreite,

s = die Grabensohle,

t = die Grabentiefe,

F = der Grabenquerschnitt.

Für den Bodenaushub, das seitliche Werfen und Einplanieren des Bodens und das Einebnen der Seitenflächen sind die *reinen Lohnkosten für 1 m³ Aushub* nachstehend angegeben.

Gräben bis *t = 0,50 m.*

$t = 0{,}50$ m, $s = 0{,}50$ m, $b = 1{,}50$ m, $F = 0{,}50$ m².

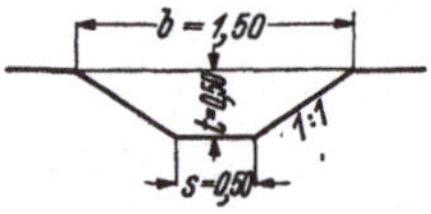

1 m³ Aushub und Reinplanie kostet

bei Bodenart nach Klasse 1 und 2 . . . . 1,3 St.

  ,,   ,,   ,,   ,, 3 . . . . 1,8 St.

  ,,   ,,   ,,   ,, 4 . . . . 2,2 St.

  ,,   ,,   ,,   ,, 5 . . . . 2,4 St.

Abb. 15.

Gräben bis *t = 1,00 m.*

$t = 1{,}00$ m, $s = 0{,}80$ m, $b = 3{,}00$ m, $F = 1{,}80$ m².

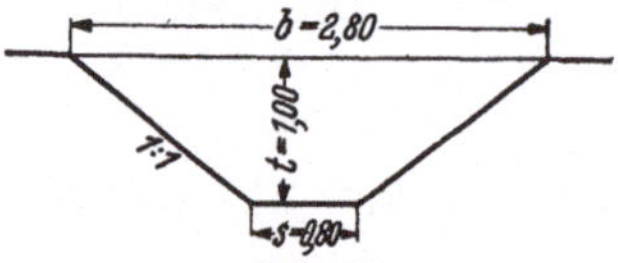

1 m³ Aushub und Reinplanie kostet

bei Bodenart nach Klasse 1 und 2   1,2 St.

  ,,   ,,   ,,   ,, 3 . . . 1,5 St.

  ,,   ,,   ,,   ,, 4 . . . 2,0 St.

Abb. 16.   ,,   ,,   ,,   ,, 5 . . . 2,2 St.

---

[1] Vorausgesetzt sind normale, d. h. gute Leistungen geübter Tiefbauarbeiter. Wo diese nicht vorhanden sind, ist jedenfalls Baggerarbeit vorzuziehen.

$$t = 1,00 \text{ m}, \quad s = 0,80 \text{ m}, \quad b = 4,80 \text{ m}, \quad F = 2,80 \text{ m}^2.$$

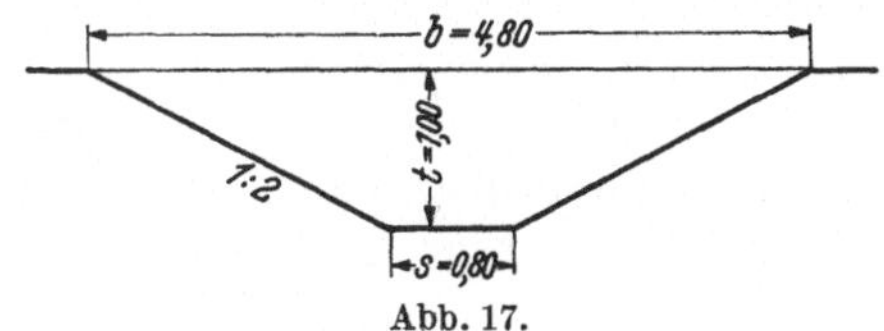

Abb. 17.

1 m³ Aushub und Reinplanie kostet

bei Bodenart nach Klasse 1 und 2 . . . . . 1,5 St.

„   „   „   „   3 . . . . 1,8 St.

„   „   „   „   4 . . . . 2,2 St.

„   „   „   „   5 . . . . 2,5 St.

1. Bemerkung. Wird der Boden nicht seitlich einplaniert, sondern auf Loren geladen und auf eine Kippe gefahren, so gelten — ausschließlich der Einrichtungskosten — auch obige Sätze. Die *Förderkosten* sind jedoch nach Abschnitt X, S. 122f. zuzuschlagen.

2. Bemerkung. Bei entsprechendem Umfang der Leistungen und auf Baustellen, wo an und für sich Großgeräte eingesetzt sind, wird man Gräben mit über 3 m² Querschnitt und Tiefen über 1,20 m zweckmäßig *mit Baggern* ausheben, und zwar Bodenarten 1 bis 4 mit Greifbagger, Bodenarten 5 und 6 mit kleinen Löffelbaggern (s. Abschnitt VIII, „Baggerarbeiten“, S. 98f.). Der Bagger kann allerdings *nur die Arbeit im Rohen* machen. Es sind noch etwa 1 Vorarbeiter und 2 bis 3 Mann für Reinplanie und Einebnen des seitlich ausgesetzten Bodens notwendig.

5. Aussteifen von Rohrgräben, Sickerschächten, Baugruben u. dgl.

Über *Aussteifen von Rohrgräben* für Wasserleitungs- und Kanalisationsarbeiten siehe Abschnitt „Kanalisationsarbeiten“, S. 308.

Außer den Gerüstbohlen (4,5 cm stark) bzw. *Kanalbohlen für den waagerechten Verbau* werden an *Steifenhölzern* ($\varnothing$ 13 bis 20 cm) und Brusthölzern je nach Bodenart, Baugrubenbreite, Baugrubentiefe, Druckverhältnissen im Untergrund benötigt:

Holzbedarf an Steifenholz (ohne Kanalbohlen).

Schmale, wenig tiefe Baugruben, geringe Bodenpressungen etwa 2,0% des verbauten Raumes. Breite, tiefe Baugruben mit starken Drücken im Untergrund etwa 4,0% des verbauten Raumes.

Holzverbrauch ¹/₆ bis ¹/₈ des Holzbedarfs.

Aussteifen von Schachtungen und Baugruben.

Für tiefe Schachtungen wie z. B. für Sickerschächte (zur Entwässerung des Untergrunds) kommt nur eine Aussteifung wie nach Abb. 18 in Frage.

Bei Baugruben hängt es von der Tiefe der Baugrube, den Grundwasserverhältnissen, Bodenart, Raumbeschränkung usw. ab, ob mit „offener Baugrube“ oder einer „Umschließung der Baugrube“, d. h. Aussteifen gearbeitet wird. Es empfiehlt sich bei Kalkulationen in jedem einzelnen

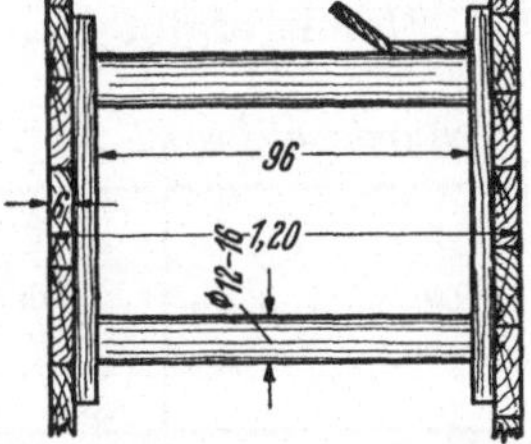

Abb. 18. Sickerschacht, Querschnitt der Baugrube.

Fall je nach den örtlichen Verhältnissen an *Hand einer Skizze* die Aussteifung zu kalkulieren.

a) Aussteifen mit waagerechten Bohlwänden (s. Abb. 19)

bei mehr längsgestreckten Baugruben und nicht allzu starken Drücken. Es liegt eine vorwiegend zweiseitige Umschließung der Baugrube vor.

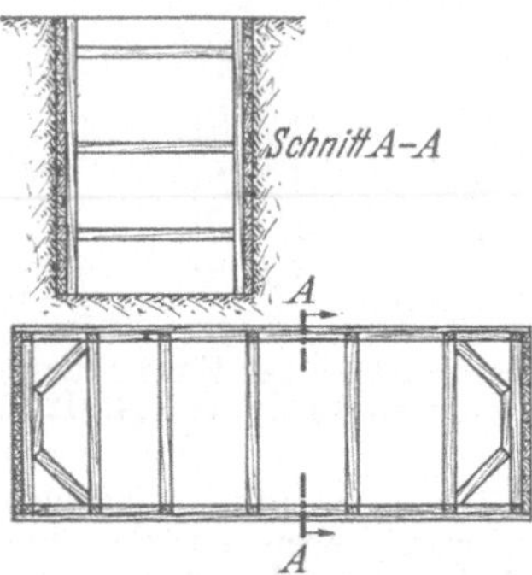

Abb. 19. Aussteifen mit waagerechten Bohlwänden.

Materialbedarf.

1.) Der *Bedarf an Schachtbohlen* (6 cm stark) beträgt

0,06 m³ je 1 m² Schachtwandfläche.

Der *Verbrauch* kann $= 0,012$ m³ gesetzt werden.

2.) Der Bedarf an *Kantholz und Rundholz für die Aussprießung:*

Je nach Tiefe, Bodenart usw. schwankt der Bedarf zwischen *2,5% und 4,0% des verbauten Baugrubenraumes.* Für mittlere Verhältnisse kann man genügend genau mit *3% des verbauten Raumes* rechnen.

Der *Verbrauch an Sprießholz* (Verschnitt und Abschreibung) kann dann mit *0,03/5 = 0,006% des Baugrubenaushubs* roh geschätzt werden.

3.) *Bedarf an Kleineisenzeug* (Klammern):

etwa 10 kg je 1 m³ verzimmertes Holz.

Verbrauch: etwa 3 kg je 1 m³ verzimmertes Holz oder bei einem gesamten Holzbedarf von 7% des verbauten Raumes: *0,2 kg je 1 m³ Baugrubenaushub.*

Lohnaufwand.

1.) 1 m² Schalwand setzen und wieder entfernen einschließlich Transport . . . . 0,8 Stz.

2.) 1 m³ Sprießholz zurichten, einbauen, verkeilen und später wieder entfernen . . . . 20,0 Stz.

Damit ergibt sich der

Stundenaufwand für Aussteifen (Ein- und Ausbau) je 1 m³ Baugrubenaushub.

	Für Baugrube							
Tiefe des Aushubs	2 m breit		4 m breit		6 m breit		8 m breit	
	l. A. Stz.	sch. A. Stz.	l. A. Stz.	sch. A. Stz.	l. A. Stz.	sch. A. Stz.	l. A. Stz.	sch. A. Stz.
Bis 3 m tief	1,0	1,3	0,9	1,2	0,8	0,9	0,8	0,9
Bis 6 m tief	1,2	1,5	1,0	1,3	1,0	1,1	0,9	1,1
Bis 9 m tief	1,4	1,6	1,2	1,4	1,1	1,3	1,0	1,3

l. A. = leichter Ausbau, sch. A. = schwerer Ausbau.

b) Aussteifen mit senkrechten Bohlwänden

(bergmännische Schachtung für größere Tiefen) bei längsgestreckten Baugruben, d. h. *vorwiegend zweiseitiger Umschließung* (Schachtbohlen von 1,5 bis 2 m Länge gespitzt, s. Abb. 20).

Material.

1. Bedarf an Schachtbohlen (6—8 cm stark) 0,08 bis 0,09 m³ je 1 m² Schachtwandfläche.

2. Bedarf an Sprießholz und Kantholz wie bei waagerechten Bohlwänden bei schwerem Ausbau.

Löhne

wie bei S. 72, schwerer Ausbau.

c) Aussteifen von Baugruben mit senkrechtem Verbau und vierseitiger Umschließung der Baugrube (starke Drücke).

Der *Ausbau* muß *mit Schachtrahmen* erfolgen nach Kapitel IX, S. 118 bzw. dem vorausgegangenen Beispiel 4, S. 65.

Man vergleiche auch „Brückenpfeilerbaugruben", S. 338.

Bedarf an Sprießholz 4 bis 6% des verbauten Raumes.

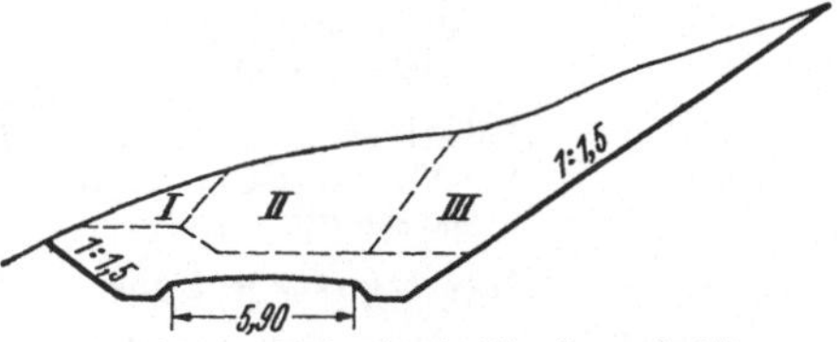

Abb. 20.
Bergmännische Schachtung.

d) Aussteifen umspundeter Baugruben (hölzerne oder eiserne Spundwände).

Schlagen der Spundwände nach Kapitel XIV, Rammarbeiten, S. 162f. Am besten erfolgt eine Berechnung des Erddrucks bzw. Wasserdrucks nach den örtlichen Verhältnissen und danach Bemessung der Sprieße.

Lohnaufwand und Materialbedarf je 1 m³ Baugrubenaushub.

Baugrubentiefe	Für Aussteifen		Lohnaufwand je 1 m³
	Rundholz und Kantholz		
	Bedarf m³	Verbrauch m³	Stz.
3 m	0,015	0,003	0,3
6 m	0,025	0,005	0,5
9 m	0,030	0,006	0,6
12 m	0,050	0,010	0,9

6. Beispiele von Handschächten mit Maschinenbetrieb.

(Lokomotivbetrieb, s. auch Abschnitt X, Förderkosten, S. 124f.)

Beispiel 6. In einem Bahneinschnitt von nebenstehendem Querschnitt und 50 m Länge waren *9225 m³* sehr fester Mergelboden zu gewinnen und in 60er Spurbetrieb auf Gleis mit bis 5% Gefälle in einen Bahndamm zu verkippen. Im oberen Teil der Böschung enthält der Boden Rutschflächen. Geräte: 1 Lokomotive 60 PS mit 12 Holzkastenkippern zu 1,5 m³ (= 14 m³ feste Masse). Lokführerlohn = 1,00 RM./1 h, Tiefbauarbeiterlohn = 0,65 RM./h, mittlerer Stundenlohn = 0,80 RM./h, Kohlenpreis frei Bau 31,— RM./t. Die Arbeit erfolgt im Rahmen eines großen Erdvertrages, so daß An- und Rücktransport des Gerätes in der Einrichtungspauschale des Hauptvertrages bereits vergütet sind.

Abb. 21. Bahneinschnitt, Querschnitt.

Nachberechnung der Kosten.

1. Löhne. Tägliche Leistung in 8 h i. M. *140 m³.*

Im *Ladeschacht:* 1 Aufseher, 35 Mann (8 h) . . . . . . 2,05 h/1 m³
Für Bahn- und Böschungsplanie 5 Mann 0,30 „
Transport und Gleis: 1 Lokomotivführer, 1 Heizer, 2 Bremser,
3 Gleisrichter, zusammen 7 Mann (9 h) . . . . 0,45 „
Kippe (ungünstige Dammkippe): Durchschnittliche Besetzung der Kippe (einschl. Böschungen und Planum
herstellen): 1 Kippmeister, 12 Mann . . . . 0,75 „
Für allgemeine Arbeiten: 1 Schmied, 1 Helfer, 1 Magaziner,
1 Mann Wasserversorgung, Lagerplatz 2 Mann. Insgesamt 6 Mann. Davon werden 3 Mann auf diese Arbeit
gerechnet . . . . 0,20 „
Einrichtungslöhne: Gleislegen und wieder abbrechen 2000 m
zu 0,7 h = 1400 h. Für sonstige Einrichtungsarbeiten
(Wasserleitung legen, Baubuden aufstellen, Notbrücken
usw.) 1400 h, zusammen 2800/9225 . . . . 0,30 „

Insgesamt an Löhnen . . . . 4,05 h/1 m³.

An *reinen Löhnen* je 1 m³ 4,05 · 0,80 = *3,24 RM.*

2. Gerätekosten. Je 1 Betriebstunde (s. Abschnitt X, Förderkosten, Tabelle 23 ff.)
bei *b* = 2000 h/Jahr.

1 Lokomotive 60 PS (Tabelle 27, S. 130) . . . . 1,40 RM.
12 Holzkastenkipper 1,5 m³ (Tabelle 25, S. 128) 12 · 0,0975 . . 1,17 „
2,57 RM.

Je 1 Betriebstag zu 9 h (für Geräte): 9 · 2,57 = 23,13 RM.

oder *je 1 m³ 23,13/140 = 0,165 RM.*

3. Betriebstoffverbrauch. 1 Lokomotive 60 PS (9 h Dampfhaltung):

Kohle: 9 · 37 + 50 = 383 kg zu 0,031 RM. . . . . 11,90 RM.
Putz- und Schmiermittel 0,40 kg · 9 · 0,50 RM. . . . . 1,80 „
Wasser 0,40 · 9 = 3,6 m³ zu 0,15 RM. . . . . 0,54 „
14,24 RM.

oder *je 1 m³ 14,24/140 = 0,102 RM.*

4. Zusammenstellung des Angebotspreises.

	L	M
	RM.	RM.
Reine Löhne	3,24	
Gerätekosten		0,17
Betriebsstoffe		0,10
Zuschläge[1]:		
40% von L	1,30	
10% von M		0,03
Selbstkosten	4,54 + 0,30 = 4,84 RM.	
+ 10% für Gewinn, Wagnis und Um-		
satzsteuer	0,49 „	
Angebotspreis je 1 m³	*5,33 RM.*	

Beispiel 7. In einem Bahneinschnitt von etwa 60 m Länge und dem Querschnitt Abb. 22 sind 4100 m³ Boden von Hand zu gewinnen und im 60er Spurbetrieb auf Gleis mit 3% Gefälle zu der etwa 100 m entfernten Dammkippe zu
fahren. Material: Felsiger Juramergel mit eingelagerten festen Bänken aus Kalk-

---

[1] Zuschläge für Sozialaufwand, Gemeinkosten und Geschäftskosten.

sandstein (Bodenklasse 6: Pickel und Brechstangen), Geräte: 1 Lokomotive 60 PS, 9 Holzkastenkipper $1^1/_2$ m³. Facharbeiterlohn: 0,90 RM. Tiefbauarbeiter 0,60 RM., mittlerer Stundenlohn 0,75 RM. An- und Rücktransport der Geräte werden in den *Einrichtungskosten* besonders vergütet.

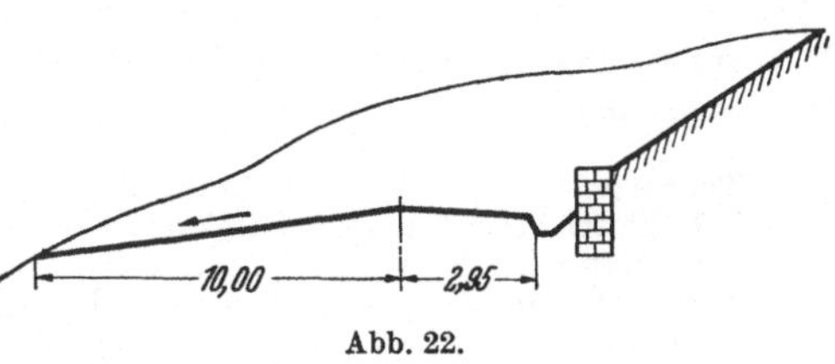

Abb. 22.

Nachberechnung der Kosten.

1. **Löhne.** Tägliche Leistung i. M. *55 m³.*

Im *Schacht:* 1 Aufseher, 22 Mann (8 h)	3,2 h/1 m³
Reinplanie im Einschnitt 2 Mann	0,3 ,,
Transport und Gleis: 1 Lokführer, 1 Heizer, 1 Bremser, 1 Gleisrichter, zusammen 4 Mann	0,6 ,,
Kippe (mit Dammplanie): 1 Vorarbeiter, 9 Mann	1,5 ,,
Für *allgemeine Arbeiten:* 2 Mann	0,4 ,,
Einrichtungslöhne: Gleislegen und wieder abbrechen, 250 m . Gleis zu 0,8 h = 200 h. Für sonstige Einrichtungsarbeiten 200 h. Insgesamt 400 h oder 400/4100	0,1 ,,
Insgesamt an Löhnen	6,1 h/1 m³

An *reinen Löhnen* je 1 m³ 6,1 · 0,75 RM. = *4,58 RM.*

2. **Gerätekosten** (einschl. Unterhaltung) wie im vorigem Beispiel.

1 Lokomotive 60 PS je 1 h . . . . ,.	1,40 RM.
7 Kipper 1,5 m³ je 1 h 7 · 0,0975	0,70 ,,
	2,10 RM./1 h

In 9 h (1 Betriebstag) 18,90 RM. oder *je 1 m³* 18,90/55 = *0,35 RM.*

3. **Betriebstoffverbrauch** für 1 Lokomotive 60 PS (täglich).

Kohle 300 kg zu 0,031 RM.	9,30 RM.
Putz- und Schmiermittel 0,4 · 9 · 0,50 RM.	1,80 ,,
Wasser 3,6 m³ zu 0,15 RM.	0,54 ,,
	11,64 RM.

oder je 1 m³ 11,64/55 = *0,21 RM.*

4. **Sozialaufwand und Geschäftskosten.**
40% von 4,58 = *1,83 RM.* 10% von 0,56 RM. = *0,06 RM.*

5. **Umsatzsteuer, Wagnis und Gewinn.** 10% von 7,03 RM. = *0,70 RM.*
Zusammenstellung 1. bis 5. zum
Angebotspreis je 1 m³: 4,58 + 0,35 + 0,21 + 1,89 + 0,70 = *7,73 RM.*

Beispiel 8. In einem Straßeneinschnitt sind *80000 m³ Sandboden* Klasse 1/2 von Hand zu gewinnen und im 90er Spurbetrieb in ebenem Gelände (bis 1% Steigung) in etwa 1 m hohe Straßendämme (30 m Kronenbreite) Böschung 1 : 3 zu verbauen (bis 4 km Förderweite). Geräte: 3 Dampflokomotiven 160 PS, 80 Selbstkipper 3,0 m³, 8 km Gleis. Mittlerer Stundenlohn (laut Lohnliste) = 0,80 RM. Die Selbstkosten je 1 m³ *ohne Einrichtungskosten* sind zu ermitteln.

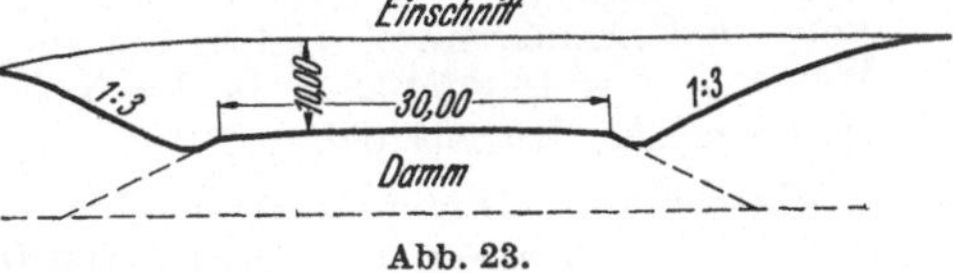

Abb. 23.

Abb. 23 zeigt einen Normalquerschnitt und Abb. 24 einen Arbeitsplan (Terminplan) für die Dammschüttung.

Nachrechnung der Selbstkosten.

1. **Löhne.** Tägliche Leistung[1] (8 h) *700 m³.*

Im *Ladeschacht:* 1 Schachtmeister, 50 Mann . . . . 0,72 h/m³
                    Für Einschnittsplanum 6 Mann . . . . . . 0,07 „
Transport und Gleis: 3 Lokführer, 3 Heizer, 1 Vorarbeiter,
7 Gleisrichter, 1 Wagenschmierer, 1 Weichensteller, insgesamt
16 Mann (zu 9 h) . . . . 0,20 „
Kippe: Damm kippen mit 1 m Schütthöhe: 1 Kippmeister,
15 Mann (zu 8,5 h) . . . . 0,20 „
Für Böschungen 1 : 3 ansetzen und Dammplanie 8 Mann . . 0,09 „
Für *allgemeine Arbeiten* (Reparaturwerkstatt, Magazin, Lagerplatz, Wasserversorgung, Kohle usw.), 9 Mann (zu 9 h) . . 0,12 „

Insgesamt an Lohn je 1 m³ . . . . 1,40 h/m³

1,40 h zu 0,80 RM. = *1,12 RM.*

2. **Gerätekosten** (einschl. Geräteunterhaltung)

Abschreibung und Verzinsung nach Wibau-Sätzen (— 20% ab 14. 2. 41):
3 Loks 160 PS zu 193,— RM. . . . .   580,— RM.
80 Selbstkipper 3½ m³ zu 20,— RM. . . . . .   1600,—   „
8 km Gleis (kompl.) zu 140 RM. . . . .   1120,—   „
                                               3300,— RM.
6 Monate zu 3300,— RM. = 19800,— RM.
Reparaturmaterialien und
Ersatzteile 80000 m³ × 0,12 RM. =   9600,—   „
Gerätekosten insgesamt 29400,— RM.
oder 29400 : 80000 = *0,37 RM./1 m³.*

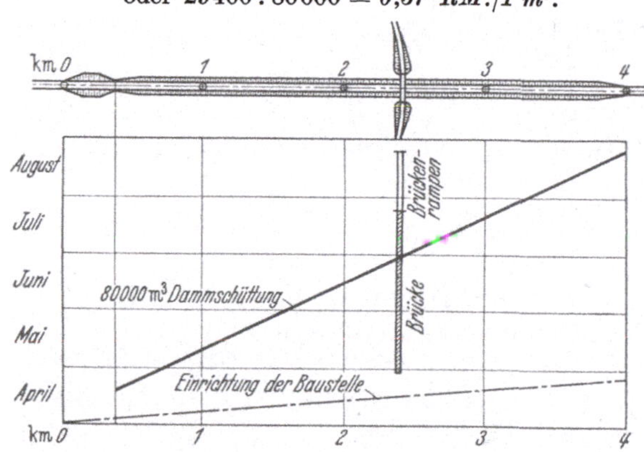

Abb. 24. Terminplan für eine Dammschüttung.

3. **Betriebstoffverbrauch.**

Kohle: $\dfrac{3 \cdot 60 \cdot 9,5}{70}$ = 2,5 kg/1 m³ zu 0,033 RM. . . . . 0,082 RM.

Putz- und Schmiermittel 0,03 kg Öle zu 0,50 RM. . . . . . 0,015 „
Wasser 3 · 6 = 18 m³/Tag zu 0,20 = 3,60 RM. . . . . . . 0,005 „
Insgesamt für Betriebstoffe . . . . 0,102 RM.

4. **Sozialaufwand, Gemeinkosten, Geschäftskosten.**
40% von 1,12 + 10% von 0,47 = 0,50 RM.

5. **Gewinn, Wagnis und Umsatzsteuer:**
10% von (1,12 + 0,10 + 0,37 + 0,50) = 0,21 RM.

Angebotspreis = Summe 1. bis 5. = *2,30 RM./1 m³.*

---

[1] Vorausgesetzt sind *gute* Leistungen geübter Tiefbauarbeiter.

IV. Bohr- und Sprengarbeiten.

Die Bohrlochtiefe t ist in der Regel 20 bis 200 cm. Die obere Weite des Bohrlochs für Pulver bei Handbohrung ist im Durchschnitt $d = 2,34 + 0,02\,t$.

Bei Dynamitbohrungen ist die Bohrung 20 bis 25% enger. Für $t = 60$ cm ist $d = 2,34 + 0,02 \cdot 60 = 2,34 + 1,2 = 3,54$ cm $= 35$ mm.

Bei Handbohrung macht man $t = 30$ bis 120 cm und $d = 20$ mm bis 50 mm.

Bei Maschinenbohrung ist $t = 100$ bis 250 cm und $d = 45$ mm bis 85 mm.

Eine Pulverladung nimmt erheblich mehr Raum in Anspruch als eine Dynamitladung und erfordert größere Bohrlöcher. Die Ladungstiefe beträgt etwa 0,3 bis 0,4 der Bohrlochtiefe.

Bei *Handbohrung* kann man rechnen:

Bohrarbeiten.

Klasse 7.

Die gesamte nötige Bohrlochtiefe für 1 m³ Gestein ist etwa 20 bis 60 cm. Der Sprengstoffverbrauch für 1 m³ Gestein ist etwa 0,05 bis 0,15 kg Dynamit oder etwa 0,3 bis 0,4 kg Pulver.

Die Kosten der Ausbohrung für 1 lfd. m Bohrlochtiefe *(Handarbeit)* betragen:

bei einer Lochweite von $d = 20$ mm etwa 2,0 Sts. bis 3,0 Sts.

,,   ,,   ,,   ,, $d = 30$ mm   ,,   3,0 Sts.   ,,   4,5 Sts.

,,   ,,   ,,   ,, $d = 40$ mm   ,,   4,5 Sts.   ,,   6,0 Sts.

,,   ,,   ,,   ,, $d = 50$ mm   ,,   6,0 Sts.   ,,   8,0 Sts.

Die Kosten des Bohrerschärfens für 1 m Bohrloch betragen 0,4 bis 0,6 St.

Klasse 8.

Die gesamte nötige Bohrlochtiefe für 1 m³ Gestein ist etwa 50 bis 100 cm. Der Sprengstoffverbrauch für 1 m³ Gestein ist etwa 0,15 bis 0,3 kg Dynamit oder etwa 0,4 bis 0,5 kg Pulver.

Die Kosten der Ausbohrung *(Handarbeit)* für 1 lfd. m Bohrlochtiefe betragen:

bei einer Lochweite von $d = 20$ mm etwa 4 Sts. bis 6 Sts.

,,   ,,   ,,   ,, $d = 30$ mm   ,,   6 Sts.   ,,   8 Sts.

,,   ,,   ,,   ,, $d = 40$ mm   ,,   8 Sts.   ,,   10 Sts.

,,   ,,   ,,   ,, $d = 50$ mm   ,,   10 Sts.   ,,   12 Sts.

Die Kosten des Bohrerschärfens für 1 m Bohrloch betragen etwa 0,6 bis 0,8 St.

Klasse 9.

Die gesamte nötige Bohrlochtiefe für 1 m³ Gestein ist etwa 80 bis 150 cm. Der Sprengstoffverbrauch für 1 m³ Gestein beträgt etwa 0,3 bis 2,0 kg Dynamit, Ammonit, Donarit oder dgl.

Die Kosten der Ausbohrung *(Handarbeit)* für 1 lfd. m Bohrlochtiefe stellen sich

bei einer Lochweite von $d = 20$ mm auf etwa 8 Sts. bis 10 Sts.

,,   ,,   ,,   ,, $d = 30$ mm   ,,   ,,   10 Sts.   ,,   12 Sts.

,,   ,,   ,,   ,, $d = 40$ mm   ,,   ,,   12 Sts.   ,,   14 Sts.

,,   ,,   ,,   ,, $d = 50$ mm   ,,   ,,   14 Sts.   ,,   16 Sts.

Die Kosten des Bohrerschärfens für 1 m Bohrloch betragen etwa 0,8 bis 1,2 St.

Lohnkosten für Bohrarbeit von Hand.

Man kann nun rechnen, daß an Bohrlöchern erforderlich sind für 1 m^3

	Bohrlochlänge	Löhne für Bohrarbeit
Klasse 7.	0,2 m	0,4 bis 1,6 St. i. M. 1,0 St.
„ 8.	0,5 m	3,0 „ 6,0 St. i. M. 4,5 St.
„ 9.	1,0 m	8,0 „ 12,0 St. i. M. 10,0 St.

Kosten des Bohrerschärfens.

	je 1 m Bohrloch	je 1 m^3
Klasse 7.	0,5 St.	0,10 St.
„ 8.	0,75 St.	0,38 St.
„ 9.	1,00 St.	0,60 St.

Kosten der Sprengstoffe.

Klasse 7.	0,05 bis 0,15 kg je 1 m^3 i. M. 0,10 kg/m^3
„ 8.	0,15 „ 0,30 kg je 1 m^3 i. M. 0,25 kg/m^3
„ 9.	0,30 „ 2,00 kg je 1 m^3 i. M. 1,20 kg/m^3

Hierin sind auch die Kosten für Kapseln und Zündschnur mit inbegriffen.

Bemerkung. In *Stollen- und Tunnelprofilen*, wo ein genaues Schießen von Profilen erforderlich ist, sind die angegebenen Werte des Sprengstoffbedarfs noch um mindestens 60—100% zu erhöhen.

Maschinenbohrarbeiten.

Die Kosten von Bohrarbeiten mit Druckluftbohrmaschinen kann man etwa wie folgt annehmen: Es betragen die *Betriebskosten* (L + M) *der Bohrmaschinen ohne Gerätekosten* (von Fall zu Fall zu ermitteln):

	Kosten für 1 h		Leistung je 1 h	Kosten je 1 m Bohrloch		Kosten je 1 m^3	
	Sts.	kWh	m	Sts.	kWh	Sts.	kWh
Klasse 7.	1,5	18	6	0,3	3	0,1	1,0
„ 8.	1,5	20	3	0,5	7	0,3	4,0
„ 9.	1,5	22	1	1,5	22	1,5	22,0

Man ersieht hieraus die Überlegenheit der maschinellen Bohrarbeit über die Handbohrung. Bei umfangreichen Sprengarbeiten wird man daher heute ausschließlich die Maschinenbohrung verwenden.

Bemerkung. Die vorstehenden Angaben können jedoch nicht ohne weiteres auf den *Tunnel- und Stollenbau* angewandt werden, da im engen Raum die Leistungen wesentlich niederer sind als in Steinbruch und bei Erdbetrieben, wo große Massen abgeschossen werden können.

V. Rodungsarbeiten, Mutterbodenabhub, Planiearbeiten.

A. Rodungsarbeiten.

Die Kosten von Rodungsarbeiten hängen natürlich in erster Linie von der Stärke der Wurzelstöcke und der Dichte des Bestandes ab. Für mittlere Verhältnisse kann man bei Annahme von einem Wurzelstock d 40 cm auf 8 bis 10 m^2 annehmen:

Rodungen in Eichen- und Buchenwald für 1 m² . 0,4 St.

Rodungen in Nadelholz-wald . . . . 0,25 St.

Rodungen in Nieder-wald . . . . . . 0,2 St.

Rodungen in Hoch-wald . . . . . . 0,4—0,5 St.

Um die Kosten den Verhältnissen anzupassen, wurden die Kosten für Rodung einzelner Wurzelstöcke angegeben. Es ist stets angenommen, daß die Wurzelstöcke seitlich gelagert werden. Es ist dann das *Abräumen des Bodens von Nadeln usw.* noch zuzuschlagen. Ein guter Mittelwert, mit dem man mangels näherer Angaben rechnen kann, ist 0,4 St. je 1 m².

Rodung einzelner Wurzelstöcke von Hand
(mit Hebebäumen und Kreuzhacke).

Roden von einem Wurzelstock Kiefer

$\varnothing$ 15 cm = 0,5 St.
$\varnothing$ 20 cm = 0,7 St.
$\varnothing$ 25 cm = 1,0 St.
$\varnothing$ 30 cm = 1,5 St.
$\varnothing$ 40 cm = 2,0 St.

Roden von einem Wurzelstock Eiche

$\varnothing$ 30 cm = 2,0 St.
$\varnothing$ 50 cm = 3,0 St.
$\varnothing$ 80 cm = 5,0 St.

Sprengen von Stubben mit Sprengstoff.

	Löhne	Spreng-stoff kg	Spreng-kapseln
Ein Wurzelstock Tanne $\varnothing$ 25 cm erfordert	0,5 St.	0,5	2
„ „ Eiche $\varnothing$ 30—35 cm „	1,0 St.	0,65	2
„ „ Eiche $\varnothing$ 60—80 cm „	1,6 St.	1,0	5

Beispiel 9. Es soll ermittelt werden, ob es billiger ist, bei Wurzelstöcken von i. M. 50 cm $\varnothing$ Eiche von Hand oder mittelst Sprengung zu roden und was kostet die Rodung je 1 m², wenn die Stubben durchschnittlich in 4 m Entfernung stehen? Der Stundenlohn betrage St. = 1,00 RM.[1], der Preis von 1 kg Sprengstoff 1,80 RM. und der Preis für 1 Sprengkapsel 0,05 RM.

Lösung. 1. Roden eines Wurzelstocks von Hand:

Löhne 3,0 St. zu 1,00 RM. . . . . . . *3,00 RM.*

2. Roden eines Wurzelstocks mittels Sprengstoff:

Löhne 1,4 St. zu 1,00 RM. . . . . . . 1,40 RM.
0,85 kg Sprengstoff zu 1,80 RM. . . 1,53 „
4 Sprengkapseln zu 0,05 RM. . . . . . 0,20 „
____
3,13 RM.

Man ersieht hieraus, daß es bei den angenommenen Löhnen und Materialpreisen noch billiger ist, von Hand zu roden. Das *Sprengen von Stubben mit Sprengstoff* dürfte sich erst *von 50 cm Stammdurchmesser ab* lohnen.

1 m² Rodung kostet $\dfrac{3,00}{4 \cdot 4} = 0,19$ RM.

Maschinelle Verfahren zum Roden.

Es werden als *Rodemaschinen* Göpel mit Pferd, Winden, Dreiböcke mit Flaschenzug verwendet. Wo an und für sich Bagger auf der Bau-stelle sind, kann man auch Löffelbagger und Greifbagger mit Vorteil verwenden. Ein sehr wirtschaftliches Verfahren besteht darin, daß

---

[1] Mit Zuschlägen.

man durch Sprengschüsse lockert und die Stubben mit einem Traktor (50 bis 100 PS) vermittels Drahtseil heraushebt.

Holzfällen.

Für *Fällen von Holz* einschließlich Abästen kann man etwa rechnen für 1 m Holz:

	Kiefer und sonstiges Weichholz	Eiche und sonstiges Hartholz
Holz ∅ 10 cm	0,20 St.	0,25 St.
Holz ∅ 20 bis 30 cm	0,30 St.	0,40 St.
Holz ∅ 40 cm	0,45 St.	0,60 St.
Holz ∅ 75 cm	0,80 St.	1,10 St.

Als Mittelwert für *1 Festmeter Starkholz* kann man rechnen *2,5 St.* (Holzhauerstunden!)

B. Mutterboden- und Rasenabhub.

1. Mutterbodenabhub.

Bei Straßen-, Eisenbahn- und Kanalbauten, wo der Mutterboden unter den Dämmen abgehoben wird, einmal um ein besseres Einbinden der geschütteten Bodenmassen zu bewirken und andererseits Mutterboden zum Andecken der Dammböschungen benötigt wird, kommen im Betriebe drei verschiedene Möglichkeiten des Humusabhubs vor:

1. Bei niederen Dämmen besonders pflegt man den Mutterboden mittels Wurf- oder Querförderung je nach der Dammbreite am Fuß des Dammes zu lagern.

2. Wo der Mutterboden sofort wieder auf einer fertigen oder halbfertigen Dammstrecke angedeckt werden kann, wird er entlang eines Ladegleises, das mit fortschreitender Arbeit in der Querrichtung gerückt wird, auf Kippwagen geladen und an der Verwendungsstelle abgeladen und eingebaut. Wo immer sich dies ohne Störung des Hauptbetriebs ermöglichen läßt, ist es natürlich wirtschaftlicher als 3.

3. Der Mutterboden wird geladen und bis zur Fertigstellung der Dämme auf einem „Mutterbodendepot" gelagert. Er muß also vor dem Andecken neu gewonnen werden, entweder von Hand oder mit Maschinen, was bei der Kalkulation sehr zu berücksichtigen ist.

Dann kann man ferner unterscheiden, ob der Mutterbodenabhub von Hand oder mit Maschinen geleistet wird:

a) Mutterbodenabhub von Hand.

1. Humusabhub mit Querwurf oder Querförderung
(mit Kipploren ³/₄ m³ und Patentgleis).

Humusabheben und mit der Schaufel bis zu 3 m werfen kostet je 1 m³ . . . . 0,5—0,6 St.

Humusabheben und in Schubkarren oder Loren laden und auf eine Entfernung bis 12 m fahren je 1 m³ . . . . 0,8—0,9 St. (beim Aufsetzen in Haufen von 1—1,5 m Höhe + 0,25 St.)

Humusabheben und in Schubkarren oder Loren laden und auf eine Entfernung bis 50 m fahren je 1 m³ . . . . 1,0—1,2 St.

2. Humusabhub mit Laden auf Förderwagen und direktem Einbau.

Ohne Einrichtungsarbeiten, welche bei der Kalkulation noch zuzuschlagen sind, kostet für mittlere Verhältnisse Humusabhub und Laden auf Förderwagen einschließlich Gleisrücken des

Ladegleises . . . . etwa 0,80—0,90 St.
für Aufsicht 10% . . . . „ 0,08—0,09 St.
Transportkosten je nach Entfernung . . . . „ 0,10—0,25 Stl.

Kosten insgesamt *je 1 m³* . . . . 0,88 St. +0,10 Stl.
bis 0,99 St. +0,25 Stl.

dazu *Betriebstoffe* 0,12 RM./m³, *Gerätekosten* 0,10 RM./m³.

3. Mutterbodenabhub mit Zwischenlagerung.

Humusabhub und Laden auf Wagen nach 2. . . . . . 0,9 —1,0 St.
Transport bei Annahme von etwa 20 m³/h . . . . . 0,10—0,15 Stl.
Kosten der Kippe (Humusdepot) . . . . 0,25—0,30 St.
Humus wiedergewinnen von Hand und auf Wagen
laden nebst Förderung zur Verwendungsstelle . . . 0,9 —1,0 St.
+ 0,10—0,15 Stl.

Lohnkosten insgesamt *je 1 m³* . . . . 2,05 St. +0,20 Stl.
bis 2,30 St. +0,30 Stl.

Dazu *Betriebstoffe* je 1 m³ 0,12 +0,12 = 0,24 RM.

Dazu *Gerätekosten* je 1 m³ 0,10 +0,10 = 0,20 RM.

Für Lohnkosten der Geräteunterhaltung und sonstige allgemeine Arbeiten 0,15 Stsl. zu 1,— RM. = 0,15 RM./m³.

Für Materialkosten der Geräteunterhaltung = 0,10 RM./m³.

Mit St. = 0,90 RM. und Stl. = 1,30 RM. (Löhne + Sozialaufwand + Geschäftskosten) ergibt sich je 1 m³ Mutterboden 2,85 bis 3,15 RM.

Bemerkung. Die Kosten des Mutterbodenabhubs sind sehr abhängig von der Witterung (im Sommer sehr hart und fest!).

b) *Mutterbodenabhub mit Maschinen.*

1. Lockern des Bodens mit Hilfe des Pflugs und Laden von Hand in Wagen.

a) Lockern mit dem Pflug: Bei Annahme der Kosten eines Zweigespanns mit Führer je 1 h von 3,00 RM. und bei einer Leistung von nur 30 ar, d. h. 3000 m² je 10 Stundentag ergeben sich die Kosten für 1 m² zu 0,01 RM. oder bei Annahme eines Tiefbauarbeiterlohns von 0,65 RM. zu 0,015 St.

b) Laden des gepflügten Bodens auf Förderwagen einschließlich Gleisrücken je 1 m³ . . . . 0,60—0,70 St.

Transport, Kippe und sonstige Kosten wie bei a) 3.

2. Mutterbodengewinnung mit Greifbagger oder Schleppseilgreifer (s. „Baggerarbeiten", S. 104f.).

Diese Arbeitsmethode kann sich bei großen Massen und besonders bei starken Mutterbodenschichten von 30 bis 40 cm Stärke lohnen. Der Mutterboden wird entweder seitlich ausgesetzt — hierbei ist zu beachten, ob bei der Breite des Abhubs nicht teilweise Zwischenlagerung notwendig ist — oder in Förderwagen geladen und auf eine Mutterbodenablagerung gefahren. Die Wirtschaftlichkeit ist von Fall zu Fall zu untersuchen.

Das seitliche Aussetzen von Mutterboden bzw. Laden in Förderwagen (ohne Transport und Kippe) kann man bei einem 60 PS-*Rohölraupengreifer* (Normalgreifer $^3/_4$ m³ oder Schleppseilgreifer) etwa wie folgt veranschlagen ohne Einrichtungskosten (Aufbau und Abbau sowie Transportieren des Baggers):

Leistung des Baggers i. M. 25 m³/h.

Gerätekosten: 25% von 30000,— RM. = 7500,— RM.;

bei 2000 h im Jahr 7500/2000 = 3,75 RM./h = *0,15 RM./m³*.

Löhne (einschließlich Sozialaufwand, Geschäftskosten und Gewinn):

1 Greifbaggermeister	2,00 RM.
1 Vorarbeiter	1,30 „
3 Tiefbauarbeiter zu 1,00 RM. (für Planie usw.)	3,00 „
Reparaturlöhne und allgemeine Arbeiten . . .	3,00 „
	9,30 RM.

oder je 1 m³ 9,30/25 . . . . *0,37 RM./m³*.

Betriebstoffe:

Rohöl 6 kg/h zu 0,25 RM.	1,50 RM.
Schmieröl usw.	0,35 „
	1,85 RM.
+ 11% Zuschlag auf Material	0,20 „
	2,05 RM.

oder je 1 m³ 2,05/25 . . . . *0,082 RM./m³*.

Materialkosten der Geräteunterhaltung (Reparaturmaterial und Ersatzteile) . . . . *0,10 RM./m³*

Kosten je 1 m³: 0,15 + 0,370 + 0,082 + 0,10 = . . . *0,70 RM.*

Bemerkung: In manchen Fällen wird auch der Abhub mit der „*Planieraupe*" sehr wirtschaftlich sein.

2. Rasenabhub.

Das Stechen der Rasentafeln erfolgt mit dem Spaten oder mittels des Schneideeisens. Das Schneideeisen wird von einem Mann am Strick gezogen und von einem andern in den Boden eingedrückt und geführt. Die Rasentafeln haben eine Breite von 25 cm, eine Länge von 25 cm und eine Stärke 10 bis 20, allgemein d cm. Für 1 m² Rasen muß man etwa 1,25 m² Rasenfläche stechen. Nach etwa 3 Monaten sind nur etwa 75% der gestochenen Rasentafeln brauchbar, nach 12 Monaten nur 50%. Die anderen können höchstens noch für Humus gebraucht werden.

Man kann rechnen, daß eine Kolonne von einem Vorarbeiter und 11 Tiefbauarbeitern etwa 600 m² Rasen 10 cm stark in 10 h unter Dämmen abheben und seitlich lagern kann, was einem Stundenaufwand von

$$120/600 = 0{,}20 \text{ St. je 1 m}^2 \text{ entspricht.}$$

Dementsprechend kostet je 1 m²

Rasenstechen mittels Spaten . . . . 0,10—0,15 St.
Rasenstechen mittels Schneideeisen . . . . 0,08—0,10 St.
Rasentafeln verfahren bis auf 50 m Entfernung und Aufstapeln, wenn d
    die Dicke des Rasens in cm bedeutet . . 0,010 · d St.—0,015 · d St.
oder bei $d = 0{,}10$ m Dicke   0,10—0,15 St.
             $d = 0{,}15$ m   ,,   0,15—0,22 St.

Rasenstechen, bis 50 m transportieren und sachgemäß stapeln kostet demnach *je 1 m²* . . . . *0,25—0,35 St.*

Abtreppungen.

Werden Dämme auf stark geneigten Hängen (Neigung größer als 1 : 3) geschüttet, so ist eine Vorbereitung des Untergrunds durch Anlage von Abtreppungen erforderlich. Die Lohnkosten hierfür sind etwa dieselben wie beim „Lösen und Laden von Boden im Handbetrieb" (s. Abschnitt III, Erd- und Felsarbeiten).

C. Planiearbeiten.

Für das Anziehen der Böschungen und Einebnen der Böschungsflächen kann man rechnen:

In leichtem Boden je 1 m² . . . . 0,25 St.

Das Einebnen von Auf- und Abträgen erfolgt nach einnivellierten Pflöcken. Mit Abgrabungen, welche 30 cm nicht überschreiten sollen, werden die Vertiefungen ausgefüllt. Das Einebnen kostet:

In Sand- und Kiesboden für 1 m² . . . . 0,20 St.
In leichtem Lehmboden für 1 m² . . . . 0,30 St.
In Tonboden und hartem Mergel für 1 m² . . . . 0,40 St.

Bei Baggerarbeiten in Einschnitten werden stets 2 bis 4 Mann nur mit Planiearbeiten beschäftigt sein. Die Planiearbeiten spielen hier bei der Lohnkostenermittlung eine Rolle und dürfen bei *Baggerung von Einschnitten* bei der Kalkulation nicht übersehen oder unterschätzt werden.

VI. Böschungs- und Uferbefestigungsarbeiten, Dichtungsarbeiten.

Humus andecken.

1. *Mutterboden andecken in Einschnitten.*

a) Von Hand.

Bei Einschnitten bleibt der Mutterboden, nachdem er seitlich abgelagert war, am oberen Rand der Einschnittsböschungen liegen und ist daher nur abzuwerfen. Ist nicht genügend Mutterboden an Ort und Stelle vorhanden, so wird es möglich sein, solchen nach den oberen

Böschungsrändern zu schaffen. Es wird dann nur bei sehr hohen und flachen Böschungen erforderlich sein, einen Teil des Mutterbodens nochmals zu werfen. Das Andecken der Ackererde an die Böschungen kostet hier

für 1 m³ Boden (im Einschnitt gemessen) . . . . . 0,70—1,20 St.

(je nach Einschnittstiefe).

Bei Mergel oder ähnlichen Bodenarten ist es noch erforderlich, vor dem Aufbringen des Mutterbodens *Rillen in die Böschungen einzuhauen,* welche etwa 0,10 m tief sind, um dem Mutterboden Halt zu bieten. Die Kosten hierfür betragen

für 1 m² Böschung . . . . etwa 0,10 St.

Die *Gesamtkosten* betragen daher bei Einschnittsböschungen *in festen Bodenarten* für 1 m² Einschnittsböschung bei einer Stärke des Mutterbodens von (für Rillen hauen und Andecken)

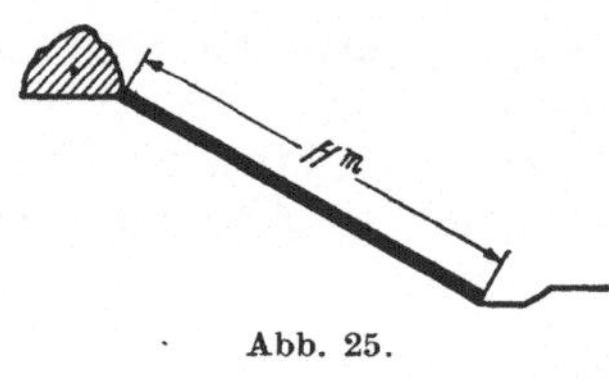

Abb. 25.

$d = 10$ cm . . . . 0,15—0,22 St.

$d = 15$ cm . . . . 0,20—0,30 St.

$d = 20$ cm . . . . 0;25—0,35 St.

wobei die kleineren Werte bei schräg gemessenen Böschungslängen bis 10 m und die größeren Werte bei Böschungslängen über 10 m Geltung haben.

Mutterbodenandecken an Einschnittsböschungen (Handarbeit). *Allgemeine Formel* (ohne Rillen hauen!). Man kann bei H m schräg gemessener größter Böschungslänge die *Lohnkosten je 1 m³ (0,70 + 0,030 H) St.* annehmen oder je 1 m² für d cm Stärke *0,01 d (0,70 + 0,03 H) St.*

oder für $d = 10$ cm   für 1 m² (0,07 + 0,003 H) St.

$d = 15$ cm   für 1 m² (0,10 + 0,0045 H) St.

$d = 20$ cm   für 1 m² (0,14 + 0,0060 H) St.

b) Mit Maschinen.

In Frage kommen *Förderbänder* mit 400 bis 500 mm Gurtbreite und 8 bis 15 m Förderweite mit einem Kraftbedarf von 2 bis 3 PS, einem Neuwert von 2000 bis 3000 RM. und einem Gewicht von 1500 bis 2100 kg. Des weiteren können *Greifbagger* (Normalgreifer oder Schleppseilgreifer, s. unter „Baggerarbeiten", S. 104f.) manchmal mit Vorteil verwendet werden, wo an und für sich solche Geräte auf der Baustelle vorhanden sind. Nur eine *Wirtschaftlichkeitsberechnung* von Fall zu Fall unter Berücksichtigung der Einrichtungskosten, Betriebskosten usw. kann entscheiden, ob der Einsatz von Geräte für diese Arbeiten wirtschaftlich ist.

2. Mutterboden andecken an Dammböschungen.
Andecken der Dämme vom Böschungsfuß aus.
a) Von Hand.

Ist der Mutterboden am Dammfuß gelagert, so muß er bei hohen Dammböschungen durch Anlage von Pritschen (etwa alle 3 m schräg gemessen) hochgepritscht werden.

Bei H m schräg gemessener größter Böschungslänge betragen die *Lohnkosten je 1 m³ durchschnittlich (0,6 + 0,08 H) St.*

Für Dammböschungen von d cm Dicke, welche von unten aus angedeckt werden, betragen demnach die

Kosten
für 1 m² . . *0,006 d (1 + 0,13 H) St.*

Die *durchschnittlichen* Lohnkosten bei H m *schräg gemessener größter Böschungslänge* eines Damms sind nachstehend zusammengestellt:

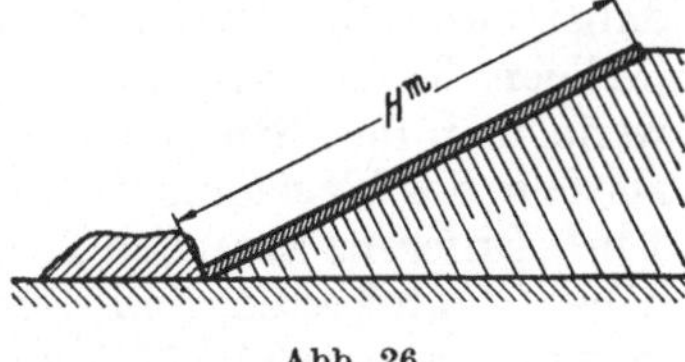

Abb. 26.

Zusammenstellung.

H in m	Lohnkosten St. je 1 m³	Lohnkosten St. je 1 m² Stärke der Mutterbodenschicht			
		$d = 0,10$ m	$d = 0,15$ m	$d = 0,20$ m	$d = 0,25$ m
3	0,8	0,08	0,12	0,16	0,20
6	1,1	0,10	0,15	0,20	0,28
9	1,3	0,13	0,20	0,26	0,33
12	1,6	0,16	0,24	0,32	0,40
15	1,8	0,18	0,27	0,36	0,45
20	2,2	0,22	0,33	0,44	0,55
25	2,6	0,26	0,40	0,50	0,65

b) Mit Maschinen.

In Frage kommen vor allem wie bei b) S. 84 *Förderbänder* oder *Greifbagger* zum Hochfördern des Mutterbodens. Man kann mit $^3/_4$ m³ Greifern bis 6 m hoch und bis 13 m weit fördern (s. Abschnitt VIII, Baggerarbeiten, S. 98f.).

Die *Kosten für Mutterbodenandecken mit dem Greifbagger an Dammböschungen* setzen sich dann wie folgt zusammen:

1. Greiferkosten wie S. 82.

2. Einbau des Mutterbodens und Planierungsarbeiten *0,6 bis 0,8 St.* *je 1 m³* (höhere Werte bei geringen Humusstärken).

Zu 1. kämen also bei einer Dammböschung 1 : 2, welche 25 cm stark angedeckt wird, bis $H = 14$ m (Dammhöhe etwa 6 m) noch hinzu die Löhne von 12 Mann für Einbau oder $\frac{12 \cdot 1,00}{25} = 0,48\ RM./m³$, so daß die Gesamtkosten $0,70 + 0,48 = 1,18$ RM./m³ betragen würden gegenüber Handarbeit 1,6 St. zu 1,00 RM. = 1,60 RM., d. h. *0,42 RM. je 1 m³ Ersparnis.*

Andecken der Dämme von der Dammkrone aus bei Entnahme des Mutterbodens von einem Humusdepot.

Man ersieht aus den Kosten von 2. a), daß diese bei großen Dammhöhen sehr beträchtlich werden, so daß es, wo geeignete Flächen für Mutterbodenablagerung zur Verfügung stehen, unter Umständen wirtschaftlicher sein kann, den Mutterboden nicht am Fuß des Dammes zu lagern. Vielmehr wird man den Mutterboden nach einer Ablagerung fahren und nach Beendigung der Dammschüttung, wo die Kippgleise noch auf der Krone des Dammes liegen, von diesem aus von oben herab auf der Böschungsfläche andecken. Die Kosten des Andeckens werden dabei wesentlich geringer. Allerdings hat man die Mehrkosten für zweimaligen Transport und Wiedergewinnen zu tragen. Diese betragen, wenn man den Stundenlohn des Transportpersonals 50% höher einsetzt als den des Tagelöhners (Tiefbauarbeiters) nach S. 81 rund 1,50 St. je 1 m³ (Differenz zwischen 1. und 3. auf S. 81). Dazu kommen noch zusätzliche Gerätekosten und Geräteunterhaltungskosten sowie Betriebstoffkosten von rd. 0,35 RM. je 1 m³ oder mit 1 St. (einschließlich Zuschläge) = 1,00 RM. zusätzlich 0,35 St.

Die **Wirtschaftlichkeitsgrenze**, wo es eben noch wirtschaftlich ist, die Dammböschungen von unten her anzudecken, finden wir, wenn wir die Kosten der beiden Verfahren gleichsetzen, also

$$1,85 + 0,6 + 0,03\,H = 0,6 + 0,08\,H.$$

$H = 37\,m$, d. h. bei Böschung 1 : 2 bei *16,5 m Dammhöhe*. Wenn man den am Fuß des Dammes ausgesetzten Mutterboden später als Depot benützt (ohne Einrichtungskosten wie Gleislegen), ergibt sich etwa:

$$1,3 + 0,6 + 0,03\,H = 0,6 + 0,08\,H.$$

$H = 26\,m$, d. h. bei Böschung 1:2 bei *12 m Dammhöhe*, d. h. also *nur bei sehr hohen Dämmen wirtschaftlich*. Im allgemeinen wird man dieses Verfahren nur anwenden, wenn an und für sich *mit Rücksicht auf die Mutterbodenverteilung Längstransporte erforderlich* sind. Dies gilt vor allem, wenn die Möglichkeit besteht, mit Maschinen hochzufördern.

Es empfiehlt sich von Fall zu Fall eine *Wirtschaftlichkeitsberechnung*, die sich bei großen Erdarbeiten lohnt.

Ansäen der Böschungen.

Das Auflockern der etwa schon festgeregneten Ackererde mit eisernen Rechen (Harken) und das Ansäen der Böschung kostet einen Lohnstundenaufwand von

0,01 bis 0,02 St. für 1 m².

Der erforderliche *Samenbedarf* ist etwa 0,005 kg/1 m² bis 0,010 kg/1 m².

Rechnet man beispielsweise für 100 kg Samen 100,— RM., so betragen die *Kosten für Samen für 1 m²* 0,5 bis 1 Rpf.

Für erste Unterhaltung der Böschungen nach der Ansaat (Freihalten von Unkraut, Nachsäen, einmal Grasschneiden) bis zum Graswuchs kann man rechnen 2 bis 3 Rpf/m².

Gesamtkosten für Böschungsansaat je 1 m² . . . . *0,04—0,06 RM.*

Grassamenmischungen.

Als *Grassamenmischung* empfiehlt sich beispielsweise für lehmigen Boden folgende Mischung:

(16% weiche Trespe),	14% roter Schwingel,
15% englisch Raygras,	5% Rasenstrauchgras,
(15% Timotee),	(20% gelber Klee).
15% Schafschwingel,	

Bemerkung. Bei Sandböschungen gehen die eingeklammerten Grassorten nicht auf.

Flachrasen andecken.

Wenn die Rasen am Fuß des Dammes bzw. am Rand der Einschnittsböschung aufgestapelt sind, so werden sie mittels einer Tragbare, welche von zwei Mann getragen wird, zur Verwendungsstelle transportiert und werden dort mit Weidenpflöcken (etwa 20 Stück je 1 m²) vernagelt. Da im ersteren Falle, wo die Rasenplacken am Dammfuß lagern, Bergtransport an der Böschung erforderlich ist, wird der Transport wesentlich schwieriger als der Taltransport bei der Befestigung der Einschnittsböschung. Dementsprechend unterscheidet man zweckmäßig

a) Andecken von Dammböschungen vom Dammfuß aus,

b) Flachrasen andecken an Einschnittsböschungen vom Böschungsrand aus.

a) Flachrasen andecken an Dammböschungen vom Dammfuß aus.

Es fallen an Lohnkosten an

1. Aufladen der Rasenstücke auf Tragbaren je 1 m³ 0,8 St.
2. *Förderkosten* bei *H m schräger* mittlerer *Förderlänge (0,06 H) St. je 1 m³* *.
3. Legen und Vernageln von Flachrasentafeln *für 1 m²* . . . . *0,25 St.*

Material: je 1 m² 15 Spicknägel 30 cm lang, 2 cm stark.

Die *Gesamtkosten für Aufladen, Transportieren und Verlegen von Flachrasen* betragen demnach für *1 m²* bei H m *mittlerer* Förderweite (in der Böschung schräg gemessen) für $d =$ 0,10 m

$(0,33 + 0,006\,H)$ St.

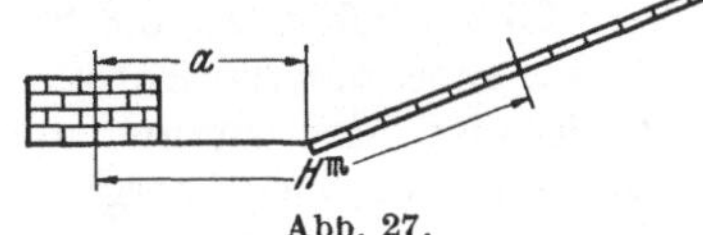

Abb. 27.

Zusammenstellung der Lohnkosten je 1 m².

H in m	5 m	8 m	10 m	15 m	20 m	25 m	30 m
St. je 1 m² . .	0,36	0,38	0,39	0,42	0,45	0,48	0,50

Bei $a = 5$ m und $H = 20$ m beträgt die größte schräge Böschungslänge 30 m, d. h. *bei Neigung 1 : 2 des Damms* ist dieser etwa *13 m hoch.*

b) Flachrasen andecken an Einschnittsböschungen vom Böschungsrand aus.

An Lohnkosten fallen an je 1 m³

1. Laden der Rasenstücke auf Tragbahren 0,8 St.
2. An Förderkosten bei H m *mittlerer* Förderlänge (auf der Böschung schräg gemessen) *je 1 m³ (0,04 H) St.*

---

* Bei flachen Böschungen und großen Förderweiten ($H > 15$ m) besser *Schubkarrenförderung* (s. Abschnitt X, Förderkosten, S. 122f.).

3. Legen und Nageln der Flachrasentafeln *für 1 m²* . . . . . *0,25 St.*
Material: je 1 m² 15 Spickpfähle 30 cm lang, 2 cm stark.

Die Gesamtkosten für Aufladen, Transportieren und Verlegen von Flachrasen betragen demnach für *1 m²*

$$\text{für } d = 0,10 \text{ m } (0,33 + 0,004 \text{ H}) \text{ St.}$$

H in m	d = 0,10 m		H in m	d = 0,10 m
5 m	0,35 St.		15 ·m	0,39 St.
10 m	0,37 St.		20 m	0,41 St.

Kopfrasen setzen.

Da Kopfrasen fast nur bei niedrigen Böschungen angewandt wird, so kann man für Transport von 1 m³ Rasen 1,0 St. rechnen. Dazu kommt noch das Laden des Rasens mit 0,8 St./1 m³ und das Setzen des Rasens mit 0,50 St. je 1 m², so daß das Andecken von Kopfrasen, an Böschungen von 2 bis 5 m Höhe in 25 cm Stärke angedeckt, 0,95 St. für 1 m² kostet
rund 1,0 St. je 1 m².

Steinschüttungen und sonstige Böschungsbefestigungen.

Steinschüttungen in Stärken von etwa 30 cm auf Böschungen aufzubringen.

Als Ufer- und Böschungsbefestigung bei Kanälen u. dgl., besonders im Sandboden, werden häufig Steinschüttungen von etwa 30 cm Stärke gewählt, welche die Böschungen gegen Witterungseinflüsse und Wellenschlag sichern. Die Steine sollen durchschnittlich nicht stärker als 15 bis 20 cm sein und erhalten eine Unterbettung von Kies od. dgl. Man kann rechnen, wenn die Steine in Waggons auf der Baustelle eintreffen:

1. für Entladen der Steine aus den Waggons 1 m² = 0,30 m³ zu 1,75 t = 0,50 t zu 0,8 St. 0,40 St.
2. Transport von der Entladestelle zur Verwendungsstelle 0,20—0,35 St.
3. Kippen der Steine und Aufbringen der Packlage in 30 cm Stärke einschließlich sorgfältigem Auszwicken mit kleinen Steinen für 1 m² . . . . 0,6—0,8 St.

Die Gesamtkosten von 1. bis 3. betragen demnach
für 1 m² *1,2 bis 1,5 St.*

Anmerkung. Gleisarbeiten sind in diese Berechnung nicht inbegriffen, ebenso nicht Betriebstoffe und Gerätekosten.

Steinpackung zur Sicherung von Steindämmen.

Bei Steindämmen wird ein Anbeugen der Steine in der Böschungsflucht erforderlich. Das Aufbringen von Humus oder Rasen wäre zwecklos. Zum Ansetzen werden meist Steine von 20 bis 30 cm Stärke gewählt.

Für Verkleidung der Böschung mit Steinen kann
man rechnen . . . . 5,0 St. für 1 m³
Für das Aussuchen geeigneter Steine einen Zuschlag
von . . . . 1,5 St. für 1 m³

Insgesamt: 6,5 St. für 1 m³

oder bei einer Stärke der Verkleidung von

20 cm Steinstärke für 1 m² . . . . 1,30 St.
25 cm   „   „ 1 m² . . . . 1,60 St.
30 cm   „   „ 1 m² . . . . 2,00 St.

Steinwurf als Uferschutz von Flüssen oder als Stütze von Pflasterungen.

Es werden zu diesem Zweck schwere Steine (Wasserbausteine) verwendet, welche mit Bruchstangen und Hebebäumen in eine gute Lage gebracht werden müssen. Das Heranschaffen der Steine geschieht entweder durch Kippen der Steine einem Gleis entlang am Ufer oder die Steine können auch, wenn sie dem Ufer entlang gelagert sind, von Hand oder mit Hilfe von kleinen Derrickkranen zur Einbaustelle herangeschafft werden.

Das **Einwerfen** der Steine ins Wasser kostet einschließlich Heranschaffen der Steine bis zu 10 m Entfernung, wenn die Arbeit **unter Wasser** geschieht,

für 1 m³ . . . . 7,0 St.

Wenn die Arbeit **nicht im Wasser** oder bei sehr niederem Wasserstand erfolgt

für 1 m³ . . . . 5,0 St.

Das Ausheben des Schlamms mit durchlöcherter Gefäßschaufel kostet

für 1 m³ . . . . 6,0 St.

Pflastern von Böschungen mit schweren etwa 30 cm starken Wasserbausteinen.

Das Pflastern erfolgt nach aufgestellten Lehren. Die Steine werden mit unbearbeiteten Kopfflächen im Verband versetzt und die Fugen entweder mit Erde und Moos oder mit Zementmörtel ausgefüllt.

Die Lohnkosten für diese Arbeit betragen, wenn die Steine oben auf der Böschung lagern, für 1 m² . . . . etwa 2,5 Stm. Man verwendet für diese Arbeit am besten Maurer.

Berauhwehrung zum Schutz von Böschungen an Flüssen.

Auf den Böschungen wird eine Lage Reisig gleichmäßig ausgebreitet und mittels darübergenagelter Wippen oder Flechtwerkstränge auf dem Boden befestigt. Meist erfolgt noch eine Bekiesung.

Eine Wippe 10 m lang, 15 cm dick, von 30 cm zu 30 cm mit Wippendraht (geglüht Nr. 16) gebunden, wiegt frisch 125 kg und die Anfertigung kostet etwa 2,0 St., somit für 1 m Wippe anfertigen 0,2 St.

Es kostet dann 1 m² Berauhwehrung:

Reiser an Ort und Stelle verbringen und einbauen. . . . . . . 0,8 St.
Wippen binden und befestigen . . . . 0,3 St.
Bekiesen . . . . 0,4 St.

1 m² Berauhwehrung 1,5 St.

Der Antransport der Materialien mit Hilfe von Transportbahn, Fuhrwerk od. dgl. ist bei der Kalkulation noch zuzuschlagen.

Anfertigen von Faschinen und Befestigen von Böschungsfüßen.

Diese Befestigungsart kommt beispielsweise vor bei Gräben mit Sandböschungen, welche Fließsand enthalten. Das Anfertigen von Faschinen von 30 cm Stärke (Gewicht etwa 12 kg/m)

kostet . . . . etwa 0,5 St.

Das Einbauen der Faschinen am Böschungsfuß im
Trockenen . . . . etwa 0,7 St.

Gesamtkosten für 1 lfd. m Faschine . . . .   1,2 St.

oder, da etwa 4 lfd. m für 1 m² erforderlich sind, für 1 m²   *4,8 St.*

Anmerkung. Für Arbeit im Nassen Zuschlag von etwa 30%.

Faschinen versenken und unter Wasser einbauen.

Das Anfertigen der Faschinen siehe oben. Man kann bei Berechnung des „mittleren Stundenlohns" annehmen, daß ein Buhnenmeister und zwei Hilfsarbeiter beschäftigt sind. Wenn wir mit St_{mi} den mittleren Stundenlohn bezeichnen, so betragen die Kosten für Faschinen im Trockenen als Uferbefestigung einlegen und mit Wippen und Schotter versehen für 1 m³ *2,0 St_{mi}*.

Faschinen im Wasser befestigen.

Man kann annehmen, daß ein Schiffer, ein Buhnenmeister und zwei Hilfsarbeiter hierbei beschäftigt sind, und betragen dann die Lohnkosten
für Versenken von Faschinen im Wasser für 1 m³ . . . . . 3,0 St_{mi}.
desgleichen Versenken in starker Strömung für 1 m³ . . . . 4,5 St_{mi}.

Weidenpflanzungen an Böschungen.

Schräg abgeschnittene Weidensetzlinge von 2 bis 3 cm Stärke, 30 bis 60 cm Länge im Verband (schachbrettartig) und in *e* (Meter) Entfernung zu setzen (bepflanzen) kostet für 1 m²

bei $e = 10$ cm $= 2,0$ St.	bei $e = 50$ cm $= 0,08$ St.
bei $e = 20$ cm $= 0,5$ St.	bei $e = 60$ cm $= 0,06$ St.
bei $e = 30$ cm $= 0,22$ St.	bei $e = 70$ cm $= 0,04$ St.
bei $e = 40$ cm $= 0,13$ St.	bei $e = 80$ cm $= 0,03$ St.

Heckenzaun, doppelt zu pflanzen, kostet
für 1 lfd. m . . . . 1 St.

Dichtungsarbeiten an Kanälen.

Zur Dichtung von Schiffahrtskanälen, besonders in Sand- und sonstigem durchlässigen Boden, verwendet man vielfach (Mittellandkanal, Rhein-Herne-Kanal usw.) Dichtungen aus Ton oder Lehm. Sie werden besonders verwendet, wo der Kanalwasserspiegel über Grundwasser liegt oder die Kanalsohle über Geländehöhe liegt. Es wird auf eine Schicht Ton oder Lehm, die in Lagen von etwa 15 cm eingewalzt oder eingestampft wird, eine Lage Deckkies aufgebracht. Der Lehm wird zweckmäßig mit einer 2-Tonnen-Walze, welche von einer Lokomotive gezogen wird, eingewalzt. Man kann — Gewinnung und Transport des Lehms nicht inbegriffen — ohne Berücksichtigung der Einrichtungsarbeiten (Gleislegen usw.) rechnen an Lohnkosten:

Für den Einbau von 1 m³ Lehm.

Auf der Sohle . . . . 2,5 St.

An den Böschungen . . . . 2,8 St.

Für das Aufbringen von 1 m³ Deckkies.

Auf der Sohle . . . . 2,0 St.

Auf den Böschungen . . . . 2,5 St.

Wird der Lehm an Ort und Stelle gewonnen, so kann man das Gewinnen des Lehms und Laden in Transportwagen nach Abschnitt III, „Erd- und Felsarbeiten" errechnen, die Förderkosten nach Abschnitt X, „Förderkosten", S. 122f.

VII. Wasserschöpf- und Wasserhaltungsarbeiten. Wasserversorgung von Baustellen.

Die Kosten des Wasserschöpfens und von Wasserhaltungen überhaupt sind außerordentlich schwierig zu schätzen, da die Umstände, von denen man abhängig ist, so vor allem die Dichtigkeit des Baugrunds, Umfang der Baugrube usw. mit hereinspielen. Man kann z. B. eine Wasserhaltung in lehmigem festen Sandboden, der wenig durchlässig ist, für ein bestimmtes Bauwerk leicht mit einer Kreiselpumpe bewältigen, während man in grobem Kies, der sehr durchlässig ist, unter sonst gleichen Umständen drei Kreiselpumpen ansetzen müßte. Es sollen zunächst einfache Schöpfarbeiten und Wasserpumpen mittels Handpumpen behandelt werden und dann noch Beispiele für größere Wasserhaltungen durchgerechnet werden.

Wasserschöpfen mit dem Eimer.

1 m³ Wasser 1 m hoch heben kostet . . . . 0,15 St.

Wasserschöpfen mit dem Eimer, an der Haspel.

Es sind mindestens zwei Arbeiter erforderlich.

1 m³ Wasser auf 1 m Höhe zu heben kostet . . . . 0,10 St.

Wasserschöpfen mit der Pumpe von Hand.

Die Leistung eines Arbeiters bei 10stündiger Arbeitszeit kann gesetzt werden (nach Rziha) zu 5 mkg je Sekunde. Soll eine Wassermenge von Q Liter je Sekunde H (Meter) hoch gehoben werden, so ist die erforderliche Arbeiterzahl $n = 0,3\, QH$. Der Wirkungsgrad der Pumpe wurde zu 0,67 bis 0,7 angenommen.

Handpumpen.

Gewöhnliche Baupumpe (Saugpumpe).

Zylinderweite mm	70	80	100
Saugrohrweite mm	32	38	51
Leistung etwa m³/h	1,5	2,2	4,0
Gewicht etwa kg	40	50	74
Preis etwa RM.	32,—	39,—	53,—

Lohnkosten für Bedienung: je 1 m³ Wasser und je 1 m Hub *0,08—0,10 St.*

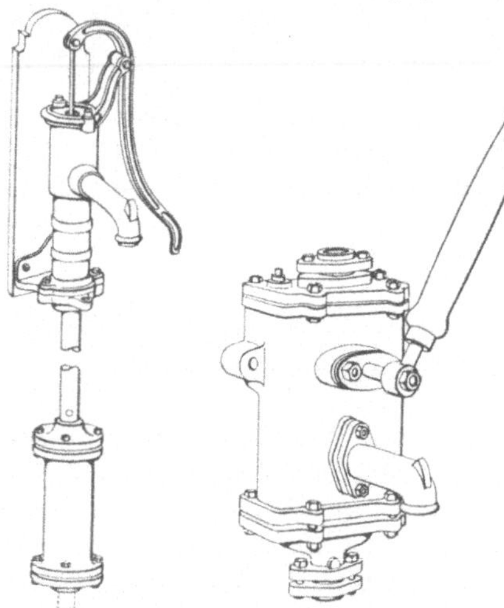
Abb. 28.
Saugpumpe.   Abb. 29. Flügelpumpe.

Anlage des Brunnens als Schachtbrunnen, Tiefbrunnen oder Abessinierbrunnen ist zu berücksichtigen.

Doppeltwirkende Saug- und Druckpumpe (Flügelpumpe).

Zylinderweite mm	75	90
Saugrohrweite mm	32	38
Leistung etwa m³/h	2,5	3,5
Gewicht etwa kg	26	42
Preis etwa RM.	38,—	48,—

Diaphragma-Pumpe für Handbetrieb

(Saugpumpe mit Gummimembrane, also ohne Plunger und ohne Zylinder) wird bis zu 7 m Saughöhe verwendet. Bei *Saughöhen bis 4 m ist ein Arbeiter* erforderlich, *bei Saughöhen von 4 bis 7 m sind zwei*

Tabelle 18. Kosten je 1 Diaphragma-

Kostenanteile	Betrieb-	
	500	
	2¹/₂″	4″
1. Abschreibung + Verzinsung[1]	0,05 RM.	0,09 RM.
2. Materialkosten der Geräteunterhaltung	0,10 RM.	0,11 RM.
3. Lohnkosten für Bedienung und Reparatur	1,1 St.	2,1 St.
4. Zuschläge 50% von 3.	0,55 St.	1,05 St.
Bei Saughöhen bis 4 m Insgesamt *je 1 Pumpenstunde*	1,65 St. + 0,15 RM.	3,15 St. + 0,20 RM.
Bei Saughöhen über 4 m Insgesamt *je 1 Pumpenstunde*	3,15 St. + 0,15 RM.	4,7 St. + 0,20 RM.

[1] Der *gesamte Mietbetrag* einer Wasserhaltung soll *mindestens* ¹/₅ *der jährlichen*

Arbeiter erforderlich. Für Handbetrieb wählt man Diaphragmapumpen mit einer Leistung von 8, 18 und 24 m³ je Stunde.

Die folgende Tabelle gibt eine Übersicht über die gebräuchlichsten Diaphragmapumpen.

Größe Nr.	1	2	3
Saugschlauchanschluß (Zoll)	$2^1/_2''$	$3''$	$4''$
Höchstleistung m³/h bei niederster Saughöhe und reinem Wasser	12	20	25
Gewicht etwa (kg)	90	150	200
Preis der Pumpen etwa (RM.)	60,—	70,—	105,—
Zubehör: 6 m Gummispiralschlauch etwa (RM.).	66,—	75,—	115,—
1 Gußeiserner Saugkorb etwa (RM.)	3,—	4,—	4,50
1 Verschraubung (Gußeisen) etwa (RM.)	5,50	6,60	10,80
1 Übergangsbogen etwa (RM.) . .	10,—	12,—	22,—
1 Eiserne Schubkarre zum Transport etwa (RM.)	32,—	32,—	34,—
Insgesamt (RM.):	176,50	199,60	291,30

Selbstkosten von Wasserhaltungen mit Diaphragmapumpen.

In den nachstehenden Tabellen sind *nicht* enthalten die Kosten für

1. An- und Rücktransport der Geräte.
2. Anlage von Pumpensümpfen und Pumpenschächten.
3. Anlage und Unterhaltung von Wassergräben.
4. Anlage von Sohlendrainagen und Freihalten des Pumpensumpfs.

Für Wasserhaltungsarbeiten bei Ausschachtungsarbeiten für größere Bauwerke, deren Sohle ins Grundwasser zu liegen kommt, werden

pumpenstunde (mit Gewinn!).

stunden im Jahr			
1000		2000	
$2^1/_2''$	$4''$	$2^1/_2''$	$4''$-Anschluß
0,035 RM.	0,06 RM.	0,03 RM.	0,05 RM.
0,065 RM.	0,08 RM.	0,05 RM.	0,05 RM.
1,1 St.	2,1 St.	1,1 St.	2,1 St.
0,55 St.	1,05 St.	0,55 St.	1,05 St.
1,65 St. + 0,10 RM.	3,15 St. + 0,14 RM.	1,65 St. + 0,08 RM.	3,15 St. + 0,10 RM.
3,15 St. + 0,10 RM.	4,7 St. + 0,14 RM.	3,15 St. + 0,08 RM.	4,7 St. + 0,10 RM.

Miete betragen.

heute fast ausschließlich Kreisel- (Zentrifugal-) Pumpen verwandt. Die gebräuchlichsten Typen, wie sie auf Baustellen üblich sind, seien nachstehend zusammengestellt:

Kreiselpumpen.

Saugstutzen mm Ø	Drehzahl	Kraftbedarf PS	Gewicht kg	Preis etwa RM.	Leistung m³/h
80	1100—1400	5	160	250,—	50
100	1100—1400	8	200	350,—	60
125	1000—1400	10	360	400,—	100
150	800—1400	15	400	500,—	200
200	700—1400	20	540	720,—	300
250	600—1450	25	750	800,—	400
300	650—1420	30	1300	1200,—	500

Der Antrieb der Kreiselpumpen erfolgt mit Lokomobile, Rohölmotor oder Elektromotor, wobei im letzteren Falle die Leistung der Motore in der Tabelle zweckmäßig um 20% höher gewählt werden, zum Ausgleich der Spitzen.

Beispiele von Wasserhaltungen mit Kreiselpumpen.

Beispiel 10. Es seien die Wasserhaltungskosten bei einem Dükerbau zu ermitteln, nachdem man nach dem Bauprogramm feststellen konnte, daß von dem Tag der Inbetriebnahme der Wasserhaltung bis zur Außerbetriebsetzung 100 Tage vergehen werden und man annehmen kann, daß außer dem Pumpenmaschinisten, welcher Tag und Nacht die Pumpe bedient, noch ein Mann ständig zum Reinigen des Pumpensumpfs und der Offenhaltung der Zuleitungsgräben erforderlich ist. Der Düker liege im Sandboden und die Tiefe der Baugrubensohle unter Terrain betrage etwa 5 m und das Grundwasser soll etwa 2 m unter Terrain anstehen.

Lösung. Arbeitsvorgang: Es werden zunächst die oberen 2 m im Trockenen ausgehoben und dann ein Pumpenschacht abgeteuft bis etwa 1 m unter die Baugrubensohle. Es können zu diesem Zweck auch Zementrohre von 1 m Durchmesser verwandt werden, wovon dann 4 Stück erforderlich werden. Dann erfolgt die Aufstellung der Pumpe, deren Saugrohre in den Schacht eintauchen.

Die Kosten der Wasserhaltung setzen sich unter Annahme von Lokomobilenantrieb wie folgt zusammen:

Annahme folgender Löhne: 1 St. = 0,70 RM., 1 St$_{\text{masch.}}$ = 1,00 RM.

1. Gerätekosten.

	Gewicht kg	Neuwert RM.
a) Abschreibung und Verzinsung.		
1 Kreiselpumpe 200 mm mit Zubehör	1000	1200,—
1 Lokomobile 20 PS	4250	7000,—
	5250	8200,—

Demnach beträgt die Abschreibung mit 20% 100/360 · 8200/5 = 455,— RM.
Kosten für An- und Rücktransport einschließlich Fracht geschätzt zu 40 RM./t . . . . 210,— „

Gerätekosten 665,— RM.

das ist 6,65 RM. für 1 Tag.

b) Geräteunterhaltung geschätzt zu 3,35 RM. für 1 Tag.

2. Einrichtungskosten und Räumungskosten[1].

Der Pumpenschacht von 4 m Tiefe kostet etwa 300 h zu 0,70 RM. . 210,— RM.
Aufbau der Pumpenanlage etwa 200 h· zu 1,00 RM. . . . . . 200,— „
Abbau der Pumpenanlage etwa 100 h zu 1,00 RM.. . . . . . . 100,— „

Einrichtungskosten insgesamt: 510,— RM.

das ist 5,10 RM. im Tag.

3. Tägliche Kosten des Pumpbetriebs.

a) Lohnkosten: 1 Pumpenmaschinist 24 h zu 1,00 RM. . . . . 24,00 RM.
1 Hilfsarbeiter 10 h zu 0,70 RM. . . . . 7,00 „

31,00 RM.

b) Betriebstoffe: Wenn der Kohlenverbrauch einer Lokomobile
1,25 kg je 1 PS_e beträgt, so ist der Verbrauch in 24 h an Kohlen:

$$20 \cdot 24 \cdot 1,25 = 600 \text{ kg Kohlen,}$$

d. h. bei einem Kohlenpreis frei Verwendungsstelle von
30,— RM. je 1 t . . . . 18,— RM.
An Ölen werden verbraucht etwa 1,5 kg Zylinder- und Maschinenöl zu durchschnittlich 50,— RM. je 100 kg, Wasser usw. . 1,80 „

Betriebstoffe insgesamt: 19,80 RM.

Mit Zuschlägen von 50% auf Lohn und 10% auf Material ergeben sich folgende
Kosten für 24 h:

$$10,00 + 36,10 + 19,80 + 21,05 = 86,95 \text{ RM. oder}$$

je *1 Pumpenbetriebstunde 3,60 RM.*

Beispiel 11. Für eine Wasserhaltungsanlage in einem Kanal, welche aus 4 Kreiselpumpen 300 mm ⌀ besteht und durch Elektromotore angetrieben wird, sollen
die täglichen Betriebskosten ermittelt werden, wenn die kWh 5 Rpf. kostet.
Ebenso bei 10 Rpf./kWh und 12 Rpf./kWh.

Lösung. Reine Löhne. Bedienung 1 Maschinist 24 h zu 1,00 RM. 24,00 RM.
Stromverbrauch. Die 4 Elektromotore, welche zweckmäßig zu
30 + 30/5 = 36 PS oder 30 kW gewählt werden, haben folgenden Stromverbrauch in 24 h: Da die Motore nicht ständig
vollbelastet sind, kann man mit einem Ausnutzungsfaktor
$\eta = 0,8$ rechnen, so daß also tatsächlich nur $0,8 \cdot 30 = 24$ kW
je Einheit verbraucht werden. Somit Gesamtstromverbrauch
$4 \cdot 24 \cdot 24 = 2304$ kWh zu 0,05 RM. . . . . 115,20 „
An Ölen für Schmierung kann man rechnen . . . . 1,50 „

Bei 200 Wasserhaltungstagen ergeben sich bei einem Anlagekapital von 4 (2200 +
1800) = 16000,— RM. die *Betriebskosten in 24 h:*

Kostenanteile	Kosten für 1 kWh 0,05 RM.; 0,10 RM.; 0,12 RM.		
	0,05 RM.	0,10 RM.	0,12 RM.
1. Gerätekosten (Abschreibung, Verzinsung, Geräteunterhaltung)	25,— RM.	25,— RM.	25,— RM.
2. Löhne	24,— „	24,— „	24,— „
3. Zuschläge 50% auf 2.	12,— „	12,— „	12,— „
4. Betriebstoffe (Strom)	117,— „	232,— „	278,— „
10% auf 4. für Geschäftskosten	12,— „	23,— „	28,— „
Insgesamt in 24 h:	190,— RM.	316,— RM.	367,— RM.
Kosten *je 1 Betriebstunde*.	*8,00* „	*13,20* „	*15,30* „

[1] Diese Kosten werden sonst zweckmäßig in einer Einrichtungspauschale
zusammen mit dem Geräte-An- und -Rücktransport besonders ausgewiesen.

Tabelle 19. Zusammenstellung der Geräte für Wasserhaltungen.

Saugstutzen	Kreiselpumpe		Zubehörteile (Saugkorb, Absperrventil usw.)		20 m Rohrleitung mit Paßstücken		Elektromotor			Rohölmotor	
mm $\varnothing$	Gewicht kg	Preis RM.	Gewicht kg	Preis RM.	Gewicht kg	Preis RM.	PS	Gewicht kg	Preis RM.	Gewicht kg	Preis RM.
80	160	250,—	70	60,—	200	120,—	5	180	500,—	160	650,—
100	200	350,—	100	80,—	250	130,—	8	250	600,—	350	900,—
125	360	400,—	130	100,—	350	180,—	10	340	800,—	500	1200,—
150	400	500,—	180	125,—	450	210,—	15	400	1100,—	700	1600,—
200	540	720,—	280	200,—	580	250,—	20	450	1300,—	1500	2600,—
250	750	800,—	420	300,—	720	350,—	25	550	1600,—	2000	2800,—
300	1300	1200,—	600	400,—	900	450,—	30	770	1800,—	2500	3300,—

Zusammenstellung der Betriebskosten (Selbstkosten) für Wasserhaltungen je 1 Pumpenstunde.

Zu einer *vollständigen Wasserhaltung* bei Bauarbeiten gehören außer Pumpe und Antriebsmotor noch verschiedene Zubehörteile (Saugkorb, Absperrventil usw.) und etwa 20 m Rohrleitung mit Paßstücken, Krümmern, Dichtungen und Schrauben. Fußend auf den grundlegenden Ausführungen des Abschnitt II, § 1 bis 5, S. 10f. sind für vollständige Wasserhaltungen *mit Kreiselpumpen* die *Betriebskosten für 1 Wasserhaltungsstunde* in den nachstehenden Tabellen zusammengestellt.

In den Tabellen *nicht* enthalten und *besonders zu veranschlagen* sind (je nach örtlichen Verhältnissen und Untergrund):

1. An- und Rücktransport der Geräte zur Baustelle.

2. Zusammenbau und Abbau der maschinellen Anlage (s. Abschnitt II, § 3, S. 22f.), Wetterschutz, Gerüste.

3. Anlage von Pumpenschächten und Pumpensümpfen, Schlagen von Pumpenblechen.

4. Anlage und Unterhaltung von Wassergräben in der Baugrube und für den Ableitungsgraben.

5. Anlage von Sohlendrainagen (Grobkies) und Freihalten des Pumpensumpfs.

6. Elektrische Installation wie z. B. Aufstellung eines Transformators und Legen von Leitungen oder Aufstellung eines Stromerzeugungsaggregats und Beleuchtung für die Nacht.

Die Zusammenstellung berücksichtigt

a) Elektromotorenantrieb,

b) Rohölmotorenantrieb (Dieselmotoren).

Die *Geräteabschreibungen* werden aus Abb. 2, S. 17 entnommen, und zwar legt man für Kreiselpumpen $a_0 = 20\%$, für Elektromotoren $a_0 = 17\%$ und für Rohrleitungen $a_0 = 13\%$ zugrunde.

Bei den *Lohnkosten* sind Nachtzuschläge, Sonntagszuschläge und Überstundenzuschläge für den Pumpenmaschinisten zu beachten (evtl. auch Auslösungen).

Tabelle 20. Betriebskosten je 1 Pumpenstunde für Wasserhaltungen.
Antrieb: Elektromotor.

Kostenanteile	Ø 100 mm	Ø 125 mm	Ø 150 mm	Ø 200 mm	Ø 250 mm	Ø 300 mm
500 Betriebstunden im Jahr						
1. Abschreibung + Verzinsung (RM.)[1]	0,29	0,36	0,47	0,60	0,75	0,94
2. Materialkosten der Geräteunterhaltung (RM.)[1]	0,12	0,14	0,16	0,20	0,25	0,35
3. *Lohnkosten* für Bedienung und Geräteunterhaltung (St_{masch.})	1,1	1,1	1,1	1,1	1,1	1,1
4. Zuschläge und Gewinn 50% von 3. (St_{masch.})	0,55	0,55	0,55	0,55	0,55	0,55
5. *Betriebstoffe* a) Strom (kWh)	5	7	10	13	18	22
b) Schmieröle und Putzwolle (RM.)	0,04	0,05	0,05	0,05	0,05	0,06
Insgesamt mit einem *mittleren* Stundenlohn 1 St_{masch.} = 1,— RM.	2,10 RM. +5 kWh	2,20 RM. +7 kWh	2,33 RM. +10 kWh	2,50 RM. +13 kWh	2,70 RM. +18 kWh	3,00 RM. +22 kWh
1000 Betriebstunden im Jahr						
1. Abschreibung + Verzinsung (RM.)[1]	0,18	0,23	0,29	0,38	0,46	0,59
2. Materialkosten der Geräteunterhaltung (RM.)[1]	0,10	0,12	0,14	0,15	0,20	0,30
3. *Lohnkosten* für Bedienung und Geräteunterhaltung (St_{masch.})	1,1	1,1	1,1	1,1	1,1	1,1
4. Zuschläge und Gewinn 50% von 3. (St_{masch.})	0,55	0,55	0,55	0,55	0,55	0,55
5. *Betriebstoffe* a) Strom (kWh)	5	7	10	13	18	22
b) Schmieröle und Putzwolle (RM.)	0,04	0,05	0,05	0,05	0,05	0,06
Insgesamt mit einem *mittleren* Stundenlohn 1 St_{masch.} = 1,— RM.	1,97 RM. +5 kWh	2,05 RM. +7 kWh	2,13 RM. +10 kWh	2,23 RM. +13 kWh	2,36 RM. +18 kWh	2,60 RM. +22 kWh
2000 Betriebstunden im Jahr						
1. Abschreibung + Verzinsung (RM.)[1]	0,13	0,16	0,20	0,28	0,34	0,42
2. Materialkosten der Geräteunterhaltung (RM.)[1]	0,08	0,08	0,10	0,12	0,16	0,22
3. *Lohnkosten* für Bedienung und Geräteunterhaltung (St_{masch.})	1,1	1,1	1,1	1,1	1,1	1,1
4. Zuschläge und Gewinn 50% von 3. (St_{masch.})	0,55	0,55	0,55	0,55	0,55	0,55
5. *Betriebstoffe* a) Strom (kWh)	5	7	10	13	18	22
b) Schmieröle und Putzwolle (RM.)	0,04	0,05	0,05	0,05	0,05	0,06
Insgesamt mit einem *mittleren* Stundenlohn 1 St_{masch.} = 1,— RM.	1,90 RM. +5 kWh	1,94 RM. +7 kWh	2,00 RM. +10 kWh	2,10 RM. +13 kWh	2,20 RM. +18 kWh	2,35 RM. +22 kWh

[1] Einschließlich 10% Zuschläge für Geschäftskosten und Gewinn.

VIII. Baggerarbeiten.

Trockenbaggerungen mit Dampf- und Dieselbaggern.

Baggerarbeiten zu kalkulieren erfordert große, jahrelange Erfahrung. Die Kosten sind abhängig in erster Linie von der Bodenart, Art der Gewinnungsstelle (ob Bahn-, Kanal- und Straßeneinschnitt mit Planierarbeiten oder Füllgrube), Geländeverhältnissen des Transportweges (Steigungen), Entfernung und Beschaffenheit der Einbaustelle (Ablagerung oder Dammkippe). Eine erschöpfende Behandlung der Kalkulation von *Trockenbaggerarbeiten* läßt sich in dem kurzen Rahmen dieses Lehrbuches nicht geben und müßte auch eine sehr gründliche Tiefbaupraxis voraussetzen.

Im folgenden sind nur in gedrängter Zusammenstellung die *gebräuchlichsten älteren und neueren Trockenbaggertypen* mit den für Kostenberechnung notwendigen Daten gegeben. Sodann wird in einigen Beispielen für Greifbagger-, Löffelbagger- und Eimerkettenbaggerarbeiten der *Kostenaufbau einer Kostenberechnung* für Baggerarbeiten gezeigt. Diese Beispiele sind auch nur als solche zu werten. In der Praxis müssen selbstverständlich solchen Berechnungen genaue Überlegungen über den erforderlichen *Geräteeinsatz* (Bagger- und Fördergeräte) an Hand eines *Baubetriebsprogramms* vorausgehen. Auch die beste Anleitung kann hier die Praxis nicht ersetzen. Die tatsächlichen Kosten in der Praxis hängen vor allem auch von geschickten Betriebspositionen ab. Genaue technische Angaben über Baggergeräte können aus der Spezialliteratur [1] und den Katalogen der Herstellerfirmen entnommen werden.

A. Löffel- und Greifbagger.

Der Bau von Löffel- und Greifbaggern hat in den letzten 15 Jahren starke Wandlungen erfahren. Die früheren *Schienenbagger*, welche auf Baggerrosten liefen (Modelle G 20, F und E der Firma Menck und Hambrock) werden nicht mehr gebaut, sondern ausschließlich *Raupenbagger*. Diese wurden sodann (zumeist noch als Dampflöffel- und Greifbagger, einzelne Typen aber auch mit Diesel- oder Elektroantrieb) als *Universalbagger* gebaut (Modelle III, IV, V, VI der Firma Menck und Hambrock, Altona), wobei der Löffelbagger zum Greifbagger oder Eimerseilbagger umgebaut werden konnte. Als neuester Typ gilt der *Universaldieselbagger* (Typen Mo, Ma, Mb, Mc, Md der Firma Menck und Hambrock, Altona), welcher als *Löffelhochbagger, Löffeltiefbagger, Greifbagger, Eimerseilbagger, Planierbagger, Schrapper, Kran und Ramme* Verwendung finden können durch jeweiligen Austausch von Ausleger, Baggerschaufel und Seilen.

---

[1] GARBOTZ: Handbuch des Maschinenwesens beim Baubetrieb, Bd. III, Teil 1. Berlin: Julius Springer 1937. — PAULMANN u. PFLAUM: Die Bagger und Baggereihilfsgeräte, Bd. I, 2. Aufl. Berlin: Julius Springer 1923. — ECKERT: Über Kostenberechnung und Baugeräte im Tiefbau unter besonderer Berücksichtigung der Erdarbeiten, 2. Aufl. Berlin: Julius Springer 1931.

Die wichtigsten Angaben für die gebräuchlichsten älteren und neueren Baggertypen der Firma Menck und Hambrock, Altona, sind nachstehend gegeben. Bezüglich der *Kosten des Zusammenbaus und Abbaus* dieser Geräte wird auf Abschnitt II, § 3, S. 22f., bezüglich des *Betriebsstoffverbrauchs* auf Abschnitt II, § 5, S. 35f. und bezüglich der *Geräteabschreibung und -unterhaltung* auf Abschnitt II, § 1 und 2, S. 10f. verwiesen. Die dort gemachten Angaben wurden auch bei den nachstehenden Kalkulationsbeispielen berücksichtigt.

Zusammenstellung von Löffel- und Greifbaggertypen und Stampfgeräten.

1. Ältere Dampflöffelbagger auf Schienen (Löffelhochbagger).

Modell	Löffelinhalt m³	Versand-gewicht[1] t	Neuwert[2] RM.	Leistung m³/h in Bodenklasse				
				1/2	3/4	5	6	Fels gesprengt
E	1,0	36 (27)	30000,—	45	35	—	—	—
F	1,3	45 (33)	36000,—	55	45	—	—	—
F	1,6	53 (39)	40000,—	70	58	50	35	25
G 20	2,0	70 (59)	50000,—	100	85	70	50	35

2. Ältere Dampfgreifbagger (Krane) auf Gleis.

Modell	Greiferinhalt m³	Versand-gewicht[1] t	Neuwert[2] RM.	Leistung * m³/h in Bodenklasse	
				1/2	3/4
C	0,5	30 (21,5)	20000,—	20 (15)	—
E	0,8	40 (30,5)	25000,—	30 (25)	22 (15)

3. Universaldampfbagger auf Raupen (Typen der Fa. Menck u. Hambrock).

a) Als Dampflöffelbagger.

Modell	PS	Löffel-inhalt m³	Versand-gewicht[3] t	Neuwert[3] etwa RM.	Leistung m³/h in Bodenklasse				
					1/2	3/4	5	6	Fels ge-sprengt
III	55	$^2/_3$	33 (27,5)	35000,—	40	30	—	—	—
IV	90	1	55 (44,5)	48000,—	60	50	45	—	—
V	125	$1^1/_2$	88 (73,1)	66500,—	100	90	75	50	35
VI	150	$2^1/_4$	140 (115,0)	100000,—	150	135	110	80	50

[1] Mit Gegengewicht, Reserveteilen und 4 Baggerrosten (maßgebendes Gewicht zur Ermittlung der Bahnfracht). In Klammer das Konstruktionsgewicht.

[2] Ohne Gegengewicht und Reserveteile.

[3] Mit Gegengewicht und notwendigsten Reserveteilen (maßgebend für die Ermittlung der Bahnfracht). In Klammer das reine Konstruktionsgewicht.

* Vgl. Fußn. *, S. 100.

Hauptabmessungen des Universaldampfbaggers auf Raupen.
(System Menck u. Hambrock, Altona.)

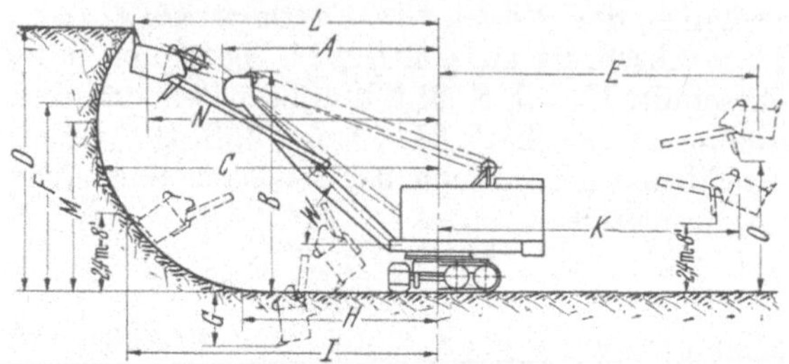

Abb. 30. Universalbagger.

Modell	Löffel-inhalt m³	F max			E max			H max		
		$w = 30°$	$= 45°$	$= 60°$	$w = 30°$	$= 45°$	$= 60°$	$w = 30°$	$= 45°$	$= 60°$
III	²/₃	2,78 $E = 8,15$	4,37 $= 7,70$	5,68 $= 6,55$	8,15 $F = 2,78$	7,75 $= 3,74$	7,10 $= 4,16$	5,40	4,90	4,40
IV	I	3,35 $E = 9,75$	5,20 $= 9,05$	6,73 $= 7,70$	9,75 $F = 3,35$	9,20 $= 4,46$	8,40 $= 4,96$	6,45	5,85	5,30
V	1¹/₂	4,04 $E = 11,60$	6,25 $= 10,70$	8,08 $= 9,15$	11,60 $F = 4,04$	10,90 $= 5,38$	9,95 $= 6,00$	7,68	6,98	6,36
VI	2¹/₂	5,00 $E = 13,75$	7,60 $= 12,65$	9,75 $= 10,80$	13,75 $F = 5,00$	12,90 $= 6,48$	11,80 $= 7,20$	9,15	8,30	7,60

b) Als Dampfgreifbagger.

Modell	etwa PS	Greifer-inhalt m³	Gewicht des Greifers t	Versand-gewicht[1]	Neuwert[2] etwa RM.	Leistung* m³/h Klasse	
						1/2	3/4
III	55	0,5	1,34	32 (26)	33000,—	20 (15)	—
IV	90	0,8	2,14	54 (42)	45000,—	32 (28)	22 (15)
V	125	1¹/₄	3,41	85 (70)	63000,—	48 (40)	35 (25)
VI	150	2	5,48	135 (110)	95000,—	100 (80)	80 (65)

Hauptabmessungen des Dampfraupengreifers (s. Abb. 32).

Modell	Greiferinhalt m³	E max 40° m	C max 25° m	H m
III	0,5	4,90 $C = 9,96$	11,50 $E = 2,50$	2,00
IV	0,8	5,85 $C = 11,70$	13,50 $E = 3,00$	2,37
V	1¹/₄	7,00 $C = 13,69$	15,80 $E = 3,67$	2,80
VI	2	8,50 $C = 16,20$	18,70 $E = 4,55$	3,30

[1] Mit Gegengewicht und notwendigsten Reserveteilen. In Klammern das Konstruktionsgewicht.

[2] Ohne Gegengewicht und Reserveteile.

* Die Leistungen in Klammern gelten als Durchschnittsleistungen beim Laden in Förderwagen und Gleisförderbetrieb auf Entfernungen > 1 km.

c) Als Dampf-Eimerseilbagger.

Modell	etwa PS	Eimer-inhalt m³	Versand-gewicht[1] t	Neuwert[2] RM.	Leistung* m³/h Klasse		
					1/2	3/4	5
III	55	0,48	34 (27,3)	34000,—	20 (15)	15 (12)	—
IV	90	0,75	56 (44,5)	44000,—	35 (28)	22 (16)	—
V	125	1,20	88 (72,5)	62000,—	60 (50)	40 (32)	30 (25)
VI	150	1,90	140 (117)	92000,—	100 (85)	80 (65)	50 (40)

Hauptabmessungen der Dampf-Eimerseilbagger (s. Abb. 33).

Modell	Eimer-inhalt m³	E max m		F max m		D max m		C m (1:1,5)		G m	
		$w=20°$	$w=40°$	$w=20°$	$w=40°$	$w=20°$	$w=40°$	$w=20°$	$w=40°$	$w=20°$	$w=40°$
III	0,48	9,40	8,35	17,60	15,85	17,80	17,22	6,00	5,72	2,90	7,18
IV	0,75	11,30	9,95	21,10	18,85	21,33	20,46	6,90	6,62	3,85	8,72
V	1,70	12,98	11,50	24,27	21,90	24,54	23,78	8,14	7,72	4,49	10,36
VI	1,90	15,30	13,50	28,70	25,92	29,00	28,16	9,48	9,10	5,28	12,16

4. Neueste Menck-Universaldieselbagger (s. Abb. 31).

Abb. 31. Universaldieselbagger.

a) Als Normal-Löffelhochbagger.

Modell	Löffel-inhalt m³	Diesel-motor PS	Versand-gewicht[1] t	Neuwert[2] RM.	Leistung m³/h in Bodenklasse				
					1/2	3/4	5	6	Fels ge-sprengt
Mo	0,53	48	22 (16,7)	29850,—	30	20	—	—	—
Ma	0,75	70	31 (24,1)	37450,—	45	35	—	—	—
Mb	1,0	107	44 (33,0)	47425,—	70	50	45	—	—
Mc	1,4	142	64 (50,2)	62400,—	100	90	75	50	30
Md	1,9	200	100 (77,1)	95900,—	130	110	90	70	40
Me	2,6	300	150 (118,0)	135000,—	160	140	120	90	55

[1] Mit Gegengewicht und notwendigsten Reserveteilen. In Klammern das Konstruktionsgewicht.

[2] Ohne Gegengewicht und Reserveteile.

* Vgl. Fußn. *, S. 100.

Hauptabmessungen des Diesel-Löffelhochbaggers (s. Abb. 30).

Modell	Löffel-inhalt m³	F max m			E max m			H m		
		$w = 30°$	$= 45°$	$= 60°$	$w = \cdot30°$	$= 45°$	$= 60°$	$w = 30°$	$= 45°$	$= 60°$
Mo	0,53	2,38	3,92	5,38	7,60	7,20	6,60	4,70	4,30	3,85
		$N = 7,58$	$N = 6,93$	$N = 5,58$	$O = 2,57$	$O = 3,10$	$O = 3,50$			
Ma	0,75	2,68	4,45	6,05	8,50	8,10	7,45	5,24	4,93	4,43
		$N = 8,50$	$N = 7,70$	$N = 6,40$	$O = 2,96$	$O = 3,55$	$O = 4,00$			
Mb	1,0	3,10	5,10	7,00	9,70	9,20	8,50	5,95	5,60	5,05
		$N = 9,70$	$N = 8,75$	$N = 7,30$	$O = 3,20$	$O = 3,85$	$O = 4,35$			
Mc	1,4	3,65	5,92	8,10	11,10	10,50	9,70	6,90	6,54	5,90
		$N = 11,10$	$N = 10,00$	$N = 8,33$	$O = 3,80$	$O = 4,50$	$O = 5,10$			
Md	1,9	4,30	6,92	9,40	12,64	11,90	10,94	8,20	7,80	7,00
		$N = 12,58$	$N = 11,52$	$N = 9,56$	$O = 4,36$	$O = 5,20$	$O = 5,85$			
Me	2,6	5,00	8,00	10,80	14,46	13,60	12,50	9,35	8,90	8,00
		$N = 14,30$	$N = 13,10$	$N = 10,90$	$O = 4,97$	$O = 5,94$	$O = 6,60$			

b) Als Löffeltiefbagger.

Modell	Löffel-inhalt m³	Diesel-motor PS	Versand-gewicht[1] t	Neuwert[2] RM.	Leistung m³/h in Bodenklasse				
					1/2	3/4	5	6	Fels gesprengt
Mo	0,42	48	20 (16,0)	29400,—	20	16	—	—	—
Ma	0,58	70	29 (23,0)	36800,—	25	20	—	—	—
Mb	0,8	107	42 (31,4)	45325,—	40	30	20	—	—
Mc	1,1	142	61 (47,6)	59475,—	60	50	45	—	—
Md	1,5	200	95 (72,0)	93400,—	90	80	65	40	30

c) Als Diesel-Greifbagger mit großem Greifer und kurzem Ausleger.

Modell	Greifer-inhalt m³	Gewicht des Greifers t	Diesel-motor PS	Versand-gewicht[1] t	Neuwert[2] RM.	Leistung* m³/h	
						1/2	3/4
Mo	0,37	0,93	48	20 (15,8)	28850,—	15 (12)	—
Ma	0,53	1,34	70	29 (22,7)	35625,—	20 (15)	—
Mb	0,75	1,91	107	41 (30,9)	44525,—	35 (28)	22 (15)
Mc	1,05	2,68	142	58 (46,4)	58825,—	45 (35)	30 (22)
Md	1,6	4,00	200	90 (70,7)	90625,—	80 (70)	60 (50)
Me	2,3	5,73	300	135 (109,6)	130000,—	120 (100)	100 (80)

Hauptabmessungen der MENCK-Dieselgreifer (s. Abb. 32).

Modell	Greifer-inhalt m³	E max 65° m	C min 65° m	C max 25° m	E min 25° m	G bei		H m	Ausleger-länge m
						$E = $max m	$E = $min m		
Mo	0,37	5,74	4,75	8,76	1,95	9,76	13,55	1,5	8,22
Ma	0,53	6,55	5,48	10,00	2,20	10,45	14,80	1,7	9,38
Mb	0,75	7,60	6,23	11,50	2,55	11,90	16,95	1,96	10,90
Mc	1,05	9,00	7,26	13,50	3,10	11,50	17,40	2,23	12,85
Md	1,6	9,80	8,18	14,82	3,56	15,20	21,44	2,55	13,70
Me	2,3	11,14	9,37	16,94	4,15	15,86	22,85	2,92	15,70

[1] Vgl. Fußn. 1, S. 100.   [2] Vgl. Fußn. 2, S. 100.

* Die in Klammern angegebenen Leistungen gelten als Durchschnittsleistung beim Laden in Förderwagen und Gleisförderbetrieb auf größere Entfernungen (> 1 km).

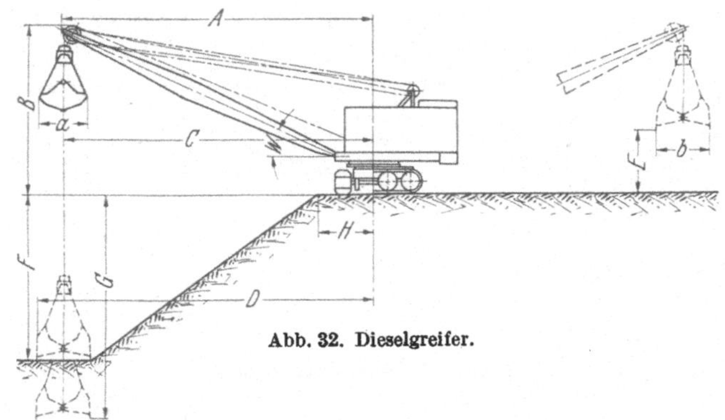

Abb. 32. Dieselgreifer.

d) Als Diesel-Eimerseilbagger mit großem Eimer und kurzem Ausleger.

Modell	Eimer-inhalt m³	Diesel-motor PS	Versand-gewicht[1] t	Neuwert[2] RM.	Leistung* m³/h in Bodenklasse		
					1/2	3/4	5
Mo	0,53	48	21 (15,5)	28 625,—	20 (15)	15 (12)	—
Ma	0,75	70	29 (22,3)	35 400,—	35 (28)	22 (16)	—
Mb	1,05	107	42 (30,5)	44 100,—	50 (40)	35 (28)	—
Mc	1,6	142	60 (45,9)	57 625,—	90 (75)	65 (50)	45 (35)
Md	2,3	200	93 (70,7)	91 575,—	120 (100)	100 (80)	60 (50)
Me	2,54	300	140 (109,6)	140 000,—	150 (120)	120 (100)	90 (75)

Hauptabmessungen der Diesel-Eimerseilbagger (s. Abb. 33).

Modell	Eimer-inhalt m³	Aus-leger-länge m	E max m		F max m		C max m		D max m		G	
			$w=25°$ m	$=40°$ m	$w=25°$ m	$=40°$ m	$w=25°$	$=40°$	$w=25°$	$=40°$	$w=25°$	$=40°$
Mo	0,53	8,22	5,38	4,60	10,48	9,68	3,15	2,92	10,82	10,50	1,95 $A=$ 8,90	3,95 $A=$ 7,70
Ma	0,75	9,38	6,15	5,25	12,00	11,08	3,56	3,33	12,40	12,04	1,95 $A=$ 10,16	3,95 $A=$ 8,78
Mb	1,05	10,90	7,00	6,10	13,76	12,62	4,25	4,00	14,23	13,73	2,25 $A=$ 11,70	4,55 $A=$ 10,16
Mc	1,6	12,85	8,10	7,10	16,15	14,85	4,95	4,63	16,72	16,15	2,95 $A=$ 13,70	5,60 $A=$ 11,80
Md	2,3	13,70	8,90	7,80	17,70	16,30	5,50	5,10	18,32	17,70	3,40 $A=$ 15,05	6,30 $A=$ 13,10
Me	2,54	15,70	10,10	8,90	20,20	18,60	6,25	5,80	20,95	20,20	4,00 $A=$ 17,20	7,30 $A=$ 14,90

[1] Mit Gegengewicht (unter d) auch Stampferausrüstung) und notwendigen Reserveteilen (maßgebend für die Ermittlung der Bahnfracht).
[2] Ohne Gegengewicht und Reserveteile.
* Vgl. Fußn. *, S. 102.

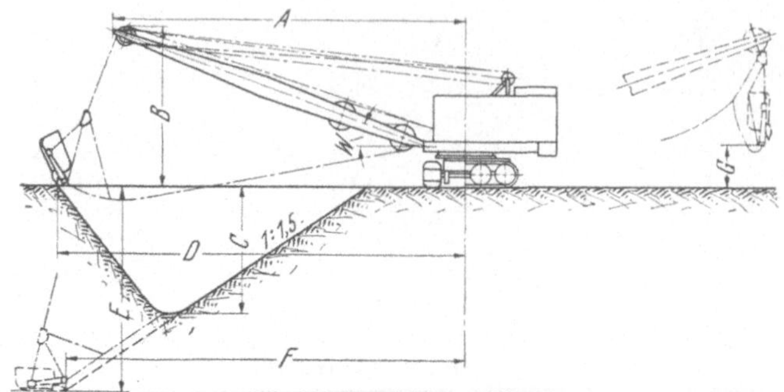

Abb. 33. Diesel-Eimerseilbagger.

e) Als Diesel-Verdichtungsgeräte.
(Stampfgeräte zum Verdichten von Dammschüttungen.)

Modell	Stampfgewicht t	Dieselmotor PS	Versandgewicht[1] t	Neuwert[2] RM.	Leistung m²/h
Mo	1,5	48	22 (17)	30000,—	85
Ma	2,2	70	30 (23)	36000,—	90
Mb	3,0[3]	107	42 (31)	44500,—	90

Beispiele von Greifbagger- und Löffelbaggerarbeiten.

1. Greifbaggerarbeiten.

Die Verwendung von Greifbaggern im Tiefbau ist eine sehr vielseitige. Einige Verwendungsarten sind bereits in anderen Kapiteln erwähnt, wie z. B. der Mutterbodenabhub mittels Greifbagger in Abschnitt V und der Baugrubenaushub mittels Greifbagger in Abschnitt III. So vielseitig seine Anwendungsmöglichkeit ist, ebenso beschränkt ist sie nach verschiedenen Seiten hin. Einmal nach der Größe der Leistung: Wenn auch bei keinem Bagger die Leistung so sehr von der Geschicklichkeit des Baggermeisters abhängt wie beim Greifbagger, so ist doch die Leistungsfähigkeit eine beschränkte. Die stündliche Leistung bewegt sich in den Bodenarten, für welche der Greifbaggerbetrieb in erster Linie in Frage kommt (leichter Boden), je nachdem der Boden nur ausgesetzt oder in Wagen geladen wird, zwischen 20 und 40 m³ bei einem 0,8 m³ Greiferkorb und im Trockenaushub. Zweitens ist die Anwendungsmöglichkeit beschränkt nach der Bodenart: Mit den normalen Greiferkörben eignet sich der Greifbagger nur für die leichteren Bodenarten wie Sand, Kies, Moor u. dgl. Es gibt allerdings Spezialgreiferkörbe für schwerere Bodenarten. Doch wird in den meisten Fällen dann der Löffelbagger das wirtschaftlichere Gerät sein. Bei den folgenden Beispielen ist leichter Boden angenommen und Baggerung im Trockenen (bei Naßbaggerung gehen die Leistungen ganz wesentlich zurück). In den Beispielen sind die Zuschläge auf Lohn (für Sozialaufwand, örtliche Bau-

---

[1] Vgl. Fußn. 1, S. 100.   [2] Vgl. Fußn. 2, S. 100.
[3] Für schwere Böden (soweit nicht wasserempfindlich!).

leitung, Geschäftskosten usw.) mit 50%, die Zuschläge auf Stoffkosten mit 10% angenommen.

Beispiel 12. *Kosten der Bodengewinnung mit einem 0,8 m³ Dampfraupen-Greifbagger Modell IV in Sandboden bei seitlichem Ansetzen des gewonnenen Materials in einem Damm.*

Diese Art der Gewinnung läßt sich oft mit Vorteil bei Kanalbauten auf Strecken anwenden, wo sich an den Kanaleinschnitt rechts und links Dämme anschließen. Transport und Kippe entfallen und die Kosten der Gewinnung sind gleichzeitig die Gesamtkosten für die Bodenbewegung. Die Kosten für An- und Abtransport des Baggers, sowie Aufstellen und Abbrechen desselben (einmalige Auslagen) sind auf die Anzahl der bewegten m³ zu verteilen, welche hier zu 20000 m³ angenommen werden mögen, während die Entfernung der Baustelle vom Lagerplatz der Unternehmung zu 2 km mit beiderseitigem Gleisanschluß angenommen werden soll.

Lösung. Leistung des Baggers in 10 h geschätzt zu 300 m³.

Einmalige Kosten. Kosten für An- und Rücktransport.

4maliges Be- bzw. Entladen von 54 t zu 1,5 h = 324 h zu 0,80 RM.	259,20 RM.
Transport, Aufbau und Abbau des Baggers, 600 St$_\text{masch.}$ zu 1,20 RM. .	720,— „
	979,20 RM.
+ 50% Zuschläge auf Lohn	489,60 „
	1468,80 RM.
+ 10% Gewinn, Wagnis und Umsatzsteuer . . . . ; . .	146,90 RM.
	1615,70 RM.
Hin- und Rückfracht 54 t zu (10,0 + 10,0) für 240 km	1080,— „
Insgesamt:	2695,70 RM.

Diese Kosten verteilen sich auf 20000 m³, somit entfallen *auf 1 m³ 2695,70/20000 = 0,135 RM.*

Dauernde Kosten. *a) Geräteunkosten.* Die Geräteunkosten, umfassend Abschreibung, Verzinsung und Unterhaltung des Gerätes werden wie folgt ermittelt: Nach Abschnitt II, § 1 und 2 ist $a_0 = 17\%$, $u = 8\%$, $p = 5\%$. Nach Abb. 2 ergibt sich für $a_0 + u = 25\%$, $p = 5\%$ bei $b = 2000$ h: je 1000 RM. Neuwert $15 - 0,4 = 14,6$ Rpf. oder für 45000,— RM.

6,60 RM. je 1 Betriebstunde oder *6,60/30 = 0,22 RM. je 1 m³.*

b) Arbeitskosten (Betriebskosten). Angenommene Löhne (einschl. Prämien, Auslösungen, Zuschläge für Über- oder Nachtstunden):

1 St$_\text{masch.}$ I. Klasse	1,80 RM.
1 St$_\text{masch.}$ II. Klasse	1,20 „
1 Stv.	1,20 „
1 St.	0,70 „
1 Stsl.	1,50 „

1. Arbeitslöhne (je 1 Arbeitstag = 10 Betriebstunden).

Bedienung: 1 Baggermeister 11 h	19,80 RM.
1 Heizer 13 h	14,40 „
1 Vorarbeiter	12,— „
2 Mann für Dammplanie	14,— „
1 Mann für Kohle und Wasser	7,— „
	67,20 RM.

Lohnkosten der Geräteunterhaltung und allgemeine

Arbeiten: 1 Schlosser, 10 h	15,— „
1 Tiefbauarbeiter, 8 h	5,60 „
Insgesamt Löhne	87,80 RM.
+ 50% Zuschläge auf Lohn	43,90 „
	131,70 RM.

2. Betriebstoffe. Angenommener Kohlenpreis je 1 t 30,— RM. Nach Abschnitt II, § 5 ergibt sich der Kohlenverbrauch je 1 Betriebstunde zu 90 PS mal 1,0 kg = 90 kg (mit Anheizen), je 1 Arbeitstag

$$
\begin{array}{lr}
\text{900 kg Kohle zu 3,0 Rpf.} & \text{27,00 RM.} \\
\text{Schmier- und Putzmittel 15\% von 27,00 RM.} & \text{4,05 „} \\
\hline
& \text{31,05 RM.} \\
\text{+ 10\% für Materialverwaltung} & \text{3,11 „} \\
\hline
& \text{34,16 RM.}
\end{array}
$$

Zusammenstellung der dauernden Betriebskosten

$$
\begin{array}{lr}
\text{Arbeitslöhne + 50\% Zuschläge} & \text{131,70 RM.} \\
\text{Betriebstoffe + 10\% Zuschläge} & \text{34,16 „} \\
\hline
& \text{165,86 RM.} \\
\text{+ 10\% Wagnis, Gewinn und Umsatzsteuer} & \text{16,59 „} \\
\hline
\text{Dauernde Kosten} & \text{182,45 RM.}
\end{array}
$$

Zusammenstellung der Kosten je 1 m³: Einmalige Kosten 0,135 RM.

$$
\begin{array}{lr}
\text{Geräteunkosten} & \text{0,220 „} \\
\text{Betriebskosten 182,45/300} & \text{0,608 „} \\
\hline
\textit{Kosten je 1 m³} & \textit{0,96 RM.}
\end{array}
$$

Beispiel 13. *Kosten der Bodengewinnung mit einem 0,8 m³ Greifbagger Modell IV in Sandboden einschließlich Laden in Förderwagen, Transportieren und Kippen in einen Damm mit etwa 3 km Transportentfernung.* Die Gewinnungskosten sind dieselben wie in Nr. 12, nur wird beim Laden in Förderwagen die Leistung etwas zurückgehen. Die Leistung möge in diesem Fall mit 280 m³ Tagesleistung (10 Stundentag) angenommen werden. Die Gewinnungskosten ergeben sich dann bei Annahme von 20000 m³ Gesamtleistung wie folgt:

a) Gewinnungskosten.

$$
\begin{array}{lr}
\text{Einmalige Kosten (Einrichtung)} & \text{0,135 RM.} \\
\text{Geräteunkosten 6,60/28} & \text{0,236 „} \\
\text{Betriebskosten 182,45/280} & \text{0,652 „} \\
\hline
\text{Gewinnungskosten insgesamt} & \text{1,023 RM.}
\end{array}
$$

b) Förderkosten und Gleisunterhaltung.

1. Löhne:

$$
\begin{array}{lr}
\text{2 Lokomotivführer zu 12,— RM.} & \text{24,— RM.} \\
\text{2 Heizer zu 11,— RM.} & \text{22,— „} \\
\text{1 Weichensteller zu 7,— RM.} & \text{7,— „} \\
\text{Gleiskolonne, 1 Vorarbeiter zu 10,— RM.} & \text{10,— „} \\
\text{„   2 Gleisarbeiter zu 7,— RM.} & \text{14,— „} \\
\hline
& \text{77,— RM.}
\end{array}
$$

2. Betriebstoffe:

$$
\begin{array}{lr}
\text{Kohlen für 2 Lokomotiven 125 PS, 1000 kg zu 3,0 Rpf.} & \text{30,— RM.} \\
\text{Öle 1/5 von 30,— RM.} & \text{6,— „} \\
\hline
\text{Betriebstoffe insgesamt} & \text{36,— RM.} \\
\text{Gesamtkosten für Förderung und Gleisunterhaltung} & \\
\text{77,00 + 36,— RM.} & \text{113,— RM.} \\
\text{Zuschläge 50\% von 77,— RM., +10\% von 36,— RM.} & \text{42,10 „} \\
\hline
\text{Gesamte Selbstkosten der Förderung} & \text{155,10 RM.} \\
\text{+ 10\% für Wagnis, Gewinn- und Umsatzsteuer} & \text{15,50 „} \\
\hline
& \text{170,60 RM.}
\end{array}
$$

Kosten für Transport und Gleis je 1 m³ 170,60/280 = *0,610 RM.*

c) **Kippe und Reinplanie.**

1 Vorarbeiter	12,— RM.
7 Mann kippen zu 7,00 RM.[1]	49,— „
2 Mann für Böschungsplanie und Dammplanum sind in den Betriebskosten (0,652 RM.) enthalten . .	—
	61,— RM.
+ 50% Sozialaufwand, Geschäftskosten	30,50 „
	91,50 RM.
+ 10% für Wagnis, Gewinn und Umsatzsteuer . .	9,10 „
	100,60 RM.

oder *je 1 m³ 100,60/280 = 0,360 RM.*

Zu diesen Kosten kommen noch zusätzliche:

d) **Geräteunkosten für Fördermittel**[2]. Nach Abschnitt II, § 1 und 2, sowie Abschnitt X, Förderkosten, Tabelle 23, S. 127 ergeben sich die Geräteunkosten für die Fördermittel wie folgt:

Für *2 Lokomotiven* 125 PS mit einem Neuwert von etwa 32000,— RM. ergibt sich nach Abschnitt X, Tabelle 27, S. 130 mit $b = 2000$, $a_0 + p + u = 2 \cdot 2,33 =$ *4,66 RM./1 h.*

Für Lohnkosten der Geräteunterhaltung nach Abschnitt X, Tabelle 23: $2 \cdot 0,35 = 0,7$ Stsl. 0,7 Stsl. (mit 50% Zuschlag für Unkosten) zu 1,95 RM. = *1,37 RM./1 h.*

Für *30 Förderwagen* (hölzerne Selbstkipper) mit 3 m³ Inhalt, mit einem Neuwert von etwa 24600,— RM. ergibt sich nach Abschnitt X, Tabelle 25, S. 129 mit $b = 2000$: $a_0 + p + u = 30 \cdot 0,245 = 7,35$ *RM./1 h.* Für Lohnkosten der Geräteunterhaltung nach Abschnitt X, Tabelle 23: $30 \cdot 0,05 = 1,5$ Stsl. zu 1,95 RM. = *2,92 RM./h.*

Rollwagenöl: $30 \cdot 0,014$ kg = 0,42 kg/h zu 0,35 RM. = *0,15 RM./1 h.*

Die zusätzlichen Geräteunkosten und Betriebstoffe für Fördermittel betragen demnach je 1 Betriebstunde 16,45 oder *16,45/28 = 0,59 RM.*

Gesamtkosten je 1 m³ aus a) bis d): $1,023 + 0,610 + 0,360 + 0,590 = 2,58$ *RM.*

Beispiel 14. Welche *Ersparnisse* je 1 m³ werden bei Verwendung eines *Dieselbaggers* (Mb) erzielt?

Lösung. Die Ersparnisse liegen im Betriebstoffverbrauch: Rohöl je 1 Betriebstunde 107 PS $\cdot$ 0,08 kg = 8,6 kg zu 0,25 RM. = 2,15 RM. Schmieröl, Putzwolle usw. 0,9 kg zu 0,45 RM. = 0,40 RM. Insgesamt für Betriebstoffe *2,55 RM./1 Betriebstunde.* Für Dampfgreifer 3,10 RM./1 Betriebstunde.

Somit *Ersparnis 0,55/28 = 0,02 RM./1 m³.*

2. Löffelbaggerarbeiten.

Der Löffelbagger ist im allgemeinen, soweit es sich nicht um große Abtragstiefen oder Bodengewinnung mit Wasserhaltung aus größeren Tiefen handelt, das wirtschaftlichste Baggergerät im Tiefbaubetrieb.

---

[1] Bei Grabenaushub u. dgl. sind für Reinplanie des Grabens noch 2 Mann zusätzlich zu kalkulieren.

[2] Es ist angenommen, daß das Gleis als Fördergleis des Erdloses bereits liegt. Sonst müssen die Gleisverlegungsarbeiten (als Einrichtungskosten) und die Gleisabschreibung noch bei der Preisbildung berücksichtigt werden.

Beispiel 15. Es sind etwa 1,2 Mill. m³ schwerer Mergelboden (Kl. 5) in einem Kanaleinschnitt auf eine mittlere Entfernung von 4 km (max. 6 km) auf eine 8 m hohe Ablagerungsstelle zu fördern und zu verkippen. Es stehen an Geräten zur Verfügung: 1 Menck-Dieselbagger Md (1,9 m³ Löffel), 3 Mc-Bagger (1,4 m³ Löffel, davon 1 Mc als Reservebagger) und 3 Kippflüge. An Kippen sollen stets 2 Kippen mit einer Abnahmefähigkeit von 120 m³/h und 1 Reservekippe zur Verfügung stehen. An Wagen stehen 280 hölzerne Selbstkipper 4,5 m³ Wageninhalt und 15 Lokomotiven (davon 3 Reservelokomotiven) zur Verfügung. Das erforderliche Gleis seien 20 km Gleis 90er Spur. Es soll im 2 Schichtenbetrieb (2 · 10 h) gearbeitet werden. Die Baggerkosten je 1 m³ Boden sind zu ermitteln.

Löhne. Schachtmeister und Maschinist I. Kl.: 1,60 RM., Facharbeiter: 1,00 RM., Tiefbauarbeiter: 0,70 RM. Kohle 30,— RM./t frei Verwendungsstelle. Treiböl: 25,— RM./100 kg.

Lösung.

1. Gerätekosten.

Zusammenstellung der Geräte und Gerätekosten.

Menge	Geräte	Löffel- bzw. Wagen- inhalt m³	PS	Gewicht t	Neuwert RM.	a_0 %	Gerätekosten/1 Betriebstunde b = 5000 h		
							Abschreibung und Verzinsung p = 5% RM.	Materialkosten der Geräteunterhaltung RM.	Insgesamt RM. je 1 h
1	2	3	4	5	6	7	8	9	10
1	Menck Md	1,9	200	100	95 900,—	17	7,90	1,5	9,4
3	Menck Mc[1]	1,4	142	192	187 200,—	17	15,40	3,8	19,2
280	Holzselbstkipper[2]	4,5	—	924	322 000,—	20	30,70	6,0	36,7
20 km	Gleis	—	—	1200	150 000,—	13	11,70	0,30	12,0
3	Kippflüge	—	—	30	30 000,—				
30 000 Stck.	Schwellen	—	—	750	60 000,—	25	7,20	—	7,2
15 Stck.	Lokomotiven	—	200	250	306 000,—	13	11,70	2,3	14,0
1500 m²	Baubuden	—	—	230	30 000,—	25	3,55	—	3,55
5000 m	Wasserleitungsrohr	3″	—	40	16 500,—	25	2,—	—	2,—
	Kleingeräte, Baustoffe, Werkzeuge usw., Elektroinstallation	—	—	100	30 000,—	50	6,60	—	6,60
	Werkstattausrüstung	—	—	25	20 000,—	20	1,90	0,08	2,—
		—	—	3841	1247 600,—	—	98,65	14,—	112,65

Es betragen also die *Gerätekosten*, umfassend Abschreibung, Verzinsung, Kleingeräte und Werkzeuge, Reparaturmaterialien und Ersatzteile 112,65/240 = *0,469 RM./1 m³* (1.).

---

[1] Einzelgewicht 64 t.
[2] Einzelgewicht 3,3 t.

2. Lohnkosten.
Zusammenstellung der Belegschaft.

	Schachtmeister und Baggermeister	Facharbeiter und Vorarbeiter	Tiefbauarbeiter
An den Löffelbaggern (2 Schichten) .	5	4	3
Reinplanie im Einschnitt			5
Transportpersonal (2 Schichten) . . .	1	28	2
Gleisunterhaltung und Gleisumbau . .		1	16
Weichensteller			5
Wasser- und Kohleversorgung		2	2
Elektrische Beleuchtung		1	
Wasserhaltung und Entwässerung . .		1	2
Kippen mit Planie	2	1	40
Werkstatt und Schlußreparatur (1 Schicht)	1	20/2 = 10	
Lagerplatz, Magazin, Nachtwächter und allgemeine Arbeiten (Barackenunterhaltung, Kaffeekochen usw.) . . .		3	10
	9	51	85

Errechnung des mittleren Stundenlohnes:

9 Schachtmeister und Masch. I. Kl. zu 1,60 RM. . .	14,40 RM.
51 Facharbeiter zu 1,00 RM.	51,00 „
85 Tiefbauarbeiter zu 0,70 RM.	59,50 „
145 Mann	124,90 RM.

Mehrstunden und Auslösungen der Schachtmeister, Maschinisten und Facharbeiter $(60 \cdot 0,05 \cdot 1,00)$ . . . . . . 3,00 „

Für Überstunden, Sonntags- und Nachtzuschläge, Leistungsprämien $+ 10\%$ von 124,90 RM. . . . . . . 12,50 „

140,40 RM.

oder $140,40 : 145 = 0,96$ *RM.*, das ist $1,37 \cdot 0,70$ RM.

Lohnkosten je 1 m³ demnach $145/240 = 0,61$ h zu 0,96 RM. $= 0,58$ *RM.*

3. Betriebstoffe.

Für Bagger: 1 Md 200 PS $+$ 2 Mc 282 PS $=$ 482 PS. *Verbrauch je 1 Betriebstunde.*

Treiböl: $482 \cdot 0,1$ kg/PSh $= 48,2$ kg zu 0,25 RM. . . . 12,05 RM.

Schmieröl, Putzwolle usw. 3,5 kg zu 0,50 RM. . . . . . 1,75 „

13,80 RM.

Für Loks: 12 Loks 200 PS, Kohlen $12 \cdot 75 = 900$ kg zu 0,03 RM. . 27,— „

Öle $12 \cdot 0,60$ kg $= 7,2$ kg zu 0,50 RM. . . . . 3,60 „

Speisewasser $12 \cdot 0,75 = 9$ m³ zu 0,20 RM. . . . . . . 1,80 „

46,20 RM.

Strom für Werkstatt, Beleuchtung usw. 20 kWh zu 0,16 RM. . 3,20 „

Insgesamt für Betriebstoffe . . . . 49,40 RM.

oder je 1 m³ $49,40/240 = 0,206$ *RM.*

4. Zuschläge und Gewinn.

Reiner Sozialaufwand.	16%	der Löhne
Steuern, allgemeine Geschäftskosten	16%	„ „
Bauleitung, Gemeinkosten.	13%	„ „
Wagnis, Gewinn und Umsatzsteuer	10%	„ „
	55%	der Löhne

oder je 1 m³ $0,55 \cdot 0,58 = 0,319$ *RM.*

Zuschlag auf Materialkosten
10% von $(0,469 + 0,206) = 0,068$ ·RM.

insgesamt *0,387 RM./1 m³.*

Zusammenstellung der dauernden Kosten.

1. Gerätekosten . . . . 0,469 RM.
2. Löhne . . . . 0,580 „
3. Betriebstoffe . . . . 0,206 „
4. Zuschläge + Gewinn . . . . 0,387 „

Angemessener Einheitspreis je 1 m³ . . . *1,642 RM.*

Einmalige Kosten (Einrichtungskosten).

4maliges Be- und Entladen 3841 t · 6 $St_{mi.}$ = 23046 $St_{mi.}$

zu $\dfrac{1,00 + 0,70}{2}$ . . . . 19589,— RM.

Fracht und Anschlußgebühr (nach Frachtsatzzeiger) für
  420 km 2 · 3841 · 15,— RM. . . . . 115230,— „
Baggerauf- und -abbau (einschl. Transport)
  2300 + 3 · 1600 = 7100 $St_{masch.}$ zu 1,20 RM. . . . .   8520,— „
Erstes Gleislegen und Wiederabbrechen
  20000 · 1,8 = 36000 h zu 0,80 RM. . . . . 28800,— „
Sonstige Einrichtungsarbeiten (Wasserversorgung, Unterkünfte usw.) an Löhnen 20000 h zu 0,90 RM. . . . 18000,— „
Für Sozialaufwand, Geschäftskosten und Gewinn 55% von
  (19589,— + 8520,— + 28800,— + 18000,—) . . . . 41200,— „
Zuschlag auf Material 10% von 115230,— . . . . . 11523,— „

                                                  242862,— RM.

oder 242862/1200000 = *0,202 RM.* je 1 m³
oder Angebotspreis einschließlich Einrichtungskosten
je 1 m³ 1,642 + 0,202 = 1,844 RM. = rd. *1,85 RM.*

Bemerkung. Bei *Dammkippen von Straßen- und Eisenbahndämmen* u. dgl.
sind die *Restarbeiten,* d. h. Herstellung der genauen Planumshöhe entsprechend
zu berücksichtigen mit mindestens *0,4 St. je 1 m² Planumsoberfläche.* Desgleichen
ist die Böschungsplanie, besonders bei flachen Böschungen, entsprechend zu
beachten.

B. Eimerkettenbaggerarbeiten.

Nachstehend sind die wichtigsten Angaben zur Kostenermittlung
für ältere B-Baggertypen und für die neuesten Kruppschen E-Bagger
und Kruppschen Absetzapparate zusammengestellt. Der Antrieb erfolgt
heute bei günstigem Stromanschluß meist elektrisch. Im übrigen muß
auf Abschnitt II, § 1, 2, 3 und 5 verwiesen werden.

Zusammenstellung.

1. Älterer Typ als Dampfeimerkettenbagger.

	Baggertiefe (45°) m	Dienstgewicht t	PS	Neuwert RM.
B-Bagger, 250 l-Eimer	15	etwa 145	120	etwa 160000,—
E-Bagger, 300 l-Eimer	14	etwa 160	150	etwa 185000,—

2. Elektrisch angetriebene Kruppsche E-Bagger.

	PS	Baggertiefe m	Liefergewicht[1] (einschließlich elektrischer Ausrüstung) t	Neuwert (einschließlich elektrischer Ausrüstung ohne Montage) RM.
E-Bagger, 250 l-Eimer . . .	250	17	180	250000,—
E-Bagger, 300 l-Eimer . . .	233	11—13	136	205000,—

[1] Dienstgewicht einschließlich elektrischer Ausrüstung und Ballast.

3. Kruppsche Absetzapparate (mit Eimerkette und Bandtransporteur).

Type	Eimer-inhalt	Band-breite	Ausla-dung	Schütt-höhe	Antriebsart	Instal-liertins-gesamt	Be-triebs[1]-gewicht	Durch-schnitts-leistung	Neuwert[2]
	1	mm	m	m	Drehstrom	PS	t	m³/h	etwa RM.
Tiefabsetzer mit Ab-wurfwagen	400	1100	37	—	3000/220	182	172	250	203000,—
desgl.	575	1200	40	—	3000/220	208	215	330	241000,—
Schwenk-absetzer Schwenk ∢ 180° (Hoch-absetzer)	400	1100	35	12	3000/380	295	200	250	264000,—
desgl.	500	1200	47	18	3000/380	450	300	350	366000,—

Abb. 34. Schwenkabsetzer.

Beispiel 16. Ein elektrisch betriebener B-Bagger habe 400000 m³ Kies zu baggern, welcher in einen 20 m breiten, i. M. 10 m hohen Damm in 1 m-Lagen zu verbauen ist. Der gewonnene Boden sei reiner Kies und es stehe 1 m unter Terrain das Grundwasser an, welches durch eine Wasserhaltung abgesenkt wird. Den für die Ausführung der Arbeit erforderlichen Fuhrpark kann man annehmen zu:

4 Lokomotiven zu 160 PS und

100 Stück Holzkastenkipper von 4 m³ Fassungsraum.

Es werde in einer Schicht zu 10 h gearbeitet und die durchschnittliche Leistung in einer Betriebstunde betrage 160 m³ (ohne Grundwasser müßte sie etwa 180 m³ betragen). Es sollen die Kosten des Baggerbetriebes ermittelt werden, wenn der mittlere Stundenlohn für die Erdarbeiten 0,90 RM. und für die Montagearbeiten 1,10 RM. beträgt. 1 kWh = 0,10 RM. Kohlen 33,— RM./t.

---

[1] Vgl. Fußn. 1, S. 110.

[2] Kosten *einschließlich* elektrischer Ausrüstung, aber ohne Baggergleis und Fahrleitungsmaste.

Lösung.

Zusammenstellung des Geräteparks und der Gerätekosten[1].

Bezeichnung des Gerätes	Gewicht	Neuwert	Gerätekosten		
			im Jahr		je Tag[2]
	etwa t	etwa RM.	%	RM.	RM.
Büro, Werkstätten, Baubuden, Wasserleitung usw.	310	80000,—	30	24000,—	96,—
1 B-Bagger.	140	190000,—	25	47500,—	190,—
Baggergleis 600 lfd. m	150	18000,—	24	4320,—	17,30
4 Lokomotiven 160 PS	70	74000,—	20	14800,—	59,20
Transportgleis 15 km (mit Schwellen)	1500	200000,—	16,5	33000,—	132,—
100 Holzkastenkipper (4 m³ -Selbstkipper)	280	110000,—	36	36300,—	145,20
	2450	672000,—		159920,—	639,70

Gerätekosten $639{,}70/1600 = 0{,}400\ RM/m^3$.

Einmalige Kosten, welche auf die ganze Arbeitszeit zu verteilen sind (Einrichtungskosten). Kosten für An- und Rücktransport.

1. 4mal Be- und Entladen zu 1,5 $St_{mi.}$ = 6 $St_{mi.}$
   2000 t zu 6 $St_{mi.}$ = 12000 $St_{mi.}$ zu 0.90 RM. . . . . 10800,— RM.
   + 45% für Geschäftskosten, Sozialaufwand usw. . . . . 4860,— „

   15660,— RM.
   + 10% Gewinn, Wagnis und Umsatzsteuer . . . . 1570,— „

   17230,— RM.

2. Fracht (250 km). 2450 t zu 2 · 10,3 = 20,60 RM. je 1 t . . . *50700,— „*

3. *Transport, Montage des Baggers und 1. Gleis legen:*
   Montage und Demontage 3500 $St_{mi.}$ zu 1,10 RM. . . . . 3850,— „
   Erstes Gleis legen und Abbrechen von 600 lfd. m Baggergleis
   zu 6 $St_{mi.}$ = 3600 $St_{mi.}$ zu 0,80 RM. . . . . 2880,— „
   Erstes Gleis legen und Aufnehmen von 15 km Transportgleis
   zu 1800 $St_{mi.}$ = 27000 $St_{mi.}$ zu 0,80 RM. . . . . 21600,— „

   Summe 3 . . . . 28330,— RM.
   + 45% Sozialaufwand, Geschäftskosten usw. . . . . 12750,— „

   Selbstkosten . . . . 41080,— RM.
   + 10% Gewinn, Wagnis und Umsatzsteuer . . . . 4108,— „

   45188,— RM.
   Sonstige Einrichtungskosten (Unterkunftsbaracken, Bürogebäude, Werkstätte aufstellen, Wasserversorgung) . . . . 20000,— „

   65188,— RM.

Zusammenstellung der einmaligen Kosten (Einrichtungskosten).
   1. An- und Rücktransport . . . . 17230,— RM.
   2. Fracht . . . . 50700,— „
   3. Montage und sonstige Einrichtungsarbeiten . . . 65188,— „
   Einmalige Kosten . . . . 133118,— RM.
       oder je 1 m³ $133118/400000 = 0{,}333\ RM$.

Dauernde Kosten.
   A. *Gerätekosten.* Nach der Zusammenstellung des Geräteparks
   betragen die täglichen Gerätekosten 639,70 RM. oder bei
   einer durchschnittlichen täglichen Leistung von 10 · 160 =
   1600 m³: *Gerätekosten je 1 m³* 639,70/1600 . . . . 0,400 RM.

[1] Gerätekosten = Abschreibung + Verzinsung + Materialkosten der Geräteunterhaltung.

[2] Gerechnet ist mit 250 Arbeitstagen im Jahr zu 1600 m³ = 400000 m³.

B. Betriebskosten.

  a) Arbeitslöhne. Allgemeine Arbeiten:

    1. Für Reparaturwerkstatt und Wagenreparatur einschließlich Schlußreparatur 12 Mann zu 12 h = 144 h oder je 1 m³ 144/1600 = 0,09 h zu 1,20 RM. . . . . 0,108 RM.

    2. Für sonstige allgemeine Arbeiten auf dem Lagerplatz, Magazin, Nachtwächter, Wasserversorgung, Elektrozentrale usw. 8 Mann zu 10 h = 80 h oder 80/1600 = 0,05 h zu 0,90 RM. . . . . 0,045 „

Somit für allgemeine Arbeiten . . . . *0,153 RM.*

Bauausführung. Im *Ladeschacht:*

Schachtmeister	1 Mann
Baggerbedienung	3 „
Im Baggergleis und Gleisrücken . . .	12 „
Wächter und Laufjunge	2 „

                       18 Mann zu 10 h = 180 h

    oder je 1 m³ 180/1600 = 0,112 St_{mi}. zu 0,90 RM. = *0,10 RM.*

Transport und Gleisunterhaltung:

Lokomotivführer	5 Mann zu	11 h	=	55 h
Heizer	4 „	„ 12 h	=	48 h
Weichensteller	3 „	„ 10 h	=	30 h
Gleisunterhaltung und Gleisumbau .	15 „	„ 10,5 h	=	157 h
Wagenschmierer	2 „	„ 10 h	=	20 h
Wasser- und Kohlenausgabe	4 „	„ 10 h	=	40 h

                       33 Mann zu 10,6 h = 350 h

oder je 1 m³ 350/1600 = 0,218 h zu 0,90 RM. = *0,196 RM.*

    Kippe. Es werden 2 Kippstellen mit je 1 Kippmeister und 18 Mann angenommen, ferner für Reinplanie der Dämme 6 Mann. Somit Lohnkosten 42 · 10 = 420 h oder je 1 m³ 420/1600 = 0,26 h zu 0,90 RM. = *0,234 RM.*

    Die *Löhne* aus *Betriebskosten* betragen demnach
        0,153 + 0,10 + 0,196 + 0,234 = *0,683 RM.*

  b) Betriebstoffe.

    B-Bagger: Elektrischer Strom nach Abb. 6, S. 37: Für 160 m³/h, 50 kW oder 50/160 = 0,31 kWh/1 m³ 0,31 kWh zu 0,10 RM. . . . . 0,031 RM.
    Schmiermittel, Öle usw. etwa 1 kg/h zu 0,60 RM. oder 0,60/160 = 0,004 RM./1 m³ . . . . 0,004 „

    Lokomotiven: 4 Lokomotiven 160 PS je 1 Betriebstunde. *Kohlen* 4 · 65 = 260 kg + 1 Rangierlokomotive zu 40 kg = 300 kg/1 Betriebstunde. Je 1 m³ $\dfrac{11 \cdot 300}{1600}$

    = 2,0 kg zu 0,033 RM. . . . . 0,066 „
    Öle und Schmiermittel: je 1 Betriebstunde 4 · 0,50 + 0,40 = 2,4 kg zu 0,50 RM. = 1,20 RM.
    Speisewasser: 5 · 0,6 = 3 m³ zu 0,15 RM. = 0,45 RM.
    Holzkastenkipper: 100 Stück zu 0,018 kg/1 h *Wagenöl* = 1,8 kg Öl zu 0,35 = 0,63/160 = *0,004 RM./m³.*
    Strom für Werkstatt: 10 kWh zu 0,10 RM. = 1,— RM.
    Öle + Wasser + Strom: 1,204 + 0,45 + 1,— = 2,654 RM.
        oder je 1 m³ 2,654/160 . . . . 0,017 „

Für Betriebstoffe insgesamt *je 1 m³* . . . . 0,114 RM.
10% Zuschlag auf Material . . . . 0,011 „

                                     0,125 RM.

Betriebskostenzusammenstellung:

Reine Löhne . . . . 0,683 RM.
Sozialaufwand, Geschäftskosten und Gewinn 55% von
    0,683 RM. . . . . 0,376 „
Betriebstoffe . . . . 0,125 „
                                           1,184 RM.
+ Geräteunkosten je 1 m³ . . . . 0,400 „
Angebotspreis je 1 m³ . . . . *1,58 RM.*

ohne Einrichtungskosten (einmalige Kosten), welche 133118,— RM.
oder bei 400000 m³ Gesamtleistung 0,333 RM./m³ betragen.

IX. Gründung und Untergrundentwässerung.

Es kann natürlich nicht Aufgabe dieses Buches sein, für sämtliche heute bestehenden Gründungsverfahren eine Kostenberechnung zu geben, zumal allein schon die verschiedenen Betonpfahlgründungen eine solche Mannigfaltigkeit der Verfahren aufweisen, daß es nicht möglich und auch nicht zweckmäßig ist, sie alle zu behandeln. Erwähnt seien z. B. nur: Simplex-Pfähle, Strauß-Pfähle, Preßluft-Pfähle System Wolfsholz, Mast-Pfähle, Franki-Pfähle usw. Für diese Spezialverfahren, wie auch für seltene Gründungen wie das Gefrierverfahren müssen eben Angebote der allein in Frage kommenden Spezialfirmen eingezogen werden. Bezüglich der Gründung mit Hilfe der Rammung von Spundwänden oder Pfählen muß auf Abschnitt XIV, „Rammarbeiten" verwiesen werden, wo sich zahlreiche Beispiele von ausgeführten Rammarbeiten finden, welche Anhaltspunkte für die Kostenberechnung solcher Arbeiten bieten.

An Gründungsverfahren sollen zur Besprechung kommen:

A. Der Schwellrost.
B. Der Pfahlrost.
C. Herstellung von Fangedämmen.
D. Schachtung mit Verzimmerung für tiefe Baugruben.
E. Gründung mittels Senkbrunnen.
F. Gründung mittels Druckluft.

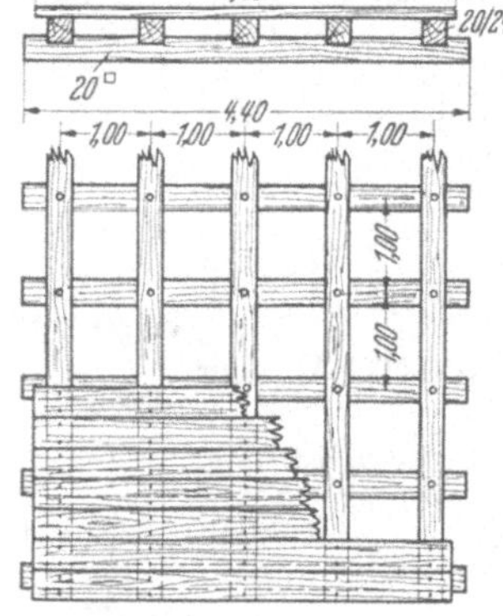

Abb. 35. Schwellrost.

A. Schwellrost.

In Entfernungen von 1 m liegen die 4,40 m langen Querschwellen, die einen Querschnitt von 20/20 cm besitzen (s. Abb. 35). Über diese werden dann die Langschwellen in Entfernungen von 1 m gelegt, eingelassen und mit Bolzen fest verbunden. Die Langschwellen sollen einen Querschnitt von 20/24 cm besitzen. Auf die Langschwellen werden endlich die Bohlen, die einen Querschnitt von 30/10 cm besitzen, den Querschwellen gleichlaufend gelegt. Die Bohlen werden auf die Langschwellen mit Nägeln festgenagelt.

Die Berechnung soll auf 1 m Schwellrostlänge (in der Richtung der Langschwellen gemessen), also auf 4,4 · 1 = 4,4 m², durchgeführt werden.

1. Massenberechnung.

1 Querschwelle $4,4 \cdot 0,2 \cdot 0,2$ . . . . 0,176 m³
5 Langschwellen auf je 1 m Länge $= 5 \ (1 \cdot 0,20 \cdot 0,24)$ . . . 0,240 m³

Zusammen: 0,416 m³

Bohlen $= 4,4 \cdot 1 = 4,4$ m² oder 0,440 m³.
5 Stück Bolzen von $d = 18$ mm und 40 cm Länge zwischen
Kopf und Mutter, also 5 (0,40) $= 2$ m je 2 kg/m . . . . 4,00 kg
30 Stück Nägel je 20 cm Länge für je 100 Stück $= 7$ kg,
je 30 Stück . . . . 2,10 kg

Zusammen: 6,10 kg

2. Arbeitslohn.

a) Herstellen des Schwellenrosts 0,416 m³ zu 10 Stz. . . . . 4,16 Stz.
b)   „   „   Bohlenbelags 4,4 m²   „   1,0 Stz. . . . 4,40 Stz.

Lohnaufwand für 4,4 m² Rost . . . . 8,56 Stz.
   „   „   1 m²   „   . . . . 2,0 Stz.

3. Materialbedarf und Arbeitslohn.

Auf 1 m² ist dann erforderlich:

an Holz für Lang- und Querschwellen $= 0,416/4,4$ 0,095 m³
an Bohlen von 10 cm Stärke. . . . . 1,00 m²
an Bolzen $= 4,00/4,4$ . . . . 0,91 kg
an Nägeln $= 2,10/4,4$ . . . . 0,48 kg
an Arbeitslohn $= 8,56/4,4$ . . . . 2,0 Stz.

4. Kostenberechnung für 1 m².

0,1 m³ Holz je 70,— RM. . . . . 7,— RM.
1,1 m² Bohlen je 7,— RM. . . . . 7,70 „
0,91 kg Bolzen je 0,40 RM. . . . . 0,36 „
0,48 kg Nägel je 0,40 RM. . . . . 0,20 „

Materialkosten . . . . 15,26 RM.

Arbeitslohn $= 2,0$ Stz. je 1,20 RM. . . . . 2,40 „
Zuschläge für Gemeinkosten, Geschäftskosten
   und Gewinn
   10% auf Material . . . . 1,53 „
   50% auf Lohn . . . . 1,20 „

Angebotspreis je 1 m² Pfahlrost . . . . *20,40 RM.*

B. Pfahlrost.

Wenn man unter den Kreuzungspunkten der Lang- und Querschwellen (Abb. 35) Pfähle einrammt, so erhält man einen Pfahlrost.
Unter einem Querholz kommen dann 5 Pfähle zu liegen. Die Pfähle
sollen eine Länge von 6 m und einen Durchmesser von $\varnothing = 25$ cm besitzen.
Die Einrammungstiefe soll nur 5 m sein.

8*

Für $\varnothing = 25$ cm erhält man einen Umfang von $U = 79$ cm und eine Querschnittsfläche von 491 cm² $= 0,049$ m². Da die Kosten des Schwellrostes bereits angegeben sind, so muß man hier nur noch die Pfähle in Rechnung setzen.

1. Material.

An Material wird noch erforderlich sein
5 Pfähle von je $(0,049 \cdot 6) = 0,30$ m³ $= 1,5$ m³ $+ 10\,\%$ Verschnitt $= 1,65$ m³
5 Pfahlschuhe je 5 kg . . . . 25,0 kg
$^1/_2$ Ring (auf je 10 Pfähle 1 Ring) von je 79 cm Umfang $= 0,80$ m, 6 cm
     Breite, 2,5 çm Stärke und je 12 kg Gewicht für 1 lfd. m. Also auf
     $0,80$ m $= ^1/_2$ $(0,8 \cdot 12) = 4,8$ kg, abgerundet . . . . 5,0 kg

2. Arbeitslohn[1] für $\varnothing = 25$ cm.

5 Pfähle $\varnothing$ 25 cm vorbereiten (spitzen, beschuhen usw.) und je 5 m tief in weichen Tonboden einrammen mit einer Kleindampframme (s. Abschnitt XIV, „Rammarbeiten“)
25 lfd. m zu (1 Stz. $+1$ St$_{\text{masch.}}$ $+$ 4 St.) $= 25$ Stz. $+25$ St$_{\text{masch.}}$ $+100$ St.

3. Betriebstoffe und Gerätekosten.

25 lfd. m zu 16 kg Kohle $= 400$ kg Kohle,
Gerätekosten (geschätzt) 500,— RM. Somit

4. Material- und Lohnaufwand je 1 m².

An Material $= 1,65 : 4,4 = 0,38$ m³ Holz,
$$(25 + 5) : 4,4 = 7 \text{ kg Eisen},$$
an Arbeitslohn: 5,7 Stz. $+5,7$ St$_{\text{masch.}}$ $+23$ St.,
an Betriebstoffen: $400/4,4 = 90$ kg Kohle,
an Gerätekosten: $\dfrac{500}{4,4 \cdot 4,4} = 26,— $ RM./1 m².

5. Pfahlrost.

Nimmt man noch die Ergebnisse aus A. hinzu, so erhält man für 1 m² Pfahlrost:

an Holz $= 0,10$ (aus A.) $+0,38$ . . . . 0,48 m³
an Bohlen von 10 cm Stärke (aus A.) . . . . . . 1,10 m²
an Bolzen . . . . 0,91 kg
an Eisen für Pfahlschuhe . . . . 7,00 kg
an Nägeln (aus A.) . . . . 0,48 kg
an Arbeitslohn $= 2,0$ Stz. (aus A.)
        $+5,7$ Stz. $+ 5,7$ St$_{\text{masch.}}$ $+23$ St.

Ist z. B. St. $= 0,70$ RM., Stz. $= 1,00$ RM., 1 m³ Rundholz $= 60,—$ RM., 1 m³ Kantholz 70,— RM., 1 kg Kohle 0,033 RM., 1 m² Bohlen $= 7,—$ RM., 1 kg Eisen $= 0,80$ RM., 1 kg Bolzen $= 0,50$ RM., 1 kg Nägel $= 0,40$ RM., so betragen die Kosten des Pfahlrostes je 1 m² (bei der angegebenen Bodenart):

---

[1] Ohne Einrichtungslöhne.

Zusammenstellung der Kosten je 1 m² Pfahlrost:

Holz 0,1 m³ je 70,— RM. + 0,38 m³ je 60,— RM. 29,80 RM.

1,1 m² Bohlen je 7,— RM. . . . . 7,70 „

0,9 kg Bolzen je 0,50 RM. . . . . 0,45 „

7 kg Eisen je 0,80 RM. . . . . 5,60 „

0,48 kg Nägel je 0,40 RM. . . . . 0,20 „

Baustoffe . . . . 43,75 RM.

Arbeitslöhne: 7,7 Stz. zu 1,— RM. . . . 7,70 RM.

5,7 St$_{\text{masch.}}$ zu 1,20 RM. . 6,84 „

23 St. zu 0,70 RM. . . . . 16,10 „ 30,64 „

Betriebstoffe: 90 kg Kohle zu 0,033 . . 3,00 „

Putz- und Schmiermittel . 0,50 „ 3,50 „

Gerätekosten . . . . 26,— „

Zuschläge (einschl. Gewinn) 50% vom Lohn . . . 15,32 „

10% vom Material[1] . . . 7,33 „

Angebotspreis für 1 m² . . . . *126,54 RM.*

C. Herstellung von Fangedämmen.

Beispiel 17. Es sollen die Kosten für die Herstellung eines Fangedamms mit doppelten Wänden errechnet werden, der bis 3 m über Flußsohle in 1 m Breite in einen Fluß hereingebaut werden soll. Die Pfähle sollen 2 m tief, die Bohlen 1 m tief eingerammt werden. Der Stundenlohn eines Tiefbauarbeiters betrage St. = 0,65 RM., der Lohn eines Zimmermanns Stz. = 1,05 RM.

Lösung. Die folgende Berechnung erstreckt sich auf 5 lfd. m Fangedamm.

1. Arbeitslöhne: 8 Pfähle 5,0 m lang 20/20 Einrammen für 1 Pfahl
2 · 10,0 = 20 St., demnach Einrammen von 8 Pfählen 8 · 20 =
160 St. zu 0,65 RM. . . . . 104,— RM.

10 m Holme 20/20 Aufbringen zu 0,6 Stz. = 6 Stz. zu 1,05 RM. . 6,30 „

20 m Zangen 10/14 Anbringen zu 0,35 Stz. = 7 Stz. zu 1,05 RM. . 7,35 „

40 m² Bohlen 5 cm stark Zurichten und Einrammen auf 1 m Tiefe
Rammen 10 m² zu 12 St. = 120 St. zu 0,65 RM. . . . . . 78,— „

5 m³ Lehm oder sonstigen Dichtungsboden Einbringen und Einstampfen einschließlich Gewinnung des Lehms je 1 m³ 3 St.,
5 m³ zu 3 St. = 15 St. zu 0,65 RM. . . . . 9,75 „

205,40 RM.

+ 50% für Geschäftskosten, Wagnis und Gewinn . . . . . . 102,70 „

Lohnkosten für 5 m Fangedamm . . . . 308,10 RM.

oder je 1 m Fangedamm . . . . 61,60 „

oder je 1 m² Fangedamm . . . . *20,50 RM.*

Bemerkung. Würde das Wiederentfernen des Fangedamms ebenfalls mit einbezogen werden und würde man etwa die Hälfte des eben errechneten Betrags hierfür einsetzen, so würde man an *gesamten Lohnkosten für Einbau und Wieder-entfernen* erhalten:

je 1 m Fangedamm rund *90,— RM.,*

je 1 m² Fangedamm rund *30,—* „

2. Materialien: Diese werden hier mit ihrem vollen Wert eingesetzt. Man wird allerdings annehmen können, daß sich im allgemeinen für einen Teil dieses Holzes wieder Verwendung finden läßt:

---

[1] Stoffkosten = Baustoffkosten + Betriebstoffkosten + Gerätekosten.

40 m Holz zu den Pfählen 20/20: $40 \cdot 0,04 = 1,6$ m³ zu 60,— RM.   96,— RM.

10 m Kantholz 20/20 (Holm): $10 \cdot 0,04 = 0,4$ m³ zu 80,— RM.   32,— „

20 m Zangen 10/14: $20 \cdot 0,014 = 0,28$ m³ zu 80,— RM. . . . .   22,40 „

    50 m² Bohlen 5 cm stark zu 4,— RM. . . . . 200,— „

    Für Nägel u. dgl. und zur Ergänzung . . . . 30,60 „

Insgesamt für 5 m Fangedamm . . . . 381,— RM.

Zuschlag 10% von M . . . . 38,10 „

                                            419,10 RM.

oder je 1 lfd. m Fangedamm . . . . 83,80 „

oder je 1 m² Fangedamm . . . . *28,—* „

1 m² Fangedamm herstellen kostet demnach $20,50 + 28,—$ *RM.* . *48,50* „

oder *1 lfd. m Fangedamm 3 m hoch* . . . . *145,40* „

Bemerkung. Bei niederen *Wasserständen von höchstens 1,0 bis 1,5 m* an Bächen und Flüssen lassen sich auch einfachere Fangedämme durch Rammen von Rundhölzern, Anbringen von Zangen und darauffolgendes Rammen von $4^1/_2$ cm starken Bohlen herstellen. Ihre Herstellungskosten kann man dann bei etwa 40 cm Stärke der Lehmfüllung einschließlich Beibringen, Einstampfen des Lehms und einschließlich Wiederentfernen des Fangedammes (reine Lohnkosten) zu

25 bis 40 St. je 1 lfd. m Fangedamm

schätzen. Das Einrammen der Pfähle und Bohlen kann hier mit einer Viermännerramme von Hand erfolgen. Die letztere Zahl gilt bei größerer Tiefe und bei weniger weichem Untergrund.

D. Schachtung mit Verzimmerung bei Gründungsarbeiten.

Schachtungen mit Verzimmerung werden beispielsweise angewandt bei der Gründung von Brückenpfeilern mit tiefliegender Gründungssohle bei wenig standhaftem Boden, vor allem auch in druckhaftem Gelände (Rutschgelände, Auffüllgelände; siehe auch die Veröffentlichung des Verfassers in der Zeitschrift „Der Bauingenieur" 1922, Heft 11). Das Schachtverfahren kommt nur für größere Tiefen in Frage (mindestens 4 bis 5 m Tiefe). Es werden dann für die Beförderung des Fundamentaushubs zweckmäßig maschinelle Hilfsmittel herangezogen. Es sind nachfolgend Schachtungen für Brückenpfeilergründungen quadratischen oder rechteckigen Querschnitts mit Hilfe eines Dampfdrehkrans behandelt.

Schachtungen für Pfeilergründungen.

Ein Beispiel einer solchen Schachtung gibt Abb. 36. Das Maß l, d. i. der Abstand der Schachtrahmen[1], wird zweckmäßig etwa 1,60 m gewählt, wobei dann Schachtbohlen von 2 m Länge zur Verwendung kommen. Die Schachtungsarbeiten, bei Annahme, daß die Ausführung wenigstens von 2 bis 3 m Tiefe ab mit Dampfkran erfolgt, setzt sich wie folgt zusammen:

a) Lösen des Bodens und Laden in Krankübel.

b) Zimmer- und Schalarbeit.

c) Hochziehen der Krankübel mit dem Dampfdrehkran.

d) Abtransport des Aushubs in Fördergefäßen.

e) Wenn erforderlich, Wasserhaltung.

---

[1] Bei starken Drücken und in größeren Tiefen $l = 0,80$ m bis 1,00 m.

Da sich d) und e) ganz nach den örtlichen Verhältnissen bzw. a) nach der Bodenart richten, muß bezüglich der Kalkulation dieser Arbeitsvorgänge auf die betreffenden Abschnitte verwiesen werden. Für den Vorgang b) sollen die Lohnkosten und Materialkosten an Hand von Beispielen näherungsweise ermittelt werden.

Zu a) ist noch zu bemerken, daß zu den Werten, welche dem Abschnitt III, Erd- und Felsarbeiten „Bodenaushub aus Bau- und Fundamentgruben" entnommen werden, für die Lohnkosten noch ein *Zuschlag von 25 bis 30%* zu machen ist, da die Aushubarbeiten in der ausgesteiften Baugrube etwas schwieriger vor sich gehen.

Ist eine eigene *Wasserhaltung* erforderlich, so ist diese nach Abschnitt VII zu ermitteln (einschließlich Pumpenschacht und Drainagen der Baugrubensohle).

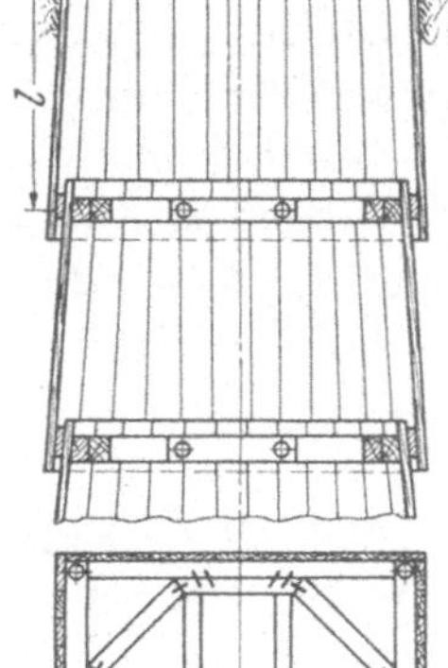

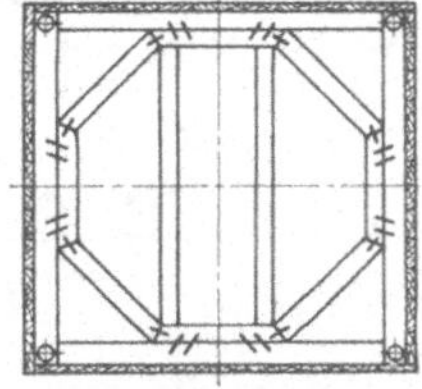

Abb. 36. Pfeilerschachtung.

Zu b) Zimmer- und Schalarbeiten.

Materialbedarf. Der Holzbedarf (ohne Verschnitt) je 1 m Schacht bei Schächten von Querschnitt 5/5 bis 7/8 m beträgt:

1. Schalbohlen 6 cm st.: 1,4 bis 2,2 m³,
2. Rundholz und zweiseitig beschnittenes Holz: 1,2 bis 2,2 m³.

Der gesamte Holzverbrauch ist demnach 2,6 bis 4,4 m³.

Gerechnet auf *1 m² Schalfläche* ergibt sich der *Materialbedarf:*

1. Schalbohlen 6 cm st. . . . . 0,07 m³
2. Rundholz und zweiseitig beschnittenes Holz . 0,07 m³

0,14 m³ Holz

Dazu kommt an Kleineisenzeug 20 bis 30 Stück Bauklammern = 20 bis 30 kg je 1 lfd. m Schacht, oder *je 1 m² Schalfläche 1 kg Bauklammern.*

Mit einem Preis für Bohlen von 70,— RM. je 1 m³, für Rundholz von 60,— RM. je 1 m³, für Bauklammern von 0,60 RM. je 1 kg betragen demnach die Materialkosten *je 1 m² Schachtwandfläche:*

0,07 m³ Bohlen zu 70,— RM. . . . . 4,90 RM.
0,07 m³ Rundholz zu 60,— RM. . . . . 4,20 „
1 kg Bauklammern zu 0,60 RM. . . . . 0,60 „

Kosten je 1 m² Wandfläche . . . . 9,70 RM.

Die Kosten des *Materialverbrauchs* an Bauhilfstoffen ergeben sich bei Annahme *3maliger Verwendung:*

je *1 m² Schachtwandfläche* 9,70/3 . . . . 3,20 RM.
oder je 1 m³ Baugrubenaushub . . . . . 2,60 bis 1,70 RM.

Arbeitslöhne. Die Zimmer- und Schalarbeit kann etwa wie folgt gerechnet werden:

0,07 m³ Holz verzimmern mit Stumpfstößen und Wieder-
ausbauen zu 30 Stz. . . . . 2,1 Stz.

1 m² Schalung Setzen und Verkeilen nebst Transport des
Holzes . . . . 0,8 St$_{einsch.}$

Arbeitslöhne für Schal- und Zimmerarbeit je 1 m² Schachtwandfläche . . . . 2,1 Stz. + 0,8 St$_{einsch.}$

oder auch *je 1 m² Schachtwandfläche* . . . . 2,8 Stz.

oder 2,8:0,14 = 20 Stz. je 1 m³ verzimmertes Holz oder
0,075 × 20 = 1,5 Stz. je 1 m³ Baugrubenaushub.

Zu c) Kosten des Dampfdrehkrans..

Vgl. die genaue Berechnung der Gerätekosten, Betriebstoffkosten usw. in dem Beispiel 4 S. 65.

E. Gründung mittels Senkbrunnen und Druckluftgründungen.

An Stelle von *gemauerten Brunnen* für *Brunnengründungen* (Durchmesser 1 bis 3 m, Wände 25 cm, 38 cm, 51 cm stark), wie sie früher Verwendung fanden, wählt man heute zweckmäßig *fertige Beton- und Eisenbetonrohre* (Schleuderbetonrohre unbewehrt bzw. spiralbewehrt) in

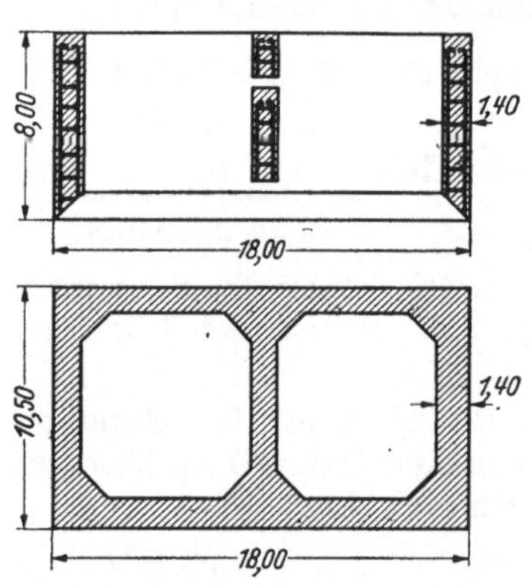

Abb. 37. Senkkasten.

Höhen von 0,50 m bis 1,0 m zum Absenken. Bei größeren Querschnitten z. B. für Brückenpfeiler, Hafenmauern u. dgl. verwendet man ausschließlich *Senkkästen in Eisenbeton* mit bewehrten Wänden von 0,80 bis 1,50 m Stärke (etwa wie Abb. 37), welche durch ihr eigenes Gewicht beim Aushub sich absenken.

Bei diesen *Brunnengründungen* fallen folgende Teilleistungen an, welche einzeln nach den entsprechenden Kapiteln (Eisenbetonbau, Greiferarbeiten, Wasserhaltung usw.) zu kalkulieren sind:

1. Herstellung des *Eisenbetonsenkkastens* (Schalen, Armieren, Betonieren) über der Baugrube oder auf künstlichem Planum.

2. *Bodenaushub mit Greifer* o. dgl. (unter Umständen unter Wasser, sonst mit Wasserhaltung).

3. Bei Unterwasseraushub: *Betonieren* der Sohle unter Wasser im *Kontraktorverfahren* und Abpumpen des Wassers.

4. *Ausbetonieren des Senkkastens* im Trocknen bzw. mit Wasserhaltung.

Die Ausführung von *Druckluftsenkkästen* unterscheidet sich von den Senkbrunnen lediglich durch das Einziehen von horizontalen Eisenbetondecken, welche die Luft- und Materialschleusen tragen (verlorene Schalung!). Über ihre Kalkulation sind im Anhang über Nachkalkulation S. 398 nähere Angaben gemacht.

Untergrundentwässerung.

1. Schachtungen.

Zur Entwässerung von schlechtem Untergrund und zur Verhütung von Damm- und Einschnittsrutschungen müssen Sickerungen angelegt werden, um dem Boden das Wasser zu entziehen, welches die Hauptursache von Rutschungen ist. Zur Anlage der Sickerungen müssen erst Schächte von 0,80 bis 1,50 m Breite angelegt werden, welche nachher mit Bruchsteinen ausgepackt werden. Die Aussteifung der Baugrube wird mit fortschreitenden Steinbeigungsarbeiten wieder entfernt.

Über die Kostenberechnung solcher Schachtungsarbeiten siehe Abschnitt III und XXI.

2. Sickerungsanlagen.

Steinbeigung (s. Abb. 38) von Sickerungen einschließlich Heranschaffen der Bruchsteine bis auf etwa 30 m einschließlich Entfernen der Absteifung der Baugrube, je nach örtlichen Verhältnissen für 1 m³ Steinbeigung

2,5—3,0 St.

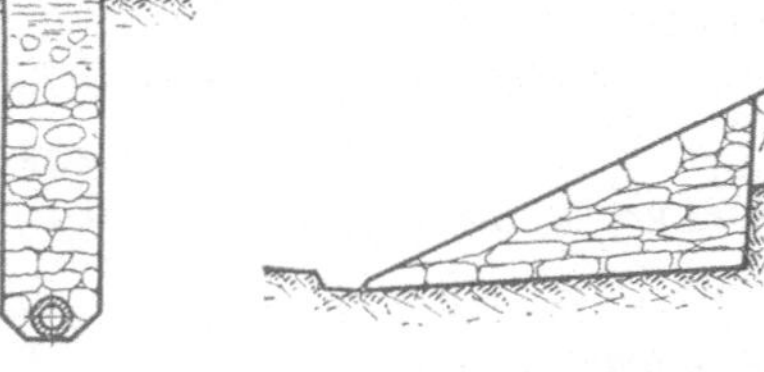

Abb. 38.   Abb. 39.

Steinbeigung hinter Stützmauern zur Entwässerung in 40 bis 60 cm Breite, einschließlich Heranschaffen der Steine auf etwa 30 m je 1 m³ Steinbeigung . . . . 3,0 St.

Steinfüße als Fuß von Einschnittsböschungen zur Verhütung von Rutschungen (s. Abb. 39):

a) Herstellung der Steinbeigung einschließlich Heranschaffen der Steine auf etwa 10 m je 1 m³ Steinbeigung . . . . . 1,5 Stm. + 2,0 St.

b) Verkleiden der Ansichtsfläche je 1 m² . . . . 2,0 Stm. + 1,0 St.

3. Entwässern von Baugrubensohlen durch Drainagegräben.

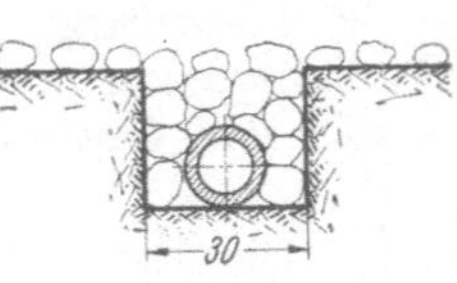

Abb. 39 a.

Sohlendrainagen (s. Abb. 39 a) zum Entwässern der Baugrubensohle bei Gründungen (Ableitung zum Pumpensumpf) herstellen kostet *je 1 lfd. m*

an *Material:* 1 lfd. m Drainagerohre 10 bis 15 cm ⌀, 0,10 m³ Kies, an *Löhnen: 0,5 St.*

X. Förderkosten.

1. Schubkarrentransport.

Materialienbeförderung mittels Schubkarren auf einer waagrechten oder wenig geneigten Bahn, Hinfahrt beladen, Rückfahrt leer, einschließlich Kippen des geladenen Materials und einschließlich Aufenthalt an der Belade- und Entladestelle:

Gerätean- und Rücktransport ist je nach der örtlichen Lage der Baustelle besonders zu ermitteln. 1 Schubkarren mit 70 bis 150 l Inhalt[1] (Holz oder Eisen) wiegt 40 bis 50 kg.

Gerätekosten, d. h. Gerätemiete und Geräteunterhaltung von Schubkarren und Karrbohlen (30 cm breit, 6 cm stark mit Bandeisen beschlagen) kann man bei Förderweiten, innerhalb deren der Schubkarrentransport noch wirtschaftlich ist (im allgemeinen bis zu 50 m) wie folgt annehmen (1 Schubkarren 100 l kostet etwa 22,— RM., 1 lfd. m Karrbohle etwa 1,20 RM.):

Für *1000 kg Material*	Für *1 m³ Boden*			
0,03 RM.	Klasse 1/2	3/4	5/7	8/9
	0,035	0,04	0,045	0,05 RM.

Lohnkosten. Der *reine Lohnaufwand* für Fördern und Kippen einschließlich aller Nebenarbeiten und der Löhne für allgemeine Arbeiten (jedoch ohne *Baustelleneinrichtung*, z. B. Aufstellen von Unterkunftsbaracken u. dgl., welche jeweils besonders ermittelt werden) setzt sich mit

$$L = \text{Förderweite in m und}$$
$$St. = \text{Stundenlohn eines Tiefbauarbeiters}$$

für 1000 kg Material bzw. 1 m³ Boden wie folgt zusammen:

Fördern und Kippen.

Für *1000 kg Material*		*1 m³ Boden*
$0{,}4 + (L-40) \cdot 0{,}005$ St.	Klasse 1/2	$0{,}50 + (L-40) \cdot 0{,}008$ St.
	„ 3/4	$0{,}60 + (L-40) \cdot 0{,}008$ St.
	„ 5/7	$0{,}70 + (L-40) \cdot 0{,}010$ St.
	„ 8/9	$0{,}80 + (L-40) \cdot 0{,}010$ St.

Gewinnen und Laden nach Abschnitt III, S. 61.

1. Bemerkung. Bei *Steigungen* über 2% muß für je 1 m Steigung eine Mehrlänge von 20 m Weg in obige Formel eingesetzt werden.

2. Bemerkung. Zu den reinen Lohnkosten sind bei Ermittlung des Einheitspreises noch die *sozialen Aufwendungen, Gemeinkosten, Geschäftskosten und Gewinn* zuzuschlagen.

2. Muldenkippertransport.

a) Handbetrieb.

Gerätean- und Rücktransport sind je nach den örtlichen Verhältnissen der Baustelle besonders zu ermitteln.

---

[1] Sog. Japanerkarren.

Muldenkippwagen für Spurweiten von 500 bis 750 mm:

Nr.	Spurweite mm	Inhalt m³	Länge mm	Breite mm	Höhe mm	Gewicht ohne Bremse kg	Gewicht mit Bremse kg	Kosten (ohne Bremse) etwa RM.
1	500	0,50	1700	1280	1015	280	310	105,—
2	600	0,75	1860	1470	1195	345	390	130,—
3	600	1,00	2055	1500	1275	580	620	200,—
4	750	1,50	2420	1940	1565	950	1050	340,—

Die *Einrichtungskosten* für Muldenkipperförderung umfassen außer Einrichtungskosten allgemeiner Natur (Baubuden aufstellen u. dgl. je nach Örtlichkeit und Art der Arbeit) vor allem das erstmalige Gleislegen und Wiederaufnehmen der Gleise einschließlich Rohplanie:

1 lfd. m Gleis verlegen und wieder aufnehmen[1]

kostet für Rahmengleis   600 mm Spur $0,35 + 0,15 = 0,5$ St.

„ Schwellengleis 600 „   „ $0,45 + 0,25 = 0,7$ St.

„   „   750 „   „ $0,55 + 0,25 = 0,8$ St.

Die *Gerätekosten*, umfassend Gerätemiete und Materialkosten der Geräteunterhaltung, aber ohne die Lohnkosten der Geräteunterhaltung (d. h. die Lohnkosten der Werkstatt mit Nebenbetrieben wie Magazin; diese sind in den Lohnkosten mit 0,05 bis 0,10 $St_{mi.}$ je 1 m³ Bodenbewegung eingerechnet) werden etwa auf folgender Grundlage ermittelt:

Gerätemiete (bei *eigenem* Geräte).

1 Förderwagen

$^3/_4$ m³ 2,— RM./Mon.

1 m³ 4,— RM./Mon.

100 m Gleis

Rahmengleis 600 mm, 70 mm hoch 5,50 RM./Mon.

Brigadegleis 600 mm, 70 mm hoch 8,— RM./Mon.

1 Weiche 600 mm 3,— RM./Mon.

Überschlägig kann man rechnen für *Gerätemiete je 1 m³ Boden* (feste Masse):

Bodenklasse 1/2 . . . . 0,05 RM.

„   3/4 . . . . 0,07 „

„   5/7 . . . . 0,08 „

„   8/9 . . . . 0,10 „

Die *Lohnkosten für Muldenkipperförderung von Hand*, einschließlich aller Nebenarbeiten (z. B. Gleisrichter) und Löhnen für allgemeine Arbeiten (mit Werkstattlöhnen, Magazin usw.) betragen, wenn L die Förderweite in m und $St_{mi.}$ den mittleren Stundenlohn bedeutet (jeweils einschließlich Aufsicht zu ermitteln, sonst $= 1,1$ St. einzusetzen) für

1 m³ Boden zu fördern und kippen

Bodenklasse 1/2 . . . $0,55 + (L—100) \cdot 0,0018$ $St_{mi.}$

„   3/4 . . . $0,60 + (L—100) \cdot 0,0020$ $St_{mi.}$

„   5/7 . . . $0,70 + (L—100) \cdot 0,0020$ $St_{mi.}$

„   8/9 . . . $0,75 + (L—100) \cdot 0,0022$ $St_{mi.}$

1. Bemerkung. Muldenkipperförderung von Hand wird im allgemeinen etwa *bis 250 m Förderweite* noch als wirtschaftlich in Frage kommen.

---

[1] Ohne größere Erdbewegungen, welche besonders zu kalkulieren sind.

2. Bemerkung. Steigungen im Fördergleis kann man Rechnung tragen, indem man in obiger Formel bei den Lohnkosten für *1 m Steigung 50 m Mehrlänge* für L einsetzt. Begründung: Die Förderkraft eines Mannes ist etwa 12,5 kg (Zug- oder Druckkraft). Der Widerstandswert ist $W = 0,010$ kg/t. Ein beladener $^3/_4$ m³ = Wagen wiegt etwa $350 + 900 = 1250$ *kg*, d. h. *1 Mann* kann soeben auf waagerechter Bahn 1 beladenen $^3/_4$ m³ = Kipper schieben.

Bei 1% Steigung sind $+ 1250/100 = 12,5$ kg mehr Widerstand zu überwinden, d. h. *2 Mann* erforderlich. Bei 2% Steigung sind *3 Mann* erforderlich.

b) Pferdebetrieb.

Pferdebetrieb wird *im allgemeinen heute nicht mehr wirtschaftlich* sein, da die Kleindampf- und Diesellokomotive wirtschaftlichere Zugmaschinen sind. Indessen kann bei *geringem Umfang der Leistungen* und bei *starken Steigungen* besonders in abgelegenen Gegenden das Pferd auch heute noch gelegentlich als Zugmaschine in Frage kommen. In manchen Fällen wird man allerdings (z. B. bei Baugrubenaushub vgl. Beispiel S. 63) die Winde bevorzugen.

Die *Zugkraft* des Pferdes kann man mit *70 kg* rechnen. Das entspricht auf ebener Bahn

$$\text{etwa } 5 \text{ beladenen } ^3/_4 \text{ m}^3 = \text{Kippern}$$
$$\text{oder } \quad \text{„ } 3 \quad \text{„} \quad \text{(1 m}^3 = \quad \text{„}$$

Auf Gleis mit 4% Steigung zieht 1 Pferd gerade noch 1 Rollwagen von $^3/_4$ bis 1 m³ Inhalt.

Kosten des Pferdebetriebs.

Betragen die Kosten von 1 Pferd mit Führer F RM./1 Betriebstunde und ist die stündliche Leistung des Betriebs Q m³ (feste Masse), so sind die *Lohnkosten + Pferdekosten je 1 m³ Boden für Fahr- und Kippbetrieb*

$$\text{bei Bodenklasse } 1/4 \quad\quad 0,20 \text{ St.} + F/Q \text{ RM.}$$
$$\text{„} \quad\quad \text{„} \quad 5/9 \quad\quad 0,30 \text{ St.} + F/Q \text{ RM.}$$

Bemerkung. Steigungen bis 2% können unberücksichtigt bleiben.

3. Lokomotivförderung.

Auf größere Entfernungen (> 300 m) und bei größeren Förderleistungen kommt für Gleisförderung von Geräten, Zuschlagstoffen, Beton, Bodenmassen usw. nur Lokomotivzug in Frage. Da sich die Anwendung elektrischer Lokomotiven im allgemeinen auf stationäre Betriebe, wie Abraumbetriebe, beschränkt, werden nur die im Baubetrieb gebräuchlichen Diesel- und Dampflokomotiven in Betracht gezogen. Die Kostenermittlung der Lokomotivförderung erfolgt in Anlehnung an eine Veröffentlichung des Verfassers[1].

Allgemeines. Die Berechnung der *Zugkraft der Lokomotive* und die Ermittlung der *Bruttozuglasten*, welche in Tabelle 21 und 22 für

---

[1] BAUMEISTER: Grundlagen zur Berechnung der Lokomotivförderkosten in Baubetrieben. Siehe „Der Bauingenieur" 1934 H. 7/8 u. 9/10.

Dampflokomotiven.

Tabelle 21. Bruttozuglasten in t bei verschiedenen Steigungen in gerader Bahn (Dauerleistung bei Zugwiderstand von etwa 10 kg/t für Lokomotiven und 6 kg/t für Wagen).

Leistung . . . . etwa PS		10	20	30	40	50	60	80	100	125	160	200	230
	$1 : \infty = 0^0/_{00}$	70	126	165	206	260	300	380	445	514	590	660	810
	$1 : 500 = 2^0/_{00}$	50	90	122	150	194	220	280	330	380	435	490	600
	$1 : 200 = 5^0/_{00}$	34	60	85	110	136	158	200	235	272	312	352	430
Befördert eine angehängte	$1 : 100 = 10^0/_{00}$	22	40	55	73	87	105	134	158	180	208	235	285
Bruttolast in Tonnen auf	$1 : 50 = 20^0/_{00}$	11	20	30	41	48	61	78	92	105	120	135	160
gerader Steigung von	$1 : 33^1/_3 = 30^0/_{00}$	6	13	18	27	32	41	52	62	70	80	92	108
	$1 : 25 = 40^0/_{00}$	4	8	12	19	22	30	38	45	50	58	68	80
	$1 : 20 = 50^0/_{00}$	3	6	8	14	16	23	29	34	38	44	52	60

Diesellokomotiven.

Tabelle 22. Bruttoanhängelasten[1] von Diesellokomotiven in t auf gerader Bahn.

Steigungen	12 PS		24 PS		40 PS		75 PS		12 PS		24 PS		40 PS		75 PS	
	2,8 t	3,8 t	4,6 t	7 t	7 t	9 t	10 t	12 t	2,8 t	3,8 t	4,6 t	7 t	7 t	9 t	10 t	12 t
$1 : \infty$	50	66	75	125	130	166	235	277	39	38	75	73	108	106	213	211
$5^0/_{00}$	34	45	52	86	90	115	153	181	27	26	52	50	74	72	138	136
$10^0/_{00}$	25	34	39	65	68	87	113	133	20	19	39	37	56	54	101	99
$20^0/_{00}$	17	22	25	42	45	57	72	85	13	12	25	23	36	34	64	62
$40^0/_{00}$	9	12	14	23	25	32	39	46	6,8	5,8	14	11,5	20	18	35	33
$50^0/_{00}$	7	9,5	11	18,5	20	25	31	35	5,2	4,2	11	8,5	15	13	27	25
Fahrgeschwindigkeit km/h .	3	3	3	3	3,3	3,3	4	4	5	5	5,2	5,2	6	6	7	7
Hakenzugkräfte[2] auf gerader Ebene kg	600	800	900	1500	1560	2000	2350	2770	470	455	900	870	1300	1275	2130	2110
$1 : \infty$	23	22	44	42	58	56	129	127	13	12	22	20	32	30	81	79
$5^0/_{00}$	15	14	29	27	39	37	82	80	8,2	7,2	14	12	21	19	51	49
$10^0/_{00}$	11	10	22	19,5	29	27	59	57	5,7	4,7	10	8	14	12	36	34
$20^0/_{00}$	6,6	5,6	13,5	11	17	15	36	34	3	2	5,5	3	8	6	20	18
$40^0/_{00}$	3	2	6,5	4	8	6	18	16	—	—	1,6	—	2	—	8	6
$50^0/_{00}$	2	1	5	2,5	6	4	13	11	—	—	—	—	—	—	5.	3
Fahrgeschwindigkeit km/h .	8,2	8,2	8,7	8,7	10,5	10,5	11	11	13,3	13,3	15,5	15,5	17,5	17,5	17	17
Hakenzugkräfte[2] auf gerader Ebene kg	270	255	525	500	700	675	1290	1270	155	140	270	240	385	360	810	790

[1] Errechnet mit einem Anfahrwiderstand von 12 kg je 1 t Zuggewicht auf gerader Ebene. Bei einem $w = 10$ kg/t bzw. 8 kg/t erhöhen sich die Zahlen um 20 % bzw. 50 %.   [2] Nur bei trockenem und gutem Schienenzustand.

Diesel- und Dampflokomotiven angegeben sind, werden als bekannt vorausgesetzt. Die Wahl der Förderwagen und des Fördergleises hängt ja gleichzeitig auch vom Gerätebestand einer Unternehmung ab.

Die *Fahrgeschwindigkeit* von Baulokomotiven kann man bei mäßigen Steigungen und Krümmungen und guter Gleislage für die kleinen 10 bis 50 PS-Loks zu 7 km/h (6 km/h für Vollzüge, 8 km/h für Leerzüge), für die großen 160 bis 200 PS-Loks zu durchschnittlich 14 km/h (12 km/h Vollzüge, 16 km/h Leerzüge) annehmen. Die Aufenthalte beim Beladen und Entladen (Kippen) der Förderzüge, beim Wasser- und Kohlefassen und die jeweiligen örtlichen Verhältnisse im Ladeschacht und an der Einbaustelle sind bei Berechnung der Förderleistung sorgfältig zu berücksichtigen.

Selbstkosten der Lokomotivförderung.

Außer den nachstehend behandelten Selbstkosten der Lokomotivförderung sind bei der Kalkulation jeweils von Fall zu Fall die *einmaligen Kosten für An- und Rücktransport der Geräte* zur Baustelle (einschl. Frachtkosten) zu ermitteln.

Bei *Einrichtung und Abräumung* von Baustellen mit Gleisförderung entstehen außer Einrichtungskosten allgemeiner Natur einmalige Kosten beim *erstmaligen Gleislegen und der späteren Wiederentfernung* der Gleise nach Baubeendigung. Man kann einschließlich Planiearbeiten (jedoch nicht größere Erdarbeiten) und erstes Unterstopfen der Gleise (jedoch ohne Entladen und Zurückverladen von Schienen und Schwellen, was zu den einmaligen Kosten für An- und Rücktransport zu rechnen ist, man vgl. Abschnitt II, S. 43 f.) für

1 lfd. m Gleis verlegen und später wieder aufnehmen

an Löhnen rechnen:

bei Rahmengleis	. . .	600 mm Spur	0,35 + 0,15	=	0,5 St.
„ Schwellengleis	. . .	600 „ „	0,45 + 0,25	=	0,7 St.
„ „	. . .	750 „ „	0,70 + 0,40	=	1,1 St.
„ „	. . .	900 „ „	0,90 + 0,60	=	1,5 St.

1 Weiche verlegen und später wieder aufnehmen

kostet an Löhnen:

für 600 mm Spur	25 + 15 = 40 St.
„ 750 „ „	40 + 20 = 60 St.
„ 900 „ „	50 + 25 = 75 St.

Die *Selbstkosten eines Lokomotivförderbetriebs je 1 Betriebstunde* können aus *Tabelle 23* unter Zuhilfenahme von *Tabelle 24 bis 29* entnommen werden. Die Angaben über Abschreibung und Verzinsung der Baugeräte stützen sich auf die Veröffentlichung des Verfassers in der Zeitschrift „Der Bauingenieur" 1933, Heft 29/30: „Grundsätzliches zur Frage der Abschreibung von Baugeräten."

Tabelle 23. Selbstkosten von Zuglokomotiven je 1 Betriebstunde.

1. Lokomotivkosten.	*2. Förderkosten.*	*3. Gleiskosten.*
A. Geräteunkosten.	*A. Geräteunkosten.*	*A. Geräteunkosten.*

1. Lokomotivkosten.

A. Geräteunkosten.

a) Abschreibung + Verzinsung + Materialkosten der Geräteunterhaltung: *Tabelle 27 und 28.*

b) Lohnkosten der Geräteunterhaltung (Werkstattlöhne) je 1 Betriebstunde:

10—50 PS	50—120 PS	120—220 PS
0,2	0,35	0,5

Facharbeiterstunden.

B. Löhne.

Je 1 Betriebstunde:

Diesel-	Dampfloks
1,10	1,15 Lokomotivführerstunde
1,10	1,30 Heizerstunde (2schichtig 1,20 h) (3schichtig 1,15 h)

C. Betriebstoffverbrauch. Siehe *Tabelle 24 und 29.*

2. Förderkosten.

A. Geräteunkosten.

a) Abschreibung + Verzinsung + Materialkosten der Geräteunterhaltung: *Tabelle 25.*

b) Lohnkosten der Geräteunterhaltung je 1 Wagenbetriebstunde:

Eiserne Muldenkipper

$^3/_4$ m³	1 m³	2 m³	5 m³ Selbstkipper
0,01	0,015	0,03	0,10

Facharbeiterstunden.

Holzkastenkipper

1 m³	2 m³	3 m³	4 m³
0,04	0,05	0,08	0,15

Facharbeiterstunden.

B. Löhne.

Eventuell Bremser (Bremswagen möglichst vermeiden!). Sonst nur 1 Schmierjunge

0,01 St. je 1 Wagenbetriebstunde.

C. Betriebstoffe. Rollwagenöl je 1 Betriebstunde in kg.

Eiserne Muldenkipper

$^3/_4$ m³	1 m³	2 m³	5 m³ Selbstkipper
0,005	0,01	0,012	0,025

Holzkastenkipper

1,5 m³	2 m³	3 m³	4 m³
0,01	0,012	0,014	0,018

3. Gleiskosten.

A. Geräteunkosten.

a) Abschreibung + Verzinsung + Materialkosten der Geräteunterhaltung: *Tabelle 26.*

b) Werkstattlöhne zu vernachlässigen!

B. Löhne.

Für Gleisunterhaltung je 1 Betriebstunde:

1 km Gleis

Spur 600 mm 0,4 St.
„ 750 mm 0,6 St.
„ 900 mm 0,9 St.

+ Weichensteller!

C. Betriebstoffe zu vernachlässigen! (z. B. Streusand und Kohle zum Rösten).

Der Betriebstoffverbrauch für Zuglokomotiven je 1 Betriebstunde ist in Abschnitt II, S. 38 behandelt.

Tabelle 24. Betriebstoffverbrauch für Zuglokomotiven (Diesel)
je 1 Betriebstunde (50% Belastung).

Betriebstoffe	Diesel-Lok. 12 PS	Diesel-Lok. 24 PS	Diesel-Lok. 40 PS	Diesel-Lok. 75 PS
Brennstoffe:				
Treiböl (Rohöl) kg/h . .	1,50	2,6	4,0	7,0
Putz- und Schmiermittel:				
Schmieröl (Dieselöl) kg/h.	0,15	0,20	0,30	0,6
Putzöl kg/h.	0,02	0,03	0,04	0,06
Putzwolle kg/h	0,02	0,03	0,04	0,06

Tabelle 25. Abschreibung und Verzinsung + Materialkosten der Ge-
je 1 Betrieb-

Wagenart	Eiserne Muldenkipper					Holzkastenkipper			
Spur mm	500	600	600	750	750	600'	750	900	900
Wageninhalt m³	0,5	0,75	1,0	1,5	2,0	1,5	2,0	3,0	4,0
Gewicht kg	280	350	580	950	1200	1000	1300	2100	2400
Neuwert etwa RM.	105,—	130,—	200,—	340,—	380,—	300,—	390,—	630,—	720,—
Betriebstundenzahl									
b = 500	3,75	4,63	7,20	12,04	13,50	14,25	18,40	28,10	32,20
b = 1000	2,70	3,35	5,20	8,74	9,90	11,25	14,50	22,—	25,—
b = 2000	2,20	2,72	4,20	7,14	8,10	9,75	12,60	18,90	21,50
b = 3000	2,04	2,52	3,90	6,60	7,50	9,27	12,—	17,95	20,45
b = 4000	2,—	2,47	3,80	6,44	7,34	9,50	12,30	18,30	20,70
b = 5000	2,—	2,48	3,84	6,51	7,40	9,90	12,86	18,90	21,60
b = 6000	2,06	2,55	3,92	6,72	7,67	10,50	13,60	20,—	22,80

Bemerkungen. 1. Beim Beladen von eisernen Muldenkippern bis 2 m³ mit schweren, felsigen und sehr nassen Bodenarten sind, besonders bei Holzkastenkippern,

Tabelle 26. Abschreibung und Verzinsung von 100 m Gleis

Spur-weite	1. Schienen und Laschen			2. Klein-eisenzeug		3. Schwellen		Abschreibung	
	Ge-wicht der Schie-nen	Ge-samt-gewicht	Kosten	Ge-wicht	Ko-sten	Stück	Kosten	b = 500 Stunden	b = 1000
mm	kg/m	kg	RM.	kg	RM.		RM.		
600	10,0	2020	283	100	30	150	120	56,6+ 68,4=125,0	35,7+ 47,7= 83,4
	12,0	2430	342	100	30	150	130	68,4+ 73,4=141,8	43,1+ 51,1= 94,2
	14,0	2835	400	120	36	150	150	80,0+ 85,0=165,0	50,4+ 59,3=109,7
	16,0	3240	454	120	36	150	200	91,0+109,8=200,8	57,2+ 76,7=133,9
750	18,0	3640	510	125	38	150	240	102,0+130,2=232,2	64,3+ 91,0=155,3
	20,0	4050	570	125	38	150	250	114,0+135,2=249,2	71,8+ 94,5=166,3
	24,5	4960	695	130	38	150	250	139,0+135,2=274,2	87,5+ 94,5=182,0
900	24,5	4960	695	130	38	150	250	139,0+135,2=274,2	87,5+ 94,5=182,0
	27,5	5580	781	130	39	150	280	156,2+149,8=306,0	98,2+105,2=203,4
	30,0	6080	852	135	40	150	300	170,4+160,0=330,4	107,0+112,3=219,3
	31,0	6290	880	140	42	150	300	176,0+160,5=336,5	111,0+112,7=223,7
	33,3	6800	952	150	45	150	400	190,4+211,2=401,6	120,0+148,1=268,1

Bemerkung. Die erste Ziffer der Summe bezieht sich auf Schienen nebst Laschen

Die *Selbstkosten der Lokomotivförderung je 1 Betriebstunde* setzen sich aus den in *Tabelle 23* aufgeführten Kostenanteilen zusammen.

Tabelle 30 und 31 zeigen dann die *Betriebskosten* (Selbstkosten) *von Dampf- und Diesellokomotiven.* Der Berechnung liegen folgende Löhne und Materialpreise zugrunde:

Löhne:	*Materialpreise in RM.* (frei Verwendungsstelle):
Lokomotivführerlohn . 1,— RM.	Kohle . . . . 35,— RM./t
Heizerlohn . . . . . . 0,80 „	Sattdampfzylinderöl . . 35,— RM./100 kg
Facharbeiterlohn . . . 0,90 „	Maschinenöl Visc. 10—11 38,— RM./100 kg
Tiefbauarbeiterlohn . . 0,65 „	Putzöl . . . . 20,— RM./100 kg
Sozialaufwand + Ge-	Putzwolle . . . . 70,— RM./100 kg
schäftskosten +	Treiböl (Rohöl) . . . . 20,— RM./100 kg
Gemeinkosten 40% der Löhne	Dieselmotorenöl Visc. 8—9 45,— RM./100 kg
	Wasser . . . . 0,25 RM./m^3

räteunterhaltung (einschl. Hauptreparatur) für 1 Förderwagen in Rpf. stunde.

Hölzerne Selbstkipper					Stahlselbstkipper			
750 2,0 1450 510,—	900 3,0 2350 820,—	900 3,5 2600 910,—	900 4,0 2780 980,—	900 4,5 3300 1150,—	900 3,5 2600 1300,—	900 4,0 3400 1760,—	900 5,3 3800 1900,—	900 6,0 6600 3300,—
24,10	36,60	40,70	43,70	51,25	37,20	50,34	56,10	94,40
19,—	28,50	31,70	34,10	40,05	27,10	36,64	39,60	65,40
16,50	24,50	27,30	29,30	34,45	21,30	28,84	31,20	50,80
15,70	23,30	25,90	27,80	32,65	19,40	26,24	28,30	45,90
16,10	23,70	26,30	28,40	33,30	19,02	25,54	27,75	44,60
16,80	24,60	27,30	29,30	34,40	18,84	25,55	27,50	43,80
17,60	25,90	28,80	31,—	36,40	19,13	25,95	28,10	44,20

Löffelbaggern sind die gegebenen Werte mindestens um 30% zu erhöhen. 2. Bei die gegebenen Werte noch um 15 bis 20% zu erhöhen.

für 1000 Betriebstunden in RM. (Kapitalverzinsung $p = 6\%$).

und Verzinsung in RM. je 1000 Betriebstunden für 100 m Gleis

$b = 2000$	$b = 3000$	$b = 4000$	$b = 5000$	$b = 6000$
25,2+ 37,5= 62,7	21,6+ 34,0= 55,6	20,1+ 32,1= 52,2	18,7+31,1= 49,8	18,4+30,5= 48,9
30,4+ 40,2= 70,6	26,0+ 36,4= 62,4	24,3+ 34,5= 58,8	22,6+33,4= 56,0	22,2+29,3= 51,5
35,6+ 46,6= 82,2	30,4+ 42,2= 72,6	28,4+ 40,1= 68,5	26,4+38,7= 65,1	26,0+38,0= 64,0
40,4+ 60,4=100,8	34,6+ 54,6= 89,2	32,2+ 51,9= 84,1	30,0+50,1= 80,1	29,5+49,2= 78,7
45,4+ 71,5=116,9	38,8+ 65,0=103,8	36,2+ 61,7= 97,9	33,7+59,5= 93,2	33,2+58,4= 91,6
50,8+ 74,3=125,1	43,3+ 67,4=110,7	40,4+ 63,9=104,3	37,6+61,8= 99,4	37,0+60,6= 97,6
62,0+ 74,3=136,3	52,8+ 67,4=120,2	49,4+ 63,9=113,3	45,9+61,8=107,7	45,2+60,6=105,8
62,0+ 74,3=136,3	52,8+ 67,4=120,2	49,4+ 63,9=113,3	45,9+61,8=107,7	45,2+60,6=105,8
69,5+ 82,8=152,3	59,2+ 75,0=134,2	55,2+ 71,2=126,4	51,4+68,8=120,2	50,7+67,6=118,3
75,8+ 88,4=164,2	64,8+ 80,1=144,9	60,5+ 76,2=136,2	56,2+73,8=130,0	55,4+72,3=127,7
78,2+ 88,7=166,9	67,0+ 80,3=147,3	62,5+ 76,4=138,9	58,0+73,8=131,8	57,2+72,5=129,7
84,8+116,3=201,1	72,3+105,6=177,9	67,6+100,4=168,0	63,0+97,4=160,4	62,0+95,2=157,2

und die zweite Ziffer auf Kleineisenzeug und Schwellen.

Baumeister, Preisermittlung. 8. Aufl.

Tabelle 27. Abschreibung, Verzinsung und Materialkosten der Geräteunterhaltung für Dampflokomotiven in RM. je 1 Betriebstunde.

Dampflokomotive Gewicht t Neuwert etwa RM.	30 PS 6,5 8100,—	40 PS 8,5 9000,—	50 PS 9,5 9500,—	60 PS 10 10150,—	80 PS 11 13200,—	100 PS 12,5 14500,—	125 PS 14 16800,—	160 PS 15 18000,—	200 PS 18 20400,—
Betriebstunden									
b = 500	2,14	2,37	2,49	2,65	3,50	3,84	4,40	4,74	5,40
1000	1,44	1,62	1,72	1,83	2,40	2,64	3,03	3,24	3,66
2000	1,12	1,25	1,34	1,40	1,84	2,02	2,33	2,49	2,83
3000	1,01	1,12	1,19	1,27	1,65	1,82	2,10	2,24	2,54
4000	1,—	1,10	1,17	1,23	1,62	1,79	2,07	2,19	2,48
5000	0,97	1,08	1,15	1,21	1,60	1,75	2,02	2,18	2,44
6000	0,98	1,10	1,17	1,23	1,61	1,68	2,05	2,20	2,55

Tabelle 28. Abschreibung, Verzinsung und Materialkosten
der Geräteunterhaltung für Diesellokomotiven in RM.
je 1 Betriebstunde.

Diesellokomotive Gewicht t Neuwert etwa RM.	12 PS 2,8 4100,—	24 PS 4,6 6500,—	40 PS 7,0 9000,—	75 PS 10 16150,—
Betriebstunden				
b = 500	1,08	1,70	2,37	4,28
1000	0,72	1,16	1,62	2,88
2000	0,55	0,88	1,25	2,25
3000	0,53	0,76	1,12	2,02
4000	0,52	0,73	1,10	2,—
5000	0,49	0,70	1,08	1,95
6000	0,50	0,70	1,10	1,95

Tabelle 29. Betriebstoffverbrauch für Zuglokomotiven (Dampf) je
1 Betriebstunde (Kohlenverbrauch ausschließlich Anheizen der Maschine).

Betriebstoffe	Lok. 30 PS	Lok. 40 PS	Lok. 50 PS	Lok. 60 PS	Lok. 80 PS	Lok. 100 PS	Lok. 125 PS	Lok. 160 PS	Lok. 200 PS
Brennstoffe:									
Kohlen kg/h (7500—8200 Cal.)	17—24	20—28	25—33	30—37	35—40	37—45	45—50	50—65	55—75
kg/PSh	0,6 bis 0,8	0,5 bis 0,7	0,5 bis 0,65	0,5 bis 0,6	0,45 bis 0,60	0,37 bis 0,50	0,35 bis 0,45	0,32 bis 0,40	0,30 bis 0,35
Für Anheizen									
Kohle kg	35	35	45	50	50	55	55	60	75
Holz Ztr.	0,2	0,25	0,25	0,30	0,30	0,35	0,35	0,40	0,50
Putz- und Schmiermittel:									
Maschinenöl kg/h	0,12	0,13	0,15	0,16	0,18	0,20	0,25	0,30	0,35
Sattdampfzylin- deröl kg/h	0,10	0,10	0,12	0,12	0,13	0,14	0,15	0,18	0,25
Putzöl kg/h	0,02	0,02	0,02	0,02	0,03	0,03	0,03	0,04	0,05
Putzwolle kg/h	0,02	0,03	0,03	0,04	0,04	0,05	0,05	0,05	0,05
Speisewasser m³/h	0,30	0,30	0,35	0,40	0,45	0,50	0,50	0,60	0,75

Tabelle 30. Dampflokomotiven. Betriebskosten in RM.
je 1 Betriebstunde (Selbstkosten).

Lokomotiv-stärke PS	Jährliche Betriebstunden					
	$b = 500$	$b = 1000$	$b = 2000$	$b = 3000$	$b = 4000$	$b = 6000$
30	5,20	4,50	4,25	4,00	4,00	3,95
40	5,60	4,85	4,50	4,25	4,25	4,20
50	5,95	5,18	4,80	4,50	4,50	4,45
60	7,90	7,08	6,65	6,30	6,25	6,15
80	9,15	8,05	7,50	7,10	7,05	6,95
100	9,65	8,45	7,85	7,40	7,35	7,10
125	10,60	9,25	8,55	8,05	8,05	7,90
160	11,35	9,85	9,10	8,60	8,55	8,40
200	12,35	10,62	9,80	9,20	9,15	9,05

Tabelle 31. Diesellokomotiven. Betriebskosten in RM.
je 1 Betriebstunde (Selbstkosten).

Lokomotiv-stärke PS	Jährliche Betriebstunden					
	$b = 500$	$b = 1000$	$b = 2000$	$b = 3000$	$b = 4000$	$b = 6000$
12	3,25	2,90	2,70	2,70	2,70	2,70
24	4,10	3,60	3,30	3,15	3,15	3,10
40	5,15	4,40	4,00	3,90	3,85	3,90
75	8,00	6,60	6,00	5,80	5,75	5,70

XI. Neuzeitliche Fördermittel für Straßentransporte.

In neuerer Zeit werden auf den Straßen die Pferdefuhrwerke immer mehr durch den meist wirtschaftlicheren und beweglicheren „*Lastkraftwagen*" ersetzt. Im allgemeinen wird man das leicht bewegliche, *nach drei Seiten kippende Lastauto* (Motorlastkraftwagen) mit Anhänger als das ideale Fördermittel für den Lagerplatz einer großen Bauunternehmung bezeichnen können. Neuerdings werden, in erster Linie für das Stadtgeschäft, d. h. den Nahverkehr, *Eilschlepper* mit Seitenkipperanhängern (Wechselwagen) zum Teil bevorzugt. Ob eine Bauunternehmung sich einen eigenen Fuhrpark zulegt oder ihre Transporte besser an einen Transportunternehmer vergibt, hängt von dem Umfang des Unternehmens, Art des Geschäfts (Stadthochbauten oder Tiefbau) und anderen Umständen ab. Auf großen Tiefbaustellen lohnt es sich im allgemeinen nicht, einen eigenen Lastkraftwagenzug für Transporte zu unterhalten.

Der *grundsätzliche Unterschied bei der Verwendung von Lastkraftwagen und ähnlichen Fördermitteln im Baugewerbe* gegenüber Fernlasttransporten, liegt in den kurzen Förderweiten und die durch die Aufenthalte beim Überladen auf Bahnhöfen, Abladen an der Baustelle usw. bedingten *verhältnismäßig geringen jährlichen Fahrleistungen*. Das darf bei Wirtschaftlichkeitsberechnungen nicht einfach übersehen werden.

Bei Vergebung von Baustofftransporten an ein Transportunternehmen kann man als rohen Anhaltspunkt unter der Voraussetzung *guter Straßen* folgende Preise annehmen, welche bei Wettbewerbsfähigkeit auch für Fuhrwerke gelten können:

Kosten der Lastkraftwagenförderung von Baustoffen.

Die Leistung umfaßt das Überladen auf dem Bahnhof vom Waggon in das Fördergerät (s. auch Abschnitt II, S. 43), Förderung zur Baustelle und nach dem Abladen (Abkippen) auf der Baustelle Rückkehr zum Bahnhof. Man kann für Baustoffe (Ziegel, Kies, Sand, Zement u. dgl.) rechnen (Abladen auf der Baustelle ist Sache des Unternehmers, St. = 0,60 RM.):

Transportkosten je 1 t. Entfernung (einfach) in km.

km	2	3	4	5	6	7	8	9	10	11	12
Kosten in RM.	1,50	1,80	2,00	2,20	2,40	2,60	2,80	3,00	3,20	3,40	3,60

Für *Rundeisen:* Zuschlag $+ 10\%$.
Für *schwere Geräte und Formeisenteile:* Zuschlag bis 50%.
Auf *schlechten Straßen* ebenfalls entsprechender *Zuschlag.*

Dieselschlepper.

Für *Dieselschlepper 38 PS* (Gewicht 3,8 t) kann man auf guter trokkener Pflasterstraße ($w = 0,02$) mit folgenden *Zugleistungen* (Anhängebruttolast) *in t* rechnen:

Geschwindigkeit	Steigung					
km/h	0 % t	2 % t	4 % t	6 % t	8 % t	10 % t
1. Gang 3,5 . . .	über 30	über 30	über 30	25	20	16
3. Gang 7,5 . . .	über 30	22,5	14	9	6,7	5
6. Gang 23 . . .	13,5	5,0	3	1	—	—

Man ersieht hieraus, daß der Dieselschlepper in Gegenden mit nicht zu großen Straßensteigungen und bei nicht zu großen Förderweiten für kleine und mittlere Bauunternehmungen, Ziegeleien usw. bei Verwendung von 2 leichten Anhängern (z. B. Dreiseitenkipper - Anhänger von F. X. MEILLER) für Pendelbetrieb und für 4 bis 6 t Nutzlast gute Dienste leisten kann.

Der 38 PS-Lanz-Eilschlepper (Abb. 40).

Technische Daten: Eigengewicht betriebsfertig hinten einfach luftbereift 3,80 t.

Abb. 40. Lanz-Eilschlepper, 38 PS.

Eigengewicht betriebsfertig hinten doppelt luftbereift 4,10 t.
Luftbereifung vorn 30×5 (7,0 bis 20), hinten 42×9 (10,5 bis 24).

1. Wirtschaftlichkeitsberechnung eines Eilschleppers 38 PS.

Bei Annahme von *15000 km Fahrtleistung im Jahr* und einer Nutzlast von 5,0 t
bei 2 Pendelwagen (Dreiseitenkipper-Anhänger mit Leergewicht 3 t).

1. **Anschaffungspreis.** 38 PS-Lanz-Eilschlepper in Normal-
ausrüstung mit Führerhaus ohne Bereifung . . . . 7531,— RM.

Luftbereifung dazu vorn 30 × 5 (7,0—20), hinten 42 × 9
(10,5—24) . . . . 944,— „

2 Dreiseitenkipper-Anhänger für 5 t Nutzlast (Leergewicht
3 t) zu je 4500,— RM. (1000,— RM. Bereifung) . . 9000,— „

17475,— RM.

2. **Verbrauchskosten** (Betriebstoffe und Geräteunterhaltung)
je 1 km (Voll- und Leerfahrt).

Rohöl 0,3 kg/1 km zu 0,25 RM. . . . . 0,075 RM.
Schmieröl 0,03 kg/1 km zu 0,50 RM. . . . . 0,015 „
Unterhaltung der Wagen . . . . 0,120 „
Reifenverschleiß (30000 km Lebensdauer) . . . . . . 0,095 „

0,305 RM.

3. **Feste Betriebskosten in 1 Jahr.**

    a) Abschreibung + Verzinsung
        20% von (7531 + 2 · 3500 RM.) . . . . 2906,— RM.
    b) Führer 2500 h zu 1,30 RM. (einschl. Sozialaufwand
        und Geschäftskosten) . . . . 3250,— „
        Kraftwagensteuer (3800 kg) . . . . 326,— „
        Haftpflicht und Kaskoversicherung . . . . 500,— „
        Unterstellung der Fahrzeuge . . . . 300,— „

7282,— RM.

Somit feste Betriebskosten je 1 km 7282/15000 . . . . 0,485 RM.
Dazu Verbrauchskosten je 1 km . . . . 0,305 „

Insgesamt je 1 km . . . . 0,790 RM.

je 1 t/km . . . . 0,790/5,0 = *0,158 RM.*

Ein Diagramm, aus dem die Kosten je
1 t/km bei verschiedenen Fahrtleistungen
hervorgehen, zeigt Abb. 41.

2. Wirtschaftlichkeitsberechnung eines Büssing-Eilschleppers 85 PS

(s. Abb. 42) mit 2 Dreiseitenkipper-Anhängern
von je 7,5 t Nutzlast als Pendelwagen. Eigengewicht des betriebsfertigen Wagens 5,5 t.
Der Schlepper hat 4 Gänge für 8/14/24/40 km/h.
Er hat mit 2 Anhängern von je 7,5 t Nutzlast
noch ein Steigvermögen von

im 1. Gang 2. Gang 3. Gang 4. Gang
  7%   3%   1%   Ebene

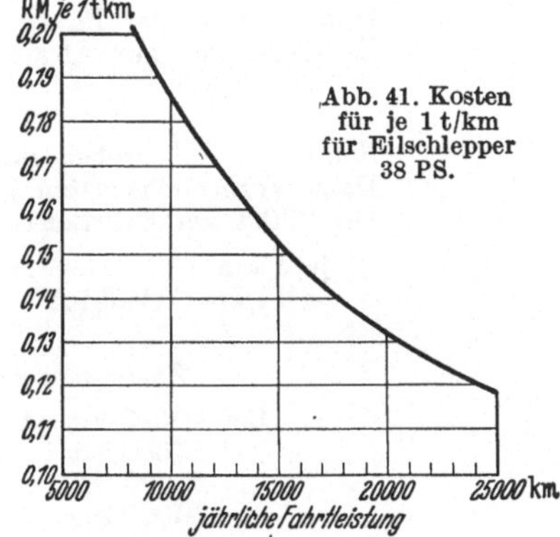

Abb. 41. Kosten
für je 1 t/km
für Eilschlepper
38 PS.

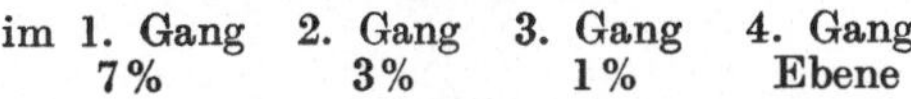

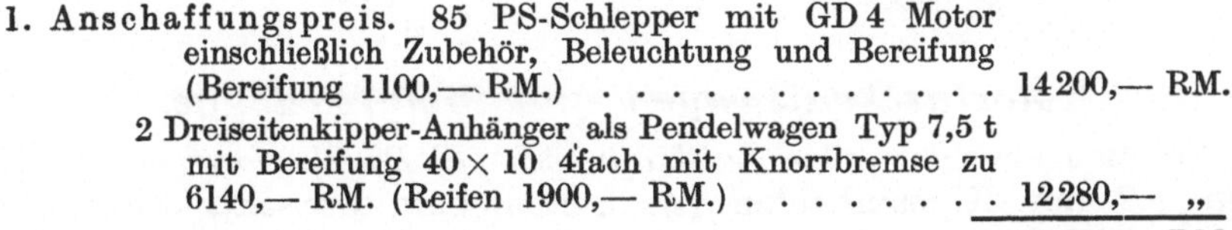

1. **Anschaffungspreis.** 85 PS-Schlepper mit GD 4 Motor
einschließlich Zubehör, Beleuchtung und Bereifung
(Bereifung 1100,— RM.) . . . . 14200,— RM.

2 Dreiseitenkipper-Anhänger als Pendelwagen Typ 7,5 t
mit Bereifung 40 × 10 4fach mit Knorrbremse zu
6140,— RM. (Reifen 1900,— RM.) . . . . 12280,— „

26480,— RM.

2. Verbrauchskosten (Betriebstoffe und Geräteunterhaltung)
je 1 km

Rohöl 0,35 kg/1 km zu 0,25 RM.	0,090 RM.
Schmieröl 0,03 kg zu 0,50 RM.	0,015 „
Wagenunterhaltung (Reparatur usw.)	0,150 „
Reifenverschleiß, Schlepper . . . 1100,— RM. . . .	0,037 „
(30000 km Lebensdauer) Anhänger 1900,— „	0,063 „
	0,355 RM.

Abb. 42. Büssing-Eilschlepper 85 PS.

3. Feste Betriebskosten in 1 Jahr.

a) Abschreibung und Verzinsung von Wagen und Anhängern
ohne Gummi 20% von (13100 + 2 · 8480) RM. . .   6012,— RM.

b) Führer 2500 h zu 1,30 RM. (einschl. Sozialaufwand und

Geschäftskosten)	3250,— „
Kraftwagensteuer	360,— „
Versicherung: Kasko, Haftpflicht usw.	1240,— „
Unterstellung der Fahrzeuge	500,— „
Sonstiges und zur Abrundung	388,— „
	11750,— RM.

Somit feste Betriebskosten je 1 km 11750/20000 . . . 0,588 RM.
Dazu Verbrauchskosten je 1 km . . . . 0,355 „
Bei *20000 km* Fahrtleistung:

je 1 km . . . . 0,943 RM.
je *1 t/km* 0,943/7,5 . . . . *0,125 RM.*

Zusammenstellung der Kosten je 1 t/km.

Bei 10000 km jährlicher Fahrtleistung 0,200 RM.
„   15000 km   „   „   0,155 „
„   20000 km   „   „   0,125 „
„   30000 km   „   „   0,105 „
„   40000 km   „   „   0,095 „

Motorlastkraftwagen und Motorlastzüge.

Im Baugewerbe werden *Lastkraftwagen mit Dieselmotoren von 95 bis
145 PS* mit Kippaufbauten (Zweiseiten- bzw. Dreiseitenkipper) für
3,5, 4, 5, 6,5 und 9 t Nutzlast verwendet. Sie können noch 1 oder gar

2 Anhänger mit hydraulischer Kippvorrichtung erhalten. Die Motorlastkraftwagen haben gegenüber den Schleppern größere Fahrgeschwindigkeiten, größeres Zug- und Steigvermögen, d. h. gutes Zugvermögen in bewegtem Gelände und auf schlechten Wegen. Abb. 43 zeigt den

Abb. 43. Büssing-Schwerlastkraftwagen 135/145 PS mit Allradantrieb.

Büssing-NAG-Schwerlastkraftwagen mit Allradantrieb, 6 Zylinder = 135/145 PS-Dieselmotor mit hydraulischem Dreiseitenkipper. Seine Überlegenheit gegenüber dem gewöhnlichen Lastkraftwagen, die ihn für das Baugewerbe besonders geeignet macht, ist sein *gutes Zugvermögen*

Abb. 44. Büssing-Dreiachslastkraftwagen 135/145 PS, 9 t Nutzlast.

in unbefestigtem Gelände, seine Verkehrssicherheit im Anhängerbetrieb und sein hohes Steigvermögen. Für diesen Typ ist auch eine Wirtschaftlichkeitsberechnung durchgeführt. Abb. 44 stellt einen Büssing-NAG-Dreiachslastkraftwagen für 9 t Nutzlast mit 135/145 PS Sechszylinder-Dieselmotor und hydraulischem Dreiseitenkipper dar.

Das Steigvermögen verschiedener Typen von Büssing-Lastkraftwagen geht aus der Tabelle 32 hervor:

Ta-

Typ Wagen/Motor	Nutzlast	Geschwindigkeit				
	t	1. Gang	2. Gang	3. Gang	4. Gang	Schnell-gang
350/LD 5	3,5	9,3	15,6	28,4	47,5	63
400/LD 6	4,0	11,1	18,7	34	57	75
654/GD 6 Allrad	6,5	7	12	22	37	56
900/GD 6	10,0	6	10	19	32	56
ES/GD 4	15,0	8	14	24	40	—

Die Zugkraft in kg wird errechnet nach der Formel:

$$Z = \frac{230\,N}{v} \text{ (kg)},\ \text{wobei } N = \text{Leistung in PS,}$$

$$v = \text{Geschwindigkeit in km/h ist.}$$

Die so erhaltene Zugkraft dividiert durch 20 ergibt das jeweils zu befördernde Gesamtgewicht G in t

$$\text{bei 0\% Steigung } G = \frac{Z}{20}\ (Z \text{ in kg, } G \text{ in t}),$$

$$\text{,, } x\% \text{ ,, } G = \frac{Z}{20 + 10\,x}\ (Z \text{ in kg, } G \text{ in t}).$$

Wenn G das Gesamtgewicht in t ist, Z die Zugkraft in kg, so ergibt sich das Steigvermögen $x\%$ aus folgender Gleichung ($w = 0,02$):

$$0,01 \cdot x \cdot 1000\,G = Z - 0,02 \cdot 1000\,G \quad \text{oder} \quad G = \frac{Z}{20 + 10\,x}$$

$$\text{oder} \quad x = \frac{0,1\,Z}{G} - 2\ (Z \text{ in kg, } G \text{ in t}).$$

Wirtschaftlichkeitsberechnung eines Büssing NAG-Lastkraftwagens mit Allradantrieb 135/145 PS Dieselmotor mit hydraulischem Dreiseitenkipper nebst Anhänger für etwa 11 t Gesamtnutzlast.

Technische Daten siehe Tabelle 32 unter 654/GD 6 Allrad.
Betriebsfertiges Eigengewicht: etwa 6,0 t.
Bereifung: Vorn 11,25—20 extra einfach, hinten 11,25—20 extra doppelt.
Der Berechnung liegt die Annahme von *20000 km jährlicher Fahrtleistung* zugrunde.

1. Anschaffungspreis.

1 Büssing-Motorlastkraftwagen Typ 654 mit GD 6-Motor,
6,5 t Nutzlast einschließlich Werkzeug, Zubehör, Beleuchtung und Bereifung (Bereifung 2280,— RM.) . 28400,— RM.
1 Dreiseitenkipper-Anhänger Typ 5 t mit Bereifung 38 × 9
mit Knorrbremse (Bereifung 1300,— RM.) . . . . . 5600,— ,,

34000,— RM.

belle 32.

Dienstgewicht gesamt kg	Steigvermögen in %, ohne und mit Anhänger					Anhänger	Preis
	1.Gang	2.Gang	3.Gang	4.Gang	Schnellgang		
7800	25,3	15,3	7,5	3,7	2,3	ohne	etwa 14500 RM.
13300	14	8,2	3,6	1,3	0,5	mit 1	
9000	23	12,0	6,0	2,7	1,5	ohne	etwa 16300 „
14500	13	7,0	3,0	0,9	0,2	mit 1	
13000	32	18	9	4,5	2,3	ohne	etwa 25000 „
20200	20	11	5	2,2	0,8	mit 1	
18000	27	15,2	7	3,4	1,1	ohne	etwa 33750 „
28000	16,5	9,1	3,9	1,5	0	mit 1	
27500	7	3	1	Eb.	—	mit 2	etwa 13700 „

2. Verbrauchskosten (Betriebstoffe und Geräteunterhaltung) *je 1 km*

Rohöl 0,425 kg zu 0,25 RM.	0,106 RM.
Schmieröl 0,04 kg zu 0,50 RM.	0,020 „
Wagenunterhaltung (Reparatur)	0,150 „
Reifenverschleiß (30000 km Lebensdauer)	
Lastkraftwagen . . . 2280,— RM.	0,076 „
Anhänger . . . . . . 1300,— „	0,044 „
	0,396 RM.

3. Feste Betriebskosten in 1 Jahr.

a) Abschreibung und Verzinsung der Wagen ohne Reifen:
   20% von (26120,— + 4300,—) RM. . . . . 6084,— RM.
   Verzinsung 4% von (2280,— + 1300,—) RM. . . . . 143,— „
b) Personal: 1 Fahrer 3000 h zu 1,30 RM. . . . . 3900,— „
   1 Beifahrer 2000 h zu 1,10 RM. . . . . . . 2200,— „
c) Kraftwagensteuer . . . . 590,— „
d) Versicherung: Kasko, Haftpflicht usw. . . . . 1125,— „
e) Unterstellung der Fahrzeuge . . . . 500,— „
f) Unvorhergesehenes und zur Abrundung . . . . 358,— „

 14900,— RM.

Bei 20000 km Fahrtleistung

Somit feste Betriebskosten je 1 km 14900/20000 . . . . . . 0,745 „
Verbrauchskosten . . . . 0,396 „

 1,141 RM.

$$\text{bei } 20000 \text{ km je 1 t/km } \frac{1,141}{11,0} = 0,104 \text{ RM.}$$

 „ 10000 km je 1 t/km = 0,140 RM.
 „ 15000 km je 1 t/km = 0,125 „
 „ 30000 km je 1 t/km = 0,080 „
 „ 40000 km je 1 t/km = 0,070 „

Welches Fördermittel zweckmäßig im einzelnen Fall verwendet wird, ob *Eilschlepper mit Pendelwagen,* ob Motorlastkraftwagen oder Motorlastenzug, hängt also nach vorstehendem ab von dem Umfang der Transporte, den Förderweiten, Straßenverhältnissen usw. Bei großen Bauunternehmen mit eigenen Ziegeleien, Kiesbetrieben usw. werden wohl die *starken Lastkraftwagen mit Dreiseitenkipperanhängern* heute trotz der höheren Anschaffungskosten bevorzugt werden.

XII. Gewinnung von Baumaterialien.

Beispiel 18. Maschinelle Schottergewinnung mit Steinbrechern. Nachdem die Bruchsteine im Steinbruch gewonnen sind, sollen sie zu „*Schotter*" verarbeitet werden. Es ist in der nachfolgenden Berechnung angenommen, daß die Bruchsteine auf Loren geladen in der Nähe des Schotterwerks zur Verfügung gestellt werden. Ist vom Steinbruch zur Schotteranlage noch eine besondere Transportanlage wie Seilbahn, Bremsberg od. dgl. erforderlich, so sind diese Kosten selbstverständlich den Gewinnungskosten noch zuzuschlagen.

Zum Brechen der Steine soll ein Brecher von *7 m^3 Stundenleistung* (tatsächliche Leistung, nicht theoretische) zur Verwendung kommen nebst Elevator von etwa 10 m Höhe zum Hochheben des Schotters in ein Sortiersieb, wo das Material, getrennt nach Grobschotter, Feinschotter und Brechsand (Grus) in ein Silo von etwa 100 m^3 Fassung gelangen soll, von wo es aus den Siloschnauzen in die Förderwagen abgelassen werden kann. Die Anlage ist als vorübergehende Anlage gedacht und 300 Betriebstage Dauer angenommen. Der mittlere Stundenlohn einschließlich Zuschlägen betrage 1,10 RM., für Montage und Zimmerleute 1,40 RM.

Lösung. Für die *Einrichtung* der Anlage sind erforderlich:

Geräte	Gewicht	Kosten	Gerätekosten[1] je 1 Tag	
	etwa kg	etwa RM.	in %	in RM.
1 Steinbrecher 25 PS . .	7000	6000,—	40	12,—
1 Elevator 5 PS	2000	2000,—	40	4,—
1 Lokomobile 30 PS . .	4500	7500,—	35	12,13
1 Siloanlage in Holz . .		3600,—	70	12,—
				40,13

d. h. Gerätekosten je *1 m^3 Schotter 40,13/70 = 0,57 RM.*

An *einmaligen Kosten* entstehen:

Fundament des Steinbrechers 20 m^3 Beton M.V. 1 : 12 zu 30,— RM. . . . . 600,— RM.
Aufstellung der Maschinen 600 St$_{masch.}$ zu 1,30 RM. . . . 780,— „
Aufstellen des Silos, 60 m^3 Holz zu 30 Stz. = 1800 Stz. zu 1,40 RM. . . . . 2520,— „
　　　　　　　　　　　　　　　　　　　　　　　3900,— RM.
Für Abbrechen . . . . 2000,— „
　　　　　　　　　　　　　　　　　　　　　　　5900,— RM.

Die Gesamtleistung beträgt 300 · 70 = 21000 m^3 Schotter. Auf diese verteilt ergibt sich demnach

je 1 m^3 Schotter 5900/21000 = *0,28 RM.*

Gerätekosten + Einrichtungskosten betragen demnach

je 1 m^3 Schotter 0,57 + 0,28 = *0,85 RM.*

---

[1] Abschreibung + Verzinsung + Unterhaltung.

Die täglichen *Betriebskosten* werden wie folgt ermittelt:

a) Löhne. Die Belegschaft setzt sich wie folgt zusammen:

1 Maschinist zur Bedienung der Lokomobile
1 Maschinist zur Bedienung des Brechers und Elevators
2 Mann zum Fahren der Bruchsteine und Kippen
2 Mann zum Einwerfen der Bruchsteine in den Brecher
1 Mann für verschiedene Arbeiten
____
7 Mann zu 1 h = 7 h.

Somit, wenn mit St_{mi}. der mittlere Stundenlohn bezeichnet wird und die stündliche Leistung zu 7 m³ angenommen wird, betragen die Lohnkosten

je 1 m³ Schotter 7 St_{mi}.: 7 = 1,0 St_{mi}. zu 1,10 RM. = *1,10 RM*.

b) Betriebstoffe. Wenn man den Kohlenverbrauch der Lokomobile zu 1,8 kg je 1 PSh annimmt, so ergibt sich ein Kohlenverbrauch bei 30 PS und je 1 Betriebstunde 30 · 1,8 = 54 kg oder

je 1 m³ Schotter 54 : 7 = 7,7 kg Kohle.

7,7 kg Kohle zu 0,033 RM. . . . . 0,25 RM.
Für Öle, Schmiermittel usw. . . . . 0,05 „
____
0,30 RM.

Die Selbstkosten für 1 m³ maschinell gebrochenen Schotter betragen demnach (ohne Gewinn und *ohne Steinbruchbetrieb*):

0,85 + 1,10 + 0,30 = *2,25 RM*. *je 1 m³ Schotter*.

Beispiel 19. In einer Steinbrecheranlage sei festgestellt worden, daß je 1 m³ Schotter einschließlich der Steinbruchanlage, in der das Gestein geschossen wird, an Lohnstunden aufgewandt werden 4,5 Arbeiterstunden. An Sprengstoff werde verbraucht 0,4 kg je 1 m³ Schotter. Der Sprengstoff koste einschließlich Sprengkapseln und Zündschnur 1,50 RM. je 1 kg. Für die Einrichtungs- und Gerätekosten sollen 60 Rpf. je 1 m³ Schotter eingesetzt werden und der durchschnittliche Stundenlohn mit Sozialaufwand, Geschäftskosten und Gewinn zu 1,— RM. angesetzt werden. Wie teuer muß 1 m³ Schotter ab Schottersilo verkauft werden, wenn für 1 m³ Schotter 0,8 kWh Strom verbraucht werden (1 kWh = 0,20 RM)?

Lösung. Einrichtungskosten . . . . 0,60 RM.
Betriebskosten: Löhne 4,5 h zu 1,— RM. . . . . 4,50 RM.
Strom 0,8 kWh zu 0,20 RM. . . . . 0,16 „
Öle usw. . . . . 0,08 „
Sprengstoffe 0,4 kg zu 1,50 RM. . . . . 0,60 „ 5,34 „
____
Verkaufspreis ab Silo je 1 m³ Schotter . . . . *5,94 RM*.

Erzeugung von Bruchsteinen und Werksteinen siehe Abschnitt „*Steinmetzarbeiten und Steinbrucharbeiten*", S. 366 f.

XIII. Straßenbau und Pflasterarbeiten.

1. Planieren und sonstige Vorarbeiten.

Einebnen der Auf- und Abträge nach einnivellierten Pfählen. Die Abgrabungen (die eine Dicke von 30 cm nicht überschreiten) füllen die Vertiefungen aus. Es kostet

das Einebnen in Sand und Kies für 1 m² . . . . 0,2 St.
das Einebnen in sonstigem leichtem Boden für 1 m² . . . . 0,25 St.
das Einebnen in Ton und strengem Lehm für 1 m² . . . . 0,3 St.

Verdichten des Untergrunds bei Auffüllungen mit Verdichtungsgeräten von 500 kg Gewicht oder Abwalzen kostet je 1 m² (Gerätekosten inbegriffen) . . . . 0,14 bis 0,18 RM.

2. Kies- oder Schlackenwege.

Kies oder *Sand* in den Weg einbringen und planieren kostet für 1 m³ . . . . 1,0 St.

Schotter, Oberschale oder Grobschlacke zur Herstellung von Wegen in 10 bis 12 cm Stärke einbringen, einwalzen, mit Deckkies (oder Feinschotter und Splitt) und Sand abdecken, einschlämmen und nachwalzen kostet (ohne Lieferung der Baustoffe) an Löhnen je 1 m² . . . . . 0,3 St.
+ Walzkosten je 1 m² . . . . 0,20 bis 0,25 RM.

Materialbedarf für Wege je 1 m² 0,18 t Schotter, Oberschale u. dgl.
+ 0,05 t Deckkies u. dgl.

3. Packlage mit Kleinschlag (Chaussierung).

Packlage herzustellen. Die Steine auf etwa 30 m Entfernung zu befördern, zerschlagen, auf ihr Lager zu setzen, die Spitzen abzuköpfen und auskeilen kostet bei einer Stärke der fertigen Packlage von 18 bis 22 cm für 1 m² . . . . 0,4 Stpf. +0,20 St.
oder mit wenig geübten Arbeitern . . . . 0,8 St.

Packlagesteine 18/22 oder 22/25 cm stark (endgültige Höhe der fertigen Packlage 18 bzw. 20 cm) senkrecht mit Spitzen nach oben auf den vorbereiteten Untergrund dicht aneinander setzen, die größeren Steine auszusuchen und als seitliche Umfassung nach der Schnur aufzustellen und festzustampfen, die überstehenden Spitzen köpfen, die Lücken mit passenden Steinen auszwicken und auskeilen, mit einer 12 bis 18 t schweren Walze abzuwalzen, so daß eine gut geschlossene *nach dem Abwalzen 20 cm starke Packlage* entsteht, auffüllen und ausgleichen der durch Walzen entstehenden Setzungen durch Schotter, *mit etwa 70 kg/m² Stein- oder Kiessand abzudichten*, einzuschlämmen und nachwalzen einschließlich Stellen der Walze in fertiger Ausführung (Befestigungsstoffe liefert die Verwaltung und läßt sie zur Baustelle befördern, Nahförderung der Stoffe hat der Unternehmer ebenso wie Wasserbeschaffung):

Lohnaufwand je 1 m² . . . . 0,4 Stpf. + 0,4 St.
+ Walzkosten (etwa 0,15 RM.)

oder mit weniger geübten Arbeitern . . . . 1,0 St.
+ Walzkosten (etwa 0,15 RM.)

Materialbedarf für 1 m² Packlage 20 cm fertige Stärke:
Steinmaterial: Porphyr, Quarzporphyr, Grauwacke, Granit u. dgl.
Packlagesteine 22/25 . . . . 0,40 t
Steinsand oder Kiessand . . . . 70 kg

Beschotterung.

Die Beschotterung einer Straße einschließlich Zufuhr mittels Schubkarren bis auf 20 m Entfernung kostet:

a) bei neuen Straßen für 1 m³ . . . . 1,5 St.

b) bei bestehenden Straßen einschließlich Kotabziehen . . 2,0 St.

Die Besandung einer beschotterten Straße einschließlich Beförderung der Materialien bis 25 m Entfernung kostet für 1 m³ . . 1,8 St.

Klarschlag (oder Kies) über der fertigen Packlage 10 cm stark bei neuen Straßen einbauen bei 50 m größter Entfernung der Nahtransporte einschließlich Absanden und Einschlämmen der Decke kostet an Löhnen je 1 m² . . . . 0,3 St.

Materialbedarf für die *Schotterdecke von 10 cm Stärke:*

Schotter 40/70 . . . . 0,10 t/1 m²

„ 20/40 . . . . 0,04 t/1 m²

Splitt 10/20 . . . . 0,025 t/1 m²

Sand 0/7 . . . . 0,025 t/1 m²

1 Schotterdecke 10 cm stark . . . . . . 0,190 t/1 m²

Walzkosten.

Als Stundenleistung einer Dampf- oder Dieselwalze bei Befestigung von Schotterstraßen werden i. M. *4,5 m³* angenommen.

An- und Rücktransport der Walze als *einmalige* Kosten.

Beim *Anmieten von Walzen* kann man als *dauernde* Kosten *je 1 h Walzarbeit* rechnen (Gerätemiete, Bedienungsmannschaft, Betriebstoffe usw.) bei 1 St$_{\text{masch.}}$ = 1,— RM.:

a) *Kosten für Walzen* bis 10 t Gewicht . . . . 5,50 RM./h

„ „ „ „ 15 t „ . . . . 6,50 RM./h

„ „ „ „ 20 t „ . . . . 7,50 RM./h

Somit *je 1 m³ Schotter 1,20 RM. bis 1,70 RM., i. M. 1,50 RM.* Dazu kommen noch

b) die *Kosten für die Handarbeit* (Sprengen, Vorwerfen von Splitt und Sand usw.) und die *Wasserbeschaffungskosten* (Sprengwagen!) mit 0,60 bis 0,80 RM., *i. M. 0,70 RM. je 1 m³ Schotter.*

Somit *Walzkosten je 1 m³ Schotter* . . . . *1,90 bis 2,40 RM.*

Walzkosten je 1 m² Schotterdecke 10 cm st. *i.M.* . . . 0,22 „

Bemerkung. Über *Dampf- und Dieselwalzen* verschiedener Gewichte für den Straßenbau vgl. man die Kataloge von Spezialfirmen (z. B. Ruthemeier in Soest, Schwartzkopf in Berlin u. a.).

Beispiel 20. Die Kosten von *1 m² Steinschlagbahn mit Packlageunterbau* sind zu ermitteln. Stärke der fertigen Packlage 20 cm, des Schotters mit Decklage (Splitt) 10 cm. *Materialkosten* frei Baustelle: Packlage 1 t 5,60 RM. (ab Werk 2,80 RM.), Schotter 1 t 7,— RM. (ab Werk 3,90 RM.), Splitt 1 t 8,— RM., Steinsand 4,— RM./t, Sand 4,— RM./m³. *Löhne* 1 St. = 0,60 RM. Mittlerer Stundenlohn = 0,75 RM.

	Material RM.	Löhne RM.	Gerätekosten RM.
a) *Einebnen* der Auf- und Abträge 0,3 St. · 0,75 RM.		0,23	
b) *Packlage* 22/25 Ankauf und Transport zur Baustelle 0,4 t zu 5,60 RM.	2,24		
c) *Steinsand* zum Dichten 0,07 t zu 4,— RM. .	0,28		
Packlage setzen Lohn nach S. 140. 1,0 St. zu 0,70 RM.		0,70	
Walzen der Packlage			0,15
d) *Schotter* 40/70 und 20/40, 0,14 t zu 7,— RM. .	0,98		
Splitt 10/20, 0,02 t zu 8,— RM.	0,16		
Sand 0/7, 0,02 m³ zu 4,— RM.	0,08		
e) Schotter, Splitt usw. einbauen an Lohn nach S. 141. 0,3 St. zu 0,75 RM.		0,23	
f) *Walzkosten* für Abwalzen, Nässen und Absanden je 1 m²			0,22
g) Sozialaufwand, Geschäftskosten und Gewinn 10% vom Material	0,37		0,04
50% der Löhne		0,57	

Für *1 m² Steinschlagbahn* . . . . 4,11 + 1,73 + 0,41

Angebotspreis 6,25 RM. je 1 m².

4. Aufreißen und Ausbessern von Schotterstraßen.

Schotterbahn aufreißen, die Materialien bis zu 20 m Entfernung zu befördern und in meßbare Haufen aufsetzen für 1 m³ . . . . 3,5 St.

Desgleichen mit dem Aufreißer einschließlich Gerätekosten für 1 m³ . . . . 2,8 St.

Schotterbahn (Chaussierung)· mit Packlage aufreißen, die Materialien seitlich in meßbare Haufen getrennt aufzusetzen oder aufzuladen, kostet bis 25 cm Stärke und für 1 m² . . . . 1,0 St.

Desgleichen mit dem Aufreißer einschließlich Gerätekosten für 1 m² . . . . 0,8 St.

Das *Ausbessern einer Schotterstraße* (Löcher aufhacken, Annässen, Abdecken und Stampfen) für 1 m² . . . . 0,4 St.

Desgleichen bei Verwendung von Teer als Bindemittel für 1 m² . . . . 0,5 St.

Materialpreise für Steinschlagbahnen.

Die *Materialpreise* von Packlage, Schotter, Splitt usw. werden frei nächstem Bahnhof (Fracht nach Frachtsatzzeiger S. 42) ermittelt. Für *Entladen aus den Eisenbahnwagen, Anfuhr zur Verwendungsstelle* und *Abkippen frei Umschlagstelle* kann man als mittlere Preise etwa rechnen je 1 t Packlage, Schotter, Sand oder Splitt nach S. 132 mit St. = 0,60 RM.:

2	4	6	8	10	12	*km*
1,50	2,00	2,40	2,80	3,20	3,60	*RM./t*

5. Pflaster.

Ausschließlich Unterbau (Packlage oder Betondecke).

a) Polygonpflaster (Uferschutz u. dgl.).

Polygonpflaster in Sandbettung nach Schablone herstellen, abrammen einschließlich Nacharbeiten und Aussuchen der Steine zu den einzelnen Reihen für 1 m² 20 cm . . . . 1,0 Stpf. +0,8 St.

„ 1 m² 15 cm . . . . 0,8 Stpf. +0,6 St.

Steinbedarf: Porphyr, Quarzporphyr, Granit u. dgl.	Basalt
für *Polygonpflaster* 20 cm stark 0,5 t/m²	0,55 t/m²
„ „ 15 cm „ 0,35 t/m²	0,40 t/m²

b) Ziegelpflaster.

Ziegelbedarf und Lohnaufwand je 1 m².

	Flachpflaster in Mörtel verlegt und gefugt	Ziegelhochkantpflaster in Mörtel verlegt und gefugt
Normalziegel 25/12/6,5 cm	32 Stück Ziegel, 30 l Mörtel 1,8 Stm. + 0,6 St.	56 Stück Steine, 35 l Mörtel 2,0 Stm. + 0,7 St.
Klinkerziegel 21/10,5/5,5 cm	45 Stück Ziegel, 35 l Mörtel 2,0 Stm. + 0,5 St.	85 Stück Steine, 40 l Mörtel 2,5 Stm. + 0,8 St.

Ziegelpflaster siehe auch S. 198.

c) Reihenpflaster (Großpflaster).

Abmessungen und Gewichte von Großpflaster[1].

Abmessungen in cm	10 t = m² Pflasterfläche			
	Basalt	Granit und Syenit	Grauwacke, Porphyr und Quarzporphyr	$\gamma = 2,6$ Mansfelder Cu-Schlacke
12/18 16 cm hoch, I. Sorte	26	27	28	—
16/16 16 cm hoch, I. Sorte	26	27	28	28
12/16 16 cm hoch, II. Sorte	27	28	29	—
10/16 16 cm hoch, I. Sorte	27	28	29	—
16/16 12 cm hoch	—	—	—	35
14/20 15 cm hoch, I. Sorte	26	27	28	—
13/20 15 cm hoch	27	28	29	—
12/14 14 cm hoch	—	—	—	—
12/16	—	—	34	—
13/20 13 cm hoch	30	31	33	—
Kopfsteine, polygonal 16/18 cm hoch	27	28	29	—

Die Preise für *Großpflaster* bewegen sich je nach Gesteinsart, Abmessungen und Sortierung (I. bis III. Sorte) Frühjahr 1937 etwa zwischen 240 und 350 RM./10 t ab Werk, d. h. 7,50 bis 13,50 RM./1 m². Billiger stellt sich, soweit frachtgünstig, das *Mansfelder Kupferschlackensteinpflaster* in Mitteldeutschland als vollwertiger Ersatz.

Großpflaster verlegen.

Reihenpflaster I. Sorte 12/18, 14/20, 16/16 in Sandbettung nach Schablone mit engen Fugen (4 mm) versetzen, mit Ramme mehrmals gehörig abrammen, einschlämmen und einsanden einschließlich einbringen

[1] Lieferbedingungen für Großpflaster siehe DIN 4300.

des Pflastersandes (etwa 15 cm) sowie einschließlich Heranschaffen (Nahtransport bis 30 m) und Aussuchen der Pflastersteine kostet ohne Liefern der Baustoffe

an *Lohnaufwand je 1 m²* . . . . *0,7 Stpf. + 0,5 St.*

Desgleichen wie vor Reihenpflaster 10/16 versetzen
je 1 m² . . . . *0,8 Stpf. + 0,5 St.*

Desgleichen wie vor Mansfelderpflaster 16/16 cm 12 cm stark
je 1 m² . . . . *0,7 Stpf. + 0,5 St.*

Desgleichen wie vor Mansfelderpflaster 16/16 cm 16 cm stark
je 1 m² . . . . *0,8 Stpf. + 0,6 St.*

Großpflaster aufbrechen.

Reihenpflaster aufbrechen und Steine seitlich aufstapeln bzw. nach brauchbaren und unbrauchbaren sortieren für 1 m² . . . . . 0,25 St.

Desgleichen wie vor mit Förderung bis auf 1000 m Entfernung abfahren einschließlich Auf- und Abladen je 1 m² . . . . . . 0,5 St.

Reihenpflaster 13/20 aufbrechen, Steine reinigen, Kiesbett einebnen, Pflaster wiederherstellen, einschlämmen und rammen
je 1 m² . . . . 0,7 Stpf. + 0,8 St.

Desgleichen wie vor in der Gleiszone während des Straßenbahnbetriebes herstellen je 1 m² . . . . 0,85 Stpf. + 0,9 St.

Beispiel 21. Kosten einer Pflasterbahn aus Reihenpflastersteinen 15/18 cm, Stpf. = 1,00 RM., St. = 0,70 RM.

	Material-kosten RM.	Arbeits-lohn RM.
a) *Einebnen* der Auf- und Abträge für 1 m² = 0,3 St. = 0,3 · 0,65		0,20
b) *Reihenpflastersteine,* Ankauf und Transport für 1 m² frei Verwendungsstelle	10,—	
c) *Sand,* Ankauf und Transport für 1 m³ = 6,— RM. Bei 15 cm Stärke für 1 m² = 0,15 m³. 0,15 · 6,— = 0,90 RM.	0,90	
d) *Sand einbringen* für 1 m² 0,1 St. = 0,1 · 0,70 RM. . .		0,07
e) *Reihenpflaster* herstellen und abrammen nach S. 144 für 1 m² = 0,7 Stpf. + 0,5 St. = 0,7 · 1,0 + 0,5 · 0,70 .		1,05
f) Zuschläge (ohne Gewinn) 40% vom Lohn		0,53
+ 10% vom Material	1,10	
Insgesamt	12,00	+ 1,85

Selbstkosten je 1 m² . . . . 13,85 RM.
Angebotspreis je 1 m² (+ 10% Gewinn und Wagnis) *15,25 RM.*
Mit *Packlageunterbau* nach S. 142, Beispiel 20.
15,25 + 6,25 RM. = *21,50 RM./1 m².*

Beispiel 22. *Kostenanschlag für Mansfelder Schlackenpflaster.*
5000 m² Großpflaster aus Mansfelder Kupferschlackensteinen 16/16 cm Kopf, 12 cm hoch auf vorhandenem Packlager mit Schotterdecke oder Betonunterbau, in einer etwa 5 cm starken Steinsand- oder Pflastersandbettung als Reihenpflaster fachgemäß in engen Fugen (4 mm) zu versetzen, einzufugen, einzuschlämmen und abzurammen, einschließlich Lieferung sämtlicher Baustoffe, Wasser und Gestellung aller Geräte und Werkzeuge für 1 m² *12,50 RM.* . . . . *62500,— RM.*

Verguß von Großpflaster mit Zementmörtel oder Asphalt.

Zementverguß herstellen, Mischung herstellen, eingießen, nachgießen einschließlich aller Nebenarbeiten kostet je 1 m²

an Löhnen . . . . 0,45 Stpf. + 0,4 St.
an Material . . . . 5 l Mörtel

Asphaltkittverguß für Fugen herzustellen, die Fugen reinigen, ausschlemmen, Pflastersteine nachzurichten ohne Kiesausfüllung für 1 m²

an Lohn . . . . 0,40 Stpf. +0,40 St.
an Material . . . . 4 bis 5 kg Vergußmasse

Desgleichen mit Kiesausfüllung für 1 m²

an Lohn . . . . 0,45 Stpf. +0,45 St.
an Material . . . . 3 kg Vergußmasse

Asphaltfugenverguß für Großpflaster kostet mit 1 Stas. = 0,80 bis 0,90 RM. *für 1 m²* . . . . *1,80 bis 2,50 RM.*

Holzpflaster.

Holzpflaster für Fahrbahn fachgemäß herstellen kostet an Lohn je 1 m² . . . . 0,8 Stpf. + 0,4 St.

Betonunterlage für Holzpflaster in etwa 20 cm Stärke mit Fertigern herstellen und einbringen ohne Lieferung der Baustoffe und ohne Gerätekosten erfordert an Löhnen je 1 m² . . . . 0,5 St$_{masch.}$+ 1,0 St.

d) Pflasterunterbau (für Groß- und Kleinpflaster).

1. Packlage mit Steinschlagbahn siehe S. 140 f.
2. Betonunterlage siehe Betondecken S. 151 f.

Betonunterlage mit 200 bis 250 kg Zement je 1 m³ fertigem Beton einschichtig ohne Eisenbewehrung mit Verteilerwagen einbringen und mit Stampfbohlenfertiger einstampfen einschließlich Anlage von Längsfugen und Querfugen (alle 8 bis 10 m). Der *Lohnaufwand* ohne Einrichtungskosten und Gerätekosten und ohne Lieferung der Baustoffe beträgt bei 20 cm Stärke je 1 m² . . . . 0,5 St$_{masch.}$+ 1,0 St.

e) Kleinpflaster (und Mosaikpflaster).

Abmessungen und Gewichte von Kleinpflaster.

| | 10 t = m² Pflaster | | | |
Abmessungen in cm	Basalt	Granit, Syenit	Porphyr, Quarzporphyr, Grauwacke, Kalkstein	Mansfelder Kupferschlacke
9/11 cm I. Kl.	44	45	46	—
9/11 cm II. Kl. (polygonal)	46	47	48	—
9,5/9,5/9	—	—	—	48
8/10 cm	45	46	48	—
7/9 I. und II. Kl. . . .	—	53	55	—
5/7 I. und II. Kl. . . .	75	77	80	—
Mosaik 4/6 I. und II. Kl. .	80	82	85	—
Mosaik 3/5 I. und II. Kl. .	90	92	95	—

Mittlerer Stundenlohn bei Pflasterarbeiten.

Man kann folgendes Verhältnis annehmen:
Für Groß- und Kleinpflaster 2 Pflasterer, 1 Rammer, 1 Tiefbauarbeiter.
Für Mosaikpflaster . . . . 4 Pflasterer, 1 Rammer, 2 Tiefbauarbeiter.

Kleinpflasterpreise. Die Preise für Kleinpflaster 9/11 bis 7/9 cm ab Werk bewegen sich je nach Gesteinsart, Abmessungen und Sortierung (I. und II. Sorte) *zwischen 180,— und 240,— RM. je 10 t* ab Werk, d. h. *4,00 bis 5,50 RM. je 1 m².* Ein billiger Ersatz für Natursteinpflaster ist das Mansfelder Kupferschlackenpflaster 9,5/9,5/9 cm.

Mosaikpflaster 4/6 kostet 2,20 bis 3,00 RM./1 m².

Kleinpflaster setzen.

Kleinpflaster aus Naturstein 8/10 (9/11) cm oder Mansfelder Schlackensteine 9,5/9,5/9 cm auf vorhandenem Unterbau (Packlage oder Beton) nach Schablone in einer mindestens 3 cm starken Sand- oder Steinsandbettung als *Reihenpflaster* fachgemäß in engen Fugen versetzen, einfegen bzw. einschlemmen, absanden und abrammen einschließlich Nahtransporte der Pflastersteine (bis 30 m) kostet an *Lohnaufwand* (einschließlich einbringen des Pflastersandes) ohne Baustofflieferung
je 1 m² . . . . 0,7 Stpf. + 0,4 St.
Desgleichen in Bogenreihen je 1 m² . . . . 0,8 Stpf. + 0,3 St.

Gehwegkleinpflaster 4/6 cm sonst wie vor herstellen, Materialien heranschaffen, Unterbettung herrichten, einschlämmen und abrammen an *Löhnen je 1 m²* . . . . 0,8 Stpf. + 0,6 St.

Gehwegkleinpflaster 3/5 cm, sonst wie vor je 1 m² . 1,0 Stpf. + 0,8 St.

Kleinpflaster aufbrechen.

Altes Kleinpflaster aufbrechen und Material beiseite setzen
für 1 m² . . . . 0,3 St.

Altes Kleinpflaster aufbrechen, sortieren nach brauchbaren und unbrauchbaren Steinen und auf Fahrzeuge laden
für 1 m² . . . . 0,15 Stpf. + 0,3 St.

Verguß von Kleinpflaster mit Asphalt.

Fugenverguß von Kleinpflaster 10/10 cm kostet an
a) *Material* . . . . 6 bis 7 kg/1 m² Vergußmasse
b) *Löhne* (einschließlich Gerätekosten) . . . . 1 St/1 m²

Die Lohnkosten erfassen folgende Leistungen: Ausblasen der Fugen mit dem Kompressor und Vergießen von Hand. Einschließlich aller Zuschläge und Gewinn kann man bei St. = 0,60 RM. mit einem Preis für b) von *0,90 RM. bis 1,00 RM/1 m²* rechnen.

Fugenverguß von Kleinpflaster mit Asphaltvergußmasse kostet bei 1 Stas = 0,80 bis 0,90 RM., 1 St. = 0,60 RM. einschließlich Material, Lohn und Geräte *je 1 m²* . . . . *1,80 bis 2,50 RM.*

**Kosten von Pflasterstraßen
mit Beton- oder Packlageunterbau[1].**

Großpflaster mit Fugenausguß kostet für 1 m² . 22,— bis 26,— RM.
Kleinpflaster in mittelhartem Gestein für 1 m² . 12,— bis 14,— RM.
Kleinpflaster und Pflaster II. Klasse in Hart-
gestein für 1 m² . . . . 14,— bis 16,— RM.

6. Randsteine (Bordsteine) und Rinnenpflaster.

Randsteine (Hochbordsteine) ohne Untermauerung aufzunehmen und
seitwärts auszusetzen für 1 lfd. m . . . . 0,25 Stpf.

Desgleichen wie vorher. Dazu aufladen der Bordsteine auf Fahrzeuge . . . . 0,25 Stpf. +0,10 St.

Randsteine (Hochbordsteine) auf Beton aufzuheben und seitwärts zu
setzen für 1 lfd. m . . . . 0,3 Stpf.

Randsteine (Hochbordsteine) zur Verwendungsstelle zu schaffen, auf
Kiesunterlage zu versetzen, zu unterstopfen einschließlich Kieseinbringen
(jedoch ohne Nacharbeiten von Stoßfugen) für 1 lfd. m
a) bei kleinen Steinabmessungen (etwa 12/25 cm) 0,30 Stpf. +0,30 St.
b) „ mittelgroßen „ . . . . 0,40 Stpf. +0,40 St.
c) „ großen „ (etwa 30/40 cm) 0,60 Stpf. +0,60 St.

Randsteine (Hochbordsteine) auf Betonunterlage, sonst wie vorher
je nach den Abmessungen der Steine
für 1 lfd m . . . . 0,4 Stpf. +0,4 St. bis 0,6 Stpf. +0,6 St.

Betonunterlage für Bordsteine etwa 30 bis 40 cm Breite und 25 bis
30 cm Höhe erfordert:
Für 1 lfd. m = 0,12 m³ Betonmischung 1 : 3 : 5 oder
Zement . . . . 32 kg
Sand 0/7 . . . . 0,08 m³
Kies oder Klarschlag 7/30 . . . . 0,08 m³
Arbeitslohn je 1 lfd. m . . . . 0,7 Stm. +0,5 St.

Untermauerung der Bordsteine mit Ziegelmauerwerk in Zementmörtel
aus 3 (bis 4) Schichten 1½ Stein stark für den lfd. m
Ziegel . . . . 36 Stück
Zementmörtel . . . . 25 l
Arbeitslohn . . . . 0,7 Stm. + 0,7 St.

Randsteine (Hochbordsteine 12/25 cm) umsetzen, d. h. aufheben,
beiseite setzen und später wieder versetzen
bei Kiesunterlage für 1 lfd. m . . . . 0,45 Stpf. +0,45 St.
bei Betonunterlage für 1 lfd. m . . . . 0,50 Stpf. +0,50 St.

Randsteinfugen ausgießen, die Fugen mit Wasser ausspülen, Zementmörtel herstellen und eingießen für 1 lfd. m . . 0,15 Stpf. +0,15 St.

Tiefbordsteine 12/30 cm aufnehmen und seitlich aussetzen
für 1 lfd. m . . . . 0,10 Stpf.

Tiefbordsteine 12/30 cm in Splitt setzen und mit Steinschlag und
Splitt hinterfüllen, feststampfen und einschlämmen für 1 lfd. m 0,50 Stpf.

---

[1] Preisbasis 1939 in Mitteldeutschland.

10*

Rinnen- und Einfassungspflaster aus neuen Steinen 12/18 oder Mansfelder Kupferschlackensteinen 12/16 in einem 10 cm starken Sandbett zu setzen einschließlich Einbringen des Sandes je 1 m² 0,70 Stpf. +0,50 St.

Herstellen und Verlegen von *Bordsteinen aus Beton* M. V. 1 : 2 : 3 15/20/60 cm einschließlich aller Nebenarbeiten für 1 lfd m 1,0 Stm. +1,5 St.

7. Befestigung von Fußwegen, Bürgersteigen und Radfahrwegen.

a) Kieswege.

Regulieren für einen *Bürgersteig*, *Radfahrweg* oder *Fußweg* bis zu 5 cm Abtrag, annässen und abwalzen oder abstampfen und 2 cm stark mit Sand abdecken kostet an Löhnen für 1 m² . . . . . . 0,2 St.

Desgleichen wie vorher, jedoch bis 8 cm Abtrag für 1 m². . 0,25 St.

Auf *Fußwegen* Gras entfernen, harken und neu besanden kostet an Lohn je 1 m² . . . . 0,15 St.

Kiesfußwege oder *Radfahrwege* etwa 5 cm tief aufrauhen, Unkraut entfernen, einebnen und eine Deckschicht von 3 cm aus Lehm und gesiebter Kesselasche aufbringen, einschlämmen, festwalzen und die Flächen absanden kostet

an *Lohn* je 1 m² . . . . 0,35 St.
an *Baustoffen* z. B. je 1 m² . . . . . 0,04 m³ zu 8,— RM. =0,32 RM.

Kiesfußwege aufzubrechen (bis 15 cm Stärke), Materialien in meßbare Haufen setzen oder aufladen für 1 m³ . . . . 2,00 St.

Fußwegflächen mit Sand zu überdecken und mit Handwalzen zu walzen für 1 m² . . . . 0,10 St.

Pflasterkante aufzubrechen, Materialien seitwärts aufzusetzen oder aufzuladen für 1 lfd. m . . . . 0,10 St.

Pflasterkante fertig zu versetzen einschließlich Erdarbeiten für 1 lfd. m . . . . 0,14 Stpf. +0,14 St.

b) Fußwegpflaster (Bürgersteige).

Gehwegkleinpflaster 7/9 cm siehe unter „Kleinpflaster" S. 145. Verlegen in Anlehnung an S. 146.

Gehwegkleinpflaster 4/6 und 3/5 cm (Mosaikpflaster) siehe S. 145. Mosaikartig verlegen siehe unten.

Fußwegpflaster oder Mosaikpflaster aufzubrechen, die Steine seitwärts aufzusetzen für 1 m² . . . . 0,2 St.

Fußwegpflaster 7/9 cm umzulegen, d. h. Pflaster aufbrechen, Bettung herrichten, Neupflastern und Abrammen für 1 m² 0,8 Stpf. + 0,6 St.

Mosaikpflaster (einfarbig) aus 4 bis 5 cm großen Steinen herzustellen, Materialien heranschaffen, Unterbettung herrichten, Einschlemmen und Rammen für 1 m² . . . . 1,0 Stpf. + 0,8 St.

Mosaikpflaster aus 4 bis 5 cm großen Steinen umlegen für 1 m² . . . . 1,0 Stpf. + 0,8 St.

c) Plattenbeläge von Bürgersteigen.

Plattenbelag von Bürgersteigen (Betonplatten, Kunststeinplatten, Basaltin- oder Zechitplatten u. dgl.) *12/12 cm,* 3 bis 4 cm stark in Sand zu verlegen einschließlich Einbringen der Sandbettung von 10 cm kostet an Löhnen je 1 m² . . . . 0,7 Stm. + 0,5 St.

Plattenbelag wie vorher *10/10 cm* . . . . 0,8 Stm. + 0,6 St.

Plattenbelag von Bürgersteigen mit Kunststeinplatten 30/30 bis 40/40 cm, 4 bis 6 cm stark in schwachem Kalkmörtel 1 : 6 auf feste Unterlage (Kies- oder Aschebett, Betonunterlage) rechtwinklig oder diagonal verlegen und mit schwachem Kalkmörtel 1 : 6 auszufugen (desgleichen über Kabelkanälen auf Brücken verlegen) kostet

an *Lohn für 1 m²* . . . . 1,0 Stm. + 0,6 St.
an *Material* z. B. Platten frei Baustelle je 1 m² . . 4,50 bis 5,50 RM.
    30 l Kalkmörtel 1 : 6 zu 0,015 RM. . . . . 0,45 RM.

d) Gußasphaltbeläge von Bürgersteigen.

Gußasphaltbelag auf Bürgersteigen (oder als Randstreifen für Betonfahrbahnen) auf Betonunterlage *2 cm stark* in einer Lage herstellen mit Rührwerken (leistungsfähige Aufbereitungsanlage) und motorisierten Asphaltwagen (große Massen!) kostet je 1 m²

an *Löhnen* . . . . 0,3 Stas. + 0,3 St.
an *Baustoffen* . .   8 kg Kalkmehl 0 bis 0,06 mm
                       16 kg Sand 0/3 mm
                       12 kg Hartsteinedelsplitt 5/8 mm
                      3,5 kg Bitumen
an *Betriebstoffen* .   1,5 kg Kohle + 0,5 kg Treiböl
an *Gerätekosten* (Nachweis) 0,25 bis 0,35 RM./1 m².

Gußasphaltbelag wie vorher *3 cm stark* an *Lohn*
je 1 m² . . . . 0,4 Stas. + 0,3 St.

Baustoffe, Betriebstoffe und Gerätekosten wie vor × 1,5.

Der *mittlere Stundenlohn* für Gußasphaltarbeiten läßt sich etwa aus folgender Zusammensetzung der Belegschaft ermitteln. Bei Errechnung sind die Kosten für die Auslösungen der Facharbeiter (Stammarbeiter), Schmutzzulage, Überstunden, Sonntagsstunden usw. zu berücksichtigen:

Aufbereitungsanlage: 1 Maschinist,
2 Facharbeiter (Kocher),
4 Tiefbauarbeiter,
Transport: 2 Fahrer (Masch. II. Kl.),
Einbaustelle: 1 Polier,
(und allgemeine Arbeiten) 4 Asphaltfacharbeiter,
8 Tiefbauarbeiter,
____
22 Mann.

Leistung in 10 h: etwa 300 m² 3 cm st. = 9 m³ = 22 t.

Gußasphaltbelag wie vor 2 cm stark in einer Lage mit Stehöfen herstellen (kleine Massen) *an Lohn je 1 m²* . . . . 0,8 Stas. + 0,6 St.

Desgleichen wie vorher 3 cm stark *an Lohn je 1 m²* 1,0 Stas. + 0,8 St.

Asphaltbelag 3 bis 5 cm stark aufbrechen *an Lohn für 1 m²* 0,3 St.

Einheitspreise (Angebotspreise) von Gußasphaltbelägen
auf Bürgersteigen und Randstreifen [1].

Lohnbasis 1 Stas. = 1,— RM., 1 St. = 0,65 RM.

2 cm stark einschließlich Lieferung aller Baustoffe, Geräte usw.
je 1 m² . . . . 2,30 bis 2,50 RM.

3 cm stark einschließlich Lieferung aller Baustoffe, Geräte usw.
je 1 m² . . . . 2,90 bis 3,10 RM.

4 cm stark einschließlich Lieferung aller Baustoffe, Geräte usw.
je 1 m² . . . . 3,40 bis 3,80 RM.

e) Betonunterlage für Bürgersteigbefestigung.
(Plattenbelag oder Gußasphalt.)

Betonunterlage für Bürgersteige 1 : 8 in 10 cm Stärke herstellen einschließlich aller Nebenarbeiten (ohne Baustelleneinrichtung) kostet

an *Lohn je 1 m²* . . . . 0,4 Stm. + 0,6 St.
an *Baustoffen* . . . 27 kg Zement, 0,06 m³ Sand 0/7, 0,07 m³ Kies 7/30,
an *Betriebstoffen* . . . . 1 × 0,10 = 0,1 kW/1 m²
(s. Verbrauch von Betonmaschinen S. 39),
an *Gerätekosten* etwa . . . . 0,08 RM./m² (0,80 RM./m³).

Neuzeitliche Straßenbefestigungen.

A. Ungefähre Kosten
von neuzeitlichen Straßenbauverfahren [2].

(1 Facharbeiterstunde = 0,90 RM., 1 Tiefbauarbeiterst. = 0,60 RM.)

Kosten für 1 m²

Steinschlagasphalt 7 cm stark auf alter Schotterdecke 6,50 bis 7,50 RM.

Schotterdecke nach dem *Bimextränkverfahren* 8 cm stark   6,50 RM.

Schotterdecke mit *Teeremulsionskalttränkung* 8 cm stark . 3,50 RM.

Teerschotterdecke (Mischverfahren) 8 cm stark . . . . . . 3,20 RM.

Walzasphalt aus einer 4 cm starken Asphaltbetonschicht und 3 cm starker Sandasphaltschicht . . . . 6,50 bis 7,50 RM.

Gußasphalt in 2 Schichten von zusammen 4 cm auf 4 cm Steinschlagasphalt . . . . 7,50 bis 9,00 RM.

Betonstraßen 20 bis 25 cm stark mit Fertigern hergestellt mit Eiseneinlagen und Dübeln . . . . 12,— bis 15,— RM.

---

[1] Preisbasis 1939 in Mitteldeutschland.

[2] Preisbasis Frühjahr 1939 Mitteldeutschland. Die Kosten der besonderen sozialen Maßnahmen (Trennungsentschädigung, Wochenendheimfahrten usw.) sind *nicht* enthalten.

B. Kalkulationsgrundlagen und Beispiele.

I. Betondecken.

Es ist im folgenden mit der Herstellung großer Fahrbahndeckenlose von 5 bis 15 km Länge gerechnet (Autostraßen mit 2 Richtungsfahrbahnen von je 7,5 m Breite, Reichsstraßen und Zubringerstraßen von 7 bis 10 m Breite). Die Herstellung soll von einem leistungsfähigen Umschlagbahnhof aus und unter Berücksichtigung der neuesten Erfahrungen mit Stampfbohlen- bzw. Hammerfertigern bei sorgfältigster Nachbehandlung (Sonnendächer, Sprengwagen usw.) und Fugenherstellung (Querfugen alle 10 bis 15 m) erfolgen.

Die *Kalkulation* muß an Hand eines *graphischen-Betriebsprogramms* in Anlehnung an den *Grundplan der Selbstkostenrechnung* durchgeführt werden und gliedert sich wie folgt:

A. Gerätekosten. Abschreibung $+$ Verzinsung $+$ Materialkosten der Geräteunterhaltung:

In Tabellenform nach dem *Neuwert der Geräte* ermittelt. Je nach dem Umfang des Auftrags und der Aussicht auf öftere Verwendung der Geräte kann man diese Kosten überschlägig mit

$$0,60 \text{ bis } 0,80 \ RM./1 \ m^2$$

ansetzen.

B. Kosten der Baustelleneinrichtung (und Abräumung, *einmalige* Kosten):

a) Kosten für *Hin- und Rücktransport* (vor allem *Fracht*) *der Geräte.*

b) Herstellung einer *leistungsfähigen Förderbahn* und einer *Wasserversorgung.*

c) Aufstellen der *Maschinen:* Fertiger, Betonmischapparate, Greifer (Umschlagstelle).

d) Aufstellen der erforderlichen Baubüros, Untertreträume, Magazine, Lagerschuppen (Zementschuppen für 15000 Sack), Tiefbunker, Hochbunker, Stromanschluß für Licht und Kraft (desgleichen Wiederabbrechen).

e) Wenn erforderlich, besondere *Arbeiterunterkünfte* (s. S. 31).

Mangels besonderer Ermittlungen, die sich aber bei der Kalkulation stets empfehlen (Entfernung des Gleisanschlusses von Losmitte usw.), kann man die *Einrichtungskosten* E (in RM.) von Fahrbahndeckenlosen mit 2 Fahrbahnen zu je 7,50 m (Richtungsverkehr) bei *Gleisanschluß* für F m² Fahrbahndecken überschlägig, wie folgt, ermitteln:

Mit 1 Facharbeiterstunde $= 0,90$ RM., 1 Tiefbauarbeiterstunde $= 0,60$ RM.

$$E = 50000 + 0,4 \cdot F \ (in \ RM.)$$

also bei

$F =$ 50000 m²	100000 m²	200000 m²	250000 m²
$E =$ 70000,— RM.	90000,— RM.	130000,— RM.	150000,— RM.

C. Baustoffe und Betriebstoffe.

1. Baustoffe. Je 1 m³ fertigen Beton kann man rechnen:

Bindemittel: 300 bis 350 kg Portlandzement
0,400 m³ Sand 0/3 mm
0,310 m³ Sand 3/7 mm
0,285 m³ Kies 7/15 mm
0,420 m³ Edelsplitt 15/45 mm
—————————————————
1,415 m³ Zuschlagstoffe.

Ferner je 1 m² Decke:

Unterlagspapier 150 g/m² : 1,2 m².
Für Längsfugen: 0,030 m² Weichholzbretter 14 mm stark.
Für Querfugen: 0,020 m² Holzfaserplatte oder Weichholzbretter.

2. Betriebstoffe (ohne Entladen und Transport der Baustoffe[1]). Verbrauch *je 1 m³ fertigen Beton* (nicht je 1 m²!).

$\left.\begin{array}{l}\text{3,0 kWh Strom}\\\text{0,50 kg Rohöl}\end{array}\right\}$ oder 2,8 kg Rohöl
0,12 kg Maschinenöl, Putzwolle usw.
1,60 m³ Wasser (einschließlich Nachbehandlung)

also je *1 m² Betondecke 25 cm stark:*

0,7 kg Rohöl + 0,03 kg Maschinenöl u. dgl. + 0,40 m³ Wasser.

D. Bauausführungslöhne. Für Herstellung der Fahrbahndecken (einschließlich Abladen der Baustoffe aus den Eisenbahnwagen) und einschließlich der „allgemeinen Arbeiten", aber ausschließlich der Einrichtungslöhne (s. B.):

**Angaben über Lohnaufwand für Teilleistungen
des Betonfahrbahndeckenbaues.**

(Lose nicht unter 50 000 m².)

Planum herstellen im Anschluß an die Erdarbeiten mit Ausgleich von Höhenunterschieden bis ± 5 cm, nach Angabe überschüssigen Boden bis 2 km wegschaffen und fehlende Sandmassen aus einer Entfernung bis 2 km heranholen. Das Planum ist zu bewässern, vorzuverdichten (mit Frosch oder Walze) und mit Stampfbohle auf die planmäßige Höhe zu verdichten

je 1 m² . . . . . 0,20 St.
wie vor, jedoch ± 10 cm Höhenunterschied je 1 m² . . . . . 0,35 St.

———————————

[1] Man kann bei 5 bis 15 km langen Deckenlosen beim *Entladen mit Dampfgreifern* und *Transport mit Dampfloks* rechnen *je 1 m³ fertigen Beton*
a) für Entladen . . . . 4 kg Kohle + 0,05 kg Öle u. dgl. + 0,05 m³ Wasser,
b) für Transport (60 cm Spur) $\left\{\begin{array}{l}\text{10 bis 18 kg Kohle,}\\+\ 0,12\ \text{bis}\ 0,20\ \text{kg Öle und Putzmittel,}\\+\ 0,3\ \text{m}^3\ \text{Wasser.}\end{array}\right.$

Zähes Unterlagspapier von mindestens 150 g/m² Gewicht und einen Berstdruck von min 0,2 at feucht und 0,5 at trocken auf das abgeglichene, verdichtete Planum 5 cm überlappt in der Längsrichtung verlegen je 1 m²

an *Lohn* . . . . 0,01 St.
an *Baustoff* . . . . 0,05 bis 0,07 RM.

Betondecke 20 cm stark 2schichtig einbringen (7 cm Oberbeton) einschließlich Seitenschalung und Verlegen der Schienenträger für die Laufschienen der Betonmischanlagen und Fertiger, bei Verwendung von 3 verschiedenen Körnungen der Zuschlagstoffe 0/7, 7/15, 15/40 mm, einschließlich Abladen der Zuschlagstoffe (aus Eisenbahnwagen in Bunker), Wiegen, Transport zur Baustelle, Mischen des Betons in 1000 bis 1500 l-Maschinen, Stampfen mit Hammerfertigern und Bohlenfertigern, Nachbehandlung des Betons (180 m Sonnendächer und Sprengwagen) einschließlich aller Neben- und Nacharbeiten und allgemeinen Arbeiten (Magazin, Wächter, Reparatur usw.) aber *ohne* Fugenherstellung und Fugen vergießen *je 1 m²* an *Lohn* . . . . . *0,6 St$_{masch.}$ + 0,9 St.*

Desgleichen wie vorher *Betondecke 25 cm stark* kostet an *Lohn je 1 m²* . . . . *0,7 St$_{masch.}$ + 1,0 St.*

Längsfugen 14 mm stark herstellen für 20 cm starke Betondecke und 2schichtige Bauweise, die Kanten zu brechen, unter Einlage von astfreien, scharfkantigen Weichholzplatten (oder Holzfaserplatten) im Unterbeton und Fugen mit Fugeneisen im Oberbeton einschließlich Sauberhalten der Fugen und Nacharbeiten *je 1 lfd. m*

an *Lohn* . . . . 0,5 Stm.
an *Material* . . . . . 0,20 m² Holzbretter 14 mm,
            0,08 kg Kleineisenzeug (Reiter und Rundeisen)
(Preis mit Stm. =1,00 RM.: 1 lfd. m 1,00 RM.)

Querfugen 18 bis 20 mm stark herstellen für 20 cm starke Betondecke und 2schichtige Bauweise, die Kanten zu brechen unter Einlage einer Holzfaserplatte (Kapag u. dgl.) in Unterbeton und Herstellen einer Fuge im Oberbeton mit Fugeneisen *je 1 lfd. m*

an *Lohn* . . . . 0,6 Stm.
an *Material* . . . . . 0,20 m² Holzfaserplatte 20 mm,
            0,1 kg Kleineisenzeug (Reiter und Rundeisen)
(Preis mit Stm. = 1,00 RM.: 1 lfd. m   1,20 RM.)

Längs- und Querfugen mit Vergußmasse vergießen (von Hand) nach vorherigem Voranstrich (mit Spritzmaschine), Nachfüllen und Abkratzen der überstehenden Asphaltmasse *je 1 lfd. m*

an *Lohn* . . . . 0,25 Stas.
an *Material* . . 3,0 kg Bitumenvergußmasse (zu 0,15 RM. = 0,45 RM.)
(Preis mit 1 Stas. = 0,90 RM.: 0,80 RM. je 1 lfd. m.)

Unterbeton von 1 m breiten Straßenbanketten 18 bis 20 cm stark als Unterlage für eine 20 mm starke Gußasphaltdecke (eventuell als Auflage für die Fertigerschienen) mit einem Zementgehalt von 200 kg/1 m³ fertigen Beton herzustellen. Zuschlagstoffe Sand 0/7 mm, Kies 7/45 mm. Der

Beton wird zwischen seitlichen Schalungen (Abstandanker!) von Hand eingebracht und mit Preßluftvibratoren eingestampft, sauber abgeglichen und geglättet. Einschließlich aller Nebenarbeiten (abladen der Zuschlagstoffe und Bindemittel an der Umschlagstelle, Lagerung, Transport usw.)

je 1 m³ Beton   an *Lohn* . . . . 4,0 Stm. $+$ 7,0 St·
oder *je 1 m² Decke* an *Lohn* . . . . 0,8 Stm. $+$ 1,4 St.
             an *Material* (verbraucht) 0,1 m² Schalung 30 mm,
                         0,02 kg Kleineisenzeug.

Gußasphaltbelag von Betonbanketten siehe S. 149.

Verdübelung je 1 lfd. m Querfuge:
Material: 3,0 kg Rundeisen $+$ 3,0 kg Flacheisen $=$ 6 kg
          Eisen zu 0,30 RM. . . . . 1,80 RM.
          Papphülsen und Bitumen . . . . 0,20 „
Löhne: 0,7 St. (mit Zuschlägen) zu 1,— RM. . . . . 0,70 „
          Für Leistungsausfall beim Betonieren . . . . 2,— „
                         Je 1 m Verdübelung 4,70 RM.

Beispiel 23. Ein 10 km langes Fahrbahndeckenlos mit je 2 Fahrbahnen zu 7,5 m und 25 cm Deckenstärke, also insgesamt 150000 m², soll mit insgesamt je 4 Mischaggregaten und Fertigern eingebaut werden. Der Preis für Kies und Splitt betrage 8,— RM./1 m³, für Zement 4,50 RM./100 kg frei Umschlagbahnhof. Die mittleren Stundenlöhne sollen betragen 1 St$_{masch.}$ $=$ 1,20 RM., 1 St. $=$ 0,70 RM. Der Angebotspreis je 1 m² ist zu ermitteln (ohne Fugenherstellung, Fugen vergießen und Verdübelung), ebenso überschlägig die Baustelleneinrichtung.

Lösung. Es kostet die Herstellung je 1 m² Decke (ohne Armierung, Fugenherstellung, Verdübelung)

	L=Lohn RM.	M=Material RM.
Zuschlagstoffe 0,25 · 1,38 = 0,35 m³ zu 8,— RM. . .		2,80
Bindemittel 80 kg Zement zu 4,50/00 kg		3,60
Betriebstoffe[1]		0,52[1]
Gerätekosten (auch Unterhaltung)	0,10	0,80
Lohnkosten 0,7 St$_{masch.}$ zu 1,20 = 0,84		
+ 1,0 St zu 0,70 = 0,70 =	1,54	
	1,64	7,72
Zuschläge für Gemeinkosten[2], Geschäftskosten,		
allgemeine Baukosten 10% von M		0,77
45% von L[3]	0,74	
Selbstkosten	2,38 ++	8,49 = 10,87 RM.

$+$ 10% für Gewinn, Wagnis, Umsatzsteuer . . . . 1,08 „
             Angebotspreis . . . . *11,95 RM.*

Überschlägige Ermittlung der Baustelleneinrichtung.
Nach S. 151 ist $E = 50000 + 0,4 \cdot 150000 = 110000,—$ RM.

$$\text{oder} \quad \frac{110000}{150000} = 0,74 \; RM. \; je \; 1 \, m².$$

---

[1] Der *Betriebstoffverbrauch* errechnet sich nach S. 152 etwa wie folgt je 1 m²: 5,5 kg Kohle zu 0,033 RM. = 0,182 RM. + 0,07 kg Öle u. dgl. zu 0,45 RM./1 kg = 0,032 RM + 0,7 kg Rohöl zu 0,25 RM. = 0,175 RM. + 0,4 m³ Wasser zu 0,25 RM. = 0,10 RM. + 0,2 kW für Strom und Beleuchtung zu 0,15 RM. = 0,030 RM. = *0,52 RM./1 m³.*

[2] Einschließlich Sozialaufwand (17% der Löhne).

[3] Bei Verträgen *ohne* Baustofflieferung 55% von L.

Überschlägige Ermittlung der *Gerätekosten:*

	Neuwert RM.	Abschreibung, Verzinsung und Geräteunterhaltung (M) RM.
1. *Gleisanlage,* Schwellengleis 60 cm Spur, 22 km.	150 000,—	20 000,—
2. *Fördergeräte,* 7 Dampfloks 50 PS, 1 Diesellok 10 PS, 50 Muldenkipper 1 m³, 50 Muldenkipper 3/4 m³ usw.	100 000,—	25 000,—
3. *Wasserversorgung,* 4 Kreiselpumpen 5 PS, 5000 m Flanschenrohre 80 mm l. W., 1000 m Muffenrohre 100 mm l. W., 500 m Rohre 50 mm l. W., 3 Schachtbrunnen 10 bis 15 m tief, Hochbehälter usw.	35 000,—	10 000,—
4. *Telefon*		1 000,—
5. 4000 m² Baubuden, Zementschuppen, Lagerplatz und Siloanlagen	50 000,—	10 000,—
6. 600 m Fertigerschienen, 4 Fertiger, 4 Betonmischanlagen, 4 Betonverteiler, 300 m Sonnendächer, 24 000 m² Rohrmatten (Säkke), 1 Drehvorrichtung zusammen	200 000,—	50 000,—
7. Sonstiges Geräte		5 000,—
Insgesamt Gerätekosten	535 000,—	121 000,—

$$\text{oder } je\ 1\ m^2\ Decke\ \frac{121\,000}{150\,000} = 0{,}80\ RM.$$

II. Schwarzdecken.

1. Asphaltbetondecke (und Sandasphaltdecke).

Als *Unterbau* kommt 20 cm Packlage mit Schotterausgleichschicht oder 18 bis 22 cm Beton (250 kg Zement/m³ Beton) in Frage. Fahrbahndecke aus *Asphaltbeton 6 cm stark* (3 cm Binderschicht, 3 cm Deckschicht) auf Beton- oder Steinschlagdecke fachgemäß herstellen (Verdichten mit Fertigern und Nachwalzen mit 12 t Walze, Aufbereitungsanlagen sind vorausgesetzt) unter Verwendung von Basaltedelsplitt und unter Einpressen von 12 kg asphaltiertem Edelsplitt 8/12 mm Korngröße in die heiße Deckschicht kostet bei Löhnen von 1 $St_{masch.} = 0{,}90$ RM., 1 Stas. = 0,87 RM., 1 St. = 0,60 RM., ohne Einrichtungskosten (0,50 bis 0,80 RM. bei mindestens 100 000 m² Fahrbahndecke) und ohne Frachten für Zuschlagstoffe und sonstige Baustoffe (einschließlich Baustofflieferung und Gerätekosten)

je 1 m² Decke in fertiger Arbeit etwa . . . . 5,30 RM.[1]
für + 1 cm mehr an Deckenstärke . . . . + 0,70 RM.

Materialbedarf und Lohnaufwand für 1 m² 6 cm starke Asphaltbetondecke:

Materialbedarf je 1 m² Decke:

	Edelsplitt						Füller Sand	Kalkmehl	Bitumen
mm	18/25	12/18	5/8	3/5	1/3	8/12	0/3	0—0,06	D 35
kg	35	30	23	11	9	12	16	9	12

---

[1] Preisbasis Frühjahr 1939 Mitteldeutschland.

Lohnaufwand für Herstellen von je 1 m² Decke

bei *Durchschnitts*leistungen von

900 m² Binderschicht/8 h-Schicht
900 m² Deckschicht/8 h-Schicht.

1. Für Entladen der Zuschlagstoffe und Baustoffe am Entladebahnhof (Umschlagstelle) einschließlich Fördern bis auf 500 m zum Mischplatz und zu den Siloanlagen kann man rechnen

an Löhnen je 1 t . . . . 0,10 St$_{masch.}$ + 0,5 St.
oder . . . . 0,65 St.
oder je 1 m² fertiger Decke 6 cm stark . . . . 0,09 St.
„ 1 m²   „   „   7 cm „ . . . . 0,10 St.

2. Der Lohnaufwand an Mischanlage, Fahrbetrieb (mit Lastautos) und an den Einbaustellen für Binder- und Deckschicht betragen

je 1 m² fertiger Decke 7 cm stark . . . . *0,3 St$_{masch.}$ + 0,6 St.*

Dazu *+ 0,08 Lastautostunden*
+ 0,02 Walzstunden (ohne Löhne).

Der *mittlere Stundenlohn* kann unter Berücksichtigung von Über-, Nacht- und Sonntagsstunden, Auslösungen usw. an Hand folgender Belegschaft ermittelt werden: 5 Aufseher, 1 Maschinenmeister, 22 Maschinisten, 22 Facharbeiter, 110 Tiefbauarbeiter, d. h. $^1/_3$ der Belegschaft sind Aufseher, Maschinisten und Facharbeiter.

Der *Lohnaufwand·je 1 m² fertiger Decke 7 cm stark* gliedert sich wie folgt:

a) Mischanlage und Silos (1 Aufseher, 2 Maschinisten,
   8 Facharbeiter, 22 Arbeiter) . . . . 0,16 St$_{mi.}$.
b) Fahrbetrieb (15 Maschinisten) . . . . 0,08 St$_{masch.}$
c) Einbau und Nacharbeiten (2 Aufseher, 6 Maschinisten,
   14 Facharbeiter, 90 Tiefbauarbeiter) . . . . 0,66 St$_{mi.}$

Je 1 m² Decke 7 cm stark . . . . 0,90 St$_{mi.}$

Lohnaufwand aus 1. und 2. . . . . 0,3 St$_{masch.}$ + 0,7 St.
oder . . . . *1,0 St$_{mi.}$*

Beispiel 24. Der Angebotspreis für 1 m² *Asphaltbetondecke 7 cm stark* (4 cm Binder, 3 cm Decklage) ist zu ermitteln bei einem Gesamtauftrag von etwa 200000 m² und einer durchschnittlichen Entfernung von 6 km zwischen Lagerplatz (mit Silo und Mischanlage) und Einbaustellen. Es sind folgende *Materialpreise* (ab Werk mit Zustellgebühr, jedoch *ohne Fracht*, welche der Bauherr trägt) anzunehmen (jedoch mit Miete für Fässer und Rückfracht der leeren Fässer). Edelsplitt 8,— RM./t, Kalkmehl 0 bis 0,06 : 1,80 RM./100 kg, Bitumen 8,30 RM./t. Als *Löhne* sind anzunehmen (ohne Zuschläge für Überstunden, Nacht-Sonntagsstunden, Auslösungen für Stammarbeiter usw.): 1 Aufseherstunde = 1,20 RM., 1 St$_{masch.}$ 1. Kl. = 0,91 RM., 1 St$_{masch.}$ 2. Kl. = 0,89 RM., 1 Facharbeiterstunde = 0,87 RM., 1 Tiefbauarbeiterstunde = 0,62 RM. Für die oben erwähnten Zuschläge und Leistungsprämien sollen nach besonderer Berechnung (frühere Lohnlisten oder Sonderaufstellungen) für Aufseher, Maschinisten und sonstige Facharbeiter 15% Zuschlag und für Tiefbauarbeiter 8% Zuschlag kommen. Das Entladen der Zuschlagstoffe und Baustoffe, sowie Befördern derselben vom Umschlagsbahnhof zu den 400 m entfernten Mischanlagen und Silos ist zu berücksichtigen. Die Tagesleistung soll 1500 m² fertig eingebaute Decke betragen.

Die *Einrichtungskosten* werden mit 110000,— RM. (s. auch S. 151) besonders vergütet. Die *Gerätekosten* seien an Hand der Geräteliste (einschl. Materialkosten der Geräteunterhaltung) zu 0,50 RM./1 m² Fahrbahndecke ermittelt worden. Welcher Angebotspreis ist zu fordern?

Lösung. A. Materialkosten.

$$
\begin{aligned}
&140 \text{ kg Edelsplitt zu } 8,\text{— RM.} \dots \dots \quad 1,12 \text{ RM.} \\
&10 \text{ kg Kalkmehl } 0\text{—}006 \text{ zu } 1,80 \text{ RM./00 kg } \quad 0,18 \text{ „} \\
&20 \text{ kg Sand zu } 2,90 \text{ RM./t} \dots \dots \quad 0,06 \text{ „} \\
&12 \text{ kg Bitumen zu } 8,30 \text{ RM./00 kg } \dots \quad 1,\text{— „}
\end{aligned}
$$

2,36 RM.

+ 4% für Verluste . . . . 0,09 „

Für Material je 1 m² . . . . 2,45 RM.

B. Lohnkosten. Ermittlung des mittleren Stundenlohns $St_{mi.}$ für die Deckenherstellung:

5 Aufseher zu	(1,20 + 15% von 1,20 RM.) 1,40 RM. .	7,— RM.
20 Maschinisten zu	(0,90 + 15% von 0,90 RM.) 1,04 RM. .	20,80 „
20 Facharbeiter zu	(0,87 + 15% von 0,87 RM.) 1,— RM. .	20,— „
100 Tiefbauarbeiter zu	(0,62 + 8% von 0,62 RM.) 0,67 RM. .	67,— „

145 Mann . . . . 114,80 RM.

$$1\ St_{mi.} = 0,80\ RM.$$

Lohnkosten je 1 m² Deckenherstellung

1. Entladen 0,1 St. zu (0,62 + 8% von 0,62 RM.) 0,67 RM. . 0,067 RM.
2. Deckenherstellung 0,9 $St_{mi.}$ zu 0,80 RM. . . . . 0,720 „

Reine Löhne . . . . 0,787 RM.

Zusammenstellung von Selbstkosten und Angebotspreis je 1 m².

	L = Löhne RM.	M = Material RM.
Baubetriebslöhne	0,787	
Baustoffe		2,45
Bauhilfsstoffe		0,05
Betriebstoffe (Kohlen, Öle, Strom usw.)		0,25
Gerätekosten	0,10	0,50
Autoförderkosten (ohne Fahrer, welche in Lohnkosten enthalten sind) 1,8 t km zu 0,20 RM. .		0,36
Walzkosten [ohne Walzenführer (L)]: 0,2 h zu 5,— RM.		0,10
Reine Löhne + Materialkosten	0,887	3,71
Zuschläge für Sozialaufwand, Geschäftskosten usw.		
10% von M		0,37
45% von L[1]	0,400	
Selbstkosten	1,287	+ 4,08 = 5,37 RM.

Für Unterhaltung und Nachbesserung 4% . . . . 0,20 „
Wagnis, Gewinn und Umsatzsteuer 8% von 5,37 RM. = ... 0,43 „

Angebotspreis je 1 m² . . . . *6,00 RM.*

2. Asphalt- und Teertränkdecken.

Beispiel 25. Es seien *20000 m²* Fahrbahndecke als *Eingußdecke 7 cm stark* herzustellen auf vorhandenem Unterbau (20 cm Packlage + 4 cm Schotter gewalzt). Die Decke besteht aus einer 7 cm starken Steinschlagschicht Körnung 40/60 mm. Der gleichmäßig verteilte Schotter ist mit einer Asphaltmastixmasse von 40 kg/m² zu vergießen und mit einer 11 t Walze abzuwalzen. Auf diese Fläche ist zum Ausgleich ein durchschnittlich *1,5 cm starker Teppich aus Asphaltfeinbeton* aufzuwalzen. An Geräte stehen zur Verfügung: 3 Aufbereitungsmaschinen mit Elektromotor, 4 Asphaltausfuhrwagen, 2 Zugmaschinen, 1 Trockentrommel mit Motor, 2 Advancewalzen 11 t.

---

[1] Bei Verträgen *ohne* Materiallieferung 55% von L.

Der *Angebotspreis je 1 m² (ohne Einrichtungskosten)* ist bei folgenden Löhnen und Materialpreisen frei Mischanlage zu ermitteln:

Löhne/1 h		Materialpreise (frei Mischanlage)	
Maschinisten 1. Kl.	0,91 RM.	Schotter 40/60	7,— RM./t
Maschinisten 2. Kl.	0,89 „	Kalkmehl 0—0,06 . . .	1,50 RM./00 kg
Asphaltarbeiter	0,80 „	Splitt 3/8 und 0,3 mm .	8,— RM./t
Träger	0,68 „	Bitumen	9,— RM./00 kg
Tiefbauarbeiter.	0,62 „		

Lösung. Materialbedarf für 1 m² Decke:

	Für Eingußdecke t	Für Teppich t	Insgesamt t
Schotter 40/60	0,15	—	0,150
Edelsplitt 3/8, 0/3	—	0,022	0,022
Asphaltmehl	0,03	0,01	0,04
Bitumen	0,01	0,003	0,013
Sand 0/3	—	0,005	0,005

Materialkosten/1 m²

0,15 t Schotter 40/60 zu 7,— RM.	1,05 RM.
0,022 t Edelsplitt zu 8,— RM.	0,18 „
0,04 t Asphaltmehl zu 15,— RM./t	0,60 „
13 kg Bitumen zu 9,— RM./00 kg . . .	1,17 „
5 kg Sand 0/3 zu 8,— RM.	0,04 „
Materialkosten	3,04 RM.
+ 5% für Verlust . . .	0,16 „
Insgesamt für Material .	*3,20 RM.*

Lohnkosten/1 m²

Mittlerer Stundenlohn

1/3 Maschinisten zu 0,90 RM.	0,30 RM.
2/3 Tiefbauarbeiter zu 0,62 RM.	0,42 „
Mittlerer Lohn	0,72 RM.
Für Nacht-Sonntags- usw. Zuschläge, Prämien, Auslösungen und Aufsicht (5%) + 20%	0,14 „
1 St$_{mi}$.	0,86 RM.
Eingußdecke . . . 0,6 St$_{mi}$.	
Asphaltteppich . . 0,3 St$_{mi}$.	
Zusammen . . . . 0,9 St$_{mi}$.	
0,9 St$_{mi}$. zu 0,86 RM.	*0,77 RM.*

Zusammenstellung des Angebotspreises je 1 m² Decke.

	L = Löhne RM.	M = Material RM.
Baubetriebslöhne	0,77	
Baustoffe		3,20
Bauhilfsstoffe und Kleingeräte		0,15
Betriebstoffe (Kohlen, Öle, Strom, Wasser usw.) .		0,20
Gerätekosten[1] (mit Unterhaltung)	0,10	0,45
Transportkosten[2] (ohne Fahrer, der unter L erfaßt, mit Betriebstoffen)		0,20
	0,87	4,20
Zuschläge (ohne Gewinn)		
10% von M		0,42
45% von L[3]	0,39	
Selbstkosten	1,26 +	4,62 = 5,88 RM.

Für Unterhaltung und Nachbessern der Decke 4% . . . . 0,24 „
Wagnis, Gewinn und Umsatzsteuer 8% von 5,88 RM . . . . 0,48 „

Angebotspreis je 1 m² . . . . *6,60 RM.*

---

[1] Gerätekosten (jeweils besonders ermitteln!):
　　Walzen (ohne Walzenführer) . . . . 0,10 RM.
　　Aufbereitungsanlagen usw. . . . . 0,35 „
　　　　　　　　　　　Gerätekosten je 1 m² . . . . *0,45 RM.*
[2] Transporte 0,08 t zu 2,50 RM. = *0,20 RM./m².*
[3] Bei Verträgen *ohne* Baustofflieferung 55% von L.

3. Kaltasphaltsplittdecke und Weichasphaltsplittdecke für Radfahrwege, Bürgersteige usw.

Beispiel 27. Für etwa 10000 m² Fuß- und Radfahrwege ist ein *Emulsionsteppich* mit 60 kg/m² Hartsteinedelsplitt 3/8 mm mit 6 kg/m² Kaltasphaltemulsion vorschriftsmäßig zu mischen auf Mischblechen und etwa *4 cm stark* zwischen Bordsteinen und einer Randlatte profilgemäß einzubauen und mit Richtlatte gleichmäßig abzuziehen. Es ist mit einer 6 t Walze abzuwalzen. Der Oberflächenabschluß ist in etwa 3 mm Stärke durch Mischen, Verteilen und Aufwalzen von Brechsand 1/3 mm mit Kaltasphalt vorzunehmen. Der Angebotspreis für 1 m² Decke in fertiger Arbeit ist einschließlich Vorhalten der Geräte und Einrichtungskosten zu ermitteln. Als Löhne und Materialpreise sind anzunehmen:

1 Facharbeiterstunde . . . 0,90 RM.	Edelsplitt . . . 9,— RM./t frei Bau
1 Hilfsarbeiterstunde . . . 0,70 „	Brechsand . . . 6,50 RM./t „ „
	Kaltasphalt . . 0,06 RM./kg „ „

Lösung. *Material* je 1 m² Decke:

6 + 0,6 = 6,6 kg Kaltasphalt zu 0,06 RM. . . . . . . 0,396 RM.
60 kg Edelsplitt 3/8 zu 9,— RM./t . . . . 0,540 „
6 kg Brechsand 1/3 zu 6,50 RM./t . . . . 0,039 „
Material . . . . 0,975 RM.

Löhne je 1 m² Decke:

$$0,30 + 0,05 = 0,35 \text{ St}_{mi.} \text{ zu } \frac{0,90 + 0,70}{2} \quad \ldots \ldots \quad 0,28 \text{ RM.}$$

+ 8% für Aufsicht, Überstunden, Prämien u. dgl. . 0,02 „
Reine Löhne *0,30 RM.*

Zusammenstellung des Angebotspreises je 1 m² Decke:

	L = Löhne RM.	M = Material RM.
Baubetriebslöhne	0,30	
Baustoffe		0,975
Kleingeräte und Einrichtung $\frac{600,— \text{ RM.}}{10000}$ = . . .	0,02	0,040
Absperrung und Beleuchtung 100,— RM.		0,010
Walzkosten (ohne Lohn) 0,015 h zu 4,— RM. . .		0,060
	0,32	1,085

Zuschläge für Geschäftskosten usw.

10% von M		0,109
40% von L	0,13	
Selbstkosten	0,45 +	1,194 = 1,644 RM.
Für Unterhaltung und Nachbessern	0,046 „
Gewinn, Wagnis, Umsatzsteuer 10% . . .	0,160 „
Angebotspreis je 1 m²	*1,85 RM.*

Beispiel 28. 5000 m² vorbereitete Flächen (abgestampft oder eingeebnet und gewalzt) von Radfahr- und Fußgängerwegen in 2 Schichten mit 60 kg/m² *Weichasphaltsplitt 5/15 mm* zu überziehen, einzuplanieren und abzuwalzen. Auf diese Decke ist zum Porenschluß *Weichasphaltgrus 1/3 mm*, und zwar 10 kg/m², aufzubringen, einzuplanieren und wiederum abzuwalzen einschließlich Stellen der Walzen und Geräte. Der Angebotspreis je 1 m² ist zu ermitteln.

Löhne wie vorher. *Materialpreis* frei Verwendungsstelle: Weichasphaltsplitt 20,— RM./t, Weichasphaltgrus 22,— RM./t.

Lösung. *Materialkosten* je 1 m²:

60 kg Weichasphaltsplitt zu 20,— RM./t . . . . 1,20 RM.
10 kg Weichasphaltgrus zu 22,— RM./t . . . . 0,22 „
Material . . . . 1,42 RM.

Löhne je 1 m²:

$$0,4 \text{ St}_{mi.} \text{ zu } \frac{0,90 + 0,70}{2} \quad \ldots \ldots \ldots \ldots \quad 0,32 \text{ RM.}$$

+ 8% für Aufsicht, Leistungszulagen, Schmutzzulagen usw. 0,03 RM.
Reine Löhne . . 0,35 RM.

Zusammenstellung des Angebotspreises je 1 m².

L = Lohn   M = Material
RM.   RM.

Baubetriebslöhne   0,35
Material   1,42
Kleingeräte, Absperrung und Beleuchtung
    250,— RM./5000   0,05
Walzkosten (ohne L) 0,02 h zu 4,— RM. . .   0,08

L + M   0,35   1,55
Zuschläge 10% von M . .   0,16
40% von M . . .   0,14

Selbstkosten . . .   0,49   +   1,71 = 2,20 RM.
+ 12% Nachbessern, Wagnis, Gewinn und Umsatzsteuer . . . . 0,25 „

Angebotspreis *2,45 RM./1m²*

4. Oberflächenbehandlung.

a) Kaltasphaltbehandlung.

Beispiel 29. Auf etwa 10000 m² vorhandener Schotterdecke einer Landstraße
ist *Kaltasphaltoberflächenbehandlung* unter Verwendung von *3 kg/m² Kaltasphalt*
und 20 kg/m² Hartsteinedelsplitt herzustellen, dazu die vorhandene Schotterdecke sorgfältig vom Deckenmaterial bis auf das Steingerüst zu reinigen, der Kaltasphalt aufzuspritzen, mit Edelsplitt zu decken und mit einer leichten Walze
aufzuwalzen. Der Angebotspreis je 1 m² ist zu ermitteln mit folgenden Löhnen
und Materialpreisen (frei Verwendungsstelle): Facharbeiterstunde 0,90 RM., Hilfsarbeiterstunde 0,70 RM. Kaltasphalt 1 kg = 0,06 RM., Hartstein-Edelsplitt 1 kg
= 0,009 RM.

Lösung. Die Tagesleistung bei 3 Facharbeitern und 9 Hilfsarbeitern beträgt
etwa 800 m²/8 Stundentag.

Material	*Löhne*
3 kg Kaltasphalt zu 0,06 RM. 0,18 RM.	Decke vorbereiten
20 kg Edelsplitt zu 9,— RM./t 0,18 „	0,15 St. zu 0,70 RM. . . 0,105 RM.
0,36 RM.	Kaltasphaltbehandlung
	0,03 Stas. zu 0,90 RM. . 0,027 „
	+ 0,10 St. zu 0,70 RM. . 0,070 „
	0,202 RM.
	+ Aufsicht, Prämien usw. 0,018 „
	0,220 RM.

Zusammenstellung des Angebotspreises je 1 m².

L   M
RM.   RM.

Reine Löhne 0,220
Material (Baustoffe)   0,36
Kleingeräte, Einrichtung, Absperrung und Be-
    leuchtung 400,— RM./10000   0,04
Walzkosten ohne Löhne 0,01 h zu 3,50 RM. . .   0,035

L + M 0,220   0,435
Zuschläge (ohne Gewinn) 10% von M   0,045
40% von L 0,090

Selbstkosten 0,31   + 0,48 = 0,79 RM.
+ 12% für Nachbessern, Wagnis, Gewinn, Umsatzsteuer . . . 0,10 „

Angebotspreis . . . . *0,89 RM./1 m²*

b) Heißteertränkung.

Beispiel 30. 10000 m² Fahrbahnen und Bürgersteige in einer Stadt (8000 m² Makadamfahrbahn und 2000 m² Bürgersteige) sollen nach gründlicher Reinigung der Flächen geteert und mit Splitt bzw. Sand abgedeckt werden. Beaufsichtigung, Absperrung und Beleuchtung der Baustelle nach den Vorschriften der Verkehrspolizei ist Sache des Unternehmers. Tagesleistung mindest 1000 m². Das Abdeckmaterial kann bis 100 m an die Baustelle herangeschafft und dort gelagert werden. Der abgekehrte Schlamm ist zu entfernen (Kehrmaschine und Nachfegen mit Handbesen). Zur Teerung sollen fahrbare Teerkessel (Teermaschinen) und armierte Schlauchrohre verwendet werden. Der heißflüssige Teer (120 bis 130° C) ist kräftig einzubürsten. Die Kosten je 1 m² sind zu ermitteln. Materialpreise frei Bau: 1 kg Teer 0,09 RM., Splitt 3/8 mm 8,— RM./t. 1 Aufseherstunde 1,40 RM., 1 Facharbeiterstunde 0,90 RM., 1 Hilfsarbeiterstunde 0,70 RM.

Lösung. *Berechnung des mittleren Stundenlohnes:*

$$
\begin{array}{ll}
\text{1 Aufseher zu 1,40 RM.} & \text{1,40 RM.} \\
\text{3 Facharbeiter zu 0,90 RM.} & \text{2,70 „} \\
\text{7 Hilfsarbeiter zu 0,70 RM.} & \text{4,90 „} \\
\hline
 & \text{9,— RM.}
\end{array}
$$

Für Überstunden-, Sonntags- und Nachtzuschläge,
Prämien, Auslösungen $+$ 10% . . . . . . 0,90 „

9,90 RM. : 11 $=$

$$1 \, St_{mi.} = 0{,}90 \, RM.$$

Tägliche Leistung *2200 m²* (8 h).

Material. 1,5 kg (1. Teerung) $+$ 1,2 kg (2. Teerung) $=$ 2,7 kg Teer
zu 0,09 RM. . . . . 0,243 RM.
15 kg Splitt 3/8 $+$ 12 kg Splitt 3/8 $=$ 27 kg Splitt zu 0,008 RM. 0,216 „
Für Material . . . . 0,459 RM.

Löhne. Für Reinigen und Schlamm abziehen 0,02 $St_{mi.}$ zu 0,90 RM. 0,018 „
Für 2mal Teeren und Absplitten 0,08 $St_{mi.}$ zu 0,90 RM. . . 0,072 „
Löhne . . . . 0,090 RM.

Zusammenstellung der Kosten für 2maliges Teeren je 1 m².

	L RM.	M RM.
Baubetriebslöhne	0,09	
Baustoffe		0,46
Einrichtung, Absperrung, Beleuchtung, Gerätekosten 1000,— RM./10000		0,10
L $+$ M.	0,09	0,56
Zuschläge (ohne Gewinn) 10% von M		0,06
40% von L	0,04	
Selbstkosten	0,13 $+$ 0,62 $=$ 0,75 RM.	
Nachbesserung und Unterhaltung	0,05 „	
$+$ 7% Wagnis, Gewinn, Umsatzsteuer	0,05 „	

Angebotspreis je 1 m². . . *0,85 RM.*

c) Oberflächenbehandlung mit flüssigem Asphalt.

Verbrauch an Material je 1 m²: 2,5 kg Asphaltbitumen, 20 kg Splitt 3/8 mm. In Anlehnung an 4.a) würden sich die Kosten wie folgt gliedern:

$$
\begin{array}{ll}
\text{Material } + \text{ Geschäftskosten} & \text{0,455 RM.} \\
\text{Löhne } + \text{ Geschäftskosten} & \text{0,11 „} \\
\text{Betriebstoffe (Erfahrungswert)} & \text{0,03 „} \\
\text{Geräte und Baustelleneinrichtung} & \text{0,07 „} \\
\text{Absperrung und Beleuchtung} & \text{0,015 „} \\
\hline
\text{Selbstkosten} & \text{0,68 RM.} \\
+ \text{ 10% Wagnis und Gewinn} & \text{0,07 „} \\
\hline
\text{Angebotspreis} & \text{0,75 RM.}
\end{array}
$$

5. Gußasphaltbeläge von Stadtstraßen, Bürgersteigen, Banketten usw.

Beispiel 31. Für eine Stadtstraße von 10 m Breite seien *10 000 m² Gußasphalt in 3 cm Stärke* in einer Schicht auf Betonunterlage (20 cm st.) aufzubringen, und zwar halbseitig während des Verkehrs unter Verwendung von *leistungsfähigen Rührwerken.* Der mittlere Stundenlohn sei (einschl. Auslösungen, Schmutzzulagen, Überstundenzuschlägen usw.) *zu 0,88 RM.* ermittelt. Die Materialpreise frei Verwendungsstelle sollen betragen: Für Edelsplitt 5/8 mm 9,— RM./t, für Sand 0/3 mm 5,— RM./t, Kalkmehl 1,80 RM./100 kg, Bitumen 9,— RM./100 kg.

Lösung.

<table>
<tr><td colspan="2">Material je 1 m² Decke</td><td colspan="2">Lohn je 1 m² Decke</td></tr>
<tr><td>18 kg Splitt zu 9,— RM./t . .</td><td>0,162 RM.</td><td>0,8 St_{mi.} zu 0,88 RM. .</td><td>0,704 RM.</td></tr>
<tr><td>24 kg Sand 0/3 zu 5,— RM./t.</td><td>0,120 ,,</td><td>Aufsicht 5% . . . . .</td><td>0,036˙ ,,</td></tr>
<tr><td>12 kg Kalkmehl zu 1,80 RM./00 kg</td><td>0,216 ,,</td><td>Reine Löhne . . . . .</td><td><u>0,74 RM.</u></td></tr>
<tr><td>5,3 kg Bitumen zu 9,—RM./00 kg</td><td>0,477 ,,</td><td></td><td></td></tr>
<tr><td></td><td>0,975 RM.</td><td></td><td></td></tr>
<tr><td>+ 4% für Verlust . . . . . .</td><td>0,040 ,,</td><td></td><td></td></tr>
<tr><td>Material insgesamt . . . . .</td><td>1,015 RM.</td><td></td><td></td></tr>
</table>

Für Gerätevorhaltung, Geräteunterhaltung (Materialkosten) *und Baustelleneinrichtung* (Anlage einer Umschlagstelle, Aufbereitungsanlagen, Lagerschuppen aufstellen, Untertreträume, Baubüros usw., Wasserversorgung, Hin- und Rücktransport der Geräte, Geräteabschreibung usw.) 6000,— RM.

oder 6000/10 000 = 0,60 RM.

Zusammenstellung des Angebotspreises je 1 m².

	L RM.	M RM.
Baustoffe		1,015
Baubetriebslöhne	0,74	
Gerätekosten und Einrichtung		0,60
Betriebstoffe (Erfahrungswert)		0,25
Fahrkosten (ohne Löhne) 0,08 Zugmaschinenstunden zu 2,50 RM.		0,20
Absperrung, Beleuchtung 200,— RM.		0,02
L + M	0,74	2,085
10% von M		0,210
40% von L	0,30	
Selbstkosten . . . . 1,04 + 2,295 = 3,335 RM.		

+ 11% für Nachbessern, Gewinn, Wagnis und Umsatzsteuer . . . . 0,365 ,,

Angebotspreis je 1 m² . . . 3,70 RM.

XIV. Rammarbeiten.

Allgemeines.

Es gibt eine große Anzahl von Rammformeln, welche aber meist nur auf bestimmte Fälle anwendbar sind. Diese gestatten dem Ingenieur, aus der Beobachtung der Eindringungstiefe beim letzten Schlag auf die Tragfähigkeit von Rammpfählen zu schließen. Die früher allgemein verwandte Formel von BRIX lautet:

$$y = \frac{0{,}90 \cdot h}{\sigma \cdot P} \cdot \frac{Q^2 \cdot G}{(Q + G)^2}.$$

Hierin bedeuten:

$y =$ Eindringungstiefe beim letzten Schlag
$h =$ Fallhöhe des Bärs
$Q =$ Bärgewicht
$G =$ Gewicht des Pfahls
$P =$ Pfahlbelastung
$\sigma =$ Sicherheitskoeffizient (für Holzpfähle
zweckmäßig $= 2$ gesetzt).

Eine andere Formel wird von EYTELWEIN gegeben. Bei den gleichen Bezeichnungen wie zuvor erhält man den *Widerstand W des Erdreichs gegen Einsinken*

$$W = P \cdot \sigma = \frac{Q^2}{Q + G} \cdot \frac{h}{y}.$$

Diese Formel liegt den bewährten Rammbedingungen der Baudeputation Hamburg zugrunde, welche beispielsweise vorschreiben, daß bei einem Rammbär von 1500 kg und 3,50 m Fallhöhe Kaimauerpfähle von 50 cm $\varnothing$ nicht mehr als 7 mm   von 40 cm $\varnothing$ nicht mehr als 16 mm
„ 45 cm $\varnothing$ „   „   „ 11 mm   „ 35 cm $\varnothing$ „   „   „ 24 mm
auf den letzten Schlag ziehen dürfen.

Man kann dann mit 25 bis 30 kg/cm² als zulässige Belastung des Pfahlquerschnitts rechnen, was einem Sicherheitskoeffizient in der Formel von EYTELWEIN von $\sigma = 3{,}5$ bis 5,0 entspricht.

Es ergibt sich eine *Tragfähigkeit der Pfähle* wie folgt:

Pfahldurchmesser cm	50	45	40	35	30	25
Tragfähigkeit t	50—70	40—55	30—45	25—35	18—25	12—17

Bei ganz eingerammten Pfählen setzt man dann entsprechend dem elastischen Verhalten des Erdreichs $\sigma = 7$, womit man Ergebnisse erhält, welche der Wirklichkeit näher kommen als die Brixsche Formel (s. Veröffentlichung von H. WILL, Hamburg, in Beton und Eisen 1917, Heft 2/3).

Praktisch gesprochen hört man auf zu rammen, wenn die Pfähle, wie der Praktiker sagt, „feststehen" oder nicht mehr „nachziehen".

Es möge im voraus bemerkt werden, daß es im ganzen Tiefbau wohl keine Arbeit gibt, deren Kosten so schwer zu bestimmen sind wie die von Rammarbeiten. Einen einwandfreien Maßstab zum Vergleich gibt es kaum, da fast jede Arbeit von einer anderen verschieden ist und die Kosten von den Bodenverhältnissen, Pfahllänge, Pfahlquerschnitt, Umfang der Arbeiten usw. abhängig sind. Es können daher nur Anhaltspunkte gegeben werden, in welcher Richtung der Ingenieur bei Rammarbeiten seine Beobachtungen zu machen und Erfahrungen zu sammeln hat. Es sind im folgenden eine ganze Reihe von Beispielen vorgeführt, aus denen dann ersichtlich ist, wie die Kostenberechnung für Rammarbeiten etwa anzulegen ist und wie dementsprechend die Nachkalkulation von Arbeiten in der Praxis zu erfolgen hat. Solche Nachberechnungen[1] sind für ein so schwieriges Gebiet, wie es die Rammarbeiten sind, doppelt wichtig.

---

[1] Siehe Anhang, S. 390.

Es sind zunächst *Geräte für Rammarbeiten* unter besonderer Berücksichtigung der neueren Konstruktionen von Dampframmen und Dieselrammen in tabellarischen Übersichten zusammengestellt.

1. Handzugrammen.

Bärgewicht	Tau		Anzahl der Zugleinen	Preis
kg	m lang	mm ⌀		etwa RM.
250,—	15,—	35,—	16	200,—
500,—	15,—	45,—	32	300,—

Man kann annehmen, daß ein *Tauwerk* bei täglich 10stündigem Gebrauch 60 Arbeitstage hält. Das Tauwerk einer etwa 11 m hohen Zugramme setzt sich zusammen aus:

<pre>
32 Zugleinen je 5,5 m . . . . 46,5 kg
 1 Kranztau 36 mm, 2,34 m lang . . . 3,0 „
 1 Schwanztau 50 mm, 23,4 m lang. . 42,5 „
 2 Kopftaue 30 mm st. 19,0 m lang . . 24,0 „
</pre>

Insgesamt: 116,0 kg.

2. Dampframmen und Dieselrammen.

a) Zusammenstellung von älteren Dampframmen.

Bauart der Ramme	Bärgewicht	Anzahl der Schläge	Schlagleistung	Nutzhöhe	Bedienung	Maschinenleistung	Gesamtgewicht	Preis
	kg	je min.	mkg	mm	Mann	PS	mm	etwa RM.
Kleindampframme . . .	500	45	475	6000	2	6	3950	6000,—
Reihenramme mit endloser Kette	800	12	1200	10000	3	6	9800	14000,—
Direkt wirkende Drehramme mit Dampfbär . .	1000	30—40	1250	10000	4	10	12500	17500,—
Reihenrammen mit rücklaufendem Seil und Nachlaufkatze	1500	6—8	2250—3750	12000	3	4	9000	12000,—
Direkt wirkende Drehramme mit Dampfbär . .	2000	30	3360	16000	4	5—10	24750	26600,—
Direkt wirkende Universal-Betonpfahlramme .	2500	30—40	3380	12000	4	10—12	26000	31000,—
Desgl.	4000	30—40	5400	18000	4	16—18	42500	47000,—

Die Fallhöhen des Bärs betragen für die einzelnen Typen zwischen 950 mm und 2000 mm.

b) Zusammenstellung der neuesten Dampf- und Dieselrammen.

Bei den Dampframmen beziehen sich die Werte auf *Rammbären mit halbautomatischer Steuerung.* Die Rammen können aber auch mit MENCK-*Schnellschlagbären* (Bärgewichte mit Rammplatten von 1100 bis 5400 kg) ausgestattet werden.

Modell	Bär-gewicht	Schlagzahl je min.	Schlag-leistung je Schlag bei 1250 mm Fallhöhe	Nutz-höhe	Bedie-nungs-leute	Leistung der Antriebs-maschine	Gewicht der Ramme[1]	Preis[2]
	kg		mkg	m		PS	kg	etwa RM.

1. Dampframmen mit einem Menck-Dampframmbären mit *halbautomatischer Steuerung*

Modell	Bär-gewicht	Schlagzahl je min.	Schlag-leistung	Nutz-höhe	Bedie-nungsleute	Leistung	Gewicht	Preis
MR 8	800	37—43	1000	12,5	4	15	10500	19500
12	1200	36—42	1500	15,0	4	20	15500	23500
18	1800	36—42	2225	17,5	4	28	23000	32000
27	2700	35—41	3370	20,5	4	37	32000	40000
40	4000	35—41	5000	24	4	50	46000	54000

2. Dieselrammen mit Menck-Dieselbären, System Prof. Seidl (DRP.)

Modell	Bär-gewicht	Schlagzahl je min.	Schlag-leistung	Nutz-höhe	Bedie-nungsleute	Leistung	Gewicht	Preis
RG 5	*500/600*		625—750	7,5	3—4	7	3100[3]	7400
							3250[4]	8800
MR 8	800		1000	12,5	4	25	10250	22250
12	1200	55—70	1500	15	4	48	15500	28000
18	1800		2225	17,5	4	48	22500	36500

3. Dieselrammen mit *Freifallbären ohne Nachlaufkatze*

Modell	Bär-gewicht	Schlagzahl je min.	Schlag-leistung	Nutz-höhe	Bedie-nungsleute	Leistung	Gewicht	Preis
MR 8	1200	21	1500	13,8	4	25	9600	17600
12	1650	20	2060	16,4	4	48	14500	22700
18	2500	19	3120	19,0	4	48	21500	30500
27	3700	18	4640	22,0	4	67,5	32000	39000
40	5400	17	6750	25,7	4	93	43000	51500

Montagekosten (mit Baustellentransport).

	MR 8	MR 12	MR 18	MR 27	MR 40
1. Aufbau der Ramme . .	160	300	500	600	800 St_{masch.}
2. Abbau der Ramme . .	100	200	300	400	500 St_{masch.}

3. Vorbereiten der Pfähle für die Rammung.

Rundholzpfähle und Kantholzpfähle (Leitpfähle).

Das *Spitzen eines Rund- bzw. Spundpfahls* kostet, wenn $d=$ Durchmesser des Rund- bzw. Spundpfahls in cm bedeutet, $F=$ Querschnittsfläche:

Bei Kiefern- oder Fichtenpfählen $0{,}001 \cdot F \cdot$ Stz. $= 0{,}0008\ d^2$ Stz.

Das *Anspitzen* (für Beschuhen) von *1 lfd. m Spundwand* von a cm Stärke kostet . . . . $0{,}08\ a$ Stz.

Das Anschuhen eines Spund- oder Rundpfahls kostet, wenn $U=$ Umfang des Pfahls in cm bedeutet, $d=$ Durchmesser des Pfahls in cm

$$0{,}002\ U \text{ Stz.} = 0{,}006\ d \text{ Stz.}$$

---

[1] Konstruktionsgewicht. Beim Rammen nach vorn mit Neigungen $> 1:8$ und bei Verwendung als Kran und Pfahlzieher müssen noch *Gegengewichte* vorgesehen werden: MR 8: 1000 kg, MR 12: 1500 kg, MR 18: 2200 kg, MR 27: 3300 kg, MR 40: 6000 kg.

[2] Preis für vollständige betriebsfertige Ramme *ohne* Gegengewicht und Einrichtung zur Verwendung als Kran, Auslegerramme und Pfahlzieher.

[3] Mit Handwinde.

[4] Mit Benzinmotorwinde.

Das *Anschuhen von 1 lfd. m Spundwand* 10 bis 20 cm st. kostet 0,2 Stz.

Das *Anlegen eines Ringes* am Rund- oder Spundpfahl kostet, wenn $U =$ Umfang des Pfahls in cm bedeutet,

$$0,002\ U\ \text{Stz.} = 0,006\ d\ \text{Stz.}$$

Das *Anschneiden eines Zapfens* kostet, wenn $F =$ Pfahlquerschnitt in cm² bedeutet,

$$0,0008\ F\ \text{Stz.}$$

Das *Abschneiden der Pfähle über Wasser von Hand* kostet, wenn $F =$ Pfahlquerschnitt in cm² bedeutet,

$$0,001\ F\ \text{Stz.} = 0,0008\ d^2\ \text{Stz.}$$

Das *Abschneiden von Hand für 1 lfd. m Spundwand a* cm stark kostet

über Wasser . . . *0,1 a* Stz.

Das *Abschneiden der Pfähle unter Wasser* kostet bei 75 bis 150 cm unter Wasserspiegel *3mal soviel*

also je 1 Pfahl . . . . *0,0025 d²* Stz.
und je lfd. m Spundwand *a* cm stark . . . . *0,2 a* bis *0,3 a* Stz.

Das *Spitzen, Anschuhen* und *Abschneiden* eines Rund- oder Spundpfahls, sowie das *Anlegen* eines Ringes kostet *einschließlich kurzer Transporte*

je 1 Pfahl ⌀ 20 cm (18/18) . . . . . 1,0 Stz.
„ 1 „ ⌀ 25 cm (22/22) . . . . . 1,5 Stz.
„ 1 „ ⌀ 30 cm (26/26) . . . . . 2,0 Stz.
„ 1 „ ⌀ 40 cm (35/35) . . . . . 3,0 Stz.

Das *Spitzen, Anschuhen und Abschneiden* („Zurichten") einschließlich kleinerer Transporte kostet

für *1 lfd. m Spundwand a* cm stark (Leitpfahl alle 2 m) *0,2 a* Stz.

somit für Spundwände $a =$ 8 cm *1,6* Stz./1 lfd. m
$a =$ 10 cm *2,0* Stz./1 lfd. m
$a =$ 12 cm *2,4* Stz./1 lfd. m
$a =$ 14 cm *2,8* Stz./1 lfd. m

4. Materialverbrauch.

Liste über Pfahl- und Spunddielenschuhe.

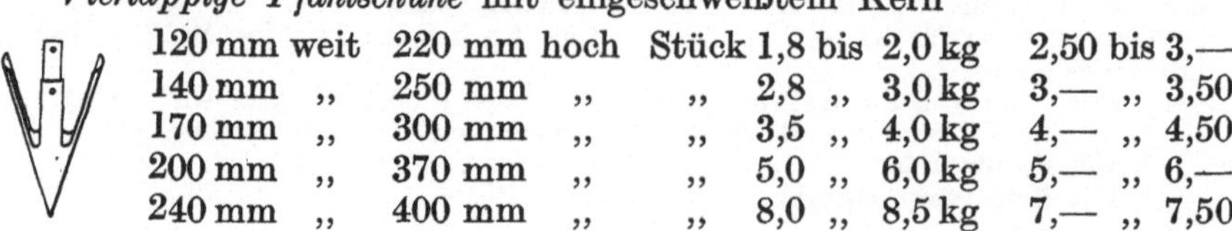

Glockenpfahlschuhe mit eingeschweißtem Kern — Preis etwa RM. (Frühjahr 1937)

100 mm weit	180 mm hoch	Stück	0,8 bis 1,0 kg	1,6 bis 2,—
120 mm „	200 mm „	„	1,5 „ 2,0 kg	2,— „ 3,—
140 mm „	230 mm „	„	2,7 „ 3,0 kg	3,— „ 3,50
165 mm „	270 mm „	„	3,7 „ 4,0 kg	4,— „ 4,50
200 mm „	310 mm „	„	5,0 „ 7,5 kg	5,— „ 7,50
250 mm „	360 mm „	„	7 „ 10,0 kg	6,30 „ 9,—

Vierlappige Pfahlschuhe mit eingeschweißtem Kern

120 mm weit	220 mm hoch	Stück	1,8 bis 2,0 kg	2,50 bis 3,—
140 mm „	250 mm „	„	2,8 „ 3,0 kg	3,— „ 3,50
170 mm „	300 mm „	„	3,5 „ 4,0 kg	4,— „ 4,50
200 mm „	370 mm „	„	5,0 „ 6,0 kg	5,— „ 6,—
240 mm „	400 mm „	„	8,0 „ 8,5 kg	7,— „ 7,50

Spunddielenschuhe ohne Kern
120 mm hoch, 4 mm Blechstärke, 15 bis 20 cm breit,
Stück 1,5 bis 2,0 kg,   0,80 bis 1,—
120 mm „ 5 mm „ 15 bis 20 cm breit,
Stück 2,0 bis 2,5 kg,   1,— bis 1,30

Spunddielenschuhe mit eingeschweißtem Kern
150 mm hoch, 4 mm Blechstärke, 15 bis 20 cm breit,
Stück 2,0 bis 2,5 kg,   3,50 bis 4,50
180 mm „ 5 mm „ 15 bis 20 cm breit,
Stück 2,5 bis 3,0 kg,   4,50 bis 5,—
200 mm „ 5 bis 6 mm „ 15 bis 20 cm breit,
Stück 4,0 bis 5,0 kg,   7,— bis 8,50

Versenkt geschmiedete Nägel zu allen Schuhen, 50 bis 70 mm lang.

1 Pfahlring für 25 cm ⌀ 6 cm breit, 2,5 cm st. 12 kg   5,— bis 6,—

1 Bolzen zum Verschrauben von Pfählen und Zangen, ⌀ 18 mm,
40 cm lang, 1 kg . . . . 0,30 bis 0,40 RM.

Man kann auf 10 bis 12 Pfähle *1 Pfahlring* als verbraucht rechnen.

Materialverbrauch für hölzerne Spundwände.

Beispiel 32. Rammen von *hölzernen Spundwänden.*
Bei kurzen Längen bestehen hölzerne Spundwände aus den Spundbohlen und
Zangen, bei größerer Länge zumeist aus Leitpfählen, Spundbohlen und Zangen.
a) Leitpfähle. Ist $l =$ Länge des Spundpfahls (in m), $s =$ Stärke des Spund-
pfahls (in cm), so kann man setzen $s = 24 + (l — 4)\,1{,}5.$
Für $l = 5$ m wird z. B. $s = 25$ cm.
b) Spundbohlen. $l =$ Länge der Bohlen (in m), $s =$ Stärke der Bohlen (in cm),
$s = 7 + (l — 2) \cdot 1{,}5.$
Für $l = 4$ m ist die Stärke z. B. $s = 7 + (4 — 2)\,1{,}5 = 10$ cm.
Für *Leitpfähle* 25/25 von 5 m Länge beträgt die Entfernung der Pfähle voneinander im allgemeinen zwischen 2 und 3 m. Zangen 14/16 cm.

Beispiel 33. *Spundbohlen* von 4 m Länge, etwa 35 cm Breite und 12 cm Stärke,
mit Schweinsrückenspundung (dreieckig im Gegensatz zur quadratischen Spundung).
Zangen mit einem Querschnitt von 14/20 cm.
Die Einrammungstiefe der Pfähle soll 2 m, der Bohlen 1 m betragen.
Der Untergrund ist Tonboden.
Die *Pfahlschuhe* werden *bei 36 cm Pfahldurchmesser etwa 8 kg schwer* gemacht.
Für jede 4 cm Minderstärke wird 1 kg weniger genommen. Da hier die Stärke
der Pfähle 25 cm beträgt, so ist für 36 — 25 = 11 cm oder rund 3 (4) cm kleinere
Stärke etwa 3 · 1 = 3 kg weniger als 8 kg, also 5 kg *Pfahlschuhgewicht* zu wählen.

5. Arbeitsaufwand.

Beispiel mit Handzugramme (oder Pionierramme).

Beispiel 34. Für das Lehrgerüst einer Brücke waren 52 Pfähle ⌀ 20 cm, etwa
5 m lang, bei einem Wasserstand von 3 m etwa $1\frac{1}{2}$ m tief in Kies einzurammen.
Es waren vier Pfahlreihen je 13 Pfähle in Abständen von 2 m bis 2,50 m zu rammen.
Das Rammen erfolgte mit einer *Handzugramme*, welche auf 2 Pontons montiert
war.
Einschließlich der Einrichtungsarbeiten fielen an Lohnstunden 950 St$_{mi.}$ an.

Es betrug demnach der Lohnaufwand für

das Einrammen von *einem Pfahl* 950/52 = *18,3* St$_{mi.}$ oder

für 1 m gerammter Pfahllänge $\dfrac{950}{52 \cdot 1.5}$ = *12,2* St$_{mi.}$

Zu diesen Kosten kommen die Kosten für das Wiederentfernen der Pfähle.

Beispiele mit Kunstrammen.

Beispiel 35. Beim Bau der Elbebrücke bei Pirna (1878) wurden Rammpfähle 34/34 cm, etwa 4,5 m tief, auf die ganze Tiefe eingerammt.

Bodenart: Kies mit darunter befindlichem, schwerem, tonig-steinigem Boden.

Besatzung: 1 Zimmermann, 4 Mann.

Bärgewicht 725 kg.

Durchschnittliche Fallhöhe 3,8 m.

Durchschnittliche Anzahl der Schläge in der Minute einschließlich der zum Versetzen der Ramme erforderlichen Zeit: 0,28 Schläge.

Für 1 m Eindringung des Rammpfahls waren erforderlich 44 Schläge.

Die reinen Lohnkosten je 1 lfd. m gerammten Pfahl bei 10stündiger Arbeitszeit betrugen demnach:

$$\dfrac{44}{0,28 \cdot 60} \ (1 \ \text{Stz.} + 4 \ \text{St.}) = 2{,}5 \ Stz. + 10{,}5 \ St.$$

Beispiel 36. Rammung von etwa 2500 Stück Pfählen $\varnothing$ 33 cm mittlerer Stärke auf eine mittlere Tiefe von 4,4 m eingerammt.

Bodenart. Triebsand.

Für die Arbeit wurden etwa 30 Kunstrammen verwandt.

Angaben über die einzelne Ramme und ihre Leistungen:

Bärgewicht . . . . 500 bis 700 kg
Fallhöhe . . . . 6,4 bis 7,3 m
Zulässiges Ziehen beim letzten Schlag . . . 36 mm
Leistung einer Ramme . . . . etwa 8,5 m Pfahltiefe/Tag.

Das Aufstellen einer Ramme kostete etwa 60 Stz.

Die ganze Arbeit nahm etwa 50 Tage in Anspruch.

Auf 1 m gerammte Pfahllänge entfielen dann etwa folgende Lohnkosten, wenn Stz. den Stundenlohn eines Zimmermanns bedeutet, da fast ausschließlich Zimmerleute bei der Arbeit verwendet wurden:

Einrichtung und Aufstellen der Rammen . . . . 0,20 Stz.
Rammarbeiten . . . . 4,11 Stz.
Nebenarbeiten (Aufbringen der Ringe, Nachschneiden der Hölzer usw.) 0,78 Stz.
Abbruch der Rammen und Abtransport . . . . 0,16 Stz.

Für 1 stgd. m Pfahl insgesamt . . . . *5,25 Stz.*

Viermännerramme.

Das Einrammen der Pfähle von etwa 15 bis 20 cm $\varnothing$ mit der Handramme (Viermännerramme) kostet einschließlich aller Nebenarbeiten und einschließlich Aufsicht für kleine Tiefen in gewöhnlichem Boden je 1 m eingerammter Länge . . . . 2 bis 3 St.

Rammarbeiten mit Dampframmen und Dieselrammen.

Eine Zusammenstellung der verschiedenen Typen von Dampframmen von 500 bis 4000 kg Bärgewicht ist auf S. 164f. gegeben.

An Pfahlsorten sind zu nennen:

1. Rundholz- und Leitpfähle.
2. Hölzerne Spundwände.
3. Eiserne Spundwände (Larssenwände, System rote Erde, Dortmun-
der Union, Klöckner, Krupp usw.).
4. Eisenbetonpfähle für Pfahlgründungen.

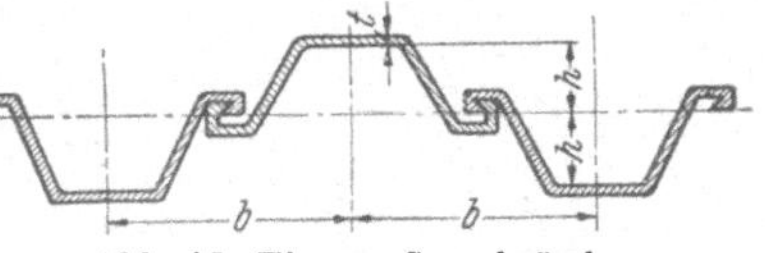

Abb. 45. Eiserne Spundwände.

Eiserne Spundwände. Zunächst seien die heute üblichen Abmessungen für *Larssenspundwände* in Tabellenform gegeben, da diese bei der Kalkulation von eisernen Spundwänden stets gebraucht werden. In der nachstehenden Tabelle werden folgende Bezeichnungen gewählt (s. Abb. 45):

b = Breite der Bohle in mm
t = Stärke der Bohle in mm
h = Profilhöhe über Wandachse in mm
g = Gewicht einer Bohle je lfd. m in kg
G = Gewicht je 1 m² Wand
W = Widerstandsmoment je 1 lfd. m Wand in cm³.

Larssenwände.

Profil	b mm	t mm	h mm	g kg/m	G kg/m²	W cm³
1	400	8	75	38	96	500
2	400	10,5	100	49	122	849
3	400	14,5	123,5	62	155	1363
4	400	15,5	155	75	187	2037
5	420	22	172	100	238	2962

Ein Verzeichnis verschiedener Profile neuzeitlicher *Stahlspundbohlen*, welche in *Längen bis etwa 20 m* geliefert werden, zeigt das nachstehende Verzeichnis mit den Abb. 46 bis 48.

Stahlspundbohlen (System Klöckner).

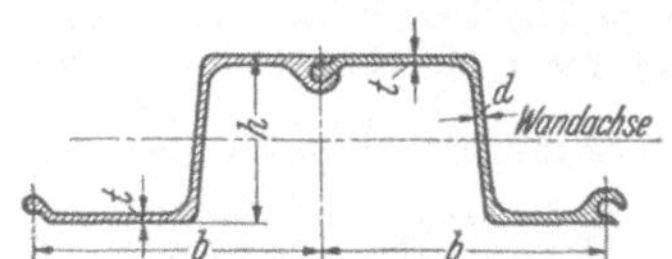

Abb. 46. Profile I a bis IV.

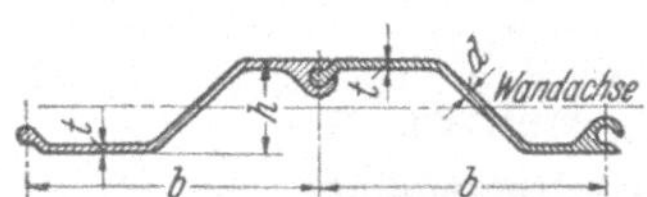

Abb. 47. Profile X und XII.

Wulst-Klauen-Profile.

| Profil Nr. | Höhe h mm | Breite b mm | Flansch t mm | Steg d mm | Umfang lfd. m Wand cm | Querschnittfläche cm²/ Bohle | Gewicht in kg | | Widerstandsmoment | | Güteverhältnis |
							lfd. m Bohle	1 m² Wand	des Stabes cm³	lfd. m Wand cm³	$W : G$
I a	150	333,3	6,5	6	315	37,83	29,7	89	200	600	6,8
II a	200	400	8,5	8	325	59,11	46,4	116	400	1000	8,6
II	200	400	9,5	8,5	328	62,20	48,8	122	440	1100	9,0
III a	230	400	10	8	345	71,84	56,4	141	560	1400	9,9
III	231	400	11	9	345	79,00	62,0	155	640	1600	10,3
IV a	270	375	11,5	9	375	82,16	64,5	172	750	2000	11,6
IV	270	375	12,5	9,5	376	88,37	69,4	185	810	2160	11,7
X	100	400	9,5	9,5	260	52,00	40,8	102	154	385	3,8
XII	130	400	12	12	265	65,22	51,2	128	240	600	4,7

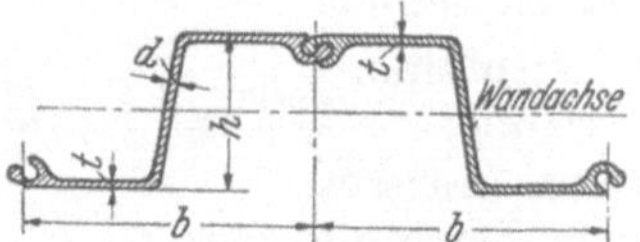

Abb. 48. Profile 1 D bis 5 D.

Doppelklauen-Profile.

Profil Nr,	Höhe h mm	Breite b mm	Flansch t mm	Steg d mm	Umfang lfd. m Wand cm	Querschnittfläche cm²/ Bohle	Gewicht in kg		Widerstandsmoment		Güteverhältnis
							lfd. m Bohle	1 m² Wand	des Stabes cm³	lfd. m Wand cm³	$W:G$
1 D	130	400	8	8	300	50,93	40,0	100	231	580	5,8
2 D	175	400	9	8	326	62,20	48,8	122	400	1000	8,2
3 D	220	400	11	9,5	345	79,00	62,0	155	600	1500	9,7
4 D	250	400	12	10,5	365	94,17	74,0	185	800	2000	10,8
5 D	300	375	14	11	400	113,76	89,3	238	1125	3000	12,6

Der Vorteil der Dampframmen gegenüber den Handzug- und Kunstrammen wird am besten an Hand der folgenden Beispiele klargestellt. Diese geben auch Anhaltspunkte für die Kostenberechnung von neuen Arbeiten. Ein Rezept, nach dem Rammarbeiten allgemein kalkuliert werden können, kann leider bei der Mannigfaltigkeit der verschiedensten Rammarbeiten nicht gegeben werden.

Vorbemerkung. Die nachstehenden Beispiele sind nicht als *vollständige* Kostenberechnungen anzusprechen!

1. Rammen von Rundholz- und Leitpfählen.

Beispiel 37. Gründungsarbeiten mit einer älteren Dampframme: Bärgewicht 1000 kg. Fallhöhe des Bärs 1,5 m. Totalgewicht der Ramme mit Zubehör 5400 kg. Anzahl der Schläge in der Minute 10. Kosten der Ramme etwa 7000,— RM. Untergrund 3,5 m Triebsand, darunter fester Sand. Länge und Anzahl der Pfähle etwa 760 Pfähle, ⌀ 30 i. M., 5,0 m lang. Leistung im Tag 10,5 Pfähle zu 5,0 m. Dauer der Arbeit etwa 80 Tage. Bedienung der Ramme 1 Maschinist, 1 Zimmermann, 3 Arbeiter.

Aus dieser Besatzung läßt sich der mittlere Stundenlohn für die Rammarbeiten St_{mi}. ermitteln:

Kostenermittlung.

a) *Gerätekosten.* Dauer der Benützung der Ramme 4 Monate

Abschreibung + Verzinsung . . . . 1,4% je Monat
Geräteunterhaltung (Lohn + Material) . . . . 1,0% „ „

Gerätekosten 2,4% je Monat

4 Monate zu 2,4% = 9,6% von 7000,— RM. = 672,— RM.

oder $\frac{672}{760} = 0{,}90$ *RM./1 Pfahl* oder *0,90/5 = 0,18 RM./1 stgd. m Pfahl.*

b) *Löhne* für 1 Pfahl: Anspitzen der Pfähle, Transport usw. 1890/760 = 2,5 Stz.
Einrammen der Pfähle (einschließlich Aufsicht) 5300/760 . . . 7,0 St_{mi}.
Einrichtungsarbeiten, Montage, Reparatur usw. 1700/760 . . . 2,25 St_{mi}.
Insgesamt Arbeitslöhne für *1 Pfahl* . . . . 2,5 Stz. + 9,25 St_{mi}.
oder für *1 m eingerammter Länge* . . . . *0,5 Stz. + 1,85 St_{mi}.*

c) *Betriebstoffe.* Der Kohlenverbrauch betrug etwa 19 000 kg oder für 1 Pfahl 19 000/760 = 25 kg oder für 1 m eingerammter Pfahllänge 5 kg/1 stgdm.

Dazu kommen noch die Kosten für Öle, Fette, Schmiermaterial, Wasser usw., welche etwa zu 30% der Kohlekosten angesetzt werden können.

d) Verbrauch an Pfahlringen. Der Verbrauch an Pfahlringen kann nach S. 167 angesetzt werden, womit sich ein Verbrauch von insgesamt $760/11 \cdot 15$ kg = 1040 kg ergibt.

Mit diesen Angaben können die *Selbstkosten* aus Lohn und Material mit den entsprechenden Zuschlägen für Gemeinkosten (mit Sozialaufwand), Geschäftskosten und Allgemeine Baukosten gebildet werden. Dazu kommen die *Einrichtungskosten* (Auf- und Abbau, Hin- und Rückfracht, Verladen usw.) und die Kosten für eventuell notwendige *Rammgerüste* (s. S. 175 bzw. Abschnitt XVII Zimmerarbeiten). Auf diese Kosten erfolgt dann ein *Zuschlag für Wagnis, Gewinn und Umsatzsteuer.*

Beispiel 38. Gründungsarbeiten beim Bau einer Rheinbrücke bei Wesel. Zur Verwendung kam eine Dampframme von 1250 kg Bärgewicht, welche auf zwei Pontons montiert war und bei 8 m mittlerem Wasserstand in 5 Wochen 283 Pfähle, 30/30 cm, 13 m lang, auf 3,2 m Tiefe in den Untergrund einrammte. Der Untergrund bestand aus Sand und Kies.

Die durchschnittliche tägliche Leistung in 10 h betrug *9 Pfähle.*

Als *Belegschaft* können durchschnittlich gerechnet werden:

1 Rammeister
1 bis 2 Zimmerleute
1 Maschinist
1 Heizer
1 Hilfsarbeiter
4 bis 5 Schiffer

Belegschaft 10 Mann durchschnittlich.

Aus dieser Belegschaft kann der mittlere Stundenlohn St_{mi}. für die Rammarbeiten ermittelt werden.

Der *Lohnaufwand* beträgt bei einer täglichen Leistung von 9 Pfählen:

$100/9 = 11,1$ St_{mi}. für 1 Pfahl oder

$11,1/3,2 = 3,5$ St_{mi}. *für 1 m eingerammte Pfahllänge* oder $11,1/13$ $= 0,9$ St_{mi}./1 stgd. m Pfahl.

Dazu *Einrichtungskosten* 1200 St_{mi}., *Vorrichten* der Pfähle 2,5 Stz./1 Pfahl oder 0,8 Stz./1 stgd. m. Insgesamt *je Pfahl: 2,5 Stz. + 15,3 St_{mi}.*

Der Verbrauch an *Betriebstoffen* je Tag ergibt sich zu:

350 kg Kohle $= 350/9 =$ rund 40 kg/Pfahl
$=$ rund *12 kg/1 m gerammten Pfahl*
$= 3$ kg/1 stgdm Pfahl.

An sonstigen Betriebstoffen kann man rechnen je Tag (10 h):

3 kg Schmieröl, 3 kg Petroleum, 2 kg Putzwolle.

Sonstige Kosten wie Beispiel 37.

2. Rammen von hölzernen Spundwänden.

Beispiel 39. Für ein Bauwerk, welches in schlechten Baugrund zu liegen kam, wurde Aushub zwischen Spundwänden vorgesehen. Da im Untergrund, der aus Moor und Fließsand bestand, Baumstücke u. dgl. sich vorfanden, wurden Spunddielen mit eisernen Schuhen gewählt. Es waren zu rammen etwa 200 lfd. m Wand, und zwar je 100 lfd. m in einem Abstand von etwa 3 m. Die Spundwände waren 12 cm stark und hatten entsprechend einer Rammtiefe von 5 bis 6 m eine Länge von 5,50 bis 6,50 m. Die Spundwände wurden ohne Leitpfähle gerammt mit einer Drehramme von etwa 1000 kg Bärgewicht.

Die durchschnittliche Rammleistung betrug 30 m² im Tag (12 h).

Die *Lohnkosten* dieser Arbeit mit etwa 1050 m² Gesamtleistung können etwa wie folgt ermittelt werden:

a) Einrichtungsarbeiten: Aufstellen und Abtransport der Ramme 660 $St_{mi.}$
Abbau der Ramme . . . . 330 $St_{mi.}$

990 $St_{mi.}$

Dazu Zurichten der Pfähle . . . . 200 $St_{mi.}$
Erstes Gleislegen . . . . 120 $St_{mi.}$

Einrichtungsarbeiten insgesamt . . . . 1310 $St_{mi.}$
oder je 1 m² 1310/1050 = 1,25 $St_{mi.}$

b) Schlagen der Spundwände (einschl. Versetzen der Ramme usw.):
Durchschnittliche Belegschaft: 1 Rammeister, 3 Facharbeiter, 5 Hilfsarbeiter.
Bei 12stündiger Arbeitszeit ergibt sich somit ein Lohnstundenverbrauch
von $\dfrac{9 \cdot 12}{30} = 3{,}6\ St_{mi.}\ + 0{,}4\ St_{mi.}$ für allgemeine Arbeiten = 4,0 $St_{mi.}$

Der gesamte *Lohnstundenaufwand je 1 m² gerammter Fläche* beträgt demnach . . . . *1,25 + 4,00 = 5,25 $St_{mi.}$*

Die Kostenberechnung ist zu ergänzen durch Berechnung des Betriebstoffverbrauchs und Baustoffverbrauchs einschließlich Eisenverbrauch für die Spunddielenschuhe.

Sonstige Kosten wie Beispiel 37.

Beispiel 40. Etwa 40 lfd. m hölzerne Spundwand, 12 cm stark, 4 m lang werden mit einer Dampfdrehramme mit einem Bärgewicht von 1600 kg in Kies eingerammt, in dem alle 2 m Leitpfähle 20/20, 4,5 m lang, vorgerammt wurden.

Die *Lohnkosten der reinen Rammarbeiten* ohne Einrichtungsarbeiten (Montage, Gleislegen, Abschneiden der Pfähle, Spunddielen usw.) und allgemeine Arbeiten (Werkstatt, Magazin usw.) ergeben sich etwa wie folgt:

etwa 100 stgd. m Leitpfähle, 20/20 *für 1 stgd. m* . . . . . *5 $St_{mi.}$*
etwa 150 stgd. m² Spunddielen, 12 cm *für 1 stgd. m²* . . *4 $St_{mi.}$*

Beispiel 41. Rammarbeiten beim Bau der Straßenbrücke über die Norderelbe bei Hamburg. Ermittlung von *Lohnaufwand* und *Betriebstoffverbrauch je 1 m²:*
Baugrund: Sand.
Dampframme: Drehramme mit 1100 kg Bärgewicht.
Die Spundwände sind 12 cm stark.
Die tägliche Durchschnittsleistung etwa 3,5 lfd. m Spundwand mit 4,7 m Rammtiefe = 16,5 m² gerammter Fläche.
Durchschnittliche Belegschaft: 1 Rammeister, 1 Maschinist, 1 Zimmermann, 2 Arbeiter.
Kohlenverbrauch in 12 h etwa 300 kg.

a) Lohnaufwand (ohne Einrichtungslöhne mit etwa 1000 $St_{masch.}$):
50/16,5 = 3,0 $St_{mi.}$ je 1 m² gerammter Fläche.
Dazu Vorbereiten der Spundwände je lfd. m 2,4 Stz. oder je 1 m² 0,7 Stz.

b) Betriebstoffe:
Kohle 300/16,5 = 18 kg je 1 m² gerammter Fläche.
Für Öle etwa 1/3 der Kohlekosten.

Beispiel 42. Rammarbeiten beim Bau der Straßenbrücke über die Norderelbe bei Hamburg.
Baugrund: Sand.
Dampframme: Drehramme mit 1100 kg Bärgewicht, *schwimmend* auf Pontons.
Pfahlwand: Kantpfähle 26/26 cm.
Tägliche Durchschnittsleistung: 2 lfd. m Pfahlwand oder mit 3,4 m Rammtiefe: 6,8 m² gerammte Wandfläche.
Durchschnittliche Belegschaft: 1 Rammeister, 1 Maschinist, 1 Zimmermann, 2 Arbeiter.

Kohlenverbrauch in 10 h: 300 kg.

a) Lohnaufwand: $\dfrac{5 \cdot 10}{6,8} = 7,4\ St_{mi}.$ *je 1 m² gerammte Wand*

oder *je 1 Pfahl 1,85 St$_{mi}$.*

Zurichten der Pfähle je 1 Pfahl 1,2 Stz., je 1 lfd. m Wand 4,8 Stz.

b) Betriebstoffe: Kohle $300/6,8 = 44\ kg\ je\ 1\ m^2$ *gerammte Wand*

oder *je 1 Pfahl 11 kg.*

3. Rammen von eisernen Spundwänden.

Beispiel 43. Es sollen für zwei Brückenwiderlager 4/7 m eiserne Spundwände, System Larssen, Profil Nr. 1, rings um die zwei Fundamente in Fließsand, etwa 4,5 m tief gerammt werden. Als Ramme steht eine Kleindampframme mit 500 kg Bärgewicht zur Verfügung. Die tägliche Durchschnittsleistung in 10 h betrage 12,0 m² gerammte Fläche (unter Berücksichtigung des Drehens der Ramme an den Ecken), die durchschnittliche Belegschaft betrage: 1 Rammeister, 1 Maschinist, 4 Arbeiter. Lohnaufwand und Betriebstoffverbrauch sind zu ermitteln für etwa 200 m² Gesamtleistung.

Lösung.

a) Lohnaufwand: Einrichtungsarbeiten insgesamt geschätzt

zu 300 St$_{mi}$. = 300/200 . . . . 1,5 St$_{mi}$. je 1 m²

Rammarbeiten 60/12,0 = 5,0 St$_{mi}$. . . . . 5,0 St$_{mi}$. „ 1 m²

Lohnkosten insgesamt . . . . *6,5 St$_{mi}$. je 1 m²*

b) Betriebstoffe: Kohlenverbrauch täglich etwa 350 kg $=$ 350/12,5 . . *28 kg/1 m².* Ölverbrauch etwa 2 kg Maschinenöl im Tag.

Beispiel 44. Ebenfalls mit einer Kleindampframme von 500 kg Bärgewicht sollen etwa 600 m² eiserne Larssenspundwände Nr. 1 auf 4,5 m Tiefe gerammt werden in einem Untergrund, der aus Fließ und Ton besteht. Die Wand soll fortlaufend gerammt werden können, so daß also das Drehen der Ramme entfällt. Bei Annahme einer täglichen Leistung von 20 m² sollen Lohnaufwand und Betriebstoffverbrauch je 1 m² ermittelt werden, bei viermaligem Umstellen der Ramme.

Lösung.

a) Lohnaufwand: Einrichtungsarbeiten und allgemeine Arbeiten

600 St$_{mi}$. = 600/600 . . . . 1,00 St$_{mi}$. je 1 m²

Rammarbeiten $\dfrac{6 \cdot 10}{20}$ = 3,0 St$_{mi}$. . . . . 3,00 St$_{mi}$. „ 1 m²

Lohnkosten insgesamt . . . . *4,00 St$_{mi}$. je 1 m²*

b) Betriebstoffe: Kohlenverbrauch täglich etwa 340 kg = 340/20 . . *17 kg/1 m².* Ölverbrauch etwa 2 kg Maschinenöl im Tag.

4. Rammen von Eisenbetonpfählen.

Beispiel 45. Für eine Eisenbetonbrücke sollen 4 Reihen Eisenbetonpfähle 30/30 von 5 bis 7,5 m Länge zu je 4 Pfählen (das ist insgesamt 16 Pfähle 30/30) auf ihre ganze Länge in festen Kies und Sand eingerammt werden mit einer Drehdampframme von 1600 kg Bärgewicht und etwa 10 PS Kesselleistung. Die Pfähle verteilen sich auf eine Länge von etwa 25 m. Es werde solange gerammt, bis der Pfahl bei einer Fallhöhe des Bärs von 50 cm bei der letzten Hitze (10 Schläge) nur noch 2 bis 3 cm eindringt. Lohnaufwand und Betriebstoffverbrauch je 1 m² sind zu ermitteln.

Lösung. Die insgesamt gerammte Pfahllänge beträgt rund 100 stgd. m.

An *Belegschaft* für die Rammarbeiten einschließlich Gleisarbeiten und Heranschaffen der Pfähle kann angenommen werden: 1 Rammeister, 1 Maschinist, 4 bis 5 Mann (Transport der Pfähle und Hochziehen).

Die durchschnittliche *tägliche Leistung* in 10 h betrage 10 stgd. m Pfahl.

a) Lohnaufwand: Einrichtungsarbeiten insgesamt 450 St$_{\text{mi}}$.

$$= 450/100 \dots \dots \dots \dots \dots \dots \dots \text{4,5 St}_{\text{mi}}./1 \text{ stgd. m}$$

Rammarbeiten $\dfrac{6{,}5 \cdot 10}{10} = 6{,}5 \text{ St}_{\text{mi}} \dots \dots \dots$ 6,5 St$_{\text{mi}}$./1 stgd. m

Lohnkosten für 1 lfd. m Pfahl . . . . *11,0 St$_{mi}$./1 lfd. m*

b) Betriebstoffe: Kohlenverbrauch 10 PS $\cdot$ 2,5 $\cdot$ 10 $=$ 250 kg oder

$$250/10 = 25 \text{ kg je 1 stgd. m Pfahl.}$$

An Ölen sind zu rechnen: 0,6 kg Maschinenöl, 0,6 kg Zylinderöl, 0,6 kg konsistentes Fett, 0,2 kg Putzwolle.

Beispiel 46. Eine Eisenbeton-Pfahlgründung für eine Eisenbahnbrücke über einen kleinen Fluß von etwa 20 m Breite und 2 m Tiefe sei zu kalkulieren. Der Untergrund bestehe aus Moor und lockerem Kies. Es seien etwa 150 Eisenbetonpfähle, 25/25, 6 m lang, auf etwa 4,5 m Tiefe für zwei Widerlager und einen Mittelpfeiler in den Untergrund einzurammen. Zur Verfügung stehe eine Dampfkunstramme mit einem Bär von 750 kg Gewicht. Die Belegschaft soll ähnlich dem vorangehenden Beispiel angenommen werden zu 1 Maschinist, 1 Klappenzieher und 5 Mann für Transport und Hochziehen der Pfähle. Die tägliche Leistung in 9 h betrage 4 bis 5 Pfähle. Lohnaufwand und Betriebstoffverbrauch sollen ermittelt werden.

Lösung. Die gesamte Pfahllänge beträgt 150 $\cdot$ 6,0 $=$ 900 stgd. m.

a) Lohnaufwand: Einrichtungsarbeiten (Aufstellen und zweimal Versetzen einschließlich Wiederabbrechen der Ramme) 500 St$_{\text{mi}}$.

500/900 . . . . 0,6 St$_{\text{mi}}$.

Für Herstellung eines Rammgerüstes (Mittelpfeiler) und Gleisarbeiten 900 St$_{\text{mi}}$. $=$ 900/900 . . . . 1,0 St$_{\text{mi}}$.

Rammarbeiten $\dfrac{7 \cdot 9}{4{,}5 \cdot 6{,}0} = 2{,}35 \text{ St}_{\text{mi}}$. . . . . 2,35 St$_{\text{mi}}$.

Lohnkosten für 1 stgd. m Pfahl rd. . . . . *4,0 St$_{mi}$.*

oder für 1 Pfahl 4,0 $\cdot$ 6,0 $=$ *24 St$_{mi}$.*

Dazu kommt noch das *Köpfen der Pfähle,* das man, sofern es nicht mit Druckluft geschehen kann, mit *1 St$_{mi}$. für 1 Pfahl* ansetzen kann.

b) Betriebstoffe: Kohlenverbrauch etwa 360 kg$=$360/27 $=$ *13,3 kg/1 stgd. m Pfahl*

oder 13,3 $\cdot$ 6 $=$ *80 kg für 1 Pfahl.*

Ölverbrauch siehe Beispiel 45.

Über *Materialkosten* (Holzverbrauch) des Rammgerüstes siehe die Bemerkung am Ende des Abschnitts.

5. Spezialausführungen von Betonpfählen.

Neben „Fertigpfählen" gibt es zahllose Spezialpfahlausführungen (Wolfsholz, Franki usw.). Bei großen Lasten ist auch das in der Ostmark viel verwandte *Ortpfahlverfahren*[1] wirtschaftlich und stahlsparend (bei Durchmesser $=$ 50 cm $P =$ 60 bis 90 t).

Schlußbemerkung. Aus den angeführten Beispielen ist die Verschiedenartigkeit von Rammarbeiten hinsichtlich des Umfangs der Arbeiten, der Untergrundverhältnisse, der Art der zur Verfügung stehenden Ramme, der Notwendigkeit von umfangreichen Rammgerüsten oder Fortfall solcher, Tiefe der Rammung usw. zu ersehen. Es bestätigt sich die schon eingangs gemachte Bemerkung, daß sich allgemeine Regeln für die Kostenberechnung von Rammarbeiten nicht aufstellen lassen. Indessen wird es auf Grund der gegebenen Beispiele, welche in Anlehnung an die Praxis aufgestellt wurden, möglich sein, eine Kosten-

---

[1] Patente für „Expreßpfähle" der Wiener Pfahlbaugesellschaft m. b. H.

berechnung für Rammarbeiten aufzustellen, sofern eine gewisse Erfahrung vorhanden ist, mit welchen Leistungen man unter gegebenen Verhältnissen und mit den zur Verfügung stehenden Maschinen rechnen kann.

Es sei noch erwähnt, daß als besonderes Hilfsmittel für Rammarbeiten auf große Tiefen in festem Sand oder Kies die *Wasserspülung mit Druckwasser von 3 bis 6 at Druck* zur Verwendung kommen kann. Bei kleineren Drücken kann der Anschluß an eine Wasserleitung genügen, bei größeren Drücken ist eine maschinelle Anlage mit Kompressor erforderlich. Man kann in diesem Fall mit Leistungen von 15 bis 30 lfd. m gerammter Pfähle oder 15 bis 20 m² gerammter Spundwände je Tag rechnen (8 h).

Rammgerüste.

Es sei besonders noch darauf hingewiesen, daß, wo „*Rammgerüste*“ beim Rammen erforderlich werden, diese getrennt für sich kalkuliert werden müssen, zumal ihre Kosten oft recht beträchtlich sind (man vgl. den Abschnitt XVII, Zimmerarbeiten). Für rohe Überschläge kann man für Rammgerüste rechnen (ohne Rammpfähle):

je 1 m² Ansichtsfläche des Gerüsts.

Materialbedarf: *0,15 m³ Holz* ($^1/_2$ Rundholz, $^1/_2$ Kantholz).
Lohnkosten: *5,0 Stz.*

XV. Maurerarbeiten.

A. Baustoffbedarf.

I. Baustoffbedarf bei Ziegelbauarbeiten.

Allgemeines über Baustoffbedarf für Ziegelmauerwerk im Hochbau. Man kann rechnen:

Normalziegel ohne Fugen = 25/12/6,5 cm (1950 cm³), wiegt etwa 3,3 kg
„ mit „ = 26,2/13/7,7 cm (2625 cm³), „ „ 4,6 kg
Raum für Mörtel 2625 — 1950 = 675 cm³, d. h. *etwa 25%.*

Man rechnet auf 1 m³ Mauerwerk *380 bis 400 Stück Ziegelsteine, 260 l Mörtel.*

Ziegelmauerwerk für Umfassungswände.

Gegenstand	Ziegel Stück	Mörtel l	$\gamma = t/m^3$ (m²)
1 m³ volles Ziegelmauerwerk erfordert Stärke > 50 cm	390	260	1,80
Desgl. Stärke < 50 cm	400	270	—
1 m² $^1/_2$ Stein st. Ziegelmauer ohne Öffnungen erfordert	50	35	0,22
1 m² 1 Stein st. Ziegelmauer ohne Öffnungen erfordert	100	70	0,45
1 m² $1^1/_2$ Stein st. Ziegelmauer ohne Öffnungen erfordert	150	105	0,68
1 m² 2 Stein st. Ziegelmauer ohne Öffnungen erfordert	200	135	0,90
1 m² $^1/_2$ Stein st. Fachwerkswand auszumauern. . . .	35—40	25—28	0,18
1 m² $^1/_2$ Stein. st. Fachwerkswand zu verblenden und auszumauern	85	62	0,50
1 m³ Ziegelhohlmauerwerk $1^1/_2$ Stein st. mit 6 bis 7 cm Luftisolierung	340	240	1,70

Schornsteinmauerwerk in Ziegelsteinen.

Gegenstand	Ziegel Stück	Mörtel l	Gewicht kg je Einheit
1 m freistehender Schornsteinkasten mit russischen Röhren (14/20 cm) und $^1/_2$ Stein starken Wandungen			
bei 1 Rohr	65	50	300
bei 2 Röhren	100	75	450
bei 3 Röhren	140	100	650
1 m freistehender Schornsteinkasten mit einem russischen Rohr bei 1 Stein st. Wandungen	170	120	450
1 m freistehender Schornstein 25/25 cm i. L.			
bei 1 Rohr	80	65	360
bei 2 Röhren	130	100	600
bei 3 Röhren	185	140	850

Zwischenwände (Ziegel).

Gegenstand	Ziegel Stück	Mörtel l	Gewicht kg je Einheit
1 m² $^1/_4$ Stein st. Ziegelsteinwand	30	18	130
1 m² $^1/_2$ Stein st. Ziegelsteinwand	50	30	220
1 m² 1 Stein st. Ziegelsteinwand	100	70	450
1 m² $^1/_2$ Stein st. Fachwerkwand mit Ziegelausmauerung	36—40	25—30	180
1 m² $^1/_2$ Stein st. eiserne Fachwerkswand	50	30	240
1 m² $^1/_2$ Stein st. Fachwerkswand mit $^1/_2$ Stein st. Verblendung	85	60	500

Zwischenwände (Schwemmsteine).

Normen von Schwemmsteinen.

Abmessungen cm	Gewicht je 1 Stein kg
25 × 12 × 6,5	1,5
25 × 12 × 7,5	1,7
25 × 12 × 9,5	2,2

Gegenstand	Stein Stück	Mörtel l	Gewicht kg je Einheit
1 m³ Schwemmsteinmauerwerk, Format 25 × 12 × 9,5 cm	270	250	1050
1 m² Schwemmsteinwand, hochseitig, 6,5 cm st. = $^1/_4$ Stein	32	20	70
1 m² Schwemmsteinwand, hochseitig, 7,5 cm st. = $^1/_4$ Stein	32	25	80
1 m² Schwemmsteinwand, hochseitig, 9,5 cm st. = $^1/_4$ Stein	32	27	100
1 m² Schwemmsteinwand, flachseitig, 12 cm st. = $^1/_2$ Stein	38	30	125
1 m² Schwemmsteinfachwand, hochseitig, 6,5 cm st. = $^1/_4$ Stein	24	15	70
1 m² Schwemmsteinfachwand, hochseitig, 7,5 cm st. = $^1/_4$ Stein	24	20	80
1 m² Schwemmsteinfachwand, hochseitig, 9,5 cm st. = $^1/_4$ Stein	24	24	100
1 m² Schwemmsteinfachwand, flachseitig, 12 cm st. = $^1/_2$ Stein	30	28	115
1 m² Zementdielenwand 5 cm st.			46
1 m² Zementdielenwand 7 cm st.			64
1 m² Gipsdielenwand 3 cm st.			24
1 m² Gipsdielenwand 5 cm st.			40
1 m² Rabitzwand 4 cm st.			44
1 m² Rabitzwand 5 cm st.			55

Baustoffbedarf für

Gewölbe und Decken siehe auf S. 195.

Verblendmauerwerk und Fugen siehe auf S. 196.

Ziegelrollschicht, Ziegelpflaster siehe auf S. 197—199.

II. Baustoffbedarf für Putzarbeiten. (Siehe S. 199f.)

III. Der Mörtel und die Bindemittel.

Raumgewichte der Bindemittel je $1\,m^3 = 1000\,l$ in kg.

Hydr. Sackkalk	Wasserstückkalk und Weißstückkalk	Traß	Portlandzement	Thurament	Stuckgips	Estrichgips
700	900	1000	1150 bis 1400 i. M. 1300	1000	850	1100 kg

Aus 100 kg Weißstückkalk sind herzustellen . etwa *210 l Kalkteig*

Aus 100 kg Sackkalk und Wasserstückkalk
sind herzustellen . . . . etwa *180 l Kalkteig*

Kosten von 1 m³ gelöschtem Kalk (1000 l Kalkteig).

Die folgende Berechnung soll nur als Rechnungsbeispiel dienen mit bestimmten Preis- und Lohnannahmen. In den freien Spalten können jeweils die örtlichen Preisverhältnisse berücksichtigt werden.

		Ortspreise einsetzen	
		RM.	RM.
a) Wasserstückkalk			
1. Kosten von 1 m³ Wasserstückkalk frei Bau = 900 kg zu 30,— RM.	27,— RM.		
2. Kosten des Löschens 4,0 St. zu 1,00 RM. . . .	4,00 „		
3. Kosten von 1 m³ Wasser zu 0,30 RM.	0,30 „		
1,6 m³ gelöschter Kalk kostet	31,30 RM.		
1000 l gelöschter Kalk (Kalkteig) kostet	19,70 „		

		Ortspreise einsetzen	
		RM.	RM.
b) Weißstückkalk			
1. Kosten von 1 m³ Weißkalk = 900 kg frei Bau zu 35,— RM.	31,50 RM.		
2. Kosten des Löschens von 1 m³ 4 St. zu 1,00 RM.	4,00 „		
3. Kosten von 3 m³ Wasser zu 0,30 RM.	0,90 „		
2 m³ gelöschter Kalk kostet	36,40 RM.		
1000 l gelöschter Kalk kostet	18,— „		

Dichtigkeit und Ausbeute der Mörtel.

Dichtigkeit. Guter Mörtelsand, in dem alle Korngrößen vertreten sind, hat 0,38 bis 0,40 des Maßes an Hohlräumen. Diese Hohlräume sind mit Kittmasse zu füllen, wenn ein dichter Mörtel entstehen soll.

Das Verhältnis $D = \dfrac{Kittmasse}{Hohlräume}$ gibt den Grad der Dichtigkeit eines Mörtels an: ist D gleich oder größer als 1, so ist der Mörtel dicht; ist D kleiner als 1, so ist er nicht dicht.

Ausbeute eines Stoffes im Mörtel ist das Maß, in dem der Stoff zur Raumvergrößerung beiträgt. Man rechnet bei 40% Hohlräumen im Sande (also 0,60 Masse) die Ausbeute wie folgt:

Ausbeute der einzelnen Mörtelbestandteile.

Einzelbestandteile des Mörtels	Feste Masse	Hohlräume	Wasser-zusatz	Einzel-ausbeute
Sand mit 40% Hohlräumen	0,60	0,40	0,05	0,65
Schlackensand	0,45	0,55	0,10	0,55
Portlandzement und Wasser	0,47	0,43	0,43	0,90
Traß und Wasser	0,47	0,43	0,22	0,69
Weißkalkteig	—	—	—	1,00
Hydraulischer Kalk	0,30	—	0,50	0,80
Wasser	—	—	—	1,00

Es lassen sich mit Hilfe dieser Tabelle für jede Mörtelmischung Ausbeute und Dichtigkeit berechnen.

Beispiel 46. Für eine Mörtelmischung 1 Z. : 2 S. : 0,6 W. sollen Ausbeute und Dichtigkeit bestimmt werden.

Lösung. Die Ausbeute beträgt . . . . . $0,47 + 2 \cdot 0,60 + 0,60 = 2,27$
　　Kittmasse . . . . $0,47 + 0,60 = 1,07$
　　Hohlräume . . . . $2 \cdot 0,40 = 0,80$
　　Dichtigkeit . . . . $D = \dfrac{1,07}{0,8} = 1,34$.

Kosten der Mörtelherstellung von Hand.

1 m³ Mörtel zu Mauerwerk oder Putz *von Hand* bereiten, einschließlich Geräte und Nebenkosten kostet

(ohne Unkostenzuschläge) . . . . *3,5 St.*

1 m³ Mörtel vom Herstellungsplatz zum Mauerwerk zu *befördern* kostet im Durchschnitt für Keller und Erdgeschoß . . . . . 3,0 St.

Bemerkung. Bei umfangreichen Arbeiten wird heute der Mörtel nur durch *Mörtelmaschinen* hergestellt.

Als *Antriebskraft* empfiehlt sich, besonders wenn die Maschine nicht ständig voll ausgenützt ist, der Elektromotor oder kompressorlose Dieselmotor.

Mörtelbereitung mittels Maschinen.

Mörtelmaschine mit Kraftbetrieb. Für eine *Mörtelmischmaschine 150 l Inhalt mit 4 PS-Elektromotor* (Anschaffungspreis etwa 1900,— RM., Gewicht etwa 1200 kg) sind die *Selbstkosten je 1 m^3 Mörtelherstellung* bei 600, 1200, 1800 und 2400 m^3 Jahresleistung zu ermitteln, desgleichen die *Wirtschaftlichkeitsgrenze* gegenüber Handmischung.

Annahmen: 1 $St_{masch.}$ (einschließlich 45% Zuschlägen) = 1,60 RM.
1 St.   („   45%   „   ) = 1,10 „
1 kW = 0,15 RM., 1 kg Schmieröl . . . . = 0,50 „

Kostenanteil	Jahresleistung			
	600 m^3 RM.	1200 m^3 RM.	1800 m^3 RM.	2400 m^3 RM.
Stromzuleitung, Aufstellen und Abbrechen	200,—	200,—	200,—	200,—
Gerätean- und Rücktransport	100,—	100,—	100,—	100,—
Geräteabschreibung und Verzinsung .	200,—	250,—	300,—	400,—
Gerätereparatur	50.—	60,—	80,—	100,—
Strom 1 kW/1 m^3	90,—[1]	180,—	270,—	360,—
Schmiermittel in RM.	20,—[2]	40,—	60,—	80,—
Löhne für Bedienung der Maschine und Einschaufeln	1620,—[3]	2600,—[4]	3580,—[5]	4560,—[6]
Kosten/Jahr in RM.	2280,—	3430,—	4590,—	5800,—
Kosten je 1 m^3 Mörtel RM..	3,80	2,85	2,55	2,42

Das *Mischen von Hand* würde kosten 3,5 St. zu 1,10 RM. = *3,85 RM.*

Die *Wirtschaftlichkeitsgrenze* würde also etwa bei *600 m^3 Jahresleistung* liegen.

Materialbedarf für Mörtel.

Im folgenden sind *Materialbedarfstabellen* gegeben für Kalkmörtel, reine Zementmörtel, verlängerte Zementmörtel, wasserdichten Zement-Kalkmörtel, Traß-Kalkmörtel und Traß-Zementmörtel. Gleichzeitig ist für die einzelnen Mörtelmischungen die Dichtigkeit (*D*) und Ausbeute (*A*) angegeben.

Materialbedarf für Kalkmörtel.

Mischung	Kalkteig l	Sand l	Wasser l	D	A
1:2,5	370	920	185	1,50	3,00
1:3	330	1000	200	1,33	3,40
1:3,5	290	1020	210	1,21	3,80
1:4	250	1030	220	1,20	4,30

---

[1] 600 kW.   [2] 40 kg.   [3] 600 $St_{masch.}$ + 600 St.   [4] 800 $St_{masch.}$ + 1200 St.
[5] 1000 $St_{masch.}$ + 1800 St.   [6] 1200 $St_{masch.}$ + 2400 St.

Materialbedarf für reine Zementmörtel.

Das spezifische Gewicht von Zement ist mit $\gamma = 1{,}30$ angenommen, die Hohlräume im Sand mit 40%.

Mischung	Zement		Sand	Wasser	D	A
	l	kg	l	l		
1:2	510	650	1000	320	1,38	2,30
1:3	383	498	1150	290	1,02	3,03
1:3,5	328	427	1150	280	0,94	3,42
1:4	288	375	1150	260	0,85	3,77

Materialbedarf für verlängerten Zementmörtel.

Mischung	Zement		Kalkteig	Sand	Wasser	D	A
	l	kg	l	l	l		
1 Z.:$^1/_2$K.:5 S.	200	260	100	1020	220	1,03	5,07
1:1:6	170	222	170	1000	200	1,10	5,23
1:1:7	150	195	150	1030	180	0,96	6,87
1:2:10	105	137	210	1060	180	1,07	10,27

Materialbedarf für wasserdichten Zement-Kalkmörtel.

Mischung	Zement		Kalkteig	Sand	Wasser	D	A
	l	kg	l	l	l		
1:$^1/_2$:2	370	480	185	740	260	2,10	2,87
1:1:3	260	338	260	780	220	1,90	4,07
1:1,5:5	170	221	260	860	190	1,53	6,07
1:2:6	140	182	280	840	175	1,56	7,35

Materialbedarf für Traß-Kalkmörtel.

Mischung	Traß		Kalkteig	Sand	Wasser	D	A
T. K. S.	l	kg	l	l	l		
1:1:1	420	420	420	420	170	4,7	2,48
1:1:2	330	330	330	660	165	2,5	3,18
1:1:3	260	260	260	780	170	1,7	3,88
1:2:2	250	250	500	500	150	3,85	4,28
1:2:3	205	205	410	615	130	2,6	4,87
1:2:4	180	180	360	720	130	2,0	5,57

Traß-Zementmörtel (Thurament-Zementmörtel).

Mischung	Zement		Traß (Thurament)		Sand	Wasser	D	A
Z. T. S.	l	kg	l	kg	l	l		
1:0,4:3	290	376	115	115	870	260	1,3	3,36
1:1:2	325	423	325	325	650	325	2,4	3,15
1:1:3	260	338	260	260	780	260	1,6	3,75
1:1:4	220	286	220	220	880	240	1,3	4,45
1:1:5	180	235	180	180	900	220	1,1	5,14
1:1:6	150	195	150	150	900	200	0,9	5,84
1:1:10	95	120	95	95	950	150	0,6	8,44

Ermittlung der Gesamtkosten von Mörteln.

Der Kostenberechnung von Mörtelmischungen vorauszugehen hat eine genaue Kostenermittlung der einzelnen *Materialien „frei Verwendungsstelle"*. In dem Einheitspreis müssen alle Verladearbeiten, Anschlußgebühren, Frachten usw. entsprechend den örtlichen Verhältnissen je Einheit des Materials enthalten sein, wie dies in den Beispielen S. 45 gezeigt wurde.

Selbstkostenberechnungen von Mörtelmischungen.

1 m³	Sand	RM.	Zement (Bindemittel)	RM.	Wasser RM.	Mischen RM.	1000 l kosten RM.
Zementmörtel 1:2	1,0 m³ zu 8,— RM.	8,—	650 kg zu 4,50 RM.	29,25	0,10	3,30	*40,65*
Zementmörtel 1:3	1,15 m³ zu 8,— RM.	9,20	498 kg zu 4,50 RM.	22,40	0,10	3,30	*35,00*
Weißkalkmörtel 1:3	1,0 m³ zu 8,— RM.	8,—	Kalkteig 0,33 m³ zu 18,—RM.	5,94	0,10	3,30	*17,34*
Verlängerter Zementmörtel 1:1:6	1,0 m³ zu 8,— RM.	8,—	Kalkteig und Zement 0,17 m³ zu 18,—RM. und 222 kg zu 4,50 RM.	13,05	0,10	3,30	*24,45*
Verlängerter Zementmörtel 1:2:10	1,06 m³ zu 8,— RM.	8,48	Kalkteig und Zement 0,21 m³ zu 18,—RM. und 137 kg Z. zu 4,50 RM.	9,95	0,10	3,30	*21,83*
Mörtel 1 [1]			Bindemittel				

___
[1] Zur Berechnung anderer Mörtelmischungen. Ortspreise einsetzen.

Die vorstehenden Beispiele sind nur als solche zu bewerten. Es sind in die freien Spalten die *Ortspreise* von Fall zu Fall einzusetzen. Es wurde mit folgenden Annahmen gerechnet:

$$
\begin{array}{llll}
\text{1 m}^3 \text{ Sand} & \text{frei Baustelle} & \ldots & \text{8,— RM.} \\
\text{100 kg Zement} & \text{,,} \quad \text{,,} & \ldots & \text{4,50 ,,} \\
\text{1 m}^3 \text{ Wasser} & \text{,,} \quad \text{,,} & \ldots & \text{0,25 ,,} \\
\text{1000 l Weißkalkteig} & \text{,,} \quad \text{,,} & \ldots & \text{18,— ,, (s. S. 177).}
\end{array}
$$

Löhne. Einschließlich 50% für Geschäftskosten- und Gewinnzuschläge *1 St. = 1,10 RM.*

Mörtelmischen (nach S. 179) mit Maschine für 1000 m³ Jahresleistung oder von Hand:

$$3 \text{ St. zu } 1{,}10 \text{ RM.} = 3{,}30 \text{ RM.}$$

B. Lohnkosten von Maurerarbeiten[1].

I. Maurerarbeiten im Tiefbau und Brückenbau.

1. Trockenmauern.

Trockenmauerwerk aus Bruchsteinen (Böschungsmauer) herzustellen, die Steine auf etwa 50 m Entfernung befördern, von unten auf die Mauer schaffen, kostet bei großen Querschnittsabmessungen der Mauer und einer Ansichtsfläche

bei Mauerhöhe von $H = 2$ m für 1 m³ . . . . . . 2 Stm. + 3,0 St.
für je *1 m Mehrhöhe* ein Zuschlag von . . . . *0,5 Stm.*

Trockenmauerwerk aus Bruchsteinen für Einfriedigungs- und Schutzmauern an Wegen, also mit beiderseitiger und einer oberen Ansichtsfläche und geringen Querschnittsabmessungen herzustellen, kostet für 1 m³ . . . . 4 Stm. + 4 St.

Abbrechen von Trocken- oder *Moosmauerwerk* bis zu 4 m über dem Erdboden oder 2 m unter dem Erdboden kostet für 1 m³ . . . . 1,6 Stm. + 2 St.

Für jede 4 m Mehrhöhe oder jede 2 m Mehrtiefe kommt ein Zuschlag je 1 m³ von . . . . 0,8 Stm. + 0,8 St.

2. Ziegel-, Bruchstein- und Quadermörtelmauerwerk.

Fundamentmörtelmauerwerk herzustellen in der Tiefe bis zu 2 m unter der Erdoberfläche kostet für 1 m³

bei *Ziegelmauerwerk* in Kalkmörtel . . . . 4,5 Stm. + 2,0 St.
bei *Ziegelmauerwerk* in Zementmörtel . . . . . . 4,5 Stm. + 2,2 St.

Für jede folgende Metertiefe mehr ist der Zuschlag je 1 m³

   a) bei Anwendung von Kalkmörtel . . . . 0,6 St.
   b) bei Anwendung von Zementmörtel . . . . 0,8 St.

bei *Bruchsteinmauerwerk* in Kalkmörtel . . . . . 5,0 Stm. + 2,5 St.
bei *Bruchsteinmauerwerk* in Zementmörtel . . . . 5,0 Stm. + 3,0 St.

Baustoffbedarf für *Bruchsteinmauerwerk* siehe S. 188.

----

[1] Vorausgesetzt sind *mittlere* Leistungen *geübter* Maurer.

Für jede folgende Metertiefe mehr ist der Zuschlag je 1 m³

a) bei Anwendung von Kalkmörtel . . . . 0,8 St.
b) bei Anwendung von Zementmörtel . . . . 1,0 St.

bei *Quadermauerwerk* in Kalkmörtel . . . . 5,0 Stm. + 6,0 St.
bei *Quadermauerwerk* in Zementmörtel . . . . . . 5,0 Stm. + 6,0 St.

Für jede folgende Metertiefe mehr ist der Zuschlag
je 1 m³ Mauerwerk . . . . 0,3 Stm. + 0,3 St.

Einhäuptiges Mörtelmauerwerk in Ziegeln herzustellen, einschließlich Transport bis auf 50 m Weite, Geräte, Werkzeuge, Gestellung der Rüstung und Nebenkosten, kostet für 1 m³ Ziegelmauerwerk und *2 m Mauerhöhe*

bei 0,25 m Mauerstärke . . . . 5,5 Stm. + 3,0 St.
bei 0,38 m Mauerstärke . . . . 5,0 Stm. + 3,0 St.
bei 0,51 m Mauerstärke . . . . 4,5 Stm. + 3,0 St.
bei 0,64 bis 0,90 m Mauerstärke . . . . 4,2 Stm. + 3,0 St.

Bei größeren Mauerhöhen als 2 m kommt für jede Meterhöhe mehr
je 1 m³ ein Zuschlag von . . . . 0,25 St.

Einhäuptiges Mauerwerk aus Bruchsteinen kostet bei weichen und mittelharten Steinen etwa 1 Stm. mehr als Ziegelmauerwerk, bei harten Steinen . . . . + 2 Stm.

Doppelhäuptiges Mauerwerk. Die entsprechenden Sätze für einhäuptiges Mauerwerk werden um 0,8 Stm. vergrößert.

Quadermauerwerk oder Quaderverkleidung herzustellen, kostet für 1 m³ bei einer Mauerhöhe von 1 m . . . . 8,0 Stm. + 4,0 St.

Für je 2 m Mehrhöhe je 1 m³ ein Zuschlag von 0,3 Stm. + 0,3 St. bzw. sind die *Kosten der Hebezeuge* (Krane usw.), *Gerüste* usw. besonders zu ermitteln.

Bemerkung. Bei Verwendung *besonders großer Steine,* d. h. von 0,3 m³ aufwärts, kommen *Zuschläge je 1 m³ bis zu 3 Stm.* in Frage bzw. ist für die Hochförderung Sondergeräte (Turmdrehkrane u. dgl.) vorzusehen und die *Gerätekosten* hierfür zu kalkulieren.

Zyklopenmauerwerk mit schon bearbeiteten Steinen in Kalkmörtel herzustellen, kostet je 1 m³ . . . . 6,5 Stm. + 5,0 St.

Für größere Höhen als 3 m kommt für jede folgende Meterhöhe mehr
je 1 m³ ein Zuschlag von . . . . 0,3 Stm. + 0,5 St.

3. Brunnenmauerwerk.

Brunnenmauerwerk aus Ziegeln in Mörtel bis zu 2 m Tiefe herzustellen, kostet für je 1 m³ . . . . 6 Stm. + 4 St.

Für je 1 m Mehrtiefe kommt ein Zuschlag je 1 m³ von 0,5 Stm.

Brunnenmauerwerk aus Bruchsteinen in Mörtel bis zu 2 m Tiefe herzustellen, kostet je 1 m³ . . . . 10 Stm. + 6 St.

Für jedes weitere Tiefenmeter kommt
je 1 m³ ein Zuschlag von . . . . 0,3 Stm. + 1 St.

4. Brückengewölbemauerwerk.

Brückengewölbemauerwerk aus Ziegeln herzustellen *ausschließlich Geräte und Lehrbögen*, kostet, wenn die Höhe des Gewölbes 1 m über oder unter dem Materiallagerplatz beträgt, je 1 m³ Gewölbemauerwerk bei Anwendung von keilförmigen Ziegeln . . . . . 6,0 Stm. + 3,5 St.

Bei Anwendung von gewöhnlichen Ziegeln, die nicht zugehauen werden müssen,

    a) bei Lichtweiten bis zu 5 m . . . . 6,5 Stm. + 3,5 St.
    b) bei größeren Lichtweiten . . . . 6,0 Stm. + 3,0 St.

Bei Anwendung von Ziegeln, die kreisförmig zugehauen werden sollen,

    a) bei Lichtweiten bis zu 5 m . . . . 7,0 Stm. + 3,5 St.
    b) bei größeren Lichtweiten . . . . 6,0 Stm. + 3,5 St.

Ist die Höhe des Gewölbes mehr als 1 m über oder unter dem Materiallagerplatz, so kommt für jedes Meter Mehrhöhe über oder unter dem Materiallagerplatz je 1 m³ Gewölbemauerwerk ein Zuschlag von 0,3 St.

Brückengewölbemauerwerk aus Bruchsteinen herzustellen, sonst wie vorher kostet je 1 m³ Gewölbemauerwerk . . . . . . 8 Stm. + 4 St.

Ist die Höhe des Gewölbes mehr als 1 m über oder unter dem Materiallagerplatz, so kommt je 1 m Mehrhöhe und je 1 m³ ein Zuschlag von . . . . 0,3 St.

Gewölbemauerwerk aus Quadern herzustellen (sonst wie vor), kostet bei weichen Sandsteinen, je 1 m³ . . . . 10 Stm. + 4 St.

Ist die Höhe des Gewölbes mehr als 1 m über oder unter dem Materiallagerplatz, so kommt je 1 m Mehrhöhe je 1 m³ ein Zuschlag von 0,5 St.

Werden größere Stücke als 0,3 m³ verwendet, so kommt zu den obigen Sätzen je 1 m³ noch ein Zuschlag von . . . . . 1,5 Stm. + 2 St.

Gewölbemauerwerk aus Quadern herzustellen (sonst wie vor), kostet bei mittelharten Sandsteinen, die noch durch Steinmetzen bearbeitet werden müssen, je 1 m³ Gewölbemauerwerk . 1,8 Stst. + 8 Stm. + 4 St.

Ist die Höhe des Gewölbes mehr als 1 m über oder unter dem Materiallagerplatz, so kommt auf 1 m Mehrhöhe je 1 m³ Mauerwerk ein Zuschlag von . . . . 0,5 St.

Zuschlag bei Verwendung von Quadersteinen, die größer sind als 0,3 m³, je 1 m³ Mauerwerk . . . . 1,5 Stm. + 2 St.

Bemerkung. Die *Geräte- und Gerüstkosten*[1] sind hier noch zuzuschlagen, wobei für die letzteren die in dem Abschnitt XVII Zimmerarbeiten unter „Lehrgerüste" gegebenen Richtlinien maßgebend sind.

Zementmörtelüberzug über Brückengewölbe herzustellen einschließlich Mörtelanmachen, kostet je 1 m²

    a) bei reinem Zementmörtel bis 1 cm Dicke . 0,6 Stm. + 0,4 St.
    b) bei Zementmörtel 1 : 2 u. 4 bis 5 cm Dicke . 2,0 Stm. + 1,5 St.

---

[1] Zweckmäßig verwendet man für das Hochfördern der Steine *Turmdrehkrane*, welche auf Untergerüsten laufen. Es entfallen dann die Zuschläge für Steine > 0,3 m³ und ermäßigen sich noch die oben gegebenen Sätze für Lohnaufwand. *Gerätekosten* sind besonders zu ermitteln.

Deckplatten verlegen (auf Stirnen und Flügeln von Brücken und Durchlässen) kostet je 1 m² . . . . 4,5 Stm. + 4,5 St.

Deckplatten auslösen kostet je 1 m² . . . . . 2,5 Stm. + 2,5 St.

Kanaldeckplatten von Stein versetzen kostet einschließlich Geräte und Aufsicht je 1 m²

bei Platten ohne Falz . . . . 4 Stm. + 4 St.

bei Platten mit Falz . . . . 5 Stm. + 5 St.

Beispiele.

Beispiel 47. Die Kosten einer 51 cm starken Ziegelmauer von 7 m Höhe sollen ermittelt werden.

Bei einer Höhe von 2 m betragen die Kosten nach S. 183

$$4,5 \text{ Stm.} + 3,0 \text{ St.}$$

Für die 5 m Mehrhöhe kommt nach S. 183 ein Zuschlag von

$$5 \ (0,25 \text{ St.}) = 1,25 \text{ St.}$$

Bei 7 m Mauerhöhe betragen die Kosten je 1 m³ Mauerwerk

$$4,5 \text{ Stm.} + 3,0 \text{ St.} + 1,25 \text{ St.} = \textit{4,5 Stm.} + \textit{4,25 St.}$$

Beispiel 48. Für eine Mauerhöhe von 5 m und 0,5 m³ großen Steinen wird man den Preis von 1 m³ Quadermauerwerk wie folgt berechnen (sofern nicht Sondergeräte wie Turmdrehkrane für das Hochheben der Steine zur Verfügung stehen):

Preis für 1 m Mauerhöhe

$$5 \text{ Stm.} + 6 \text{ St.}$$

Zuschlag für die 4 m Mehrhöhe

$$2 \ (0,3 \text{ Stm.} + 0,3 \text{ St.}) = 0,6 \text{ Stm.} + 0,6 \text{ St.}$$

Zuschlag nach S. 183

$$3 \text{ Stm.}$$

Der Preis je 1 m³ in 5 m Höhe beträgt demnach

$$(5 + 0,6 + 3) \text{ Stm.} + (6 + 0,6) \text{ St.} = \textit{8,6 Stm.} + \textit{6,6 St.}$$

5. *Abbrucharbeiten von Mörtelmauerwerk.*

Kalkmörtelmauerwerk (Ziegel- und Bruchsteinmauerwerk) abbrechen, die Steine von Mörtel reinigen, kostet bei Mauern bis zu 64 cm Stärke je 1 m³ . . . . 2,5 Stm. + 2,5 St.

Das Abbrechen von Mörtelmauer über oder unter dem Erdgeschoß erhält für je 4 m Höhe oder Tiefe einen Zuschlag je 1 m³ und Geschoß von . . . . 0,5 Stm. + 0,5 St.

Quadermauerwerk abbrechen. Die Steine von Mörtel reinigen, kostet je 1 m³ . . . . 5 Stm. + 4 St.

Stein- oder Ziegelmauerwerk in Kalkmörtel *durchzubrechen,* kostet bei einer Mauerstärke bis 64 cm im Erdgeschoß je 1 m³ . . . . 8,0 Stm. + 3,0 St.

Für jedes höhere Geschoß ist der Zuschlag für 1 m³ und Geschoß . . . . 1 St.

Ausstemmen von Mörtelmauerwerk, Ausbrechen (behufs Auswechselns) der fehlerhaften Verblendziegel, kostet je 1 m²

   a) bei einer Ausstemmungstiefe von $\frac{1}{2}$ Stein . . . 3 Stm. + 2 St.

   b) bei einer Ausstemmungstiefe von 1 Stein . . . 4 Stm. + 2 St.

   c) bei einer Ausstemmungstiefe von 2 Stein . . . 5 Stm. + 3 St.

Für jedes höhere Geschoß, wenn auf Gerüsten oder Leitern gearbeitet werden muß, kommt auf 1 m² ein Zuschlag von

bei a) . . . . 0,4 Stm. + 0,4 St.
bei b) . . . . 0,6 Stm. + 0,5 St.
bei c) . . . . 0,8 Stm. + 0,6 St.

Durchspitzen von Öffnungen in Kalkmörtelmauerwerk kostet bis 0,5 m² lichter Öffnung und 64 cm starker Mauer je 1 m³ . 8,0 Stm. + 3 St.

Quadersteinmauerwerk ausstemmen. Für Öffnungen bis zu 0,5 m² Querschnitt kostet

je 1 m³ bei Mauerstärken bis zu 50 cm . . . . . . 11 Stm. + 4 St.

Abbruch- und Durchbruchsarbeiten von Zementmörtelmauerwerk kostet, wenn die Steine gereinigt und wieder verwendet werden sollen, einen Zuschlag je 1 m³ von . . . . *1,0 Stm.*

6. Mauerwerksputz, Fugen und Verblendung.

Mauerflächen anwerfen (mit rauhem Putz überziehen), kostet je 1 m² . . . . 0,4 Stm. + 0,4 St.

Das Ausfugen einer Mauerfläche mit Zementmörtel, die Fugen vorher 1 cm tief auskratzen, Mörtel anmachen, kostet je 1 m²

auf Ziegelmauerwerk . . . . 0,8 Stm. + 0,4 St.
auf Bruchsteinmauerwerk. . . . . 0,6 Stm. + 0,4 St.
auf Quadermauerwerk . . . . 0,5 Stm. + 0,3 St.

Bemerkung. Über Verblendungsmauerwerk siehe S. 196. Über Putzgerüste siehe Abschnitt „Zimmerarbeiten".

Isolierungsarbeiten.

Asphaltüberzug auf fertiggestellter Unterlage herzustellen, kostet je 1 m² einschließlich Geräte und Aufsicht bei einer Stärke von 7,5 mm (einmal aufgetragen) . . . . 0,4 Stas. + 0,8 St.

An Material sind erforderlich:

> 11 kg Asphaltmastix,
> 0,005 m³ Quarzsand,
> 0,013 rm weiches Holz.

Asphaltüberzug an lotrechten oder stark geneigten Mauern kostet etwa 50% mehr als vorher.

Asphaltüberzug auf fertiger Unterlage herzustellen, kostet einschließlich Geräte und Aufsicht

für 1 m² bei 1 cm Stärke (ohne Material) . . . . . 0,5 Stas. + 1,0 St.

An Materialien sind erforderlich:

> 15 kg Asphaltmastix,
> 0,007 m³ Quarzsand,
> 0,017 rm Holz.

Stemmarbeiten.

Das Bohren von Löchern, um Bolzen und Steinschrauben zu versenken, kostet einschließlich Aufsicht und Geräte je 1 lfd. m

a) für 3 bis 5 cm ⌀ bei Ziegelmauerwerk . . . . .3,8 Stm,
    „ Sandstein . . . . .5,8 Stm.
    „ Granit . . . . .9,5 Stm.

b) für 8 cm ⌀ bei Ziegelmauerwerk. . . . . .7,0 Stm.
    „ Sandstein . . . . .9,5 Stm.
    „ Granit . . . . 14,5 Stm.

Kanaldeckel oder Verschlüsse einschließlich Stock versetzen, kostet einschließlich Geräte und Aufsicht je 100 kg . . . 2,8 Stm. + 1,7 St.

Kanaldeckel oder Verschlüsse herauszubrechen, kostet für 1 Stück bis 45 cm Lichtweite . . . . 3,5 Stm. + 3,5 St.
über 45 cm Lichtweite . . . . 4,5 Stm. + 4,5 St.

Geländereisen, Schrauben, Klammern, Anker oder Bolzen zur Verbindung von Eisenkonstruktionen, Träger oder Säulen in einer Höhe bis zu 3 m zu versetzen, kostet je 100 kg . . . . 6 Stm. + 4 St.

Geländereisen, Schrauben, Klammern, Anker oder Bolzen auszubrechen, kostet je 100 kg . . . . 3 Stm. + 4 St.

II. Maurerarbeiten bei Hochbauten. Mörtelmauerwerk.

Die Mörtelbereitung erfordert für 1 m³ von Hand . . . . 3,5 St.
Über die Kosten der Mörtelherstellung siehe auch S. 177 bis 182.

Das Abtragen des fertigen Mörtels für Keller und Erdgeschoß erfordert für 1 m³. . . . . 1,6 St.
Das Abtragen des fertigen Mörtels in den 1. Stock . . . . . 2 St.
Das Abtragen des fertigen Mörtels in den 2. Stock . . . . 2,5 St.
Das Abtragen des fertigen Mörtels in den 3. Stock . . . . . 3 St.[1]

Für größere Bauarbeiten werden, wie bereits unter A, III erwähnt, „*Mörtelaufzüge*" verwendet, durch welche gegenüber dem Abtransport durch Mörtelträger ganz wesentliche Ersparnisse erzielt werden. Man kann in diesem Fall den Wert, der für das *Abtragen von Hand in den 2. Stock* angegeben ist, *auch für alle höheren Stockwerke* beibehalten.

Fundamentbeton für Grundmauern und Bruchsteinmauerwerk.

Stampfbeton für Grundmauern (ausschließlich Schalung, Geräte, Werkzeuge und Unkosten) herzustellen erfordert
für 1 m³ (s. Herstellungskosten von Beton) . . . . 2,0 Stm. + 4 St.

Gründungsbeton mit Eiseneinlage erfordert für 1 m³ Beton:
für Mischen (Maschine) . . . . 2,0 St.
für Fördern . . . . 2,0 St.
für Stampfen . . . . 2,5 Stm.
für je 100 kg Eisen etwa . . . . 6 bis 7 Ste.

Einschalung von Betonmauern, *einseitig* für 1 m²:

Material-verbrauch { ¹⁄₃ Wert der Schalung und Steifen mindestens von 1 m² Schalung und von 2,5 m Steifen,
0,15 kg Nägel,
1,00 Stm. für *Arbeitslohn.*

---

[1] Nur bei Abtragen von Hand.

Einschalung von Betonmauerwerk, *zweiseitig* für 1 m²:

<table>
<tr><td rowspan="5">Material-
verbrauch</td><td>¹/₃ Wert der Schalung von mindestens 2,1 m²
Schalbretter,</td></tr>
<tr><td>6 lfd. m Steifhölzer,</td></tr>
<tr><td>1 m Latten, hierzu</td></tr>
<tr><td>0,25 kg Nägel.</td></tr>
<tr><td>2 Stm. für *Arbeitslohn.*</td></tr>
</table>

Abladen der Bruchsteine an der Baustelle für 1 m³ . . . 0,8 St.

1 m³ *Fundamentgemäuer* (Bruchsteinmauer) erfordert 1,25 m³ ungerichtete oder 1,1 m³ gerichtete Steine und 320 bis 350 l Mörtel bzw. 280 bis 320 l Mörtel bei Stärken über 60 cm.

1 m³ Bruchsteine zu Fundamentgemäuer richten erfordert
1,5 bis 2 Stm.

1 m³ Bruchsteine zu Fundamentgemäuer vermauern erfordert
5,0 Stm. + 2,5 St.

Beförderung der Steine bei einer Entfernung bis 50 m in das Keller- und Erdgeschoß für 1 m³ . . . . 1,5 bis 2 St.

Zuschlag für 1 m³ je 1 Stockwerk. . . . . 1,2 St.

Das Mauern und Versetzen der Steine[1] kostet *für 1 m³ einhäuptiges Bruchsteinmauerwerk* . . . . 6 Stm. + 2,5 St.

Das Mauern und Versetzen der Steine[1] kostet *für 1 m³ zweihäuptiges Bruchsteinmauerwerk* . . . . 7 Stm. + 2,5 St.

Die Herstellung von 1 m³ einhäuptigem, etwa 60 cm starkem *Bruchsteinmauerwerk mit Hintermauerung* (ohne Hinterbetonierung) erfordert . . . . 6 Stm. + 3 St.

1 m² häuptige Werksteine in Kalkstein richten für 1 m² Gesichtsfläche . . . . 1,5 bis 2 Stm.

Doppelhäuptiges Gemäuer aus mit Hammer und Zweispitz gerichteten Steinen in horizontalen Schichten gemauert und mit winkelrechten Stoßfugen versehen, erfordert je 1 m³ Mauerwerk bei einer Stärke von:

0,4 bis 0,5 m	etwa	1,2 m³	Steine und	160 bis 180 l	Mörtel	
0,5 „ 0,6 m	„	1,1 m³	„	„ 170 „ 190 l	„	
0,6 „ 0,8 m	„	1,05 m³	„	„ 180 „ 200 l	„	
0,8 „ 2,0 m	„	0,95 m³	„	„ 190 „ 220 l	„	

Über Lohnkosten für Herstellung von Quadermauerwerk siehe S. 183.

Beispiel 49. Die Kosten eines einhäuptigen Bruchsteinmauerwerks an Erdreich anliegend sind zu berechnen. Angenommen werden folgende Preise und Löhne:

1 m³ Bruchstein frei Baustelle . . . . 20,— RM.
1 m³ Mörtel . . . . 25,— „
1 Stm. . . . . 1,— „
1 St. . . . . 0,80 „

a) **Material:** 1,25 m³ Bruchsteine je 20,— RM. . . . . 25,— „
    0,30 m³ Mörtel je 25,— RM. . . . . 7,50 „
    Zuschlag für Geschäftskosten 10% von M . . . . 3,25 „

Summe: 35,75 RM.

---

[1] Einschließlich erforderlicher Nahtransporte bis 50 m horizontal.

b) **Arbeitslöhne:** Bruchsteinmauer herstellen = 6 Stm. =

6 · 1,— RM. . . . . 6,— RM.

Mörtel befördern = 0,5 St. = 0,5 · 0,80 RM. . . . . 0,40 „

Beförderung der Steine = 2 St. = 2 · 0,80 RM. . . . . . . 1,60 „

Summe: 8,— RM.

Geschäftskosten = 40% von 8,— RM. . . . . 3,20 „

Summe: 11,20 RM.

Hierzu Material (mit Zuschlag) . . . . 35,75 „

Selbstkosten 46,95 RM.

+ 10% für Wagnis, Gewinn und Umsatzsteuer. . . . . . 4,70 „

1 m³ Bruchsteinmauer *51,65 RM.*

1. Ziegelmauerwerk für Umfassungswände.

Materialbedarf für Ziegelmauerwerk siehe unter A, I und III.

Ziegelsteine abzutragen (für Keller und Erdgeschoß) erfordert
für 1000 Stück . . . . 5,2 St.

Ziegelsteine abzutragen (für Keller und Erdgeschoß)
für 390 Stück . . . . 2,0 St.

Ziegelsteine abzutragen für 390 Stück für jedes höhere
Stockwerk ein Zuschlag von . . . . 0,8 St.

Ziegelsteine vermauern in starken Mauern erfordert
für 100 Stück . . . . 1,2 Stm.

Ziegelsteine vermauern in starken Mauern erfordert
für 390 Stück . . . . 4,7 Stm.

Ziegelmauerwerk ohne Verputz in Kalkmörtel im Keller oder Erdgeschoß herzustellen, erfordert an Löhnen für 1 m³ . 4,7 Stm. + 2,2 St.

Für jedes höhere Geschoß kommt
für 1 m³ ein Zuschlag von . . . . 0,25 Stm. + 0,9 St.[1]

Ziegelmauerwerk im Erdgeschoß (Fugenbau) herstellen
für 1 m³ . . . . 5,5 Stm. + 2,2 St.

Ziegelmauerwerk mit gebogenen oder dosierten Flächen herstellen
für 1 m³ . . . . 7,0 Stm. + 3,0 St.

Ziegelmauerwerk von ausgesuchten *harten* Ziegeln herstellen erfordert
für 1 m³ . . . . 5,5 Stm. + 3,0 St.

Beispiel 50. Wieviel kostet 1 m³ Ziegelmauerwerk im Erdgeschoß für Putzbau,
wenn man für 1000 Stück Ziegel frei Bau 50,— RM., für 1 l Mörtel 3 Rpf., für
1 Stm. 1,20 RM. und für 1 St. 0,80 RM. bezahlen muß?

Lösung. 400 Stück Mauerziegel je 50,— RM. für 1000 Stück   20,— RM.

270 l Mörtel je 0,03 RM. . . . . 8,10 „

Material . . . . 28,10 RM.

Zuschlag 10% von M . . . . 2,80 „

Materialkosten . . . . 30,90 RM.

Arbeitslohn 4,7 Stm. + 2,2 St. =

4,7 · 1,20 + 2,2 · 0,80 = ... 7,40 „

Geschäftskosten und Gewinn 50% von 7,40 RM. . . 3,70 „

Summe: *42,00 RM.*

---

[1] Beim Abtragen von Mörtel und Steinen von Hand.

2. Ziegelmauerwerk für Außen- und Innenwände von Gebäuden.

Die *Lohnkosten für Ziegelmauerwerk bei Hochbauten* hängen einmal von der Stärke der Mauer ab — schwächere Mauern kosten einen höheren Arbeitsaufwand — und dann weiter von der Stockwerkshöhe, da bei höheren Stockwerken (Transport der Steine und des Mörtels von Hand durch Arbeiter vorausgesetzt) erhöhte Transportkosten anfallen. Wenn, was heute bei größeren Hochbauarbeiten meist der Fall sein dürfte, *Maschinen zum Hochziehen des Mörtels und der Steine* vorhanden sind (Aufzüge, Schnellaufzüge oder Turmdrehkrane usw.), so kann man *den für das erste Obergeschoß angegebenen Lohnstundenverbrauch bei Transport von Hand auch für alle höheren Geschosse zugrunde legen.* Unter der Voraussetzung, daß die Mörtelbereitung in der Kostenermittlung des Mörtels enthalten ist und das Abladen der Ziegelsteine am Bau in dem Preis für Ziegelsteine frei Baustelle inbegriffen ist, kann man für die Außen- und Innenwände von Gebäuden in Ziegelmauerwerk wie folgt rechnen:

Über den Materialbedarf siehe in A.

Es kann *für Putzbau* angenommen werden als Materialverbrauch

je 1 m³ Ziegelmauerwerk: *390 Stück Ziegel,*
270 l Mörtel.

3 Stein starkes Ziegelmauerwerk für Putzbau und Innenmauern in Keller und Erdgeschoß erfordert für 1 m³ . . . . 4,5 Stm. + 2,1 St.

3 Stein starkes Ziegelmauerwerk für Putzbau und Innenmauern im 1. Obergeschoß für 1 m³ . . . . 4,5 Stm. + 3,0 St.

3 Stein starkes Ziegelmauerwerk für Putzbau und Innenmauern im 2. Obergeschoß für 1 m³ . . . . 4,5 Stm. + 3,9 St.[1]

Für weitere Geschosse Zuschlag für Mehrtransport je Geschoß . . . . 0,9 St.[1]

2½ Stein starkes Ziegelmauerwerk für Putzbau und Innenmauerwerk in Keller und Erdgeschoß erfordert je 1 m³ . . . 4,8 Stm. + 2,1 St.

2½ Stein starkes Ziegelmauerwerk für Putzbau und Innenmauerwerk im 1. Obergeschoß für 1 m³ . . . . 4,8 Stm. + 3 St.

2½ Stein starkes Ziegelmauerwerk für Putzbau und Innenmauerwerk im 2. Obergeschoß für 1 m³ . . . . 4,8 Stm. + 3,9 St.[1]

Für weitere Geschosse Zuschlag für Mehrtransport je Geschoß . . . . 0,9 St.[1]

2 Stein starkes Ziegelmauerwerk für Putzbau und Innenmauern in Keller und Erdgeschoß erfordert für 1 m³ . . . . 5,1 Stm. + 2,1 St.

2 Stein starkes Ziegelmauerwerk für Putzbau und Innenmauern im 1. Obergeschoß für 1 m³ . . . . 5,1 Stm. + 3 St.

2 Stein starkes Ziegelmauerwerk für Putzbau und Innenmauern im 2. Obergeschoß für 1 m³ . . . . 5,1 Stm. + 3,9 St.[1]

Für weitere Geschosse Zuschlag für Mehrtransport je Geschoß . . . . 0,9 St.[1]

---

[1] Beim Abtragen von Mörtel und Steinen von Hand.

1¹/₂ Stein starkes Ziegelmauerwerk für Putzbau und Innenmauern in Keller und Erdgeschoß erfordert für 1 m³ . . . 5,5 Stm. + 2,1 St.

1¹/₂ Stein starkes Ziegelmauerwerk für Putzbau und Innenmauern im 1. Obergeschoß für 1 m³ . . . . 5,5 Stm. + 3,0 St.

1¹/₂ Stein starkes Ziegelmauerwerk für Putzbau und Innenmauern im 2. Obergeschoß für 1 m³ . . . . 5,5 Stm. + 3,9 St.[1]

Für weitere Geschosse Zuschlag für Mehrtransport je Geschoß . . . . 0,9 St.[1]

1 Stein starkes Ziegelmauerwerk für Putzbau und Innenmauern in Keller und Erdgeschoß erfordert für 1 m³ . . . 6,0 Stm. + 2,1 St.

1 Stein starkes Ziegelmauerwerk für Putzbau und Innenmauern im 1. Obergeschoß für 1 m³ . . . . 6,0 Stm. + 3,0 St.

1 Stein starkes Ziegelmauerwerk für Putzbau und Innenmauern im 2. Obergeschoß für 1 m³ . . . . 6,0 Stm. + 3,9 St.[1]

Für weitere Geschosse Zuschlag für Mehrtransport je Geschoß . . . . 0,9 St.[1]

¹/₂ Stein starkes Ziegelmauerwerk in Keller und Erdgeschoß für Putzbau und Innenmauern erfordert für 1 m³ . . . . 7,0 Stm. + 2,2 St.

¹/₂ Stein starkes Ziegelmauerwerk im 1. Obergeschoß für Putzbau und Innenmauern erfordert für 1 m³ . . . . 7,0 Stm. + 3,0 St.

¹/₂ Stein starkes Ziegelmauerwerk im 2. Obergeschoß für Putzbau und Innenmauern erfordert für 1 m³ . . . . 7,0 Stm. + 3,9 St.[1]

Für weitere Geschosse Zuschlag für Mehrtransport je Geschoß . . . . 0,9 St.[1]

1. Bemerkung. *Für Fugenbau ist ein Zuschlag von 0,6 Stm. je m² Mauerfläche* zu rechnen.

2. Bemerkung. *Bei Ziegelhohlsteinmauerwerk* mit 6 bis 7 cm Luftisolierung für die Wetterseite von Gebäuden, ebenso bei Stallungsmauerwerk, welches mit Entlüftungskanälen durchzogen ist, erhöht sich (bei Mitrechnung des Luftraums als Mauerwerk) der Stundenaufwand für die Mauerarbeit um etwa 10%.

3. Bemerkung. Werden Öffnungen im Mauerwerk abgezogen, so ist in den Kostenanschlägen ein entsprechender Zuschlag üblich, welcher in Arbeitslöhnen angegeben wird. Man kann in diesem Falle *für 1 m² abgezogene Öffnungen* rechnen:

bei einer Mauerstärke von 3 Steinen . . . . 3,0 Stm. + 1,0 St.
„   „   „   „ 2 Steinen . . . . 2,0 Stm. + 1,0 St.
„   „   „   „ 1 Stein . . . . 1,5 Stm. + 0,8 St.

4. Bemerkung. Die *Löhne* für das Aufstellen von *Maurergerüsten* sind in obigen Lohnsätzen mitenthalten. Über den Materialverbrauch für die Gerüste siehe Abschnitt „Zimmerarbeiten“.

Pfeilermauerwerk (freistehend) in Ziegelsteinen und verlängertem oder reinem Zementmörtel herzustellen, erfordert

für 1 m³ . . . . 6 Stm. + 2,5 St.
bis 7 Stm. + 3 St.

Schwemmsteinmauerwerk in Kalkmörtel herzustellen, erfordert für 1 m³ im Keller und Erdgeschoß . . . . . . 5,0 Stm. + 2,5 St.

Für jedes höhere Geschoß kommt für je 1 m³ ein Zuschlag von 0,9 St.

---

[1] Nur beim Abtragen von Steinen und Mörtel von Hand.

3. Schornsteinmauerwerk in Ziegelsteinen.

Schornsteinmauerwerk, freistehend, *einschließlich innerem Putz*, erfordert für 1 m³:

Ziegelsteine . . . . rund 400 Stück
Mörtel . . . . 300 l
Arbeitslohn . . . . 8,5 Stm. + 3,0 St.

Einröhriges Schornsteinrohr, freistehend, 14 : 20 cm i. L. ¹/₂ Stein starke Wand *einschließlich innerem Verputz*, erfordert für 1 stgd. m:

an Ziegeln . . . . 65 Stück
an Mörtel . . . . 48 l
an Arbeitslohn . . . . 1,6 Stm. + 0,7. St.
Umfang = 1,72 m; Inhalt = 0,185 m³.

1 zweiröhriges Rohr, sonst wie vor, erfordert für 1 stgd. m:

an Ziegeln . . . . 100 Stück
an Mörtel . . . . 80 l
an Arbeitslohn . . . . 2,6 Stm. + 1,1 St.
Umfang = 2,4 m; Inhalt = 0,32 m³.

1 dreiröhriges Schornsteinrohr, sonst wie vor, erfordert für 1 stgd. m:

an Ziegeln . . . . 140 Stück
an Mörtel . . . . 110 l
an Arbeitslohn . . . . 3,8 Stm. + 1,4 St.
Umfang = 3 m; Inhalt = 0,45 m³.

1 vierröhriges Schornsteinrohr sonst wie vor, erfordert für 1 stgd. m:

an Ziegeln . . . . 180 Stück
an Mörtel . . . . 160 l
an Arbeitslohn . . . . 5,5 Stm. | 2,0 St.
Umfang = 3,7 m; Inhalt = 0,66 m³.

1 einröhriges Schornsteinrohr, 25/25 cm i. L. einschließlich innerem Putz erfordert für 1 stgd. m:

an Ziegeln . . . . 90 Stück
an Mörtel . . . . 60 l
an Arbeitslohn . . . . 2,1 Stm. + 0,8 St.
Umfang = 2 m, Inhalt = 0,25 m³.

1 zweiröhriges Schornsteinrohr, sonst wie vor, erfordert für 1 stgd. m:

an Ziegeln . . . . 130 Stück
an Mörtel . . . . 90 l
an Arbeitslohn . . . . 3,8 Stm. + 1,3 St.
Umfang = 2,80 m, Inhalt = 0,45 m³.

1 dreiröhriges Schornsteinrohr, sonst wie vor, erfordert für 1 stgd. m:

an Ziegeln . . . . 184 Stück
an Mörtel . . . . 130 l
an Arbeitslohn . . . . 5,5 Stm. + 2,0 St.
Umfang = 3,60 m, Inhalt = 0,65 m³.

1 vierröhriges Schornsteinrohr, sonst wie vor, erfordert für 1 stg. m:

an Ziegeln . . . . 235 Stück

an Mörtel . . . . 165 l

an Arbeitslohn . . . . 7,2 Stm. + 2,5 St.

Umfang = 4,30 m, Inhalt = 0,84 m³.

Beispiel 51. Was kostet 1 stgd. m einröhriges Schornsteinrohr von 25/25 cm i. L., wenn 1000 Stück Ziegel frei Bau 50,— RM., 1 l Mörtel frei Bau 2,5 Rpf. kosten und wenn die Arbeitslöhne 1 Stm. 1,20 RM., 1 St. 80 Rpf. betragen?

Lösung.

a) **Material:** 90 Stück Ziegel je 50,— RM. für 1000 Stück . . 4,50 RM.

   60 l Mörtel je 2,5 Rpf. . . . . 1,50 „

   Summe: 6,00 RM.

   Zuschläge auf Material 8%. . . . . 0,50 „

   Materialkosten . . . . 6,50 RM.

b) **Arbeitslöhne:** Mauerwerk herstellen

   2,1 Stm. + 0,8 St. = 2,1 · 1,20 + 0,8 · 0,8 . . . . 3,16 RM.

   Geschäftskosten = 40% von 3,16 RM. . . . . 1,26 „

   Summe: 4,42 RM.

   Dazu Material . . . . 6,50 „

   Summe: 10,92 RM.

   Wagnis und Gewinn = 10% von 10,92 RM. . . . . 1,08 „

   Kosten von 1 stgd. m Rohr . . . . *12,00 RM.*

Bei *Schornsteinmauerwerk* für höhere Geschosse als Erdgeschoß ist ein Zuschlag je 1 Stockwerk für Transport von Steinen und Mörtel zu rechnen für 1 m³ Mauerwerk . . . . 1,0 St.

Für Schornstein- oder Luftschächte, welche in der Mauer liegen, hat man für das Mauerwerk einen *Zuschlag* zu rechnen, und zwar bei einer Öffnung von

12/12	0,25 Stm. + 0,48 m²	Innenputz
14/20	0,35 Stm. + 0,68 m²	„
12/25	0,40 Stm. + 0,75 m²	„
25/25	0,50 Stm. + 1,00 m²	„

Bei Schornsteinen, die teils in der Mauer, teils außer der Mauer liegen, ist es zweckmäßig, die m² Wandfläche in der gewählten Stärke (meist ½ Stein) in Ziegelmauerwerk zu rechnen und die Kosten für den Innenputz zuzuschlagen.

Bemerkung. *Außenputz oder Fugen der Außenseite von Kaminen* ist gesondert zu rechnen und gegebenenfalls den oben aufgeführten Kosten zuzuschlagen.

4. Zwischenwände (gemauert).

Ziegelsteinwand, hochseitig, 7 cm stark herzustellen, erfordert für 1 m² etwa 30 Ziegelsteine, 18 l Mörtel und an Arbeitslohn 0,7 Stm. + 0,2 St.

Ziegelsteinwand wie vorher je ein Geschoß ·höher herzustellen als Zuschlag . . . . 0,1 St.

Ziegelsteinwand, flachseitig, 13 cm stark herzustellen, erfordert für 1 m² etwa 50 Ziegelsteine, 30 l Mörtel und

an Arbeitslohn . . . . 0,8 Stm. + 0,2 St.

Ziegelsteinfachwerkswand, hochseitig, 7 cm stark herzustellen, erfordert für 1 m² etwa 26 Ziegelsteine, 20 l Mörtel und

an Arbeitslohn . . . . 0,8 Stm. + 0,25 St.

Ziegelsteinfachwerkswand, flachseitig, 12 cm stark herzustellen, erfordert für 1 m² 36 Ziegelsteine, 27 l Mörtel und

an Arbeitslohn . . . . 1,1 Stm. + 0,4 St.

Schwemmsteinwand, hochseitig, 9¹/₂ cm stark herzustellen, erfordert für 1 m² etwa 30 Steine 25/12/9¹/₂ cm, 22 l Mörtel und

an Arbeitslohn . . . . 0,8 Stm. + 0,3 St.

Schwemmsteinwand, flachseitig, 12 cm stark herzustellen, erfordert für 1 m² etwa 38 Steine 25/12/9¹/₂ cm, 30 l Mörtel und

an Arbeitslohn . . . . 1,0 Stm. + 0,4 St.

Schwemmsteinfachwerkswand, hochseitig 9¹/₂ cm stark herzustellen, erfordert für 1 m² 26 Steine 25/12/9¹/₂ cm, 20 l Mörtel und

an Arbeitslohn . . . . 0,9 Stm. + 0,3 St.

Schwemmsteinfachwerkswand, flachseitig, 12 cm stark herzustellen, erfordert für 1 m² 30 Steine 25/12/9¹/₂ cm, 28 l Mörtel und

an Arbeitslohn . . . . 1,2 Stm. + 0,4 St.

5. Gipsdielenwände (Heraklitwände und dgl.).

Gipsdielenwand, 5 bis 7 cm stark herzustellen im Erdgeschoß für 1 m²:

> 1,05 m² Gipsdiele
> 6 l Mörtel
> 0,1 kg verzinkte Nägel
> Arbeitslohn . . . . 0,5 Stm. + 0,3 St.

Zementdielenwand, 5 bis 8 cm stark herzustellen im Erdgeschoß für 1 m²:

> 1,10 m² Zementdiele
> 8 l Mörtel
> Arbeitslohn . . . . 0,6 Stm. + 0,4 St.

Dieselben Wände wie vorher, jedoch ein Geschoß höher als Zuschlag für 1 m² . . . . 0,25 St.

6. Rabitzwände[1].

5 cm stark ohne Putz einschließlich der erforderlichen Rundeisen herzustellen für 1 m²:

Material: 1,1 m² Ziegeldraht oder Rabitzgewebe
        1 kg Rundeisen
        6 Stück Krampen
        0,3 kg Draht und Nägel
        70 l Mörtel (Zementmörtel 1 : 2)

Arbeitslohn . . . . 3,0 Stm. + 1,0 St.

---

[1] Gerüstkosten bei schwieriger Einrüstung besonders berechnen.

Rabitzwand in Gipsmörtel herzustellen, sonst wie vor, für 1 m²:

>1,1 m² Rabitzgewebe
>1 kg Eisen
>6 Stück Krampen
>0,3 kg Kleineisen (Nägel und Draht)
>70 l Gipsmörtel
>Arbeitslohn 3,0 Stm. + 0,8 St.

7. Gewölbe und Decken.

Kappengewölbe, ¹/₄ Stein stark, in Kalkmörtel herzustellen, erfordert für 1 m² (= 180 kg):

Ziegelsteine . . . . 34 Stück
Mörtel . . . . 17 l
Arbeitslohn . . . . 1,4 Stm. + 0,5 St.

Kappengewölbe, ¹/₄ Stein stark, in Kalkmörtel herzustellen mit Ausmauerung der Gewölbezwickel erfordert für 1 m²:

Ziegelsteine . . . . 40 Stück
Mörtel . . . . 25 l
Arbeitslohn . . . . 2,0 Stm. + 0,7 St.

Kappengewölbe, ¹/₂ Stein stark, in Kalkmörtel herzustellen einschließlich Schalung erfordert für 1 m² (= 360 kg):

Ziegelsteine . . . . 65 Stück
Mörtel . . . . 45 l
Arbeitslohn . . . . 3,0 Stm. + 0,8 St.

Kappengewölbe, ¹/₂ Stein stark, in Kalkmörtel herzustellen einschließlich Schalung mit Ausmauerung der Gewölbezwickel erfordert für 1 m² (= 400 kg):

Ziegelsteine . . . . 75 Stück
Mörtel . . . . 60 l
Arbeitslohn . . . . 3,5 Stm. + 1,0 St.

Kappengewölbe, 1 Stein stark, in Kalkmörtel herzustellen einschließlich Schalung erfordert für 1 m² (= 700 kg):

Ziegelsteine . . . . 130 Stück
Mörtel . . . . 105 l
Arbeitslohn . . . . 5,0 Stm. + 1,2 St.

Kappengewölbe, 1 Stein stark, in Kalkmörtel herzustellen einschließlich Schalung mit Ausmauerung der Gewölbezwickel erfordert für 1 m² (= 800 kg):

Ziegelsteine . . . . 160 Stück
Mörtel . . . . 125 l
Arbeitslohn . . . . 6,0 Stm. + 1,5 St.

Flache Ziegelgewölbe zwischen T-Träger ¹/₂ Stein stark herzustellen erfordert für 1 m² (= 280 kg):

Ziegelsteine . . . . 60 Stück
Mörtel . . . . 40 l
Arbeitslohn . . . . 2,0 Stm. + 1,0 St.

Schwemmsteingewölbe zwischen T-Eisen oder Balken $^1/_2$ Stein stark herzustellen erfordert für 1 m² ($=140$ kg):

Schwemmsteine $25 \times 12 \times 9{,}5$ cm . . . . 45 Stück (zu 2,2 kg)
Mörtel . . . . 28 l
Arbeitslohn . . . . 1,50 Stm. $+ 0{,}75$ St.

Tonnengewölbe, $^1/_2$ Stein stark, in der Abwicklung gemessen, ohne Hintermauerung, herzustellen erfordert für 1 m² ($=250$ kg):

Ziegelsteine . . . . 52 Stück
Mörtel . . . . 38 l
Arbeitszeit . . . . 3,2 Stm. $+ 1{,}0$ St.

Tonnengewölbe, 1 Stein stark, ohne Hintermauerung für 1 m² ($=520$ kg):

Ziegelsteine . . . . 100 Stück
Mörtel . . . . 90 l
Arbeitszeit . . . . 4,5 Stm. $+ 1{,}5$ St.

Tonnengewölbe, mit Verstärkungsrippen, 1 Stein stark (bis 7 m Spannweite), für 1 m² ($= 550$ kg):

Ziegelsteine . . . . 115 Stück
Mörtel . . . . 95 l
Arbeitszeit . . . . 5,5 Stm. $+ 2{,}0$ St.

Kreuzgewölbe, $^1/_2$ Stein stark, in der Abwicklung gemessen, herzustellen, erfordert für 1 m² ($= 260$ kg):

Ziegelsteine . . . . 52 Stück
Mörtel . . . . 38 l
Arbeitszeit . . . . 4,0 Stm. $+ 1{,}0$ St.

8. Verblendungsmauerwerk, Gesimse und Fugen.

Verblendungsmauerwerk. Die Verblendung der Mauerflächen geschieht in Ziegeln, und zwar gleichzeitig mit dem Mauerwerk. Die Herstellung kostet für 1 m² Ansichtsfläche bei Ausführung mit ganzen Steinen $25 \times 12 \times 6{,}5$ . . . . 0,8 Stm.
4/4 und 1/2 Steinen ($26 + 52$ Steine $+ 52$ l Mörtel) . . 1,4 Stm. $+ 0{,}2$ St.
2/4 und 1/4 Steinen ($34 + 70$ Steine, 60 l Mörtel) . . 2,0 Stm. $+ 0{,}5$ St.

Die Verblendung wird nach der Herstellung der Mauer vorgenommen. Die Kosten an Arbeitslohn betragen je 1 m² und Anwendung von
4/4 und 1/2 Steinen . . . . 2 Stm.
2/4 und 1/4 Steinen . . . . 4 Stm.

Ziegelverblendung von ausgesuchten harten Ziegeln herzustellen, als Zuschlag für 1 m³
Mehrpreis für Ziegelsteine . . . . 78 Stück
Mörtel . . . . 5 l
Arbeitszeit . . . . 0,80 Stm.

Ziegelfachwerkwand, $^1/_2$ Stein stark, mit $^1/_2$ Stein starker Verblendung herzustellen, erfordert für 1 m²:

Ziegelsteine . . . . 64 Stück
Mörtel . . . . 43 l
Arbeitszeit . . . . 2,0 Stm. $+ 0{,}9$ St.

Verblendung mit *Bockhorner Klinkern*, Format 21/10,5/5,2 kostet je *1m³ Verblendungsmauerwerk:*

Steine . . . . 600 Stück
Mörtel . . . . 350 l
Arbeitszeit . . . . 12 Stm. + 4 St.

    Gesimse auslegen kostet einen *Zuschlag* je 1 m² von 8 Stm. + 6 St.
    Höhenzuschlag je Stockwerk . . . . 0,8 Stm. + 0,8 St.

Fugenarbeit.

Bruchsteinmauerwerk ausfugen erfordert an Material und Lohn
für 1 m²   15 l Mörtel.
      Lohn . . . . 0,8 Stm. + 0,20 St.
    Werksteinmauerwerk ausfugen erfordert
für 1 m²   10 l Mörtel.
      Lohn . . . . 0,5 Stm. + 0,20· St.
    Fachwerkausmauerung ausfugen erfordert
für 1 m²   4 l Mörtel.
      Lohn . . . . 0,60 Stm. + 0,20 St.
    Flachseitiges Ziegelsteinpflaster ausfugen erfordert
für 1 m²   3 l Mörtel.
      Lohn . . . . 0,60 Stm. + 0,30 St.

    Das Ausfugen von gewöhnlichem *Ziegelmauerwerk*, wobei die Fugen vorher ausgeräumt und die Mauerfläche gereinigt wird, erfordert für 1 m²:
    a) verlängerter Zementmörtel 5 l
Arbeitslohn . . . . 0,8 Stm. + 0,25 St.
    b) reiner Zementmörtel 5 l
Arbeitslohn . . . . 0,9 Stm. + 0,25 St.

    Das Ausfugen von *Verblendungsmauerwerk*, Fläche vorher reinigen, Fugen ausräumen, erfordert für 1 m²:
Mörtel 5 l
Arbeitslohn . . . . 1,0 Stm. + 0,30 St.

    Das Ausfugen von Mauerflächen von Ziegel- oder Schwemmsteinen gleich beim Aufmauern erfordert für 1 m²:
Zementkalkmörtel 3 l
Arbeitslohn . . . . 0,35 Stm. + 0,20 St.

9. *Ziegelrollschicht, Trittstufen und Podeste.*

Rollschicht, 25 cm stark, herzustellen erfordert für 1 lfd. m (= 60 kg).
Material: 13 Ziegel + 10 l Mörtel. *Lohn* . . . . . 0,7 Stm. + 0,35 St.
    Rollschicht wie vor, jedoch 38 cm stark, erfordert für 1 lfd. m
Material: 22 Ziegel + 15 l Mörtel. *Lohn* . . . . . 0,9 Stm. + 0,45 St.
    Rollschicht, wie vor, jedoch 51 cm stark, erfordert für 1 lfd. m
Material: 26 Ziegel + 20 l Mörtel. *Lohn* . . . . . . 1,2 Stm. + 0,60 St.
    Ziegel-, Flach- und Rollschicht für Kellertreppen einschließlich Fugen je 1 lfd. m. *Lohn* . . . . 1,6 Stm. + 0,80 St.

Trittstufen aus Stein auslösen und herablassen, erfordern für 1 lfd. m:
    a) bei beiderseits eingemauerten Stufen. . . . 1,0 Stm. + 1,0 St.
    b) bei freitragenden Stufen . . . . 2,0 Stm. + 2,0 St.

Trittstufen aus Stein in neue Mauern versetzen, erfordern im Erdgeschoß für 1 lfd. m:
    a) bei beiderseits eingemauerten Stufen (8 l Mörtel) 1,2 Stm. + 1,2 St.
    b) bei freitragenden Stufen (6 l Mörtel) . . . . 2,0 Stm. + 2,0 St.

Trittstufen, Treppenstufen in Kunststein, Verlegen in Keller und Erdgeschoß für 1 lfd. m . . . . 1,2 Stm. + 0,5 St.

    Podeste in Kunststein verlegen je 1 m²
Material: 22 l Mörtel. *Lohn* . . . . 5 Stm. + 3 St.

10. Isolierungsarbeiten.

Goudronanstrich für äußeres Mauerwerk zur Isolierung erfordert für 1 m² etwa . . . . 0,4 St.
An Material etwa 1,0 kg Goudron.

Goudronanstrich zweimalig auf vorbereiteter Wand herzustellen, erfordert für 1 m²:
Goudron . . . . 1,5 kg
Arbeitslohn . . . . 0,6 St.

Mauerwerk mit *Dachpappe einlagig zu isolieren* einschließlich einmaligem Anstrich erfordert für 1 m²:
Dachpappe . . . . 1,1 m²
Klebemasse . . . . 0,5 kg
Arbeitslohn . . . . 0,2 Stm. + 0,2 St.

Mauerwerk mit *Isolierplatten* zu isolieren erfordert für 1 m²:
Klebemasse . . . . 0,2 kg
Isolierplatten . . . . 1,05 m²
Arbeitslöhne . . . . 0,30 St.

Asphaltisolierung 2 cm stark herzustellen erfordert für 1 m² etwa
Asphaltmasse . . . . 13 kg
Arbeitslohn . . . . 0,4 Stas. + 0,4 St.

Asphaltisolierung wie zuvor, 3 cm stark, je 1 m²:
Asphaltmasse . . . . 15 kg
Arbeitslohn . . . . 0,5 Stas. + 0,5 St.

11. Pflasterungen und Steinfußböden bei Hochbauten.
a) Aufbrechen von Pflaster.

Flaches Ziegel- oder Klinkerpflaster aufzubrechen, die Materialien seitwärts aufsetzen einschließlich Geräte und Aufsicht im Erdgeschoß für 1 m² . . . . 0,25 Stm. + 0,60 St.

Zuschlag für jede weitere Geschoßhöhe bzw. Tiefe für 1 m² 0,25 St.

Hochkantige Ziegel- oder Klinkerpflaster aufzubrechen, sonst wie vorher, im Erdgeschoß für 1 m² . . . . 0,35 Stm. + 0,90 St.

Zuschlag für jede weitere Geschoßhöhe bzw. Tiefe für 1 m² 0,35 St.

Zementplattenpflaster, 30/30/4, oder *Natursteinplatten*, mit Sorgfalt aufzubrechen, Materialien seitwärts aufzusetzen einschließlich Aufsicht und Geräte im Erdgeschoß für 1 m² . . . . 0,45 Stm. + 0,50 St.

Zuschlag für jede weitere Geschoßhöhe bzw. Tiefe
für 1 m² . . . . 0,10 Stm. + 0,20 St.

Asphaltbelag aufzubrechen im Erdgeschoß für 1 m² . . . . 0,26 St.

b) Herstellen von Pflaster (mit Baustoffbedarf).

Ziegelflachpflaster aus gewöhnlichen Ziegeln herzustellen in 12 mm
starker Mörtelbettung im Erdgeschoß für 1 m² . . 1,0 Stm. + 0,6 St.
Erforderlich 25·1 Mörtel, 32 Ziegel. 1 m² = 150 kg.

Ziegelflachpflaster mit vergossenen Fugen
in Sandbettung . . . . 1,2 Stm. + 0,8 St.
Erforderlich 12 l Mörtel, 70 l Sand, 32 Ziegel. 1 m² = 135 kg.

Zuschlag für jedes höhere Geschoß für 1 m² . . . . 0,2 St.

Ziegelhochkantpflaster mit 6 mm starken Stoßfugen herzustellen kostet
im Erdgeschoß für 1 m² . . . . 1,3 Stm. + 0,7 St.
Erforderlich 30 l Mörtel, 56 Steine. 1 m² = 250 kg.

Ziegelhochkantpflaster auf Sandbettung mit vergossenen Fugen für 1 m²
(= 250 kg) . . . . 1,5 Stpf. + 0,75 St.
Erforderlich 56 Steine, 15 l Mörtel, 70 l Sand.

Zuschlag für jedes höhere Geschoß für 1 m² . . . . 0,5 St.

Ziegelflachpflaster mit Mörtel zu fugen, als Zuschlag zu b), Zeile 1,
erfordert für 1 m² . . . . +5 l Mörtel und + 0,8 Stm.

Ziegelhochkantpflaster mit Mörtel zu fugen, als Zuschlag zu oben,
erfordert für 1 m² . . . . + 8 l Mörtel und + 1,2 Stm.

Pflaster aus natürlichen oder künstlichen *Platten* (Zement- oder Stein-
zeugplatten) im Erdgeschoß für 1 m² . . . . . . 1,5 Stm. + 1,0 St.
Erforderlich 30 l Mörtel.

Asphaltfußboden von 8 mm Stärke herzustellen kostet
für 1 m² . . . . 0,8 Stas.
Erforderlich 11 kg Asphaltmastix, 5 l Sand und 0,015 rm Brennholz.

c) Herstellen von Steinholzfußböden.

Steinholzfußböden auf vorgerichteter Betonunterlage, 1 cm Unter-
schicht, 0,5 cm Feinschicht mit Wandanschlüssen herstellen kostet
(Preise Frühjahr 1939) je 1 m² . . . . 5,50 bis 6,00 RM.

Betonunterlage 1 : 6, 8 bis 10 cm stark, herstellen für Steinholzfußböden oder keramischen Belag kostet (Preise Frühjahr 1939)
je 1 m² . . . . 3,20 bis 3,50 RM.
(Lohnaufwand je 1 m² 0,4 Stm. + 0,5 St.)

III. Putzarbeiten, Baustoffbedarf und Lohnaufwand[1].

1. Wandputz (Innenwandputz).

Rapputz herzustellen im Keller und Erdgeschoß erfordert an Arbeitslöhnen für 1 m² (= 22 kg):
in Kalkmörtel (15 l Mörtel 1 : 3) . . . . 0,3 Stm. + 0,15 St.
in verlängertem Zementmörtel 1 : 1 : 6 . . . . . . 0,4 Stm. + 0,15 St.
in reinem Zementmörtel 1 : 3 . . . . 0,5 Stm. + 0,20 St.

---

[1] Zugrunde gelegt sind normale Leistungen von geübten Putzmaurern.

Für jedes Geschoß höher ein Zuschlag für Mehrtransport
je 1 m² von . . . . 0,10 St.

Gefilzter Wandputz, 1,5 cm stark herzustellen im Keller und Erdgeschoß erfordert an Arbeitslöhnen für 1 m² (= 32 kg):

in Kalkmörtel (15 l Mörtel und 2 l Feinmörtel) 1 : 3 0,6 Stm. + 0,15 St.
in verlängertem Zementmörtel 1 : 1 : 6 . . . . . 0,65 Stm. + 0,18 St.
in reinem Zementmörtel 1 : 3 . . . . 0,70 Stm. + 0,20 St.

Für jedes Geschoß höher ein Zuschlag für Mehrtransport
je 1 m² von . . . . 0,10 St.

Glatter Wandputz (innen) im Erdgeschoß etwa 2 cm stark herzustellen
erfordert an Arbeitslöhnen je 1 m² (= 40 kg):

in Kalkmörtel 1 : 3 (18 l Grobmörtel und 5 l Feinmörtel) 0,70 Stm. + 0,20 St.
in verlängertem Zementmörtel . . . . 0,75 Stm. + 0,20 St.
in reinem Zementmörtel . . . . 0,80 Stm. + 0,20 St.

Für jedes Geschoß höher ein Zuschlag für Mehrtransport
je 1 m² von . . . . 0,10 St.

Wandkehlen in Kalk- oder Zementmörtel 1 : 3 erfordern an Material-
und Arbeitslohn für 1 lfd. m:

bis 5 cm Halbmesser 5 l Mörtel . . . . 0,15 Stm.
„ 10 cm   „   8 l   „   . . . . 0,20 Stm.
„ 15 cm   „   10 l   „   . . . . 0,25 Stm.
„ 20 cm   „   16 l   „   . . . . 0,35 Stm.

Zementfußleisten, etwa 10 cm hoch und 2,5 cm stark, in Zementmörtel
1 : 2 herzustellen, erfordert für 1 lfd. m:

Zement . . . . 1,5 kg
Sand . . . . 2,3 l
Arbeitslohn . . . . 0,7 Stm. + 0,35 St.

Für jede weitere 5 cm Mehrhöhe kommt für 1 lfd. m ein Zuschlag von
0,8 kg Zement, 1,1 l Sand und an Arbeitslohn   0,2 Stm. + 0,10 St.

Zementfußleisten an Treppenläufen, etwa 10 cm hoch und 20 bis 25 mm
stark, in Zementmörtel herzustellen, erfordert für 1 lfd. m etwa 1,6 kg
Zement, 2,3 l Sand und an Arbeitslohn . . . . . 1,25 Stm. + 0,63 St.

2. Fassadenputz (äußerer Wandputz).

Spritzwurf 12 bis 15 mm stark herzustellen erfordert für 1 m²:

in Kalkmörtel (16 l Mörtel) . . . . 0,70 Stm. + 0,20 St.
in Zement-Kalkmörtel (16 l Mörtel) . . . . . . 0,80 Stm. + 0,25 St.

Für Gerüste ist noch ein Zuschlag zu machen
je 1 m² von . . . . 0,80 Stm. bis 1,00 Stm.

Äußerer Wandputz glatt in 2 cm Stärke ohne Verzierungen erfordert
für 1 m²:

an Material: 18 l Grobmörtel
             3 l Feinmörtel
an Arbeitslöhnen (Fenster durchgemessen)
in Kalkmörtel 1 : 3 . . . . 0,75 Stm. + 0,20 St.
in verlängertem Zementmörtel 1 : 1 : 6 . . . . . 0,75 Stm. + 0,20 St.
in reinem Zementmörtel 1 : 3 . . . . 0,80 Stm. + 0,20 St.

Für *Gerüste* kommt noch ein Zuschlag je 1 m² von (einschl. Materialverbrauch) . . . . 0,50 bis 0,80 Stm.

Für Kratzen oder Graupeln ebenfalls ein Zuschlag
je 1 m² von . . . . 0,30 bis 0,40 Stm.

Fassadenputz an Hauptfronten, 3 cm stark, ohne Verzierungen erfordert für 1 m²:

an Material: 28 l Rauhmörtel
           5 l Feinmörtel

an Arbeitslöhnen (Fenster durchgemessen)
in Zementmörtel 1 : 3 . . . . 1,20 Stm. + 0,30 St.

Für *Gerüste* kommt noch ein Zuschlag je 1 m² von (einschl. Materialverbrauch) . . . . 0,60 bis 0,80 Stm.

Edelputz mit Unterputz in verlängertem Zementmörtel (Terranova-,
Ceresitputz u. dgl.) erfordert an Material für 1 m² Edelputz (= 65 kg)
20 l Mörtel, 20 kg Terranova:

an Arbeitslöhnen:
je 1 m² einen Zuschlag von . . . . 1,0 Stm.
je 1 m² einen Zuschlag für Gerüste von . . . . 0,4 Stm.

Mauerverputz in ganzen Flächen *abschlagen* und die Fugen auskratzen
erfordert im Erdgeschoß für 1 m² (einschl. Gerüste)

bei Kalkmörtel . . . . (0,6 bis 0,8 Stm.) + 0,10 St.
bei Zementmörtel . . . . (0,8 bis 1,2 Stm.) + 0,20 St.

Für jedes höhere Geschoß und 1 m² Zuschlag von 10%.

3. Deckenputz von Massivdecken.

Einfacher *Pinselputz* auf Gewölben oder Massivdecken in Keller- oder
Erdgeschoß erfordert für 1 m²:

an Material: 10 l Kalkmörtel 1 : 3
an Arbeitslöhnen . . . . 0,22 Stm. + 0,15 St.

Für jedes weitere Geschoß Zuschlag für Mehrtransport
je 1 m² . . . . 0,10 St.

Rapputz auf Massivdecken in Kalkmörtel 1 : 2,5 erfordert in Keller-
oder Erdgeschoß für 1 m² (= 26 kg):

an Material: 12 l Kalkmörtel
           3 l feiner Zementmörtel

an Arbeitslöhnen . . . . 0,5 Stm. + 0,15 St.

Glatter Deckenputz auf Massivdecke, 1½ cm stark, in Kalkmörtel 1 : 2,5
in Keller oder Erdgeschoß erfordert für 1 m² (= 28 kg):

an Material: 15 l Kalkmörtel
           3 l feiner Zementmörtel

an Arbeitslöhnen . . . . 0,80 Stm. + 0,15 St.

Glatter Deckenputz auf Massivdecke, 1½ cm stark, in Zementmörtel 1 : 3
in Keller oder Erdgeschoß erfordert für 1 m² (= 28 kg):

an Material: 15 l Zementmörtel
           4 l feiner Zementmörtel

an Arbeitslöhnen . . . . 0,90 Stm. + 0,25 St.

Zuschlag für jedes höhere Geschoß je 1 m² . . . . 0,10 St.
Zuschlag für gefilzten Deckenputz je 1 m² . . . . . . 0,10 Stm.

Glatter Deckenputz auf Massivdecke, 1¹/₂ cm stark, in verlängertem Zementmörtel 1 : 1 : 6 in Keller oder Erdgeschoß erfordert für 1 m² (= 28 kg):

an Material: 14 l Rauhmörtel
            3 l feiner Zementmörtel

an Arbeitslöhnen . . . . 0,80 Stm. + 0,25 St.

Zuschlag für jedes höhere Geschoß je 1 m² . . . . 0,10 St.
Zuschlag für gefilzten Deckenputz je 1 m² . . . . . . 0,10 Stm.

Glatter Gewölbeputz, gefilzt, 2 cm stark in Kalkmörtel 1 : 2,5 in Keller oder Erdgeschoß erfordert für 1 m² (= 36 kg):

an Material: 25 l Kalkmörtel
            4 l feinen Zementmörtel

an Arbeitslöhnen . . . . 1,0 Stm. + 0,25 St.

Zuschlag für jedes höhere Geschoß je 1 m² . . . . 0,10 St.

Zementestrich, 2 cm stark, auf Massivdecken aufbringen (glatt oder geriffelt) erfordert für 1 m²

an Material: 24 l Zementmörtel 1 : 2
an Arbeitslohn . . . . 0,8 Stm. + 0,2 St.

4. Spalier- und Rohrdeckenputz.

Spalierdeckenputz glatt in Kalkmörtel 1 : 2,5 in Keller und Erdgeschoß erfordert für 1 m² (= 75 kg):

an Material: 30 l Heukalkmörtel
            5 l Feinmörtel (Zementmörtel)
           30 m Spalierlatten 13 : 25 mm (oder
                  1,1 m² Holzstabgewebe)
           60 Spaliernägel 45 mm lang
           0,5 kg Heu und 0,10 kg Haare

an Arbeitslöhnen . . . . 0,80 Stm. + 0,25 St.

Zuschlag für jedes höhere Geschoß je 1 m² . . . . 0,10 St.

Glatter Rohrdeckenputz einfach auf Schalung in Kalkmörtel 1 : 2,5 oder verlängertem Zementmörtel 1 : 1 : 6 in Keller und Erdgeschoß erfordert für 1 m² (= 36 kg):

an Material: 1,1 m² Rohrgewebe
           20 l Kalkmörtel grob, 5 l Feinmörtel
           3 l Gips
           85 Rohrnägel einfach

an Arbeitslöhnen . . . . 0,9 Stm. + 0,3 St.

Zuschlag für jedes höhere Geschoß je 1 m² . . . . 0,10 St.
Zuschlag für gefilzten Deckenputz je 1 m² . . . . . . 0,20 Stm.
Zuschlag bei Verwendung von Zementmörtel 1 : 3 . . + 0,1 Stm.

Glatter Rohrdeckenputz doppelt in Kalkmörtel 1 : 2,5 oder verlängertem Zementmörtel 1 : 1 : 6 in Keller und Erdgeschoß erfordert für 1 m²:

an Material: 2,2 m² Rohrgewebe
         30 l Kalkmörtel grob, 10 l Feinmörtel
         3 l Gips
         85 einfache und 85 doppelte Rohrnägel

an Arbeitslöhnen . . . . 1,0 Stm. + 0,3 St.

    Zuschlag für jedes höhere Geschoß je 1 m² . . . . 0,10 St.

    Zuschlag für gefilzten Deckenputz je 1 m² . . . . . . 0,20 Stm.

    Zuschlag bei Verwendung von Zementmörtel 1 : 3 . . . + 0,2 Stm.

    Hohlkehlputz bis 20 cm Ausladung herzustellen erfordert

für 1 lfd. m . . . . 1,0 Stm. + 0,25 St.

Über 20 cm Ausladung für 1 lfd. m . . . . 1,5 Stm. + 0,30 St.

    Deckenkehle verputzen erfordert für 1 lfd. m:

Rohrstengel . . . . 140 Stück

Draht . . . . 40 m

Gips . . . . 8 l

Nägel, große und kleine . . . . 20 Stück

Mörtel . . . . 18 l

Arbeitslohn . . . . 0,6 Stm. + 0,30 St.

    Trägeruntersicht mit Draht umspannen, bis 40 cm breit,

je 1 lfd. m . . . . 0,30 Stm. + 0,15 St.

    Das Ummanteln und Putzen der Unterzüge bis zu 70 cm Umfang erfordert

für 1 lfd. m . . . . 1,5 Stm. + 0,50 St.

Für jede weitere 10 cm Umfang . . . . 0,2 Stm. + 0,10 St.

5. Drahtputzdecken, Rabitzdecken, Gipsdielendecken.

Drahtputzdecken unter Holzbalken in Kalkmörtel 1 : 3 herzustellen erfordert für 1 m²:

an Material: Drahtgeflecht . . . . 1,2 m²
          Kalkmörtel 1 : 3 . . . . 50 l
          Gips als Mörtelzusatz . . . . 5 l

an Arbeitslohn . . . . 1,4 Stm. + 0,5 St.

Drahtputzdecken unter Betondecken herzustellen, an *Arbeitslohn etwa 20% mehr* wie vorher.

    Rabitzdecke, gewölbt oder eben, 3 cm stark, in Zementmörtel 1 : 2 herstellen ohne Putz erfordert je 1 m²:

an Material: 45 l Zementmörtel
         3 l Feinmörtel
         1,5 kg Eisen
         6 Stück Krampen
         0,3 kg Kleineisenzeug

an Arbeitslohn . . . . 3,0 Stm. + 0,6 St.

    Werden schwierige *Gerüstbauten* erforderlich, so sind diese getrennt zu veranschlagen.

Rabitzdecke, gewölbt oder eben, 3 cm stark, in Gipsmörtel herzustellen, ohne Verputz erfordert je 1 m²:

an Material: 25 l Sand
    48 l Gips
    1,5 kg Eisen
    6 Stück Krampen
    0,3 kg Kleineisenzeug
an Arbeitslohn . . . . 2,8 Stm. + 0,6 St.

Gipsdeckenputz auf Rabitz oder Drahtziegelgewebe erfordert für 1 m²:

an Material: Drahtgewebe . . . . 1,1 m²
    Mörtel . . . . 15 l
    Gips . . . . 7 l
an Arbeitslohn . . . . 1,6 Stm. + 0,6 St.

Gipsdielendecke, 3 cm stark bzw. 5 cm stark, erfordert für 1 m²

3 cm stark an Material: Gipsdielen . . . 1,10 m²
      Gipsmörtel . . . . . 4 l
an Arbeitslohn . . . . 1,0 Stm. + 0,3 St.

5 cm stark an Material: Gipsdielen . . . 1,10 m²
      Gipsmörtel . . . . . 5 l
an Arbeitslohn . . . . 1,20 Stm. + 0,3 St.

6. Weißen von Decken und Wänden.

Das *Weißen* von frisch geputzten Wandflächen im Innern der Gebäude
mit Kalkmilch erfordert je 1 m²:

M = Material, L = Löhne   M   L
Weißkalk für einmaliges Weißen 0,5 l . . . . 0,05 Stm. + 0,03 St.
   für zweimaliges Weißen 1,0 l . . . . 0,10 Stm. + 0,05 St.

Wandfläche schlämmen erfordert für 1 m²:

an Material: Weißkalk . . . . 0,75 l
an Arbeitslohn . . . . 0,08 Stm. + 0,03 St.

Wandfläche schlämmen und weißen erfordert für 1 m²:

an Material: Weißkalk . . . . 1,25 l
an Arbeitslohn . . . . 0,15 Stm. + 0,08 St.

Zuschlag in Räumen über 4 m Höhe für *Gerüste + 50%*.

Das Weißen von gefugten Wandflächen im Innern von Gebäuden mit
Kalkmilch erfordert für 1 m²:

	Material	Arbeitslohn
einmaliges Weißen	0,3 l Kalk	0,08 Stm. + 0,03 St.
zweimaliges „	0,5 l „	0,12 Stm. + 0,06 St.
dreimaliges „	0,75 l „	0,15 Stm. + 0,08 St.

Das Weißen von geputzten Decken mit Kalkmilch erfordert an Arbeitslohn für 1 m²:

für einmaliges Weißen . . . . 0,08 Stm. + 0,04 St.
für zweimaliges „ . . . . 0,10 Stm. + 0,05 St.
für dreimaliges „ . . . . 0,15 Stm. + 0,08 St.

Das Weißen von rauhen Massivdecken mit Kalkmilch erfordert an Arbeitslohn für 1 m²:

für einmaliges Weißen . . . . 0,10 Stm. + 0,05 St.
für zweimaliges   „   . . . . 0,13 Stm. + 0,06 St.
für dreimaliges   „   . . . . 0,16 Stm. + 0,07 St.

7. Einputzen von Fenster und Türen.

Ein Fenster 1,0/2,0 m i. L. *einzuputzen* erfordert für 1 Stück:

an Material: 25 l Kalkrauhmörtel
           5 l Feinmörtel
an Arbeitslohn . . . . 2,5 Stm. + 0,3 St.

Ein Fenster 1,5/2,0 m i. L. *einzuputzen* erfordert für 1 Stück:

an Material: 40 l Kalkrauhmörtel
           7 l Feinmörtel
an Arbeitslohn . . . . 3,0 Stm. + 0,5 St.

Ein Kastenfenster 1,0/2,0 m i. L. *einzuputzen* erfordert für 1 Stück:

an Material: 36 l Kalkrauhmörtel
           6 l Feinmörtel
an Arbeitslohn . . . . 4,0 Stm. + 0,20 St.

Eine einflüglige Tür 1,0/2,0 m. i. L. beidseits *einzuputzen* erfordert für 1 Stück:

an Material: 25 l Kalkrauhmörtel
           5 l Feinmörtel
an Arbeitslohn . . . . 3,0 Stm. + 0,3 St.

Eine zweiflüglige Tür 1,30/2,50 m. i. L. beidseits *einzuputzen* erfordert für 1 Stück:

an Material: 40 l Kalkrauhmörtel
           8 l Feinmörtel
an Arbeitslohn . . . . 4,0 Stm. + 0,5 St.

Ein Vorlegefenster (2 Fenster mit doppeltem Anschlag) zu *verputzen* erfordert für 1 lfd. m:

an Material: 8 l Mörtel
          0,5 l Haarkalk
an Arbeitslohn . . . . 1,00 Stm. + 0,25 St.

Türverkleidung einseitig *einzuputzen* erfordert für 1 lfd. m:

an Material: 2 l Mörtel
an Arbeitslohn . . . . 0,3 Stm. + 0,05 St.

Blendrahmen einzuputzen erfordert für 1 lfd. m:

an Material: 3 l Mörtel
          0,25 l Haarkalk
an Arbeitslohn . . . . 0,36 Stm. + 0,15 St.

Fußboden einzuputzen erfordert für 1 lfd. m:

an Material: 1 l Mörtel
an Arbeitslohn . . . . 0,1 Stm. + 0,05 St.

IV. Kostenüberschläge für Hochbauten.

Für rohe Überschläge der Kosten von Hochbauten kann man, wenn die ungefähren Abmessungen des Baues bekannt sind, die Kosten des Bauwerks für einen ersten Voranschlag genügend genau ermitteln, indem man

1. die Kosten für 1 m² überbauter Grundfläche bzw.

2. die Kosten für 1 m³ umbauten Raum[1]

entsprechend den Erfahrungen bei ähnlichen Bauausführungen annimmt.

Zu 1.: Bei Berechnung der *Grundfläche* sind die Abmessungen des *Erdgeschosses* zugrunde zu legen (Grundriß in der äußeren Umgrenzung).

Zu 2.: Die Berechnung des umbauten Raumes erfolgt durch Multiplikation der ermittelten „Grundfläche" mit der Höhe des Gebäudes von Oberkante Fundament bis Oberkante Umfassungsmauern. Hierbei ist zu beachten:

a) Bei *unterkellerten* Gebäuden ist die Höhe von der Oberkante des Kellerfußbodens an, bei nichtunterkellerten von der Oberkante des untersten Banketts an, jedoch nicht tiefer als 1 m unter Erdoberfläche zu rechnen.

b) Wenn die Fundamente einschließlich Banketten bei nichtunterkellerten Gebäuden tiefer als 1,50 m unter die Erdoberfläche reichen oder bei unterkellerten tiefer als 60 cm unter die Oberkante des Kellerfußbodens herab, so sind die Kosten der *tiefergeführten Fundamente* besonders zu berechnen, ebenso bei allen besonderen *künstlichen Gründungen von Gebäuden*.

c) Die Höhe wird bis zur Oberkante der Umfassungsmauern, bei überhängenden Dächern bis zur Unterkante der Dachschalung gemessen.

Die „*Baukosten*" umfassen die *reinen Bauarbeiten*, nicht aber etwa Grundstückskosten, Kosten für Straßenbau u. dgl. Auch die Kosten für Entwurf und Bauleitung sind in den nachstehend angegebenen Preisen nicht enthalten.

Es folgt eine Zusammenstellung der Kosten verschiedener Gebäudearten. Die Preise beziehen sich auf Verhältnisse, wie sie im *Frühjahr 1939* in Mitteldeutschland vorlagen.

Kosten von Gebäuden	Für 1 m² Grundfläche RM.	Für 1 m³ umbauten Raum RM.
Ausstellungshallen	40—45	5—8
Städt. Badeanstalten (mit Schwimmbecken)	400—500	30—40
Bahnhofgebäude siehe Aufstellung S. 207		
Bankgebäude	400—600	30—35
Bauernhäuser	90—120	15—20
Behördenhäuser	400—500	30—35
Große Büchereien	400—500	30—35
Fachschulen	350—450	26—32
Gasthöfe, Hotels	—	33—40
Gerichtsgebäude	400—500	26—33

[1] Siehe DIN Nr. 276 und 277.

Kosten von Gebäuden	Für 1 m² Grundfläche RM.	Für 1 m³ umbauten Raum RM.
Geschäfts- und Warenhäuser	800—1000	33—44
Gewächshäuser	40—50	—
Hochschulen	—	30—35
Kessel- und Maschinenhäuser	—	20—24
Kirchenbauten	—	20—35
Krankenhäuser	—	25—33
Markthallen	300—350	—
Montagehallen	110—130	13—15
Pferdestallungen	—	20—24
Postgebäude	—	25—30
Scheunen offen	15—18	—
„ Fachwerkswände	22—24	—
„ massiv	30—35	—
Speicher	—	18—24
Theater	—	30—38
Volksschulen	—	25—33
Wohnhäuser: Klasse I einfach	—	22—25
„ II besser	—	25—33
„ III vornehm	—	33—40
„ IV sehr vornehm . .	—	40—80

Bahnhofsgebäude.

Kosten von Bahnhofsgebäuden	Für 1 m² Grundfläche RM.	Für 1 m³ umbauten Raum RM.
1. Empfangsgebäude für Personenverkehr:		
sehr groß	350—400	etwa 33
mittelgroß	200—250	etwa 30
Hallen	40—45	—
2. Empfangsgebäude für Personen- und Güterverkehr	120—180	etwa 25
3. Güterschuppen	70—90	14—18
4. Lokomotivschuppen	70—100	12—18
5. Maschinen- und Kesselhäuser eingeschossig	120—150	20—24
6. Gasanstalten	150—180	22—25
7. Werkstattgebäude	60—80	12—15
8. Magazine, Ziegelfachwerk, eingeschossig .	35—40	10—12
„ massiv, eingeschossig	70—90	18—20
9. Dienstgebäude, eingeschossig	120—150	22—25
„ zweigeschossig	200—250	20—24
10. Arbeiterwohnhäuser, zweigeschossig . . .	—	etwa 25
„ dreigeschossig . . .	—	etwa 22
11. Beamtenwohnhäuser, eingeschossig . . .	etwa 180	etwa 30
„ zweigeschossig . . .	etwa 200	etwa 28
12. Arbeiterspeisehallen	80—110	18—20

XVI. Beton- und Eisenbetonarbeiten.

Allgemeines über Zusammensetzung des Betons:

Die Grundsätze der Zusammensetzung eines guten Betons sind heute allgemein bekannt und in behördlichen Vorschriften (z. B. AMB., d. h. Anweisung für Mörtel und Beton der Deutschen Reichsbahn) niedergelegt:

Die *Bindemittel* (Portlandzement, Hochofenzement, Erzzement) ebenso wie *Dichtungsmittel* (Traß, Thurament, Ceresit usw.) werden in *kg je 1 m³ fertigen Beton* angegeben.

Die *Zuschlagstoffe* (Kies, Sand, Schotter) werden zweckmäßig nach einzelnen Körnungen entsprechend der „*Sieblinie*" zusammengesetzt entweder nach *Raumteilen* oder *Gewichtsteilen* (erfordert automatische Waagen an den Kiesbunkern).

Zusammensetzung des Betons nach Körnungen.

	2 Körnungen	3 Körnungen	4 Körnungen
Stampfbeton	Sand 0/7 mm, Kies 7/70 mm	0/3, 3/7, 7/70	0/3, 3/7, 7/30, 30/70
Eisenbeton	Sand 0/7 mm, Kies 7/30 mm	0/3, 3/7, 7/30	0/3, 3/7, 7/15, 15/30

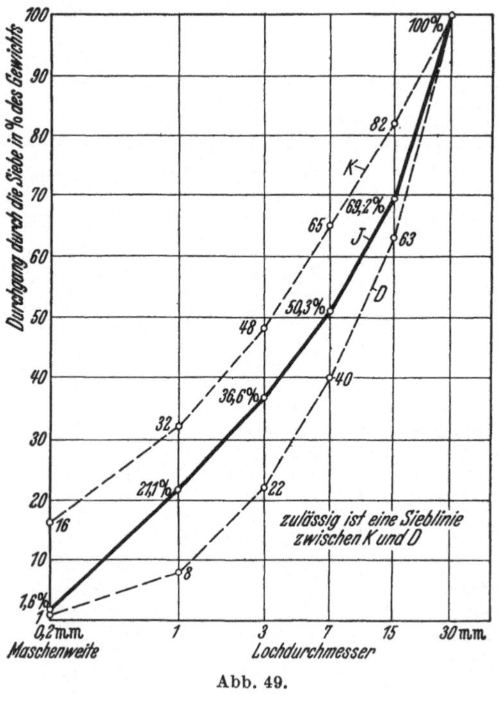

Abb. 49.

Die Grenzen eines gut zusammengesetzten Betons gehen aus Abb. 49 hervor, welche die Grenzsiebkurven darstellt. Die untere Grenze gilt mehr für Stampf- und Straßenbeton, die obere mehr für Eisenbeton (plastisch).

Beispiel 52. Für eine 1250 l Betonmaschine soll das Mischungsverhältnis bei Körnungen 0/7, 7/15 und 15/30 (Splitt) bestimmt werden für Beton von 350 kg Zement je 1 m³ fertigen Beton (Straßenbeton). Für 1 Mischung: 250 kg Portlandzement

$$508 \text{ l Sand } 0/7 = 50\%,$$
$$203 \text{ l Kies } 7/15 = 20\%,$$
$$304 \text{ l Splitt } 15/30 = 30\%,$$

d. h. auf 1 Mischung 5 Sack Zement + 1015 l lose Zuschlagstoffe. Der Siebversuch ergab (s. Abb. 49):

Durchgang durch Sieb mit Lochdurchmesser (Maschenweite)

0,2	1	3	7	15	30 mm
1,6	21,1	36,6	50,3	69,2	100%

I. Materialbedarf für Beton.

In der praktischen Kostenermittlung von Betonarbeiten ist es erforderlich, genau die Massen der Füllstoffe und des Zements zu kennen, welche für eine bestimmte Mischung je 1 m³ fertigen Beton erforderlich sind. Es herrschte früher auf diesem Gebiet im allgemeinen eine große Unklarheit, welche davon herrührte, daß die

Mischung zumeist in Raumteilen angegeben war, z. B. 1 R. T. Z.:
4 R. T. K.: 2 R. T. S.

Es ist aber ein großer Unterschied, ob Kiessand oder Sand und Kies
getrennt verwendet werden. Ferner wird die Bestimmung des wichtigsten
Bestandteils, des Zements — sofern keine besonderen Raumbestimmungen
der verwendeten Füllstoffe und des Zements vorgenommen werden, was
in der Praxis doch in den seltensten Fällen geschieht — doch davon
abhängen, wieviel m³ lose Masse Kies + Sand oder Kiessand der Kalkulator für erforderlich hält und mit welchem spezifischen Gewicht für
lose eingefüllten Zement (1,2 bis 1,4 kg) für 1 l derselbe rechnet. Welchen
Unterschied die gemachten Annahmen ausmachen, möge aus der nachstehenden *Bedarfstabelle für Kiesbeton* ersehen werden, welche einem
Aufsatz von SCHROETER in der Zeitschrift „Beton und Eisen" 1926,
Heft 16 entnommen ist. (Diese Tabelle kann auch verwendet werden,
wenn Sand und Kies getrennt zur Verwendung kommen, wobei man im
allgemeinen 0,85 m³ Kies + 0,50 m³ Sand = 1,35 m³ lose Gesamtmasse
oder bei Schotterbeton 0,9 m³ Schotter + 0,5 m³ Splitt und Sand, d. h.
insgesamt 1,4 m³ lose Gesamtmasse annehmen kann.) Man ersieht auch
aus der Tabelle 33, daß bei Annahme von hohen Werten für die Kies-
sandmassen von 1,3 bis 1,4 m³, wie sie beispielsweise Schotterbeton entsprechen, die Zementmenge wesentlich höher ist als z. B. für Kiessand-
beton von Eisenbetonbauten, wo man etwa 1,15 bis 1,2 m³ Kiessand-
massen annehmen darf. Es ist also bei Angabe des Mischungsverhält-
nisses weit zweckmäßiger, das Verhältnis zwischen Kies und Sand mit
entsprechender Kornzusammensetzung zwecks Erreichung höchster
Festigkeit (s. GRAF, Der Aufbau des Mörtels, Berlin 1923) und das *Gewicht des Zements in kg für 1 m³ fertigen Beton* vorzuschreiben. So ist
die ganze Unsicherheit behoben und auch eine leichtere Baukontrolle
möglich.

Es folgen noch einige *Materialbedarfstabellen*, wie sie *in der Praxis*
vielfach gebraucht werden, und zwar für Schotterbeton und Kiesbeton,
für letzteren getrennt nach der Verwendung von Kiessand bzw. getrenntem
Kies und Sand 0/7 mm.

Materialbedarf für Schotterbeton ($\gamma = 1,3$ kg für Zement).

Mischung in Raumteilen	Zement kg	Sand m³	Schotter und Grus m³	Wasserbedarf (einschließlich Nachbehandlung) l
1:2:3	395	0,60	0,90	320
1:2½:3¾	327	0,60	0,90	300
1:3:4½	280	0,60	0,90	290
1:3½:5¼	243	0,60	0,90	280
1:4:6	215	0,60	0,90	270
1:4½:6¾	189	0,60	0,90	270
1:5:7½	168	0,60	0,90	260
1:6:8	140	0,60	0,90	250

Bedarfstabelle

Tabelle 33. Kiessand und Zement-

Mischungs-verhältnis R. T. Zement : Kies	Baumäßige Herstellungsart											
	Kiessand in m³	Zement eingefüllt			Kiessand in m³	Zement eingefüllt			Kiessand in m³	Zement eingefüllt		
		l	kg			l	kg			l	kg	
			$\gamma = 1,2$	$\gamma = 1,3$			$\gamma = 1,2$	$\gamma = 1,3$			$\gamma = 1,2$	$\gamma = 1,3$
1:3	1,1	$366^2/_3$	440	477	1,15	$383^1/_3$	460	498	1,2	400	480	520
1:4	1,1	275	330	358	1,15	$287^1/_2$	345	374	1,2	300	360	390
1:5	1,1	220	264	286	1,15	230	276	299	1,2	240	288	312
1:6	1,1	$183^1/_3$	220	238	1,15	$191^2/_3$	230	249	1,2	200	240	260
1:7	1,1	$157^1/_7$	188	204	1,15	$164^2/_7$	197	213	1,2	$171^3/_7$	206	223
1:8	1,1	$137^1/_2$	165	179	1,15	$143^3/_4$	173	187	1,2	150	180	195
1:9	1,1	$122^2/_9$	147	159	1,15	$127^7/_9$	153	166	1,2	$133^1/_3$	160	173
1:10	1,1	110	132	143	1,15	115	138	150	1,2	120	144	156
1:12	1,1	$91^2/_3$	110	119	1,15	$95^5/_6$	115	125	1,2	100	120	130
1:15	1,1	$73^1/_3$	88	95	1,15	$76^2/_3$	92	100	1,2	80	96	104
1:20	1,1	55	66	72	1,15	$57^1/_2$	69	75	1,2	60	72	78

Materialbedarf für Kiesbeton (Kiessand).

Mischung Zement : Kies	Zement ($\gamma = 1,3$) kg	Kies-Sand m³	Wasserbedarf (einschließlich Nachbehandlung) l
1:3	450	1,15	320
1:4	355	1,15	300
1:5	295	1,20	290
1:6	250	1,20	280
1:7	220	1,20	270
1:8	190	1,20	200
1:9	169	1,25	250
1:10	151	1,25	240
1:12	125	1,25	230
1:20	84	1,25	220

Materialbedarf für Kiesbeton (Sand und Kies getrennt).

Mischung nach Raumteilen	Zement kg	Sand m³	Kies m³	Wasserbedarf (einschließlich Nachbehandlung[1]) l
1:2:4	318	0,40	0,90	320
1:2¹/₂:5	253	0,45	0,90	300
1:3:6	210	0,45	0,90	290
1:3¹/₂:7	180	0,45	0,90	280
1:4:8	158	0,45	0,90	270
1:4¹/₂:9	140	0,45	0,90	260
1:5:10	125	0,45	0,90	250

[1] Bei *Straßenbeton* erfordert allein die Nachbehandlung das 2—3fache dieses Bedarfs. Auch bei Eisenbetondecken ist der Wasserbedarf wesentlich größer.

für Kiesbeton.

bedarf für 1 m³ fertigen Beton.

	Normenmäßige Herstellungsart														
Kiessand in m³	Zement eingefüllt			Kiessand in m³	Zement eingefüllt			Kiessand in m³	Zement eingefüllt			Kiessand in m³	Zement eingefüllt		
	l	kg			l	kg			l	kg			l	kg	
		$\gamma = 1,2$	$\gamma = 1,3$			$\gamma = 1,2$	$\gamma = 1,3$			$\gamma = 1,2$	$\gamma = 1,3$			$\gamma = 1,2$	$\gamma = 1,3$
1,25	$416^2/_3$	500	542	1,3	$433^1/_3$	520	563	1,35	450	540	585	1,40	467	562	618
1,25	$312^1/_2$	375	406	1,3	325	390	423	1,35	338	406	440	1,40	350	420	455
1,25	250	300	325	1,3	260	312	338	1,35	270	324	351	1,40	280	336	364
1,25	$208^1/_2$	250	271	1,3	$216^2/_3$	260	282	1,35	225	270	293	1,40	233	281	304
1,25	$178^4/_7$	214	232	1,3	$185^5/_7$	223	241	1,35	193	232	252	1,40	200	240	260
1,25	$156^1/_4$	188	204	1,3	$162^1/_2$	195	211	1,35	169	203	220	1,40	175	210	228
1,25	$138^8/_9$	167	181	1,3	$144^4/_9$	173	188	1,35	150	180	195	1,40	156	187	203
1,25	125	150	173	1,3	130	156	169	1,35	135	162	151	1,40	140	168	182
1,25	$104^1/_6$	125	135	1,3	$108^1/_3$	130	141	1,35	112	134	125	1,40	117	141	153
1,25	$83^1/_3$	100	108	1,3	$86^2/_3$	104	113	1,35	90	108	117	1,40	93	111	120
1,25	$62^1/_2$	75	81	1,3	65	78	85	1,35	68	82	89	1,40	70	84	91

II. Kosten der Betonbereitung.
Gegenüberstellung von Hand- und Maschinenarbeit.
1. Handarbeit.

Wird *Handarbeit* vorausgesetzt, so ist der Vorgang der Betonbereitung folgender:

Auf einer Bretterbühne wird zuerst das Mischgut ausgearbeitet und darüber der Zement geschüttet. Ist dies geschehen, so mischt man diese beiden Materialien *trocken* und gleichmäßig mit der Schaufel gut durch. Dann wird die Mischung mit Wasser benetzt, gut umgeschaufelt, und gehörig durchgearbeitet. Unter Annahme, daß 1 m³ Beton etwa 1,3 m³ Füllstoff (Mischgut) erfordert, kommen bei der Preisermittlung (je 1 m³ Beton) allgemein folgende Teilleistungen in Betracht:

a) Einschaufeln des Füllmaterials in Schubkarren für 1 m³ = 0,6 St., für 1,3 m³ . . . . 0,78 Stb.

b) Füllmaterial mittels Schubkarren auf die Bretterbühne (höchstens 30 m) zu befördern für 1 m³ = 0,6 St., für 1,3 m³ 0,78 Stb.

c) Die Füllstoffe dreimal trocken mischen (umschaufeln) für 1 m³ = 0,40 St., für 1,3 m³ = 0,50 St. dreimal werfen = 3 · 0,50 St. . . . . 1,50 Stb.

d) Füllmaterial mit Wasser begießen . . . . 0,50 Stb.

e) Füllmaterial dreimal naß mischen . . . . 1,50 Stb.

Zusammen: 5,06 Stb.

+ 45% für Sozialaufwand, Geschäftskosten und Gewinn 2,28 Stb.

1 m³ fertiger Beton . . . . 7,34 Stb.

Bemerkung. Handarbeit soll wegen der *ungenügenden Durchmischung* nur *ausnahmsweise* verwendet werden.

14*

2. Maschinenarbeit.

Betonmischmaschine mit Kraftbetrieb. Betonmischmaschine mit
Motor 10 PS Tagesleistung 50 bis 60 m³ in 8 h. Trommelfüllung = 500 l.
Zur Bedienung der Maschine und zum Heranschaffen von Zement und
Zuschlagstoffen sind 10 Mann notwendig.

Beispiel 53. Die Kosten des Mischens von 1 m³ Beton sollen für eine 500 l-
Maschine ermittelt werden bei einem Lohn von 1 $St_{masch.}$ = 1,10 RM. und 1 Stb. =
0,80 RM., 1 St. = 0,65 RM., 1 kWh = 0,15 RM.

Für 1 PS sind 0,88 kW in der Stunde nötig, zu 10 PS also 10 · 0,88 ·
0,7 = 6,16 kW (s. auch S. 39). Der Unternehmer habe im Jahr etwa
3000 m³ Beton zu mischen.

Die Berechnung soll nur die *reinen Betriebskosten* (ohne allgemeine
Einrichtungskosten der Baustelle, aber mit Aufstellen der Maschine
usw.) umfassen. Die Belegschaft setzt sich wie folgt zusammen:

Bedienung der Maschine . . . . 1 Mann (Maschinist)
Zementbeigabe und am Aufzug . . . . . 1 Mann (Betonarbeiter)
Beifahren von Zuschlagstoffen . . . . . . 2 Mann (Tiefbauarbeiter)
Laden von Zuschlagstoffen . . . . 5 Mann (Tiefbauarbeiter)
Allgemeine Arbeiten (Wasserversorgung
  usw.) . . . . 1 Mann (Tiefbauarbeiter)

Lösung. Zum Mischen des Betons sind bei einer Tagesleistung von 60 m³
etwa 3000 : 60 = 50 Tage zu je 8 h oder 400 h nötig. Der Preis der Betonmaschine
einschließlich Motor = 5000,— RM. 1 $St_{mi.}$ = 0,80 RM. (mit Aufsicht).

a) Verzinsung des Anlagekapitals mit 5/2 = 2,5% . . . . 125,— RM.
b) Abschreibung der Maschine = 15% . . . . 750,— „
c) Reparaturen = 3% . . . . 155,— „
d) Schmier- und Putzmittel = 2% . . . . 100,— „
e) Montage, Zu- und Abfuhr zum Bauplatz . . . . 400,— „
f) Bedienung 400 · 10 h = 4000 h zu 0,80 RM. . . . . . 3200,— „
g) Kraftverbrauch 400 h je 6,16 kW = 2464 kW zu 0,15 RM. 370,— „
                                                        ─────────
                                                        5100,— RM.
Für Sozialaufwand und Geschäftskosten = 40% von L   1280,— „
                                         10% von M   190,— „
                                                      ─────────
                                  Selbstkosten 6570,— „
+ Unternehmergewinn 10% (mit Wagnis und Umsatzsteuer) 660,— „
                                                      ─────────
                                  Zusammen: 7230,— RM.

1 m³ Beton zu mischen kostet 7230,—/3000 = *2,41 RM.*,
  das sind rund *3,0 Stb.* (gegen 7,34 Stb. bei Handmischen).

Betonmischmaschinen mit Antriebsmaschinen.

Zusammenstellung der wichtigsten Typen von
Betonmaschinen.

Füllung l	Leistung bis m³/h[1]	Kraftbedarf PS	Gewicht etwa kg	Preis etwa RM.
250	4,5 (3)	5	3050	3400,—
300	6 (4,5)	6	3800	4200,—
500	9 (7,5)	11	5000	5500,—
750	12 (9)	15	6000	6500,—
1000	20 (15)	20	10000	10000,—
1200	25 (18)	25	12000	12000,—

[1] Durchschnittsleistung in Klammern.

Angaben über Antriebsmaschinen von Betonmischmaschinen.

a) Elektromotore.

Man kann bei Elektromotorenantrieb mit einem *tatsächlichen Strom-verbrauch von 0,6 kWh für 1 PS Motorstärke* und 1 h rechnen. Es entspricht zwar 1 PS = 0,88 kW. Indessen verbraucht der Elektromotor nur Strom entsprechend der tatsächlichen Belastung, so daß mit einem Ausnützungsfaktor von $\eta = 0,7$ zu multiplizieren ist, also

$$1\ PS = 0,88 \cdot 0,7 = 0,6\ kW.$$

Ölverbrauch für 1 PS und Stunde = etwa 0,005 kg.

Stromverbrauch für eine 1000 l-Maschine demnach:

$$20 \cdot 0,6 = 12\ \text{kW} \quad \text{oder}$$

bei 15 m³/h Durchschnittsleistung . . . 12 kW : 15 = *0,8 kW/1 m³.*

b) Rohöl- und Dieselkleinmotore (kompressorlose).

Man kann nach den Angaben der Fabriken rechnen:

für 1 PS und 1 h . . . . 0,20 kg Rohöl od. dgl.

Über *Kosten für Aufbau und Abbau von Betonmaschinen* und *Antriebsmotoren* siehe Abschnitt II, § 3, S. 24 und 26.

Über Kosten des *Betriebstoffverbrauchs von Betonaggregaten* siehe Abschnitt II, § 5, S. 39.

III. Kosten von Stampfbetonarbeiten (unbewehrter Beton).

Die Kosten von *Stampfbetonarbeiten* sind außerordentlich verschieden je nach dem Umfang der Betonarbeiten, Art derselben (Wehrbau, Brükken, Krafthäuser usw.), Vorhandensein oder Fehlen von Wasserhaltungen, Vorhandensein von billigem Strom für die Antriebsmaschinen, Notwendigkeit oder Wegfall umfangreicher Gerüstbauten und komplizierter Schalungen usw.

Man kann die Kosten von Betonarbeiten wie folgt zusammensetzen:

Kosten von Betonarbeiten.

1. Materialkosten:
    a) Baustoffe und Bauhilfsstoffe (Schalung, Kleineisenzeug usw.).
    b) Betriebstoffe.
2. Gerätekosten.
3. *Löhne.*
4. Gemeinkosten (mit Sozialaufwand), allgemeine Baukosten, Geschäftskosten.
5. Wagnis, Gewinn und Umsatzsteuer.

Nähere Erklärungen über die einzelnen Kostenfaktoren siehe Abschnitt I und II.

Die wichtigste Rolle spielen ohne Zweifel die *Löhne.* Diese erstrecken sich bei *großen Betonbauten* auf folgende *Einzelarbeiten,* welche zum Teil allerdings in Wegfall kommen können:

1. Einrichtungs- und Aufräumungsarbeiten: a) Gleislegen, Bauhütten aufstellen, Betonmaschinen aufstellen, Einrichten der Wasserversorgung usw., b) Abladen und Transportieren von Geräten und Bauhilfsstoffen.

2. Betonieren einschließlich der üblichen Rüstarbeiten (Betonpritschen, Hosenrohre, Betongleislegen usw.) und Werkstätte (Magazin, Lagerplatz usw.).

3. Transportgerüste und Lehrgerüste herstellen, sonstige Zimmerarbeiten.

4. Schalarbeiten (Ein- und Ausschalen, Entnageln, Stapeln).

5. Wasserhaltung.

Zu 1. a) Einrichtungs- und Aufräumungsarbeiten.

Darunter zählen der Aufbau und Abbau von

a) Baubaracken wie Büro, Werkstätte, Magazin, Untertreträume, Arbeiterunterkünfte, Zementschuppen usw.

b) Maschinelle, Einrichtung wie Betonmaschinen, Aufbereitungsanlagen, Bunkeranlagen usw., Elektroinstallation[1] (Transformatoren usw.) oder Einrichtung einer eigenen *Kraftzentrale.*

c) Einrichtung einer Wasserversorgung und von Wasserhaltungen.

Nachstehend seien einige Angaben über Einrichtungskosten, nämlich die Kosten für *Aufstellen* und *Abbrechen von Betonmaschinen* verschiedener Größe gemacht, wobei $St_{mi.}$ einen mittleren Stundenlohn bezeichnet, welchen man als Mittel aus dem Maschinisten- und Tiefbauarbeiterlohn einsetzen kann.

Einmaliger Aufbau und Abbau kostet gemäß § 3,2 S. 24 für

1 Betonmaschine	250 l Füllung	. . . .	140 $St_{mi.}$
1 „	500 l „	. . . . .	280 $St_{mi.}$
1 „	750 l „	. . . . .	320 $St_{mi.}$
1 „	1000 l „	. . . . .	480 $St_{mi.}$

Die Lohnkosten für Einrichtungsarbeiten belaufen sich für große Betonarbeiten auf etwa 0,8 bis 1,2 $St_{mi.}/1\ m^3$ Beton, können jedoch ganz wesentlich höher zu stehen kommen (z. B. für komplizierte maschinelle Förderanlagen wie Kabelkrane u. dgl.) und sind jeweils an Hand eines genauen *Bauprogramms* zu ermitteln. (Siehe Musterbeispiel S. 244f.)

Zu 1 b) Abladen und Transportieren von Geräten und Material.

Die erforderlichen Angaben sind in Abschnitt I, § 6 und X gemacht. Wenn für die schweren Teile ein *Entladekran* vorhanden ist, so kann man, sofern keine besonderen Erschwernisse, wie *Zwischenlagerung*, vorliegen, sich der folgenden Sätze bedienen (Verladelöhne auf dem Lagerplatz der Zentrale inbegriffen):

a) Bauhilfstoffe und Geräte, welche größtenteils wieder zurücktransportiert werden müssen (4mal in die Hand nehmen) für 1 t . 6,0 St.

b) Baumaterialien für den Einbau und Betriebstoffe für 1 t . 2,0 St.

---

[1] Hierbei sind auch die teils nicht geringen *Materialkosten* nicht zu übersehen. Bei *Betongroßbaustellen* müssen für *Elektroinstallation* große Beträge (bis 25000 RM.) aufgewandt werden. Daher eventuell *eigene Dieselzentrale.*

Zu 2. Betonieren und Reparaturwerkstätte.

Die *Lohnkosten für Betonarbeiten* sind von einer sehr großen Anzahl von Faktoren abhängig und müssen für jede Arbeit besonders auf Grund der örtlichen Verhältnisse und an Hand eines sorgfältig aufgestellten *Bauprogramms* kalkuliert werden. (Man beachte hierzu das *Musterbeispiel* S. 244 f.) Die Ausführungskosten hängen wesentlich, wie bei allen Bauarbeiten, von einer günstigen Arbeitsdisposition und richtigen Auswahl der Maschinen und des Gerätes ab. Von Einfluß auf die Kosten sind unter anderem die Länge der Transportwege des Betontransports, Möglichkeit von Rundbetrieb ohne Aufenthalt, Möglichkeit der Benützung von Maschinen für Transport und Einbau (Preßluftstampfung) und Beschaffenheit der Einbaustelle nach Breite, Länge und Tiefe, zweckmäßige Materialzuführung usw. Jedenfalls ist für die Folge stets angenommen, daß nur *mit Maschinen gemischter Beton* zur Verwendung kommt, zumal schon bei verhältnismäßig kleinen Arbeiten dieser wirtschaftlicher ist und eine *bessere Durchmischung des Materials* gewährleistet.

Die *Lohnkosten für Betonieren* lassen sich dann zerlegen in

a) Herstellungskosten des Betons mit der Mischmaschine einschließlich Beifahren der Zuschlagstoffe und Bindemittel zur Mischmaschine.

b) Transport des Betons und vorbereitende Arbeiten (Anlage von Rutschen, Gleislegen usw. einschließlich Höhentransport mit Aufzügen, Kranen usw.).

c) Einbau des Betons (Stampfen).

Vorausgesetzt wird bei den nachstehend angegebenen Sätzen, daß die *Zuschlagstoffe und Bindemittel frei Verwendungsstelle* (Umschlagstelle) *angeliefert* werden (Kiesbunker). Entladekosten für Entladen aus Eisenbahnwagen, Lastautos usw., ebenso wie Kosten des Antransports zur Baustelle sind besonders zu berechnen. Wo die *Zuschlagstoffe selbst gewonnen* werden, sind die *Kosten der Aufbereitung und Gewinnung*[1] gesondert zu kalkulieren.

Die *Lohnkosten* der *reinen Betonierarbeiten* können je nach dem Umfang der Arbeit, Art des Objekts, Leistungsfähigkeit der zur Verfügung stehenden maschinellen Hilfsmittel, Arbeitsverfahren (Stampfbeton oder Gußbeton) schwanken zwischen 3 und 10 Stb. Sie können z. B. angesetzt werden für

Fundamentbeton großer Brückenfundamente, Schleu-
senfundamente u. dgl. . . . . 3,5 bis 4,0 Stb.
aufgehender Beton von Brückenpfeilern, Stützmauern,
Ufermauern, Schleusenmauern usw. . . . . 4,0 bis 5,5 Stb.
große Maschinenfundamente . . . . 5,0 Stb.
große Einzelfundamente für Eisenbetonstützen . . . . . . 5,0 Stb.
kleine Einzelfundamente für Eisenbetonstützen . . . . . . 6,5 Stb.
Fundamente von Hochbauten . . . . 6,0 Stb.
Kellerfußböden und Kellerwände . . . . 6,8 Stb.

---

[1] Die Kosten für Sortierkies und -sand in 3 oder 4 Kornungen (0/3, 3/7, 7/15, 15/30) ab Werk betragen 3,00 bis 4,40 RM./1 m³ (Preisbasis 1939).

Von den „*Allgemeinen Arbeiten*" beim Betonieren (s. auch Anhang S. 386) fallen am meisten ins Gewicht: *Die Lohnkosten der Reparatur-werkstätte* (einschl. Magazin, Bürobedienung usw.). Sie sind den Lohnkosten des Betonierens noch zuzuschlagen. Die Materialkosten der Geräteunterhaltung sind bei den „Geräteunkosten" unter dem Titel „Geräteunterhaltung" einzurechnen und nur die reinen Löhne unter „Reparaturwerkstätte".

Man kann als *Belegschaft der Werkstätte* bei großen Betonarbeiten etwa annehmen: 1 Maschinenmeister, 1 Schmied, 1 Zuschläger, 1 bis 2 Schlosser, 1 Dreher, 1 Magazingehilfe und 1 Elektriker.

Für sonstige allgemeine Arbeiten: 1 Schlosser für Wasserversorgung, 2 Mann auf dem Lagerplatz (Untertreträume und Wohnräume unterhalten, Kaffeekochen usw.).

Zu 3. Zimmerarbeiten. Die *Herstellung der Betonfahrgerüste und Lehrgerüste* wie Herstellung von Lehrbögen für Turbinenschläuche, Schleusenumläufe u. dgl. tragen oft in ganz erheblichem Maße zu den Herstellungskosten des Betons bei. Die Transportgerüste und Betonfahrgerüste sind nach den in dem Abschnitt Zimmerarbeiten „Fördergerüste" aufgestellten Richtlinien zu kalkulieren. Es ist also auch hier unbedingt erforderlich, daß sich der Kalkulator zuvor genaue Rechenschaft gibt über den Arbeitsvorgang auf der Baustelle und so über das ungefähre Ausmaß der beim Bau anfallenden Zimmerarbeiten ein Bild bekommt. Es können dann die in Abschnitt XVII angegebenen überschlägigen Werte je 1 m² Ansichtsfläche des Fahrgerüstes für die Kalkulation benützt werden.

Für ganz rohe Überschläge der Zimmerarbeiten bei großen Betonbauten (reine Löhne) kann man setzen:

a) wenn wenig Gerüstarbeiten erforderlich 0,3 bis 0,6 Stz. je 1 m³ Beton,
b) wo größere   „   „   0,8 „ 1,0 „   „ 1 m³   „
c) bei umfangreichen Gerüstarbeiten   1,0 „ 2,5 „   „ 1 m³   „

Aus den gewaltigen Schwankungen ersieht man die Notwendigkeit einer *genauen Kalkulation der Gerüstarbeiten* bei Betonbauten. Hierher gehört beispielsweise auch das Abbinden von *Holztürmen für Betonaufzüge* zum Befördern des Betons auf große Höhen (etwa 0,25 m³ Holz/1 stgd m, 10 bis 13 Stz./1 stgd m).

Sehr beträchtlich werden, um ein Beispiel anzuführen, auch die Kosten der Zimmerarbeiten für Fahrgerüste beim Betonieren der Brückenpfeiler von Viadukten über tiefe Täler. Man kann hier als Fahrgerüstfläche den Talquerschnitt bis Oberkante Pfeiler der Kostenberechnung zugrunde legen (s. Beispiel 54, S. 218).

Zu 4. Schalarbeiten. Zur Beurteilung der Schalungskosten von Betonbauten ist ebenfalls Erfahrung notwendig. Die Lohnkosten für Schalungsarbeiten hängen ab von dem Umfang der Arbeit, von der Größe und Beschaffenheit der zu schalenden Flächen, Höhenlage, Möglichkeit der Wiederverwendung von Schaltafeln, maschinellen Hilfsmitteln zum Versetzen von Schalungen (Derickkrane, Turmdrehkrane usw.). Die Schalungsarbeiten selbst zerfallen wieder in

a) Einschalen (Vorbereiten der Schaltafeln und Aufstellung der Schalung).

b) Ausschalen und Ausnageln.

Bei der Kalkulation selbst wird zweckmäßig nicht getrennt nach a) und b), während bei der Nachberechnung zur Betriebskontrolle diese Trennung zweckmäßig durchgeführt wird. Als Anhaltspunkte für die Kostenberechnung der *Lohnkosten von Schalarbeiten* mögen folgende Angaben dienen:

Es kostet 1 m²

große ebene Flächen Ein- und Ausschalen . . . . . .1,2 bis 1,5 Stz.
bei Höhen über 4 m. . . . . .1,5 bis 2,5 Stz.

Ein- und Ausschalen von teilweise gekrümmten Flächen oder Flächen mit mehrfacher Brechung. . . . . .1,5 bis 2,0 Stz.
bei Höhen über 4 m. . . . . .2,0 bis 3,5 Stz.

Ein- und Ausschalen von Brückenfahrbahnen, Eisenbetonbinder von Hallen u. dgl. einschließlich Einrüsten
bei Höhen von 4 bis 10 m. . . . . .3,5 bis 5,0 Stz.

Einschalen von komplizierten Schalungen mit kreisförmig oder elliptisch-gekrümmten Flächen wie Saugschläuche von Turbinen, Umläufe von Schleusen u. dgl. (mit Lehren herstellen) . . . . . . .4,5 bis 5,5 Stz.

Materialkosten für Schalarbeiten (Bedarf und Verbrauch an Bauhilfsstoffen). Noch schwieriger ist es, bei Betonarbeiten den tatsächlichen *Holzbedarf und Holzverbrauch* nebst Bewertung des rückgewonnenen Holzes zu schätzen. Auf diesem Gebiete herrscht auch oft in der Praxis, trotz der anzuerkennenden Schwierigkeit der Frage überhaupt, noch eine große Unklarheit. Wesentlich ist eine genaue Schätzung des Holzbedarfs, mit welchem die Baustelle zu versehen ist, sowie die Feststellung der voraussichtlich zurückgewonnenen Holzmengen. Es genügt dann nicht, den Holzverbrauch allein in Rechnung zu setzen, da das rückgewonnene Holz nicht mehr den Neuwert besitzt. *An- und Rücktransport, Abladen und Aufladen des Holzes dürfen nicht vernachlässigt werden.* Desgleichen ist ein Zuschlag für Verbrauch von Drahtstiften, Schalungsdraht usw. zu machen, wofür im folgenden noch Anhaltspunkte gegeben werden. Die Größe des „*Holzverbrauchs*", d. h. des beim Bau verloren gegangenen Holzes, hängt allein von der Art der Schalarbeit ab. Bei komplizierten Schalungen, wie bei der Schalung von Brückenfahrbahnen, Turbinensaugschläuchen u. dgl. kann man damit rechnen, daß nach Beendigung der Arbeit nur noch „*Brennholz*" vorhanden ist, wenigstens soweit es das Schalholz betrifft. Es hängt auch viel davon ab, ob auf der Baustelle Gelegenheit zur mehrfachen Verwendung des Holzes gegeben ist, oder sofort nach Beendigung des

Baues für das frei gewordene Schalholz an einem anderen Bau Verwendung vorhanden ist. Denn, wenn dieses lange lagern muß, wird es durch die Nässe usw., der es auf der Baustelle ausgesetzt ist, bald unbrauchbar werden.

Die Stärke der Schalbretter ist meist 25 bis 30 mm, in Ausnahmefällen stärker, und schwächer nur bei Schalung von gekrümmten Flächen, wo zweckmäßig ganz dünne 10 mm starke Schalung zur Verwendung kommt. Man kann rechnen, daß für *1 m² Schalfläche* benötigt werden (senkrechte Schalung für Pfeiler, Stützmauern u. dgl.):

1,1 m² Schalung 25 bis 40 mm stark,
1,5 lfd. m Kantholz 8/10 oder 10/10 oder 7/14,
   etwa 2 lfd. m Rundholz ⌀ 14 bis 18 cm (Steifen),
   etwa 0,15 bis 0,20 kg *Schaldraht* Nr. 28 bis 31 zum Verspannen der Schalungen (Rödeldraht) oder *Rundeisenanker* ⌀ 10 bis 18 mm.
   etwa 0,25 kg Drahtstifte.

Schaldraht und Drahtstifte sind natürlich als verbraucht zu rechnen, da sie nur zum kleinsten Teil wieder gewonnen werden können.

An *maschinellen Einrichtungen* für die Schalarbeiten auf größeren Betonbaustellen genügt im allgemeinen eine *Kreissäge*, eventuell noch eine Bandsäge und Bretterreinigungsmaschine zum Reinigen und Entnageln der Schalungsbretter.

Zu 5. Wasserhaltung. Die Kosten der Wasserhaltungsarbeiten sind nach Abschnitt VII zu berechnen. Die Übernahme erfolgt zweckmäßig je Betriebstag oder je Betriebsstunde und je Pumpenaggregat von bestimmtem Saugrohrdurchmesser, da das Wagnis einer Pauschalübernahme dem Unternehmer nicht zugemutet werden kann.

Häufig wird bei Betonbauten für die Außenflächen *Vorsatzbeton* verwendet, welcher hinter Vorsatzblechen beim Hochbetonieren eingebracht wird und nach Erhärtung eine Bearbeitung erfahren kann:

Vorsatzbeton in 5 bis 8 cm Stärke an der Außenseite des Betons bei aufgehendem Beton anzubringen, erfordert einen

Zuschlag für 1 m² geschalter Fläche von . . . . *0,5 St.*

Nachkalkulationsbeispiele von großen Stampfbetonarbeiten aus der Praxis.

Beispiel 54. Betonarbeiten für Pfeiler und Widerlager eines *Bahnviaduktes* mit eisernem Überbau (s. Skizzen Abb. 50).
   a) 1100 m³ Fundamentbeton 1 : 12.
   b) 700 m³ Häuptiger Beton 1 : 10.

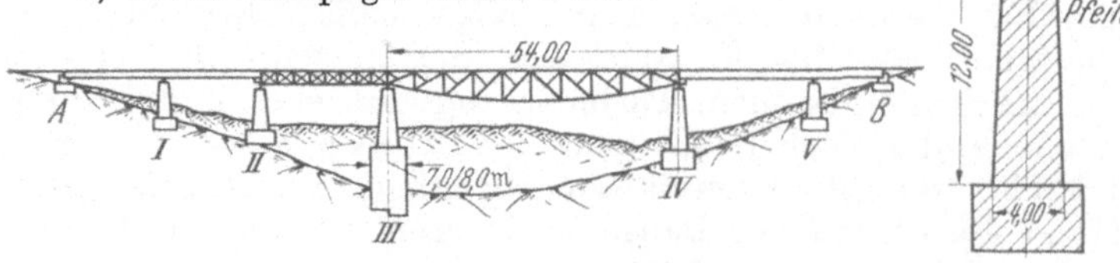

Abb. 50.

Kalkulation der Betonarbeiten
ohne Beifuhr der Zuschlagstoffe zu den Bunkern.

Einrichtungskosten. Löhne:

Aufstellen der Betonmischanlage und der Bunker . . . . . 800 Stz.

Wiederabbrechen derselben . . . . 400 Stz.

Aufstellen und Wiederabbrechen von Aufenthaltsräumen,
Magazin, Schmiede, Zementschuppen usw., 400 m² Grundfläche zu 5 Stz. . . . . .2000 Stz.

Erstes Gleislegen insgesamt 350 m, 60 cm Spur verlegen und
wiederabbrechen zu 0,7 St. . . . . 245 St.

Einrichtung der Wasserversorgung . . . . 800 St$_{masch.}$

Verladen und Zurücktransportieren von Geräten und
 Bauhilfstoffen: Betonmaschine . . . . 6 t
 Bauhilfstoffe 30 m³ Holz zu 0,7 t . . . . 21 t
 Gerüstholz 300 m³ zu 0,7 t . . . . 210 t
 Sonstige Geräte . . . . 13 t
               250 t

Lohnkosten 250 t zu 6 St. . . . . 1500 St.

Einrichtungslöhne . . . . 800 St$_{masch.}$ + 3200 Stz. + 1745 St.

Dazu *Frachtkosten* nach Frachtsatzzeiger!

a) Betonieren von 1100 m³ Fundamentbeton
(Transporte bis 200 m, 500 l-Sonthofenmaschine).

Einschließlich „allgemeiner Arbeiten" beschäftigt etwa 25 bis 30 Mann.

Leistung durchschnittlich 5 m³/h.

Für *Betonieren* allein 30/5 . . . . *6,0 Stb.*
(einschl. Unterbrechungen durch vorbereitende Arbeiten).

Für *Hilfsgerüste* 160 m² Ansichtsfläche der Gerüste zu 2,5 Stz. = 400 Stz.
   oder 400/1100 = *0,37 Stz.* je 1 m³ Beton.

Für *Zement* abladen 0,15 t zu 2 St./t = *0,3 Stb./1 m³*

Also je *1 m³ Beton* . . . . *6,3 Stb. + 0,4 Stz.*

Es entfallen z. B. auf Widerlager A, B und Pfeiler I und V . . 10 Stb./m³
auf Pfeiler II und IV (je 80 m³) . . . . 8 Stb./m³
auf Pfeiler III (1000 m³) . . . . 5 Stb./m³

b) Betonieren von 700 m³ häuptigem (aufgehendem) Beton.

Löhne: Für *Betonfahrgerüste* nach den Pfeilern i. M. 6,0 m hoch
440 m² Gerüstansichtsfläche zu 2,5 Stz. . . . . . 1100 Stz.
  oder je 1 m³ Beton . . . . *1,6 Stz.*

Betonierbetrieb 200 m Gleis legen und abbrechen zu 0,75 St.
= 150/700 . . . . 0,20 Stb.

Je 1 m³ Beton: Zement abladen 150 kg zu 0,2 Stb./100 kg . 0,30 Stb.
 Reines Betonieren (einschl. 0,5 Stb./m³ für Vorsatzbeton) . 7,00 Stb.

Dabei entfallen auf A, B, IV und V . . . . . 10 Stb./m³
 auf Pfeiler II und III (120 m³ und 200 m³). 6,5 Stb./m³

Lohnaufwand je 1 m³ reiner Betonierbetrieb . . . . 7,50 Stb.

Schalarbeit (einschl. Beifahren des Schalholzes) für *bis 12 m hohe Pfeiler* 1 m² Schalfläche je 1 m³ Beton.

Je 1 m² Schalfläche 2,8 Stz.

Insgesamt *je 1 m³ Pfeilerbeton: 4,4 Stz. + 7,50 Stb.*

Verbrauch an Bauhilfstoffen.

	Holzbedarf je 1 m² Schalung m³	Holzverbrauch m³
Dielen 30 mm	0,04	0,013
Türstockholz 7/14 cm	0,018	0,006
Sprießholz ⌀ 15—18 cm	0,045	0,015

Verbrauch an Kleineisenzeug und Schaldraht je 1 m² Schalfläche:

Nägel . . . . etwa 0,20 kg je 1 m²
Rödel-Draht . . . . etwa 0,25 kg je 1 m².

Beispiel 55. Für die *Beton- und Eisenbetonarbeiten eines Krafthausbaues* wurden die Selbstkosten an Löhnen, Bauhilfstoffen und Betriebstoffen durch *Nachkalkulation* wie folgt festgestellt:

a) 6600 m³ Stampfbeton 1 : 12

für Fundamente, Sohlen, Flügel- und Stützmauern, Widerlager, Pfeiler, Übereich und Leerschuß, einschließlich Saugschlauchdecke (mit komplizierten Schal- und Gerüstarbeiten).

Lohnstundenverbrauch.

Art der Arbeit	Im ganzen	Je 1 m³ Beton
Einrichtungs- und Aufräumungsarbeiten	4000 Stz.	0,6 Stz.
Allgemeine Arbeiten (Werkstatt- und Lagerplatzunterhaltung, Wasserversorgung, Zementtransport vom Bahnanschluß zum Schuppen u. dgl.) . . .	10000 Stsl.	1,5 Stsl.
Reine Betonierarbeiten (Betonkiesgewinnung an Ort und Stelle nicht inbegriffen)	46000 Stb.	7,0 Stb.
Gerüste und Lehrgerüste (Aufstellen und Abbrechen einschließlich Lehren für etwa 700 m² Saugschlauchdecke zu 3,0 Stz. = 2100 Stz.)	17000 Stz.	2,5 Stz.
Reine Schalarbeiten (Ein-. und Ausschalen), Schalfläche etwa 0,9 m² je 1 m³ Beton	16000 Stz.	2,4 Stz.
Insgesamt Lohnstunden	93000 St_{mi.}	14,0 St_{mi.}

Angaben aus der *Nachkalkulation einzelner Bauteile in Stampfbeton.*

Übereich Krafthaus (Abb. 51). 800 m³ Stampfbeton mit 1,1 m² Schalfläche je 1 m³ Beton.

Lohnaufwand für reine Betonierarbeit 5,8 Stb. je 1 m³ Beton (ohne Gerüste).
Lohnaufwand für Schalarbeit 2,8 Stz. je 1 m² = 3,1 Stz./1 m³ Beton.
Lohnaufwand für Betonieren und Schalen je 1 m³ Beton 5,8 Stb. + 3,1 Stz.

Flügelmauer (Abb. 52). 1000 m³ Stampfbeton mit 0,8 m² Schalfläche je 1 m³ Beton.

Lohnaufwand für *reine Betonierarbeit* 5,5 Stb. je 1 m³.

Lohnaufwand für *Gerüste:* etwa 800 m² Gerüstansichtsfläche zu 2,5 Stz. =
2000 Stz. oder 2 Stz./1m³ Beton.

Lohnaufwand für *Schalarbeit* 3,5 Stz. je 1 m² Schalfläche oder 2,8 Stz./1m³
Beton.

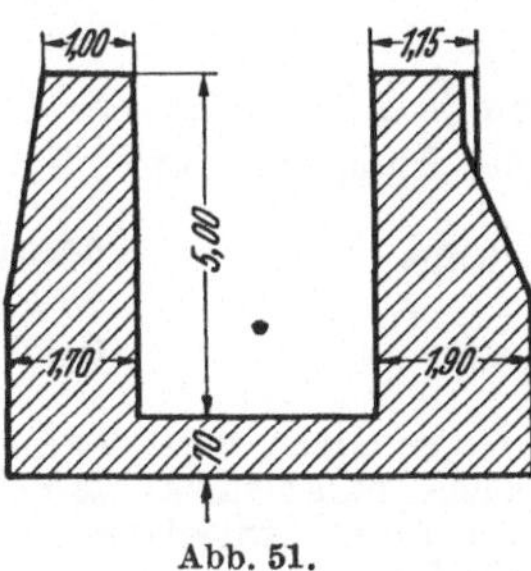

Abb. 51.

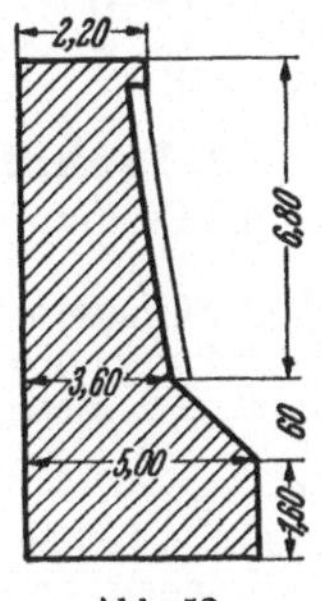

Abb. 52.

b) 600 m³ Eisenbetonarbeiten

für Eisenbetonwände der Turbinenkammer, Rechenkonstruktion, Kranbahnträger,
Unterfangungsträger, Decken über Generatorenraum sowie Unter- und Obergeschoß, Tür- und Fensterstürze, Gesimse usw. Schalfläche durchschnittlich
4,5 m² je 1 m³ Eisenbeton.

Lohnstundenverbrauch für Betonieren.

Art der Arbeit	Lohnstundenverbrauch	
	im ganzen	je 1 m³
Einrichtungs- und Aufräumungsarbeiten	1200 Stz.	2,0 Stz.
Allgemeine Arbeiten (Werkstatt-Lagerplatzunterhal- tung, Wasserversorgung, Zementtransport) . . .	1200 Stsl.	2,0 Stsl.
Betonierarbeiten (einschl. Rüsten, Gerüsten und Fahrstuhlbedienung)	6000 Stb.	10,0 Stb.
Schalarbeiten etwa 2700 m² . . . . oder je 1 m² Schalung 4,5 Stz. (teils komplizierte Turbinenkammerschalungen mit 5,0 Stz. je 1 m², hohe Deckenschalungen 3,0 Stz. je 1 m²)	12000 Stz.	20,0 Stz.
Insgesamt Lohnstunden	20400 St_{mi}.	*34,0 St_{mi}.* je 1 m³ Beton

Lohnaufwand für Eisenbewehrung.

Für *Eisenbewehrung je 1000 kg* betrug der *Lohnaufwand* bei Verwendung einfacher Biegebänke . . . . 80 Ste.

Verbrauch an *Bindedraht* etwa 5,0 kg je 1 t Bewehrung.

Bauhilfstoffverbrauch für a) + b) etwa 8700 m² Schalfläche.

Bedarf an Schalholz 30 mm, 24 mm, 20 mm und 15 mm je 1 m² . . 0,027 m³

Bedarf an Rüstholz (10% Gerüstdielen 45 mm, 40% Kantholz, 50% Rundholz)
je 1 m² . . . . 0,044 m³

Verbrauch an Bauhilfstoffen je 1 m² Schalfläche

an Schalholz . . . . 0,018 m³

an Rüstholz . . . . 0,022 m³ (50% Rundholz)

Insgesamt an Holz . . . . 0,040 m³

an Nägeln . . . . 0,3 kg

an Schaldraht 28 mm . . . . . 0,15 kg

c) Wasserhaltung mit 2 Pumpen ⌀ 250 mm.

Lohnkosten. 1. Einmalige Kosten für Einrichten und Abbrechen der Anlage (einschl. Transformator) einschließlich Elektroinstallation und Niedertreiben des Pumpenschachtes sowie Sohlendrainagen 4500 Lohnstunden (1/2 Facharbeiter, 1/2 Tiefbauarbeiter).

2. Dauernde Lohnkosten je 1 Betriebstunde für 2 Pumpen: 1,0 $St_{masch.}$ + 0,8 St. (für Reinhalten des Pumpensumpfes, Gräbenziehen usw.).

Betriebstoffe. Stromverbrauch für 104 Tage . . . . . . 90530 kWh,
d. h. je 1 Pumpenbetriebstunde . . . . *18 kWh* (25 PS · 0,7)
Motorenöl je 1 Betriebstunde . . . . 0,005 kg.

Beispiel 56. Für den Bau einer *Hafenmauer* von etwa nebenstehendem Querschnitt sind die beiden Hauptpositionen, und zwar a) Rammen von 3000 m² eisernen Spundwänden Larssen Profil III (ohne Materiallieferung), b) 6500 m³ Beton 1 : 6 der Ufermauer (mit Materiallieferung) zu kalkulieren bei folgenden Löhnen und Materialpreisen:

Stundenlöhne.

Schachtmeister	1,50 RM.
Zimmerer	1,00 ,,
Maurer	1,00 ,,
Hilfsarbeiter	0,70 ,,
Facharbeiter	0,90 ,,
Erdarbeiter	0,65 ,,

Material frei Verwendungsstelle.

Beton-Kies 1 m³	7,— RM.
Zement 100 kg	4,40 ,,
Kohle 1 t	35,— ,,
Rundholz 1 m³	50,— ,,
Kantholz und Schnittholz 1 m³	70,— ,,

Abb. 53.
(Zu Beispiel 56.)

a) Rammen von 3000 m² eisernen Spundwänden Profil III.

Einrichtungslöhne: 1500 h = 0,5 h/1 m².
Sonstige Einrichtungskosten (Hin- und Rücktransport der Ramme, Rammgerüst usw.) 1500,— RM. = 0,50 RM./1 m²

Arbeitslohn für Rammen $\dfrac{0,65 + 0,90}{2}$ . . . . . . 0,78 RM.

+ 15% für Aufsicht, Nacht- und Sonntagszuschläge, Prämien, Auslösungen usw. . . . . 0,12 ,,

$St_{mi.}$ 0,90 RM.

Lohnkosten (einschl. Einrichtungslöhne) 5,0 $St_{mi.}$ zu 0,90 RM. 4,50 RM./m²
Einrichtung (Frachten und sonstige Stoffkosten) . . . . . . 0,50 RM./m²
Betriebstoffe 20 kg Kohle zu 35,— RM./t . . . . 0,70 RM./m²
   Öle . . . . 0,08 RM./m²
Gerätekosten (Abschreibung, Verzinsung, Unterhaltung) nach einer besonderen Aufstellung 2100,— RM. . . . . 0,70 RM./m²
Zuschläge: 40% von L . . . . 1,80 RM./m²
        10% von M . . . . 0,20 RM./m²

                                           8,48 RM./m²
+ 10% für Wagnis, Gewinn und Umsatzsteuer . . . . . . 0,85 RM./m²

Angebotspreis je 1 m² . . . . *9,33 RM./m²*

b) 6500 m³ Beton 1 : 6 der Ufermauer.

Materialkosten für 1 m³ Beton:

    1,3 m³ Betonkies zu 7,— RM. . . . . 9,10 RM.
    250 kg Zement zu 4,40 RM./100 kg . . . . . . 11,— „
    0,35 m³ Wasser zu 0,30 RM. . . . . 0,10 „
    0,8 kW Strom zu 0,15 RM. . . . . 0,12 „
    Öle . . . . 0,03 „

Materialkosten je 1 m³ Beton . . . . 20,35 RM.

Mittlerer Stundenlohn für Betonieren: $\dfrac{0,65 + 0,90}{2}$ . . . 0,77 „

+ 15% für Aufsicht, Zuschläge usw. . . . . . . 0,12 „

                                  St$_{\text{mi.}}$ =   0,89 RM.

Kalkulation für 1 m³ Beton.

Angabe der Leistung	Material RM.	Lohne RM.
1 m³ Beton 1 : 6	20,35	
Einrichtungslöhne 3200/6500 = 0,5 Stz. (einschl. Montieren des Aufzugsturms)		0,50
Sonstige Einrichtungskosten 3250,— RM. (Frachten, Elektroinstallation usw.)	0,50	
Betonieren 5,0 St$_{\text{mi.}}$ zu 0,89 RM.		4,45
Betonfahrgerüst (2gleisig) 500 · 6,5 = 3200 m² Gerüstansichtsfläche Lohnaufwand zu 2,2 Stz. = 7040 Stz. oder je 1 m³ Beton 1,1 Stz. zu 1,00 RM.		1,10
Holzverbrauch geschätzt zu 3250 m² · 0,05 = 162 m³ zu i. M. 60,— RM. = 9720,— RM.	1,50	
Kleineisenzeug, 3000 kg zu 0,30 RM. = 900,— RM.	0,14	
Schalarbeiten 1 m² geschalte Fläche je 1 m³ Beton . . . . . . 2,2 Stz. zu 1,00 RM. (einschl. Aufsicht)		2,20
Holzverbrauch für Schalarbeiten 0,03 m³ zu 60,— RM.	1,80	
Gerätekosten[1] (geschätzt)	1,00	
	25,29	8,25

    Material . . . . 25,29 RM.
    + 10% Zuschläge auf M . . . . 2,53 „
    Löhne . . . . 8,25 „
    + 40% Zuschläge auf L . . . . 3,30 „

    Selbstkosten je 1 m³ Beton . . . . 39,37 RM.

    + 10% für Gewinn, Wagnis, Umsatzsteuer . 3,93 „

    Angebotspreis . . . . *43,30 RM.*
                        je 1 m³ Beton der Ufermauer.

IV. Kosten von Eisenbetonarbeiten.

Man kann die *Gesamtkosten von Eisenbetonarbeiten* wieder wie bei Stampfbetonarbeiten unterteilen in:

    a) Materialkosten, d. i. Baustoffe und Bauhilfstoffe frei Verwendungsstelle[2] und Betriebstoffe.

---

[1] Sind jeweils genau zu ermitteln.

[2] Abladen und Transport von *Baustoffen* frei Verwendungsstelle ist in den Materialpreis frei Verwendungsstelle einzukalkulieren, desgleichen Abladen und Transport von *Bauhilfstoffen.*

b) Gerätekosten.

c) Löhne.

d) Gemeinkosten (mit Sozialaufwand), Geschäftskosten usw.

e) Wagnis, Gewinn und Umsatzsteuer.

Hauptfaktor sind auch hier *die Löhne.* Die Arbeitsleistungen für Eisenbetonarbeiten können nun wie folgt eingeteilt werden:

1. Einrichtungs- und Aufräumungsarbeiten (einschl. Kosten für Abladen und Transport von Geräten und Bauhilfstoffen, auch Frachten).

2. Betonieren einschließlich den Vorbereitungsarbeiten hierzu (Gleislegen, Anlagen von Betonpritschen usw.).

3. Zimmerarbeiten (Fahrgerüste u. dgl. siehe Abschnitt XVII, S. 262).

4. Schalarbeiten.

5. Eisenarbeiten.

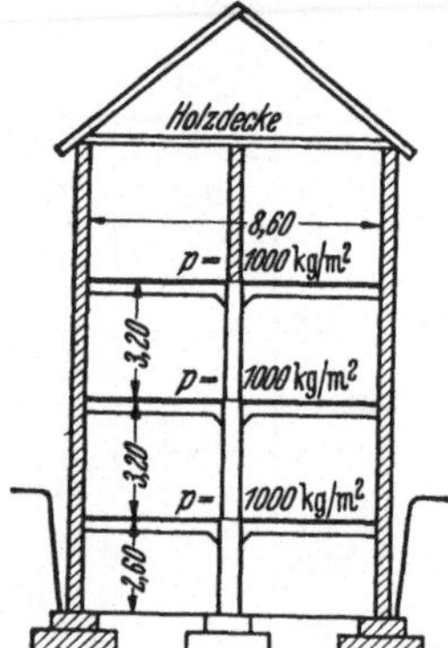

Abb. 54.

Man faßt nun bei der Kalkulation von Eisenbetonarbeiten im Hochbau meist die Löhne der Position 1, 2 + 3 unter dem Sammelbegriff „Betonieren" zusammen. Die Kosten für das Betonieren von Eisenbetonbauten schwanken ganz erheblich und können ·für kleine komplizierte Eisenbetonbauwerke, oder dünne komplizierte Einzelkonstruktionen bis zu 20 Stb. je 1 m³ Beton betragen.

Für gewöhnliche *Eisenbetonhochbauten* (dazu Abb. 54), Geschäftshäuser, Krankenhäuser, Lagerhäuser, Fabrikbauten usw.) mit Deckenkonstruktionen mittlerer und größerer Abmessungen mag etwa mit folgenden Sätzen gerechnet werden:

Für 1 m³ Eisenbeton betonieren an Löhnen:

	Betonieren von		
	Decken Stb.	Balken Stb.	Säulen Stb.
Im Kellergeschoß	7,0	7,5	9,0
Im Erdgeschoß	8,0	8,8	10,0
Im 1. Stock und für höhere Stockwerke	8,5	10,0	11,0
Hohlsteindecken	10,0		

Bemerkung. Die angegebenen Werte können je nach den besonderen örtlichen Verhältnissen, der maschinellen Ausrüstung der Baustelle, Arbeitsverfahren usw. erheblich nach unten abweichen. Die Kosten hängen neben der maschinellen Einrichtung von einer zweckmäßigen Arbeitsdisposition ab.

Die obigen Stundensätze setzen als Arbeitsweise Aufzüge und Verfahren des Betons auf der Decke mit Loren oder Schubkarren voraus. Die Gerätekosten sind hier gering.

Bei Verwendung von Turmdrehkranen und Gießtürmen zu großen Hoch- und Tiefbauten kann der *Lohnaufwand für 1 m³ Eisenbeton bis auf 4,0 Stb.* und noch weiter herabgehen. Allerdings müssen die höheren Einrichtungskosten (für 1 Turmdrehkran etwa 600 + 300 = 900 Facharbeiterstunden und für 1 Gießturmanlage 500 l etwa 2000 Facharbeiterstunden) und die höheren Gerätekosten bei der Kalkulation berücksichtigt werden. Bei Verwendung einfacher Aufzüge kann man die *Gerätekosten* je nach dem Umfang der Arbeiten *überschlägig mit 0,60 RM. bis 0,80 RM./1 m³* Beton ansetzen.

Lohnaufwand für Betonieren von Beton- und Eisenbetonbauten des Tief- und Hochbaues.

1. Für Wehre, Kanaleinlaufbauwerke, Eisenbetonstützmauern, Brücken-pfeiler, Widerlager u. dgl. Konstruktionen (ohne komplizierte Lehr- und Fahrgerüste, welche jeweils besonders zu veranschlagen sind):

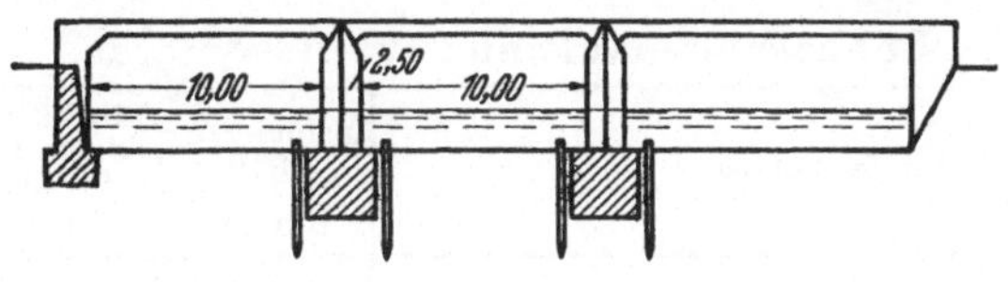

Abb. 55.

Art des Betons	Lohnstundenaufwand für		
	reine Betonarbeiten Stb.	Einrichtungs-löhne und allge-meine Arbeiten[1] Stb.	Insgesamt Stb.
Sohlen- und Fundamentbeton 1 : 10 (500 bis 2000 m³)	4,0	1,8	5,8
Einhäuptiger Beton 1 : 8 (500 bis 1500 m³)	4,5	2,0	6,5
Mehrhäuptiger Beton 1 : 8 (500 bis 1500 m³)	4,8	2,2	7,0
Feine Eisenbetonkonstruktionen wie Be-dienungsstege, Rechenkonstruktionen, Turbinenumläufe u. dgl.	8,0—10,0	3,0	12,0

2. Eisenbetonhallenkonstruktionen für Lagerhallen, Sägewerke, Aus-stellungshallen usw. (Rahmenbinder, Sheddächer in Eisenbeton u. dgl.).

Art des Betons	Lohnstundenaufwand für		
	reine Beton-arbeiten Stb./m³	Einrich-tungslöhne und allgemeine Arbeiten Stb /m³	Ins-gesamt Stb./m³
Fundamente . .	4,5	1,5	6,0
Rahmenbinder .	8,5	1,5	10,0
Eisenbetondach-konstruktion .	10,0	2,0	12,0

Abb. 56.

Die *Gerätekosten* (welche zweckmäßig von Fall zu Fall ermittelt werden) schwanken etwa *zwischen 0,60 RM. und 0,80 RM./1 m³ Beton.*

---

[1] Die Einrichtungslöhne und Lohnkosten für Allgemeine Arbeiten sind bei größeren Eisenbetonarbeiten jeweils gesondert entsprechend der tatsächlichen Bau-stelleneinrichtung zu ermitteln. Obige Zahlenwerte geben daher nur Durchschnitts-werte.

3. *Wasserbehälter, Absitzbecken u. dgl. in Eisenbeton.*

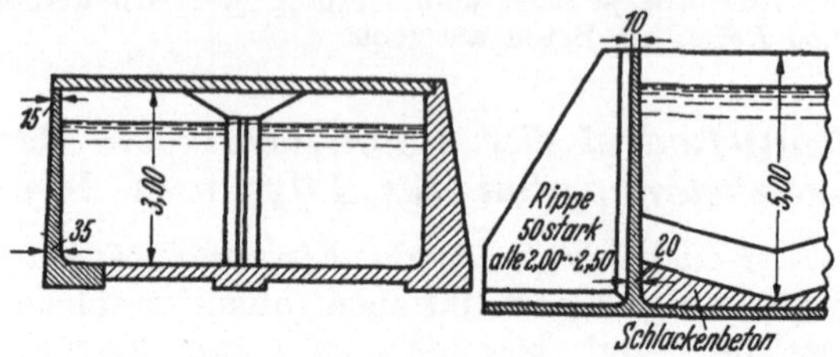

Abb. 57.

Lohnstundenaufwand für Betonieren.

Art des Betons	Betonieren allein Stb./m³	Einrichtungslöhne und allgemeine Arbeiten Stb./m³	Insgesamt Stb./m³
Fundament- und Sohlenbeton, unbewehrt . .	5,0	1,0	6,0
Fundament- und Sohlenbeton, bewehrt . . .	6,0	1,0	7,0
Massive Betonwände (Stampfbeton 1 : 8) . .	5,8	2,0	7,8
Eisenbetonstützmauer bzw. Monierwand			
a) nicht aufgelöst	7,0	2,0	9,0
b) aufgelöst (dünne Monierwande und			
Rippen)	9,0	2,5	11,5
Eisenbetondecke	8,0	2,0	10,0
Säulen			
a) stark	7,0	1,0	8,0
b) schwach	8,0	1,5	9,5

4. *Einfache Brücken für Eisenbahn- und Straßenüber- bzw. -unterführungen* (s. auch Brückenbau).

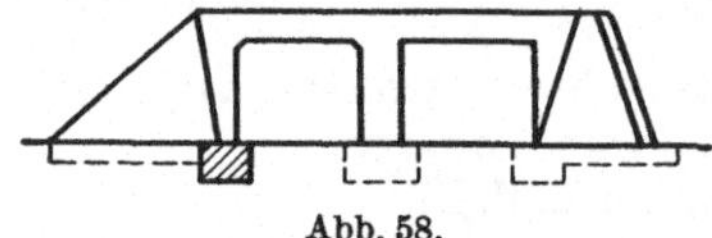

Abb. 58.

Lohnstundenaufwand für Betonieren.

Art des Betons	Betonieren allein Stb./m³	Einrichtungslöhne und allgemeine Arbeiten Stb./m³	Insgesamt Stb./m³
Fundamentbeton (300 m³ und mehr)	4,5	1,5	6,0
Aufgehender Beton für Pfeiler, Flügel und Widerlager (500 m³ und mehr)	5,0	1,5	6,5
Deckenbeton zwischen I-Tragern .	6,0	1,5	7,5
Eisenbetondecken	7,0	2,0	9,0
Gewölbebeton für Unterfuhrungen ausschließlich Lehrgerüst[1] . .	6,0 Stb.	2,0 Stb.	8,0 Stb.
Zuschlag für Vorsatzbeton je 1 m²	0,5 Stb.	0,1 Stb.	0,6 Stb.

5. *Eisenbetonwände von Silobauten u. dgl.*

Lohnstundenaufwand für Betonieren von dünnen Zellen- und Trichterwänden je 1 m³ Beton . . . . *12,5 Stb.*

---

[1] Das *Lehrgerüst* ist jeweils besonders zu veranschlagen (siehe S. 349ff.).

Für Fundamente, Säulen usw. von Silobauten können die bei anderen ähnlichen Konstruktionen gegebenen Sätze zugrunde gelegt werden. Gerüste und Aufzüge sind besonders zu veranschlagen.

Schalarbeiten bei Eisenbetonbauten.

Allgemeines über Berechnung der Schalung bei

Eisenbetonhochbauten:

(Diese Annahmen sind auch bei den angegebenen Kalkulationssätzen gemacht.)

Die *Deckenschalung* wird ohne Rücksicht auf die Unterzüge meistens durchgerechnet. Bei der *Trägerschalung* wird der sichtbare Umfang abgewickelt und mit der Trägerlänge multipliziert. Da die Kosten der Schalung von der jeweiligen Arbeit abhängig sind, ist es zweckmäßig, dieselben von Fall zu Fall besonders zu rechnen (s. auch Abschnitt „Zimmerarbeiten", S. 254f.).

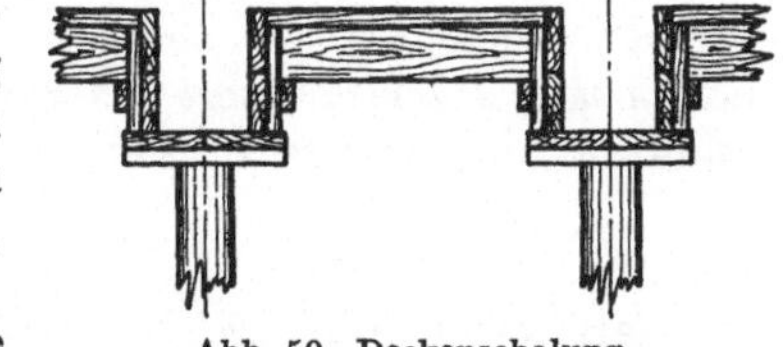

Abb. 59. Deckenschalung.

Zum Einschalen werden ungehobelte oder nur einseitig gehobelte Bretter von 25 bis 35 mm Stärke verwendet. Für Säulen nimmt man 30 bis 35 mm, für hohe Träger 30 mm und für Trägerboden etwa 30 bis 40 mm an.

Als Unterbau nimmt man gewöhnlich Kanthölzer 10/10 bis 12/12 oder hochkant gestellte Bretter, die durch Rund- oder Kantholzsprießen von etwa 12 cm $\varnothing$ bzw. 10/10 bis 12/12 cm Stärke unterstützt sind.

Skizze einer Deckenschalung für Hochbauten zeigt Abb. 59.

a) Materialbedarf an Bauhilfstoffen.

Holzbedarf für *Deckenschalung je 1 m² Decke* (ohne Vouten).

1,1 m² Schalbretter 25 mm	0,028 m³
1,5 Stützen 10/10 3,5 m lang	0,052 m³
1,5 Holme 10/12 1 m lang	0,018 m³
Für Verschwertung usw.	0,012 m³
	0,110 m³

Holzverbrauch für *Deckenschalung je 1 m² Decke* (ohne Vouten).

$0{,}028/4 + 0{,}082/6 = 0{,}020$ m³ können als verbraucht gerechnet werden oder ausgedrückt in m² Schalbretter 25 mm:

0,8 m² Schalbretter 25 mm stark

(einschl. Verbrauch an Nägeln usw. mit 0,15 kg/1 m²).

Holzbedarf für *Balken und Unterzüge je 1 m² Schalfläche* (Unterzüge zweckmäßig an Hand von Schalskizzen besonders berechnen!).

1,1 m² Schalbretter 30 mm	0,030 m³
1 Holm 10/12 0,5 m lang	0,006 m³
2 m Laschen 4/10 cm	0,008 m³
1 Stütze $\varnothing$ 12 bis 14 cm 3 m lang	0,040 m³
Für Verschwertung	0,011 m³
	0,095 m³

Holzverbrauch für *Trägerschalung je 1 m². Schalfläche.*

Man kann mit 3maliger Verwendung der Schalbretter und 6maliger Verwendung des Rüstholzes (Kantholz und Rundholz) rechnen.

Daher Verbrauch: 0,030/3 + 0,065/6 = 0,020 m³ oder ausgedrückt in m² Schalbretter 30 mm:

0,7 m² Schalbretter 30 mm.

Der Verbrauch an *Kleineisenzeug* (Nägel usw.) von etwa *0,15 kg/1 m²* Schalung ist in dieser Berechnung bereits mitenthalten.

Einflüsse auf die Schalkosten. Die Höhe der Lohnkosten und des Materialverbrauchs für die Schalarbeiten hängt wesentlich von der *Möglichkeit der Wiederverwendung des Holzes bei ein und demselben Bau* ab. Dann ermäßigen sich Lohn- und Materialkosten. Hierauf hat auch bereits der Konstrukteur bei der *Wahl der Abmessungen der Decken und Träger* Rücksicht zu nehmen. *Der Antransport des benötigten Schalholzes und Rücktransport des zurückgewonnenen Holzes darf bei der Kalkulation nicht übersehen werden.*

b) Lohnaufwand.

Man kann nun im *Eisenbetonhochbau* etwa mit folgenden Sätzen rechnen:

1 m² Deckenschalung zwischen eisernen Trägern (auch Plandecken und Bimsbetonhohlkörperdecken):

```
Einschalen . . . . . . . . . . . . . . . . . . . . 0,8 Stz.
Ausschalen . . . . . . . . . . . . . . . . . . . . 0,2 Stz.
Entnageln und Stapeln des zurückgewonnenen
    Holzes . . . . . . . . . . . . . . . . . . . . 0,2 Stz.
                                                  ─────────
                                                   1,2 Stz.
```

1 m² Deckenschalung zwischen Eisenbetonbalken (ohne Vouten):

	Zwischendecken Stz.	Dachschalung Stz.
Einschalen	0,90	1,40
Ausschalen, Entnageln, Reinigen und Stapeln . .	0,40	0,40
Insgesamt für Schalarbeiten	1,30	1,80

Zuschlag für zweiseitigen *Voutenanschluß* . . . . +0,2 Stz.
Zuschlag für allseitigen Voutenanschluß . . . . +0,3 Stz.
Zuschlag bei Deckenhöhen über 3,50 m: je 1 m Mehrhöhe +0,3 Stz.

1 m² Balkenschalung (ohne Vouten):

	Zwischendecken Stz.	Dachbinder Stz.
Einschalen	1,4	2,0
Ausschalen	0,2	0,25
Entnageln und Stapeln des zurückgewonnenen Holzes	0,2	0,25
Insgesamt für Schalarbeiten	1,8	2,5

Zuschlag bei starken *Unterzügen* und bei nur einmaliger Ausführung der Balkenart . . . . 0,2 Stz.

Zuschlag für Voutenanschluß . . . . + 0,2 Stz.

Zuschlag bei Deckenhöhen über 3,50 m: je 1 m Mehrhöhe + 0,2 Stz.

1 m² *Stützenschalung* :

	Starke Säulen 40/40 Stz.	Säulen 30/30 Stz.	Säulen 20/20 Stz.
Einschalen	1,2	1,6	1,8
Ausschalen	0,3	0,3	0,5
Entnageln	0,3	0,3	0,5
Insgesamt für Schalarbeiten	1,8	2,2	2,8

Zuschlag für Säulen . . . . + 1,0 Stz.

Zuschlag für Säulen . . . . + 2,0 Stz.

Zuschlag bei Stützenhöhen > 3,5 m: je 1 m Mehrhöhe . + 0,2 Stz.

Lohnaufwand für Schalarbeiten bei verschiedenen Eisenbetonbauarbeiten des Hoch- und Tiefbaues.

1. Aufgehender Beton für Wehre, Schleusen, Eisenbetonstützmauern, Brückenpfeiler und -widerlager u. dgl.

	Lohnaufwand für Einrüsten und Schalarbeiten		
	Höhen bis 4 m Stz.	Höhen bis 8 m[1] Stz.	Höhen bis 12 m und mehr[1] Stz.
a) Bei großen, ebenen Flächen und massiver Bauweise, mit Möglichkeit mehrfacher Verwendung an *einer und derselben* Baustelle	1,5	2,5	3,2
b) Bei mehrfach gebrochenen Flächen und aufgelöster Bauweise mit Möglichkeit der Wiederverwendung an *einer und derselben* Baustelle . . .	2,0	2,8	3,5
c) Desgl. wie b) bei nur *einmaliger* Verwendung	2,5	3,5	4,0

je 1 m² geschalter Fläche.

2. Eisenbetonhallenkonstruktionen für Lagerhallen, Sägewerke, Ausstellungshallen usw. einschließlich „Einrüsten" der Halle (man vgl. Abschnitt XVII, Zimmerarbeiten, S. 254).

---

[1] Ohne besondere maschinelle Hilfsmittel, wie Turmdrehkrane und ohne Verwendung von auswechselbaren Schaltafeln oder Gleitschalung.

Art der Konstruktion	Lohnaufwand für Einrüsten und Schalen [1]	
	bei Möglichkeit der Wiederverwendung am gleichen Bau Stz./m²	bei nur einmaliger Verwendung am Bau Stz /m²
a) Rahmenbinder mit ebenen Rahmenstilen und -riegeln		
Höhen bis 10 m	bis 3,3	bis 4,0
Höhen 10 bis 15 m	3,3—3,8	4,0—4,5
Höhen bis 20 m	3,8—4,8	4,5—5,2
b) Gewölbte Rahmenbinder		
Höhen bis 10 m	3,6	4,5
Höhen 10 bis 15 m	3,6—4,0	4,5—5,0
Höhen 15 bis 20 m	4,0—5,0	5,0—5,5
c) Eisenbetondachkonstruktion (Pfetten und Dachhaut)		
Höhen bis 10 m	3,0	3,5
Höhen 10 bis 15 m	3,0—4,0	3,5—5,0
Höhen 15 bis 20 m	4,0—5,0	5,0—6,0

je 1 m² geschalter Fläche.

3. Wasserbehälter, Absitzbecken u. dgl. in Eisenbeton (mehrfache Verwendung der Schalung möglich).

	Lohnaufwand für Schalarbeiten [1] in Höhen		
	bis 4 m Stz.	bis 6 m Stz.	bis 8 m [1] Stz.
Massive Betonwände	1,6	2,2	2,8
Eisenbetonwände			
a) nicht aufgelöst	1,8	2,3	3,0
b) aufgelöst in dünne Monierwände und Rippen	2,5	2,8	3,5
Eisenbetonsäulen			
stark (> 10/10)	2,0	2,8	3,2
stark (Pilzdecken)	2,5	3,0	3,5
schwach (< 40/40)	2,5	3,0	3,5
Eisenbetondecke (mit Einrüsten der Decke)			
a) ebene Untersicht	1,4	2,0	3,0
b) aufgelöst in Balken und Decke (*ohne* Vouten)	1,8 [2]	2,5 [2]	3,3 [2]

je 1 m² geschalter Fläche.

4. Eisenbetonwände von Silobauten u. dgl.
Lohnaufwand für Schalarbeiten je 1 m² geschalte Fläche

a) Senkrechte Wände der Silozellen . . . . 3,5 Stz.
b) Schräge Wände der Auslauftrichter in Höhenlagen bis 4 m . . 4,0 Stz.
       „   „   „ 6 m . . 4,8 Stz.
       „   „   „ 8 m . . 5,5 Stz.

Eisenarbeiten bei Eisenbetonbauten.

Die Kosten für die Herstellung der Rundeiseneinlagen im Eisenbetonbau zerfallen in

a) Materialbedarf.
b) Löhne.

---

[1] Ohne besondere Hilfsmittel wie Turmdrehkranen u. dgl.
[2] *Mit* Vouten + 0,3 Stz.

a) Materialbedarf (einschl. 5 bis 15% Verschnitt).

Eisenbedarf. Ist der Querschnitt der Platte oder des Plattenbalkens und der Eiseneinlage bekannt, so kann man mit genügender Annäherung den Eisenbedarf bestimmen: Bei einer beiderseits frei aufliegenden Platte mit einer Eiseneinlage von f_e cm² für 1 m Plattenbreite kann man mit einem Eisengewicht rechnen von 0,9 bis 1,0 f_e kg für 1 m².

Bei den Mittelfeldern durchgehender Platten (gleiche Spannweiten der Felder) mit einem Querschnitt von f_e cm² (für 1 m Plattenbreite) kann man mit einem Eisengewicht von 1,0 bis 1,1 f_e rechnen für 1 m².

Bei den Endfeldern durchgehender Platten (gleiche Spannweiten) kann man mit einem Gewicht rechnen von 1,1 bis 1,2 f_e kg für 1 m².

Frei aufliegende Balken mit einem Eisenquerschnitt von f_e cm² erfordern ein Eisengewicht (einschl. Bügel) von 1,0 bis 1,1 f_e kg für 1 lfd. m Balken (f_e = untere und obere Armierung).

Die Mittelfelder durchgehender Balken erfordern ein Eisengewicht (einschl. Bügel) von 1,1 bis 1,25 f_e kg für 1 lfd. m Balken (f_e = untere und obere Armierung).

Die Endfelder der durchgehenden Balken erfordern ein Eisengewicht (einschl. Bügel) von etwa 1,0 bis 1,15 f_e kg für 1 lfd. m Balken (f_e = untere und obere Armierung).

Die *Eisenpreise* liegen fest. Überpreise werden nur bei besonders starken oder besonders schwachen Eisen bezahlt.

Die Einheitskosten setzen sich zusammen: aus dem Ankaufspreise, aus den Transportkosten auf der Bahn und mit dem Fuhrwerk zur Baustelle, aus den Kosten des Aufladens, Umladens und Abladens.

Außer Trag- und Verteilungseisen wird noch Bindedraht gebraucht (1,1 mm geglüht), und zwar auf 1 t Rundeisen *2 bis 5 kg Bindedraht.*

Zur Berechnung des Rundeisenpreises frei Verwendungsstelle vergleiche man Abschnitt II, S. 45.

Kaufbedingungen für Monierrundeisen.

Die Abrechnung der Aufträge mit dem Käufer erfolgt gemäß den Richtlinien des B.D.E. (Bund der Deutschen Eisenhändler) zum Brutto-Stahlwerksverbandspreis von 109,— RM. (Grundpreis) für 1000 kg ab Werk, Frachtgrundlage Neunkirchen.

Auf diesen Preis werden ferner 5,— RM. je t als Treurabatt gewährt, mithin ergibt sich ein *Netto-Grundpreis von 104,— RM. je t ab Werk, Frachtgrundlage Neunkirchen,* für Normallängen von 3 bis 15 m.

Überpreise für Monierrundeisen stellen sich nach der Inland-Aufpreisliste des Stahlwerksverbandes vom 1. August 1931 wie folgt dar:

<pre>
 5 bis unter 6 mm stark Aufpreis 60,— RM. je t
 6   „   „   8 mm   „   „   40,— „   „ t
 8   „   „ 10 mm   „   „   20,— „   „ t
10   „   „ 12 mm   „   „   15,— „   „ t
12   „   „ 14 mm   „   „   10,— „   „ t
14   „   „ 16 mm   „   „   7,50 „   „ t
16   „   „ 90 mm   „   aufpreisfrei.
</pre>

Auf vorgenannte Bruttoüberpreise für Rundeisen wird für Monierrundeisen in Handelsgüte und in Normallängen von 3 bis 15 m ein Kaliberrabatt von $33^1/_3\%$ gewährt.

Laut Ergänzung vom 1. August 1931 wird auf die Profilaufpreise für Monierrundeisen weiter ein Rabatt von 15% und laut Nachtrag I vom 17. 12. 1931 auf die Aufpreise ein Nachlaß von 10% gewährt.

Beispiel 57. Monierrundeisen 5 mm stark

Brutto-Aufpreis	60,—	RM.
— $33^1/_3\%$	20,—	,,
	40,—	RM.
— 15%	6,—	,,
	34,—	RM.
— 10%	3,40	,,
bleiben	30,60	RM. je t Netto-Aufpreis

oder zuzüglich obigem Netto-Grundpreis mit . . . . 104,— ,,

Zusammen 134,60 RM. je t Netto-Grundpreis für 5 mm ⌀ ab Werk, Frachtgrundlage Neunkirchen.

Dementsprechend betragen die Überpreise für Monierrundeisen:

⌀ 6 und 7 . . . . 20,40 RM. je t
⌀ 8 und 9 . . . . 10,20 ,, ,, t
⌀ 10 und 11 . . . . 7,65 ,, ,, t
⌀ 12 und 13 . . . . 5,10 ,, ,, t
⌀ 14 und 15 . . . . 3,83 ,, ,, t
⌀ 16 bis unter 90 aufpreisfrei.

Mengenrabatte laut Ergänzungsblatt vom 1. August 1931. Wenn zur gleichzeitigen Abwalzung und zum ungeteilten Empfang an einen Empfänger und nach

Flächeninhalte in Quadratzentimeter von 1 bis 20 Stück

d	Anzahl der									
	1	2	3	4	5	6	7	8	9	10
5	0,20	0,39	0,59	0,78	0,98	1,18	1,38	1,57	1,77	1,96
6	0,28	0,56	0,85	1,13	1,41	1,70	1,98	2,26	2,54	2,82
7	0,38	0,77	1,15	1,54	1,92	2,31	2,69	3,08	3,46	3,84
8	0,50	1,00	1,51	2,01	2,51	3,01	3,51	4,02	4,52	5,02
10	0,79	1,57	2,36	3,14	3,93	4,71	5,50	6,28	7,07	7,85
12	1,13	2,26	3,39	4,52	5,65	6,79	7,92	9,05	10,18	11,31
14	1,54	3,08	4,62	6,16	7,70	9,24	10,78	12,32	13,86	15,39
16	2,01	4,02	6,03	8,04	10,05	12,06	14,07	16,08	18,09	20,11
18	2,54	5,09	7,63	10,18	12,72	15,26	17,80	20,36	22,90	25,45
20	3,14	6,28	9,42	12,57	15,71	18,84	21,98	25,14	28,28	31,42
22	3,80	7,60	11,40	15,21	19,01	22,81	26,61	30,41	34,21	38,01
24	4,52	9,05	13,57	18,10	22,62	27,14	31,66	36,19	40,71	45,24
26	5,31	10,62	15,93	21,24	26,55	31,86	37,17	42,47	47,78	53,10
28	6,16	12,31	18,47	24,63	30,79	36,94	43,10	49,26	55,42	61,58
30	7,07	14,14	21,21	28,27	35,34	42,41	49,78	56,55	63,62	70,68
32	8,04	16,08	24,13	32,17	40,21	48,26	56,30	64,34	72,38	80,42
34	9,08	13,16	27,24	36,32	45,40	54,48	63,56	72,63	81,71	90,79
36	10,18	20,36	30,54	40,72	50,90	61,07	71,25	81,43	91,61	101,8
38	11,34	22,68	34,02	45,39	56,70	68,04	79,38	90,73	102,1	113,4
40	12,56	25,13	37,70	50,26	62,83	75,40	87,96	100,5	113,1	125,7
45	15,90	31,8	47,7	63,6	79,5	95,4	111	127	143	159,0
50	19,63	39,3	58,9	78,5	98,2	118	138	157	176	196,3

einer Station durch einen Besteller 5000 kg und mehr in einem Profil und in einer Güte in Längen von 1 bis 16 m mit aufpreisfreier Toleranz aufgegeben werden, werden folgende Rabatte gewährt:

für Mengen von   5 bis unter 10 t   0,50 RM. je t
„   „   „ 10 „   „ 20 t 1,—   „   „ t
„   „   „ 20 „   „ 50 t 1,25 „   „ t
„   „   „ 50 und mehr t   1,50 „   „ t.

Die Vergütungen werden *nur für Material in Thomas- und Siemens-Martin-Flußstahl-Handelsgüte* gewährt.

Laut Nachtrag 1 vom 17. 12. 31 wird auf die Aufpreisliste vom 1. 8. 31 ein Nachlaß von 10% gewährt.

Beispiel. Aufpreis für *Überlängen* beträgt für jedes angefangene Meter über Normallängen 1,— RM. je t für das Gewicht des ganzen Stabes, ab 10% Nachlaß 0,10 RM. = 0,90 RM. je t.

Aufpreise für *Unterlängen* von 1 m bis unter 3 m betragen 0,50 RM. je t abzüglich 10% Rabatt. Auch die übrigen Preise von Unterlängen und für Längenspielraum gemäß der Inland-Aufpreisliste vom 1. 8. 31 werden mit einem Nachlaß von 10% berechnet.

Gewichtsbestimmung von Rundeisen bzw. Rundstahl nach DIN 488 (spez. Gew. $\gamma = 7{,}85$).

d in mm	5	6	7	8	10	12	14	16	18	20	22
Gewicht in kg/m	0,154	0,222	0,302	0,395	0,617	0,888	1,208	1,578	1,998	2,466	2,984

d in mm	24	26	28	30	32	34	36	38	40	45	50
Gewicht in kg/m	3,551	4,168	4,834	5,549	6,313	7,127	7,990	8,903	9,865	12,480	15,450

Rundeisen von $d = 5$ bis 50 mm, $d = $ Durchmesser in Millimeter.

Rundeisen									
11	12	13	14	15	16	17	18	19	20
2,16	2,35	2,55	2,74	2,94	3,14	3,33	3,53	3,72	3,92
3,11	3,40	3,68	3,96	4,25	4,53	4,81	5,09	5,38	5,66
4,24	4,62	5,00	5,39	5,78	6,16	6,55	6,93	7,32	7,70
5,53	6,04	6,54	7,04	7,55	8,05	8,55	9,05	9,56	10,06
8,64	9,42	10,21	10,99	11,78	12,56	13,35	14,13	14,92	15,70
12,43	13,56	14,69	15,82	16,95	18,08	19,21	20,34	21,47	22,60
16,9	18,5	20,0	21,6	23,1	24,6	26,2	27,7	29,3	30,8
22,1	24,1	26,1	28,1	30,2	32,2	34,2	36,2	38,2	40,2
27,9	30,5	33,0	35,6	38,1	40,6	43,2	45,7	48,3	50,8
34,5	37,7	40,8	44,0	47,1	50,2	53,4	56,5	59,7	62,8
41,8	45,6	49,4	53,2	57,0	60,8	64,6	68,4	72,2	76,0
49,7	54,2	58,8	63,3	67,8	72,3	76,8	81,4	85,9	90,4
58,4	63,7	69,0	74,3	79,7	85,0	90,3	95,6	101	106
67,8	73,9	80,1	86,2	92,4	98,6	105	111	117	123
77,7	84,8	91,9	99	106	113	120	127	134	141
88,4	96,5	105	113	121	129	137	145	153	161
99,9	109	118	127	136	145	154	163	173	182
112	122	133	143	153	163	173	183	193	204
124	136	147	158	170	181	192	203	215	226
138	151	163	176	189	201	214	226	239	251
175	191	207	222	238	254	270	286	302	318
216	235	255	274	294	314	333	353	373	392

b) Löhne.

Vorbemerkung. Die *Armierungsarbeiten* setzen sich zusammen aus Sortieren, Schneiden, Biegen und Verlegen. Das Schneiden und Biegen wird heute fast ausschließlich durch Spezialmaschinen am Lagerplatz vorgenommen und gelten die gesamten Angaben auch unter der Voraussetzung, daß neuzeitliche Maschinen zur Verwendung kommen. Bei kleineren Arbeiten, wo mit einer gewöhnlichen Stanze abgelängt und mit einer einfachen *Biegebank* gebogen wird, muß ein *Zuschlag für Schneiden und Biegen von Hand* von

0,03 bis 0,04 Ste. je 1 kg Bewehrung

zu den nachstehend angegebenen Werten gemacht werden.

Eisen schneiden und Biegen mit Maschinen.

Das Abschneiden der Rundeisen auf bestimmte Längen geschieht jetzt mit Maschinen, sog. Eisenschneidern, die leicht fortbewegt und mit der Hand betrieben werden können.

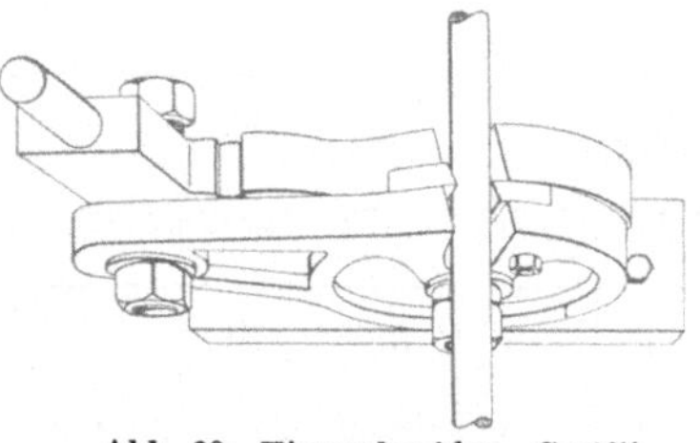

Abb. 60. Eisenschneider „Greif".

Vorteilhaft sind solche, bei denen die Rundeisen an beliebiger Stelle unmittelbar in die Messer eingelegt werden können. Zu erwähnen wären hier z. B. die Betoneisenschneider „Greif" DRP. (s. Abb. 60), welche von der Spezialmaschinenfabrik Futura in Elberfeld in 3 Größen hergestellt werden und Rundeisen bis 35 mm schneiden.

Es gibt auch Werkzeuge, welche es ermöglichen, Eisenstäbe bis zu 40 mm Durchmesser auf kaltem Wege ohne viele Mühe zu biegen. Die Abb. 61 ist von der Maschinenfabrik „Futura" A. Wagenbach & Co., Elberfeld. — Mit dem Eisenbieger (Abb. 61) können mit einem Hebezug beide Aufbiegungen gebogen werden.

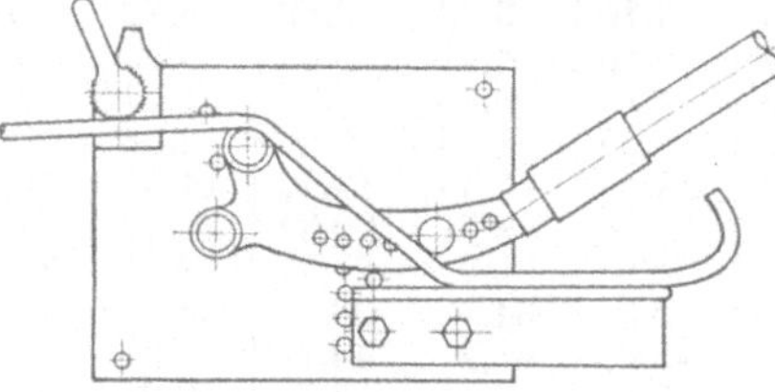

Abb. 61. Eisenbieger.

Für umfangreiche Armierungsarbeiten stellt die Maschinenfabrik Futura die Schneidemaschine „Romryk-Dubbel", Modell 1936 und die Biegemaschine „Rekord-Dubbel" her. Erstere arbeitet nach dem System Greif. Die erforderliche Antriebskraft ist 10 PS.

Die für die Biegemaschine „Rekord" erforderliche Antriebskraft beträgt 3 PS. Das Nettogewicht mit Motor beträgt 1475 kg. Das Biegen bis zu 60 mm starker Rundeisen erfolgt mit 3 Geschwindigkeiten. Die Z-Form ist in einem Arbeitsgang ohne Schwenken der Eisen herzustellen.

Die Leistungsfähigkeit der Biegemaschine kann man nach Angaben aus der Praxis *bis 15 t täglich* (8 h) annehmen. Die erforderliche Bedienung ist 1 Biegemeister und 3 Eisenarbeiter. An Stromverbrauch kann man rund *1 kWh für 1 t* rechnen. Die jährlichen „*Gerätekosten*" sind zu berücksichtigen, wenn sie auch bei sehr großen Leistungen nicht zu sehr ins Gewicht fallen.

Abb. 62. Schneidemaschine Romryk-Dubbel, Modell 1936.

Abb. 62 zeigt die Schneidemaschine „Romryk-Dubbel", Modell 1936. Abb. 63 zeigt die Biegemaschine „Standard-Record-Dubbel".

Kosten für *Schneiden und Biegen* mit Spezialmaschinen (einschl. Sortieren und Bündeln):

Abb. 63. Biegemaschine „Standard-Record-Dubbel" für 60 mm Rundeisen.

Löhne: je 1 t Bewehrung i. M. 8 Ste. (bei sehr vielen Haken und Aufbiegungen und vorwiegend dünnem Eisen bis 15 Ste.).

Gerätekosten: sind besonders zu ermitteln oder überschlägig

je 1 t Bewehrung

bei 1000 t Jahresleistung und weniger . . . 3,— RM./t
„ 1500 t „ „ mehr . . . . 2,— RM./t

Die Hauptarbeit liegt also heute beim *Verlegen der Rundeisen*.

Lohnaufwand für Verlegen von Rundeisenbewehrungen.

Je nach der Art der Arbeit, Stärke der Eisen, Übung der Eisenflechter usw. schwankt der *Lohnaufwand je 1 t Bewehrung* zwischen
40 bis 100 Ste.

**Lohnaufwand für die gesamten Armierungsarbeiten
(Schneiden, Biegen und Verlegen) für verschiedene
Eisenbetonarbeiten des Hoch- und Tiefbaues.**

In den nachstehenden Sätzen sind auch die Kosten für „allgemeine
Arbeiten", die Abschreibung der Maschinen auf Lagerplatz und Baustelle
mitenthalten. Der Verbrauch an Flechtdraht (Bindedraht) beträgt
5 bis 8 kg je 1 t Bewehrung.

1. Eisenbetonhochbauten

(Geschäftshäuser, Krankenhäuser, Lagerhäuser, Fabrikbauten usw.).

Lohnaufwand je 1000 kg Bewehrung[1].

Bauteil	Decken[2] Ste.	Balken Ste.	Säulen Ste.
Kellergeschoß . . .	65	60	65
Erdgeschoß	70	65	70
1., 2. Stockwerk .	70	65	80
Dachgeschoß . . .	85	70	90

Bauteil	Lohnstundenaufwand		
	Armierung allein (einschl. Aufsicht) Ste.	Einrichtungs- löhne und allge- meine Arbeiten Ste.	Insgesamt[3] Ste.

2. *Eisenbetonarbeiten bei Krafthäusern, Wehren, Kanaleinlaufbauwerken, Schleusen, Brückenpfeilern und Widerlagern.*

Armierte Schleusenböden	25	10	35
Armierter Sohlenbeton für Krafthäuser, Ein- laufbauwerke u. dgl.	40	10	50
Bedienungsstege, Kellerdecken, Rechenkon- struktionen, Turbinenumläufe, armierte Pfeiler für Brücken und Dampfturbinen- fundamente, aufgelöste Konstruktionen für Brückenwiderlager usw.	70	10	80
Eisenbetontreppen	90	10	100
Dünne Eisenbetonwände für Silos u. dgl.	100	20	120

3. *Eisenbetonhallenkonstruktionen.*

Armierte Fundamente	50	10	60
Rahmenbinder	70	10	80
Eisenbetondachkonstruktion	90	10	100

---

[1] Tatsächliche Bewehrung nach den Eisenlisten *ohne* Verschnitt (10 bis 15%).
[2] Hohlsteindecken (Bimsbetonhohlkörper u. dgl.) $+$ 10 Ste.
[3] Transport vom Lagerplatz zur Baustelle ist *nicht* enthalten.

Bauteil	Lohnstundenaufwand		
	Armierung allein (einschl. Aufsicht) Ste.	Einrichtungs- löhne und allge- meine Arbeiten Ste.	Insgesamt[1] Ste.

4. Wasserbehälter, Klärbecken u. dgl. in Eisenbeton.

Sohlenbeton bewehrt	40	10	50
Eisenbetonstützmauer			
a) nicht aufgelöst	60	10	70
b) aufgelöst in Rippen und dünne Mo- nierwände	80	10	90
Eisenbetondecke	60	10	70
Säulen			
a) stark (40/40)	55	10	65
b) schwach	80	10	90

5. Brücken in Eisenbeton.

Aufgelöste Widerlager, armierte Pfeiler, Eisenbetonfundamente	65	10	75
Eisenbetontragkonstruktion für Balken- und Rahmenbrücken	70	10	80
für Bogenbrücken	80	15	95

Anleitung zur praktischen Kostenermittlung von Beton- und Eisenbetonarbeiten.

Es erfolgt zunächst die Ermittlung der *Materialpreise* frei Baustelle für Betonkies, Monierkies, Sand, Zement, Kalk usw., wie dies im Abschnitt II, § 6 an Hand von Beispielen gezeigt wurde. Man kann sich für diesen Zweck *Vordrucke* anfertigen lassen, in denen dann nur noch die Zahlen einzusetzen sind. Diese Werte benützt man zur Berechnung der *Beton- und Mörtelmischungen*. Während Beispiele für die Kosten- ermittlung von Mörtelmischungen in Abschnitt XV, Maurerarbeiten (III. Mörtel) gegeben sind, sei ein geeignetes Schema einer Kosten- berechnung für *Eisenbetonbalkendecken* nachstehend angegeben:

Beispiel 58.

Angenommen wurden folgende

Materialpreise frei Verwendungsstelle

		Löhne[2] (reine) je 1 h	
Zement	4,50 RM./100 kg	Polier	1,50 RM.
Eisenbetonkies . . .	8,— RM./1 m³	Facharbeiter . .	1,10 RM.
Sand	7,— RM./1 m³	Hilfsarbeiter . .	0,70 RM.
Rundeisen	160,— RM./1 t		
Rundholz	60,— RM./1 m³		
Schnittholz	80,— RM./1 m³		
Kantholz	80,— RM./1 m³		
Wasser 1 m³	0,30 RM.		
Strom 1 kWh . . .	0,15 RM.		

[1] Transport vom Lagerplatz zur Baustelle ist *nicht* enthalten.
[2] Löhne einschließlich Auslösungen, Überstundenzuschläge, Nacht- und Sonn- tagszuschläge.

Beton M. V. 1 : 5 (300 kg/m³)　　　　　　　*Materialkosten je 1 m³*

0,8 m³ Kies . . . . zu 8,— RM. = 6,40 RM.
0,5 m³ Sand . . . . „ 7,— „ = 3,50 „
300 kg Zement . . . . „ 4,50 „ = 13,50 „
1000 l Wasser (mit Nachbehand-
　lung) . . . . „ 0,003 „ = 0,30 „
0,8 kWh Strom . . . . „ 0,15 „ = 0,12 „
Sonstige Betriebstoffe (Öle usw.) . „ 0,08 „ = 0,08 „

Materialkosten für *1 m³ Beton 1 : 5* . . . . *23,90 RM.*

Kosten von 1 m² Eisenbetonbalkendecke M. V. 1: 5.

1. Baustoffe und Bauhilfsstoffe:

0,16 m³ Beton M. V. 1 : 5 zu 23,90 RM. . . . . 3,85 RM.
1,0 m² Deckenschalung: 0,02 m³ zu 80,— RM. . . . . . . 1,60 „
0,6 m² Trägerschalung: 0,6 · 0,02 = 0,012 m³ zu 80,— RM. . 0,95 „
15 kg Rundeisen zu 0,160 RM. . . . . 2,40 „

Summe Baustoffe 8,80 RM.

2. Arbeitslöhne (reine Löhne):

Betonieren 0,16 m³ zu 8,0 Stb. = 1,3 Stb. = $1{,}3 \cdot \dfrac{1{,}10 + 0{,}70}{2} = 1{,}17$ RM.

1 m² Deckenschalen 1,5 Stz. zu 1,10 RM.[1] . . . . 1,65 „
0,6 m² Trägerschalen zu 1,8 Stz. = 1,1 Stz. zu 1,10 RM. 1,21 „
15 kg R. E. armieren zu 0,06 Ste. = 0,9 Ste. zu 1,00 RM.. . 0,90 „

Summe Arbeitslohn 4,93 RM

Gesamtkosten je 1 m² Eisenbetonbalkendecke.

Gerätekosten 0,16 m³ Beton zu 1,20 RM. . . . . 0,19 RM.
Baustoffe und Bauhilfsstoffe . . . . 8,80 „
Baubetriebslöhne . . . . 4,93 „
Zuschläge für Gemeinkosten, Geschäftskosten usw.
　　　　　40% von L . . . . 1,97 „
　　　　　10% von M . . . . 0,90 „

Selbstkosten . . . . 16,79 RM.
+ 8% für Gewinn- und Umsatzsteuer 1,31 „

Angebotspreis . . . . *18,10 RM./m²*

Bemerkung. Die ganze Kalkulation läßt sich natürlich auch unter
Verwendung entsprechender Vordrucke in Tabellenform anlegen.

Beispiel 59. *Beispiel eines Kostenanschlags für Beton- und Eisenbetonarbeiten
bei Hochbauten.*

---

[1] Einschließlich Auslösung.

Kostenanschlag der Erd-, Maurer-, Eisenbeton- und Zimmerarbeiten einer Montage-halle mit Anbauten (s. Skizze Abb. 64).

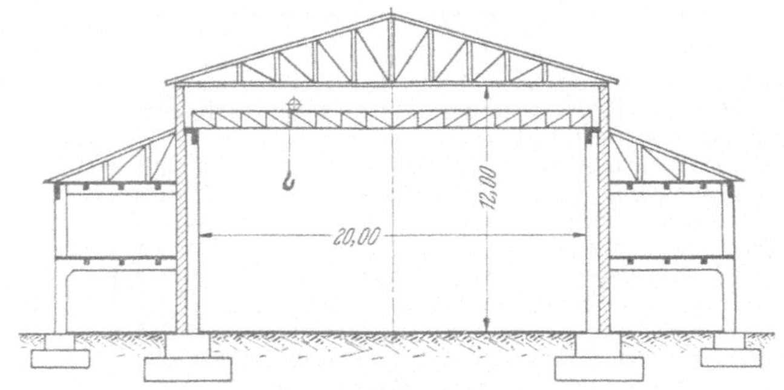

Abb. 64. (Zu Beispiel 59.)

Pos.	Mengen und Bezeichnung der Arbeit	Einzel-preis RM.	Gesamt-kosten RM.
	I. Grabarbeiten.		
1	Etwa 2500 m³ Erdaushub für Untergeschoß und Fundamente der Pfeiler und Wände bis zu einer Tiefe von 2 m einschließlich seitlichem Lagern des Materials im Hallenteil; etwaiger Schwerboden oder Fels begründet besonderen Zuschlag nach Vereinbarung . . . . 1 m³	4,—	10000,—
	II. Beton- und Maurerarbeiten.		
2	250 m³ Fundamentbeton M. V. 1:12 für Pfeiler und Umfassungswände, gegen Grund ohne Schalung eingebracht . . . . 1 m³	28,—	7000,—
3	350 m³ einhäuptiger Beton M. V. 1:10 für die aufgehenden Wände des Untergeschosses schalungsrauh hergestellt . . . . 1 m³	40,—	14000,—
4	400 m³ doppelhäuptiger Beton M. V. 1:10 der Umfassungswände und Pfeilerfundamente schalungsrauh hergestellt . . . . 1 m³	50,—	20000,—
5	2500 m² Betonboden M. V. 1:12 der Halle 12 cm stark einschließlich Liefern und Einbringen und Walzen der zugehörigen Packlage . . . . 1 m²	4,40	11000,—
6	50 m³ Backsteinmauerwerk in Schwarzkalkmörtel M. V. 1:4 für die Giebelwände . . . . 1 m³	50,—	2500,—
7	2400 m² Zwischenwände 10 cm stark aus rheinischen Schwemmsteinen in Schwarzkalkmörtel 1:4 . . 1 m²	7,—	16800,—
8	400 m³ Backsteinmauerwerk für die Umfassungswände 1 Stein stark in Kalkmörtel 1:3 . . . . 1 m³	50,—	20000,—
	Summe II:		91300,—
	III. Eisenbetonarbeiten.		
9	60 m³ Eisenbeton M. V. 1:8 der Pfeilerfüße für die Hallen- und Giebelwandpfeiler schalungsrauh hergestellt . . . . 1 m³	60,—	3600,—
10	200 m³ Eisenbeton M. V. 1:5 für die Hallen- und Giebelwandpfeiler, berechnet für die Belastungen durch zwei 15 t Krane und die anfallenden Windlasten, schalungsrauh herzustellen . . . . 1 m³	120,—	24000,—
	Übertrag:		27600,—

Pos.	Mengen und Bezeichnung der Arbeit	Einzel-preis RM.	Gesamt-kosten RM.
	Übertrag:		27600,—
11	70 m³ Eisenbeton M. V. 1:5 für den Kranbahnträger, berechnet für die Belastungen durch zwei 15 t Krane, schalungsrauh herzustellen . . . . 1 m³	100,—	7000,—
11a	25 m³ Versteifungsbalken in Traufhöhe . . . . 1 m³	120,—	3000,—
12	200 m³ doppelhäuptiger Beton M. V. 1:8 mit Rundeiseneinlagen für die Außenwandpfeiler schalungsrauh herzustellen . . . . 1 m³	75,—	15000,—
13	1400 m² Eisenbetonplattenbalkendecke M. V. 1:5 über Erdgeschoß, einschließlich Neben- und Hauptträger berechnet fur 1000 kg/m² Nutzlast, Oberfläche mit der Latte abgezogen, Untersicht schalungsrauh hergestellt, gemessen von außen zu außen Randträger . . . 1 m²	21,—	29400,—
14	1500 m² Eisenbetonplattenbalkendecke M. V. 1:5 über Obergeschoß einschließlich Deckenträgern, berechnet für die anfallenden Dachlasten, Oberfläche mit der Latte abgezogen, Untersicht schalungsrauh hergestellt, gemessen von außen zu außen Randträger . . . 1 m²	16,—	24000,—
15	90 m² Eisenbetonplattenbalkendecke M. V. 1:5 über dem Erdgeschoß an der Giebelwand einschließlich Decken und Hauptträgern, berechnet für 800 kg/m² Nutzlast, Oberfläche mit der Latte abgezogen, Untersicht schalungsrauh hergestellt, gemessen von außen zu außen Randträger . . . . 1 m²	20,—	1800,—
	Summe III:		107800,—

IV. Zimmerarbeiten.

Pos.	Mengen und Bezeichnung der Arbeit	Einzel-preis RM.	Gesamt-kosten RM.
16	130 m³ Kantholz der Dachbinder über Haupt- und Seitenhallen einschließlich Pfetten und Sparren, abgebunden und aufgestellt . . . . 1 m³	120,—	15600,—
17	3200 m² Dachverschalung aus 23 mm starken rauhen Dreltern . . . . 1 m²	3,—	9600,—
18	650 m² Fachwerkwand 12 cm stark zum seitlichen Abschluß der Halle über dem Kranbahnträger mit Schlakkensteinen in Schwarzkalkmörtel M. V. 1:5 ausgeriegelt . . . . 1 m²	10,—	6500,—
19	70 m³ Kantholz für das Gebälk der Decke über Untergeschoß einschließlich Unterzüge und Pfosten berechnet für 1000 kg/m² Nutzlast . . . . 1 m³	100,—	7000,—
20	60 m³ Dielenbelag auf vorstehendem Gebälk aus 48 mm starken rauhen Dielen . . . . 1 m³	110,—	6600,—
	Summe IV:		45300,—

Zusammenstellung.

Summe I.   Grabarbeiten . . . . 10000,— RM.

„   II.   Beton- und Maurerarbeiten . . . . . . 91300,— „

„   III. Eisenbetonarbeiten . . . . 107800,— „

„   IV. Zimmerarbeiten . . . . 45300,— „

Gseamtkosten des Rohbaues . . . . 254400,— RM.

oder bei 3800 m² Grundfläche des Baues (120 m lang)

je 1 m² Grundfläche 254400/3800 = 67,— RM.

oder *je 1 m³ umbauten Raum 254400/38800 = 6,60 RM.*

Überschlägige Kostenberechnung von Eisenbetonbauten.

Wo keine genaue statische Berechnung vorliegt, kann man auf Grund einer überschlägigen Massenermittlung (nach früheren Erfahrungen) eine überschlägige Kostenberechnung durchführen. Das folgende Beispiel zeigt, wie solche Massenauszüge aufzustellen sind.

Beispiel einer *Massenzusammenstellung* (nach früheren Erfahrungen) für *Eisenbetondeckenkonstruktionen von Industriebauten u. dgl.* Unter Annahme von Säulenabständen von 5 bis 6 m kann man folgende Massen einem *Kostenüberschlag* zugrunde legen.

Material für 1 m² Decke (nach Abb. 65).

Nutzlast kg/m²	m³ Beton von Decke, Haupt- und Nebentrager	Armierung kg R. E.	Schalung m²		
			Decke	Haupt- und Nebenträger	Zusammen
2000	0,35	35	1,0	0,8	1,8
1000	0,21	20	1,0	0,7	1,7
500	0,17	16	1,0	0,6	1,6
400	0,16	15	1,0	0,55	1,55
300	0,15	13	1,0	0,5	1,5

Es ist dann noch durch überschlägige Rechnung die *durchschnittliche Stärke der Säulen* zu ermitteln und festzustellen, wieviel lfd. m Säulen auf 1 m² Decke entfallen (etwa 0,02 m³ Beton mit 160 kg/m³ Armierung).

Die *Kosten für 1 m² Decke* einschließlich Balken und Säulen lassen sich hiernach leicht ermitteln. Z. B.

Beispiel 60. Für *1 m² Decke p = 1000 kg/m²* (einschl. Balken und Säulen).

Kosten von 1 m³ bewehrtem Beton in fertiger Herstellung (Löhne: Facharbeiter 1,10 RM., Hilfsarbeiter 0,70 RM., Schnittholz 80,— RM., Rundeisen 150,— RM./t).

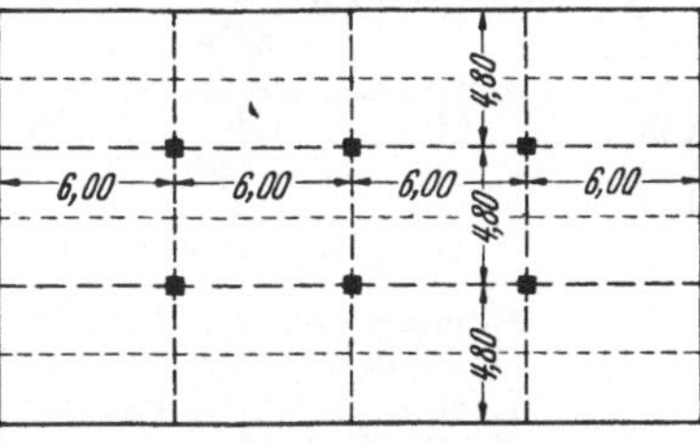

Abb. 65. Grundriß einer Eisenbetondecke.

Nach S. 238 Beton 1:5 1 m³	23,90 RM.
Betonieren 8 Stb. zu 0,90 RM.	7,20 ,,
9 m² Schalung Lohn 2,00 RM./m²	18,— ,,
Material 1,50 RM./m²	13,50 ,,
110 kg Bewehrung zu 0,30 RM.	33,— ,,
Gerätekosten	0,80 ,,
Selbstkosten	96,40 RM.
+ 30% Geschäftskosten, Gewinn usw.[1]	28,90 ,,

Angebotspreis 125,30 RM./1 m³

Somit *Kosten je 1 m² Decke p =* 1000 kg/m²: 0,23 m³ zu 125,30 RM. = *28,80 RM./m²* (mit Säulen, ohne Säulen *25,60 RM.*).

---

[1] Einschließlich Gemeinkosten (mit Sozialaufwand), aber ohne Kosten der besonderen sozialen Maßnahmen (Trennungsentschädigung usw.).

Kostenüberschläge für Eisenbetonbauten nach m² überbauter Fläche und m³ umbautem Raum.

An Hand von Nachberechnungen von ausgeführten Bauten lassen sich leicht die *Kosten je 1 m³ umbauten Raum* oder je 1 m² überbauter Fläche ermitteln. Die nachstehenden Kostenangaben betreffen nur den *Rohbau* (nicht aber Innenausbau[1], wie Putz-Fenster, Türen, Dachdek, kung, Klempnerarbeiten,

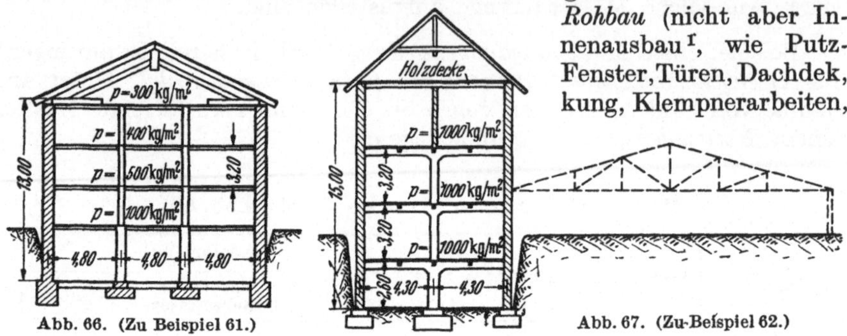

Abb. 66. (Zu Beispiel 61.) Abb. 67. (Zu Beispiel 62.)

Installation usw.) und setzen *normale Fundamente* voraus. Besondere Gründungen sind also gesondert zu veranschlagen, ebenso Erschwernisse durch Wasserhaltung, Sprengfelsen usw. Preisbasis etwa Frühjahr 1939 bzw. die in den vorausgegangenen Beispielen angenommenen Preise und Löhne[2].

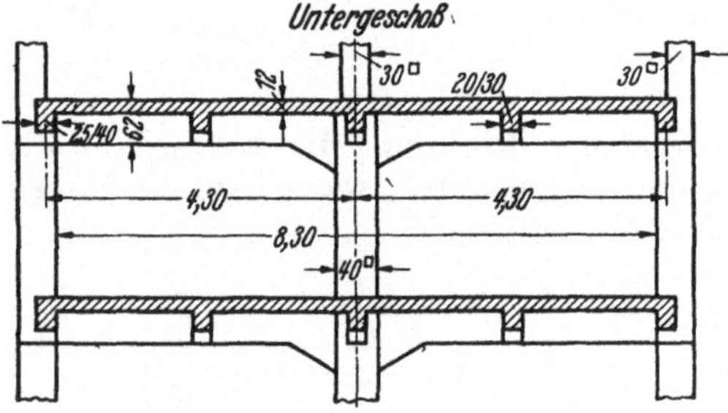

Abb. 68. (Zu Beispiel 62.)

1. Fabrikhochbauten in Eisenbeton:

Beispiel 61. *Kosten des Rohbaus* nach Abb. 66 für Erdarbeiten, Beton- und Eisenbeton-, Maurer- und Zimmerarbeiten etwa *94000,— RM.*

Eisenbetondeckenfläche 3 · 14,4 · 30 . . . . 1300 m²
Umbauter Raum 13 · 16 · 30 . . . . 6240 m³
Kosten je 1 m² Eisenbetondecke . . . . . . 72,— RM.
Kosten je 1 m³ umbauten Raum . . . . . . 15,— RM.

Beispiel 62. *Kosten des Rohbaus* (ohne Innenausbau) nach Abb. 67 für Erd-Maurer-Beton- Eisenbeton- und Zimmerarbeiten etwa . . . . . . *155000,— RM.*

Eisenbetondeckenfläche 1800 m²
Umbauter Raum 15 · 9 · 70 = 9450 m³
Kosten je 1 m² Eisenbetondecke . . . . 87,— RM.
Kosten je 1 m³ umbauten Raum . . . . 16,50 RM.
Entwicklung des Preises (s. dazu die Detailskizze Abb. 68):
Für Decken (einschl. Säulen und Wandsäulen sowie Fensterstürze) je 1 m²
Decke 0,24 m³ Beton 1 : 5 mit 120 kg/m³ R.E. zu 125,— RM. = 30,— RM.
Eisenbetonkonstruktion je 1 m³ umbauten Raum 30,—/3,— = 10,— RM.

$$\text{Umfassungswände je 1 m}^3 \text{ umbauten Raum} \quad \frac{2 \cdot 0{,}40 \cdot 48{,}-}{9{,}0} = 4{,}27 \text{ „}$$

Zuschlag für Fundamente und Kellerfußboden 250 m³ zu
36,— = 9000/9450 = 0,95 RM. . . . . 0,95 „
Zuschlag für Dachstuhl 600 m² zu 20,— RM. = 12000/9450 1,28 „
____
Je 1 m³ umbauten, Raum . . . . 16,50 RM.

---

[1] Für rohe Überschläge kann man annehmen, daß die *Kosten des Innenausbaus* etwa *80% der Rohbaukosten* betragen.

[2] Ohne besondere soziale Maßnahmen, welche besonders nachgewiesen werden müssen.

(Die Mehrkosten durch die Erdarbeiten etwa 3000 m³ zu 4,— RM. = 12000,— RM. werden wieder ausgeglichen durch die Ersparnisse infolge der billigen Holzdecke im obersten Geschoß von 600 m² · 18,— RM. = 10800,— RM.)

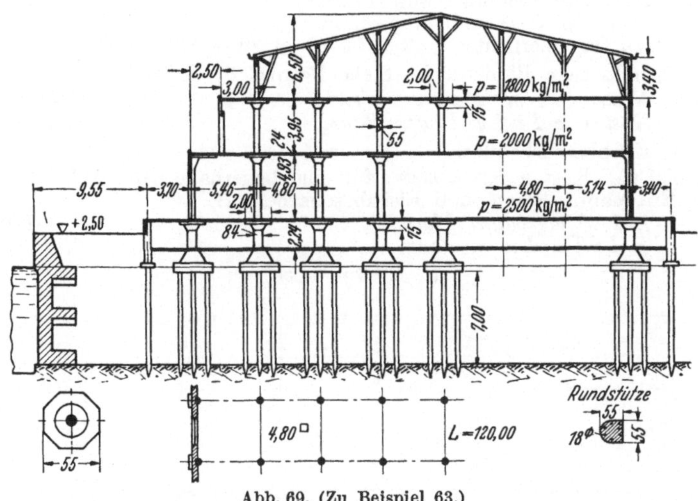

Abb. 69. (Zu Beispiel 63.)

2. Große Lagerhäuser in Eisenbeton (Nutzlasten $p = 1800$ bis 2500 kg/m²).

Beispiel 63. Kosten des *Rohbaus* für ein *Lagerhaus mit Pilzdecken* nach Abb. 69 *ohne besondere Gründungsarbeiten*, welche gesondert zu veranschlagen sind.
Für Erd-Maurer-Beton-Eisenbeton- und Zimmerarbeiten
    (Rohbau) . . . . 1010000,— *RM.*
Lagerfläche 18000 m². *Je 1 m² Lagerfläche* . . . . 56,— „
Umbauter Raum 65000 m³. *Je 1 m³ umbauter Raum* . . 15,50 „

3. Lager- und Montagehallen in Eisenbeton.
a) Mit gewölbtem Eisenbetondach.

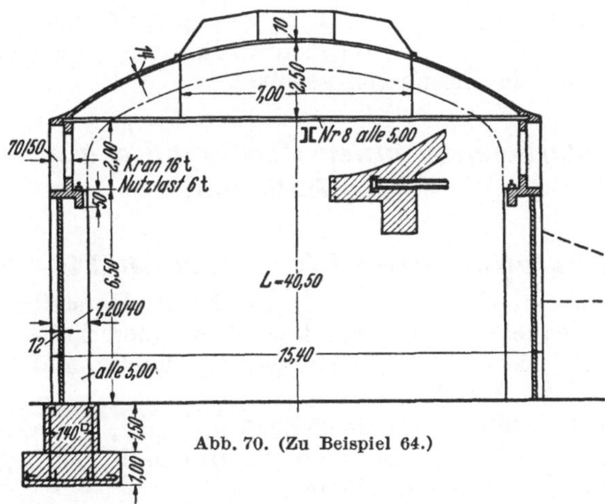

Abb. 70. (Zu Beispiel 64.)

Beispiel 64. Kosten des *Rohbaus* für eine Lagerhalle mit Eisenbetondach (Zugband und Kämpferbalken) nach Abb. 70.

Für Erd-Maurer-Beton- und Eisenbetonarbeiten etwa *50000,— RM.*
Überbaute Fläche 624 m².
Umbauter Raum 8,5 · 40,5 · 15,4 = 5300 m³.

Kosten je 1 m² überbaute Fläche . . . . *80,— RM.*
Kosten je 1 m³ umbauten Raum . . . . *9,50* „
(dazu für Oberlichter 7 · 2 = 14 m² zu 30,— RM. = 420,— RM.).

b) Mit hölzernem Binderdach. Siehe Beispiel 59 S. 240.

Kosten je 1 m² überbauter Fläche . . . . *65,— RM.*
Kosten je 1 m³ umbauten Raum . . . . *6,40* „

c) Mit Eisenbetonsheddach.

Beispiel 65. Kosten des *Rohbaus* für eine Lagerhalle nach Abb. 71.
Für Erd-Maurer-Beton- und Eisenbetonarbeiten:

je 1 m² überbauter Fläche . . . . *50,— RM.*
je 1 m³ umbauten Raum . . . . *9,10* „

(i. M. 6 m hoch).

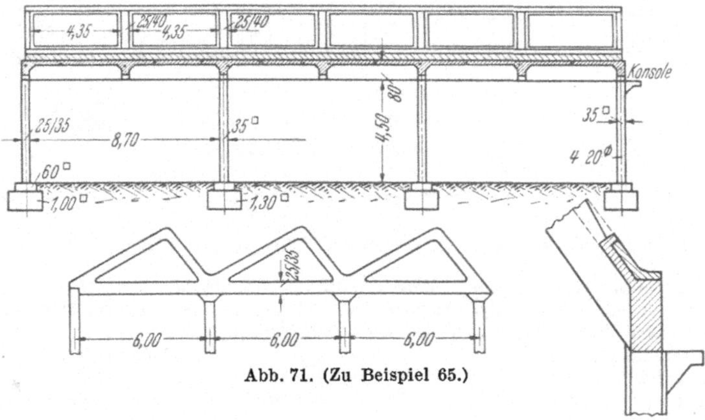

Abb. 71. (Zu Beispiel 65.)

Reine Eisenbetonkonstruktion: Je 1 m² Dachfläche (Horizontalprojektion),
0,22 m³ Eisenbeton mit 90 kg/m³ Bewehrung und 8 m² Schalung/1 m³ Beton
zu 120,— RM. = *26,40 RM.*

Als Musterbeispiel einer zweckmäßig angelegten Kalkulation und als
Erläuterung zu den vorausgegangenen Ausführungen wird die Kalkulation
einer Ufermauer in Eisenbeton gegeben.

Musterbeispiel einer zweckmäßig angelegten Kalkulation.

Beispiel 66.

Kalkulation einer Ufermauer in Eisenbeton.

Zu kalkulieren sind die *Selbstkosten* für die Herstellung einer Ufermauer in Eisenbeton von nebenstehendem Querschnitt (Abb. 72) und
600 m Länge. Nach dem Leistungsverzeichnis umfaßt die Bauausführung folgende Arbeiten:

Position 1. 2400 m² Spundwände 5 cm stark, 2 m tief zu rammen.
Position 2. 1920 m³ Erdaushub (Sand) einschließlich Quertransport
bis 10 m Weite.
Position 3. 3300 m³ Beton, und zwar 1200 m³ Fundamentbeton 1:8,
2100 m³ Eisenbeton 1: 6.

Position 4. 264 t Rundeisenbewehrung für den Beton.

Position 5. 10000 m² Goudronanstrich.

Position 6. 49 Stück Dehnungsfugen (alle 12 m).

Die Bauarbeiten sollen spätestens am 1. April begonnen und bis zum 15. September restlos beendet sein.

Für die Kalkulation sind folgende Lohn-sätze und Baustoffpreise angenommen:

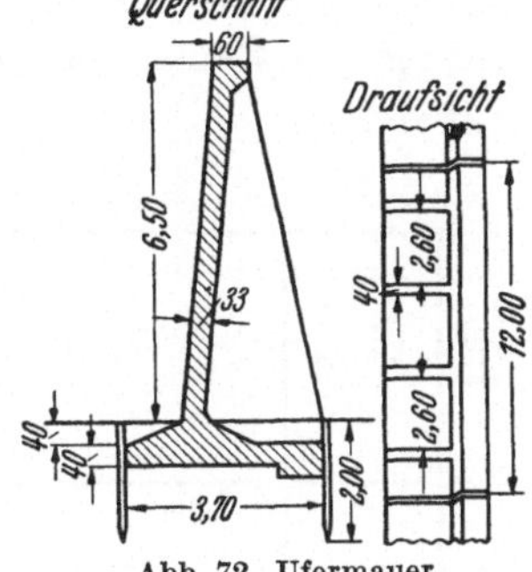

Abb. 72. Ufermauer.

Tariflöhne.

Poliere	1,20 RM. je	1 h
Maschinisten	0,90 ,, ,,	1 h
Eisenarbeiter	0,90 ,, ,,	1 h
Zimmerleute	0,85 ,, ,,	1 h
Betonfacharbeiter	0,75 ,, ,,	1 h
Tiefbauarbeiter	0,60 ,, ,,	1 h
Facharbeiter	0,85 ,, ,,	1 h

Materialpreise.

Portlandzement	5,50 RM./100 kg	frei	Baustelle
Kies für Eisenbeton	6,— RM./1 m³	,,	,,
Sand ,, ,,	7,— RM./1 m³	,,	,,
Rundeisen 8 bis 24 mm	0,15 RM./1 kg	,,	,,
Bindedraht	0,35 RM./1 kg	,,	,,
Nägel	0,30 RM./1 kg	,,	,,
Schaldraht	0,25 RM./1 kg	,,	,,
Schalholz und Kantholz	65,— RM./1 m³	,,	,,
Rüstholz (Rundholz)	50,— RM./1 m³	,,	,,
Spundbohlen 5 cm stark	4,40 RM./1 m²	,,	,,
Goudron	0,50 RM./1 kg	,,	,,
Steinkohle	30,— RM./1 t	,,	,,
Maschinenöl	32,— RM./100 kg	,,	,,
Rollwagenöl	20,— RM./100 kg	,,	,,
Wasser	0,25 RM./1 m³	,,	,,
Strom 1 kWh	0,20 RM.		

Für die Kosten des *Gerätetransports* (Verladekosten, Fracht- und Fuhr-kosten), welche jeweils besonders zu ermitteln sind, können in dem Rechnungsbeispiel 12,50 RM. je 1 t gerechnet werden.

Als *Zuschläge* für Gemeinkosten (einschließlich 17% von L als Sozial-aufwand), Geschäftskosten und Bauleitungskosten sollen 40% von L und 10% von M gerechnet werden. Für Gewinn, Wagnis und Umsatz-steuer sollen 10% Zuschlag auf die Selbstkosten in Ansatz kommen.

Baugeräte.

An Baugeräten stehen für die Bauausführung diejenigen Geräte zur Verfügung, die in der tabellarischen Zusammenstellung der Geräte-kosten ausführlich aufgeführt sind.

Berechnung der Selbstkosten.

Da der Kostenberechnung stets die Aufstellung eines genauen *Betriebsplans* vorausgehen muß, aus welchem die Aufeinanderfolge der einzelnen Arbeiten (auch die Arbeiterzahl und Fertigstellungstermine) ersichtlich sind, ist in Abb. 73 ein solcher Betriebsplan gezeigt. Die Höhe der eingezeichneten Rechtecke entspricht der Arbeiterzahl. Die eingetragenen Zahlen bedeuten die Anzahl der Poliere, Facharbeiter und Arbeiter.

Tabelle 34. Tabellarische Zusammen-

Lfd. Nr.	Menge	Geräteart	Geräte-gruppe Nr.	Neuwert RM.	Benützungs-dauer (Monate)	Abschreibung und Verzinsung je 1 Monat %	je 1 Monat RM.	im ganzen RM.
1	2 Stück	Kleindampframme mit Kessel	2	12000,—	3	2,0	240,—	720,—
2	1 Stück	Kreiselpumpe 150 mm mit Lokomobilantrieb	2	7000,—	3	2,0	140,—	420,—
3	1 Stück	Betonmischmaschine 500 l Aufzug. . . .	3	5000,—	5	2,2	110,—	550,—
	1 Stück	Antriebsmotor 10 PS mit Anlasser und Schienen	1	1000,—	5	1,5	15,—	75,—
4	1 Stück	Muldenaufzug 500 l .	3	400,—	5	2,2	8,80	44,—
	1 Stück	Winde für $v = 0,5$ m/s	2	1000,—	5	2,0	20,—	100,—
	1 Stück	12 PS-Motor	1	1200,—	5	1,5	18,—	90,—
5	8 Stück	Muldenkipper . . .	2	800,—	5	2,0	16,—	80,—
6	1000 m	Transportgleis 600 mm Spur, 70 mm Schienen	1	2500,—	5	1,5	38,—	190,—
		Schwellen und Kleineisenzeug	5	2300,—	5	4,0	92,—	460,—
7	3 Stück	Zungenweichen . . .	} 2	670,—	5	2,0	13,40	67,—
	3 Stück	Überwurfdrehscheiben						
8	1 Stück	Rundeisenschere „Romryk"	} 3	7600,—	5	2,2	190,—	836,—
	1 Stück	Biegemaschine „Rekord"						
9	1 Stück	Werkstattbaracke 30 m²	4	690,—	6	2,5	17,—	102,—
	1 Stück	Werkstatteinrichtung: Maschinen.	3	1000,—	6	2,2	22,—	132,—
		Werkzeuge . . .	5	500,—	6	4,0	20,—	120,—
10	1 Stück	Band- und Kreissäge .	3	1200,—	6	2,2	26,—	156,—
		Überdachung 80 m² .	4	500,—	6	2,5	12,—	72,—
11	etwa 220 m²	Bauhütten: Zementschuppen 90 m², Baubüro, Unterkunftsbaracken, Polierbuden, Aborte	4	4800,—	6	2,5	120,—	720,—
12	1	Wasseranschluß mit 600 m 1¹/₂″	3	1200,—	6	2,2	26,—	156,—
				51360,—				5090,—

Die Berechnung der *Selbstkosten* erfolgt getrennt nach Kostenarten:

1. Gerätekosten.

Die Berechnung der Geräteunkosten erfolgt an Hand des Betriebsprogramms nach den früher gegebenen Richtlinien, und zwar zweckmäßig in tabellarischer Zusammenstellung nach Tabelle 34.

Die *Geräteunkosten* verteilen sich demnach wie folgt auf die einzelnen Titel des Leistungsverzeichnisses:

stellung der *Gerätekosten.*

Geräteunterhaltung (Materialkosten)			Gewicht	Kosten für An- und Rucktransport und Hin- und Rückfracht	Montage und Demontage		Gerätekosten insgesamt	Zu verteilen auf Pos. Nr.
im Jahr		im ganzen			Facharbeiter	Löhne und Zuschläge		
%	RM.	RM.	kg	RM.	Stunden	RM.	RM.	
					und 1mal versetzen			
10	1200,—	300,—	4000	100,—	300	360,—	1480,—	1
6	420,—	105,—	5000	125,—	150	180,—	830,—	2 und 3
8	400,—	160,—	4800	120,—	360	432,—	1262,—	3
8	80,—	27,—	360	9,—	40	48,—	159,—	3
10	40,—	16,—	400	10,—	30	36,—	106,—	3
8	80,—	32,—	1000	25,—	80	96,—	253,—	3
8	96,—	38,—	400	10,—	70	84,—	222,—	3
10	80,—	32,—	2400	60,—	—	—	172,—	3
5	125,—	50,—	22000	550,—	s. Einrichtungslöhne		790,—	3
—	—	—	14000	350,—	s. Einrichtungslöhne		810,—	3
10	67,—	17,—	1860	46,—	—	—	130,—	3
4	304,—	100,—	4000	100,—	120	144,—	1180,—	4
10	69,—	35,—	3600	90,—	s. Einrichtungslöhne		227,—	3
8	80,—	32,—	600	15,—	50	60,—	239,—	3
—	—	—	300	8,—	—	—	128,—	3
8	96,—	38,—	1000	25,—	50	60,—	279,—	3
10	50,—	20,—	3600	90,—	s. Einrichtungslöhne		182,—	3
10	480,—	240,—	25000	620,—	s. Einrichtungslöhne		1580,—	3
10	120,—	60,—	3000	75,—			291,—	3
		1302,—	97320	2428,—		1500,—	10320,—	

Verteilung der Gerätekosten.

Position 1. Rammarbeiten 1480,— RM. oder 1480/2400 = 0,62 RM.
je 1 m².

Position 3. Betonarbeiten 6830,— RM. oder 6830/3300 = 2,07 RM.
je 1 m³.

Wasserhaltung 830,— RM. oder 830/60 = 13,80 RM./1 Tag.

Position 4. Bewehrung 1180,— RM. oder 1180/264 = 4,50 RM./1 t.

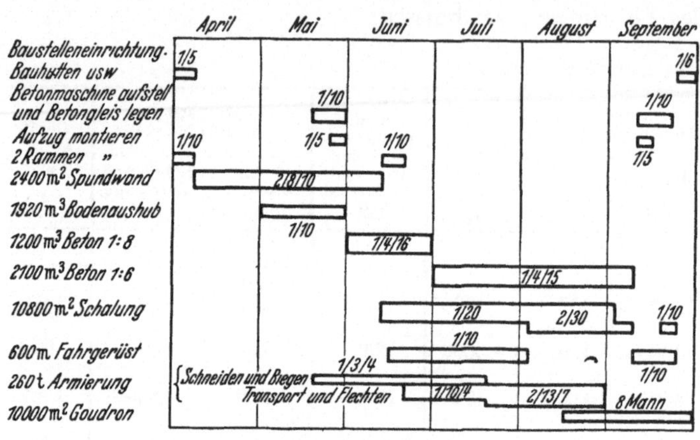

Abb. 73. Terminplan.

2. Materialkosten.

Position 1. Rammarbeiten. Bei Annahme einer Tagesleistung der Kleindampframme von 25 m² in 8 h und eines Kohlenverbrauchs von 375 kg für diese Leistung, ergeben sich die Materialkosten für die Rammarbeiten wie folgt:

1,1 m² Spundbohlen zu 4,40 RM.. . . . . 4,84 RM.
15 kg Steinkohle zu 0,03 RM. . . . . 0,45 „
0,08 kg Maschinenöl zu 0,32 RM. . . . . . . 0,03 „
                                                5,32 RM.

Position 2. Erdarbeiten. An Betriebstoffen sind erforderlich je 1 m³ Bodenbewegung:

0,03 kg Rollwagenöl zu 0,20 RM. = 0,01 RM.

Position 3. Betonarbeiten:

a) Baustoffe und Betriebstoffe.

Die Materialkosten aus dem Baustoff- und Betriebstoffverbrauch für die verschiedenen Betonmischungen ergeben sich wie folgt:

1 m³ Beton 1 : 6:

0,9 m³ Kies zu 6,— RM.. . . . . 5,40 RM.
0,4 m³ Sand zu 7,— RM. . . . . 2,80 „
280 kg Zement zu 5,50 RM. . . . . 15,40 „
0,36 m³ Wasser zu 0,25 RM. . . . . 0,09 „
0,9 kWh zu 0,20 RM. . . . . 0,18 „
Öle usw. . . . . 0,01 „
                                               23,88 RM.

1 m³ Beton 1 : 8 :

0,9 m³ Kies zu 6,— RM.	5,40 RM.
0,4 m³ Sand zu 7,— RM.	2,80 „
220 kg Zement zu 5,50 RM.	12,10 „
0,30 m³ Wasser zu 0,25 RM.	0,08 „
0,9 kWh zu 0,20 RM.	0,18 „
Öle usw.	0,01 „
	20,57 RM.
1200 m³ Beton 1:8 zu 20,60 RM	24720,— RM.
2100 m³ Beton 1:6 zu 23,90 RM	50190,— „
	74910,— RM.

Durchschnittskosten 74910/3300 = 22,70 RM. für Baustoffe und Betriebstoffe und 22,42 RM. für Baustoffe ohne Betriebstoffe.

b) Bauhilfstoffe.

Schalung und Rüstung. Schalfläche im ganzen 10800 m² oder 10800/3300 = 3,3 m²/1 m³ Beton.

Holzverbrauch. Bei Berechnung des verbrauchten und daher zur Abschreibung kommenden Bauholzes wurde angenommen, daß das Schalholz 4mal, Kantholz 6mal und Rundholz (Sprießholz) 10mal Verwendung finden kann. Dann ergibt sich der Holzverbrauch je 1 m³ Beton wie folgt:

Verbrauch an *Schalbrettern* 30 mm:

$$\frac{3{,}3 \cdot 0{,}03}{4} = 0{,}025 \text{ m}^3 \text{ zu } 65{,}— \text{ RM.} \ldots \ldots \ldots \ldots 1{,}60 \text{ RM.}$$

Verbrauch an *Kantholz* 10/12 cm:

$$\frac{3{,}3 \cdot 1{,}5 \cdot 0{,}012}{6} = 0{,}01 \text{ m}^3 \text{ zu } 65{,}— \text{ RM.} \ldots \ldots \ldots 0{,}65 \text{ „}$$

Verbrauch an *Rundholz* (Sprießholz) ⌀ 16 cm:
3,0 lfd. m/1 m² Schalfläche oder je 1 m³ Beton

$$\frac{3{,}3 \cdot 3{,}0 \cdot 0{,}02}{10} = 0{,}02 \text{ m}^3 \text{ zu } 50{,}— \text{ RM.} \ldots \ldots \ldots 1{,}— \text{ „}$$

Verbrauch an *Nägeln* 0,25 kg/1 m² oder
je 1 m³ Beton 0,25 · 3,3 = 0,8 kg zu 0,30 RM. . . . . 0,24 „
Verbrauch an *Schaldraht* 0,20 kg/1 m² oder
je 1 m³ Beton 0,20 · 3,3 = 0,7 kg zu 0,25 RM. . . . . . . 0,17 „
Gesamtkosten für Schalung und Rüstung je 1 m³ Beton . . 3,66 RM.

Bemerkung. Der tatsächliche *Holzbedarf* der Baustelle an Schalholz und Rüstholz kann gleich dem errechneten Holzverbrauch gesetzt werden, da es auf Grund der Schalfristen möglich ist, das Holz auf der Baustelle so oft zu verwenden, als in der Berechnung angenommen wurde. Der Holzbedarf ist daher

Schalholz	. . . 0,025 · 3300 =	82,5 m³
Kantholz	. . . 0,010 · 3300 =	33,0 m³
Rundholz	. . . 0,020 · 3300 =	66,0 m³
		181,5 m³.

Kosten für An- und Rücktransport der Bauhilfstoffe:

181,5 · 0,6 · 2 · 12,5 = 2712,50 RM. oder

je 1 m³ Beton 2712,5/3300 = 0,82 RM.

Betonfahrgerüst 6,5 m hoch. Erforderlich ist ein *Holzbedarf* für etwa 400 lfd. m Gerüst oder $6,5 \cdot 400 = 2600$ m² Gerüstfläche. Der Holzbedarf errechnet sich nach Gerüstskizzen zu 0,042 m³ je 1 m² Ansichtsfläche des Gerüstes, der Gesamtbedarf demnach zu $2600 \cdot 0,042 = 110$ m³ Gerüstholz, und zwar:

> 80 m³ Stangenholz $\varnothing$ 12 bis 14 cm,
> 20 m³ Kantholz 10/14 cm,
> 10 m³ Belagdielen 30 bis 40 mm,

dazu

> 900 kg Kleineisenzeug (Schrauben und Nägel).

Holzverbrauch. Der zu kalkulierende tatsächliche Holzverbrauch, welcher vom Holzwert abzuschreiben ist, richtet sich in diesem Fall, wo nur mit einer durchschnittlich einmaligen Verwendung des Holzes auf der Baustelle gerechnet werden kann, in erster Linie danach, ob in absehbarer Zeit mit einer Wiederverwendung des Holzes bei anderen Arbeiten zu rechnen ist. Der Unternehmer wird daher bei Kalkulation des Holzverbrauches vorsichtigerweise die Hälfte vom Neuwert des Gerüstholzes bei dieser Arbeit abschreiben, und zwar:

Für Rundholz $0,5 \cdot 80 = 40$ m³ zu 50,— RM. . . . . . . 2000,— RM.
Für Kantholz $0,5 \cdot 20 = 10$ m³ zu 65,— RM. . . . . . . 650,— „
Für Belagdielen $0,5 \cdot 10 = 5$ m³ zu 65,— RM. . . . . . 325,— „
Für Kleineisenzeug $^{1}/_{3} \cdot 900 = 300$ kg zu 0,30 RM. . . . 90,— „
Für Holzverbrauch insgesamt 3065,— RM.

Dazu kommen noch für Rücktransport des Holzes zum Lagerplatz der Unternehmung $110 \cdot 0,6 = 66$ t zu 12,50 RM. 825,— „
Materialkosten für das Fahrgerüst 3890,— RM.

oder je 1 m³ Beton $3890/3300 = 1,18$ RM.

Kosten insgesamt für *Bauhilfstoffe*
je 1 m³ Beton $3,66 + 0,82 + 1,18 = 5,66$ RM. oder $5,66/3,3 = 1,70$ RM.
je 1 m² Schalfläche.

Zu Position 2 und 3. Wasserhaltung. Die für die Zeit des Erdaushubs und Herstellung des Fundamentbetons erforderliche Wasserhaltung dauert nach dem Betriebsprogramm *60 Tage.* Für den Antrieb der nach der Geräteliste vorgesehenen 150 mm-Kreiselpumpe ist eine 12 PS-Lokomobile als Antriebsmaschine gewählt. Die *Materialkosten je 1 Tag* errechnen sich dann wie folgt:

Betriebstoffe:

600 kg Kohle zu 0,03 RM. . . . . 18,— RM.
2,0 kg Maschinenöl zu 0,32 RM. . . . . . . 0,64 „
1,0 kg Zylinderöl zu 0,40 RM. . . . . 0,40 „
0,5 kg Putzwolle zu 0,60 RM. . . . . 0,30 „
0,3 kg Putzöl zu 0,20 RM. . . . . 0,06 „
6 m³ Wasser zu 0,25 RM. . . . . 1,50 „
Sonstiges . . . . 0,10 „
Materialkosten insgesamt 21,— RM. je 1 Tag

Position 4. Rundeisenbewehrung. Die Materialkosten berechnen sich wie folgt:

1 t Rundeisen frei Baustelle	150,— RM.
10% Verschnitt	15,— ,,
4 kg Bindedraht zu 0,35 RM.	1,40 ,,
Strom 4 kW zu 0,20 RM.	0,80 ,,
Materialkosten je 1 t	167,20 RM.

Position 5. Goudronanstrich. Erforderlich sind 1,0 kg/m² zu 0,50 RM. = 0,50 RM.

Position 6. Dehnungsfugen. Für 1 Dehnungsfuge ergeben sich folgende Materialkosten:

4 kg Goudron zu 0,50 RM.	2,— RM.
5 m² Dachpappe zu 0,60 RM.	3,— ,,
25 kg Kupferblech zu 0,60 RM.	15,— ,,
	20,— RM.

3. Lohnkosten.

Vorweg sei bemerkt, daß die für die Einrichtung der Baustelle und für allgemeine Arbeiten kalkulierten Lohnkosten zweckmäßig auf den Haupttitel, d. h. die Betonarbeiten verteilt werden.

a) Lohnkosten für Baustelleneinrichtung.

250 m² Bauhütten aus Holz aufstellen und wieder abbrechen zu 5 Stz. je 1 m² . . . . 1250 Stz.

80 m² Überdachung aus Holz aufstellen und wieder abbrechen zu 4 Stz. je 1 m² . . . . 320 Stz.

1 Wasseranschluß 600 m Rohre 1¹/₂″ zu 0,5 Stsl. . . . . . 300 Stsl.

1000 lfd. m Gleis 600 mm 2mal verlegen und wiederaufnehmen 2 · 1000 · 0,7 . . . . 1400 St.

Zusammenstellung der Lohnkosten für Baustelleneinrichtung:

1570 Zimmererstunden zu 0,90 RM. (einschl. Aufsicht) . .	1413,— RM.
300 Schlosserstunden zu 0,90 RM. (,, ,,) . .	270,— ,,
1400 Tiefbauarbeiterstd. zu 0,70 RM. (,, ,,) . .	980,— ,,
	2663,— RM.

oder je 1 m³ Beton 2663/3300 = *0,80 RM.*

b) Lohnkosten für allgemeine Arbeiten.

Die allgemeinen Arbeiten beschränken sich auf die Unterhaltung einer kleinen Reparaturwerkstätte. Als Besatzung der Schmiede werden angenommen:

1 Schmied mit . . . . . 0,85 RM.	Stundenlohn
1 Helfer mit . . . . . 0,60 ,,	,,
1 Schlosser mit . . . . 0,85 ,,	,,
Lohnkosten der Schmiede 2,30 RM.	je 1 Betriebstunde.

In 6 Monaten zu je 24 Arbeitstagen ergeben sich als gesamte Lohnkosten

6 · 24 · 8 = 1152 Betriebstunden zu 2,30 RM. = 2649,60 RM.

oder je 1 m³ Beton 2649,60/3300 = *0,80 RM.*

c) Lohnkosten für die Bauausführung im engeren Sinne.

Position 1. 2400 m² Spundwände schlagen. Leistung einer Kleindampframme unter den vorliegenden Verhältnissen 25 m² in 8 h. Durchschnittliche Besatzung: 1 Rammeister, 1 Maschinist, 3 Zimmerleute, 6 Tiefbauarbeiter, d. h. insgesamt 11 Mann mit einem Durchschnittslohn von 0,80 RM. oder je 1 m² Spundwand ein Lohnaufwand von

$$3,6 \text{ Lohnstunden zu } 0,80 \text{ RM.} = 2,90 \text{ RM.}$$

Position 2. 1920 m³ Erdaushub. Bei einer Belegschaft von 1 Vorarbeiter und 9 Tiefbauarbeitern ist mit einer durchschnittlichen Tagesleistung von 40 m³ in 8 h (2maliges Werfen) zu rechnen. Bei einem mittleren Stundenlohn von 0,66 RM. entstehen folgende *Lohnkosten je 1 m³* Erdbewegung:

2,0 Lohnstd. zu 0,66 RM. = 1,32 RM. für Baugrubenaushub
1,5 „ „ 0,66 „ = 0,99 „ „ Wiederauffüllen der Baugrube
2,31 RM.

Position 3. 3300 m³ Beton.

a) Betonieren. Nach den im Betriebsprogramm angenommenen Leistungen und Belegschaften ergibt sich je 1 m³ Beton ein Lohnaufwand von

$$4,2 \text{ Lohnstunden zu durchschnittlich } 0,72 \text{ RM.} = 3,02 \text{ RM.}$$

b) Betonfahrgerüst. Für Aufstellen und Wiederabbrechen von 600 lfd. m Fahrgerüst 6,5 m hoch mit 4000 m² Ansichtsfläche ist ein Lohnaufwand zu rechnen von

$$4000 \cdot 1,2 = 4800 \text{ Zimmererstunden zu } 0,90 \text{ RM.} = 4320,— \text{ RM.}$$

oder je 1 m³ Beton 4320/3300 = *1,31 RM.*

c) Schalarbeiten. Der Lohnaufwand für Ein- und Ausschalen von 10 800 m² Schalfläche ergibt sich zu

$$1,2 \cdot 10\,800 = 13\,960 \text{ Zimmererstunden zu } 0,90 \text{ RM.} = 12\,564,— \text{ RM.}$$

oder je 1 m³ Beton 12 504/3300 = *3,81 RM.*

Zu Position 2 und 3. Wasserhaltung. Die Lohnkosten für 1 Tag Wasserhaltung errechnen sich zu

24 Maschinistenstunden zu 0,90 RM. . . . 21,60 RM.
8 Tiefbauarbeiterstunden zu 0,60 RM. . . 4,80 „
26,40 RM.

Zusammenstellung der Einheitspreise

Pos. Nr.	Benennung	Geräte-kosten G RM.	Lohne L RM.	Material M			
				Bau-stoffe RM.	Bau-hilf-stoffe RM.	Betrieb-stoffe RM.	Ins-gesamt RM
1.	1 m² Spundwand	0,62	2,90	4,84	—	0,48	5,32
2.	1 m³ Aushub . .	—	2,31	—	—	0,01	0,01
3.	1 m³ Beton . . .	2,07	9,74	22,42	5,66	0,28	28,36
	1 Tag Wasserhaltung	13,80	26,40	—	—	21,—	21,—
4.	1 t Armierung .	4,50	38,—	165,—	1,40	0,80	167,20
5.	1 m² Goudron-anstrich . . .	—	0,18	0,50	—	—	0,50
6.	1 Dehnungsfuge .	—	3,—	20,—	—	—	20,—

Position 4.   264 t Rundeisenbewehrung.

Ermittlung der Lohnkosten je 1 t.

a) Sortieren, Schneiden und Biegen der Rundeisen mit neuzeitlichen Maschinen (Romryk und Rekord): Durchschnittliche Stundenleistung 1 t. Belegschaft: 1 Meister, 3 Facharbeiter, 4 Hilfsarbeiter. Durchschnittslohn 0,80 RM. + 0,20 RM. Prämienzuschlag = 1,— RM.
Lohnaufwand für Schneiden und Biegen 8 h zu 1,— RM. = 8,— RM.

b) Transportieren und Flechten. Belegschaft: 1 Vorarbeiter, 10 Eisenflechter, 4 Tiefbauarbeiter. Durchschnittslohn zuzüglich Prämien 1,— RM. Der Lohnaufwand je 1 t Bewehrung ist dann

$$30 \text{ Lohnstunden zu } 1{,}— \text{ RM.} \ldots \ldots 30{,}— \text{ RM.}$$
$$\text{Lohnaufwand aus a) und b)} \ldots \ldots \textit{38,— RM. je 1 t.}$$

Position 5. Goudronanstrich. Für 2maligen Anstrich kann man rechnen je 1 m² Fläche

$$0{,}3 \text{ Tiefbauarbeiterstunden zu } 0{,}60 \text{ RM.} \ldots 0{,}18 \text{ RM.}$$

Position 6. Dehnungsfugen. Lohnaufwand für 1 Dehnungsfuge:

$$4 \text{ m² Goudronanstrich zu } 0{,}3 \text{ St.} \ldots \ldots 1{,}2 \text{ St. zu } 0{,}60 \text{ RM.} = 0{,}72 \text{ RM.}$$
$$4 \text{ m² Dachpappe aufkleben zu } 0{,}35 \text{ St.} \ldots 1{,}4 \text{ St. ,, } 0{,}60 \text{ ,, } = 0{,}84 \text{ ,,}$$
$$25 \text{ kg Kupferblech schneiden und montieren } 1{,}6 \text{ St. ,, } 0{,}90 \text{ ,, } = 1{,}44 \text{ ,,}$$
$$\overline{ 3{,}— \text{ RM.}}$$

Zusammenstellung der Kosten für 600 lfd. m Ufermauer.

Position 1. 2400 m² Spundwandrammung zu 11,70 RM.   28 080,— RM.
  ,,   2. 1920 m³ Fundamentaushub zu 3,55 RM. .   6 816,— ,,
  ,,   3. 3300 m³ Beton zu 51,80 RM. . . . . . . 170 940,— ,,
            60 Tage Wasserhaltung zu 82,80 RM. . .   4 968,— ,,
  ,,   4. 264 t Rundeisenbewehrung zu 267,— RM.   70 488,— ,,
  ,,   5. 10 000 m² Goudronanstrich zu 0,88 RM.. .   8 800,— ,,
  ,,   6. 49 Dehnungsfugen zu RM. 28,80 . . . .   1 411,20 ,,

Angebotssumme 291 503,20 RM.

oder je lfd. m Ufermauer 291 503,20/600 = *488,75 RM.,*
oder je 1 m³ Eisenbeton 291 503,20/3300 = *88,50 RM.*

(Selbstkosten- und Angebotspreise).

Zuschläge		Selbstkosten S	Gewinn, Wagnis, Umsatzsteuer + 10% von S	Angebotspreis
+10% von (M+G)	+ 40% von L			
RM.	RM.	RM.	RM.	RM.
0,60	1,16	10,60	1,06	11,70
—	0,92	3,24	0,31	3,55
3,04	3,90	47,11	4,71	51,80
3,48	10,56	75,24	7,52	82,80/Tag
17,20	15,20	242,10	24,25	267,—
0,05	0,07	0,80	0,08	0,88
2,00	1,20	26,20	2,60	28,80

Zweckmäßig ermittelt man noch den prozentualen Anteil der einzelnen Kostenarten an den gesamten *Selbstkosten*:

Kostenanteil	Selbstkosten in RM.	in % der Selbstkosten	in % der Gesamtkosten
1. Gerätekosten	10440,60	4,0	3,6
2. Löhne	57100,20	21,5	19,8
3. Materialkosten	157756,—	60	55,0
4. Gemein- und Geschäftskosten	39706,20	14,5	12,6
Selbstkosten insgesamt	265003,—	100	91,0

XVII. Zimmerarbeiten.

Klassierung von Rundholz.

Für Kiefern-, Fichten- und Tannenholz bestehen in Bayern, Württemberg und Baden folgende Holzvermessungsvorschriften, die auch den Namen „Heilbronner Sortierung" führen. Es müssen nach diesen Vorschriften haben:

Langholz.

a) Stämme.

I. Klasse mindestens 18 m Länge und bei 18 m mindestens 30 cm ⌀
II. „ · „ 18 m „ „ „ 18 m „ 22 cm ⌀
III. „ „ 16 m „ „ „ 16 m „ 17 cm ⌀
IV. „ „ 14 m „ „ „ 14 m „ 14 cm ⌀
V. „ „ 10 m „ „ „ 10 m „ 12 cm ⌀
VI. „ alles kürzere und schwächere Stammholz, welches bei 1 m über dem Abhub auf der Rinde gemessen noch über 14 cm ⌀ hat.

Bei Nadelholzstämmen der Klassen I bis mit IV sind in der Regel folgende Zopfstärken nicht zu unterschreiten:

I. Klasse bei mehr als 18 m Länge mindestens 22 cm Zopfdurchmesser
II. „ „ „ „ 18 m „ „ 17 cm „
III. „ „ „ „ 16 m „ „ 14 cm „
IV. „ „ „ „ 14 m „ „ 12 cm „

b) Abschnitte.

Unter 18 m lange Stammteile, die sich trotz ihrer stärkeren Abmessungen nicht in die Stammholzklasse einreihen lassen und mindestens 18 cm Zopfdurchmesser haben.

I. Klasse 40 cm und mehr Mittendurchmesser,
II. Klasse 30 bis 39 cm Mittendurchmesser,
III. Klasse unter 30 cm Mittendurchmesser.

Stangenholz.

Baustangen 11 bis 14 cm stark

Ia. Klasse > 15 m lang
Ib. „ 13,1 bis 15 m lang
II. „ 11,1 „ 13 m „
III. „ 9,1 „ 11 m „

A. Einfache Zimmerarbeiten.

Normen für Holzabmessungen.

DIN 4070 Kantholz, Balken, Dachlatten,
DIN 4071 Bretter und Bohlen,
DIN 4072 Spundung von Brettern.

1. Balken verlegen

für Holzbalkendecken von Wohnhäusern u. dgl. Die Arbeit umfaßt das Abschneiden der Balkenenden, Hochfördern der Balken und sachgemäßes waagerechtes Verlegen der Balken. Die Angaben beziehen sich auf *Weichholz* (Tanne).

Balken verlegen für Holzbalkendecken von Wohnhäusern in üblichen Abmessungen (etwa 12/24 cm alle 0,90 m) kostet bei Weichholz für

1 lfd. m . . . . *0,25 Stz.*

Balken verlegen für Decken von Hochbauten u. dgl. in anderen Abmessungen, mit Balkenquerschnitten von F cm², kostet bei Weichholz für *1 lfd. m*

bei $F = 160$ cm² (z. B. 8/20) . . . . 0,20 Stz.
„ $F = 400$ cm² (z. B. 14/30) . . . . 0,30 Stz.
„ $F = 600$ cm² (z. B. 18/34) . . . . 0,45 Stz.
„ $F = 800$ cm² (z. B. 20/40) . . . . 0,55 Stz.

Balkenenden mit *Karbolineum* zu streichen kostet für

1 Balkende . . . . 0,1 Stz.
Karbolineumverbrauch . . . . 2,5 Rpf.

2. Abhobeln von Schnittholz (Weichholz).

Abhobeln von Balken (Pfettenköpfe oder Sparrenköpfe) *von Hand* kostet *für 1 m²*

bei Abmessungen bis 20/20 cm . . . 0,6 Stz.
„   „   > 20/20 cm . . . . 0,5 Stz.

Hobeln und Profilieren von Balkenköpfen kostet *je 1 Stück*

für Pfettenköpfe . . . . 0,9 Stz.
„ Sparrenköpfe . . . . 0,7 Stz.

Abhobeln von Balken u. dgl. in größerem Umfange *mit Maschinen* kostet *je 1 m²*

an Löhnen . . . . 0,15 Stz.
Gerätekosten . . . . 0,15 RM.

Bemerkung. Die obigen Sätze sind für *Rundhölzer um 25%* zu *erhöhen*. Bei *Harthölzern* erfolgt ein *Zuschlag von 50%*.

B. Zimmerkonstruktionen ohne Verband

d. h. Konstruktionen, bei denen keine Zapfen- oder Schlitzverbindungen vorkommen, also nur mit Verstrebungen und Verdübelungen, wie Brückenhölzer, einfache Rüstungen und Unterstützungen von Eisenbetonkonstruktionen usw.

Es handelt sich also mehr um *vorübergehende* Konstruktionen, für welche auch nur *Weichholz* in Frage kommt. Der *Lohnaufwand je 1 lfd. m bzw. je 1 m³ verzimmertem Holz* ist für

Aufstellen und Wiederabbrechen der Konstruktion
(einschl. Entnageln und Stapeln der wiedergewonnenen Hölzer).

Querschnitt $F = cm^2$	Rundholz $d = cm$	Kantholz cm/cm	Zimmererstunden (Stz.)	
			je 1 lfd. m	je 1 m³
60	9	8/8	0,23	36
120	13	10/12	0,40	33
200	*16*	*14/14*	*0,50*	*25*
300	20	18/18	0,60	20
600	27	24/24	0,90	16
900	34	30/30	1,30	15

Bei Errechnung des *Holzbedarfs* sind, wenn man Holz *vom Lager* verwendet und nicht in *festen Längen* vom Sägewerk bezieht, *10% für Verschnitt* zum reinen Kubikinhalt zuzuschlagen.

C. Holzkonstruktionen mit Verband.

Hier handelt es sich um Konstruktionen zum *dauernden Einbau* in Bauwerke, also z. B. *Dachkonstruktionen* von Hochbauten.

a) Die vierkantig rein gearbeiteten *Weichhölzer* werden vollständig zu Konstruktionen mit Verband angearbeitet, d. h. die *Hölzer abbinden*, auf den Bau bringen *und aufstellen* einschließlich aller Nebenarbeiten, aber ausschließlich Hobeln. Es sind also Konstruktionen, bei denen Zapfen- und Schlitzverbindungen vorkommen, wie Holzbinder, Spreng- und Hängewerke usw.

b) Das Hobeln des Holzes ist besonders nach S. 255 zu ermitteln.

Der Lohnaufwand je lfd. m bzw. je 1 m³ verzimmertes Holz ist für

Abbinden und Aufstellen der Zimmerkonstruktion
(vor allem Dachstühle u. dgl.)

Querschnitt $F = cm^2$	Kantholz cm/cm	Zimmererstunden (Stz.)	
		je 1 lfd. m	je 1 m³
60	8/8	0,22	35
120	10/12	0,35	30
200	14/14	0,40	28
300	18/18	0,70	22
600	24/24	1,05	18
900	30/30	1,45	16

Bemerkung. Hierunter fallen auch *abgebundene* Gerüstkonstruktionen wie Fördergerüste für Lokomotivtransporte.

D. Blindböden und Böden für Zwischendecken.

Bretter (gesäumt, rauh) horizontal und eben in höchstens 1 cm Abstand verlegen (also einen *ungenagelten Blindboden* oder *Fußboden ohne Lagerhölzer herstellen*) kostet einschließlich Geräte *für 1 m²*

bei 3,0 cm starken Brettern . . . . . 0,40 Stz.
„ 4,0 cm „ „ . . . . . 0,45 Stz.

Zwischendecke (Windelboden) mit Lattenlagerung (Balken mit-
gemessen):

Materialbedarf: für 1 m² 0,90 m² Bretter 30 bis 40 mm und bei einem

Balkenabstand von 0,50 0,60 0,70 0,80 0,90 1,00 m
Verbrauch an Latten 4/6 4,6 3,8 3,3 3,0 2,6 2,3 lfd. m
Verbrauch an Drahtstiften 0,05 0,04 0,035 0,030 0,028 0,025 kg.

Lohnverbrauch . . . . 0,30 Stz.

Stülpdecke, mit 3 cm Überstülpung, als *Windelboden*
Breite der Bretter 14 bis 24 cm, i. M. 18 cm,
Überstülpung 28 „ 14% „ „ 20%,
Herstellen der Stülpdecke . . . . 0,40 Stz.

E. Fußböden.

Fußboden aus genagelten, rauhen und gespundeten Brettern (Rauh-
spundfußboden) oder Pfosten herzustellen kostet für 1 m²:

bei 2,5 cm starken Brettern . . . . 0,35 Stz.
bei 3,0 cm „ „ . . . . 0,40 Stz.
bei 4,0 cm „ „ . . . . 0,45 Stz.
bei 5,0 cm „ Pfosten . . . . 0,50 Stz.
bei 6,0 cm „ „ . . . . 0,60 Stz.

Fußboden, gehobelt und gefedert, 25 bis 40 mm stark,
Breite der Bretter 10 bis 20 cm, i. M. 14 cm,
Abgang für Nut und Feder 5 bis 10%, i. M. 7%,
Verbrauch an *Drahtstiften* je nach Balkenabstand
für 1 m² . . . . 0,2 bis 0,3 kg

Herstellen des Fußbodens . . . . 0,35 bis 0,45 Stz.

Fußbodenlager legen kostet bei einem

Lagerabstand von 0,50 0,60 0,70 0,80 0,90 1,0 m
Lagerhölzer etwa 2,35 2,00 1,75 1,60 1,50 1,35 m/1 m²
Legen der Lagerhölzer für 1 lfd. m . . . . 0,30 Stz.

Parkettfußboden auf vorhandenem Blindboden (s. D.),
Herstellen (verdeckt vernageln) Stäbe 40/12 . . . . . 1,0 bis 1,2 Stz.
Verbrauch an Drahtstiften 60 mm . . . . 0,45 kg.

Bei sämtlichen Fußböden (Ausnahme Parkett) ist mit einem *Holzverschnitt* von *10* bis *15*% zu rechnen.

F. Dachschalung.

Dachschalung in Nut und Feder, 20 bis 25 mm stark,
Breite der Bretter 10 bis 20 cm, i. M. 14 cm,
Abgang für Nut und Feder 5 bis 10%, i. M. 10%,
Verbrauch an Drahtstiften 0,06 bis 0,08 kg für 1 m²,
Verschalen mit Dielen in Nut und Feder je 1 m² . . . . . 0,35 Stz.

Dachschalung mit 4 bis 5 cm Überstülpung,
Breite der Bretter 14 bis 22 cm, i. M. 18 cm,
Überstülpung 20 bis 50%, i. M. 30%.
Das Verschalen kostet je 1 m² . . . . 0,35 Stz. + 0,05 St.

Dachfläche mit Strecklatten (2¹/₂ · 10 cm stark) *versehen:*
Bei einem Sparrenabstand von 0,70 bis 1,00 m ist der Verbrauch an
Strecklatten 1,65 bis 1,20 m für 1 m² und
der Lohnaufwand für 1 m² . . . . 0,10 Stz.

Dachfläche mit *Dachlatten versehen:*
Bei 3,5 lfd. m Latten für 1 m² . . . . 0,15 Stz.

*Kosten von 1 m² Dachschalung einschließlich Schalung, Streck-, Dach-
und Bundlatten:*

    a) *Materialverbrauch.* Einschließlich 10% Verschnitt:
             1,10 m² Schalung
             1,60 m Strecklatten 2¹/₂ · 10 cm
             3,5 m Dachlatten 3/5 cm
             0,20 m Bundlatten
             0,07 bis 0,10 kg Drahtstifte
    b) *Lohnaufwand* . . . . 0,60 Stz.

G. Deckenschalung.

Deckenschalung für Rohrdeckenputz 2 cm stark kostet je 1 m²:
an *Material:* 1,10 m² Schalung
              0,5 lfd. m Latten 2,5 · 5 cm
              0,05 bis 0,08 kg Drahtstifte
an *Löhnen* . . . . 0,35 Stz.
Deckenlattung für doppelt gerohrten Putz, 2¹/₂ · 5 cm *stark,* erfordert
an *Material:* 5,5 lfd. m Latten 2,5 · 5 cm
              0,06 kg Drahtstifte
an *Löhnen* je 1 m² . . . . 0,40 Stz.

H. Wandverschalung und Bauzäune.

Wandschalung in Nut und Feder:
Bei einer Breite der Bretter von 12 bis 18 cm, i. M. 15 cm.
Abgang für Nut und Feder 5,5 bis 8,5, i. M. 7%
Holzverschnitt 10%
Verbrauch an Drahtstiften 0,06 bis 0,08 kg/m²
Aufwand an *Löhnen* je 1 m² . . . . 0;50 Stz. + 0,10 St.

Wandschalung mit Fugendeckleisten:
Bei einer Breite der Bretter von 16 bis 24 cm sind erforderlich
je 1 m²:
an *Material:* 7,0 bis 4,5 lfd. m, i. M. 5,5 lfd. m Fugendeckleisten
             0,07 bis 0,05 kg i. M. . . . . 0,06 kg Drahtstifte
an *Löhnen* . . . . 0,35 Stz. + 0,10 St.

Wandschalung als Stülpschalung mit 4 cm Überstülpung.

Bei einer Breite der Bretter von 16 bis 24 cm, i. M. 20 cm ist die Überstülpung 33 bis 20, i. M. 25%

Lohnaufwand je 1 m² . . . . 0,50 Stz.

Bauzaun, geschlossen (für Stadtbauten) aus Brettern 25 mm, aufstellen und wieder abbrechen, kostet

an Löhnen je *1 m²* . . . . 1,6 Stz.

Materialbedarf: Kantholz (Pfosten und Riegel) 0,02 m³.

Bretter 1,1 m².

Nägel 0,2 kg.

Beispiele von Zimmerarbeiten im Hochbau.

Beispiel 67. Für einen *hölzernen Dachstuhl* sind die Kosten für das „Anarbeiten" des Dachstuhls samt Eindeckung zu ermitteln für 1 Binderfeld, bei einer Binderentfernung von 5,0 m (s. Abb. 74).

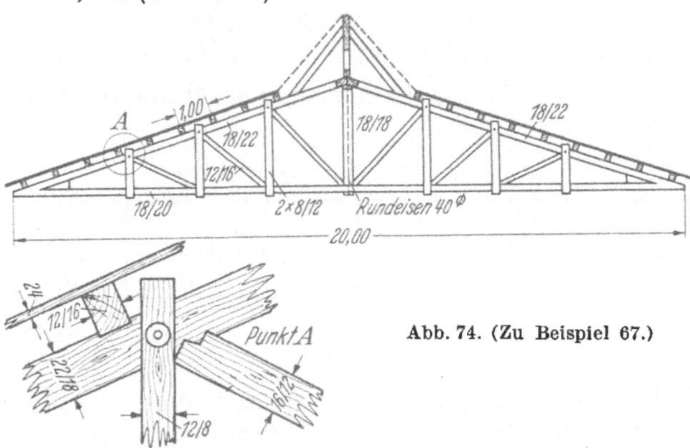

Abb. 74. (Zu Beispiel 67.)

Lösung. Die Berechnung ergibt folgenden *Kubikinhalt* der Hölzer einschließlich Laterne für Oberlicht für 1 Binderfeld:

2,70 m³ Kantholz für Binder
1,90 m³ Pfetten
2,00 m³ Dachschalung 24 mm
——————————————
6,60 m³ Schnittholz.

Materialbedarf. 6,60 + 15% Verschnitt = 7,60 m³ Schnittholz, Kleineisenzeug (Schrauben, Rundeisen usw.) 80 kg, Nägel 10 kg.

Lohnkosten. Sie betragen

20 lfd. m	18/20 zu	0,75 Stz. . .	15,0 Stz.
21 „ „	18/22 „	0,80 Stz. . .	17,6 Stz.
15 „ „	18/18 „	0,70 Stz. . .	10,5 Stz.
10 „ „	12/16 „	0,40 Stz. . .	4,0 Stz.
25 „ „	8/12 „	0,30 Stz. . .	7,5 Stz.

1. Binder 91 lfd. m zu durchschnittlich 0,6 Stz.   54,6 Stz.
2. Pfetten 100 lfd. m 12/16 zu 0,30 Stz. . . .   30,0 Stz.
3. Dachschalung 83 m² zu 0,35 Stz. . . . . .   29,0 Stz.
                                                113,6 Stz.

oder 113,6/6,6 = 17,3 Stz. je 1 m³ Holzkonstruktion
oder 113,6/100 = *1,14 Stz.* je *1 m²* Horizontalprojektion des Binders.

17*

Gerüste für Maurer- und Putzarbeiten.

Der Arbeitslohn für die Gerüstarbeiten bei Maurerarbeiten im Hochbau wird zumeist in die Maurerstunden mit einbezogen (s. Abschnitt XV, S. 191).

Bei getrennter Berechnung kann man rechnen:

Für Aufstellen und Abbrechen von je 1 m² Ansichtsfläche von Maurer- und Putzgerüsten:

Art des Gerusts	Materialbedarf		Lohnaufwand
	m³ Rundholz	m³ Schnittholz	
Stangengerüst (doppelt)	0,018	0,012	0,55 Stm.

Für Abschreibung des Gerüsts (Holzverbrauch, Kleineisenzeug, Gerüststricke usw.): *0,30 bis 0,45 RM.* je 1 m² Ansichtsfläche.

Abgebundene Maurergerüste, Krangerüste, Einrüstungen für Rabitzdecken, Eisenbetonhallenbauten u. dgl.

Hier empfiehlt sich Materialberechnung an Hand von Skizzen. Überschlägig kann man rechnen:

je 1 m³ umbauten Gerüstraum:

Materialbedarf		Lohnaufwand	Materialverbrauch (Abschreibung)
Kantholz und Schnittholz m³	Kleineisenzeug kg/1 m³ Holz		RM.
0,03 bis 0,045	12	1,0 bis 1,6 Stz.	0,50 bis 0,80

Mit Hilfe der vorangegangenen Ausführungen können Zimmerarbeiten im Hochbau (Herstellen von Dachstühlen, Fußböden, Decken-, Dach- und Wandschalungen) kalkuliert werden. Die angegebenen Lohnstundenwerte sind natürlich, wo schwierige Dachkonstruktionen mit vielen Kehlen und Graten vorliegen, noch entsprechend zu erhöhen.

Beispiele von Zimmerarbeiten im Ingenieurbau.

1. Zimmerarbeiten bei der Einrichtung von Tiefbaustellen.

Als Beispiele mögen einige Kalkulationen von Zimmerarbeiten dienen, wie sie bei *der Einrichtung großer Tiefbaustellen* anfallen beim Aufstellen von provisorischen Büros, Magazin-, Werkstattgebäuden u. dgl. An Hand der gemachten Angaben über Materialverbrauch, welche zur Übung nachkontrolliert werden mögen, sollen die *Selbstkosten an Zimmerlöhnen* festgestellt werden.

Beispiel 68. Es sollen die reinen Lohnkosten für die Zimmerarbeiten ermittelt werden für ein *Baubüro* von 8 · 10 m Grundrißflache, welches in Holzfachwerk mit Ausmauerung hergestellt wird und es soll dann der Anteil der Zimmerlöhne an den Kosten je 1 m² Grundrißfläche bestimmt werden.

Lösung. Verzimmertes Holz:
    a) 660 lfd. m Hölzer 12/12 cm (einschl. Sparren und Lagerhölzer),
    b) 73 m² Fußboden 7/8″.

Die *Lohnkosten* können dann wie folgt veranschlagt werden:
a) 660 lfd. m Holz verzimmern zu 0,4 Stz. . . 264   Stz.
b) 73 m² Fußboden legen zu 0,5 Stz. . . . . . . 36,5 Stz.

Insgesamt: 300,5 Stz.

Somit je 1 m² Grundrißfläche $\dfrac{300{,}5}{8 \cdot 10} = 3{,}75\ Stz.$

Beispiel 69. Eine *Kantine* für eine Tiefbaustelle 8 · 25 m, das ist 200 m² Grundrißfläche und 3 m Höhe mit Deckenschalung ist in Fachwerk zu verzimmern und mit Fußboden zu versehen. Es ist nach dem angegebenen Holzbedarf der Lohnkostenaufwand für die Zimmerarbeiten (Abbinden und Aufstellen) zu bestimmen und der Kostenanteil dieser Arbeit je 1 m² Grundrißfläche zu ermitteln (s. Abb. 75).

Lösung. An *Material* sind erforderlich:
730 lfd. m Pfosten, Schwellen usw. 15/15
220 lfd. m Sparren 8/10
104 lfd. m Lagerhölzer 15/15
300 lfd. m Lagerhölzer 12/12
190 m² Fußboden 7/8″
190 m² Deckenschalung 10 mm in Nut und Feder.

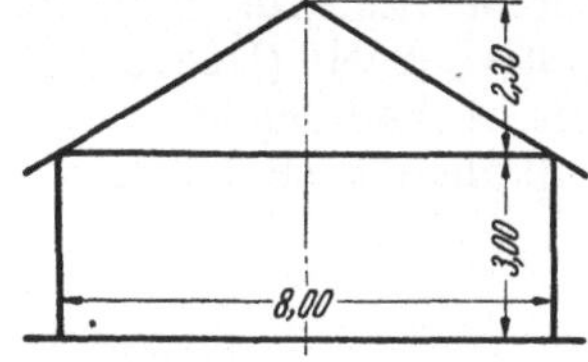
Abb. 75. (Zu Beispiel 69.)

Die *Lohnkosten für die Zimmerarbeiten* betragen demnach:

730 lfd. m Holz verzimmern zu 0,4 Stz. 292 Stz.
220 lfd. m Sparren 8/10 zu 0,3 Stz. . . 66 Stz.
104 lfd. m Lagerhölzer 15/15 zu 0,3 Stz. 31 Stz.
300 lfd. m Lagerhölzer 12/12 zu 0,3 Stz. 90 Stz.
190 m² Fußboden 7/8″ zu 0,35 Stz. . . 67 Stz.
190 m² Deckenschalung 10 mm 0,35 Stz. 67 Stz.

Insgesamt: 613 Stz.

Somit je 1 m² Grundrißfläche 613/200 = *3,07 Stz.*

Beispiel 70. Für *1 Zementschuppen* 12 · 60 m, welcher in Holzfachwerkswänden mit Stülpschalung der Wände, Dachverschalung (zwecks Ruberoidabdeckung) und Fußboden zu versehen ist, sind die reinen Lohnkosten für Abbinden und Aufstellen der Holzkonstruktion auf Grund des angegebenen Holzbedarfs festzustellen und ihr Anteil je 1 m² Grundrißteil zu ermitteln (s. Abb. 76).

Lösung. An *Material* sind erforderlich:
a) 300 lfd. m Pfetten 12/18 cm
b) 990 lfd. m Pfosten, Schwellen u. dgl. 12/12 cm
c) 1495 lfd. m Zangen und Sparren 10/10 cm
d) 1080 lfd. m Lagerhölzer 12/12 cm
e) 360 lfd. m Lagerhölzer 15/15 cm
f) 720 m² Fußboden 25 mm
g) 500 m² Stülpschalung für Wände
h) 850 m² Dachschalung.

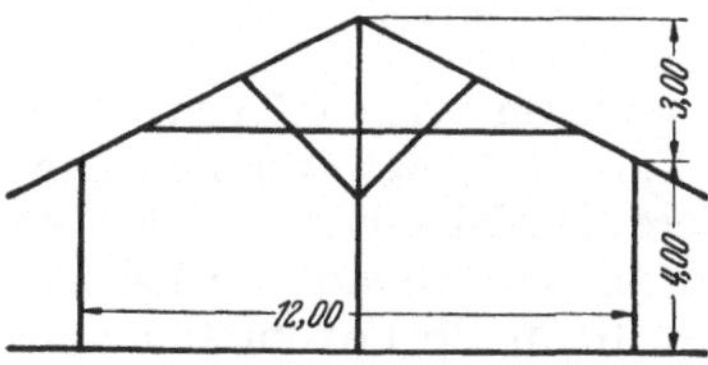
Abb. 76. (Zu Beispiel 70.)

Die *Lohnkosten für die Zimmerarbeiten* betragen demnach für *Aufstellen*

a) 300 lfd. m Holz verzimmern zu 0,50 Stz. . . . 150 Stz.
b) 990 lfd. m Holz verzimmern zu 0,40 Stz. . . . 396 Stz.
c) 1495 lfd. m Holz verzimmern zu 0,35 Stz. . . 523 Stz.
d) 1080 lfd. m Holz verzimmern zu 0,30 Stz. . . 324 Stz.
e) 360 lfd. m Holz verzimmern zu 0,35 Stz. . . . 126 Stz.
f) 720 m² Fußboden zu 0,40 Stz. . . . . 288 Stz.
g) 500 m² Stulpschalung zu 0,50 Stz. . . . . . . 250 Stz.
h) 850 m² Dachschalung zu 0,40 Stz. . . . . . . 340 Stz.

Insgesamt: 2397 Stz.

Somit je 1 m² Grundrißfläche 2397/720 = *3,35 Stz.*

Für *Abbau* der Konstruktion kann man rechnen 2397/3 = 800 Stz. oder je 1 m² 800/720 = *1,12 Stz.*

Bemerkung. Will man die Kostenermittlung vervollständigen, so kommen zu den Zimmerarbeiten noch etwa 45 m³ Betonfundamente und 850 m² Dachdeckung mit Ruberoid od. dgl.

2. Fördergerüste.

Allgemeines. Bei Tiefbauarbeiten kommt es sehr oft vor, daß Transportbrücken für Betonförderung oder für Materialförderung mit Lokomotivbetrieb (Überbrückung von Tälern) verzimmert werden müssen. Um Anhaltspunkte zu geben, wie solche Arbeiten rasch und sicher zu kalkulieren sind, seien im folgenden Beispiele nebst Ermittlung des Holzverbrauchs und Stundenaufwands durchgerechnet, so daß es möglich sein wird, an Hand der dabei gewonnenen Werte die Kosten für Transportgerüste rasch überschlägig zu ermitteln, wenn man die mittlere Höhe und Länge des Gerüsts, d. i. den Flächeninhalt der Gerüstansicht in m² kennt. Für Betontransporte sind bis zu Höhen von 10 m leichte Stangengerüste üblich, die bei kurzen Betontransporten und verhältnismäßig geringen Massen eingleisig gebaut und nur mit Kipploren von 0,75 m³ Inhalt befahren werden. Bei Höhen über 10 m wird man verzimmerte Gerüste verwenden und diese, wo größere Förderweiten und größere Massen vorliegen, zweigleisig ausbilden. Es ist auch darauf Rücksicht zu nehmen, wenn das Gerüst mit leichten 10/20 PS-Lokomotiven befahren wird. Wesentlich schwerer fallen die Gerüste aus, welche man in großen Erdbetrieben mit schweren Lokomotiven (bis 200 PS) bei der Kreuzung von Flüssen oder Tälern zu verwenden hat. Diese sind *sorgfältig für die betreffenden Lasten* zu berechnen.

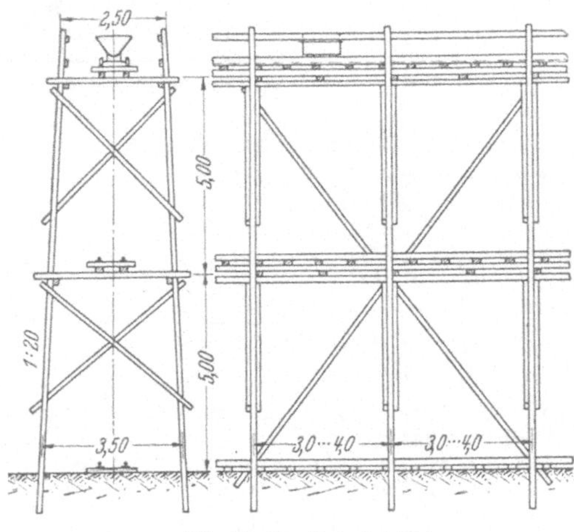

Abb. 77. (Zu Beispiel 71.)

Betonfördergerüste für ³/₄ m³-Loren 60 cm Spur.

Stangengerüste bis 10 m Höhe.

Beispiel 71. Für ein Stangengerüst von 10 m Höhe (s. Abb. 77), das als Betonfahrgerüst zum Betonieren einer 10 m hohen Brücke dienen soll, ist der Holzbedarf und Lohnaufwand für 1 lfd. m Gerüst bzw. 1 m² Gerüstansichtsfläche zu ermitteln.

Lösung. *a) Materialbedarf* für 10 lfd. m Gerüst (ohne Gleisschwellen):

	Stangen	= Rundholz	Kantholz und Schnittholz
	lfd. m	m³	m³
6 Stangen 12,50 m lang $d = 14$ cm . .	75,0	1,155	
2 Streben 12,50 m lang $d = 12$ cm . .	25,0	0,283	
8 Streichstangen 10,00 m lang $d = 12$ cm	80,0	0,905	
6 Streben 5,0 m lang $d = 10$ cm . . .	30,0	0,234	
6 Streben 4,6 m lang $d = 10$ cm . . .	27,6	0,216	
6 Langschwellen 4,0 m lang 10/14 . .	24,0		0,336
6 Langschwellen 3,20 m lang 10/14 . .	19,2		0,269
Belagdielen 4 cm st. 16 m²			0,640
	280,8	2,793	1,245
+ 10% Verschnitt	28,1	0,279	0,125
	308,9	3,072	1,370

Somit *Holzbedarf* je lfd. m Gerüst 10 m hoch: *0,3 m³ Stangenholz + 0,14 m³
Kant- und Schnittholz.* Je 1 m² Gerüstansichtsfläche: *0,03 m³ Rundholz + 0,014 m³
Schnittholz.* Drahtstifte 10 kg je 1 m³ Holz.

b) Lohnaufwand. Man kann nach S. 256 für Aufstellen und Wiederabbrechen
des Gerüsts rechnen für 1 lfd. m Holz 0,4 Stz. Somit für 1 lfd. m Gerüst 10 m hoch
12,5 Stz. oder für *1 m² Gerüstansichtsfläche 1,25 Stz.*

Abgebundene eingleisige Betonfahrgerüste.
(60 cm Spur ³/₄ m³-Wagen, Handbetrieb.)

Für Höhen über 10 m und überhaupt für Bauarbeiten von längerer
Dauer wird man nur abgebundene Gerüste verwenden. Wenn h die
Gerüsthöhe (Höhe zwischen Gelände und Unterkante Gleisschwelle)
in Meter bedeutet, so ist der *Materialbedarf je lfd. m Fahrgerüst von
h m Höhe:*

$$(0,40 + 0,002\, h)\ \text{m}^3\ \text{Kantholz und Schnittholz}$$
$$+\, h\,(0,04 + 0,0015\, h)\ \text{m}^3\ \text{Rund- und Halbrundholz.}$$

Kleineisenzeug 15 kg je 1 m³ Holz.

Lohnaufwand für Aufstellen und Wiederabbrechen
je *1 m³ Holz* . . . . *33 Stz.*

Abgebundene zweigleisige Betonfahrgerüste.
(60 cm Spur ³/₄ m³-Wagen Handbetrieb.)

Die Abb. 78 zeigt ein solches Gerüst.

Der *Materialbedarf je 1 lfd. m Fahrgerüst von h m Höhe* beträgt:

$$(0,90 + 0,003\, h)\ \text{m}^3\ \text{Kantholz und Belagbohlen}$$
$$+\, h\,(0,05 + 0,0013\, h)\ \text{m}^3\ \text{Rund- und Halbrundholz.}$$

Kleineisenzeug *15 kg* je 1 m³ Holz

Lohnaufwand für Aufstellen und Wiederabbrechen
je *1 m³ Holz* . . . . *33 Stz.*

Beispiel 72. Für ein in abgebundener Konstruktion verzimmertes 15 m hohes zweigleisiges (60 cm Spur, $^3/_4$ m³ Wagen von Hand) Betonfahrgerüst (s. Abb. 78) ist der Materialbedarf und Lohnaufwand (für Abbinden, Aufstellen und Wieder-

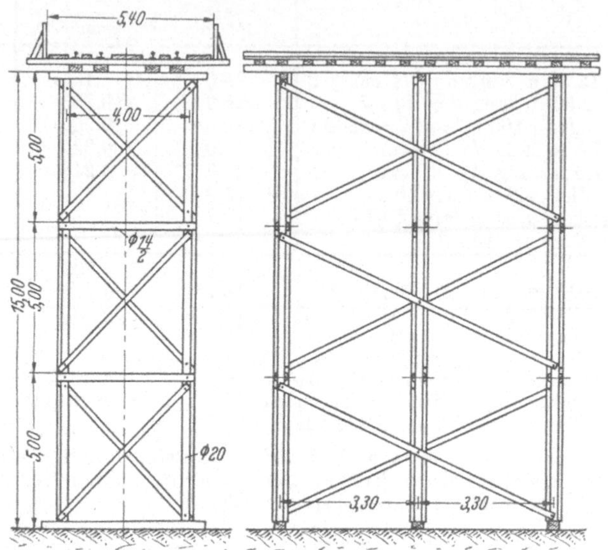

Abb. 78. (Zu Beispiel 72.)

abbrechen) je lfd. m Gerüst bzw. je 1 m² Gerüstansichtsfläche bzw. je 1 m³ umbauten Gerüstraum zu ermitteln.

Lösung. *a) Materialbedarf für 10 lfd. m Gerüst* (Jochentfernung 3,30 m).

	Kantholz und Schnittholz m³	Rundholz und Halbrundholz m³
3 Schwellen 20/24 5,40 m lang	0,778	
3 Querholme 20/20 5,40 m lang	0,650	
4 Längsholme 20/20 11,0 m lang	1,760	
Belagdielen 50 m² 4,5 cm st.	2,250	
15 Stück Schwellen 15/18 6,20 m lang	2,510	
Geländer etwa	1,000	
6 Pfosten $d = 25$ cm 14,70 m lang		4,410
12/2 = 6 Zangen $d = 18$ cm 4,50 m lang		0,675
18/2 = 9 Querstreben $d = 18$ cm · 6,20 m lang .		1,395
12/2 = 6 Längsstreben $d = 20$ cm (10,40 + 10,40/2)		3,120
Insgesamt	8,948	9,600
+ 10% Verschnitt	0,895	0,960
	9,843	10,560

Somit *Holzbedarf für 1 lfd. m Gerüst* 15 m hoch 0,98 m³ Kantholz + 1,06 m³ Rundholz; für *1 m² Gerüstansichtsfläche* 0,065 m³ Kantholz + 0,07 m³ Rundholz; für *1 m³ umbauten Gerüstraum* 0,0164 m³ Kantholz + 0,0176 m³ Rundholz, das ist *3,4%* des umbauten Gerüstraums.

Kleineisenzeug für 1 lfd. m Gerüst 15 kg · 2,04 = 30,6 kg; für 1 m² Gerüstansichtsfläche 2 kg; für 1 m³ umbauten Gerüstraum 0,5 kg.

b) Lohnaufwand. Für Aufstellen und Wiederabbrechen je 1 m³ Holzkonstruktion 33 Stz. Somit für 1 lfd. m Gerüst *67,3 Stz.* Für *1 m² Gerüstansichtsfläche 4,5 Stz.* Für 1 m³ umbauten Gerüstraum *1,1 Stz.*

Abgebundene eingleisige Förder-gerüste für 60 cm Spur-Lokomotiven (bis 60 PS).

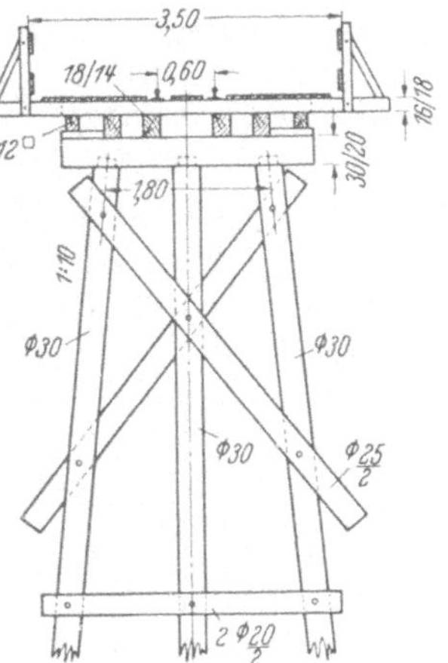

Abb. 79. (Zu Beispiel 73)

Abb. 79 zeigt die Querschnittsskizze eines solchen Gerüsts (Jochentfernung 3,3 m).

Der *Materialbedarf für 1 lfd. m Fahr-gerüst von h m Höhe* beträgt:

(0,90 + 0,002 h) m³ Kantholz und Belag-dielen

+ h (0,10 + 0,0018 h) m³ Rundholz und Halbrundholz.

Kleineisenzeug 15 kg je 1 m³ Holz.

Lohnaufwand für Aufstellen und Wieder-abbrechen

je *1 m³ Holzkonstruktion . . . 33 Stz.*

Beispiel 73. Für ein 15 m hohes eingleisig mit 60 PS-Lokomotiven 60 cm-Spur befahrenes Fördergerüst ist der Materialbedarf und Lohnaufwand (für Aufstellen und Wiederabbrechen) je 1 lfd. m Gerüst, je 1 m² Gerustansichtsfläche und je 1 m³ umbauten Gerüstraum zu ermitteln.

Lösung.

a) Materialbedarf für 10 lfd. m Gerüst (Jochentfernung 3,30 m) h = 15 m.

	Kantholz und Schnittholz m³	Rundholz und Halbrundholz m³
3 Schwellen 20/30 cm 5,50 m lang	1,00	
3 Holme 20/30 2,80 m lang	0,50	
4 Längsholme 18/24 11,0 m lang	1,90	
2 Längsholme 12/12 11,0 m lang	0,33	
60 lfd. m Gleisschwellen 16/18	1,75	
32 m² Belagdielen 4,5 cm st.	1,44	
Geländer	1,10	
9 Pfosten d = 30 cm 14,70 m lang		9,30
12/2 = 6 Zangen d = 20 cm 4,0 m lang		0,75
18/2 = 9 Querstreben d = 25 cm 5,0 m lang . . .		2,25
12/2 = 6 Längsstreben d = 25 cm (10,4 + 5,2) m lang		4,70
Insgesamt	8,02	17,—
+ 10% Verschnitt	0,80	1,70
	8,82	18,70

Somit *Holzbedarf* für *1 lfd. m Gerüst 0,9 m³* Kantholz + *1,9 m³* Rundholz; für *1 m² Gerustansichtsfläche 0,06 m³* Kantholz + *0,13 m³* Rundholz; fur *1 m³ umbauten Gerüstraum 0,017 m³* Kantholz + *0,036 m²* Rundholz, das ist *5,3%* des umbauten Gerüstraums.

Kleineisenzeug fur 1 lfd. m Gerüst 15 kg · 2,44 = *36,6 kg,* für 1 m² Gerüst-ansichtsfläche *2,4 kg,* für 1 m³ umbauten Gerüstraum *0,7 kg.*

b) Lohnaufwand (reine Löhne ohne Zuschläge!). Für Aufstellen und Abbrechen von 1 m³ Holzkonstruktion *33 Stz.* Somit für 1 lfd. m Gerüst 15 m hoch *80,5 Stz.,* für 1 m² Gerustansichtsfläche *5,4 Stz.,* für 1 m³ umbauten Gerustraum *1,55 Stz.*

Abgebundene eingleisige Fördergerüste für 90 cm-Spur-Lokomotiven (bis 200 PS).

Abb. 80 zeigt die Querschnittsskizze eines solchen Gerüsts (Jochentfernung 3,3 m).

Der *Materialbedarf für 1 lfd. m Fahrgerüst von h m Höhe* beträgt:

$$(1,1 + 0,005\,h)\ \text{m}^3\ \text{Kant- und Schnittholz}$$
$$+\ h\,(0,125 + 0,0018\,h)\ \text{m}^3\ \text{Rund- und Halbrundholz}.$$

Kleineisenzeug 15 kg je 1 m³ Holz.

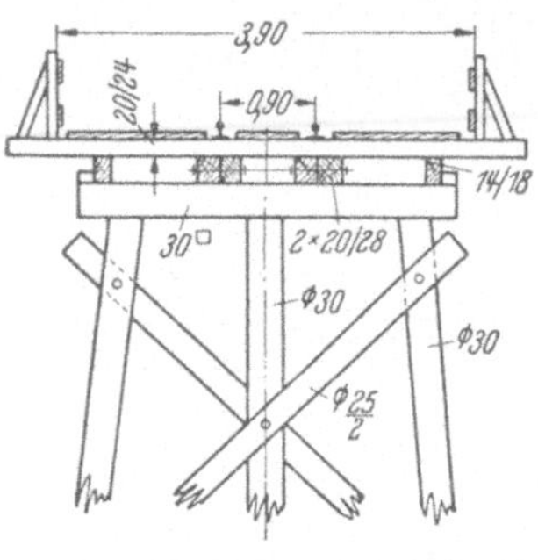

Abb. 80.

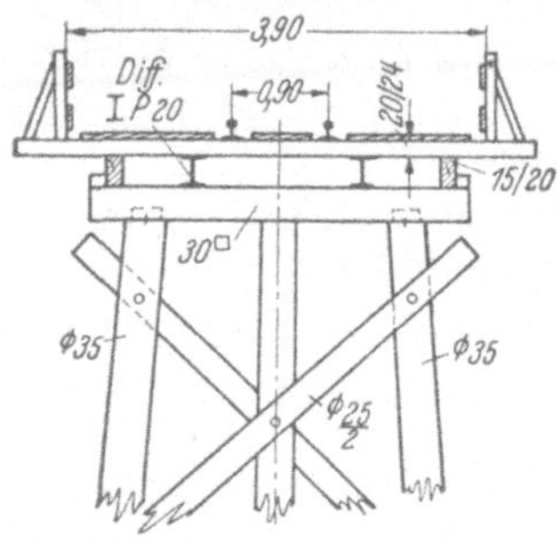

Abb. 81. (Zu Beispiel 74.)

Lohnaufwand für Aufstellen und Abbrechen
je *1 m³ Holzkonstruktion* . . . . **33 Stz.**

Bemerkung. Bei Verwendung von Differdinger I-Trägern als Längsträger (nach Abb. 81) beträgt der Materialbedarf für 1 lfd. m Gerüst von h m Höhe *(0,95 + 0,005 h)* m³ Kant- und Schnittholz + *h (0,12 + 0,0016 h)* m³ Rundholz + *2,2 lfd. m Diff. I Nr. 20 = 0,121 t = 121 kg.*
Kleineisenzeug 20 kg je 1 m³ Holz.

Beispiel 74. Für ein 15 m hohes eingleisig mit 200 PS-Lokomotiven 90 cm-Spur befahrenes Fördergerüst (Abb. 81) ist der Materialbedarf und Lohnaufwand (für Aufstellen und Wiederabbrechen) je 1 lfd. m Gerüst, je 1 m² Gerüstansichtsfläche und je 1 m³ umbauten Gerüstraum zu ermitteln.

Lösung. *a) Materialbedarf für 10 lfd. m Gerüst (Jochentfernung 3,30 m).*

	Kantholz und Schnittholz m³	Rundholz und Halbrundholz m³
3 Schwellen 20/30 6,50 m lang	1,18	
3 Holme 30/30 3,50 m lang	0,95	
2 Längsholme 15/20 11,0 m lang	0,66	
75 m Gleisschwellen 24/20	3,60	
40 m² Belagdielen 4,5 cm stark	1,80	
Geländer	1,10	
9 Pfosten $d = 35$ cm 14,70 m lang		12,70
12/2 = 6 Zangen $d = 25/2$ cm 4,50 m lang		0,90
18/2 = 9 Querstreben $d = 25/2$ cm 6,20 m lang . .		2,80
12/2 = 6 Längsstreben $d = 25/2$ (10,4 + 5,2) m lang		4,70
Insgesamt	9,29	21,10
+ 10% Verschnitt	0,93	2,11
	10,22 +	23,21

dazu 22 lfd. m Differdinger I-Träger Nr. 20.

Somit *Materialbedarf* für *1 lfd. m Gerüst* 15 m hoch *1,0 m³* Kantholz + *2,3 m³* Rundholz + *0,12* t Diff. I-Träger. Für *1 m² Gerüstansichtsfläche 0,07 m³* Kantholz + *0,15 m³* Rundholz + *0,008* t Diff. I-Träger. Für *1 m³ umbauten Gerüstraum 0,016 m³* Kantholz + *0,036 m³* Rundholz + *0,0018* t Diff. I-Träger, das ist *5,2%* des umbauten Gerüstraumes.

Kleineisenzeug 15 kg je 1 m³ Holz.

b) Lohnaufwand (reine Löhne ohne Zuschläge).

Für Aufstellen und Abbrechen von 1 m³ Holzkonstruktion . . . . 33 Stz.

Für Aufstellen und Abbrechen von 1 t Formeisen . . . . 15 Stz.

Somit für 1 lfd. m Gerüst 15 m hoch . . . . *110,7 Stz.*

Für 1 m² *Gerüstansichtsfläche* . . . . *7,5 Stz.*

Für 1 m³ umbauten Gerüstraum . . . . *1,6 Stz.*

3. Lehrgerüste.

Zimmerkonstruktionen, welche der Ingenieur oft zu kalkulieren hat, sind Lehrgerüste zum Einrüsten der Bögen von Beton- und Eisenbetonbogenbrücken. Für das Abbinden des Gerüstes ist es wichtig, daß zunächst ein sehr sorgfältig verlegter „Reißboden" hergestellt wird.

1 m² Reißboden verlegen und abbrechen. Entsprechend den früher gemachten Angaben kann man rechnen für 1 m² (ohne Planierarbeiten):

Lagerhölzer 1,4 lfd. m zu 0,4 Stz. . . . . 0,56 Stz.

Wiederentfernen der Lagerhölzer 1,4 lfd. m zu 0,10 Stz. 0,14 Stz.

1 m² Reißboden verlegen zu 0,40 Stz. . . . . 0,40 Stz.

1 m² Reißboden wiederentfernen zu 0,14 Stz. . . . . 0,14 Stz.

Insgesamt: 1,24 Stz.

oder rund 1,25 Stz./m².

Materialverbrauch und Lohnkosten für Lehrgerüste.

Allgemeines. Auf Grund des Lehrgerüstentwurfes ist zunächst eine „Holzliste" aufzustellen, aus der Stückzahl, Länge, Querschnittsabmessung und Bezeichnung der Hölzer hervorgeht. Diese Liste kann dann auch dem mit der Anlieferung des Holzes beauftragten Sägewerk als Unterlage dienen. Eine Vorlage einer solchen Holzliste ist auch in Beispiel 75, S. 269 gegeben.

Der Materialbedarf wird festgestellt in m³ Rundholz, Halbrundholz, Kantholz und Belagdielen. Desgleichen sind die erforderlichen Eisenschrauben und Laschen nach Stückzahl, Länge und Durchmesser festzustellen und das Gewicht in kg zu ermitteln. Für die Kalkulation ist es dann üblich, das Kleineisenzeug in kg für 1 m³ Holz schätzungsweise anzunehmen.

Der Holzverbrauch wird auch angegeben bezogen auf *1 m³ umbauten Raum*, wobei unter dem „umbauten Raum" das Produkt aus Gerüstfläche und mittlerer Gerüsttiefe (meist gleich Bogenbreite) verstanden wird. Der Holzverbrauch wird dann in Prozent der m³-Zahl des umbauten Raums angegeben und schwankt, wie die folgenden Beispiele zeigen werden, zwischen 2,5 und 6% je nach den Verhältnissen. Die bei Konstruktion verschiedener Lehrgerüste gesammelten Erfahrungen ermöglichen es dem Praktiker, wo keine Zeit zum Entwurf des Lehrgerüstes vorhanden ist, dennoch die Kalkulation des Holzbedarfes in Prozenten des umbauten Raumes rasch zu schätzen.

Dieses Verfahren reicht für die Kalkulationspraxis vollkommen aus, zumal die Ansichten über die Bewertung des nach dem Abbruch wiedergewonnenen Holzes, d. h. des „Abschreibungswerts" des Holzes meist sehr viel weiter auseinandergehen als die Abweichung des geschätzten vom errechneten Holzverbrauch.

Der Lohnaufwand für das Abbinden, Aufstellen und Wiederabbrechen des Lehrgerüstes hängt außer von der Tüchtigkeit der Zimmerleute — was sehr wesentlich ist, denn nicht jeder Zimmermann hat Übung im Abbinden und Aufstellen von Lehrgerüsten — ab von dem Umfang der Arbeiten, von der durchschnittlichen Stärkeabmessung der Hölzer, von der Möglichkeit, Gerüste mehrfach zu verwenden oder mehrere gleiche Gerüste nacheinander abzubinden, von der Höhe des Gerüstes und der Möglichkeit des maschinellen Antransports der Hölzer bei hohen Gerüsten (Kabelbahnen, Turmdrehkrane usw.). So ist es, wie meist in der Kalkulationspraxis, nicht möglich ein Rezept anzugeben, nach dem die Kosten von Lehrgerüsten von Anfängern richtig kalkuliert werden können. Man kann wohl Mittelwerte angeben, welche der Praxis entstammen, muß es aber in jedem einzelnen Falle dem Kalkulator überlassen, die Schwierigkeiten der Arbeit selbst richtig einzuschätzen und auf Grund eigener Erfahrung die Mittelwerte, welche im folgenden angegeben sind, seinem besonderen Fall entsprechend abzuändern.

Der Lohnaufwand setzt sich zusammen aus Zimmerpolierstunden, Zimmermannsstunden und Hilfsarbeiterstunden, wobei allerdings die Hilfsarbeiterstunden nur etwa 20% der Gesamtstundenzahl ausmachen. Mit Rücksicht auf den höheren Lohnsatz des Zimmerpoliers rechnet man zweckmäßig die Löhne für Lehrgerüstarbeiten nur als Zimmerlöhne, womit dann die Aufsicht des Zimmerpoliers mit eingeschlossen ist. Man kann für mittlere Verhältnisse rechnen (s. auch SCHÖNHÖFER: Die Haupt-, Neben- und Hilfsgeräte im Brückenbau) für das Abbinden, Aufstellen und Wiederabbrechen von Lehrgerüsten

Abbinden . . . . 15 bis 18 Stz.
Aufstellen und Transport . . . . . . 15 „ 20 Stz.
Abbrechen und Rücktransport . . . 10 „ 12 Stz.

je 1 m³ Holz *40 bis 50 Stz.*

Bei *sehr hohen Gerüstkonstruktionen* (Brücken über tiefe Täler), ebenso bei Brücken über Flüsse, wo die Schwierigkeiten des Aufstellens ebenfalls größer sind, können sich diese Werte noch erhöhen. Bei den Flußbrücken sind auch die Kosten der Transportbrücke über den Fluß und das Rammen der Untergerüste nicht zu übersehen. Bei Viadukten, welche die Verwendung von besonderen Transportanlagen wie Turmdrehkrane, Kabelbahnen u. dgl. erforderlich machen, sind die Kosten der Transportanlage anteilig auf das Lehrgerüst zu verteilen.

Beispiele für Kostenberechnung von Lehrgerüsten.

Beispiel 75. Der Holzbedarf des Lehrgerüstes der zweiten Bogenöffnung einer Eisenbetonbrücke (Abb. 82) sei bekannt (s. Holzliste) und es sollen die Selbstkosten des Lehrgerüstes (ohne Wagnis und Gewinn) ermittelt werden bei einem Holzpreis frei Baustelle von 50,— RM. für 1 m³ Rundholz, 80,— RM. für 1 m³ scharfkantig geschnittenes Kantholz und Bodenbelag und 40 Rpf. je kg Kleineisenzeug und einem Stundenlohn für Zimmerleute Stz. = 1,— RM. Der Wert des zurückgewonnenen Holzes werde bei der Materialkostenberechnung zu 50% angenommen.

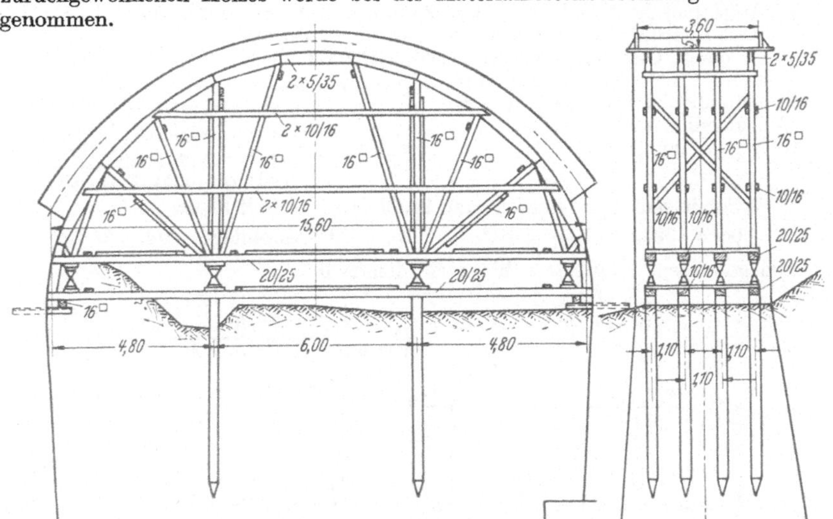

Abb. 82. (Zu Beispiel 75.)

Lösung. 1. Materialkosten. Der Materialkostenberechnung werde die nachstehende Holzliste zugrunde gelegt:

Holzliste.

Zweiter Bogen.

16 Schwellen 20/25 7,90 m lang . . . . . . } 6,51 m³
2 Schwellen 16/16 3,70 m lang . . . . . . }

8 Säulen 16/16 6,20 m lang . . . . }
8 Säulen 16/16 5,40 m lang . . . . }
8 Säulen 16/16 4,60 m lang . . . . } 4,79 m³
8 Säulen 16/16 4,20 m lang . . . . }
8 Säulen 16/16 3,00 m lang . . . . }

4 Zangen 10/16 4,60 m lang . . . . }
4 Zangen 10/16 4,30 m lang . . . . }
20 Zangen 10/16 3,70 m lang . . . . } 5,14 m³
8 Zangen 10/16 9,50 m lang . . . . }
16 Zangen 10/16 5,00 m lang . . . . }
8 Zangen 10/16 7,00 m lang . . . . }

16 Kranzhölzer 5/35 1,40 m lang . . . . . }
24 Kranzhölzer 5/35 2,15 m lang . . . . . }
16 Kranzhölzer 5/35 2,25 m lang . . . . . } 3,31 m³
16 Kranzhölzer 5/35 2,40 m lang . . . . . }
16 Kranzhölzer 5/35 2,55 m lang . . . . . }

Dielen 4,50 m lang, 4 cm stark 24 · 4,50 · 0,04   4,34 m³

Summe: 24,09 m³.

Kleineisenzeug (Schrauben usw.) 660 kg.

Kosten des *Materialbedarfs:*

24,09 m³ Kantholz und Belagdielen zu 80,— RM. 1927,20 RM.
660 kg Kleineisenzeug zu 40 Rpf. . . . . 247,50 „
                                        2174,70 RM.
+ 10% für Gewinn- und Geschäftskosten . . . . 217,50 „
Gesamtkosten für Material . . . . 2392,20 RM.
ab für zurückgewonnenes Holz und Eisen 2174,70/2 = 1087,40 „
Materialkosten des Lehrgerüstes . . . . *1304,80 RM.*

2. Lohnaufwand.

a) Aufstellen des Reißbodens etwa 300 m² zu 1,1 Stz. = 330 Stz.,
   davon entfallen etwa $^4/_{10}$ auf den mittleren Bogen
   der 2. Öffnung, somit 0,4 · 330 = 132 Stz.
   somit für 1 m³ Holz 132/24,09 . . . . 5,5 Stz.
b) Abbinden der Hölzer für 1 m³ . . . . 15,0 Stz.
c) Aufstellen und Transport . . . . 15,0 Stz.
d) Wiederabbrechen . . . . 7,0 Stz.

Insgesamt: 42,5 Stz.

Somit gesamter Lohnaufwand 24,09 · 42,5 = 1023,83 Stz.

oder 1023,83 · 1,— = 1023,83 RM. + 40% Zuschläge = 1433,36 RM.

Die gesamten *Selbstkosten* betragen demnach

an Material . . . . 1304,80 RM.
an Löhnen . . . . 1433,36 „

Insgesamt: *2738,16 RM.*

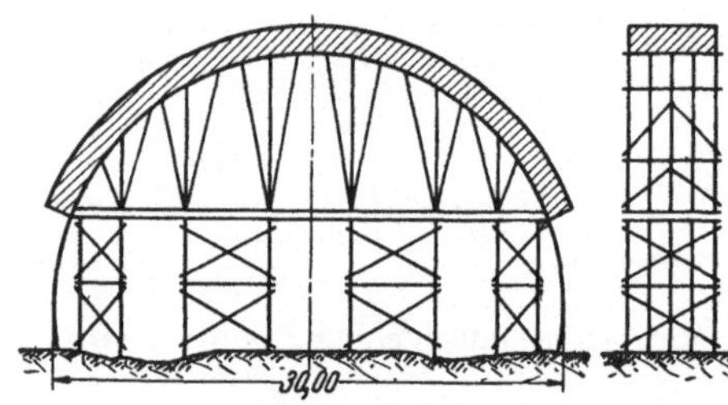

Abb. 83. (Zu Beispiel 76.)

Beispiel 76[1]. Das Lehrgerüst einer Dreigelenkbogenbrücke von 30 m Spannweite und 18 m Höhe über der Talsohle ist wie in der Skizze Abb. 83 gezeigt, angeordnet mit einem Binderabstand von 1,30 m und Belagdielen von 8 cm Stärke. Nach den unter a) Materialverbrauch gemachten Angaben sind die *Lohnkosten* bei einem Zimmermannslohn von Stz. = 1,05 RM. zu ermitteln.

Lösung. a) **Materialverbrauch:**

Der Holzbedarf beträgt für das *Untergerüst*

32 m³ Rundholz
12 m³ Halbrundholz
30 m³ Kantholz

74 m³, das ist etwa 3% *des umbauten Raumes.*

Der Holzbedarf beträgt für das *Obergerüst* (mit Belagdielen)

96,0 m³ Kantholz
2,6 m³ Halbrundholz
2,5 m³ Buchenkantholz

101,1 m³, das ist etwa 6,2% *des umbauten Raumes.*

Demnach beträgt der

b) **Lohnaufwand** für das Lehrgerüst (mit Belagdielen): 74,0 + 101,1 = rund 175 m³ Holz abbinden, aufstellen und wiederabbrechen kostet an Löhnen:

Herstellen eines Reißbodens etwa 700 m² zu 1,0 Stz.   700 Stz.
175 m³ Holz verzimmern zu 45 Stz. . . . . 7875 Stz.

8575 Stz.

Somit *reine Lohnkosten* 8575 Stz. zu 1,05 RM. = *9003,75 RM.*

Dazu kommen bei der Preisstellung die Kosten für Sozialaufwand, Geschäftskosten, örtliche Bauleitungskosten, Wagnis und Gewinn.

Beispiel 77. Abb. 84 zeigt die Skizze des Lehrgerüstes einer Eisenbetonbrücke mit aufgehängter Fahrbahn von 64 m Spannweite und 26 m Höhe des Bogenscheitels über Flußsohle. Die Brücke hat 2 Bogenrippen von 1 m Stärke, welche 5,50 m

---

[1] Die Angaben über Materialverbrauch der Brücken Beispiel 76 und 77 sind einem Aufsatz von Muy (Oberingenieur der Wayss und Freitag A.G.) über Lehrgerüste in der Zeitschrift Armierter Beton 1918 entnommen.

voneinander entfernt liegen. Für die Einrüstung des Bogens sind unter jedem Bogen 3 Binder zur Abstützung gewählt. Nach den unter a) Materialverbrauch gemachten Angaben sind die reinen Lohnkosten bei einem Zimmermannslohn von Stz. = 1,10 RM. zu ermitteln (Aufstellen und Wiederabbrechen).

Lösung. a) **Materialverbrauch:**

Der Holzbedarf beträgt für das Untergerüst

    50 m³ Rundholz
    140 m³ Kantholz
    <u>19 m³ Halbrundholz</u>

    209 m³ Holz, das ist etwa 3,6% *des umbauten Raumes.*

Der Holzbedarf beträgt für das *Obergerüst*[1]

    35 m³ Rundholz
    19 m³ Halbrundholz
    <u>55 m³ Kantholz</u>

    109 m³ Holz, das ist etwa 3,3% *des umbauten Raumes.*

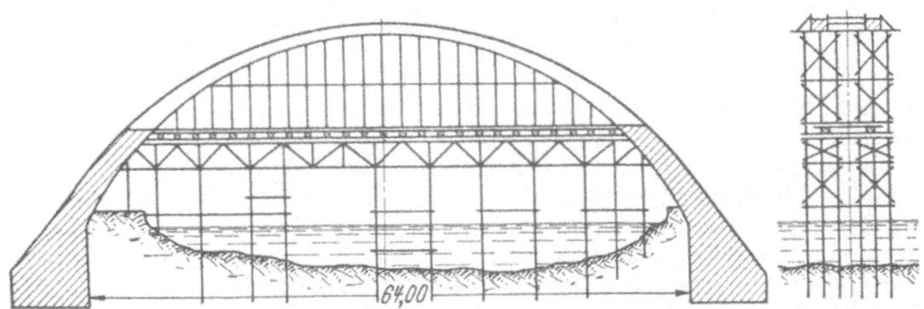

Abb. 84. (Zu Beispiel 77.)

Der Bedarf an Kleineisenzeug kann, da das Untergerüst durch die Schifffahrtsöffnung einen Fachwerksträger mit eisernen Zugstangen erforderlich macht, auf 30 bis 40 kg geschätzt werden.

b) **Lohnaufwand für das Lehrgerüst** (ohne Aufbringen der Wölbdielen)

Herstellen eines Reißbodens etwa 2000 m² zu 1,1 Stz. . . . 2200 Stz.
318 m³ Gerüstholz verzimmern und wiederabbrechen zu 45 Stz. <u>14310 Stz.</u>
                                           16510 Stz.

Somit reine Lohnkosten 16510 Stz. zu 1,10 RM. = *18161,— RM.*

Beispiel 78. Als letztes interessantes Beispiel sei als eine der größten Gerüstarbeiten in neuerer Zeit das Lehrgerüst der neuen Hundsviler Tobelbrücke bei Appenzell (1923 bis 1925 erbaut) angeführt. Die Brücke hat eine Länge von 221 m und ist 74 m hoch. Die Mittelöffnung ist 105 m weit gespannt und hat einen Pfeil von 36 m.

Nach den Angaben in Zeitungen und Fachzeitschriften betrugen die Kosten des Kunstbaues etwa 500000 RM., wovon auf die Holzrüstung allein 186000 RM., das ist 37,2%, entfallen.

Der *Materialverbrauch* betrug

    1100 m³ Kantholz, das ist 3,8% *des umbauten Raumes,*
    37 t Kleineisenzeug, das ist 33,5 kg *auf 1 m³ Holz.*

Die *Lohnkosten* betrugen (geschätzt) bei durchschnittlich 30 bis 35 Zimmerleuten Belegschaft:

    für Abbinden und Aufstellen des Gerüstes etwa . 40 Stz.
    für Wiederabbrechen des Gerüstes etwa . . . . <u>10 Stz.</u>
    Lohnkosten insgesamt für 1 m³ etwa . . . . . . *50 Stz.*

1. Bemerkung. Für die Kostenermittlung von Lehrgerüsten für weit gespannte Bogenbrücken mit flachem Pfeil über Flüsse, wo die Aufstellung des Untergerüstes fast ausschließlich in der Rammung der Rundholzpfähle besteht, empfiehlt es sich

---

[1] Ohne Belagbohlen.

bei einer genauen Kostenermittlung, die Kosten des Untergerüstes getrennt für sich als „Rammarbeiten" zu kalkulieren. Die besonderen Verhältnisse wie vermutliche Rammtiefe (Proberammungen), Beschaffenheit des Untergrunds, Wasserverhältnisse usw. sind dabei natürlich zu berücksichtigen. Bei felsigem Untergrund in der Flußsohle sind Betonfundamente vorzusehen, die beträchtliche Kosten verursachen.

Man kann den *Holzbedarf* ohne Belagdielen etwa wie folgt annehmen:

Spannweiten bis 30 m { Straßenbrücken 4 bis 5% des umbauten Raumes
                        Eisenbahnbrücken 5 bis 6% des umbauten Raumes

Spannweiten über 30 m { Straßenbrücken 3,5 bis 4% des umbauten Raumes
                         Eisenbahnbrücken 4 bis 4,5% des umbauten Raumes.

Bei *Straßenbrücken mit 90 bis 120 m Spannweite* in Eisenbeton über hohe Taler kann man als *Holzbedarf* rechnen

a) für das *Untergerüst* . . . . *2,5 bis 3,0%*
b) für das *Obergerüst* (ohne Belagbohlen) . . . . *3,3 bis 3,5%*
des „*verbauten Raumes*".

2. Bemerkung. Über Montage- (Aufstell-) Gerüste für eiserne Brücken siehe in dem Abschnitt XXIII, Stahlbrücken.

3. Bemerkung. Prof. Dr. R. Schönhöfer macht in seinem Werk „Die Haupt-, Neben- und Hilfsgeräte im Brückenbau" folgende Angaben über Kosten von Lehrgerüsten:

Bei Lehrgerüsten mit einer genügenden Anzahl von Stützpunkten kommen auf 1 m³ Gewölbemauerwerk 0,3 bis 0,5 m³ Holz, oder auf 1 m² verbauter Fläche bei einer Gewölbebreite von 5 m je nach Taltiefe 0,2 bis 0,5 m³ Holz (dies entspricht 4 bis 10% des umbauten Raumes).

Bei Lehrgerüsten mit nur wenig festen Stützpunkten oder freitragenden Gerüsten für 1 m³ Gewölbemauerwerk 0,2 bis 0,3 m³ Holz (entspricht 2,7 bis 6% des umbauten Raumes).

Die Menge des in Form von Klammern, Schrauben, Bolzen, Bändern usw. gebrauchten Eisens kann man mit 15 bis 35 kg für 1 m³ Holz veranschlagen. Bei reichlicher Verwendung von Eisen zu Knotenpunktsverbindungen, Schuhen usw. können auf 1 m³ Holz jedoch ein mehrfaches hiervon gebraucht werden.

Die Arbeitsleistungen der Zimmerleute für die Herrichtung und Aufstellung des Gerüstes rechnet Schönhöfer mit etwa *50 Arbeitsstunden für 1 m³ Holz des fertigen Gerüstes*.

Abschreibung von Holz und Kleineisenzeug bei Baugerüsten (Fahrgerüste und Lehrgerüste).

Der zu kalkulierende **tatsächliche Holzverbrauch**, welcher vom Holzneuwert abzuschreiben ist, kann nicht einfach, wie dies in der Literatur teils geschehen, zu $^1/_3$ des Holzbedarfs angenommen werden. Man darf nicht vergessen, daß die Aufstellung solcher Transport- und Lehrgerüste meist etwas *einmaliges* ist. Die „*Abschreibung*" hängt daher in erster Linie von der *Dauer der Benützung* des Gerüstes ab. Wo z. B. ein Fahrgerüst auf einer Großbaustelle mehrere Jahre zu stehen hat, muß es meines Erachtens zu 80 bis 100% abgeschrieben werden, da es zuletzt nur noch Brennholzwert haben wird.

Sofern die Wiederverwendung von Gerüstholz auf derselben Baustelle nicht möglich ist und das Holz „aufs Lager" der Unternehmung kommt, darf man die *Kosten des Rücktransports* (Fracht, Fuhrlöhne, Verladelöhne) nicht übersehen (häufiger Kalkulationsfehler!). Wenn also dann in absehbarer Zeit keine Wiederverwendung des Holzes zu Transport- oder Lehrgerüsten möglich ist, kann es z. B. für Steifen von Schachtungen u. dgl. benützt werden. Vielfach wird für Lehrgerüste auch vom Bauherrn *neues Holz* gefordert.

Bei nur *einmaliger* Verwendung von Fahr- oder Lehrgerüsten auf *einer* Baustelle wird man selbst bei kurzer Verwendungsdauer vorsichtigerweise *mindestens 50% des Neuwertes* abschreiben müssen.

Auch vom *Kleineisenzeug* wird man als Verlust und Abschreibung je nach Dauer der Inanspruchnahme, Umfang und Art des Gerüstes *30 bis 50% des Neuwerts* bei nur *einmaliger* Verwendung auf *einer* Baustelle abschreiben müssen.

Bemerkung. Bei schweren Gerüsten bzw. schlechtem Untergrund müssen zur Unterstützung der Gerüste *Betonfundamente* oder *Pfahlrammungen* des Untergerüstes vorgesehen werden, welche besonders zu veranschlagen sind (s. die Abschnitte „Betonarbeiten" und „Rammarbeiten").

XVIII. Dachdeckerarbeiten.

Std. = Dachdeckerstunde (Gesellenstunde).
Stz. = Zimmermannstunde.
St. = Handlangerstunde.

Dacheinlattung.

Lattenweite von Mitte zu Mitte cm	Für 1 m² Dachfläche sind erforderlich			Bemerkungen
	Latten 3/5 oder 4/6 lfd. m	Nägel Stück	Arbeitslohn Stz.	
10	10,50	12	0,45	
15	7,00	8	0,30	
20	5,30	6	0,25	
25	4,20	5	0,20	
30	3,50	4	0,15	
35	3,10	4	0,13	
40	2,70	4	0,12	

Dachdeckung.

Strohdächer. Für eine gewöhnliche Eindeckung (Schaubendeckung) flach gedeckt in etwa 30 cm Stärke einschließlich Latten, sind für 1 m² Dachfläche erforderlich:

Langstroh . . . . etwa 0,35 m³
Latten . . . . 3,80 m
Bindeweiden oder Strohseile . . . . 4,50 m
Arbeitslohn . . . . . . 0,15 Stz. + 0,3 Std. + 0,3 St.

1 Bund Langstroh = etwa 0,125 m³.
1 m³ „ = 65 bis 75 kg.

Rohrdächer. Für eine gewöhnliche Flachdeckung von etwa 35 cm Stärke sind für 1 m² Dachfläche erforderlich:

Rohr . . . . 0,38 m³
Latten . . . . 1,50 m
Bindeweiden . . . . 3,50 m
Arbeitslohn . . . . . . 0,10 Stz. + 0,4 Std. + 0,4 St.

1 Bund Rohr = etwa 450 Stengel von durchschnittlich 1,80 m Länge.

Bretterdach (Notdächer). Für 1 m² Dachfläche sind erforderlich:

Bretter. . . . . 1,20 m²
Nägel . . . . 10 Stück
Arbeitslohn. . . . . 0,5 Stz.

Schindeldächer. Übliche Schindelgrößen:

Länge 23 bis 60 cm
Breite 8 bis 13 cm
Stärke etwa 15 bis 20 mm, an einem Ende abgeschwächt
    (3 bis 10 mm).

Materialbedarf für 1 m² Schindeldach:

Art	Deckung	Lattenweite Mitte zu Mitte cm	Für 1 m² Dachfläche sind erforderlich		
			Schindeln Stück	Schindelnägel Stück	Arbeitslohn Stz.
Spaltschindeln ohne Nut					
etwa 40 cm lang	einfach	30	46	70	0,7
etwa 10 cm breit	doppelt	20	92	95	1,2
Zugschindeln ohne Nut mit					
behobelten Rändern	einfach	35	46	70	0,6
etwa 50 cm lang	doppelt	20	92	90	1,25
etwa 8 cm breit					
Nutschindeln etwa 8 cm breit					
40 cm lang	einfach	30	49	76	1,0
	doppelt	20	98	100	1,8
50 cm lang	einfach	35	39	60	0,9
	doppelt	20	78	80	1,6
55 cm lang	einfach	40	35	54	0,8
	doppelt	25	09	70	1,4

Ziegeldächer.

a) Deckung mit Biberschwänzen,
b)   „   „   Hohlziegeln,
c)   „   „   Pfannen,
d)   „   „   Krempziegeln,
e)   „   „   Falzziegeln.

a) Deckung mit Biberschwänzen.

I. Spließdach,
II. Doppeldach,
III. Kronen- oder Ritterdach.

Normalformat (DIN 453)

Länge . . . . 365 mm
Breite . . . . 155 mm
Mindeststärke . . . . . . 10 mm
Gewicht . . . . . etwa 1,50 kg

Gratsteine (DIN 453)

$$\begin{aligned}
\text{Länge} & \ldots \ldots \ldots \ldots \quad 365 \text{ mm} \\
\text{große Breite} & \ldots \ldots \ldots \quad 200 \text{ mm} \\
\text{kleine Breite} & \ldots \ldots \ldots \quad 150 \text{ mm} \\
\text{Gewicht} & \ldots \ldots \text{ etwa } 2,00 \text{ kg}
\end{aligned}$$

I. Spließdach. Spließe aus Tannenholz, Zinkblech oder Dachpappe unter
jeder Längsfuge.

Lattenstärke = 3/5 bis 4/6 cm.

Lattenweite (gebräuchlich) 20 cm von
Mitte zu Mitte.

Geringste Dachneigung = 1 : 3.

Eigengewicht der Dachhaut (einschl.
Sparren und Latten) = etwa 75 kg/m²
schräge Dachfläche,

bei voller Mörtelbettung (böhmische
Deckung) = 10 kg Zuschlag.

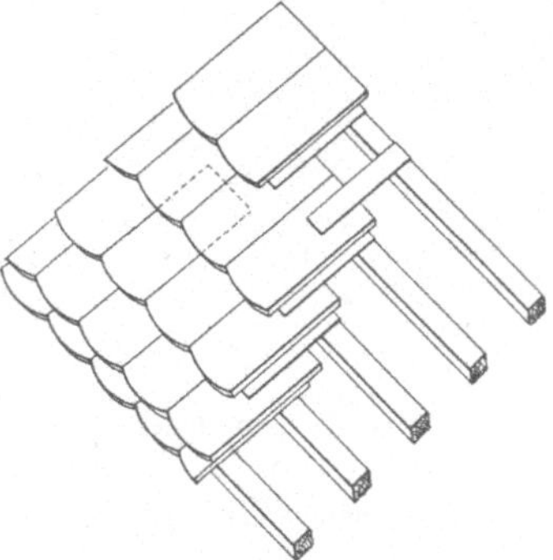

Abb. 85. Spließdach.

Materialbedarf für 1 m² Spließdach bei eingeschossigen Gebäuden:

Latten	Nägel	Spließe	Ziegeln	Mörtel	Arbeitslohn (Lattung und Deckung)		
m	Stück	Stück	Stück	l	Stz.	Std.	St.
5,20	6	35	35	2,7	0,25	0,60	0,30

Für jedes weitere Geschoß = 0,2 St. Zuschlag.
Zuschläge für Bruch, Verschnitt und Verlust = 5%.

II. Doppeldach. Eine Reihe Ziegeln auf jeder Latte im Verband
mit den Ziegeln der vorhergehenden Reihe.
Lattenstärke 3/5 bis 4/6 cm.
Lattenweite (gebräuchlich) 15 cm von
Mitte zu Mitte.
Geringste Dachneigung = 1 : 4.
Überdeckung der Steine (bei 15 cm
Lattenweite) = 21,5 cm.
Eigengewicht der Dachhaut (einschl.
Sparren und Latten) = etwa 95 kg/m²
schräge Dachfläche,
bei voller Mörtelbettung = 20 kg Zu-
schlag.

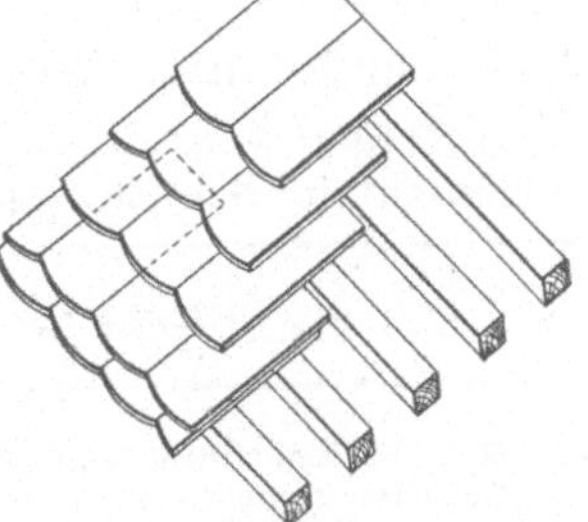

Abb. 86. Doppeldach.

Materialbedarf für 1 m² Doppeldach bei eingeschossigen Gebäuden:

Latten	Nägel	Ziegel	Mörtel	Arbeitslohn für Lattung und Deckung		
m	Stück	Stück	l	Stz.	Std.	St.
7,30	8	50	4	0,30	0,60	0,40

Für jedes weitere Geschoß = 0,3 St. Zuschlag.
Weitere Zuschläge für Bruch, Verschnitt und Verlust = 5%.

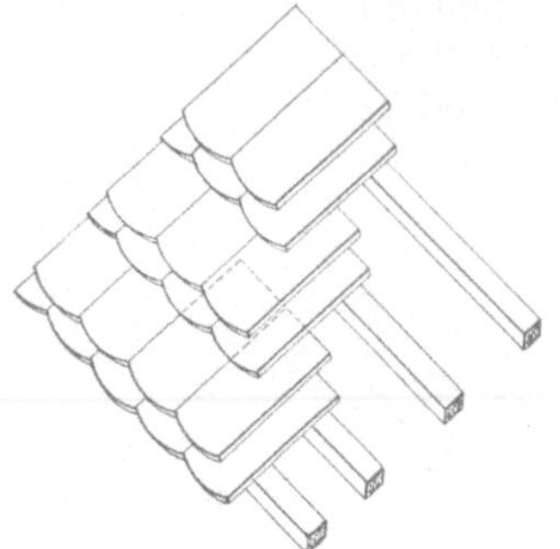

Abb. 87. Kronendach.

III. Kronen- oder Ritterdach.
Zwei Reihen Ziegeln auf jeder Latte (Lager- und Deckschicht) im regelrechten Verbande.

Lattenstärke 4/6 cm und stärker.
Lattenweite (gebräuchlich) 25 cm von Mitte zu Mitte.
Geringste Dachneigung = 1 : 4.
Eigengewicht der Dachhaut (einschl. Sparren und Latten) = etwa 105 kg/m² schräge Dachfläche,
bei voller Mörtelbettung = 25 kg Zuschlag.

Materialbedarf für 1 m² Kronen- oder Ritterdach bei eingeschossigen Gebäuden:

Latten	Nägel	Ziegeln	Mortel	Arbeitslohn fur Lattung und Deckung		
m	Stück	Stück	l	Stz.	Std.	St.
4,00	5	55	4,5	0,20	0,80	0,30

Für jedes weitere Geschoß = 0,3 St. Zuschlag.
Zuschläge für Bruch, Verschnitt und Verlust = 5%.

Bei komplizierten Dachformen und schwierigen Eindeckungen sind die Zuschläge für Bruch, Verschnitt und Verlust entsprechend zu erhöhen.

Für 1 lfd. m *First- oder Gratoindeckung bei Biberschwanzdächern* sind erforderlich:
3 Gratsteine, 4 l Mörtel . . . . 0,4 Std. + 0,2 St.

Für 1 lfd. m Kehleneindeckung
bei Biberschwanzdächern = Zuschlag . . . . 2,0 Std. + 0,8 St.

Abtragen von Biberschwanzdächern (Abtragen, Ziegel reinigen und aufschichten, Schutt beseitigen usw.):

Deckungsart	Spließdach je m² Dachfläche	Doppeldach und Kronendach je m² Dachfläche
Trocken verlegt (eingeschossig)	0,2 Std. + 0,5 St.	0,35 Std. + 0,8 St.
Zuschlag jedes weitere Geschoß . .	0,2 St.	0,3 St.
In Mörtel verlegt (eingeschossig) . . .	0,35 Std. + 0,5 St.	0,5 Std. + 0,8 St.
Zuschlag jedes weitere Geschoß . .	0,35 St.	0,4 St.

b) Deckung mit Hohlziegeln. First- und Gratsteine sind in sehr verschiedenen Größen im Handel:

Längen . . . . 24 bis 48 cm
Breiten (große) . . . . . . 16 „ 25 cm
(kleine) . . . . . . 12 „ 16 cm

DIN 453: Länge . . . . 365 mm
    Breite (große) . . . . . . 200 mm
    (kleine) . . . . . . 150 mm
    Mindeststärke . . . . . . 12 mm

DIN 454: Länge . . . . 400 mm
    Breite (große) . . . . . . 214 mm
    (kleine) . . . . . . 173 mm
    Mindeststärke . . . . . . 12 mm

Mönch- und Nonnendach.

Lattenstärke 4/6 bis 5/8 cm.

Geringste Dachneigung 1 : 3.

Überdeckung 8 bis 10 cm.

Eigengewicht der Dachhaut (einschl. Sparren und Latten) = 90 bis 115 kg/m² schräge Dachfläche (je nach Überdeckung und Ziegelgröße), bei voller Mörtelbettung (böhmische Deckung) = 15 kg/m² Zuschlag.

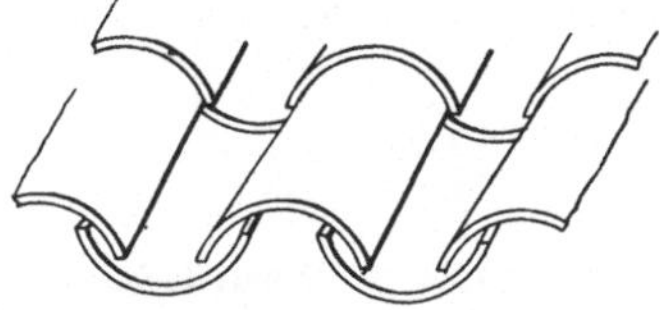

Abb. 88. Mönch- und Nonnendach.

Materialbedarf/m² Dachfläche (ausschl. Lattung):

Ziegelformat Lange in cm	Lattenweite *M/M* cm	Steine		Mörtel l	Arbeitslohn	
		Mönche Stück	Nonnen Stück		Std.	St.
Mönche 43	32,5	16	16	8—10	1,2	0,6
Nonnen 41						
Mönch-Nonnen aus einem Stück						
Länge 42	32,5		15	2—3	0,7	0,5
Desgl. Länge 40	30—32		18	2—3	0,8	0,6

Zuschläge für jedes weitere Geschoß = 0,3 St./m²,
    „ Spezialsteine (Gratanschlußsteine u. a.),
    „ Bruch und Verlust = 5 bis 8%.

Abtragen von Hohlziegeldächern (Abtragen, Ziegel reinigen und aufschichten, Schutt beseitigen):

Deckungsart	je m² Dachfläche
Trocken verlegt bei eingeschossigen Gebäuden	0,4 Std. + 0,2 St.
Zuschlag für jedes weitere Geschoß	0,4 St.
In Mörtel verlegt bei eingeschossigen Gebäuden	0,6 Std. + 0,3 St.
Zuschlag für jedes weitere Geschoß	0,5 St.

c) Das Pfannendach. Dachpfannenabmessungen:

  Längen . . . . 24 bis 48 cm
  Breiten . . . . 19 „ 30 cm
  Stärken . . . . 1,2 „ 2 cm
  Normalformat (DIN 454) 360/230/12 mm.

Pfannendeckung. Rechts- und Linkspfannen.

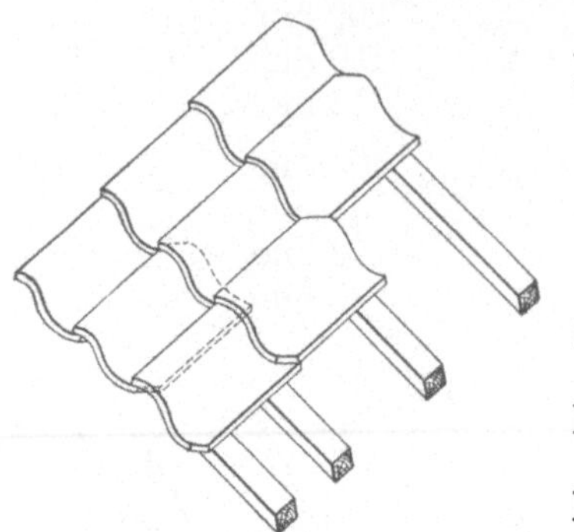

Abb. 89. Pfannendach.

Überdeckungsfugen abgekehrt der Hauptwindrichtung.

Lattenstärke 4/6 cm.

Geringste Dachneigung 1 : 3.

Längsüberdeckung 8 bis 12 cm.

Seitliche Überdeckung 4 bis 5 cm.

Eigengewicht der Dachhaut (einschl. Sparren und Latten),

kleine Pfannen = 80 kg/m² schräge Dachfläche

große Pfannen = 85 kg/m² schräge Dachfläche

Desgl. auf Stülpschalung = 100 kg/m² schräge Dachfläche.

Materialbedarf/m² Dachfläche (ausschl. Lattung):

Pfannenformat	Lattenweite M/M	Pfannen	Mörtel	Arbeitslohn	
cm	cm	Stück	l	Std.	St.
36/23/1,2 (DIN)	24—28	18	7	0,6	0,2
34/24/1,5	22—26	20	8	0,7	0,2
40/24/1,5	28—32	16	7	0,5	0,2

Zuschläge für jedes weitere Geschoß = etwa 0,2 St./m²,
„ Bruch und Verlust bis 5%.

Abb. 90. Krempziegel.

d) Deckung mit Krempziegeln.

Steingrößen : 34/20 und 32,5/25 cm, Stärke etwa 1,3 cm.

Längsüberdeckung 8 bis 10 cm.

Seitliche Überdeckung 3 cm.

Materialbedarf/m² Dachfläche bei eingeschossigen Gebäuden (ausschl. Lattung):

Steingröße	Lattenweite M/M	Steine	Mörtel	Arbeitslohn	
cm	cm	Stück	l	Std.	St.
34/20	24—26	25	12	0,7	0,5
32,5/25	22,5—24,5	20	10	0,7	0,4

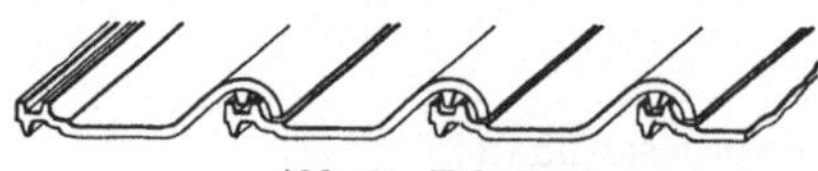

Abb. 91. Falzziegel.

e) Deckung mit Falzziegeln.

Falzziegeldächer. Verbindung aller Steine untereinander durch Fälze.

Steingrößen und Ausbildung der Fälze sehr verschieden.

Eindeckung in senkrechten Reihen oder im Verband.

Dachhaut leicht, dicht, luftdurchlässig.

Mörtelverstrich überflüssig.

Geringste Dachneigung bis 1 : 6.

Lattenstärke 3/5 bis 4/6 cm.

Eigengewicht der Dachhaut (einschl. Sparren und Latten) bei Verwendung von Ludowici-Flachdachfalzziegeln = 65 kg/m² schräge Dachfläche.

Materialbedarf/m² Dachfläche bei eingeschossigen Gebäuden (ausschl. Lattung) bei Verwendung von Ludowici-Falzziegeln:

Steingröße a) Gesamtfläche b) Deckfläche	Lattenweite M/M	Steine	Arbeitslohn	
cm	cm	Stück	Std.	St.
a) 41,0/22,5 b) 33,7/20,0	33,5	15	0,3	0,3

Allgemeines über Ziegeldächer. Die Wahl der Ziegelform und der Verlegungsart erfolgt in den meisten Fällen nach architektonischen Gesichtspunkten.

Die Überdeckung der Steine hängt ab von der Dachneigung, damit ändert sich aber auch Materialbedarf und Eigengewicht der Dachhaut.

Die in vorstehenden Aufstellungen angegebenen Werte sind Mittelwerte.

Die Verwendung von Mörtel (ohne Mörtel, Mörtelverstrich, Längs- und Querschlag, böhmische Deckung) ist in den verschiedenen Gegenden Deutschlands sehr unterschiedlich.

Die Eindeckung von Kehlen, Ochsenaugen, stark gekrümmten Dachflächen u. dgl. ist zweckmäßig nur in Biberschwanzdächern vorzunehmen.

Hohlziegel und Pfannen sind einwandfrei nur auf einfachen und ebenen Dachflächen zu verlegen.

Sonderleistungen.

Bei komplizierten Dachformen und schwierigen Deckungen erhöhen sich die Sätze für Bruch, Verschnitt und Verlust und für Arbeitslohn.

Firste und Grate eindecken = Material + 0,4 Std. + 0,2 St./lfd. m

Kehlen massiv   ,,   =   ,,   + 2,0 Std. + 0,6 Std./lfd. m

Dachhaube, klein,   ,,   =   ,,   + 6,0 Std. + 3,0 St./Stück

,,   mittel,   ,,   =   ,,   + 8,0 Std. + 4,0 St./Stück

,,   groß,   ,,   =   ,,   + 10,0 Std. + 5,0 St./Stück

Eiserne Dachfenster, klein, einzudecken = 0,5 Std. + 0,5 St. Zuschlag

Desgl. für Hohlziegel- und Pfannendach = 1,0 Std. + 1,0 St.   ,,

Eiserne Dachfenster, mittel, einzudecken = 0,6 Std. + 0,6 St.   ,,

Desgl. für Hohlziegel- und Pfannendach = 1,1 Std. + 1,1 St.   ,,

Eiserne Dachfenster, groß, einzudecken = 0,8 Std. + 0,8 St.   ,,

Desgl. für Hohlziegel- und Pfannendach = 1,2 Std. + 1,2 St.   ,,

Kalkleisten an Giebeln usw. anzufertigen = 0,2 Std. + 0,2 St./lfd. m

Schneefanggitter einzudecken . . . . . = 0,3 Std. + 0,3 St./lfd. m

Latten aufzunageln . . . . = 0,5 Std./lfd. m.

Beispiel 79. Beispiel einer Kostenberechnung.

Gegeben: Doppeldach von 500 m² Dachfläche und 40 lfd. m First, mit 4 kleinen Dachhauben, 5 mittleren, liegenden, eisernen Dachfenstern und 20 lfd. m Schneefanggitter.

Preise: Std. = 0,87 RM., Stz. = 0,82 RM., St. = 0,68 RM., 1000 Stück Biberschwänze 60,— RM., 1 Firstziegel 0,47 RM., 1 lfd. m Latte 0,09 RM., 1 Paket Nägel 1,55 RM. (etwa 500 Stück), 1 m³ Sand 5,— RM., 1 m³ Kalk 20,— RM., 1 m³ Wasser 0,22 RM.

a) Materialbedarf: Dachsteine = 500 · 50 . . . . 25000 Stück
Bruch 5% . . . . 1250 „

Zusammen: 26250 Stück

Firstziegel = 40 · 3 . . . . 120 Stück
Bruch 5% . . . . 6 „

Zusammen: 126 Stück

Latten = 500 · 7,3 . . . . 3650 lfd. m
Verschnitt 5% . . . . rund 183 „ m

Zusammen: 3833 lfd. m

Nägel = 500 · 8 . . . . 4000 Stück
Verlust 5% . . . . 200 „

Zusammen: 4200 Stück

Mörtel = 500 · 4 = 2000 l (Dachfläche) . . . . $\left.\right\}$ *2160 l*
$\qquad\qquad$ 40 · 4 = 160 l (First) . . . .
Sand = 1 m³/m³ Mörtel . . . . 2,16 m³
Kalk = 0,33 m³/m³ Mörtel . . . . 0,71 m³
Wasser = 0,15 m³/m³ Mörtel . . . . 0,35 m³

b) Materialkosten: Dachsteine = 26,250 · 60,— RM. . . . . 1575,— RM.
Firstziegel = 126 · 0,47 RM. . . . . . . 59,22 „
Latten = 3833 · 0,09 RM. . . . . 344,97 „
Nägel = 4200 : 500 · 1,55 RM. . . . . . . 13,03 „
Sand = 2,16 · 5,— RM. . . . . 10,80 „
Kalk = 0,71 · 20,— RM. . . . . 14,20 „
Wasser = 0,35 · 0,22 RM. . . . . 0,08 „
Dachfenster = 5 · 5,20 RM. . . . . 26,— „
Schneefanggitter = 20 · 0,90 RM. . . . . 18,— „

2061,30 RM.
+ 6% für Geschäftskosten . . . . 123,70 „

2185,— RM.

c) Arbeitslöhne:

Decken = Dachfläche
500 (0,60 · 0,87 + 0,30 · 0,82 + 0,40 · 0,68) RM. . . 520,— RM.
First = 40 · (0,40 · 0,87 + 0,20 · 0,68) RM. . . . . . . 19,36 „
Dachhauben = 4 · (6,0 · 0,87 + 3,0 · 0,68) RM. . . . . 29,04 „
Dachfenster = 5 · (0,60 · 0,87 + 0,60 · 0,68) RM. . . . 4,65 „
Schneefanggitter = 20 · (0,30 · 0,87 + 0,30 · 0,68) RM. . 9,30 „

Reine Lohnkosten 572,35 RM.
Geschäftskosten = 30% von 572,35 RM. . . . . . . 171,71 „
Materialkosten (mit Zuschlägen) . . . . 2185,— „

Selbstkosten . . . . 2929,06 RM.
+ 10% für Wagnis, Gewinn und Umsatzsteuer . . . 292,94 „

Angebotssumme . . . . 3222,— RM.

Kosten je 1 m² Dachfläche = 3222,—/500 = *6,45 RM.*

Deckung mit Naturschiefer.

Deutsches Schieferdach (Reichsschuppenschablone). Abmessungen der Deck-, Ort-, First-, Kehl- und Gratsteine: Länge = rund 300 mm, Breite = rund 200 mm, Stärke = 5 bis 6 mm, Überdeckung = 3 bis 7 cm.

Verlegung auf Schalung (25 mm stark) und Dachpappe, mit verzinkten oder kupfernen Nägeln (40 bis 50 mm lang) befestigt.

Geringste Dachneigung = 1 : 3.

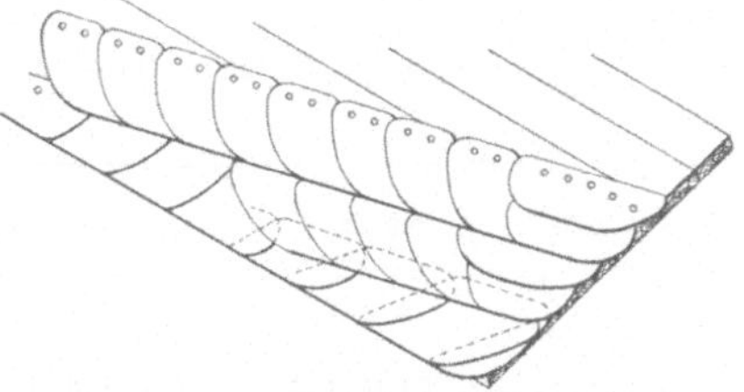

Abb. 92. Deutsches Schieferdach.

Materialbedarf und Arbeitslohn für 1 m² Dachfläche bei eingeschossigen Gebäuden (ausschl. Schalung, einschl. Bruch und Verlust):

Dachpappe	Pappnägel	Schiefer	Schiefernägel	Arbeitslohn für Papplage und Schieferdeckung	
m²	Stück	kg	Stück	Std.	St.
1,15	25	25—32	75	1,25	0,65

Eigengewicht der Dachhaut (einschl. Sparren, Schalung, Pappe) = 60 bis 65 kg/m² schräge Dachfläche.

Zuschläge zum Arbeitslohn bei jedem weiteren Stockwerk = 0,2 St./m².

Desgl. bei komplizierten Dachformen, Kehlen, Dachhauben, Dachfenstern u. a.

Abtragungsarbeiten: Schiefer vorsichtig entfernen, reinigen, aufsetzen bei eingeschossigen Gebäuden . . . . . 0,35 Std. + 0,5 St./m²

für jedes weitere Stockwerk . . . . 0,2 St./m².

Englisches Schieferdach:

Schieferplatten: Länge . . . . 250 bis 600 mm

Breite . . . . 150 „ 400 mm

Stärke . . . . etwa 4 mm.

Auf Latten = 4/6 cm (selten auf Schalung).

Lattenentfernung = halbe Schieferlänge — 8 cm (Doppeldach).

Überdeckung: Platten überall doppelt, auf 8 cm dreifach.

Befestigung: je Platte 2 Nägel auf mittlere Latte.

Geringste Dachneigung = 1 : 5 (bei kleineren Platten steiler).

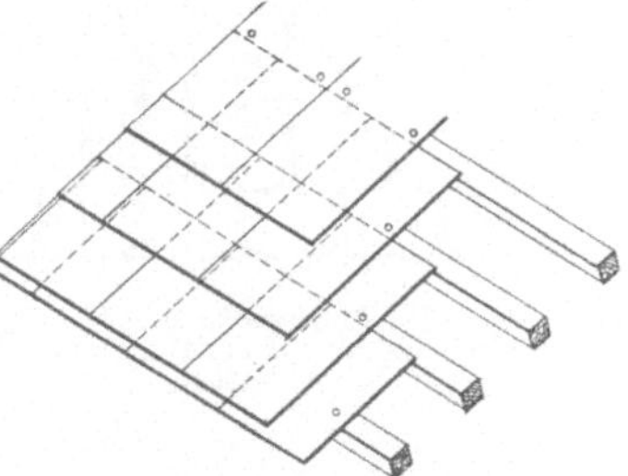

Abb. 93. Englisches Schieferdach.

Eigengewicht der Dachhaut (einschl. Sparren und Latten) = 45 kg/m² schräge Dachfläche,

Desgl. jedoch auf Schalung = 55 kg/m² schräge Dachfläche.

Materialbedarf und Arbeitslohn für 1 m² Dachfläche bei eingeschossigen Gebäuden:

Latten, Nägel, Schieferplatten	Schiefer	Arbeitslohn für Aufbringung der Schieferdeckung	
	kg	Std.	St.
Verschieden, je nach Plattengröße und Lattenweite	etwa 25	1,2	0,6

Zuschläge zum Arbeitslohn bei jedem weiteren Stockwerk = 0,2 St./m².

Desgl. bei komplizierten Dachformen, Kehlen, Dachhauben, Dachfenstern u. a.

Abtragungsarbeiten: Schiefer vorsichtig entfernen, reinigen, aufsetzen bei eingeschossigen Gebäuden . . . . . 0,35 Std. + 0,35 St./m²
für jedes weitere Stockwerk . . . . 0,2 St./m².

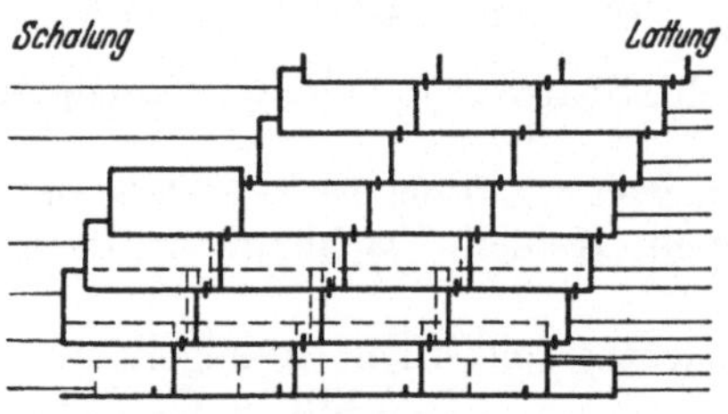

Abb. 94a. *1. Waagerechte Reihendeckung.* a) auf Schalung und Pappe, b) auf Lattung.

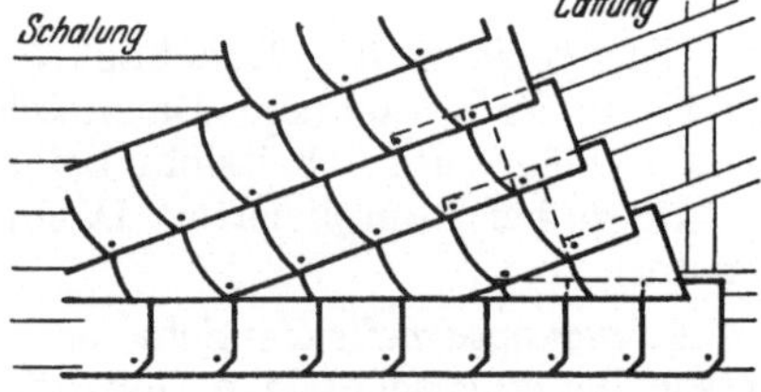

Abb. 94b. *2. Deutsche Deckung* (vgl. Schieferdach). a) auf Schalung und Pappe. b) auf Lattung.

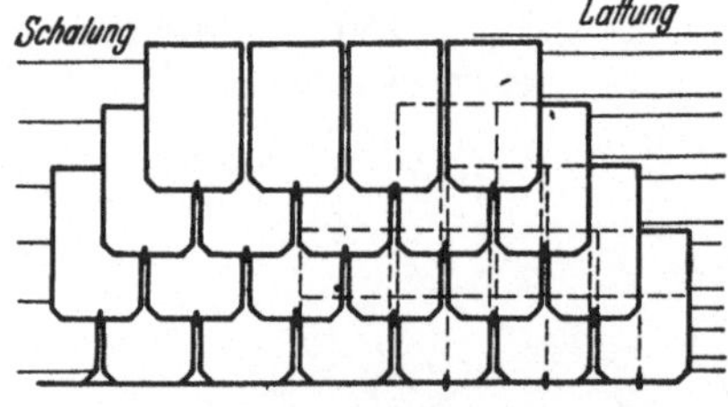

Abb. 94c. *3. Doppeldeckung* (vgl. englisches Schieferdach). a) auf Schalung und Pappe, b) auf Lattung.

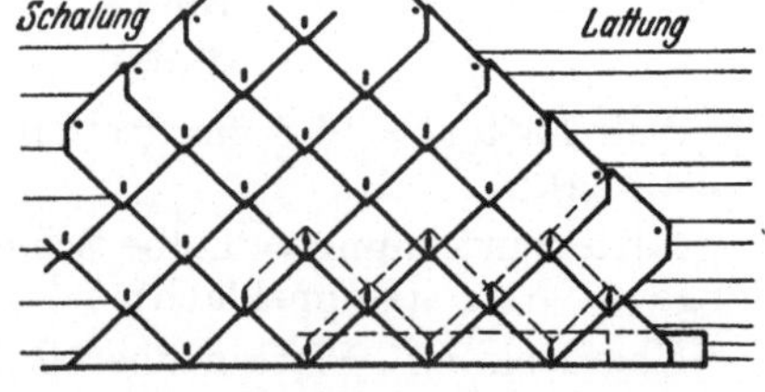

Abb. 94d. *4. Schablonendeckung* (Rautendach). a) auf Schalung und Pappe, b) auf Lattung.

Deckung mit Zementasbestplatten (Eternit).

Deckungsarten: A. . . . Eternit-Plattendeckung.

A. Eternit-Plattendeckung. Materialbedarf steigt infolge der notwendigen Plattenüberdeckung mit Abnahme der Dachneigung.

Tabelle 35.

Deckungsart und Plattengröße cm	Dach-neigung	Unterlage	Latten-weite M/M cm	Platten-über-deckung vertikal, horizontal cm		Platten je m² Dachfläche ausschl. Schalung, Lattung, Formstücke, Befestigungsmaterial		
						Stück	Gewicht kg	Preis[1] R.M.
Eternit-Deckmuster 1 (waagerechte Deckung)								
30/60	über 35°	Schalung . .	—	8	10	9,09	13,18	2,91
		Lattung . . .	21	9	11	9,72	14,09	3,11
	25—35°	Schalung . .	—	10	12	10,42	15,11	3,33
		Lattung . . .	18	12	12	}11,57	16,78	3,70
	20—25°	Schalung . .	—	12	12			
Eternit-Deckmuster 2 (Deutsche Deckung) nur auf Schalung								
40/40	über 35°	Schalung . .	—	7		10,10	12,63	3,03
	20—35°	Schalung . .	—	10		11,11	13,89	3,33
30/30	über 35°	Schalung . .	—	7		19,76	13,83	3,44
	20—35°	Schalung . .	—	9		21,64	15,15	3,77
Eternit-Deckmuster 3 und 4 (Doppeldeckung)								
40/60	über 45°	Schalung . .	—	8		9,62	18,28	4,33
		Lattung . . .	25,5	9		} 9,81	18,64	4,41
	35—45°	Schalung . .	—	9				
		Lattung . . .	25	10		10,00	19,00	4,50
	25—35°	Schalung . .	—	11		10,20	19,38	4,59
		Lattung . . .	24	12		}10,42	19,80	4,69
	20—25°	Schalung . .	—	12				
40/40	über 45°	Schalung . .	—	8		15,63	19,54	4,69
		Lattung . . .	15,5	9		}16,13	20,16	4,84
	35—45°	Schalung . .	—	9				
		Lattung . . .	15	10		16,67	20,84	5,—
	25—35°	Schalung . .	—	11		17,07	21,38	5,12
		Lattung . . .	14	12		}17,86	22,33	5,36
	20—25°	Schalung . .	—	12				
20/40	über 45°	Schalung . .	—	8		31,25	19,53	5,—
		Lattung . . .	15,5	9		}32,26	20,16	5,16
	35—45°	Schalung . .	—	9				
		Lattung . . .	15	10		33,33	20,83	5,33
	25—35°	Schalung . .	—	11		34,50	21,56	5,52
		Lattung . . .	14	12		}35,71	22,32	5,71
	20—25°	Schalung . .	—	12				
15/30	über 45°	(nur auf Scha-lung) . . .	—	8		60,60	21,21	5,64
Eternit-Deckmuster 4 (Schablonendeckung)								
40/40	über 35°	Schalung . .	—	7		8,19	11,48	2,75
		Lattung . . .	21,9	9		10,41	13,01	3,12
	20—35°	Schalung . .	—	10		11,11	13,89	3,33
	25—35°	Lattung . . .	20,5	11		11,90	14,88	3,57
	20—25°	Lattung . . .	19,8	12		12,75	15,94	3,83
30/30	über 35°	Schalung . .	—	7		18,90	13,23	3,29
		Lattung . . .	14,9	9		}22,68	15,88	3,95
	20—35°	Schalung . .	—	9				
	25—35°	Lattung . . .	13,6	10		25,00	17,50	4,35
	20—25°	Lattung . . .	13,3	11		27,70	19,39	4,82

1 Preis Frühjahr 1937 ab Werk.

Formstücke für First, Traufe, Maueranschluß, Befestigungsmaterial (Spezialnägel, Sturmhaken´u. dgl.) je nach Bedarf.

Lohnaufwand verschieden, je nach Dachform und Dachgröße
1 Dachdecker + 2 Arbeiter decken bis zu 150 m²/Tag.

B. Deckung mit Well-Eternit. Verlegung auf Pfetten.

Tabelle 36.

Plattengröße	Nutzbare Plattenbreite (Deckbreite) = 873 mm					
	2500/915/6 mm		1600/915/6 mm		1250/915/6 mm	
Gewicht/Platte	32 kg		21 kg		16 kg	
Preis/Platte.	7,— RM.		4,50 RM.		3,50 RM.	
Dachneigung	bis 17°	über 17°	bis 17°	über 17°	bis 17°	über 17°
Längsuberdeckung in mm .	200	150	200	150	200	150
Pfettenabstand in mm. . .	1150	1175	1400	1450	1050	1100
Deckfläche/Platte in m² . .	2,00	2,05	1,22	1,265	0,916	0,96
Preis/m² Dachfläche in RM. (ausschl. Formstücke, Befestigungsmaterial, Verlegen)	3,50	3,41	3,69	3,56	3,82	3,65

Weitere (größte) Well-Eternitplatte = 3300/915/6 mm,´
Gewicht = 43 kg   Preis = 9,25 RM.

Formstücke für First, Traufe, Maueranschluß . . . . ⎫ je nach
Befestigungsmaterial (Spezialnägel, Sturmhaken u. dgl. ⎭ Bedarf.

Lohnaufwand verschieden, je nach Dachform und Dachgröße
1 Dachdecker + 2 Arbeiter decken bis zu 160 m²/Tag.

Abdeckung von Kesselhäusern, Industriegebäuden u. dgl. mit Stegzementdielen oder Kassettenplatten in Bimsbeton.

Die Abdeckung von eisernen Dachkonstruktionen mit armierten Bimsbeton-Dachplatten hat besonders in Westdeutschland Verbreitung gefunden. Diese Platten werden als Stegzementdielen mit glatter Untersicht oder als Kassettenplatten hergestellt.

Handelsübliche Platten:

Belastete, armierte Bimsbeton-Dachplatten								
Stegplatten oder Vollplatten			Kassettenplatten			Stegkassettenplatten		
Länge m	Stärke mm	Gewicht kg/m²	Länge m	Stärke mm	Gewicht kg/m²	Länge m	Stärke mm	Gewicht kg/m²
1,30	50	55	1,70	70	62	2,00	75	69
1,65	60	64	2,10	75	65	2,30	80	72
2,00	70	71	2,20	80	68	2,45	85	77
2,20	75	75	2,50	85	73	2,60	90	81
2,40	80	78	2,60	90	77	3,00	100	89
2,55	85	80	3,00	100	85	3,00	110	95
2,70	90	83				3,00	120	98
3,00	100	91						
3,00	110	100						
3,00	120	107						

Breite aller Platten = 50 cm.

Das *Abdecken von Industriehallen mit Bimsbetonstegdielen* kostete im *Jahre 1939 in Westdeutschland* (auf Stahlpfetten) *je 1 m²*:

Material Löhne Insgesamt
RM./m²

Bimsbetonstegdielen, 7 cm stark . . . . .   3,90 + 1,30 =   5,20
Bimsbetonstegdielen, 8 cm stark . . . . .   4,30 + 1,30 =   5,60

Besondere Schutzmaßnahmen: Schutzanstrich, speziell starke Armierung dort, wo die Dachplatten großer Hitze, Säuren, Rauchgasen usw. ausgesetzt sind (Gießereien, Beizereien, vor Hochöfen u. ä.).

Verwendungszweck ist bei Bestellung stets anzugeben.

Montage unter Beachtung der Montagevorschriften (zweckmäßig durch Lieferfirma).

Überbelastung vermeiden!

Zentralstelle: Verband Rheinischer Bimsbaustoffe e. V. Neuwied a. Rh.

Pappdächer. *Normenpappen,* deren Gehalt an Tränk- und Deckmasse, deren Wasserdurchlässigkeit, Biegsamkeit, Dehnung, Bruchlast, Wärme- und Kältebeständigkeit genau festgelegt ist, bezeichnet man allgemein wie folgt:

625er Pappe = die Pappe mit einem Gewicht von 0,625 kg/m²,
500er   „   = „   „   „   „   „   „   0,500 kg/m²,
333er   „   = „   „   „   „   „   „   0,333 kg/m²,
(DIN, DVM 2121) beiderseits besandete Teerpappe,
(DIN, DVM 2125) einseitig besandete Teerpappe,
(DIN, DVM 2128) teerfreie (Asphaltbitumenpappe),
(DIN, DVM 2129) desgl. nur getränkt, ohne Deckmasse.

Außer diesen Normenpappen sind noch viele andere Teerpappen und teerfreie Dachpappen im Handel, die hier nicht einzeln aufgeführt werden.

Nachstehende Angaben beziehen sich auf die wichtigsten Ausführungen. (Die angegebenen Werte sind Mittelwerte!)

Einfaches Teerpappdach, einlagig auf etwa 25 mm starker Holzschalung (möglichst gespundet).

Nagelung der Pappe in Abständen von 4 bis 6 cm.

Überdeckung der Bahnen etwa 10 cm, geklebt und genagelt je m² Dachfläche:

Dachpappe . . . . 1,10 m²
Pappnägel . . . . 60 Stück
Asphalt + Teer . . . . 0,2 kg + 0,6 l
Arbeitslohn . . . . 0,1 Std. + 0,1 St.
Gewicht (einschl. Sparren und Schalung) etwa 34 kg.

Leistenpappdach, einlagig. Bahnen senkrecht zur Traufe zwischen Dreikantleisten.

Bahnenkante an Leiste hochgezogen, mit Pappstreifen überklebt und genagelt je m² Dachfläche:

Leisten . . . . 1,05 m
Leistennägel . . . . 8 Stück
Pappe . . . . 1,15 m²
Pappnägel . . . . 60 Stück
Asphalt + Teer . . . . 0,3 kg + 0,7 l
Arbeitslohn . . . . 0,2 Std. + 0,2 St.
Gewicht (einschl. Sparren, Schalung und Leisten) = etwa 36 kg.

Pappdächer mit starker Oberflächenbekiesung je m² Dachfläche:
Zuschlag von 6 bis 9 kg Kies + 0,1 bis 0,2 St.

Klebepappdach, doppellagig. Nagelung nur an der oberen Bahnkante
(Ausnahme Anfangskante). Obere Lage auf untere aufgeklebt
je m² Dachfläche:

```
Pappe . . . . . . . . . . . . . 2,20 m²
Pappnägel . . . . . . . . . . 60 Stück
Klebmasse . . . . . . . . . . 1,75 kg
Asphaltdachlack . . . . . . . 0,60 kg
Arbeitslohn . . . . . . . . . 0,3 Std. + 0,3 St.
```
Gewicht (einschl. Sparren und Schalung) etwa 42 kg.

Leistenpappdach, doppellagig, desgl. Obere Lage parallel zur Traufe,
quer über untere Bahnen und Leisten
je m² Dachfläche:

```
Leisten . . . . . . . . . . . . 1,05 m
Leistennägel . . . . . . . . . 8 Stück
Pappe . . . . . . . . . . . . 2,45 m²
Pappnägel . . . . . . . . . . 100 Stück
Klebmasse . . . . . . . . . . 1,75 kg (nur bei Ausfüh-
                                     rung als Klebedach)
Asphaltdachlack . . . . . . . 0,60 kg
Arbeitslohn . . . . . . . . . 0,3 Std. + 0,3 St.
```
Gewicht (einschl. Sparren, Schalung und Leisten) etwa 45 kg.

Klebedach, doppellagig auf Massivunterlage. Grundanstrich der Massiv-
fläche nach gründlicher Reinigung und Trocknung mit Asphaltlack,
Aufkleben der ersten und der weiteren Lagen mit Klebmasse
je m² Dachfläche:

```
Pappe . . . . . . . . . . . . . 2,40 m²
Klebmasse . . . . . . . . . . 3,50 kg
Asphaltlack . . . . . . . . . 0,60 kg
Arbeitslohn . . . . . . . . . 0,3 Std. + 0,3 St.
```

Holzzementpappdach. Mehrlagiges Pappdach (mindestens 3 Lagen)
durch eine (mindestens 7 cm stark) Aufschüttung von Sand und Kies
vor dem Ausdörren geschützt.

Erhöhung der Wärmehaltung und der Feuersicherheit.

Nachteil: Gewichtsvermehrung.

Je 1 m² Dachfläche bei 3 Papplagen und 10 cm Sand-Kiesaufschüttung:

```
Pappe . . . . . . . . . . . . 3,48 m²
Pappnägel . . . . . . . . . . 40 Stück
Holzzement . . . . . . . . . 6 bis 8 kg (oder heißer
                                     Asphaltkitt)
Sand + Kies . . . . . . . . . 170 kg (trocken)
Arbeitslohn . . . . . . . . . 0,6 Std. + 0,7 St.
```
Gewicht (einschl. Sparren und Schalung) 220 bis 240 kg.

XIX. Eisenbahnbauarbeiten.
Bettungsmaterial.

Gleisbausteinschlag 30/70 mm I. Klasse 1 m³ = 1,4 t bis 1,5 t
(Basalt, 'Quarzporphyr u. dgl.)

Steinschlag. . . . 20/35 mm II. „ 1 m³ = 1,4 t bis 1,5 t
Kies . . . . 30/70 mm (Grubenkies) 1 m³ = 1,5 „ 1,7 t
Kies . . . . 15/30 mm 1 m³ = 1,5 „ 1,7 t.

a) Materialbedarf.

Der *Bedarf an Kies oder Schotter für 1 lfd. m Gleis* ist nach Abzug des Raumes für Schwellen:

Bei *Hauptbahnen* mit normaler Spurweite:
eingleisig etwa 1,8 bis 2,5 m³ im Mittel . . . . 2,00 m³
zweigleisig etwa 3,0 bis 4,0 m³ im Mittel . . . . 3,50 m³

Bei *Nebenbahnen* mit normaler Spurweite:
Bettungstiefe etwa 40 cm in der Mitte, 50 cm in den beiden Seiten, Kronenbreite 3,50 m, Böschung 1¹/₂fach;
eingleisig (Schwellenraum = 0,1 m³) . . . . 1,85 m³

Bei *Kleinbahnen* mit normaler Spurweite:
Bettungstiefe etwa 30 cm in der Mitte, 40 cm an den beiden Seiten, Böschung 1¹/₂fach, Kronenbreite 3,5 m;
eingleisig (Schwellenraum 0,09 m³) . . . . 1,38 m³

Desgl. mit 1000 m Spurweite:
Bettungstiefe etwa 24 cm in der Mitte, 34 cm an beiden Seiten, Kronenbreite 3,00 m, Böschung 1¹/₄fach; eingleisig (Schwellenraum 0,08 m³) 0,8 bis 1,0 m³ im Mittel . . . . 0,90 m³

Bei Kleinbahnen mit 750 mm Spurweite:
Bettungstiefe 22 cm in der Mitte, 30 cm an beiden Seiten, Kronenbreite 2,7 m, Böschung 1¹/₄fach;
eingleisig (Schwellenraum 0,07 m³) . . . . 0,70 m³

Desgl. mit 600 mm Spurweite:
Bettungstiefe 20 cm in der Mitte, 26 cm an den beiden Seiten, Kronenbreite 2,5 m, Böschung 1¹/₄fach;
eingleisig (Schwellenraum 0,06 m³) . . . . 0,60 m³

Bettungsmaterial bei Holzschwellen für eine
  a) einfache Weiche, Normalspur . . . . 45 bis 50 m³
  b) Doppelweiche . . . . 55 „ 60 m³
  c) Kreuzungsweiche . . . . 60 „ 70 m³

Bettungsmaterial bei Eisenschwellen für eine
  a) einfache Weiche . . . . 50 „ 55 m³
  b) Doppelweiche . . . . 55 „ 60 m³
  c) Kreuzungsweiche . . . . 65 „ 70 m³

b) Lohnaufwand.

Steinschlag (Kies) abladen[1] vom Eisenbahnwagen für 1 m³ *0,8 Sto.* (0,6 Sto.)[2]
  „   „ *aufladen*[1] auf   „ je 1 m³ *1,6 Sto.* (1,4 Sto.)
  „   „ *einbauen* und *einebnen* im Gleis für 1 m³ . *0,8 Sto.*

[1] Von Hand mit geübten Tiefbauarbeitern.
[2] Klammerwert für Kies.

Oberbau.

a) *Materialbedarf.*

Materialbedarf für 1 km Gleis.

Oberbau mit Schienen Nr. 6e auf Holzschwellen.

Nr.	Benennung	Gewicht für 1 Stück kg	18 Schwellen				15 Schwellen			
			12 m Gleis		1 km Gleis		10 m Gleis		1 km Gleis	
			Stück	Gewicht kg	Stück	Gewicht t	Stück	Gewicht kg	Stück	Gewicht t
					rund				rund	
1	Holzschwellen, 2,7 m lang . .	—	18	—	1500	—	15	—	1500	—
2	Schienen, 12 m lang	400,43	2	800,86	166²/₃	66,74	—	—	—	—
3	Schienen, 10 m lang	333,63	—	—	—	—	2	667,26	200	66,73
4	Außenlaschen . .	15,23	2	30,46	167	2,54	2	30,46	200	3,05
5	Innenlaschen . . .	15,43	2	30,86	167	2,58	2	30,86	200	3,09
6	Laschenschrauben.	0,77	12	9,24	1000	0,77	12	9,24	1200	0,92
7	Hakenplatten . .	6,63	36	238,68	3000	19,89	30	198,90	3000	19,89
8	Klemmplatten . .	0,514	36	18,50	3000	1,54	30	15,42	3000	1,54
9	Schwellenschrauben, 150 mm lang	0,469	108	50,65	9000	4,22	90	42,21	9000	4,22
10	Klemmen gegen das Wandern der Schienen. .	—	8	—	667	—	6	—	600	—

Gewicht für 1 m Gleis = 98,28 kg (Eisenteile) bei 18 Schwellen,
99,44 kg („   ) „ 15   „

Oberbau mit Schienen Nr. 6e auf eisernen Querschwellen.

Nr.	Benennung	Gewicht für 1 Stück kg	18 Schwellen				15 Schwellen			
			12 m Gleis		1 km Gleis		10 m Gleis		1 km Gleis	
			Stück	Gewicht kg	Stück	Gewicht t	Stück	Gewicht kg	Stück	Gewicht t
					rund				rund	
1	Eiserne Querschwellen, Form 51a . . .	58,30	18	1049,40	1500	87,45	15	874,50	1500	87,45
2	Schienen, 12 m lang	400,43	2	800,86	166²/₃	66,74	—	—	—	—
3	Schienen, 10 m lang	333,63	—	—	—	—	2	667,26	200	66,73
4	Außenlaschen . . .	15,23	2	30,46	167	2,54	2	30,46	200	3,05
5	Innenlaschen . . .	15,43	2	30,86	167	2,58	2	30,86	200	3,09
6	Laschenschrauben.	0,77	12	9,24	1000	0,77	12	9,24	1200	0,92
7	Hakenplatten . .	1,845	36	66,42	3000	5,54	30	55,35	3000	5,54
8	Klemmplatten . .	0,41	36	14,76	3000	1,23	30	12,30	3000	1,23
9	Hakenschrauben .	0,37	36	13,32	3000	1,11	30	11,10	3000	1,10
10	Klemmen gegen das Wandern der Schienen. .	—	8	—	667	—	6	—	600	—

Gewicht für 1 m Gleis = 167,96 kg bei 18 Schwellen (12 m = Gleis),
169,11 kg „ 15   „   (10 m = Gleis).

Oberbau mit Schienen Nr. 8b auf Holzschwellen.

Nr.	Benennung	Gewicht fur 1 Stuck kg	24 Schwellen				20 Schwellen			
			15 m Gleis		1 km Gleis		12 m Gleis		1 km Gleis	
			Stuck	Gewicht kg	Stuck	Gewicht t	Stuck	Gewicht kg	Stuck	Gewicht t
					rund				rund	
1	Holzschwellen, 2,7 m lang . .	—	24	—	1600	—	20	—	1667	—
2	Schienen, 15 m lang	614,534	2	1229,07	$133^1/_3$	81,94	—	—	—	—
3	Schienen, 12 m lang	491,534	—	—	—	—	2	983,07	$166^2/_3$	81,92
4	Außenlaschen .	20,68	2	41,36	133	2,75	2	41,36	167	3,45
5	Innenlaschen . .	20,92	2	41,84	133	2,78	2	41,84	167	3,49
6	Laschenschrauben	0,80	12	9,60	798	0,64	12	9,60	1000	0,80
7	Hakenplatten . .	6,63	48	318,24	3200	21,22	40	265,20	3334	22,18
8	Klemmplatten .	0,576	48	27,65	3200	1,84	40	23,04	3334	1,92
9	Schwellenschrauben, 150 mm lang	0,469	144	67,54	9600	4,50	120	56,28	10002	4,69
10	Klemmen gegen das Wandern der Schienen .	—	10	—	667	—	8	—	667	—

Gewicht für 1 m Gleis = 115,67 kg (Eisenteile) bei 24 Schwellen,
118,37 kg („) „ ·20 „

Oberbau mit Schienen Nr. 8b auf eisernen Querschwellen.

Nr.	Benennung	Gewicht fur 1 Stuck kg	24 Schwellen				20 Schwellen			
			15 m Gleis		1 km Gleis		12 m Gleis		1 km Gleis	
			Stück	Gewicht kg	Stück	Gewicht t	Stuck	Gewicht kg	Stuck	Gewicht t
					rund				rund	
1	Eiserne Querschwellen, Form 51e . .	58,30	24	1399,20	1600	93,28	20	1166,00	1667	97,19
2	Schienen, 15 m lang	614,534	2	1229,07	$133^1/_3$	81,94	—	—	—	—
3	Schienen, 12 m lang	491,534	—	—	—	—	2	983,07	$166^2/_3$	81,92
4	Außenlaschen . .	20,68	2	41,36	133	2,75	2	41,36	167	3,45
5	Innenlaschen . .	20,92	2	41,84	133	2,78	2	41,84	167	3,49
6	Laschenschrauben	0,80	12	9,60	798	0,64	12	9,60	1000	0,80
7	Hakenplatten . .	1,975	48	94,80	3200	6,32	40	79,00	3334	6,58
8	Klemmplatten .	0,68	48	32,64	3200	2,18	40	27,20	3334	2,27
9	Hakenschrauben	0,64	48	30,72	3200	2,05	40	25,60	3334	2,13
10	Klemmen gegen das Wandern der Schienen .	—	10	—	667	—	8	—	667	—

Gewicht für 1 m Gleis = 191,94 kg bei 24 Schwellen,
197,83 kg „ 20 „

Oberbau mit Schienen Nr. 15c auf Holzschwellen.

Nr.	Benennung	Gewicht für 1 Stück kg	24 Mittelschwellen				19 Mittelschwellen			
			15 m Gleis		1 km Gleis		12 m Gleis		1 km Gleis	
			Stück	Gewicht kg	Stück	Gewicht t	Stück	Gewicht kg	Stück	Gewicht t
					rund				rund	
1	Holzbreitschwellen	—	1	—	67	—	1	—	83	—
2	Holzschwellen .	—	24	—	1600	—	19	—	1583	—
3	Schienen, 15 m lang	675,454	2	1350,91	$133^1/_3$	90,06	—	—	—	—
4	Schienen, 12 m lang	540,301	—	—	—	—	2	1080,60	$166^2/_3$	90,05
5	Laschen	9,429	4	37,72	267	2,52	4	37,72	333	3,14
6	Laschenschrauben	0,830	8	6,64	534	0,44	8	6,64	666	0,55
7	Hakenplatten . .	7,364	52	382,93	3468	25,54	42	309,29	3498	25,76
8	Klemmplatten .	1,329	52	69,11	3468	4,61	42	55,82	3498	4,65
9	Schwellenschrauben, 180 mm lang	0,552	52	28,70	3468	1,91	42	23,18	3498	1,93
10	Schwellenschrauben, 150 mm lang	0,469	104	48,78	6936	3,25	84	39,40	6996	3,28
11	Doppelte Federringe	0,115	104	11,96	6936	0,80	84	9,66	6996	0,80
12	Federplatten . .	0,170	60	10,20	4002	0,68	50	8,50	4164	0,71
13	Klemmen gegen das Wandern der Schienen .	—	12	—	798	—	10	—	830	—

Gewicht für 1 m Gleis = 129,80 kg (Eisenteile) bei 24 Mittelschwellen,
130,90 kg („   ) „ 19   „

Oberbau mit Schienen Nr. 15c auf eisernen Querschwellen.

Nr.	Benennung	Gewicht für 1 Stück kg	24 Mittelschwellen				19 Mittelschwellen			
			15 m Gleis		1 km Gleis		12 m Gleis		1 km Gleis	
			Stück	Gewicht kg	Stück	Gewicht t	Stück	Gewicht kg	Stück	Gewicht t
					rund				rund	
1	Eiserne Querschwellen, Form 66b. . .	128,02	1	128,02	67	8,58	1	128,02	83	10,63
2	Eiserne Querschwellen, Form 71d . .	62,39	24	1497,36	1600	99,82	19	1185,41	1583	98,76
3	Schiene, 5 m lang	675,454	2	1350,91	$133^1/_3$	90,06	—	—	—	—
4	Schiene, 12 m lang	540,301	—	—	—	—	2	1080,60	$166^2/_3$	90,05
5	Laschen	9,429	4	37,72	267	2,52	4	37,72	333	3,14
6	Laschenschrauben	0,830	8	6,64	534	0,44	8	6,64	666	0,55
7	Hakenzapfenplatten	3,182	52	165,46	3468	11,04	42	133,64	3498	11,13
8	Klemmplatten .	1,329	52	69,11	3468	4,61	42	55,82	3498	4,65
9	Hakenschrauben	0,688	52	35,78	3468	2,39	42	28,90	3498	2,41
10	Federplatten . .	0,170	60	10,20	4002	0,68	50	8,50	4164	0,71
11	Klemmen gegen das Wandern der Schienen .	—	12	—	798	—	10	—	830	—

Gewicht für 1 m Gleis = 220,08 kg bei 24 Mittelschwellen,
222,10 kg „ 19   „

Reichsbahnoberbau K mit Schienen S 49 auf Holzschwellen.

Nr.	Stoffe	Bezeichnung	Beschaff-zeichnung	Gewicht für 1 Stück kg	22 Mittelschwellen				45 Mittelschwellen			
					15 m Gleis		1 km Gleis		30 m Gleis		1 km Gleis	
					Stück	Gewicht kg	Stück	Gewicht t	Stück	Gewicht kg	Stück	Gewicht t
1	Schienen, 15 m lang	S 49a	Lots R 3320a	735,44	2	1470,88	133$^1/_3$ rund	98,06	—	—	—	—
2	Schienen, 30 m lang	S 49a	Lots R 3320a	1471,12	—	—	—	—	2	2942,24	66$^2/_3$ rund	98,07
3	Doppelschwellen . .	—	R 3423	—	1	—	67	—	1	—	33	—
4	Mittelschwellen. . .	—	R 3423	—	22	—	1467	—	45	—	1500	—
5	Laschen.	Fl 16a	Lotkl 3	9,20	4	36,80	267	2,46	4	36,80	133	1,22
6	Laschenschrauben .	Lst 130	R 83	0,891	8	7,13	534	0,48	8	7,13	266	0,24
7	Stoßplatten	Spo 5	R 946	23,05	2	46,10	134	3,09	2	46,10	66	1,52
8	Rippenplatten . . .	Rpo 5	R 945	9,54	44	419,76	2934	27,99	90	858,60	3000	28,62
9	Klemmplatten . . .	Kpo 5	R 553	0,748	96	71,81	6404	4,79	188	140,62	6264	4,69
10	Hakenschrauben . .	Hs 16—65	R 956	0,548	96	52,61	6404	3,51	188	103,02	6264	3,43
11	Schwellenschrauben.	Ss 5	R 393	0,538	192	103,30	12808	6,89	376	202,29	12528	6,74
12	Kuppelschrauben . .	Kls 2—500	R 789	2,87	2	5,74	134	0,38	2	5,74	66	0,19
13	Unterlagen	Ul 1	N 675	0,658	4	2,63	268	0,18	4	2,63	132	0,09
14	Doppelte Federringe	Fe 6	R 604a	0,090	104	9,36	6938	0,62	196	17,64	6530	0,59
15	Holzzwischenlagen .	Zw 8	R 560a	—	48	—	3202	—	94	—	3132	—

Gewicht für 1 m Gleis 148,45 kg   Gewicht für 1 m Gleis 145,40 kg

Reichsbahnoberbau K mit Schienen S 49 auf Eisenschwellen.

Nr.	Stoffe	Bezeichnung	Beschaff-zeichnung	Gewicht für 1 Stück kg	22 Mittelschwellen				45 Mittelschwellen			
					15 m Gleis		1 km Gleis		30 m Gleis		1 km Gleis	
					Stück	Gewicht kg	Stück	Gewicht t	Stück	Gewicht kg	Stück	Gewicht t
1	Schienen, 15 m lang	S 49a	Lots R 3320a	735,44	2	1470,88	133$^1/_3$ rund	98,06	—	—	—	—
2	Schienen, 30 m lang	S 49a	Lots R 3320a	1471,12	—	—	—	—	2	2942,24	66$^2/_3$ rund	98,07
3	Eiserne Breitschwellen	Sw 11a	R 1231	145,82	1	145,82	67	9,77	1	145,82	33	4,81
4	Eiserne Mittelschwellen	Sw 7a	R 791a	84,85	22	1866,70	1467	124,47	45	3818,25	1500	127,28
5	Laschen.	Fl 16a	Lotkl 3	9,20	4	36,80	267	2,46	4	36,80	133	1,22
6	Laschenschrauben .	Ls 1—130	R 83	0,891	8	7,13	534	0,48	8	7,13	266	0,24
7	Klemmplatten . . .	Kpo 5	R 553	0,748	96	71,81	6404	4,79	188	140,62	6264	4,69
8	Hakenschrauben . .	Hs 16—55	R 956	0,548	96	52,61	6404	3,51	188	103,02	6264	3,43
9	Doppelte Federringe	Fe 6	R 604a	0,090	104	9,36	6938	0,62	196	17,64	6530	0,59

Weichengewichte einschließlich Eisenschwellen.

Form 6.

	1 : 7 :	1 : 9 :	1 : 10 :
Einfache Weiche	10 t	11 t	13 t
Kreuzung	13 t	16 t	17 t
Einfache Kreuzungsweiche	16 t	20 t	21 t
Doppelte Kreuzungsweiche	18 t	23 t	25 t
Doppelweiche	16 t	20 t	22 t

Form 8.

	1 : 9 :	1 : 10 :	1 : 14 :
Einfache Weiche	11 t	13 t	18 t
Kreuzung	15 t	17 t	
Einfache Kreuzungsweiche	19 t	21 t	
Doppelte Kreuzungsweiche	23 t	25 t	
Doppelweiche	21 t	23 t	

b) Lohnaufwand.

Normalspur.

Sto. = Stundenlohn eines Oberbauarbeiters.

Vorbemerkung. Bei den Oberbauarbeitern ist eine Arbeiterkolonne vorausgesetzt worden, die aus einem Schachtmeister, einem Vorarbeiter und 22 bis 25 Mann besteht, und zwar:

zum Schwellenauslegen etwa . . .	4 bis 5 Mann
„ Schienenauslegen etwa . . .	8 „
„ Bohren etwa . . . . 1 „ 2	„
„ Laschenverteilen etwa . . . 1 „ 2	„
„ Nageln oder Festschrauben etwa	8 „

Zusammen 22 bis 25 Mann.

Die Schachtmeisterstunde ist mit 2,0 Sto. und die Vorarbeiterstunde mit 1,25 Sto. in Rechnung gesetzt worden.

a) *Gleis* mit normaler Spurweite, vorstrecken, d. h. Schienen, Schwellen und Kleineisenzeug verteilen, Laschen anbringen und die Schienen befestigen, aber ohne Stopfen und Justieren, erfordert, wenn die Arbeit durch Unternehmer mit eingerichteten Leuten ausgeführt wird,
für 1 lfd. m Gleis . . . . 1,2 Sto.

b) *Gleis* wie unter a), aber mit nichteingerichteten Leuten oder während des Betriebs ausgeführt, für 1 lfd. m . . . . 1,6 Sto.

c) *Gleis* justieren und unterstopfen erfordert, wenn die Arbeit durch Unternehmer mit eingerichteten Leuten ausgeführt wird,
für 1 lfd. m Gleis (Normalspur) . . . . 1,4 Sto.

d) *Gleis* wie unter c), mit nichteingerichteten Leuten oder während des Betriebs, für 1 lfd. m . . . . 1,6 Sto.

e) Schwellen (1 Stück = 90 kg) und Schienen aus Eisenbahnwaggons *abladen und* bis auf 200 m Länge *befördern zum Einbau* (bzw. Stapeln) je lfd. m Gleis (2 Sto. je 1 t Material) . . . . *0,4 Sto.*

Durch Zusammenfassung von a), c) und e) ergibt sich

f) *Vollständige Herstellung eines Gleises in der geraden Linie für 1 lfd. m*
a) mit geübten Kolonnen . . . . *3,0 Sto.*
b) mit nichtgeübten Kolonnen und im Betrieb . . . . *3,8 Sto.*

Eine einfache Weiche komplett *auslegen, nageln, richten und stopfen* erfordert, wenn die Arbeit durch Unternehmer mit eingerichteten Leuten ausgeführt wird (für die ganze Weiche) . . . . *190 Sto.*

Eine Kreuzungsweiche komplett auszulegen, zu richten und stopfen erfordert, wenn die Arbeit durch Unternehmer
a) mit eingerichteten Leuten (1 Vorarbeiter + 8 bis 12 Arbeiter) ausgeführt wird, etwa . . . . 290 Sto.
b) mit nichteingerichteten Leuten oder während des Betriebs   400 Sto.

Eine doppelte Kreuzungsweiche komplett auszulegen, zu richten und stopfen
a) mit geübten Kolonnen . . . . 380 Sto.
b) mit nichtgeübten Kolonnen und im Betrieb . . . . . . 500 Sto.

Ein Herzstück, durch Unternehmer mit eingerichteten Leuten (1 Vorarbeiter + 8 Mann) zu verlegen, zu befestigen und zu stopfen   25 Sto.

Gleis abbrechen, Materialien sortieren, erfordert einschließlich Transport nach dem Lagerplatz für den lfd. m . . . . 0,6 Sto.

Eine einfache Weiche abbrechen, Materialien sortieren, erfordert einschließlich Transport nach dem Lagerplatz . . . . 85 Sto.

Alte einfache Weiche abbrechen, die danebenliegende *neue,* fix und fertig montierte *Weiche einschieben* und einbinden (ohne Unterstopfen) erfordert. . . . . 220 Sto.

Altes Herzstück abbrechen, das *neue,* fix und fertig montierte, danebenliegende *Herzstück einschieben* und einbinden (ohne Unterstopfen) erfordert. . . . . 30 Sto.

Ein Herzstück abbrechen, Materialien sortieren, erfordert einschließlich Transport nach dem Lagerplatz . . . . 15 Sto.

Nachheben von Gleisen, und zwar Ausräumen der Bettung, Heben und Richten des Gleises, Unterstopfen, Einebnen der aufgehobenen Bettung:
bei Setzungen bis 30 cm für 1 lfd. m Gleis . . . . 1,0 Sto.
bei Setzungen über 30 cm für 1 lfd. m Gleis . . . . 1,2 Sto.

Unterstopfen der Schwellen mittels Gleisstopfmaschine.

Für Eisenschwellen in Steinschlag, bei normaler Hebung des Gleises und mittlerem Zugverkehr auf Hauptstrecken, betrug die tägliche Leistung einer Gleisstopfmaschine 45 m. Die Rotte mit 6 Maschinen bestand aus 1 Rottenführer, 1 Maschinenwärter, 12 Stopfern und 8 Mann für Nebenarbeiten, insgesamt also aus 22 Mann. Die Kosten des *Gleisstopfens* mittels Maschinen (ausschließlich der Unterhaltungskosten der

Maschinen, Tilgung und Verzinsung der Anschaffungskosten) betragen demnach für 1 lfd. m etwa *0,7 Sto.*

Dieselbe Arbeit, Gleisstopfen, mittels Handarbeit kostet für 1 m Gleis etwa 1,2 Sto.

Umnageln eines Schienenstranges

    a) bei Spurerweiterung ohne Nachdexeln der Schwellen für
1 lfd. m . . . . 0,3 Sto.

    b) bei Spurerweiterung mit Nachdexeln der Schwellen für
1 lfd. m . . . . 0,5 Sto.

Beispiel 80. Kosten eines Gleisstranges aus 15 m langen Schienen für 1435 mm Spurweite mit Holzschwellen (17 Mittelschwellen von je 2,50 m Länge und zwei Stoßschwellen von je 2,70 m Länge) Form VI fertig verlegt mit 1 Sto. = 0,80 RM. 1 m³ Gleisschotter frei Verwendungsstelle 9,— RM.

Materialkosten:

Holzschwellen, 2,70 m lang, 2 Stück je 9,— RM.[1] . . . . 18,— RM.
Holzschwellen, 2,50 m lang, 17 Stück je 8,50 RM.[1] . . . . . . 144,50 „

                                    Zusammen: 162,50 RM.

Steinschlag, etwa 1,85 m³, für die Bettung nach S. 287 für 1 m
    Gleislänge je 9,— RM. = 16,65 RM. · 15 . . . . 249,75 „
Schienen, 15 m lang, 2 Stück je 694,8 kg, 30 lfd. m je 6,— RM. 180,— „
Innere Laschen, je 15,35 kg, 2 Stück je 2,75 RM. . . . . . . 5,50 „
Auflauflaschen, je 30,86 kg, 2 Stück je 6,— RM. . . . . 12,— „
Hakenplatten für Stoßschwellen, je 7,32 kg, 4 Stück je 1,50 RM. 6,— „
Hakenplatten für Mittelschwellen, je 7,32 kg, 34 Stück je 1,50 RM. 51,— „
Schwellenschrauben, je 0,403 kg, 76 Stück je 0,11 RM. . . . . 8,36 „
Schwellenschrauben etwas länger, je 0,441 kg, 4 Stück je 0,12 RM. 0,48 „
Laschenschrauben, je 0,926 kg, 12 Stück je 0,26 RM. . . . . . 3,12 „
Hakennägel, je 0,286 kg, 34 Stück je 0,08 RM. . . . . 2,72 „
Federringe, je 0,029 kg, 12 Stück je 0,015 RM. . . . . 0,18 „
Altersnägel, je 0,0162 kg, 19 Stück je 0,01 RM. . . . . 0,19 „

Eisenteile und Steinschlag . . . . 519,30 RM.

Holzschwellen . . . . 162,50 „

Materialkosten für 15 m Länge . . . . 681,80 RM.
Materialkosten für 1 m Länge . . . . 45,40 „

Arbeitslohn:

Für vollständige Herstellung eines Gleises nach S. 293 für 1 lfd. m
    3,0 Sto. zu 0,70 RM. . . . . 2,10 RM.
Gleisschotter abladen und einbauen nach S. 287 für 1 lfd. m
    1,85 m³ zu 1,6 Sto. = 2,96 Sto. zu 0,80 RM. . . . . 2,40 „

Summe Arbeitslohn . . . . 4,50 RM.

Gemeinkosten, Geschäftskosten und Gewinn 50 % von 4,50 RM.   2,25 „

                                                      6,75 RM.

Dazu Materialkosten . . . . 45,40 „
Zuschlag auf M 10 % von 45,40 RM. . . . . 4,55 „

Insgesamt für 1 lfd. m Gleis . . . . *56,70*[2] RM.

---

[1] Preis frei Baustelle ist nach Einholung von Angeboten jeweils zu errechnen.
[2] In diesen Preis *nicht* inbegriffen sind vorausgegangene Erd- und Mutterbodenarbeiten, Planierarbeiten u. dgl., welche jeweils nach den örtlichen Verhältnissen zu berechnen sind.

Beispiel 81. Angebot auf Herstellung von 2 Aufstellgleisen auf Bahnhof X.

Nr.	An-zahl	Gegenstand	Geldbetrag im einzelnen R.M.	Geldbetrag im ganzen R.M.
1	220	m² Pflaster der Ladestraße aufnehmen und die Steine zur Wiederverwendung beiseite setzen für 1 m² .	0,30	66,—
2	100	m³ Boden, soweit das neue Gleis durch die gepflasterte Ladestraße geht, ausschachten und zur Auffüllung des Dammkörpers zu verwenden für 1 m³	1,70	170,—
3	500	m³ Boden für die Herstellung des neuen Planums auszuschachten und zur Auffüllung des Dammkörpers zu verwenden für 1 m³	1,50	750,—
4	170	lfd. m Gleis, Form 8, einschließlich der Schwellen und Kleineisen, vom Bahnwagen zu entladen, ggf. stapeln und zur Verwendungsstelle zu schaffen für 1 lfd. m	0,25	42,50
5	2	einfache Weichen, Form 8, 1 : 9, vom Bahnwagen genau wie vor für 1 Stück.	25,—	50,—
6	300	lfd. m Gleis, Form 8, einschließlich der Schwellen und Kleineisen, das bereits geliefert ist, vom Lagerplatz zur Verwendungsstelle zu schaffen für 1 lfd. m .	0,30	90,—
7	800	Stück Schwellen, Form 8, zur Aufnahme der Schwellenschrauben zu bohren und nach Reichsbahnvorschrift die Löcher mit Karbolineum zu tränken für 1 Stück (Pos. fällt ggf. fort)	0,30	240,—
8	850	m³ Bettungskies vom Bahnwagen zu entladen und zur Verwendungsstelle zu befördern für 1 m³ . .	0,70	595,—
9	470	lfd. m Gleis, Form 8, ordnungsgemäß nach Reichsbahnvorschrift zu verlegen einschließlich Einbringen der Bettung und zweimaligem Stopfen für 1 lfd. m	3,—	1410,—
10	2	Weichen, Form 8, 1 : 9, einbauen genau wie vor für 1 Stück	240,—	480,—
11	1	Prellbock zum Abschluß des Stumpfgleises aus altbrauchbaren Schwellen herzustellen und mit Erdmassen zu hinterfüllen einschließlich Lieferung der Schraubenbolzen, ohne Lieferung der Schwellen für		30,—
12	1	Lademaß über den Ladegleisen aufzunehmen und an angegebener Stelle wieder aufzustellen für		45,—
13	220	m² Pflaster der Ladestraße nach Verlegen des Gleises wiederherzustellen einschließlich Lieferung des etwa erforderlichen Sandes für 1 m²	1,60	352,—
				4320,50

Schmalspur.

Gleise vollständig fertig verlegen (einschl. Abladen des Materials, Verlegen, Richten und Stopfen) kostet bei *Schmalspurbahn* für *1 lfd. m*

bei 600 mm Spur . . . . 1,0 Sto.

,, 750 mm ,, ... 1,2 Sto.

,, 1000 mm ,, ... 1,8 Sto.

Eine einfache Weiche für *Schmalspurbahn* fertig verlegen, einschließlich Stopfen kostet

bei 600 mm Spur . . . . 40 Sto.

,, 750 mm ,, ... 60 Sto.

,, 1000 mm ,, ... 90 Sto.

Kostenanschlag und Titeleinteilung der Wirtschaftsbuchung von Eisenbahnneubauten bei der Deutschen Reichsbahn (Verrechnungsstellen).

Titel	*I.*	Grunderwerb.	*Titel VIII.*	Fernmeldeanlagen.
„	*II.*	Erdarbeiten.	„ *IX.*	Bahnhöfe.
„	*III.*	Einfriedigungen.	„ *X.*	Werkstattanlagen.
„	*IV.*	Wegübergänge.	„ *XI.*	Außerordentliche
„	*V.*	Durchlässe und		Anlagen.
		Brücken.	„ *XII.*	Fahrzeuge.
„	*VI.*	Tunnel.	„ *XIII.*	Insgemein.
„	*VII.*	Oberbau.	„ *XIV.*	Verwaltungs- und
„	*VIIa.*	Elektrische Zug-		Frachtkosten.
		förderung.		

Gleisunterhaltung.

Gleisunterhaltung. Die in einem Jahre erforderlichen Arbeitsstunden zur Gleisunterhaltung sind sehr verschieden. Im Durchschnitt kann man für 1 m Gleis rechnen:

> für Hauptbahnen (Normalspur) etwa . . . . 1,6 Sto.
> „ Nebenbahnen   „   „ . . . . 1,6 Sto.
> „ Schmalspurbahnen etwa . . . . 0,8 Sto.

Die als *unbrauchbar* ausgewechselten Schwellen betragen in Prozent etwa:

> bei Hauptbahnen (Normalspur) . . . . 4% bis 5%
> „ Nebenbahnen   „   . . . . 3,5% „ 4%
> „ Schmalspurbahnen . . . . 2,5% „ 3%

Kostenüberschläge für Bahnbauten.

Man kann für rohe Kostenüberschläge, welche einer ersten näherungsweisen Ermittlung der Kosten von Bahnbauten dienen, ohne daß Projektarbeiten vorliegen, welche eine genauere Kalkulation ermöglichen, mit folgenden Kosten rechnen.

Lohnbasis: 1 St. = 0,60 RM.   *Preisbasis:* 1 t Schienen 120,— RM.

	Kosten für 1 km Bahnstrecke in RM.			
Kosten der reinen Bauarbeiten (ohne Grunderwerb u. dgl.)	Hauptbahnen		Nebenbahnen	Kleinbahnen
	2gleisig RM.	1gleisig RM.	1gleisig RM.	1,435 m Spur RM
1 km Bahnstrecke in *ebenem Gelände* einschließlich Kunstbautèn und bis 10 m³/lfd. m Erdbewegung	250000 bis 300000	150000 bis 200000	100000 bis 150000	90000 bis 120000
1 km Bahnstrecke in *hügeligem* Gelände einschließlich Kunstbauten und bis 20 m³/lfd. m Erdbewegung	300000 bis 400000	200000 bis 300000	150000 bis 180000	120000 bis 160000

Lohnbasis: 1 St. = 0,60 RM.   *Preisbasis:* 1 t Schienen 120,— RM.

| Kosten der reinen Bauarbeiten (ohne Grunderwerb u. dgl.) | Kosten für 1 km Bahnstrecke in RM. | | | |
| | Hauptbahnen | | Nebenbahnen 1gleisig | Kleinbahnen 1,435 m Spur |
	2gleisig RM.	1gleisig RM.	RM.	RM.
1 km Bahnstrecke *im Gebirge* mit felsigen Formationen einschließlich Kunstbauten *ohne Tunnelbau*.	420 000 bis 600 000	300 000 bis 380 000	200 000 bis 280 000	180 000 bis 250 000
1 km Bahnstrecke im *Hochgebirge* mit felsigen Formationen und mit *kürzeren Tunnelbauten* .	600 000 bis 800 000	400 000 bis 600 000	300 000 bis 400 000	250 000 bis 300 000
1 km Bahnstrecke im *Hochgebirge* mit zahlreichen *längeren Tunnelbauten*	800 000 bis 1 200 000	600 000 bis 800 000	450 000 bis 600 000	—

Unterhaltung von Bahnlinien.

Man kann rechnen
je 1 km Betriebstrecke und Jahr . . . . bis 8000,— RM.

XX. Wasserbauten.

Fluß- und Kanalbauten.

Veranschlagungsplan. Auch bei Wasserbauten sind die Arbeiten und Lieferungen, gattungsweise getrennt nach einzelnen Titeln und Positionen, möglichst in der Reihenfolge aufzuführen, wie sie bei der Bauausführung aufeinanderfolgen. Der Veranschlagungsplan für Kanalbauten würde demnach die nachfolgende Form besitzen.

Titel I. Grunderwerb und Nutzungsentschädigung.

Titel II. Erd- und Rodungsarbeiten.

Titel III. Befestigung und Dichtung der Uferböschungen und der Sohle.

Titel IV. Bauwerke mit maschinellen Anlagen. Schleusen, Hebewerke, geneigte Ebenen, Wehre, Durchlässe, Dücker, Brücken, Hafenanlagen. Beschaffung der erforderlichen Maschinen, Schuppen, Gerüste usw.

Titel V. Nebenanlagen. Flußverlegungen, Verlegung von Eisenbahnen und Wegen, Befestigung der Leinpfade und der Kronen neuer Wege und Rampen einschließlich Schutzgeländer, Prellsteine, Warnungstafeln usw.

Titel VI. Einfriedigungen, Zäune usw., soweit sie nicht als Zubehör eines Bauwerkes anzusehen sind.

Titel VII. Gebäude. Gehöfte für Schleusenmeister, Hafenmeister, Strommeister usw.

Titel VIII. Bauhöfe. Bauhöfe und deren Ausstattung.

Titel IX. Sonstige Anlagen. Telegraphen- und Fernsprechanlagen; Ausbau und Ausstattung der Häfen mit Lagerhäusern, Kranen, Gleis- und Wegeanlagen usw.

Titel X. Speisungsanlagen. Erdarbeiten, Bauwerke und maschinelle Anlagen, Gebäude, Einfriedigungen, Kosten des Wassers und alle zugehörigen Nebenanlagen.

Titel XI. Unterhaltung während der Bauzeit. Unterhaltung der unter Titel II bis X aufgeführten Anlagen nach ihrer Fertigstellung bis zur Übernahme in den Betrieb.

Titel XII. Arbeiterschutzaufwendungen. Versicherungsbeiträge, Arbeiter-Unterkunfts- und Speiseanstalten sowie sonstige Wohlfahrtseinrichtungen usw.

Titel XIII. Insgemein. Untersuchung der Baustoffe; Beschaffung der Meßinstrumente, Bürokosten, Kosten für Aufnahme und Anfertigung von Karten, Beschaffung von Fahrzeugen und deren Betriebskosten. Abhaltung von Hochwassergefahren und für unvorhergesehene Ausgaben.

Titel XIV. Kosten der Bauleitung.

Sonderanschläge. Für ein Bauwerk am Kanal würden die Titel die unten angeführte Reihenfolge besitzen.

Veranschlagungsplan für Bauwerke.

Titel I. Grunderwerb und Nutzungsentschädigung.

Titel II. Fangedämme.
   a) Lieferungen.
   b) Arbeitslohn.

Titel III. Erdarbeiten.

Titel IV. Wasserhaltung.

Titel V. Grundbau (Spundwände, Roste, Betonschüttungen).
   a) Lieferungen.
   b) Arbeitslohn.

Titel VI. Maurer- und Steinmetzarbeiten.
   a) Lieferungen.
   b) Arbeitslohn.

Titel VII. Zimmerarbeiten.
   a) Lieferungen.
   b) Arbeitslohn.

Titel VIII. Metallarbeiten.

Titel IX. Anstreicherarbeiten.

Titel X. Pflasterarbeiten, Steinschüttungen u. dgl.
    a) Lieferungen.
    b) Arbeitslohn.

Titel XI. Faschinenarbeiten.
    a) Lieferungen.
    b) Arbeitslohn.

Titel XII. Maschinen, Rüstungen, Geräte, Schuppen für Baustoffe, Bauzäune usw.

Titel XIII. Insgemein.

Bei *Stromregulierung mit Faschinenbauten* empfiehlt sich folgender

Anschlagsplan für Stromregulierungen mit Faschinenbauten
(entsprechend auch zu verwenden für andere Stromregulierungen).

Lfd. Nr.	Vorder- satz	Gegenstand	Einheits- preis RM.	Geldbetrag	
				RM.	Rpf.
		Titel I. Lieferungen.			
1		m³ Waldfaschinen einschließlich Wurstfaschinen in vorgeschriebenen, vertragsmäßigen Abmessungen zur Bau- oder Lagerstelle zu liefern, das m³			
2		m³ grüne Weidenfaschinen wie vor anzuliefern oder in den staatlichen Weidenhägern zu schneiden, zu binden und an das Ufer zu rücken, das m³			
3		*Hundert* Buhnenpfähle, 1,25 m lang, 4 bis 5 cm stark, zur Bau- oder Lagerstelle zu liefern, das Hundert			
4		*Hundert* Spreitlagepfahle, 1 m lang, 4 bis 6 cm stark, wie vor zu liefern das Hundert . .			
5		*Hundert* Pflasterpfähle, 1 m lang, 10 cm stark, wie vor zu liefern, das Hundert			
6		*Hundert* Bindeweiden wie vor zu liefern oder in staatlichen Weidenhägern zu schneiden, zu binden und zur Baustelle zu schaffen, das Hundert			
7		*kg* geglühten Eisendraht, 1,2 mm stark, zur Bau- oder Lagerstelle zu liefern 100 kg .			
8		*kg* geglühten Eisendraht, 2 mm stark, wie vor, 100 kg			
9		m³ Pflastersteine wie vor, das m³			
10		m³ Schüttsteine wie vor, das m³			
11		m³ Kies, Ziegel- oder Kalksteingrus wie vor, das m³			
		Summe I			
		Titel II. Arbeitslohn.			
12		. . . . + ... =			
13		m³ Faschinen zur Abnahme aufzusetzen, das m³			
14		m³ Faschinen von den Lagerstellen nach den einzelnen Bau- und Verwendungsstellen zu schaffen, durchschnittlich das m³			

Lfd. Nr.	Vordersatz	Gegenstand	Einheitspreis RM.	Geldbetrag	
				RM.	Rpf.
15		*Hundert* Buhnen und Spreitlagepfähle zur Abnahme aufzusetzen, das Hundert			
16		*Hundert* Pflasterpfähle wie vor, das Hundert			
17		m^3 Pflastersteine, Schüttsteine, Kies, Grus usw. zur Abnahme aufzusetzen, durchschnittlich das m^3			
18		m^3 desgl. von den Lagerstellen nach den Bau- und Verwendungstellen zu schaffen, durchschnittlich das m^3			
19		m^3 Faschinen nach Nr. 1 der Baustoffberechnung zu Packwerk zu verarbeiten, die erforderlichen Würste zu binden, die Faschinen, Pfähle und Würste usw. anzutragen, die Belastungserde zu gewinnen, nach Bedürfnis in Schiffen zu verfahren, aufzubringen und in einzelnen Lagen abrammen, das m^3			
20		m^3 Sinkstücke mit Ober- und Unterwürstung abzubinden, mit Steinen zu belasten und zu versenken einschließlich aller Nebenarbeiten das m^3			
21		*Stück* Senkfaschinen zu binden, vorschriftsmäßig zu versenken, einschließlich wie vor, das Stück.			
22		m^2 Spreitlage anzufertigen, zu bewürsten und zu beerden, einschließlich Antragens des Busches usw. wie vor, das m^2			
23		m^2 Spreit- und Sinklagen mit Steinpackung anzufertigen, die Würste zu binden, die Belastungserde und die Steine heranzuschaffen und aufzubringen usw. wie vor, das m^2 .			
24		m Randwürste nach Vorschrift zu binden und aufzunageln, das m			
25		m^2 Pfahlwände nach den vorgeschriebenen Linien einzuschlagen, das m^2			
26		m^2 Steinpflaster auf 0,25 m starker Kies-, Ziegelgrus- oder Kalksteingrusunterbreitung mit engen Fugen zu setzen, zu verzwicken, abzurammen und mit Kies auszufugen, das m^2			
27		m^3 Steinschüttung auf den Böschungen nach Vorschrift herzustellen, einschließlich Herbeischaffung der Steine, das m^2			
		Summe II			
		Titel III. Insgemein.			
28		Entschädigung für Hergabe von Lagerplätzen für Baustoffe und Entnahme von Belastungsboden			
29		Für Beseitigung etwaiger Hochwasserschäden, Sicherung der Baustoffe usw. bei Hochwasser			
30		Für Fahrzeuge und Geräte, Bau- und Lagerhütten, deren An- und Abfuhr			
31		Schreib- und Zeichenbedürfnisse der Unterbeamten			
32		Für Wächterlöhne usw., soweit diese nicht zu den Bauleitungskosten gehören			

Lfd. Nr.	Vordersatz	Gegenstand	Einheitspreis RM.	Geldbetrag RM.	Rpf.
33		Staatliche Beiträge zur Krankenversicherung } soweit sie sich nicht auf die bei der Bauleitung tätigen Hilfskräfte beziehen			
34		Staatliche Beiträge zur Invaliditäts- und Altersversicherung . . }			
35		Besondere soziale Maßnahmen (Trennungsgelder usw.)			
36		Tagelöhne beim Messen und Peilen, Unterbringung der Arbeiter auf den Baustellen, Einrichten und Abräumen der Baustellen, für unvorhergesehene Arbeiten und zur Abrundung			
		Summe III			
		Hierzu *Summe II*			
		Hierzu *Summe I*			
		Gesamtsumme			

Baustoff- und Arbeitsaufwand für Stromregulierungen mit Faschinenbauten und dgl.

Der Aufwand an Arbeit ist so verschieden, daß genaue Angaben sich nicht machen lassen. Auch hängt dieser sehr viel von der Ausführungsart und der Art der Zusammensetzung der einzelnen Stücke der Baukörper, von der Witterung und Strömung ab.

Zu unterscheiden ist die norddeutsche (Nd.), bayerische auch süddeutsche (Sd.) und die österreichische (Oe.) Bauweise, die bei manchen Arbeitsgattungen bedeutende Verschiedenheiten zeigt.

Stsch. = Stundenlohn eines Schiffmanns oder Kahnfahrers,

St. = Stundenlohn eines Handlangers,

Stfa. = Stundenlohn eines Faschinenlegers.

Faschinenpfähle erzeugen aus Spaltholz, 2 bis 4 cm dick, 5 bis 8 cm breit und 100 bis 125 cm lang einschließlich Fällen, Sägen, Spalten der Holzstämme für 100 Stück:

Holz etwa 0,5 Festmeter: Arbeitslohn für Weichholz . . . . . 3 St.

Faschinenpfähle aus Stammholz zu sägen, zu spalten, zu spitzen oder aus Weidenholz herstellen, rund oder nur in der Mitte gespalten, 4 bis 5 cm stark, 100 bis 125 cm lang, für 100 Stück:

Raumholz etwa 0,4 m³, Arbeitslohn . . . . 2,5 bis 3 St.

Fluggerüste.

Einen Rüstpfahl von 10 cm Stärke ohne Rammrüstung mit der Handramme einzuschlagen einschließlich Zurichten . . . . 1,2 bis 1,5 St.

Einen Rüstpfahl vom Boot aus zu rammen einschließlich Bootsbesatzung . . . . 2,0 bis 2,5 St.

Ein Joch aus zwei Pfählen und einem Querholz bestehend, erfordert . . . . 4,0 St.

Gerüsteindecken für 1 lfd. m . . . . 0,35 St.

Fluggerüst, 100 Längenmeter erfordern:

a) auf trockenem Boden, wenn nur eine Reihe Pfähle in Rechnung gesetzt werden, da diejenigen, die auf trockenem Boden liegen, herausgezogen und anderweitig verwendet werden können:

Pfähle . . . . 41 Stück
Arbeitslohn . . . . 30 Stfa. + 30 St.

b) bei einer Wassertiefe von 0,6 m:

Pfähle . . . . 72 Stück
Arbeitslohn . . . . 30 Stsch. + 60 St.

c) bei 0,6 bis 1,8 m Wassertiefe:

Pfähle . . . . 123 Stück
Arbeitslohn . . . . .60 Stsch. + 120 St.

d) bei Bruchufern ohne Hinterpfähle:

Pfähle . . . . 62 Stück
Arbeitslohn . . . . 30 Stsch. + 90 St.

Faschinen, Weidenfaschinen aus gut erhaltenen Weidenpflanzungen zu hauen, zu binden einschließlich Heranschaffen, für 1 m³ . . 0,8 St.

Weidenfaschinen aus wilden Pflanzungen zu hauen, zu binden einschließlich Heranschaffen, für 1 m³ . . . . 1,2 bis 1,4 St.

Faschinenbeförderung. Ein zweispänniger Wagen ladet etwa 4 bis 5 m³ Faschinen, je nachdem sie frisch oder trocken, fester oder leichter gebunden sind. Ein vierspänniger Wagen ladet etwa 6 bis 9 m³ Faschinen auf.

Faschinenbauten einschließlich Beförderung der Materialien bis auf 50 m Entfernung.

Wurst, 15 cm dick, 100 lfd. m herzustellen, erfordert:

Weidenfaschinen . . . . 5 m³
Bindeweiden . . . . 500 Stück oder 2 kg Draht 1 mm st.
Arbeitslohn zum Binden . . . . 10 St.

1 m³ Packwerk erfordert:

	Zum Buhnen-oberbau	Zu den Grund-schwellen
Faschinen	1,25 m³	1,30 m³
Buhnenpfähle 1,25 m lang, 5 cm stark . . .	6 Stück	3,5 Stück
Erde	0,38 m³	0,30 m³
Schüttsteine	—	0,20 m³
Würste	2,80 m	4,00 m
Arbeitslohn	1,7 St.	2,0 St.

1 m³ Sinkstück erfordert:

Faschinen . . . . 1,3 m³
Buhnenpfähle 1,25 m lang, 5 cm stark . . . . 4 Stück
Luntleine . . . . 5 lfd. m
Würste . . . . 7 lfd. m
Schüttsteine . . . . 0,20 m³
Arbeitslohn für Herstellen und Versenken . . . . 3,5 St.
Rüstungen nach S. 301 f.

1 m³ Sinklage erfordert:

Faschinen . . . . 0,40 m³
Bindeweiden . . . . 25 Stück
Buhnenpfähle . . . . 1,5 Stück
Erde . . . . 0,15 m³
Schüttsteine . . . . 0,10 m³
Arbeitslohn zum Herstellen und Versenken . . . . 1,6 St.

1 m³ Senkfaschine erfordert:

Faschinen . . . . 1,20 m³
Schotter (Schüttsteine) . . . . 0,30 m³
Draht . . . . 0,50 kg
Arbeitslohn zum Binden . . . . 2 St.
Desgl. zum Versenken . . . . 1,5 St.
Rüstungen nach S. 301.

1 Längenmeter Kiessenkfaschine (nach KREUTER) erfordert, wenn der Kies auf 20 m Entfernung beigeführt wird, bei $d = 0{,}80$ bis 1 m:

Faschinen, etwa 4 bis 5 Stück . . . . 0,50 m³
Kies . . . . 0,3 bis 0,4 m³
Draht . . . . 0,5 bis 0,6 kg
Arbeitslohn für Herstellen und Versenken . . . . 2,5 bis 3,5 St.

1 Längenmeter Steinsenkfaschine erfordert (nach KREUTER) für Abmessungen wie vor:

Faschinen, 5 bis 6 Stück . . . . 0,50 m³
Bruchsteine . . . . 0,3 bis 0,4 m³
Draht . . . . 0,5 bis 0,7 kg
Arbeitslohn für Herstellen und Versenken . . . . . . 3 bis 4 St.

1 m² Spreutlage oder Berauhwehrung erfordert:

Weidenfaschinen . . . . 0,20 m³
Spreutlagenpfähle (grüne) 1,0 m lang, 5 cm stark . . . 5 Stück
Erde (Mutterboden) . . . . 0,18 m³
Würste, 15 cm dick . . . . 4 m
Arbeitslohn für fertiges Herstellen und Beerden . . . 1,0 St.

Faschinenlagen als Uferdeckung herzustellen erfordert für einfache Lage und 1 m² Deckung:

Faschinen . . . . 0,40 m³
Pfähle, 1,0 m lang, 5 cm stark . . . . 3,3 Stück
Arbeitslohn für Herstellen einschließlich Befördern der Materialien . . . . 0,4 St.

Uferdeckung aus doppelten Faschinenlagen erfordert für 1 m²:

Faschinen . . . . 0,60 m³
Pfähle . . . . 15 Stück
Würste . . . . 1,20 m
Arbeitslohn . . . . 0,5 St.

1 m³ Faschinenpackwerk auf Trockenem zur Uferdeckung erfordert:

Faschinen . . . . 1,10 m³
Erde . . . . 0,40 m³
Würste (je nach der Wahl der Befestigung) . . . . . 3,2 lfd. m
Buhnenpfähle . . . . 2,6 Stück
Nägel . . . . 5,2 Stück
Arbeitslohn für Herstellen . . . . 1,5 St.

Faschinenbauwerk als Uferschutz einlegen, mit Wippen überziehen, diese mit Pfählen befestigen und beschottern, einschließlich Beförderung der fertigen Faschinen, Wippen, Pfähle und der Beifuhr des Schotters für 1 m³ (nach Baurat W. JUNK, Oe.):

Baustoff	Einbauen auf trockenem Boden	Einbauen in Wasser	Einbauen in starker Stromung	Einbauen in stärkster Stromung
Faschinen	13,6 lfd. m	13,9 lfd. m	6,7 Stück	8 Stück
Wippen, 25 bis 30 cm stark	2,8 lfd. m	2,8 lfd. m	2,8 lfd. m	3,5 lfd. m
Pfähle (Weidenpflöcke) .	10 Stück	10 Stück	13 Stück	16 Stück
Schotter	0,5 m³	0,5 m³	0,52 m³	0,55 m³
Faschinenlegerstunden od. Buhnenmeisterstunden	0,5 Stfa.	0,5 Stfa.	0,73 Stfa.	0,73 Stfa.
Erdarbeiterstunden . . .	6,0 St.	7,0 St.	7,95 St.	9,28 St.
Schiffmannsstunden . . .	—	0,5 Stschf.	0,73 Stschf.	0,73 Stschf.

Faschinenpackwerk (Vorschußlagen, Grundlagen nach KREUTER) einschließlich Kieszufuhr bis auf 100 m Entfernung erfordert für 1 m³:

Baustoff	Bei einer Wassertiefe bis	
	1 m	2 bis 3 m
Faschinen	5 bis 6 Stück	6 bis 7 Stück
Wippen	5 m	7 bis 8 m
Pfähle	15 bis 20 Stück	15 bis 20 Stück
Kies	0,3 bis 0,4 m³	0,5 bis 0,6 m³
Arbeitslohn	3 bis 5 St.	4 bis 6 St.

Faschinenlagen (Aufholungslagen oder Abgleichlagen; Wedel- und Wachslagen; Spreit- oder Decklagen und Sturzlagen, nach KREUTER) für 1 m²:

Baustoff	Wedellage	Spreitlage	Oberste Stutzlage	Aufholungslage
Dicke	0,25 m	0,25 bis 0,3 m	0,30 m	0,40 m
Faschinen	1,44 Stück	1,4 bis 2 Stück	1,25 Stück	2,16 Stück
Wippen	1,44 m	2,5 bis 4 m	2,58 m	4,15 m
Pfähle	2,85 Stück	7 bis 9,6 Stück	4,60 Stück	7,50 Stück
Kies	0,12 m³	0,11 m³	0,12 m³	0,16 m³
Arbeitslohn	1,1 St.	1,4 bis 2,0 St.	1,3 St.	1,9 St.

Flechtzaun von 25 cm Höhe herzustellen erfordert für 1 lfd. m:

Weidenfaschinen . . . . 0,11 m³
Grüne Pfähle 1,2 bis 1,5 m lang . . . . 3,4 Stück
Arbeitslohn . . . . 0,8 St.

Flechtzäune von 0,9 m Höhe anzufertigen erfordert an
Arbeitslohn für 1 Längenmeter . . . . 1,5 St.

Schuppendecken aus Weidenfaschinen in 10 cm dicken Lagen, die sich
90 cm breit überdecken, erfordern für 1 m² Faschinen . . . 0,12 m³
Arbeitslohn, wenn Kies aus der Böschung gewonnen wird . . 1,5 St.
oder wenn Kies auf 20 m Entfernung befördert wird . . . 2,4 St.

Senkwellen (Sinkwalzen) herstellen erfordert für 1 m Länge:

Baustoff	Bei einer Stärke von			
	0,4 bis 0,5 m	0,6 m	0,8 m	1 m
Faschinen	0,42 m³	0,62 m³	0,75 m³	0,82 m³
Kies	0,12 m³	0,20 m³	0,27 m³	0,29 m³
Draht	0,45 kg	0,45 kg	0,52 kg	0,65 kg
Arbeitslohn für Herstellen und Verstürzen	1,5 St.	1,7 St.	2,0 St.	2,5 St.

Pflaster, molenartig, mit engen Fugen erfordert für 1 m²:
Pflastersteine . . . . 0,25 m³
Kies . . . . 0,25 m³
Pflasterpfähle, 0,8 bis 1,0 m lang, 10 bis 15 cm stark . . . 5 Stück
Arbeitslohn für Herstellen des Pflasters . . . . . 1,5 Stpf. + 0,5 St.[1]

Pflaster, hochkantig, erfordert, wenn die Steine zuzurichten sind,
für 1 m²:
Sprengsteine . . . . 0,30 m³
Kies . . . . 0,20 m³
Arbeitslohn . . . . 2,0 Stpf. + 0,5 St.[1]

Berme unter Wasser zu richten erfordert für 1 m² . 1,5 bis 2,0 St.

Bruchsteinpflaster auf Bermen und Böschungen, 25 bis 30 cm dick
herzustellen erfordert . . . . 2,5 Stm.[1]

Schleusenbau.

A. Erdarbeiten.

Bodenaushub und Hinterfüllung (50000 bis 80000 m³):

	Lohnstunden Stmi./m³	Kohle kg/m³	Öle kg/m³
Leichter Boden	1,4	4,5	0,045
Mittelschwerer Boden	1,8	5,0	0,06
Schwerer Boden	2,5	6,5	0,07

Schutzbeton der Sohle 10 cm stark kostet an Lohn je 1 m² 0,7 Stb.

Lehmdichtung in der Sohle und den Böschungen der Vorhäfen einschließlich Verstärkung im Anschluß an die Häupter vorschriftsmäßig
einzubringen in Lagen von höchstens 20 cm Stärke feststampfen oder
festwalzen je 1 m³:
Lohn . . . . 3,5 St.
Betriebstoffe . . . . 0,10 RM.
Gerätekosten . . . . 0,20 RM.

---

[1] Einschließlich Nahtransporte.

B. Rammarbeiten.

Eiserne Spundwände Prof. II bzw. Prof. III für die Leitwerke der
Vorhäfen 10 bis 13 m lang rammen kostet ohne Einrichtungskosten
an Lohn je 1 m² . . . . 3,0 bis 4,0 St$_{ml}$.
an Betriebstoffen je 1 m²: 15 bis 20 kg Kohle, 0,20 kg Öle.
an Gerätekosten je 1 m²: besonders zu ermitteln, 1,— bis 2,— RM.
an Rammgerüsten: besonders zu ermitteln, je nach Örtlichkeit.

C. Beton- und Maurerarbeiten.

Beton des Schleusenbauwerks (40000 bis 80000 m³) teils mit Eisenbewehrung, im M. V. 1 T. Zement : 0,3 T. Traß : 3 T. Sand 0/7 mm : 4,5 T.
Kies 7/70 mm, hinter gehobelter und gespundeter Schalung einbringen
unter Verwendung von Aufbereitungsanlagen (Silos) mit automatischen Wagen einschließlich aller Nacharbeiten am Beton kostet (ohne
Wasserhaltung und ohne Liefern der Baustoffe und Bindemittel) *je 1 m³*:

a) *Gerätekosten*
(besondere Ermittlung an Hand der Geräteliste) . . . 1,0 bis 1,5 RM.

b) Löhne der *Baustelleneinrichtung* (nach besonderer
Aufstellung) . . . . 0,5 bis 0,7 St.

c) Elektroinstallation[1] nach besonderer Aufstellung.

d) *Betriebstoffe* (in erster Linie Strom) . . . . . . 2,5 bis 3,0 kW

e) *Bauhilfsstoffe* (für Schalung und Rüstung z. B. etwa 0,40 m² Schalfläche je 1 m³ Beton):   0,08 m² Schalbretter 40 mm,
                         0,004 m³ Kantholz,
                         0,08 kg Eisenanker.

f) *Löhne* für Betonierbetrieb einschließlich Materialanfuhr und Werkstättenbetrieb . . . . 3,0 bis 4,0 Stb.

Löhne für Schalen und Rüsten (1,5 Stz. je 1 m² Schalfläche bei Verwendung von Turmdrehkranen) . . . . 0,6 Stz.

Bemerkung. Bei bauseitiger Lieferung der Zuschlagstoffe und Bindemittel
und bei St. = 0,65 RM., Stz. = 0,90 RM. 1 St$_{masch.}$ = 1,— RM. ergeben sich
Preise von *8,— bis 12,— RM. je 1 m³*.

Verblendmauerwerk in Klinkern als *Zulage* zum Betonpreis je 1 m³:
Löhne . . . . 5 Stm. + 5 St.
Gerüstanteil. . . . . 2,— RM.
Rundeisen (Sohlenarmierung) und Profileisen transportieren,
biegen und verlegen je 1 t . . . . 40 Ste.
Granitwerksteine versetzen, Lohn je 1 m³ . . . . 8 Stm. + 8 St.

D. Sohlen- und Uferbefestigung.

Sohlenbefestigung aus 30 bis 45 cm starken Basaltsäulen mit 25 cm
Kiesunterlage herstellen:
Material . . . . etwa 20,— RM./t ab Werk
Lohn je 1 m² . . . . 5,0 St.

---

[1] Bei schwierigem Netzanschluß eigene Stromerzeugungsanlage mit Diesel-
aggregaten.

Desgl. mit 60 cm starken Betonsteinen auf 30 cm Kies (ohne Herstellen der Betonprismen) Lohn je 1 m² . . . . 6,0 Stb.

E. Ausladen von Bindemitteln.

Bauseitig gelieferten *Zement* ausladen und stapeln je 1 t:
a) Bahnbeförderung . . . . 1,0 St.
b) Schiffsbeförderung . . . . 2,0 St.

F. Wasserhaltung.

Die *Wasserhaltungskosten* sind besonders zu ermitteln (s. Abschnitt VII, S. 91 f.).

Herstellen von Sohlendrainagen.

a) Betonrohre 30 cm l. W. mit Kiesumhüllung verlegen einschließlich Ausheben des Drainagegrabens an *Lohn* je 1 lfd. m . . . 3,0 St.

b) Tonrohre 12 bis 15 cm l. W. desgl. . . . . 0,8 St.

Bemerkung. Die genaue Kalkulation von Schleusenbauten ist natürlich an Hand eines genauen „Betriebsprogramms" aufzustellen und die ganze maschinelle Einrichtung der Baustelle zu beachten, ähnlich wie dies bei dem *Musterbeispiel* des Abschnittes „Beton- und Eisenbetonbauten", S. 244 geschehen ist.

XXI. Kanalisationsarbeiten (und Betondurchlässe).

Allgemeines.

Bei der Herstellung der Kostenanschläge von Kanalisationsarbeiten kommt im allgemeinen folgende Reihenfolge der Titel vor:
a) Straßenbefestigungsarbeiten,
b) Erdarbeiten,
c) Absteifungsarbeiten,
d) Rohrlegungsarbeiten,
e) Zuschläge für die Herstellung der Anschlüsse bzw. das Versetzen von Einsteig- und Einlaufschächten nebst den zugehörigen Anschluß- und Nebenarbeiten.

Richtlinien für Bestandspläne für öffentliche Entwässerungsanlagen siehe DIN 4050.

Straßenbefestigungsarbeiten. Handelt es sich um die Entwässerung eines Grundstückes mit schon fertiggestellten Straßen, so muß man den Fußweg- bzw. Fahrbahnkörper der Straße aufreißen, die Materialien geordnet seitwärts lagern und dann die Bahn wieder herstellen. Diese Arbeiten können nach den unter „Wegebau- und Pflasterarbeiten" gemachten Angaben veranschlagt werden (s. S. 139 f.).

Erdarbeiten. Die Ausschachtungsarbeiten (Bodenaushub), sowie das Wiedereinfüllen und Stampfen des Bodens werden nach S. 68 f. berechnet.

Baugrubenbreite. Die Breite der Baugrube hängt von der Breite bzw. vom Durchmesser des Rohres ab. Um aber die Kosten der Erdarbeiten so gering wie möglich zu halten, wird die Baugrubenbreite so klein wie nur möglich gemacht. Ist R (in m) der äußere Durchmesser des Rohres, so nimmt man als Baugrubenbreite $R + 2 \cdot 0{,}30$ bis $R + 2 \cdot 0{,}45$ ($B = 1{,}0$ bis $2{,}0$ m).

Absteifungsarbeiten (Absprießen der Baugrube). Diese Arbeiten können nach S. 71 berechnet werden. Will man diese Arbeiten besonders berechnen, so kann man den folgenden Rechnungsgang benützen:

Absteifen von Rohrgräben für Kanalisations- und Wasserleitungsarbeiten. *Auf 1 m Baugrubentiefe* wird angenommen bei $B = 1{,}50$ m an *Materialbedarf:*

1. Bretter (a), je 3 Stück für 1 Seite, also 6 Stück von 25 cm Breite und 4 cm Stärke (über 3 m Tiefe: 6 cm Stärke).

2. Brusthölzer (b), zwei Stück (je 1 Stück für 1 Seite) Bohlen von 15 cm Breite und 6 cm Stärke. Diese Bohlen sollen in einem Abstande von etwa 1,50 m gesetzt werden.

3. Steifhölzer (s). Auf 1 m Tiefe sollen je 2 Stück (2 Riegel Steifhölzer) von etwa 15 cm Durchmesser genommen werden. In waagerechter Richtung ist der Abstand der Steifhölzer gleich dem Abstand der Brusthölzer, also 1,50 m.

Auf 1 m Graben ist dann an Material erforderlich:

	Bis 3 m Tiefe	Über 3 m Tiefe
Bretter (a) = 2,25/1,5 = 1,50 m²	0,060 m³	0,090 m³
Bohlen (b) = 0,30/1,5 = 0,20 m²	0,012 m³	0,012 m³
Steifhölzer (s) = 2,60/1,5 = 1,70 m² . . .	0,031 m³	0,031 m³
Zusammen	0,103 m³	0,133 m³
oder abgerundet	*0,1 m³ Holz* [1]	*0,13 m³ Holz* [2]

Materialverbrauch je 1 m Baugrubentiefe (umfassend Holzabschreibung, Holzverschnitt, Holzverlust, Kleineisenzeug usw.): $^1/_8$ bis $^1/_{10}$ des Holzbedarfs oder bei $B = 1{,}50$ m für *1 lfd. m Graben*

bis 3 m Tiefe: 0,010 m³ Holz, 0,4 kg Eisen,
*über 3 m   „   0,012 m³   „   * 0,5 kg   „

Arbeitslohn.

Absteifungskosten ohne An- und Abfuhr der Hölzer, Herstellung der Absteifung und Entfernung der Hölzer aus der Baugrube betragen für 1 lfd. m Baugrube: $B = 1{,}5$ m

für den ersten Meter Tiefe . . . . 0,50 Stc.
für jeden weiteren Meter Tiefe . Zuschlag $+ 0{,}25$ Stc.

Es beträgt demnach der *Lohnaufwand für die Absteifungskosten und Materialverbrauch von 1 lfd. m Graben* (Gesamttiefe!):

---

[1] $^1/_3$ Rundholz, $^2/_3$ Schnittholz.
[2] $^1/_4$ Rundholz, $^3/_4$ Schnittholz.

Löhne:			Materialverbrauch:

bei 1 m tiefer Baugrube . . . 0,50 Stc.	0,010 m³ Holz, 0,4 kg Eisen
„ 2 m „ „ . . . 1,25 Stc.	0,020 m³ „ 0,8 kg „
„ 3 m „ „ . . . 2,25 Stc.	0,030 m³ „ 1,2 kg „
„ 4 m „ „ . . . 3,25 Stc.	0,045 m³ „ 1,6 kg „
„ 5 m „ „ . . . 4,50 Stc.	0,060 m³ „ 2,0 kg „
„ 6 m „ „ . . . 5,75 Stc.	0,070 m³ „ 2,4 kg „

Bemerkung. Bei anderen Breiten kann man die Löhne *mit 0,6 B multiplizieren.*

Rohrlegungsarbeiten.

Beim Verlegen der Rohre hängt sehr viel davon ab, ob die Baugrube frei oder abgesteift ist, ob man im Nassen oder im Trockenen arbeiten muß, ob die Rohre tief oder weniger tief gelegt werden müssen und ob die letzteren bereits am Baugrubenrande liegen oder aus einer größeren Entfernung herangeschafft werden müssen.

Betonrohre. Beim Arbeiten im Trockenen und nicht zu großen Tiefen kann man für das Hochheben der Rohre mittels Bockwinde, das Hinunterlassen in die Baugrube, das Verlegen der Rohre in der Grube und das Dichten der Fugen die Lohn- und Materialkosten (Ortspreise für Rohre einsetzen!) je 1 lfd. m Kanal nach Tabelle 37 und 38 annehmen.

Für *Schleuderbetonrohre* (bewehrt und unbewehrt) sind die Angebote von Spezialfirmen einzuholen.

Man kann z. B. (St. = 0,60 RM.) für Rohre von ⌀ 1,0 m doppelt bewehrt in fertiger Arbeit verlegt einschließlich Materiallieferung etwa 70,— RM. je 1 lfd. m rechnen (Preisbasis 1940).

Einsteigschächte.

Einsteigschächte. Diese werden in Entfernungen von etwa 50 bis 60 m bei nicht begehbaren Kanälen und 120 bis 150 m bei begehbaren Kanälen angeordnet. Bei größeren Tiefen (über 2 m) werden die Schächte aus Betontrommeln, d. i. zylindrische Schachtringe aus Beton, hergestellt. Schachtsohle und Schachtfuß werden bis zum Scheitel der zu verbindenden Rohre entweder aus Klinkermauerwerk oder aus Stampfbeton hergestellt.

Auf dem *Schachtfuß* werden dann die *Betontrommeln* aufgesetzt.

Schachttrommeln (Brunnenringe aus Beton) nach DIN 1202, Baulänge 1 m, Paßstücke von 300, 400 und 500 mm.

Lichte Weite	Wandstärke	Gewicht für 1 lfd. m	Erdverdrängung für 1 lfd. m	Verlegen der Ringe (1 m) und Dichten der Fugen Lohnaufwand		Materialkosten		
				Stc.	und . . . % Zuschläge RM.	1 lfd. m ab Werk RM.[1]	1 m frei Bau RM.	Mörtel für Fugen
mm	mm	kg	m³					l
600	65	380	0,419	1,5	. . . .	. . . . . .	. . . . .	2,0
700	70	440	0,554	1,7	. . . .	. . . . . .	. . . . .	2,5
800	80	520	0,724	1,8	. . . .	. . . . . .	. . . . .	3,0
900	90	695	0,916	2,0	. . . .	. . . . . .	. . . . .	3,5
1000	100	780	1,131	2,5	. . . .	. . . . . .	. . . . .	4,0
1200	120	912	1,629	2,8	. . . .	. . . . . .	. . . . .	5,0

[1] Örtliche Preise + 5% für Bruch.

Tabelle 37. Betonrohre; runde Kanalisationsrohre $d = 100$ bis 1000 mm, DIN 1201.

Innen-durch-messer d	Baulänge	Sohlen-breite s	Bruch-last	Gewicht von 1 m Rohr (Baulänge)	Erdver-drängung je 1 lfd. m	Materialkosten		Zementmörtel 1:2 (für 1 Fuge)		Lohnaufwand (ohne Wasserhaltung) für Verlegen (mit Nahtransport) und Fugen je 1 lfd. m			Geräte-kosten
						1 lfd. m = 1 Rohr kostet							
						ab Werk[1]	frei Verwen-dungsstelle[1]					und . . . %	
mm	m	mm	t/m	kg	m³	RM.	RM.	1	Rpf.	Stc.	RM.	Zuschläge RM.	RM.
100	1,0	80	2,0	24	0,018	. . . . .	. . . . .	0,1	. . . .	0,3	. . . . .	. . . . .	0,05
125	1,0	100	2,0	30	0,025	. . . . .	. . . . .	0,12	. . . .	0,3	. . . . .	. . . . .	0,05
150	1,0	120	2,0	38	0,030	. . . . .	. . . . .	0,2	. . . .	0,4	. . . . .	. . . . .	0,08
200	1,0	160	2,0	60	0,058	. . . . .	. . . . .	0,25	. . . .	0,5	. . . . .	. . . . .	0,10
300	1,0	240	2,5	120	0,124	. . . . .	. . . . .	0,5	. . . .	0,8	. . . . .	. . . . .	0,12
400	1,0	320	2,8	200	0,210	. . . . .	. . . . .	0,9	. . . .	1,2	. . . . .	. . . . .	0,15
500	1,0	400	3,0	280	0,310	. . . . .	. . . . .	1,3	. . . .	1,6	. . . . .	. . . . .	0,15
600	1,0	450	3,0	390	0,440	. . . . .	. . . . .	1,8	. . . .	2,5	. . . . .	. . . . .	0,20
700	1,0	500	3,0	460	0,586	. . . . .	. . . . .	2,5	. . . .	2,8	. . . . .	. . . . .	0,20
800	1,0	550	3,0	600	0,752	. . . . .	. . . . .	3,0	. . . .	3,6	. . . . .	. . . . .	0,25
900	1,0	600	3,0	750	0,961	. . . . .	. . . . .	3,5	. . . .	4,5	. . . . .	. . . . .	0,25
1000	1,0	650	3,0	960	1,180	. . . . .	. . . . .	4,0	. . . .	5,5	. . . . .	. . . . .	0,30

Tabelle 38. Betonrohre, eiförmige Kanalisationsrohre 200/300 bis 1000/1500, DIN 1201.

Innenweite $d \cdot h$	Baulänge	Sohlen-breite s	Bruch-last	Gewicht von 1 m Rohr (Baulänge)	Erdver-drängung je 1 lfd. m	Materialkosten		Zementmörtel 1:2 (für 1 Fuge)		Lohnaufwand (ohne Wasserhaltung) für Verlegen (mit Nahtransport) und Fugen je 1 lfd. m			Geräte-kosten
						1 lfd. m = 1 Rohr kostet							
						ab Werk[1]	frei Verwen-dungsstelle[1]					und . . . %	
mm	m	mm	t/m	kg	m³	RM.	RM.	1	Rpf.	Stc.	RM.	Zuschläge RM.	RM.
200 · 300	1,0	150	3,0	100	0,09	. . . . .	. . . . .	0,5	. . . .	1,0	. . . . .	. . . . .	0,15
300 · 450	1,0	210	3,0	190	0,18	. . . . .	. . . . .	0,8	. . . .	1,2	. . . . .	. . . . .	0,15
400 · 600	1,0	265	3,4	305	0,32	. . . . .	. . . . .	1,5	. . . .	2,0	. . . . .	. . . . .	0,20
600 · 900	1,0	375	3,8	625	0,68	. . . . .	. . . . .	3,0	. . . .	3,8	. . . . .	. . . . .	0,25
700 · 1050	1,0	430	3,8	780	0,92	. . . . .	. . . . .	3,5	. . . .	5,0	. . . . .	. . . . .	0,30
800 · 1200	1,0	490	4,2	1000	1,13	. . . . .	. . . . .	4,5	. . . .	6,0	. . . . .	. . . . .	0,30
900 · 1350	1,0	545	4,4	1200	1,45	. . . . .	. . . . .	6,0	. . . .	8,0	. . . . .	. . . . .	0,35
1000 · 1500	1,0	600	4,4	1450	1,73	. . . . .	. . . . .	6,5	. . . .	10,0	. . . . .	. . . . .	0,40

[1] Örtliche Preise sind einzusetzen + 5% für Bruchverlust.

Schachtfuß (Abb. 95a) verlegen kostet, wenn derselbe aus einem Betonring besteht, für 1 Stück $d = 1000$ mm . . . . . 3 Stc. (Bodenstück nach DIN 1202)

Konus (Schachtkopf Abb. 95b) zu verlegen kostet für 1 Stück (1 Stück = 600 mm) *Verjüngungsring* nach DIN 1202.

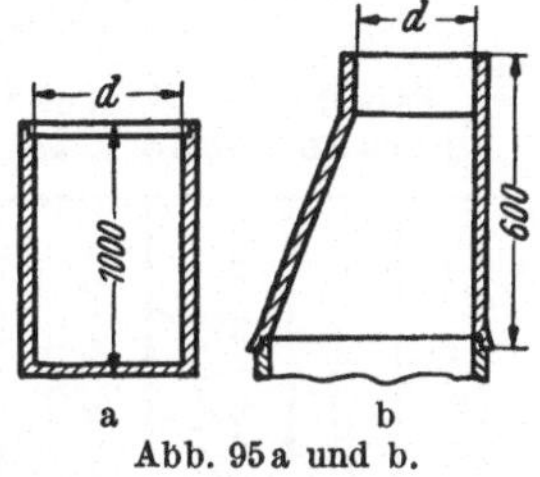

Abb. 95a und b.

Lichte Weite		Wand-stärke	Bau-höhe	Gewicht für 1 Stück	Erdver-drängung für 1 Stück	Lohnaufwand für Verlegen und Dichten von 1 Stück		Materialkosten		
obere d	untere d					Stc.	und . . . % Zu-schlage	1 Stück ab Werk[1]	1 Stück frei Bau[1]	Mortel für Fugen
mm	mm	mm	mm	kg	m³	RM.		RM.	RM.	l
560	800	80	600	320	0,300	1,2	. . . . . .	. . . . .	. . . . .	2,5
560	900	90	600	325	0,395	1,5	. . . . . .	. . . . .	. . . . .	2,8
560	1000	100	600	385	0,460	1,8	. . . . . .	. . . . .	. . . . .	3,0
700	800	80	600	340	0,391	1,4	. . . . . .	. . . . .	. . . . .	3,0
700	900	90	600	370	0,450	1,8	. . . . . .	. . . . .	. . . . .	3,3
700	1000	100	600	410	0,523	2,0	. . . . . .	. . . . .	. . . . .	3,5

Rohransätze für Seiteneinlässe (Anschlußstutzen) in Betonrohren zu befestigen und die Fugen einzudichten kostet bei einer Lichtweite von $d = 15$ cm je Stück . . . . 2,5 Stm.
„ $d = 20$ cm „ „ . . . . 3,0 Stm.

Sinkkästen (Einlaufschächte oder Schlammfänge) werden gewöhnlich in Abständen von etwa 40 bis 50 m gelegt.

Das Verlegen von Betonsinkkästen kostet *je 1 Stück:*

Bei rundem Querschnitt und bei einer *Baulänge des Kastens* von etwa 1 m:

für $d = 30$ cm . . . . 1,5 Stc.
„ $d = 35$ cm . . . . 2,0 Stc.
„ $d = 40$ cm . . . . 2,5 Stc.
„ $d = 45$ cm . . . . 3,0 Stc.
„ $d = 50$ cm . . . . 3,5 Stc.

Hofsinkkästen zu verlegen wie vorher.

Fettfänge von 20 bis 25 cm Weite und etwa 100 cm Länge zu verlegen kostet etwa . . . . 3 Stc.

Normen für Betonrohre DIN 1201 bis 1202.

„Besondere Bedingungen für die Lieferung von Betonrohren" DIN 1203 bis 1206.

---

[1] Örtliche Preise + 5% für Bruch.

Steinzeugrohre (gerade Rohre).

Tabelle 39. Steinzeugrohre (innen und außen glasiert mit Muffen) gerade runde Kanalisationsrohre $d = 100$ bis 1000 mm, DIN 1203.

Nennweite = Innendurchmesser d	Wandstärke s	Gewicht von 1 m Rohr (Baulänge)	Erdverdrängung je 1 lfd. m	Materialkosten						Lohnaufwand für Verlegen (mit Nahtransport bis 50 m), Dichten, Anschlüsse usw.		Gerätekosten je 1 m
				1 lfd. m = 1 Rohr kostet		Dichtungsmaterial						
				ab Werk[1]	frei Verwendungsstelle[1]	Teerstrick[2]		Asphaltkitt[2]		Stc.	und . . . % Zuschläge	
mm	mm	kg	m³	RM.	RM.	kg	RM.	kg	RM.		RM.	etwa RM.
100	16	16	0,013	...	.....	0,25	.....	0,7	....	0,5	.....	0,05
125	18	20	0,020	...	.....	0,30	.....	0,9	....	0,5	.....	0,05
150	19	25	0,027	...	.....	0,40	.....	1,2	....	0,55	.....	0,08
175	20	30	0,036	...	.....	0,45	.....	1,4	....	0,6	.....	0,08
200	20	35	0,045	...	.....	0,50	.....	1,5	....	0,65	.....	0,10
225	21	42	0,057	...	.....	0,55	.....	1,8	....	0,7	.....	0,10
250	22	50	0,070	...	.....	0,60	.....	2,5	....	0,8	.....	0,15
300	25	65	0,097	...	.....	0,70	.....	3,0	....	1,0	.....	0,15
350	28	82	0,130	...	.....	0,80	.....	3,5	....	1,5	.....	0,15
400	30	105	0,170	...	.....	1,00	.....	4,0	....	1,8	.....	0,20
450	34	135	0,214	...	.....	1,20	.....	5,0	....	2,2	.....	0,20
500	36	150	0,260	...	.....	1,50	.....	5,8	....	2,5	.....	0,20
550	39	180	0,310	...	.....	1,60	.....	6,5	....	2,8	.....	0,25
600	42	205	0,466	...	.....	1,80	.....	7,0	....	3,0	.....	0,25
700	47	265	0,500	...	.....	2,00	.....	7,5	....	4,0	.....	0,25
800	49	330	0,640	...	.....	2,20	.....	8,0	....	4,5	.....	0,30
1000	52	420	0,960	...	.....	2,50	.....	10,0	....	5,0	.....	0,30

Steinzeugrohre: Bogen, Abzweige und Übergänge (Abb. 95c).

Maße und Gewichte siehe DIN 1204.

,,　　　,,　　　,,　　　,,　　　,,　　1205.

,,　　　,,　　　,,　　　,,　　　,,　　1206.

Preise nach Preisliste (1,5facher bis 4,5facher Meterpreis!).

Eiförmige Steinzeugrohre, Baulänge 0,75 m.

Abmessungen in mm	200/300	250/375	300/450	350/525	400/600	500/750
Gewicht in kg . .	60	85	108	130	185	240

Sonstige *Normen* für *Kanalisations-Steinzeugrohre:*

---

[1] *Örtliche* Preise sind einzusetzen $+ 5\%$ für Bruch.

[2] Tonrohrmuffenkitt . . . . 100 kg ab Werk Frühjahr 1937 RM. 12,50

präparierter Ton . . . . 100 kg ab Werk Frühjahr 1937 RM. 3,80

Teerstrick etwa 22 mm ∅ . . 100 kg ab Werk . . . . RM. 28,—

Teerstrick etwa 16 mm ∅ . . 100 kg ab Werk . . . . RM. 32,—

Weißstrick etwa 22 mm ∅ . 100 kg ab Werk . . . . RM. 48,—

Weißstrick etwa 16 mm ∅ . 100 kg ab Werk . . . . RM. 50,—

DIN 1230. Kanalisations-Steinzeugwaren, Entwurf Tonind.-Ztg. 1934, S. 781. Beiblatt. — Abmessungen, technische Lieferbedingungen. Entwurf Tonind.-Ztg. 1934, S. 781.

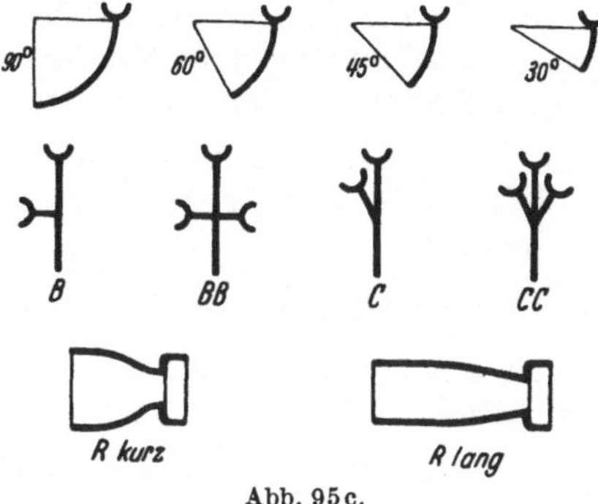

Abb. 95 c.

DIN 1231. Kanalisations-Steinzeugrohre, Prüfverfahren. Tonind.-Ztg. 1934, S. 873.

Gemauerte Kanäle und Einsteigschächte mit Kanalklinkern.

Gemauerte Kanäle. Diese werden aus Klinker-Formsteinen (Keilsteinen) hergestellt:

Kanalklinker:

Kanalkeilklinker A (Kopfgewölbe) nach . . . . . *DIN 4051.*
Kanalkeilklinker B (Sohlgewölbe)   „   . . . . . „ *4051.*
Kanalschachtklinker C nach . . . . „ *4051.*
Normalklinker . . . . „   *105.*

Innen werden die Kanäle sorgfältig gefugt und außen mit Rapputz von etwa 2 cm Stärke versehen. Mörtelmischung etwa 1 : 2 bis 1 : 3. Mörtel zum Fugen säurefest, also Erzzement bei stark aggressivem Wasser bzw. Beigabe von Thurament u. dgl.

1 m³ Kanalmauerwerk erfordert:

a) an *Materialien* etwa:

400 Stück Klinker,
0,30 m³ Zementmörtel.

Massenberechnung (verdrängter Boden, Beton 1 : 6, Mauerwerk, Klinkerbedarf) für *gemauerte Eikanäle* nach *DIN 4051, Beiblatt S. 1—4* (Abb. 96 und 97).

1 m³ Kanalmauerwerk erfordert:

b) an *Arbeitslohn* bis zu einer Tiefe von 3 m
je 1 m³ . . . . 8 Stm. + 4 St.
Zuschlag für 1 m Mehrtiefe . . . . 0,5 Stm.

Bemerkung. Arbeitslohn für Fugen und Rapputz siehe unter „*Maurerarbeiten*", S. 197 und 199.

Gemauerte Einsteigschächte. Ein Schacht von 1 m Lichtweite und *1 m Höhe* erfordert an *Material:*

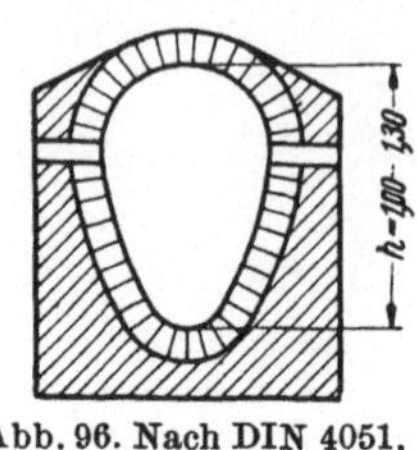

Abb. 96. Nach DIN 4051, Beiblatt S. 1.

410 Stück Keilsteine (nach DIN 4051),
0,30 m³ Zementmörtel (s. Maurerarbeiten),
3 m² ausfugen (s. Maurerarbeiten),
4,50 m² Außenputz (s. Maurerarbeiten).

Jede 4. Schicht erhält ein *Steigeisen* (nach *DIN 1211 und 1212*) etwa 4,5 kg, Kosten etwa 1,— RM.

1 m³ Mauerwerk erfordert an *Arbeitslohn:*

bis zu einer Tiefe von 3 m . . . . 8 Stm. + 4 St.
Zuschlag für 1 m Mehrtiefe . . . . 0,5 St.

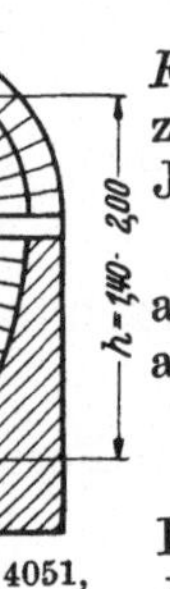

Abb. 97. Nach DIN 4051, Beiblatt S. 2—4.

Schachtabdeckungen (rund oder quadratisch) *für Fahrbahn 180 bis 300 kg* nach *DIN 1214 bis 1224,* z. B. quadratische Rahmen mit Asphaltfüllung J 600 DIN 1214 . . . . 300 kg.

1 Schachtabdeckung für Fahrbahn versetzen kostet an Lohn . . . . 2 Stm. + 2 St.
an Material 7 l Zementmörtel 1:3
20 bis 30 kg Asphalt.

Schachtabdeckungen für Gehbahn. Rahmen + Deckel = etwa 135 kg (ohne Füllung) *nach DIN 1225 bis 1227.*

1 Schachtabdeckung für Gehbahn versetzen kostet

an Lohn . . . . 1,5 Stm. + 1,5 St.
an Material . . . . 5 l Zementmörtel 1:3, etwa 20 kg Asphalt.

Betonkanäle.

Betonkanäle. Die Kanäle, die in der Baugrube gestampft werden, haben verschiedene Formen. Ein Gewölbe, welches sich möglichst dem

Tabelle 40. 1. Abmessungen und Massenaus-

Profil	b	s_0	w	s_1	s_2	d	Durchflußquerschnitt	Je 1 m Gewölbe	Je 1 m Widerlager
	cm	cm	cm	cm	cm	cm	m²	m³	m³
I	140	17	39	23	27	35	*1,39*	0,611	0,323
II	160	18	43	25	29	35	*1,82*	0,84	0,39
III	180	19	47	26	31	45	*2,31*	0,85	0,48
IV	200	20	51	27	33	45	*2,85*	1,15	0,50
V	220	21	55	28	35	56	*3,45*	1,38	0,57
VI	240	22	59	29	37	56	*4,11*	1,60	0,64
VII	260	23	63	31	39	73	*4,82*	1,80	0,72
VIII	280	24	67	32	41	73	*5,59*	2,05	0,79
IX	300	25	71	33	43	73	*6,42*	2,30	0,88

[1] Einschließlich Gewölbeschalung.

Verlauf der Drucklinie anschließt, ist in Abb. 98 gezeigt. Da die *Sohle* eine schwache oder starke Krümmung erhalten und *mit Ton-schalen oder Klinkern belegt* werden kann (Säureangriff!) und die Gründungssohle dem Untergrund angepaßt werden muß, wurde dieselbe bei der Berechnung der Massen ganz getrennt gehalten. Es ist angenommen worden (s. Dresdner Kanäle, Handbuch der Ingenieurwissenschaften Bd. 4):

Kanalweite $b = 140$ cm bis 300 cm.
Scheitelstärke $s_0 = 0,05 b + 10$ (cm).
Widerlagsstärke $w = 0,2 b + 11$ (cm).
Sohlenstärke $s_1 = 0,06 b + 15$ (cm).
Widerlagshöhe $s_2 = 0,1 b + 13$ (cm).
Widerlagsabsatz $e = AS = 10$ cm.

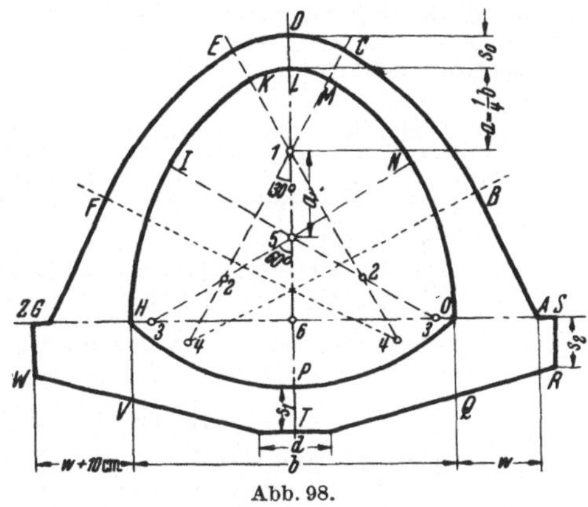
Abb. 98.

Konstruktion. Man trägt der Reihe nach folgende Größen auf:
1. Länge $HO = b$, 2. PL senkrecht auf die Mitte von HO, 3. Länge $a = {}^1/_4 b = L\,1 = (1,5) = (5,6)$, 4. $LD = s_0$. 5. Durch den Mittelpunkt 1 zwei Geraden ($EK\,4$ und $CM\,4$) die mit der Lotrechten je einen Winkel von $30°$ einschließen. 6. Durch den Punkt 5 zwei Geraden unter je einem Winkel von $60°$ mit der Lotrechten. 7. Zieht Kreisbogen KLM mit dem Halbmesser $1\,L$, 8. Kreisbogen EDC mit dem Halbmesser $1\,D$, 9. KJ mit dem Halbmesser $K\,2$, 10. Kreisbogen MN mit dem Halbmesser $M\,2$, 11. Kreisbogen EF mit dem Halbmesser $E\,4 = b$, 12. Kreisbogen CB mit dem Halbmesser $B\,4 = b$, 13. Kreisbogen IH mit dem Halbmesser $I\,3$, 14. Kreisbogen NO mit dem Halbmesser $N\,3$, 15. Kreisbogen HPO mit dem Halbmesser $H\,1$. 16. Länge $OA = GH = w$. 17. Von A bzw. G Tangenten an die Kreise CB bzw. EF. 18. Länge $AS = GZ = e = 10$ cm. 19. Länge $PT = s_1$. 20. Länge d. 21. $SR = WZ = s_2$.

zug von Betonkanälen (je 1 m Kanallänge).

Kanallänge					Lehrgerust[1] je 1 lfd. m Ein- und Ausbau des Lehrgerüsts fur das Gewölbe	
Sohle	Verdrängte Erdmasse	Außenfläche	Innenfläche	Sohlenfläche	Holzbedarf	Löhne
m³	m³	m²	m²	m²	m³	Stz.
0,375	2,70	3,45	2,75	1,55	0,12 (Schnittholz)	6,0
0,46	3,50	3,90	3,11	1,78	0,14 (Schnittholz)	6,5
0,52	4,16	4,30	3,48	1,98	0,15 (Schnittholz)	7,0
0,65	5,17	4,76	3,88	2,22	0,18 (Schnittholz)	8,0
0,74	6,16	5,18	4,24	2,44	0,22 (Schnittholz)	8,8
0,87	7,25	5,64	4,66	2,66	0,25 (0,15 Schnittholz)	10,0
1,02	8,40	6,10	5,06	2,88	0,30 (0,20 Schnittholz)	11,5
1,12	9,56	6,54	5,46	3,10	0,33 (0,23 Schnittholz)	12,0
1,24	10,90	7,00	5,86	3,33	0,40 (0,30 Schnittholz)	13,5

Bemerkung. Den Bedarf an *Kleineisenzeug* kann man zu *15 bis 20 kg je 1 m³ Holz* annehmen. Der *Holzverbrauch* (Abschreibung, Verlust usw.) hängt in erster Linie von dem Umfang des Auftrags und dem verlangten Baufortschritt, d. h. von der Möglichkeit einer *mehrfachen Verwendung* des Gerüst- und Schalholzes ab. Bei größeren Aufträgen wird man *etwa ¹/₅ des Holzbedarfs und Kleineisenzeugs* abschreiben können.

Tabelle 40.   2. Lohnaufwand für Betonarbeiten je 1 m³ Beton.

Profil	Widerlager und Sohle	Gewölbe
I bis III	3,5 Stm. + 4,0 St.	3,5 Stm. + 5,5 St.
IV bis VI	3,0 Stm. + 3,5 St.	3,0 Stm. + 5,0 St.
VII bis IX	2,5 Stm. + 3,0 St.	2,8 Stm. + 4,5 St.

Tiefenzuschlag bei Baugruben über 3 m für je 1 m Mehrtiefe . . . 0,5 St.

Kalkulationsbeispiele.

Beispiel 82. Eine Kanalleitung erhält eiförmige Rohre von 400/600 mm Breite und kommt 2,50 m unter der Straßenoberfläche zu liegen. Die Bodenart ist nach Klasse 3. Die Breite der Baugrube ist 0,90 m. Die Straße ist gepflastert. Die verdrängte Erdmasse für ein Profil 40/60 cm ist (nach Tabelle 38) etwa 0,32 m³ für 1 lfd. m Kanal. Kosten je 1 lfd. m Rohrgraben?

Erdarbeiten.

a) *Bodenaushub* je 1 lfd. m Baugrube (2,5 · 0,9 · 1) = 2,25 m³ und Wiedereinfüllen. Für die Bodenklasse 3 (nach S. 68) für 1 m³ Bodenaushub = 2,5 St., für 2,25 m³ = 1 m Kanal 2,25 · 2,5 St.   5,6 St.

b) *Stampfen* des Bodens 2,25 — 0,32 = 1,93 m³.
1,93 m³ Boden stampfen je 1,2 St. . . . . 2,3 St.

Summe Lohnaufwand: 7,9 St.

c) *Abfahren* der verdrängten 0,32 m³ Erdmasse (örtliche Verhältnisse!).

Straßenarbeiten. 0,9 · 1 = 0,9 m² Straßenfläche. Die Berechnung kann hier nach S. 144 geschehen (0,7 Stpf. + 0,8 St.) · 0,9 = 0,63 Stpf. + 0,7 St.

Absteifungsarbeiten. Sind solche Arbeiten nötig, so kann man diese nach S. 69 berechnen. Bei 2,50 m Baugrubentiefe kann man die Lohnkosten für 1 lfd. m Rohrgraben etwa mit 1 Stc. rechnen oder 0,45 Stc. je 1 m³ Aushub.

Rohrlegungsarbeiten. Nach S. 310 ist für ein Profil von 40/60 cm für 1 lfd. m Rohrlänge 2 Stc. zu setzen.

Für die Stundenlöhne von St. = 0,65 RM., Stc. = 0,80 RM. und Stpf. = 1,— RM. erhält man folgende Preise:

Erdarbeit (ausschließlich Abfahren des Bodens) = 7,9 St. 7,9 · 0,65 = 5,15 RM.
Straßenarbeiten = 0,63 Stpf. + 0,72 St. = 0,63 · 1,— + 0,72 · 0,65 = 1,10 „
Rohrlegungsarbeiten = 2 Stc. = 2 · 0,80 . . . . 1,60 „
Reine Löhne für 1 m Kanal ohne Absteifung . . . . 7,85 RM.
Absteifungsarbeiten = 1 Stc. = 1 · 0,80 . . . . 0,80 „
Reine Löhne für 1 m Kanal mit Absteifung . . . . *8,65 RM.*

Materialkosten 0,025 m³ Holz zu 60,— RM./m³ . . . . 1,50 RM.
1,0 kg Kleineisenzeug zu 0,40 RM./kg . . . . 0,40 „
Zuschläge mit Gewinn[1], 10% auf M und 50% auf L . . . . . . 4,52 „
Gesamtkosten je 1 lfd. m Rohrgraben . . . . *15,07 RM.*
(ohne Rohrlieferung und Dichtungsmaterial).

Ist Wasser vorhanden, so müssen noch die nötigen Zuschläge gemacht werden bzw. die *Wasserhaltung* eigens berechnet werden (Handpumpe oder Motorpumpe).

---

[1] Die *Zuschläge* umfassen hier Gemeinkosten (einschließlich Sozialaufwand), allgemeine Bauleitungskosten, Geschäftskosten, Wagnis und Gewinn mit Umsatzsteuer.

Beispiel 83. Ein Einsteigschacht besteht aus dem Schachtfuß, drei Ringen von 1 m im Lichten und einem Konus von 100/60 cm. Es soll das Verlegen dieser Teile (ausschließlich Erdarbeit) berechnet werden.

Die Arbeitskosten für das Verlegen dieser Teile betragen

a) Schachtfuß (nach S. 311) . . . . 3,0 Stc.
b) 3 Ringe von $d = 100$ cm (nach S. 309) $= 3$ (2,5 Stc.) . . . . 7,5 Stc.
c) Konus von 100/60 cm (nach S. 311) . . . . 1,8 Stc.

Reine Löhne für 1 Schacht . . . . *12,3 Stc.*

Bei dieser Berechnung ist angenommen, daß die Teile sich in der Nähe der Baugrube befinden und daß die Erdarbeit besonders in Rechnung gesetzt wird. Sind die Teile (Ringe, Konus usw.) weit von der Baugrube entfernt, so muß man noch die Transportkosten berücksichtigen.

Beispiel 84. Eine Kanalleitung nach Profil V (Betonkanäle S. 314) kommt in sandigen Lehm zu liegen. Die Sohle des Kanals liegt 4,32 m unterhalb der Straßenoberfläche. Die Straße ist beschottert. Die Stärke der Schotterbahn ist 25 cm.

Für das Profil V findet man auf S. 314 die Gesamthöhe $H = 2,60$ m, Gewölbestärke $s_0 = 21$ cm, Sohlenstärke $s_1 = 0,28$ m, Gesamtbreite $B = 3,5$ m, Bodenauffüllung über dem Gewölbe $=$ Tiefe der Kanalsohle $+$ Sohlenstärke s_1 — Gesamthöhe H.

Hier wird die Bodenauffüllung $= 4,32 + 0,28 - 2,6 = 2$ *m*. Zieht man von dieser Überschüttungshöhe (von 2 m) noch die Stärke der Schotterbahn (0,25 cm) ab, so bleibt als Erdauffüllung über dem Gewölbe eine Höhe von $2 - 0,25 =$ 1,75 m.

Die Baugrube hat also eine Tiefe von $1,75 +$ Gesamthöhe des Kanals $=$ $1,75 + 2,60 = 4,35$ *m*.

Der sandige Boden gehört zur Bodenklasse 3.

Zur Ermittlung des Einheitspreises (für 1 lfd. m Kanallänge) kommen folgende Berechnungen vor:

I. **Straßenarbeiten.** Straße aufreißen auf eine Kanalbreite (Straßenfläche) von $B = 3,50$ m (s. S. 142), Materialien seitlich getrennt aufsetzen und dann die Straße wieder herstellen und abwalzen:

a) Schotterbahn aufreißen für 1 m² . . . . 1,00 St.
b) Packlage herstellen für 1 m² . . . . 0,80 St.
c) Schotter einbringen für 1 m³ $= 1,5$ St. fur 10 cm Stärke . . . 0,15 St.
d) Splitt einbringen für 1 m³ $= 1$ St. für 5 cm Stärke . . . . . . 0,05 St.
e) Abwalzen der Straße für 1 m² $= 0,1$ St. $+ 0,3$ St. . . . . . . 0,40 St.

Straßenarbeiten für 1 m² . . . . 2,40 St.

Für eine Straßenfläche von 3,5 m², also für 1 lfd. m Kanallänge ist $3,5 \cdot 2,4 =$ *8,4 St.*

II. **Erdarbeiten.** Für $B = 3,50$ m ist der Bodenaushub $= 3,5$ m³ für 1 m Tiefe.

a) Baugrubentiefe $= 4,35$ m. Bodenklasse 3. Nach S. 62 ist zu setzen bis zu 2 m Tiefe $= 1,6$ St. und bei 2 bis 4 m Tiefe 2,4 St.

Es kann angenommen werden bei 3,50 m Grubenweite
bis 2 m Tiefe $= 2 \cdot 3,5 = 7$ m³ je 1,6 St. . . . . 11,2 St.
bei 2 bis 4,35 m Tiefe $= 2,35 \cdot 3,5 = 8,32$ m³ je 2,4 St. . . . 20,0 St.

Zusammen je $7 + 8,23 = 15,23$ m³ $= 1$ lfd. m Kanal . . . . 31,2 St.

b) Da die verdrängte Erdmasse 6,16 m³ beträgt, so ist eine Bodenmenge abzufahren von 6,16 m³ für 1 lfd. m Kanal (Preise nach örtlichen Verhältnissen siehe Abschnitt „Förderkosten", S. 122).

c) Nach a) ist der Bodenaushub $= 15,23$ m³ und die verdrängte Erdmasse $= 6,16$ m³. Bodenmenge, die in die Baugrube einzuwerfen und zu stampfen ist, wird demnach sein $(15,23 - 6,16) = 9,0$ m³.

d) 9,0 m³ Boden einwerfen je 0,50 St. . . . . 4,5 St.
e) 9,0 m³ Boden stampfen je 1,0 St. . . . . 9,0 St.

Einwerfen und Stampfen für 1 m Kanal . . . . 13,5 St.

Ergebnis für Erdarbeiten (ausschließlich Bodenabfahren): Bodenaushub, Einwerfen und Stampfen für 1 m Kanallänge: 31,2 St. $+$ 13,5 St. $=$ *44,7 St.*

Absteifungskosten je 1 lfd. m Kanal. Nach S. 309 ist der Lohnaufwand für Absteifen einer 3,5 m breiten und 4,35 m tiefen Baugrube

$$2,0 \cdot 3,5 = 7,0 \text{ Stz.}$$

Materialbedarf

$$4,35 \cdot 0,12 = 0,52 \text{ m}^3 \text{ Bohlen 6 cm}$$
$$\underline{4,35 \cdot 0,105 = 0,44 \text{ m}^3 \text{ Rundholzsprieße}}$$
$$0,96 \text{ m}^3.$$

Materialverbrauch = $^1/_8$ angenommen (eingesetzten Preis durch Ortspreise ersetzen), *je 1 lfd. m* Kanal

$$
\begin{aligned}
&0,07 \text{ m}^3 \text{ Schnittholz zu } 70,-\text{ RM.} \dots \dots \quad 4,90 \text{ RM.}\\
&0,06 \text{ m}^3 \text{ Rundholz } \varnothing \, 20 \text{ cm zu } 50,-\text{ RM.} \dots \quad 3,00 \text{ „}\\
&\underline{1,6 \cdot 3,5 = 5,6 \text{ kg Kleineisenzeug zu } 0,30 \text{ RM./kg.} \quad 1,70 \text{ „}}\\
&\text{Materialverbrauch an Bauhilfstoffen je 1 m Kanal.} \quad \textit{9,60 RM.}
\end{aligned}
$$

III. Betonarbeiten.

a) Gewölbe für das Profil V = 1,38 m³ für 1 lfd. m Kanal. Es wird für 1 m Kanallänge erforderlich sein:

$$
\begin{aligned}
215 \cdot 1,38 \text{ m}^3 &= 297 \text{ kg Zement}\\
215 \cdot 1,38 \text{ m}^3 &= 297 \text{ kg Thurament (gegen Säureangriff)}\\
0,50 \cdot 1,38 \text{ m}^3 &= 0,70 \text{ m}^3 \text{ Sand}\\
0,80 \cdot 1,38 \text{ m}^3 &= 1,10 \text{ m}^3 \text{ Kies}\\
0,16 \cdot 1,38 \text{ m}^3 &= 0,22 \text{ m}^3 \text{ Wasser.}
\end{aligned}
$$

An Arbeitslohn 1,38 · (3,0 Stbm. + 5,5 St.) = *4,2 Stbm. + 7,6 St.*

Das Einbauen der Lehrgerüste (nach S. 315) = *8,8 Stz.*

b) *Widerlager und Sohle.* Für das Profil V ist erforderlich: 0,74 m³ Sohle und 0,57 m³ Widerlager, also 0,74 + 0,57 = 1,31 m³ Beton. Es wird für 1 m Kanallänge erforderlich sein:

$$
\begin{aligned}
1,31 \cdot 143 &= 187 \text{ kg Zement}\\
1,31 \cdot 143 &= 187 \text{ kg Thurament (gegen Säureangriff)}\\
1,31 \cdot 0,50 &= 0,65 \text{ m}^3 \text{ Sand}\\
1,31 \cdot 0,80 &= 1,05 \text{ m}^3 \text{ Kies}\\
1,31 \cdot 0,16 &= 0,22 \text{ m}^3 \text{ Wasser.}
\end{aligned}
$$

An Arbeitslohn 1,31 · (3,0 Stbm. + 4,0 St.) = *3,9 Stbm. + 5,2 St.*

Ergebnis für 1 m Kanallänge:

$$
\begin{aligned}
297 + 187 &= 484 \text{ kg Zement}\\
297 + 187 &= 484 \text{ kg Thurament}\\
0,70 + 0,65 &= 1,35 \text{ m}^3 \text{ Sand}\\
1,10 + 1,05 &= 2,15 \text{ m}^3 \text{ Kies}\\
0,22 + 0,22 &= 0,44 \text{ m}^3 \text{ Wasser.}
\end{aligned}
$$

Arbeitslohn 4,2 Stbm. + 7,6 St. + 3,9 Stbm. + 5,2 St. = *8,1 Stbm. + 12,8 St.*

IV. Putzarbeiten.

Außenfläche 5,18 m², Innenfläche 4,24 m², Sohlenfläche 2,44 m².

Außenfläche: Rapputz.

Material 16 l/m² . . . . 5,18 · 16 = 83 l zu 0,025 RM. = *2,07 RM.*

Löhne . . . . 5,18 (0,8 Stm. + 0,2 St.) = *4,2 Stm. + 1,0 St.*

Innenfläche: Ceresitputz.

Material 20 l/m² . . . . 6,68 · 20 = 134 l zu 0,03 RM. = *4,02 RM.*

Löhne . . . . 6,68 (0,8 Stm. + 0,2 St.) = *5,4 Stm. + 1,3 St.*

V. Wasserarbeiten.

Wenn Wasser in der Baugrube vorhanden ist, muß die *Wasserhaltung* nach Abschnitt VII, S. 91 berücksichtigt werden.

Zusammenstellung der Selbstkosten je 1 m Kanal.

Es werden folgende Löhne und Materialpreise frei Verwendungsstelle angenommen:

Materialpreise:

Löhne:

		reine Löhne	mittl. Stundenlohn
Zement . . . . 4,— RM./100 kg	1 St.	= 0,60 RM.	0,70 RM.
Thurament . . . 2,50 RM./100 kg	1 Stm.	= 0,80 „	0,90 „
Sand 0/7 . . . 7,— RM./m³	1 Stz.	= 0,80 „	0,90 „
Kies 7/40 . . . 8,— RM./m³	1 Stbm.	= 0,75 „	0,80 „
Wasser . . . . 0,20 RM./m³			

1. Baustoffverbrauch (aus III.)

    484 kg Zement zu 4,— RM. . . . . . . 19,36 RM.

    484 kg Thurament zu 2,50 RM. . . . . 12,10 „

    1,35 m³ Sand 0/7 zu 7,— RM. . . . . 9,45 „

    2,15 m³ Kies 7/40 zu 8,— RM. . . . 17,20 „

    0,44 m³ Wasser zu 0,20 RM. . . . . . 0,09 „

                      58,20 RM.

2. Bauhilfstoffverbrauch (aus II.) . . . . 9,60 „

    Material . . . . 67,80 RM.

    + 10 % Zuschläge . . . . 6,80 „

    1. + 2. Materialkosten . . . . 74,60 RM.

    dazu Mörtelkosten (aus IV.) 6,09 + 10 % = 6,70 „

    Materialkosten insgesamt . . . . *81,30 RM.*

3. Löhne:

	St	Stm.	Stz.	Stbm.
aus I.	8,4			
aus II. . . .	44,7		7,0	
aus III. . . .	12,8			8,1
aus IV. . . .	2,3	9,6		
	68,2	9,6	7,0	8,1

    68,2 St. zu 0,70 RM. . . . . . . 47,74 RM.

    9,6 Stm. zu 0,90 RM. . . . . . . 8,64 „

    7,0 Stz. zu 0,90 RM. . . . . . . 6,30 „

    8,1 Stbm. zu 0,80 RM. . . . . . 6,48 „

    Reine Lohnkosten . . . . *69,16 RM.*

    + 40 % Zuschläge . . . . 27,66 „

    Löhne + Zuschläge . . . . 96,82 RM.

Selbstkosten (ohne Einrichtungs- und Gerätekosten) *je 1 lfd. m Kanal* Profil V.

    Material + Zuschläge . 81,30 RM.

    Löhne + Zuschläge . . 96,82 „

           Selbstkosten *178,12 RM.*[1]

Dem *Kostenanschlag für Kanalisationen* — siehe das folgende Beispiel 85 — geht die *Massenberechnung* voraus, welche zweckmäßig in Tabellenvordrucken vorgenommen wird, z. B.:

Massenberechnung der Kanalleitungen.

Straße und Blatt Nr.	Stations- oder Schacht-Nr.		Länge der Strecke für die Rohrweite bzw. für das Profil von							Bemerkungen
	von	bis	300 mm	350 mm	400 mm	450 mm	usw.	200/300 mm	300/450 mm usw.	
Übertrag:										

___

[1] Mit 10 % Zuschlag für Gewinn, Wagnis und Umsatzsteuer würde der Angebotspreis *je 1 lfd. m Kanal* etwa *196,— RM.* betragen!

Sind die Massenberechnungen fertiggestellt, so kann man den Hauptkostenanschlag wie folgt zusammenstellen:

Beispiel 85.

<h2 align="center">Hauptkostenanschlag.</h2>

Position	Anzahl	Gegenstand	Geldbetrag	
			im einzelnen RM.	im ganzen RM.
		Titel I. Erdarbeiten.		
1	200	m³ Boden, Klasse 2, zur Herstellung von Kanalgräben in der Tiefe von 1,5 bis 2 m auszuschachten, nach dem Verlegen der Rohre unter sorgfältigem Stampfen oder Einschlämmen in dünnen Lagen wieder zu verfüllen, einschließlich Aufnehmen und Wiederherstellen der Straßenbefestigung, Aussteifen der Baugrube und Abfahren der übrigbleibenden Bodenmassen, für 1 m³	4,—	800,—
2	800	m³ Boden zur Herstellung von Kanalgräben in einer Tiefe von 2 bis 2,5 m auszuschachten, sonst wie Position 1, für 1 m³	4,25	3400,—
3	3000	m³ Boden zur Herstellung von Kanalgräben in einer Tiefe von 2,5 bis 3 m auszuschachten, sonst wie Position 1, für 1 m³	4,50	13500,—
4	2000	m³ Boden zur Herstellung von Kanalgräben in einer Tiefe von 3 bis 3,5 m auszuschachten, sonst wie Position 1, für 1 m³	4,75	9500,—
5	2500	m³ Boden zur Herstellung von Kanalgräben in einer Tiefe von 3,5 bis 4 m auszuschachten, sonst wie Position 1, für 1 m³	5,—	12500,—
		Summe I		39700,—
		Titel II. Rohrleitung (einschl. Rohrlieferung).		
6	2500	lfd. m Tonrohre von 250 mm ∅ einschließlich der erforderlichen Abzweige für die Hausanschlußleitung in der ausgeschachteten Baugrube zu verlegen, in den Muffen mit Teerstrick und Asphaltkitt zu dichten, in Kies oder Sandboden sorgfältig einzubetten, einschließlich Lieferung der Teerstricke, des Asphaltkittes und erforderlichenfalls auch des Kieses oder Sandes, für 1 lfd. m	12,—	30000,—
7	500	lfd. m Tonrohre von 300 mm ∅, sonst wie Position 6, für 1 lfd. m	15,—	7500,—
8	600	lfd. m Tonrohre von 350 mm ∅, sonst wie Position 6 für 1 lfd. m.	20,—	12000,—
9	3000	lfd. m Zementrohre von 400 mm ∅ zu verlegen, einschließlich sämtlicher Nebenarbeiten, sonst wie Position 6, für 1 lfd. m	15,—	45000,—
10	1300	lfd. m Zementrohre von 500 mm ∅, sonst wie Position 6, für 1 lfd. m.	18,—	23400,—
11	1000	lfd. m Zementrohre von 600 mm ∅, sonst wie Position 6, für 1 lfd. m.	24,—	24000,—
12	300	lfd. m Zementrohre von 700 mm ∅, sonst wie Position 6, für 1 lfd. m.	26,—	7800,—
13	70	lfd. m Zementrohre von 800 mm ∅, sonst wie Position 6, für 1 lfd. m.	40,—	2800,—
		Übertrag:		152500,—

Position	Anzahl	Gegenstand	Geldbetrag	
			im einzelnen RM.	im ganzen RM.
		Übertrag:		152500,—
14	5	Stück 1,5 bis 2 m tiefe Einsteigeschächte aus Zementbetonringen auf einer 10 cm starken Betonplatte gemäß Zeichnung auf Blatt ... herzustellen, mit Schachtabdeckung und Einsteigeeisen, die Anschlußrohre einzuzementieren, die Sohle im Schacht den Anschlußrohren entsprechend rinnenförmig auszubilden, einschließlich sämtlicher Erd- und Pflasterarbeiten, Abfuhr des überschüssigen Bodens und sonstiger Nebenarbeiten, für 1 Stück . .	250,—	1250,—
15	18	Stück 2 bis 2,5 m tiefe Einsteigeschächte, sonst wie Position 14, für 1 Stück	280,—	5040,—
16	60	Stück 2,5 bis 3 m tiefe Einsteigeschächte, sonst wie Position 14, für 1 Stück.	300,—	18000,—
17	40	Stück 3 bis 3,5 m tiefe Einsteigeschächte, sonst wie Position 14, für 1 Stück.	320,—	12800,—
18	60	Stück 3,5 bis 4 m tiefe Einsteigeschächte, sonst wie Position 14, für 1 Stück.	350,—	21000,—
19	300	Stück Straßensinkkasten aus Zementbeton, 450 mm l.W., mit Schlammeimer, befahrbarer gußeiserner Abdeckung, mit etwa 150 mm weiter, mit Teerstrick und Asphaltkitt zu dichtender Tonrohrleitung für den Anschluß an den Straßenkanal zu liefern und einzubauen, einschließlich der erforderlichen Erd- und Nebenarbeiten, für 1 Stück	200,—	60000,—
20	3	Stück selbsttätige Spülvorrichtungen mit je zwei Glockenhebern gemäß Zeichnung Blatt ... betriebsfertig herzustellen, einschließlich der Wasserzuleitungen und -ableitungen, für 1 Stück	1200,—	3600,—
		Summe II		274190,—
		Titel III. Bauliche Einrichtungen auf dem Grundstück der Kläranlage.		
21	200	lfd. m Einfriedigungszaun einschließlich Einfahrttor herzustellen, für 1 lfd. m	15,—	3000,—
22	350	m² Pflaster des Zu- und Abfuhrweges zur Kläranlage herzustellen, für 1 m².	4,—	1400,—
		Summe III		4400,—
		Titel IV. Kanalbauwerke.		
23	1	Regenüberfallschacht R_1, zum näheren Nachweis		1000,—
24	1	Regenüberfallschacht R_2, zum näheren Nachweis		1500,—
25	1	Vereinigungsschacht V_1, zum näheren Nachweis		800,—
		Summe IV		3300,—
		Titel V. Einmündung in den R-Fluß.		
26		Ausmündungsbauwerk in den *R*-Fluß nebst Befestigung des Ufers an der Einmündungsstelle, zum besonderen Nachweis		5700,—
		Summe V		5700,—

Position	Anzahl	Gegenstand	Geldbetrag	
			im einzelnen RM.	im ganzen RM.
		Titel VI. Gebäude für die Kläranlage.		
27	1	Gebäude für die Kläranlage laut besonderem Kostenanschlag (Anlage 1)		38000,—
		Summe VI		38000,—
		Titel VII. Maschinelle Einrichtungen.		
28		Maschinelle Einrichtungen der Kläranlage, laut dem als Anlage 2 besonders beigelegten Angebot der Firma F. F. in W. vom 19. 6. 37, zusammen		46000,—
29		Für die aus dem Angebot der Firma F. F. ausdrücklich ausgeschlossenen Maurer-, Zimmerer- und Stemmarbeiten, zum besonderen Nachweis		1000,—
		Summe VII		47000,—
		Titel VIII. Projektbearbeitung, Bauleitung, Abnahme usw., Wasserbewältigungsarbeiten und Unvorhergesehenes.		
30		Für die Projektbearbeitung, Verhandlungen, Schaffung der Ausschreibungsunterlagen, Bauleitung, Bauführung, Bauaufsicht und Abnahme einschließlich aller Reisen und Nebenausgaben		15000,—
31		Für Wasserbewältigung, Unvorhergesehenes und zur Abrundung etwa 5% der Gesamtsumme, rund		20750,—
		Summe VIII		35750,—

Zusammenstellung.

Titel I.   Erdarbeiten . . . . 39700,— RM.
Titel II.   Rohrleitungen . . . . 274190,— „
Titel III. Bauliche Einrichtungen auf dem Grundstücke
            der Kläranlage . . . . 4400,— „
Titel IV.   Kanalbauwerke . . . . 3300,— „
Titel V.   Einmündung in den *R*-Fluß . . . . 5700,— „
Titel VI.   Gebäude für die Kläranlage . . . . 38000,— „
Titel VII. Maschinelle Einrichtungen . . . . 47000,— „
Titel VIII. Projektbearbeitung, Verwaltungskosten,
            Wasserhaltung usw. . . . . 35750,— „

Gesamtsumme *448040,—* RM.

Kostenüberschläge von städtischen Kanalisationen.

Für rohe Überschläge kann man auf Grund der Erfahrungen bei ausgeführten Anlagen in größeren Städten Deutschlands die Gesamtkosten von Kanalisationen — ohne Reinigungsanlagen und private Hausanschlüsse — schätzen:

(Preise Frühjahr 1939)

1 lfd. m Kanal . . . . 90,— bis 150,— RM.
1 m² entwässerte Fläche . . . . 0,90 „ 1,80 „

Dabei gelten bei der ersten Angabe die niederen Werte für kleinere Städte und geringere Tiefe der Rohre, während die größeren Werte für größere Städte und tiefe Lage der Kanäle gelten. Bei der zweiten Angabe (je 1 m² entwässerter Fläche) gelten die kleineren Werte für kleine nicht eng bebaute Städte, die großen Werte für dicht bebaute große Städte.

Entwässerungsbedarfartikel [1].

(Straßen- und Grundstücksentwässerung.)

Sinkkasten. Zur Einleitung des Wassers in die Straßenleitung werden die sog. Sinkkasten in Einlaufschächte (Regeneinläufe) eingebaut. Sie werden in etwa 40 bis 50 m Abstand möglichst einander gegenüber angeordnet. Die Zahl der Sinkkasten richtet sich nach der Größe der zu entwässernden Straßenfläche. *Jeder Straßensinkkasten soll etwa 300 bis 400 m² Straßenfläche* aufnehmen.

Man unterscheidet a) Sinkkasten mit Schlammfang, b) Sinkkasten ohne Schlammfang, jedoch mit Wasserverschluß, c) Sinkkasten ohne Schlammfang und ohne Wasserverschluß. Die Sinkkasten werden aus Beton, Steinzeug, Gußeisen und in Monierkonstruktion hergestellt.

Straßensinkkasten.

Modelle und *Preislisten* nach Angabe von Spezialfirmen (Geigersche Fabrik, G. m. b.H., Karlsruhe, Rheinische Steinzeugwerke u. a.).

Gewichte 160 bis 350 kg.

Beispiele (in Steinzeug) mit Aufsatzrosten.

Frankfurter Modell (Abb. 99).

Unterteil, 500 mm Höhe, etwa . . . . . 75 kg
Mittelteil, 700 mm   „   „   . . . . . 80 kg
Oberteil, 75 cm hoch, etwa . . . . . . 86 kg
Siphon etwa . . . . 29 kg

komplett etwa 270 kg

Der Oberteil und Siphon werden nach der Röhrenpreisliste berechnet. Lichtweite 450 mm.

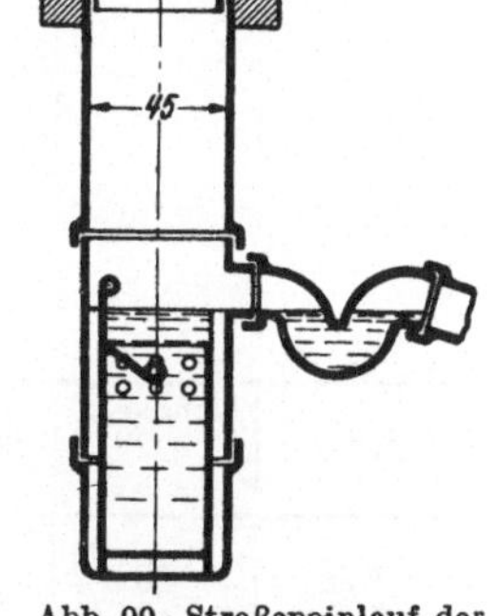

Abb. 99. Straßeneinlauf der Stadt Frankfurt aus Steingut.

Kölner Modell. Lichtweite 450 mm. Unterteil nur 400 mm.
Unterteil, 700 mm hoch, etwa . . . . 90 kg
Mittelteil, 650 mm   „   „   . . . . 90 kg
Oberteil,   450 mm   „   „   . . . . 55 kg

Zusammen: 235 kg

Oberteil nach der Röhrenpreisliste.

---

[1] Bis auf weiteres sind die „eisensparenden Konstruktionen", also Beton, Eisenbeton und Steinzeug zu bevorzugen.

Elberfelder Modell für Trennsystem mit Bodenauslauf.

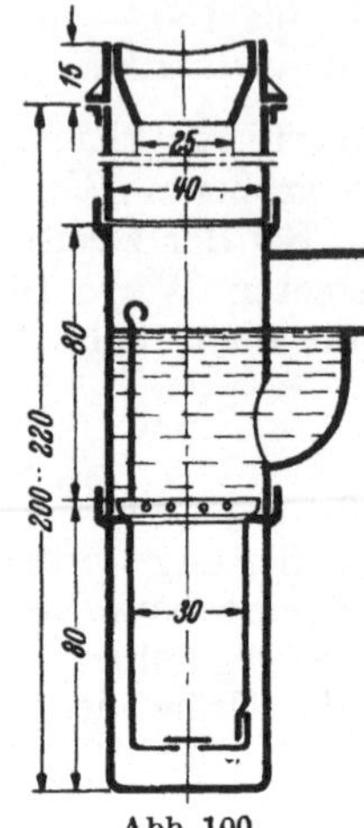

Steinzeugteil, 1090 mm hoch, Lichtweite 450 mm, Gewicht . . . . 160 kg

Modell für Misch- und Trennsystem.

Mit Tauchzylinder für Mischsystem. Ohne Tauchzylinder für Trennsystem. Unterteil, 710 mm hoch, Lichtweite 400 mm, 570 mm hoch, Lichtweite 480 mm, Gesamthöhe 1280 mm . . . . 165 kg

Oberteil, 500 mm hoch, etwa . . . . . . 65 kg

Tauchzylinder . . . . 15 kg

Eimer . . . . 20 kg

Zusammen: 265 kg

Straßensinkkasten System Geiger mit Bodenauslauf und Hängeeimer.

Abb. 100.

Modelle aus Steinzeug (Abb. 100).

Modell	Lichtweite D cm	Höhe des Sink- kastens H (Unterteil) cm	Oberteil h cm	Ausflußweite cm	Gewicht kg	Preis RM.
1 B	40	160	50, 75, 100	100, 125, 150	245	. . . .
2 B	45	180	50, 75, 100	120, 145, 170	350	. . . .
3 B	45	180	50, 75, 100	100, 125, 150	360	. . . .
1 C	40	115	50, 75, 100	90, 115, 140	180	. . . .
1 C	45	125	50, 75, 100	90, 115, 140	265	. . . .
Patent GEIGER- MOHR		205	50, 75, 100	120, 145, 170		. . . .

Straßeneinlauf System „Geiger".

Modelle aus Beton.

Modell	Lichtweite D cm	Höhe des Unterteils H cm	Oberteil h cm	Ausflußweite cm	Gewicht kg	Preis RM.
1 A	40	150	50, 75, 100	95, 120, 145	365	. . . .
2 A	45	150	50, 75, 100	95, 120, 145	405	. . . .
3 A	45	175	50, 75, 100	90, 115, 140	470	. . . .
4 A	40	150	50, 75, 100	95, 120, 145	375	. . . .

Normenentwürfe für Straßenabläufe.

DIN 4052. Straßenablauf, Beton, Einzelteile, Entwurf Tonind.-Ztg. 1934, S. 932, Beiblatt — Ausführungsbeispiele (Entwurf).

DIN 4053. Straßenablauf, Steinzeug, Einzelteile, Entwurf Tonind.-Ztg. 1934, S. 932, Beiblatt — Ausführungsbeispiele (Entwurf). Beiblatt zu DIN 4052 und 4053, Erläuterungen, Eimer, Tauchplatte (Entwurf).

Gußeiserne Aufsätze für Straßensinkkasten.

DIN 1207, Blatt 1 bis 4, Aufsatz für Straßenabläufe mit Schmalrost, 104 bis 138 kg Gewicht. Preis (1939) . . . . . . 22,50 bis 30,— RM.

DIN 593, Blatt 1 bis 4, Aufsatz für Straßenabläufe mit Breitrost, 105 bis 145 kg Gewicht. Preis (1939) . . . . . 23,— bis 32,— RM.

Verlegen von Straßensinkkästen (s. auch S. 311).

Lohnaufwand je 1 m Länge

$$D = 40 \text{ cm} \dots \dots \dots \dots \dots \dots 2,5 \text{ Stc.}$$
$$D = 45 \text{ cm} \dots \dots \dots \dots \dots \dots 3,0 \text{ Stc.}$$
$$D = 50 \text{ cm} \dots \dots \dots \dots \dots \dots 3,5 \text{ Stc.}$$

Materialaufwand: Dichtungsmaterial siehe S. 312.

Stau-, Spül- und Absperrvorrichtungen.

Konstruktionen, Gewichte und Preise sind aus Katalogen und Preislisten von Spezialfirmen (z. B. Geigersche Fabrik, G. m. b. H., Karlsruhe) zu entnehmen. Als Schieberverschlüsse wählt man *Handzugschieber* oder *Spindelschieber:*

Spindelschieber für Kreis- und Eiprofile.
Gewichte der Vollschieber, ohne Zubehörteile.

Kreisprofile				Eiprofile	
Lichtweite cm	Gewicht kg	Lichtweite cm	Gewicht kg	Lichtweite cm	Gewicht kg
15	35	40	115	20/30	65
20	50	45	140	25/37,5	95
25	55	50	165	30/45	115
30	70	55	175	35/52,5	150
35	90	60	215	40/60	180
—	—	—	—	50/75	245

Zubehörteile: Spindelwelle = 5 bis 10 kg. Führungslager für Spindelwelle kleiner Schieber = 6 kg. Desgl. für großen Schieber = 10 kg. Wandlager mit Zeigerwerk = 20 kg. Kleiner Schlüsselhut mit Spindelführung = 16 kg. Schlüssel mit Kurbelgriff = 6 kg. Handrad = 12 kg.

Hochwasser-Abschlußklappen.
Gewichte der Rohrklappen für kreis- und eiförmige Kanalprofile.

	Lichtweite in cm													
	10	15	17,5	20	25	30	35	37,5	40	45	20/30	25/37,5	30/45	35/52,5
Klappen mit kurzem Rohransatz . . kg	10	12	18	23	27	30	33	42	50	67	24	35	50	70
Klappen mit langem Rohransatz . . kg	12	16	21	30	35	39	44	53	62	88	33	49	66	100
Steifes Gegengewicht . . . kg	3	5	7	9	11	13	17	20	22	29	10	13	17	25
Nach vorn umklappbares Gegengewicht . . . . kg	4	6	8	11	13	16	20	23	26	33	13	16	21	29
Andrückmechanismus . . . . . kg	5	6	7	8	8	9	9	10	12	14	8	9	10	12

Kanalspüler.

Vielgebrauchte *Kanalspüler* sind die *selbsttätigen* Kanalspüler System MÜLLER-GEIGER. Je nach der Konstruktion und Größe zwischen 220 und 600· RM. Rohrweite 100, 150, 225 mm. Spülwassermenge 20, 40 bzw. 80 l für Stück. Gewicht 150 bis 700 kg.

Maße, Gewichte.

Modell	Rohr-Lichtweite D cm		Stauhohe H cm	Sohlen-abstand cm	Maße der Einbaugrube			Spulwasser-menge s/l	Gewicht etwa kg
					Tiefe cm	Lange cm	Breite cm		
I	10	a	85	6	86	'60	45	*20*	140
		b	100	6	96	60	45	*20*	150
		c	125	6	106	60	45	*20*	165
II	15	a	85	8	86	65	45	*40*	215
		b	100	8	96	65	45	*40*	225
		c	125	8	106	65	45	*40*	240
III	22,5	a	150	10	125	100	70	*80*	600
		b	175	10	150	100	70	*80*	625
		c	200	10	175	100	70	*80*	650

Spülbehälter aus Zementrohrformstücken, für Modell I und II verwendbar, bestehend aus Schacht 100/100 cm mit versetzten Steigeisen, Aufsatzkonus 100/70 cm, Grube 45/65 cm und 80 cm weitem, rundem Füllkanal (ohne Schachtabdeckung), mit *2 m³ Fassungsraum,* Gewicht etwa 3800 kg, *jedes weitere Kubikmeter Fassungsraum* (durch Verlängerung des seitlichen Füllkanals um jeweils 2 m) Gewicht etwa 1300 kg.

Normen für Absperrvorrichtungen:

DIN 595, Blatt 1 bis 3, Reinigungsöffnungen mit Keilverschluß, Knebelverschluß und Schraubverschluß.

Grundstücksentwässerung.

Technische Vorschriften für Bau und Betrieb von Grundstücksentwässerungsanlagen nach *DIN* 1986 und 1986 U (Umstellnorm).

Normen für Grundstücksentwässerung.

Gußeiserne Abflußrohre.

DIN 1172 bis 1178. Gußeiserne LNA.-Rohre.

DIN 364. Gußeiserne LA.-Rohre 50 bis 200 mm ∅.

DIN 538 bis 545. Muffendeckel, Krümmer, Bogen, Übergänge, schräge Kreuzstücke, Abflußrohrformstücke.

DIN 1393 bis 1396. Halbschräge T-Stücke und Kreuzstücke für LNA.- und LA-Rohre.

DIN 1392, Blatt 1 bis 3. Reinigungsrohre, Verschlüsse.

DIN 1381 bis 1383. Abortbecken.

Steinzeugrohre.

DIN 1203 bis 1206, 1230 bis 1231.

Sinkkasten.

DIN 590. Kellersinkkasten ohne Putzöffnung (19 bis 36 kg, 8,40 bis 13,— RM.).

DIN 591. Kellersinkkasten mit Putzöffnung (21 bis 38 kg, 9,80 bis 14,40 RM.).

DIN 592. Deckensinkkasten (13 bis 15 kg, 5,80 bis 6,80 RM.).

DIN 597. Aufsatz für Hofablauf, leicht.

DIN 598. Aufsatz für Hofablauf, schwer.

Hofsinkkasten (nach Abb. 101), Dresdener Modell, 300 mm Lichtweite kostet Frühjahr 1937 . . 29,— RM.

DIN 1999. Benzinabscheider.

Waschplatzsinkkasten für Garagen 90 bis 120 kg nach Spezialkatalogen.

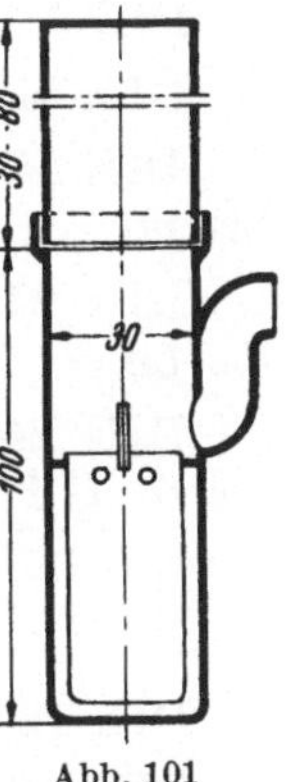

Abb. 101
Hofsinkkasten.

XXII. Wasserversorgung.

A. Rohrverlegungsarbeiten und Armaturen.

Wichtige DIN-Normen.

DIN 1988. T. V. für Bau und Betrieb von Wasserversorgungsanlagen von Grundstücken.

DIN 1983. T. V. für Bauleistungen von *Brunnenarbeiten.*

DIN 1998. Richtlinien für die Einordnung von Gas-, Wasser-, Kabel- und sonstiger Leitungen bei der Planung öffentlicher Straßen.

DIN 2400. Rohrleitungen, Übersicht.

DIN 2401. Druckstufen, Rohrleitungen, Armaturen.

DIN 2402. Nennweiten, Rohrleitungen und Armaturen.

DIN 2429. Sinnbilder für Rohrleitungen.

DIN 2430. Formstücke für Rohrleitungen, Übersicht und Sinnbilder.

Rohre aus Gußeisen.

DIN 2432. Gußeiserne Muffendruckrohre für Nenndruck 10, Betriebsdruck W 10.

DIN 2422. Gußeiserne Flanschenrohre für Nenndruck 10, Betriebsdruck W 10.

DIN 1172 bis 1178. Gußeiserne Leitungen LNA.-Rohre.

DIN 1394 bis 1396. Gußeiserne Leitungen LNA.-Rohre. Abzweige u. dgl.

Rohre aus Flußstahl.

DIN 2450. Flußstahlrohre, nahtlos, St. 34, für Nenndruck 1 bis 50.

DIN 2451. Flußstahlrohre, nahtlos, St. 42, für Nenndruck 1 bis 50.

DIN 2452. Flußstahlrohre, patentgeschweißt, für Nenndruck 1 bis 50.

DIN 2453. Flußstahlrohre, wassergasgeschweißt für Nenndruck 1 bis 50.

DIN 2454. Flußstahlrohre, autogengeschweißt, für Nenndruck 1 bis 50.

DIN 2455. Flußstahlrohre, genietet für Nenndruck 1 bis 6 (W 1 bis 6; G 1 bis 5, D 1 bis 5).

Steinzeugrohre.

DIN 1203 bis 1206. Steinzeugrohre, Bogen, Abzweige und Übergänge.

DIN *1986 U*. Umstellnorme zur Bleiersparnis für Dichtungen.

Verlegen von gußeisernen Muffen- und Flanschenrohren nach DIN 2432 und 2422.

(Gewichtsangabe und Wandstärke für Flanschenrohre!)

Nennweite = Innendurchmesser	Wandstärke s	Gewicht von 1 m Rohr (bei $L = 3{,}00$ m)	Materialkosten 1 lfd. m = $^1/_3$ Rohr kostet		Lohnaufwand *für 1 lfd. m* Verlegen (mit Nahtransport bis 50 m), Dichten, Anschlüsse usw.		Gerätekosten[2] je 1 m
			ab Werk[1]	frei Verwendungsstelle[1]	Str.	(mit ... % Zuschlägen	
D mm	mm	kg	RM.	RM.		RM.	etwa RM.
50	7,5	11,4	....	....	0,5	....	0,05
80	8,5	19,6	....	....	0,55	....	0,08
100	9	25,1	....	....	0,6	....	0,10
125	9,5	32,8	....	....	0,8	....	0,10
150	10	41,1	....	....	0,9	....	0,15
200	11	59,1	....	....	1,0	....	0,20
250	12	80,0	....	....	1,6	....	0,20
300	13	101,8	....	....	1,8	....	0,22
350	14	128,2	....	....	2,1	....	0,22
400	14	148,0	....	....	2,4	....	0,25
450	15	175,5	....	....	2,6	....	0,25
500	16	208,4	....	....	2,8	....	0,26
600	17	264,6	....	....	3,0	....	0,28
700	19	348,0	....	....	4,5	....	0,28
800	21	443,4	....	....	5,0	....	0,30
900	23	542,3	....	....	5,5	....	0,40
1000	24	635,2	....	....	6,0	....	0,60
1200	28	891,3	....	....	9,0	....	0,80
1600 Stahl-		1000,0	....	....	15,0	....	2,—
2400 rohre		1625,0	....	....	28,0	....	3,—

[1] Hier können die örtlichen Preise eingesetzt werden.

[2] Diese werden am besten von Fall zu Fall ermittelt. Die angegebenen Werte sind nur Mittelwerte bei größeren Arbeiten.

Verbrauch an Blei- bzw. Teerstricken bei Muffenröhren.

Eine Dichtung erfordert B kg Bleiring oder Bleiwolle und H kg Strick[1] bei D mm Lichtweite.

D	B	H	D	B	H
25	0,23	0,028	325	5,16	0,516
30	0,33	0,033	350	5,33	0,533
35	0,42	0,042	375	6,64	0,664
40	0,51	0,051	400	7,46	0,746
50	0,70	0,069	425	7,89	0,789
60	0,73	0,073	450	8,33	0,833
70	0,94	0,094	475	8,77	0,877
80	1,05	0,105	500	10,10	1,010
90	1,15	0,115	550	11,70	1,170
100	1,35	0,135	600	13,30	1,330
125	1,70	0,170	650	14,20	1,420
150	2,15	0,214	700	15,50	1,550
175	2,46	0,246	750	17,40	1,750
200	2,97	0,297	800	20,80	2,080
225	3,67	0,367	900	24,70	2,470
250	4,40	0,440	1000	29,20	2,920
275	4,69	0,469	1100	34,00	3,400
300	5,09	0,509	1200	39,00	3,900
			1500	64,00	6,400

Bemerkung. Die neuen Umstellnormen sehen zur Bleiersparnis statt der Bleiringe bzw. Bleiwolle vor: *Aluminiumwolle* oder *Sinterit*. Für kleinere Abmessungen und kleine Drücke lassen sich auch *Eternitdruckrohre*, für größere Abmessungen *spiralbewehrte Schleuderbetonrohre* mit Spezialmuffendichtungen verwenden als Ersatz für Stahlrohre.

Das Einbauen der Formstücke (Absperrschieber und Überschieber) kostet für 1 Stück ($L = D + 200$) ohne Kosten des Einbaus von *Schieberschächten* an *Lohn*

bei $D =\ \ 50$ mm . . . . 2,5 Str.
,, $D = 100$ mm . . . . 3,5 Str.
,, $D = 200$ mm . . . . : . . . 5,0 Str.
,, $D = 300$ mm . . . . 8,0 Str.
,, $D = 500$ mm . . . . 12,0 Str.
,, $D = 600$ mm . . . . 18,0 Str.

Das Einbauen der Hydranten (Unterflurhydranten mit Straßenkappe) nebst zugehörigem A-Stück kostet für 1 Stück bei einer Lichtweite des A-Stückes von

50/50 bis 80/80 mm . .	6,0 Str.
150/80 mm . .	8,0 Str.
200/80 mm . .	10,0 Str.
300/80 mm . .	13,0 Str.
350/80 mm . .	15,0 Str.

Über weitere *Armaturen:* Anbohrschellen, Teilkasten, Entlüftungskasten, Schlammkasten, Entlüftungsventile, Wasserschieber, Einbaugarnituren (für Hauptventile), Überflur- und Unterflurhydranten, Standuhren, Schlüssel, Straßenschilder

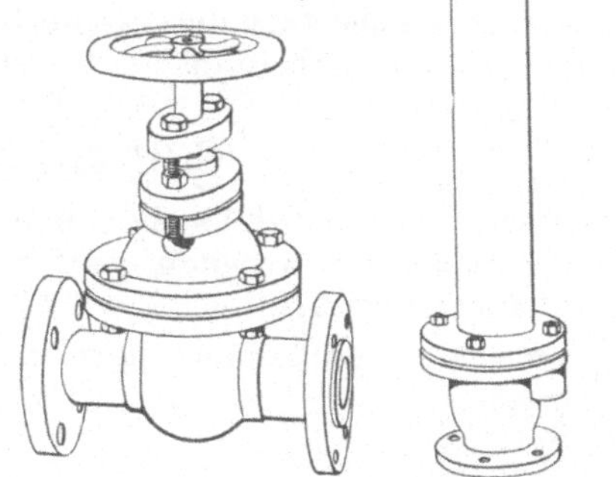

Abb. 102. Absperrschieber.   Abb. 103. Hydrant.

---

[1] Weißstrick und Bitumenstrick.

usw. vergleiche man die Kataloge und Preisangaben von Spezialfirmen (z. B. Bopp und Reuther, Mannheim).

B. Hochbehälter (Reinwasserbehälter und überdeckte Klärbecken).

Hochbehälter. Die eisernen Hochbehälter werden nach dem Gewicht des verarbeiteten Eisens bezahlt. Für gewöhnliche Eisenbehälter kann man je nach der Größe des Behälters und der Konstruktion etwa 40 bis 50 RM. für 100 kg verarbeitetes Eisen setzen. Der kleinere Preis für große Behälter (etwa 800 bis 1000 m³ Inhalt), der größere Preis für kleinere Behälter (etwa 80 bis 100 m³ Inhalt).

Intze-Behälter etwa 50 bis 70 RM. für 100 kg verarbeitetes Eisen. Eiserner Unterbau aus Stabeisen etwa 35 bis 40 RM. für 100 kg Eisen.

Behälter aus Eisenbeton. Solche Behälter werden genau so berechnet wie alle anderen Eisenbetonkonstruktionen. In Betracht kommen also allgemein folgende Leistungen: Beton, Eisen, Schalung, Putz und Erdaushub, wenn die Behälter im Boden zu liegen kommen.

Zum *vorläufigen Veranschlagen von Eisenbetonbehältern* einschließlich Erdarbeiten kann der Preis K für 1 m³ Nutzinhalt aus folgender Gleichung annähernd geschätzt werden:

$$K = 30 + 4500/J.$$

$J =$ Behälterinhalt in m³. Für $J = 500$ m³ würde der Behälter aus Eisenbeton etwa $30 + 4500/500 = 30 + 9 = 39,-$ RM. für 1 m³ oder etwa $500 \cdot 39 = 19\,500,-$ RM. kosten.

Für Halbkugelbehälter aus Eisenbeton von $J = 50$ bis 1000 m³ Inhalt kann man die Kosten für 1 m³ Nutzinhalt zu

$$K = 20 + 750/J$$

setzen (Basis: Frühjahr 1939).

Bei genauer Kalkulation erhält man in den meisten Fällen etwas kleinere Einheitspreise.

Man vergleiche auch die entsprechenden Ausführungen in dem Kapitel „Beton- und Eisenbetonbau", S. 226 und 230.

C. Brunnenanlagen.

Gemauerte Schachtbrunnen. Beim Veranschlagen solcher Brunnen kommen folgende Arbeiten vor: a) Bodenaushub, b) Auszimmerung, Brunnenmauerwerk.

Diese Arbeiten können nach S. 309 berechnet werden (Einsteigeschächte).

Röhrenbrunnen (Filterrohrbrunnen).

a) Vorarbeiten.

Für die Vorarbeiten (erbohren des Wasserhorizonts) kann man etwa mit folgenden Sätzen rechnen (s. auch Vorarbeiten für Erdarbeiten S. 58):

Bei einem Stundenlohn von St. = 0,60 RM. kann man rechnen für *Probebohrungen* in Sand, Kies, Lehm und Tonböden *je 1 lfd. m*

in Tiefen 0 bis 15 m . . . . 4,80 bis 5,50 RM.

  ,, . ,,   von 15 bis 30 m . . . . . 5,50 ,, 6,50 ,,

  ,,   ,,   ,, 30 ,, 50 m . . . . . 6,50 ,, 10,— ,,

dazu 1. *einmalige* Ausgaben für Transport des Bohrgerätes zur Baustelle und zurück. 2. Ausführung eines Pumpversuches mit Stellung und Bedienung der Pumpe etwa 50,— RM.

b) Anlage von Röhrenbrunnen (Filterrohrbrunnen).

Röhrenbrunnen aus 60 bis 80 mm weiten schmiedeisernen Röhren (Abessinier) in Sand bis 15 m Tiefe kosten

für 1 m Brunnen . . . . 18,— bis 25,— RM.

Röhrenbrunnen als *Filterrohrbrunnen* mit verzinkten Filterrohren und verzinkten Aufsatzrohren von 300 mm $\varnothing$ bis 30 m Tiefe kostet bei St. = 0,60 RM. *je 1 lfd. m fertigen Brunnen* . . 60,— bis 80,— RM. (ohne Pumpenhaus und maschinelle Anlage für die Pumpe).

Bohren des Brunnens (ohne Transport des Gerätes) *Lohnaufwand je 1 lfd. m Brunnen* . . *1,1 $St_{bo.}$ + 3,4 St.* in Böden wie Sand, Lehm, Geschiebemergel, Kies u. dgl.

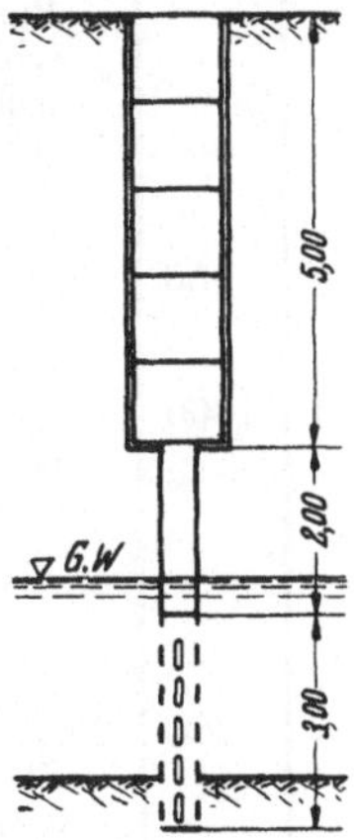

Beispiel 86. *Beispiel eines Kostenanschlags für Niederbringen eines Filterbrunnens* (Abb. 104).

Abb. 104.

Pos. 1. 5,0 lfd. m Schacht hergestellt und ausgesteift, Eisenbetonringe eingebaut, abgesenkt einschließlich aller Nebenarbeiten, Gestellung von Mannschaften und Vorhalten von Geräten je 1 lfd. m 40,— RM. . . . . 200,— RM.

Pos. 2. 4,5 lfd. m Bohrung niedergebracht mit der Schappe in bohrbarem Gebirge einschließlich aller Nebenarbeiten, Stellung der Bohrmannschaften sowie Vorhalten von Geräten und Gerüsten und Transport der Geräte vom Lagerplatz zur Baustelle und zurück je 1 lfd. m 30,— RM. 135,— ,,

Pos. 3. 5,0 lfd. m Eisenbetonringe 1000 mm $\varnothing$, 0,50 m Bauhöhe frei Baustelle angeliefert je 1 lfd. m 35,— RM. . . . . 175,— ,,

Pos. 4. 3,0 lfd. m verzinkte Filterrohre 300 mm $\varnothing$, 3 mm Wandstärke längslaufend geschlitzt, geliefert und eingebaut je 1 lfd. m 22,— RM. . . . . 66,— ,,

Pos. 5. 2,0 lfd. m verzinkte Aufsatzrohre 300 mm $\varnothing$, 3 mm Wandstärke geliefert und eingebaut je 1 lfd. m 18,50 RM. . 37,— ,,

Pos. 6. *Filterkies*, gewaschen und gesiebt, geliefert und eingebaut 40,— ,,

Pos. 7. Ausführung eines *Pumpversuchs* einschließlich aller Nebenarbeiten unter Gestellung der Bedienung und Pumpe . 47,— ,,

Gesamtkosten des Filterrohrbrunnens . . . . 700,— RM.

D. Beispiel eines Kostenanschlags für eine Wasserversorgung einer Gemeinde.

Beispiel 87. Als Beispiel ist ein Kostenanschlag über die Herstellung eines Rohrnetzes für eine Gemeinde angeführt.

Kostenanschlag
über die Herstellung des Wasserversorgungsnetzes für die Gemeinde . . . .

Position	Anzahl	Gegenstand der Veranschlagung	Geldbetrag	
			im einzelnen RM.	im ganzen RM.
		I. Erdarbeiten.		
1	5400	lfd. m Rohrgraben für Wasserleitungsrohre von 150 bis 275 mm l. W. und einer Rohrüberdeckung von 1,50 m in durchschnittlicher Breite von 0,80 m ausschachten, Absteifen der Baugrube, Herstellen der Baugrubensohle einschließlich Kopflöcher, Ausfüllen der Baugrube, Abrammen, Einschlemmen, Abfuhr des übriggebliebenen Bodens nach den von der Bauverwaltung angegebenen Lagerplätzen, für 1 lfd. m	4,—	21 600,—
2	200	lfd. m Rohrgraben für die Anschlußleitungen der Überflurhydranten ausschachten, sonst wie Pos. 1, für 1 lfd. m	4,—	800,—
3	1000	lfd. m Rohrgrabenfläche auf Wiesen und in Gärten oder auf Äckern aufreißen und wiederherstellen, ohne Zubußmaterialien, für 1 lfd. m	1,—	1000,—
		Summe I		23 400,—
		II. Straßenbefestigungsarbeiten.		
4	400	lfd. m Rohrgrabenoberfläche auf unbefestigten Straßen und Wegen aufreißen und wiederherstellen, ohne Zubußmaterialien, für 1 lfd. m	1,50	600,—
5	1500	lfd. m Rohrgrabenoberfläche auf befestigten Straßen und Wegen aufreißen und wiederherstellen, für 1 lfd. m	2,—	3000,—
6	2600	lfd. m Rohrgrabenoberfläche in Gemeinde- bzw. Staatsstraßen von Packlager und Klarschlag aufreißen und wiederherstellen, für 1 lfd. m	3,—	7800,—
7	200	lfd. m Rohrgrabenoberfläche, Pflaster mit Packlager aufreißen und wiederherstellen, für 1 lfd. m	4,50	900,—
		Summe II		12 300,—
		III. Rohrleitungen und Armaturen.		
8	80	lfd. m Stahlmuffenrohre von 275 mm l. W. beschaffen, anliefern, nach der Baustelle befördern, abladen und verlegen; Lieferung der Dichtungsmaterialien, die Muffen nach dem Verlegen umwickeln und asphaltieren, für 1 lfd. m	70,—	5600,—
9	450	lfd. m Stahlmuffenrohre von 225 mm l. W. beschaffen, anliefern, nach der Baustelle befördern, sonst wie oben, für 1 lfd. m	60,—	27 000,—
10	1000	lfd. m Stahlmuffenrohre von 200 mm l. W., die unmittelbar durch die (Stadt) Gemeinde . . . . bezogen werden, auf Bahnhof . . . . übernehmen, nach der Baustelle befördern, an der Baustelle abladen, verlegen, sonst wie Pos. 8, für 1 lfd. m	2,—	2000,—
		Übertrag:		34 600,—

Position	Anzahl	Gegenstand der Veranschlagung	Geldbetrag	
			im einzelnen RM.	im ganzen RM.
		Übertrag:		34600,—
11	1500	lfd. m Stahlmuffenrohre von 175 mm l. W., sonst wie Pos. 10, für 1 lfd. m	1,50	2250,—
12	2500	lfd. m Stahlmuffenrohre von 150 mm l. W., sonst wie Pos. 10, für 1 lfd. m	1,20	3000,—
13	500	lfd. m Stahlmuffenrohre von 100 mm l. W., sonst wie Pos. 10, für 1 lfd. m	1,10	550,—
14	200	lfd. m Stahlmuffenrohre von 80 mm l. W. für die Anschlußleitungen der Hydranten, sonst wie Pos. 10, für 1 lfd. m	1,—	200,—
15	150	kg normalen, bearbeiteten Formguß oder Stahlformguß, nach der Normaltabelle für Formguß berechnet, am Bahnhof . . . . übernehmen, sonst wie Pos. 10, als Zuschlag zur Rohrlänge, für 1 kg	2,—	300,—
16	5000	kg normaler, unbearbeiteter Formguß oder Stahlformstücke, wie Bogen, Verjüngungsstücke, Überschieber usw., zu liefern und zu verlegen, sonst wie Pos. 8, für 100 kg	80,—	4000,—
17	3000	kg normaler, unbearbeiteter Formguß oder Stahlformstücke, wie Bogen, Verjüngungsstücke, Überschieber usw., zu liefern und zu verlegen, sonst wie Pos. 10, als Zuschlag zur Rohrlänge, für 100 kg	2,—	60,—
18	2	Stück Teilkästen für Straßenkreuzungen der Rohrleitungen mit vier Flanschabgängen, Rohrstutzen, 225 mm l. W. mit vollständiger Einbaugarnitur und selbsttätigem Entlüftungsventil zu beschaffen, anzuliefern und einzubauen, sonst wie Pos. 8, für 1 Stück	300,—	600,—
19	4	Stück Teilkästen, größter Rohrstutzen 200 mm, sonst wie Pos. 18, für 1 Stück	250,—	1000,—
20	1	Stück Teilkasten für die Straßenkreuzung der Rohrleitungen mit drei Flanschabgängen, größter Rohrstutzen 225 mm, beschaffen, anliefern und verlegen, sonst wie Pos. 8, für 1 Stück	200,—	200,—
21	4	Stück normale Muffenabsperrschieber von 225 mm l. W. mit vollständiger Einbaugarnitur für 1,50 m Rohrdeckung beschaffen, anliefern und einbauen als Zuschlag zur Rohrlänge, für 1 Stück	250,—	1000,—
22	8	Stück normale Muffenabsperrschieber von 200 mm l. W. einbauen, sonst wie Pos. 21, für 1 Stück	60,—	480,—
23	15	Stück normale Muffenabsperrschieber von 175 mm l. W., sonst wie Pos. 21, für 1 Stück	220,—	3300,—
24	20	Stück normale Muffenabsperrschieber von 150 mm l. W., sonst wie Pos. 21, für 1 Stück	200,—	4000,—
25	30	Stück Unterflurhydranten von 80 mm Ventilweite für 1,50 m Rohrüberdeckung mit selbsttätiger Entleerung, Klaue, Straßenkappe, Schlüssel, Fußplatte beschaffen, anliefern, einbauen, die Entleerung mit gewaschenem Kies umfüllen, einschließlich aller Materialien und Nebenarbeiten, für 1 Stück	200,—	6000,—
		Übertrag:		61540,—

Position	Anzahl	Gegenstand der Veranschlagung	Geldbetrag	
			im einzelnen RM.	im ganzen RM.
		Übertrag:		61540,—
26	40	Stück Überflurhydranten mit 80 mm Ventilweite mit je zwei Schlauchstutzen, selbsttatiger Entleerung, unterliegender Spindel für 1,50 m Rohrüberdeckung, Fußkrümmer mit Muffen für 80 mm Rohranschluß beschaffen, anliefern und einbauen, einschließlich Dichtungsstoffe, Aufstellung des Krümmers auf Klinkern und die Entleerung mit gewaschenem Kies umfüllen, für 1 Stück	300,—	12000,—
27	30	Stück Bezeichnungsschilder für Unterflurhydranten aus Gußeisen mit erhabener roter Schrift auf weißem Grunde, 100 bis 125 mm groß, nach Vorschrift liefern und anbringen, für 1 Stück	5,—	150,—
28	47	Stück Bezeichnungsschilder für Absperrschieber mit schwarzer Schrift auf weißem Grunde, sonst wie Pos. 27, für 1 Stück	4,—	188,—
		Summe III		73878,—

IV. Verschiedenes.

Position	Anzahl	Gegenstand der Veranschlagung	Geldbetrag	
			im einzelnen RM.	im ganzen RM.
29	25	Stück Unterlagsbrettchen für Schilderbefestigung an Zäunen liefern, für 1 Stück	2,—	50,—
30	5	Stück Schiebersäulen aus weichem Kantholz, 3,20 m lang, 10/10 cm stark, mit Schildbrett, das Unterteil mit Karbolineum gestrichen, liefern und aufstellen, einschließlich Erd- und Nebenarbeiten, für 1 Stück	10,—	50,—
31	. . . . . .	Stück Hochwasserverschlüsse von . . . . . mm l. W. liefern und eindichten, für 1 Stück	—,—	—,—
32	10	Stück schmiedeeiserne Schieberschlüssel mit Haken zum Öffnen der Straßenklappen liefern (Gewicht . . . . . kg) für 1 Stück	10,—	100,—
33	8	Stück Hydrantenschlüssel liefern, für 1 Stück .	10,—	80,—
34	10	Stück Hydrantenschlüssel liefern, für Überflurhydranten, für 1 Stück	10,—	100,—
35	2	Stück Standrohre mit zwei Auslässen und einer Verschlußkapsel mit Kupferrohr liefern, für 1 Stück	300,—	600,—
36	30	Stück Straßenkappen der Unterflurhydranten mit Reihensteinen I. Klasse zu umpflastern, einschließlich Lieferung der Steine und des Pflastersandes, für 1 Stück	10,—	300,—
37	27	Stück Schieberkappen auf Straßen und Wegen mit Reihensteinen I. Klasse umpflastern, sonst wie vor, für 1 Stück	10,—	270,—
38	20	Stück Schieberkappen auf Straßen und Wegen mit Reihensteinen II. Klasse umpflastern, sonst wie vor, für 1 Stück	8,—	160,—
39	1	Stück Ventilbrunnen mit Regulierventil, Einbaugarnitur und Schlüssel liefern und einbauen .	350,—	350,—
		Summe IV		2060,—

Position	Anzahl	Gegenstand der Veranschlagung	Geldbetrag	
			im einzelnen RM.	im ganzen RM.
		Einheitspreise für etwaige Tagelohnarbeit.		
40	1	Schachtmeisterstunde		
41	1	Rohrlegerstunde.		
42	1	Maurerstunde		
43	1	Arbeiter- oder Tagelöhnerstunde		
44	1	Baupumpe von mindestens 5 s/l-Leistung mit Bedienung für 1 h		
45	1	Baupumpe ohne Bedienung für 1 h		
46	1	Laternenstunde ohne Bedienung		
47	1	Benzinlampenstunde ohne Bedienung		
48	1	Geschirr (2 Pferde) mit Bedienung für 1 h . .		
		Materialien.		
49	1	kg Zement liefern.		
50	1	m³ Klarschlag liefern		
51	1	m³ Kies liefern		
52	1	m³ Mauerwerk liefern		
53	1	m³ Beton (Mischung . . . . . .) liefern		
54	100	Stück Ziegel liefern		
		Zuschläge.		
55	1	lfd. m Tieferschachtung von 1,50 bis 1,75 m Rohrdeckung einschließlich Abfuhr des überschüssigen Bodens		
56	1	lfd. m Tieferschachtung von 1,50 bis 2 m, sonst wie vor usw.		
57	1	Dichtung für Stahlröhren von 225 mm l. W. mit Weißstrick und Weichblei einschließlich Feuerung und Ton, aber ohne Arbeitslohn . . .		
58	1	Desgl. von 200 mm		
59	1	Desgl. von 150 mm		
60	1	Desgl. von 100 mm		
61	1	Desgl. von 80 mm		
62	1	Sonntags- und Nachtarbeiten = 50% Zuschlag .		

Zusammenstellung.

I. Erdarbeiten . . . . 23400,— RM.
II. Straßenbefestigungsarbeiten . . . . 12300,— „
III. Rohrleitungen und Armaturen . . . . 73878,— „
IV. Verschiedenes . . . . 2060,— „

Angebotssumme: 111638,— RM.

Gesamtkosten von Wasserversorgungen mittlerer und großer Städte.

Die *Anlagekosten* neuzeitlicher Wasserversorgungen für mittlere und große Städte einschließlich Filtrationsanlagen betragen nach den in Deutschland gemachten Erfahrungen im Mittel

je Kopf der Bevölkerung *etwa 35,— RM.*

(Grundlage: Löhne und Materialpreise 1936.)

Die *Selbstkosten von 1 m³ Wasser* größerer Wasserversorgungsanlagen (Betriebskosten, Gerätekosten, Abschreibung und Verzinsung) betragen

für 1 m³ Wasser 6 bis 8 Rpf.

XXIII. Brückenbauarbeiten.

Es werden unterschieden:
a) Holzbrücken,
b) Gewölbte Beton-Eisenbeton- und Steinbrücken,
c) Eisenbetonbalkenbrücken,
d) Eiserne Brücken.

Berechnungsgrundlagen siehe Dinorm 1071 bis 1075 für Straßenbrücken,
„　　　　„　　„　1182, 1183 für Feldwegbrücken,
„　　　　„　　„　1045 für Eisenbetonbrücken.
Vorschriften der Deutschen Reichsbahngesellschaft für Eisenbahnbrücken.

Holzbrücken.

Da *Holzbrücken* in erster Linie für vorübergehende Zwecke als Transportbrücken für Beton- und Erdtransporte im Tiefbau in Frage kommen,

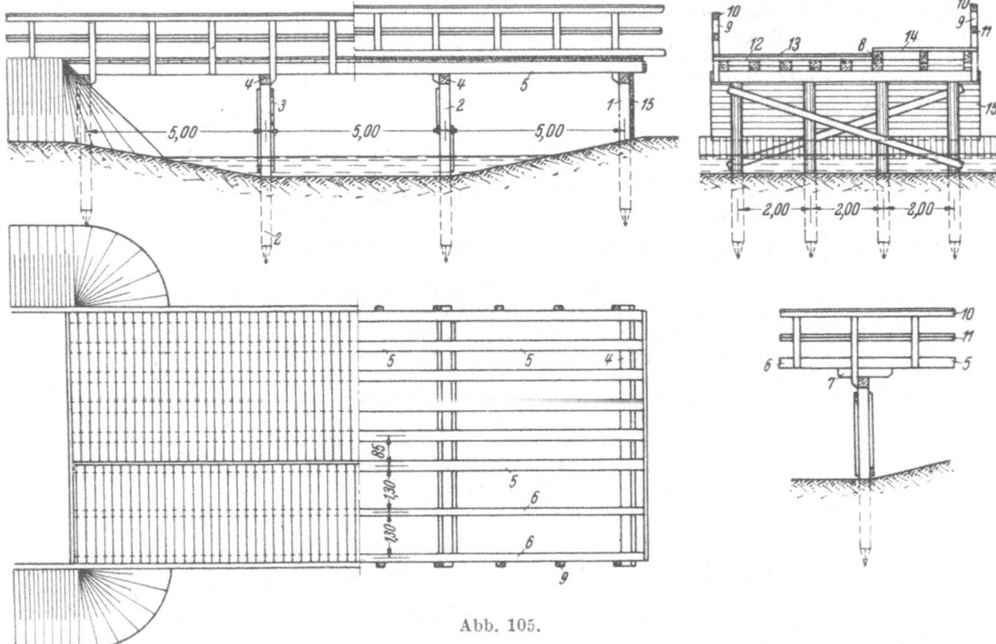

Abb. 105.

sei auf den betreffenden Abschnitt (XVII. Zimmerarbeiten, Fördergerüste) verwiesen, wo auch Angaben über die Kostenermittlung solcher Arbeiten gemacht sind.

Holzbrücken können indessen auch für Eisenbahnen (meist mit Walzträgern oder Stehblechträgern als Hauptträger) und Straßen zur vorübergehenden Benutzung als *Notbrücken* dienen (Abb. 105).

Bei der Kostenermittlung sind nach Aufstellung einer „Holzliste" die im Abschnitt Zimmerarbeiten gegebenen Richtlinien einzuhalten.

Für *hölzerne Fachwerksbrücken* macht MELAN in seinem Werk „Der Brückenbau" Angaben, welche für die statische Berechnung und die Kostenermittlung benutzt werden können.

a) Gewicht der Querkonstruktion g_1 (Fahrbahn, Querverbände, Windverstrebung) für *eingleisige Eisenbahnbrücken* in kg/m Brückenlänge:

Bezeichnung		Holz kg	Schienen und Schrauben kg	Zusammen kg
Bahn oben	Hauptbahn	720 + 75 h	110	830 + 75 h
Trägerhöhe	Nebenbahn	700 + 71 h	80	780 + 71 h
h in m	Schmalspur 1 m	465 + 62 h	70	535 + 62 h
Bahn unten	Hauptbahn	960 + 100 h	110	1070 + 100 h
Trägerhöhe	Nebenbahn	930 + 95 h	80	1010 + 95 h
h in m	Schmalspur 1 m	620 + 83 h	70	690 + 83 h

Dieses Gewicht läßt sich meist für einen gegebenen Fall nach Projektskizzen ermitteln.

b) Gewicht der Hauptträger $g_2 = \dfrac{(0{,}0064\ p + 0{,}006\ g_1)\ l}{1 - 0{,}006\ l}$ in kg/m Brückenlänge ($l =$ Stützweite je m, $p =$ Verkehrslast je 1 m Brückenlänge).

Gesamtgewicht des Überbaus

$$g = g_1 + g_2.$$

Die Kalkulation von Holzbrücken erfolgt nach den Richtlinien in Abschnitt XVII, Zimmerarbeiten, auf welchen verwiesen werden muß.

Gewölbte Brücken
aus Mauerwerk, Beton oder Eisenbeton.

Baustelleneinrichtung. Diese ist bei großen Wölbbrücken sehr sorgfältig an Hand der „Geräteliste" und nach der Örtlichkeit zu ermitteln.

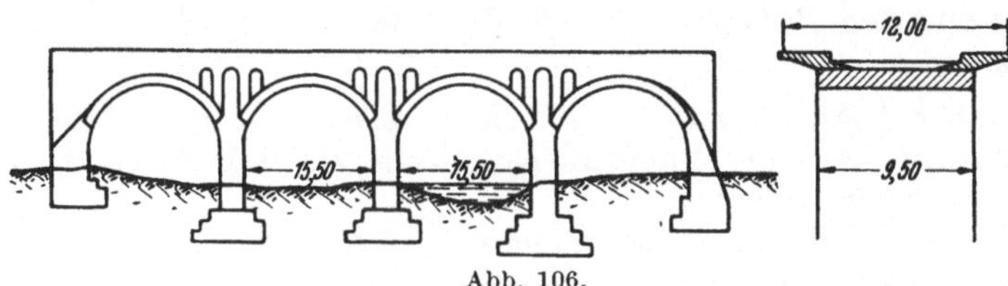

Abb. 106.

Fahrgerüste, Aufzüge, Turmdrehkrane und andere maschinelle Anlagen sind ebenso wie die Einrichtung der Wasserversorgung (Brunnenbohrungen, Hochbehälter, Leitungen usw.), Stromversorgung und Kosten für Unterbringung der Arbeiter usw. sorgfältig zu ermitteln. Bunker- und Siloanlagen mit automatischen Waagen, Zementschuppen und andere Anlagen für den Umschlag von Zuschlagstoffen und Bindemitteln sind zu berücksichtigen, desgleichen bei Flußbrücken die Notbrücken bzw. Transportbrücken. Man kann überschlägig für *Einrichtungskosten von Brückenbaustellen* rechnen:

bei Gesamtbaukosten RM.	*Einrichtungskosten in % der Gesamtbausumme*	
	Vertrag mit Materiallieferung	Vertrag ohne Materiallieferung
bis 500000,—	5 %	7 %
„ 2000000,—	4,5%	6,5%
„ 6000000,—	4 %	6 %

Die *Gerätevorhaltungskosten* betragen *3,5 bis 5% der Gesamtbausumme* (einschließlich Materiallieferung), wobei der letztere Wert für große Objekte gilt.

A. Grabarbeiten.

I. Baugrubenaushub für Fundamente.

Hierüber siehe unter Abschnitt III, Erd- und Felsarbeiten: Aushub aus Baugruben S. 62f. Böschungen je nach Bodenbeschaffenheit. Bei Schalung der Fundamente ist ein Arbeitsraum von 0,60 m vorzusehen.

In wenig standhaftem Boden und bei größeren Tiefen ist waagrechter oder senkrechter Verbau, d. h. *Baugrubenaussteifung* erforderlich (s. Abschnitt III, S. 71f. und Beispiel S. 65).

In Flüssen und bei Fließsand oder Schlamm ist Einfassung der Baugrube mit eisernen bzw. hölzernen Spundwänden erforderlich (s. Abschnitt XIV, Rammarbeiten, S. 162f.).

Überschlägige Berechnung der Baugrubenaussteifung.

Brückenpfeilerbaugruben 5/5 m bis 8/10 m bei Schachtzimmerung.

	Aushub je 1 stgd. m m^3	Holzbedarf m^3 je 1 stgd. m Aushub		Holzbedarf m^3 je 1 m^3 Baugrubenaushub			Bedarf an Bauklammern je 1 stgd. m kg
		Bohlen 6 cm	Rundholz $\varnothing$ 25–30 oder Kantholz	Bohlen 6 cm	Sprießholz $\varnothing$ 25–30	insgesamt m^3	
Pfeiler 5/5 m .	25	1,25	1,25	0,05	0,05	0,10	15
Pfeiler 8/10 m	80	2,4	3,2	0,03	0,04	0,07	40

Man kann also den *Holzbedarf* rechnen *mit 7 bis 10% des verbauten Raumes* und den *Bedarf an Sprießholz allein mit 4 bis 6% des verbauten Raumes.*

a) Daher *Lohnaufwand je 1 m^3 Baugrubenaushub* (verbauten Raum) *für Schachtzimmerung* (Baugrubenaussteifung), d. h. Abbund, Einbau und Ausbau der Hölzer:

$$0,07 \cdot 30 \text{ Stz. bis } 0,10 \cdot 26 \text{ Stz.} = 2,1 \text{ bis } 2,6 \text{ Stz.}$$

im Mittel: 2,5 Stz. bei senkrechtem Verbau
(1,5 Stz. bei Verbau von umspundeten Baugruben).

b) *Holzverbrauch* bei 3 bis 4maliger Verwendung des Holzes und der eisernen Klammern je 1 m^3 Baugrubenaushub:

0,025 m^3 Holz ($^1\!/_2$ Schalbohlen, $^1\!/_2$ Rundholz und Halbrundholz oder Kantholz).
0,2 kg Bauklammern.

Bei *sehr starkem Druck* (Gleitflächen im Untergrund u. dgl.) können diese *Mittelwerte aus a) und b) noch wesentlich überschritten werden!*

1. Bemerkung. Laden, Fördern und Kippen des herausgeschafften Bodens und Hinterfüllung der Baugrube sind bei der Kalkulation zu beachten!

2. Bemerkung. Wasserhaltung mit Anlage des Pumpenschachts außerhalb der Baugrube ist (nach Abschnitt VII, S. 91) besonders zu berechnen.

c) *Betriebstoffverbrauch* bei Aushub mit Dampfdrehkranen (s. auch S. 66):

15 bis 20 kg Kohle/1 m³ Aushub,
0,2 kg Putz- und Schmiermittel/1 m³ Aushub.

3. Bemerkung. *Besondere Gründungen*, z. B. auf Eisenbetonpfählen oder Umschließung der Baugrube mit eisernen oder hölzernen Spundwänden oder Preßluftgründung sind besonders zu ermitteln. Die Kosten des Aussprießens der Baugrube werden entsprechend den vorausgegangenen Ausführungen berechnet. *Wasserhaltung* ist gleichfalls besonders nach Pumpenstunden für Kreiselpumpen ⌀ 100, 150, 200 oder 300 mm zu ermitteln. In die *Einrichtungskosten* (Aufstellen und Abbrechen der Pumpanlage) ist auch die *Anlage eines Pumpenschachts außerhalb der Baugrube* mit einzukalkulieren.

B. Betonier- und Maurerarbeiten.

II. Fundamentbeton 1 : 12 der Widerlager und Zwischenpfeiler.

a) *Betonieren* allein (je nach Abmessungen und Örtlichkeit)
4,5 bis 6,0 Stb./1 m³ Beton.

b) *Schalen* (wenn erforderlich!) 1,8 Stz. je 1 m² geschalte Fläche.

c) Besondere *Zimmerarbeiten* (Gerüstarbeiten), z. B. Betonfahrgerüste siehe Abschnitt „Zimmerarbeiten", S. 262 f. und Beispiel S. 218.

III. Häuptiger Beton für Widerlager und Zwischenpfeiler (M.V. 1:10).

a) *Betonieren* allein (je nach Abmessungen und Örtlichkeit)
5,0 bis 7,0 Stb./1 m³ Beton.

b) *Schalen* (auch Ausschalen)
bei Höhen bis   6 m . . 2,5 Stz. je 1 m² geschalte Fläche,
   „   „   „ 10 m . . 2,8 Stz. „ 1 m²   „   „
   „   „   „ 15 m . . 3,5 Stz. „ 1 m²   „   „

Bemerkung. b) entfällt bei Verkleidungsmauerwerk!

c) Zimmerarbeiten (Gerüstarbeiten) für Betonfahrgerüste, Aufzugsgerüste usw. siehe Abschnitt „Zimmerarbeiten", S. 262 f. und Beispiel S. 218.

Besondere Einrüstung (z. B. Gleitschalung) für sehr hohe Pfeiler oder Einschalung von Unterschneidungen ist zu berücksichtigen.

Bedarf an *Bauhilfstoffen und Kleineisenzeug* siehe Beispiel S. 218 und „Materialkosten für Schalarbeiten", S. 217.

Bemerkung zu a) Betonieren. Bei entsprechenden Einrichtungen für die Abmessung der Zuschlagstoffe (Bunker und Silos mit automatischen Waagen), Diesellokomotiven für den Transport der Zuschlagstoffe sowie Bindemittel und bei Verwendung besonderer Maschinen zum Hochfördern des Betons (z. B. Schwenkmaste, Turmdrehkrane mit Spezialkübeln u. dgl.) lassen sich die Kosten für c) „Fördergerüste" beseitigen oder ermäßigen. Ferner kann der Lohnaufwand unter Umständen gesenkt werden bis 4,0 Stb. je 1 m³ Beton. Dagegen müssen die *höheren Gerätekosten und Einrichtungskosten* berücksichtigt werden.

IV. Gewölbebeton M.V. 1:5 der Bögen.

Bei 3 bis 6 Bogenöffnungen und Betonmengen von 100 bis 1000 m³ kann man rechnen (Einbringen des Betons mit Fahrgerüst über der Bogenschalung)
je 1 m³ Beton (bzw. Eisenbeton).

22*

a) Reine Betonarbeiten (mit Vorbereitungen wie Gleislegen, Anlage von Rutschen usw.) . . . . 6,0 bis 8,5 Stb.

b) Zimmerarbeiten (Lamellen ein- und ausschalen, Bogenstirn schalen, auswechseln des Fahrgerüstes für Lamellenbetonierung usw., Aufstellen und Abbrechen des Zufahrsgerüstes über den Bögen) 30 bis 40 Stz./lfd. m eingleisiger Eisenbahnbrücke oder je 1 m³ Beton . . . 15 bis 20 Stz.

N.B. *bei Gerüsthöhen nicht über 8 m*, sonst empfiehlt sich eine *genaue Ermittlung der Gerüstkosten* (Aufstellen, Abbrechen und Materialkosten) an Hand von Skizzen bei weitgespannten und hohen Bögen. Bei größeren Objekten verwendet man auch für die Bogenbetonierung Turmdrehkrane u. dgl. Geräte. Dann entfallen Fahrgerüste und ermäßigen sich die Kosten des Betoneinbaus. Die höheren Einrichtungs- und Gerätekosten (z. B. Fahrgerüste für die Krane) sind von Fall zu Fall besonders zu ermitteln.

c) Bewehrungsarbeiten (ohne Gelenkquader), d. h. Sortieren, Schneiden, Biegen und Verlegen

je 1 m³ Eisenbeton

bei 0,6% Armierung = 47 kg/1 m³ zu 0,12 Ste. = 5,6 Ste.

„ 1,0%   „   = 78 kg/1 m³ „ 0,12 Ste. = 9,3 Ste.

Demnach *Lohnkosten je 1 m³ bewehrtem Gewölbebeton:*

6   Stb. + 15 Stz. + 6,0 Ste. = *27 St$_{mi}$.* (21 St$_{mi.}$ ohne Armierung)

bis 8,5 Stb. + 20 Stz. + 9,0 Ste. = *37 St$_{mi}$.* (28   „   „   „   ).

Der *Verbrauch an Bauhilfstoffen und Kleineisenzeug* ist nach den in Abschnitt XVI, Beton- und Eisenbetonarbeiten und im Abschnitt XVII, Zimmerarbeiten, gegebenen Richtlinien zu berechnen.

V. Lehrgerüste für die Gewölbe.

Näheres hierüber siehe unter Abschnitt XVII, Zimmerarbeiten, S. 257 f. *Pfahlrammungen* sind nach dem Abschnitt XIV, „Rammarbeiten", gleichfalls getrennt zu ermitteln.

Über den *Holzverbrauch* siehe Abschnitt XVII, „Zimmerarbeiten", S. 272 f.

Der *Holzbedarf* (einschl. Belagbohlen) schwankt zwischen 2,5 und 6% des verbauten Gerüstraumes (mittlerer Wert für Untergerüste 3,0%, für Obergerüste 4% des umbauten Gerüstraumes ohne Belagbohlen der Bogenschalung).

Kleineisenzeugbedarf: etwa 28 kg je 1 m³ Gerüstholz.

Lohnaufwand für Lehrboden, Abbinden, Aufstellen und Abbrechen der Lehrgerüste:

40 bis 48 Stz. je 1 m³ abgebundenes Lehrgerüstholz.

VI. Kämpferbeton bei eingespannten Bögen bzw. Gelenkquader bei Dreigelenkbögen.

Eisenbeton 1 : 6 für Kämpfer der Widerlager und Pfeiler mit Armierung und Verankerungseisen (etwa 25 kg je 1 m³ Beton) herstellen kostet an Löhnen je 1 m³ Beton:

Betonieren (mit Gerüsten)[1] . . . . 16 Stb.
Schalen . . . . 5 Stz.
Armieren . . . . 3 Ste.
————————
24 St$_\text{mi.}$

oder

Gelenkquader 1 : 4 für Dreigelenkbögen mit Spiralbewehrung (etwa 140 kg/1 m³ bewehrt) kostet an Löhnen je 1 m³ Beton:

Betonieren und Rüsten[1] . . . . 15 Stb.
Schalen . . . . 10 Stz.
Armieren 140 kg zu 0,18 Ste. . . . . . 25 Ste.
————————
50 St$_\text{mi.}$

VII. Aufbau über den Gewölben.

a) Massive Bauweise.

Überbeton 1 : 14 oder 1 : 16 je 1 m³ Beton:

Reine Betonierarbeiten . . . . 5,5 Stb.
Gerüstarbeiten[2] . . . . 4,5 Stz.
Schalarbeiten für Stirnschalung[2] 1 m²/1 m³ Beton 4,0 Stz.
————————
Löhne insgesamt: 14,0 St$_\text{mi.}$

Verbrauch an Bauhilfstoffen je 1 m² Schalung:

0,02 m³ Schalholz,
0,02 m³ Kantholz,
0,25 kg Schaldraht 6 mm.

Bemerkung. Schalung für „Sparöffnungen" ist besonders zu berücksichtigen.

b) Aufgelöste Bauweise in Eisenbetonsäulen mit Eisenbetonbalkendecke je 1 m³ Eisenbeton.

1. Betonieren und Rüsten[2] . . . . 7,0 Stb. + 5 Stz.

2. Schalarbeiten für Säulen und Deckenschalung
je 1 m² geschalte Fläche . . . . 3,0 bis 6,0 Stz.[3]

Über Bedarf und Verbrauch von *Bauhilfstoffen* siehe Abschnitt XVI, „Beton- und Eisenbetonarbeiten", S. 227 f. Es ist bei Berechnung *des Verbrauchs an Bauhilfstoffen* (Schal- und Rüstholz, Kleineisenzeug) zu beachten, daß bei Ausführung derartiger einmaliger Konstruktionen fast nur „Brennholz" übrig bleibt. Das Schalholz ist daher mit 80% und das Rüstholz mit 40 bis 50% abzuschreiben. Den Verbrauch an Nägeln kann man rechnen mit 0,20 kg/1 m² und Schaldraht 0,15 kg/1 m² geschalte Fläche.

———————————

[1] Betonieren allein: 9 Stb.

[2] Zweckmäßig für jeden Fall besonders zu ermitteln. Die Kosten für Gerüstarbeiten entfallen größtenteils bei Verwendung von Großgeräten wie Turmdrehkrane u. dgl.

[3] Je nach Höhe und Abmessung der Säulen. Von Fall zu Fall besonders zu ermitteln. Voraussetzung bei großen Höhen Vorhandensein entsprechender Großgeräte zum Hochfördern der Schalungen und Rüsthölzer.

3. Bewehrungsarbeiten (Schneiden, Biegen, Verlegen)

je 1000 kg Rundeisen . . . . 120 Ste.
Bedarf an Flechtdraht 1,1 mm . . . . 5 kg/1 t Eisen.

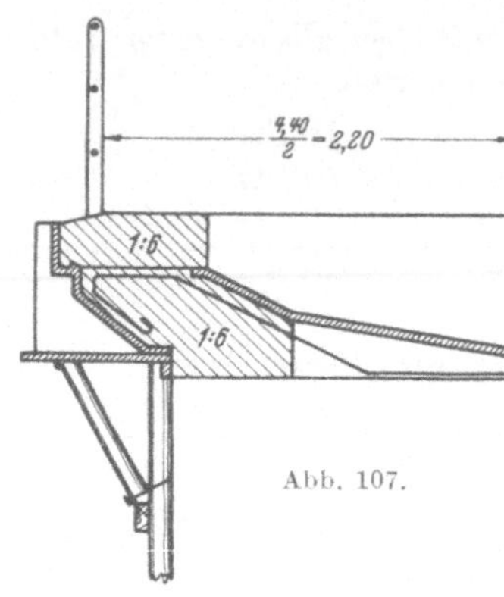

VIII. Konsolbeton (1:5) bewehrt (40 kg/1 m³ Beton) und Abdeckplatten.

(Siehe Skizze Abb. 107.)

a) Lohnaufwand je 1 m³ Beton.

1. Betonieren und Rüsten (einschließlich Herstellung der Lamellenschalung für Trennfugen) . . . . 15 Stb.
2. Schalarbeit: 2,2 m² geschalte Fläche zu 5,5 Stz. . . . . . 12 Stz.
3. Armierung: 40 kg zu 0,15 Ste. 6 Ste.

Insgesamt je 1 m³ Beton: 33 St$_{mi}$.

b) Verbrauch (nicht etwa Bedarf!) an Bauhilfstoffen je 1 m² geschalte Fläche.

Schalholz 30 mm . . . . 0,03 m³
Sprießholz ⌀ 12 bis 15 cm . . . . . . 0,02 m³
Nägel . . . . 0,25 kg
Schaldraht . . . . 0,10 kg

IX. Glattstrich 1:2, 2 bis 3 cm stark ohne oder mit Ceresitzusatz.

Glattstrich mm stark	Materialverbrauch je 1 m²		Löhne je 1 m²	Bei Ceresitzusatz kg Ceresit
	kg Zement	l Sand		
20	12	22	0,5 Stm. + 0,3 St.	0,5
25	15	26	0,65 Stm. + 0,35 St.	0,6
30	18	30	0,8 Stm. + 0,4 St.	0,75

X. Armierter Glattstrich M.V. 1:3, 3 cm stark mit Eiseneinlagen 16 ⌀ 5 mm (als Schutz der Isolierung).

Glattstrich cm stark	Materialverbrauch je 1 m²			Löhne je 1 m²
	kg Zement	l Sand	kg R. E.	
3	15	35	2,5	1,2 Stm. + 0,4 St.

XI. Vorsatzbeton (1:3)

zur späteren Verarbeitung (Spitzen oder Stocken)
Zuschlag je 1 m² . . . . + 0,5 St$_{mi}$.

C. Sonderausführungen in Naturstein- und Klinkermauerwerk.

(Man vergleiche hierzu auch die entsprechenden Abschnitte „Maurerarbeiten", S. 175f. und „Steinmetzarbeiten", S. 364f.)

XII. Pfeiler- und Widerlagerverkleidung in Naturstein

i. M. 20 bis 40 cm hoch, i. M. 30 cm stark mit 1,5 bis 2 cm Fugen mauern, nacharbeiten und fügen kostet einschließlich Nahtransport[1] bis 30 m:

an Löhnen je 1 m² Verkleidung . . . . 5,0 Stm. + 2,5 St.

i. M. 30 bis 60 cm hoch, i. M. 40 cm stark

je 1 m² . . . . 7,0 Stm. + 3,0 St.

1. Bemerkung. *Gerätekosten* (Krane) und *Gerüstkosten* sind außerdem zu ermitteln. Bei Verwendung von *leistungsfähigen Hebezeugen* (wie *Turmdrehkran*) wird an Löhnen und Gerüstkosten gespart. Der reine Lohnaufwand geht dann zurück (je 1 m² etwa 0,5 St$_{\text{masch.}}$ + 3,0 Stm. + 1,2 St.).

2. Bemerkung. Größere oder schwierige Transporte vom Umschlagplatz zur Verwendungsstelle sind besonders zu veranschlagen.

XIII. Klinkerverblendung von Pfeilern siehe unter „Maurerarbeiten", S. 196f.

XIV. Brückengewölbe in Natursteinen (Quader- oder Bossenmauerwerk)

(s. auch Maurerarbeiten, S. 184f.) kostet ausschließlich Gerätekosten und Lehrgerüsten an *Lohnaufwand*

je 1 m³ Mauerwerk . . . . 1,8 Stst. + 8 Stm. + 4 St.[2]

Dazu Geräte- und Gerüstkosten je nach den örtlichen Verhältnissen.

XV. Brückengewölbe aus Klinkermauerwerk.

a) Lohnaufwand je 1 m³ Mauerwerk, einschließlich Nahtransporten bis 50 m, *ausschließlich Gerätekosten und Lehrgerüsten* . 7,0 Stm. +3,0 St.

b) Fugen der Sichtflächen je 1 m² . . . . 0,8 Stm. +0,25 St.

c) Lehrgerüste (s. Abschnitt „Zimmerarbeiten", S. 267f.) siehe unter F. S. 345.

XVI. Steindeckplatten und Gesimsplatten aus Naturstein.

Steindeckplatten 0,10 bis 0,15 m stark zu versetzen und die Fugen zu verkitten kostet

für 1 m² . . . . 4,5 Stm. + 2,5 St.

---

[1] Abladen der Steine am Entladebahnhof, Transport mit Lastautos und Stapeln der Steine an der Baustelle ist besonders zu veranschlagen. Man kann bei 0,30 bis 0,40 m mittlerer Stärke rechnen 1 m² = 1 t.

[2] Fugen und Nacharbeiten der Sichtfläche sind ebenfalls besonders zu veranschlagen. Bei Verwendung von Steinen > 0,2 m³ ist der Einsatz von leistungsfähigen Hebezeugen wie Turmdrehkrane, Portalkrane od. dgl. vorausgesetzt.

Gesimsplatten aus Stein 0,20 bis 0,30 cm stark zu versetzen bis 4 m Höhe

für 1 m² . . . . ✓ . . . 6,0 Stm. +4,0 St.

Zuschlag für je 1 m Mehrhöhe . . . . ·. 0,5 St.

D. Isolierungs- und Dichtungsarbeiten, Entwässerungsarbeiten.

Dichtung des Gewölbes oder der Fahrbahn durch Abdeckung mit

a) Ziegelflachschicht oder Rollschicht (s. auch S. 197 ff.),

b) Goudronüberzug,

c) Asphaltüberzug,

d) Asphaltfilzplatten,

e) Asphaltbleiplatten.

Zu b) *Goudronüberzug:* 2maliger Anstrich für 1 m² erfordert:

an Material: Goudron . . . . 1,5 kg,

an Arbeitslohn . . . . 0,6 Stas.

Zu c) *Asphaltüberzug:* Auf fertiggestellte Unterlage einschließlich Geräte und Aufsicht. Kosten nach der folgenden Tabelle:

Asphalt-starke	Material je 1 m²				Lohne und Gerate
	Asphalt-mastix	Goudron	Trinidad-asphalt	Quarzsand	
mm	kg	kg	kg	l	je 1 m²
7,5	10	—	—	5	0,4 Stas. + 0,4 St.
10	15	—	—	7	0,5 Stas. + 0,5 St.
20	22	4	4	14	0,6 Stas. + 0,6 St.
30	30	7	7	21	0,7 Stas. + 0,7 St.

Zu d) *Asphaltfilzplatten* u. dgl. in zwei Lagen mit einem Kaltanstrich und zwei Heißanstrichen nach der AlB. Isolierplatten von 4 bis 10 mm Stärke mit Filz- oder Gewebeeinlage[1] werden auf die Abdeckung gelegt und an den Stoßfugen um 6 bis 10 cm überdeckt.

Auf diese Platten wird dann noch eine zweite Lage mittels Klebeasphalt im Verband aufgelegt, sodaß die Stoßfugen der ersten Lage um 50 cm überdeckt werden. Die Oberfläche wird mit Klebeasphalt überstrichen.

1 m² Platten zu verlegen erfordert etwa . . . . 0,4 Stas.

Werden die Ränder etwa 10 cm überlappt, mit Asphaltkitt fest aufeinander geklebt und mit etwa 6 bis 8 kg schwerem Eisen überbügelt, so erfordert 1 m² Fläche:

      1,20 m² Asphaltplatten,

      1,00 kg Asphalt zum Überzuge,

      1,00 kg Asphalt zum Verkleben der Nähte,

      10,00 kg Steinkohlenteer und etwa

      0,40 Stas. als Arbeitslohn.

---

[1] Als Ersatz für Juteeinlagen werden jetzt *Isolierbahnen mit Aluminium-* bzw. *Zinkfolieneinlage* geliefert oder man greift auf Anstrichverfahren unter Verwendung von Naturasphalt zurück.

Kosten einschließlich Materiallieferung in fertiger Arbeit:
Frühjahr 1939 in Mitteldeutschland je 1 m² . . . 3,50 bis 4,50 RM.

Zu e) *Asphaltbleiplatten*[1]: Bei Asphaltbleiisolierung ist einschließlich Überdeckung für 1 m² fertig abgedeckter Fläche erforderlich:

a) an Materialien etwa 1,25 m² Bleiisolierplatten, 3 kg Holzzement[2].

b) An Arbeitslohn . . . . 1,6 Stas.

Die Meisterstunden sind in den Arbeitsstunden (Stas.) schon enthalten. Zu diesen Kosten kommen noch die Kosten für:

a) Fracht und Anfuhr,
b) Geräte und Werkzeuge,
c) Brennmaterial,
d) Verdienst des Unternehmers.

Dachpappe (doppelt) in den Dehnungsfugen einlegen kostet *je 1 m²*
an Material . . . . 2,2 m² Dachpappe
Lohnaufwand . . . . 1,2 Std.

Zinkblecheinlagen über den Dehnungsfugen versetzen mit Asphaltkittausguß je 1 m²
an Material . . . . 1,1 m²
an Lohnaufwand . . . . 6,0 Ste.

Steinzeugröhren (oder Entwässerungsstücke in Eisen) 15 cm l. W.
verlegen je 1 lfd. m . . . . 2,5 Stm.

E. Eisenwerkarbeiten
(einschließlich eiserner Geländer).

Liefern und verlegen von schmiedeeisernen Geländern:
a) Material je 1 kg . . . . 0,20 bis 0,25 RM.
b) Werkstatt- und Versetzlöhne (mit Zuschlägen) 0,40 bis 0,60 RM.

F. Holzarbeiten.
Lehrgerüstarbeiten siehe unter B, S. 340.

Gesamtkosten von gewölbten Brücken.

Bei Vorprojekten ist es oft sehr zweckmäßig, wenn die Kosten von Brücken rasch geschätzt werden können, ohne daß ein Entwurf der Brücke vorliegt. Soweit die Baukosten von bereits ausgeführten ähnlichen Brückenbauten zum Vergleich herangezogen werden können, ist diese Aufgabe erleichtert. Man hat dann nur die besonderen Umstände zu berücksichtigen, wodurch sich die zu kalkulierende Brücke von einer ausgeführten Brücke mit bekannten Kosten unterscheidet. Man geht dabei im allgemeinen aus von den *Kosten je 1 m² Grundrißfläche,* d. h. der Fahrbahnfläche zwischen den Geländern (in der Brückenlänge bis zu den Widerlagerenden gerechnet). Hierbei ist allerdings die Höhe der

---

[1] Vgl. Fußnote 1, S. 344.
[2] Zum Ineinanderkleben der Verbindungsstöße.

Brücke nicht berücksichtigt. Es ergeben sich daher für hohe Viadukte hohe Kosten je 1 m² Grundrißfläche, desgleichen z. B. für Flußbrücken mit schwierigen Gründungen. Bei gewölbten Brücken (Massivbrücken und Brücken mit aufgeständerter Fahrbahn) zieht man daher noch zum Vergleich heran die *Kosten je 1 m³ umbauten Raum, d. h. je 1 m² Ansichtsfläche der Brücke über Gelände* (einschl. Widerlageransicht) *auf 1 m Tiefe* (Breite) *des Bauwerks.* Wo Ansichtsskizzen der Brücke im Längenprofil vorliegen, bedient man sich bei gewölbten Brücken vorteilhaft dieser Schätzungsmethode, welche die Höhenlage berücksichtigt und daher bei sonst gleicher Bauausführung nicht zu stark schwankende Werte ergibt. Als *Preisgrundlage* sind die *Preise Frühjahr 1939* angenommen.

Gesamtkostenangaben je 1 m³ umbauten Raum.

Die Gesamtkosten von massiven gewölbten Beton- und Eisenbetonstraßenbrücken[1] (auch Überbau mit Sparbögen und Klinkerbogenbrücken mit kleinen Öffnungen bis 30 m) mit mehreren Öffnungen (20 m Breite und mehr) betragen bei *Brückenklasse I A*

je 1 m² Ansichtsfläche 1 m tief . . . . *75,— bis 110,— RM.*

(Ansichtsflächen nichtbearbeitet, nicht verkleidet).

Gesamtkosten von gewölbten Steinbogenbrücken[1] mit gewölbten Bögen aus Werkstein (Hartgestein), Werksteinverkleidung der Ansichtsflächen (grob gespitzt) und Betonüberbau (oder Sparbögen), sonst wie vor *je 1 m² Ansichtsfläche 1 m tief* . . . . *120,— bis 200,— RM.* Dabei gelten die niederen Werte für kleine Spannweiten und große Höhen (Viadukte), die große Werte für große Spannweiten und kleine Höhen (weitgespannte Bögen mit kleinem Pfeilverhältnis *f/l*).

Für *2gleisige und 4gleisige Eisenbahnbrücken* (9 m bzw. 16 m breit, Lastenzug *N*) kann man folgende *Gesamtkosten*[1] annehmen:

Massive Betonbrücken je 1 m² Ansichtsfläche 1 m
    tief . . . . *85,— bis 125,— RM.*
Steinbogenbrücken (wie oben) je 1 m² Ansichts-
    fläche 1 m tief . . . . *140,— bis 200,— RM.*

Gesamtkostenangaben je 1 m² Grundrißfläche.

Wo noch keine Ansichtsskizzen oder Skizzenprojekte vorliegen, welche eine Kalkulation im einzelnen ermöglichen, können für *Kostenüberschläge der Gesamtkosten* von gewölbten Brücken folgende Angaben dienen, welche sich *auf 1 m² Grundrißfläche* (zwischen den Geländern) beziehen. Die Höhe über Gelände bzw. Flußsohle ist mit *h* in Metern bezeichnet,

---

[1] Nicht berücksichtigt sind die Kosten der besonderen sozialen Maßnahmen, Schlechtwetterregelung u. dgl. Angenommene *Löhne:* Facharbeiterlohn 1,20 RM./h (einschl. Auslösung, Überstundenzuschläge usw., ohne Sozialaufwand), Tiefbauarbeiterstunde 0,75 RM./h. Angenommener Preis für Werksteinverkleidung grob gespitzt 40 bis 50 cm stark 100,— RM./1 m² frei Bau, Bogensteine 280 bis 300,— RM/1 m³ frei Bau, Pfeilerbeton 50,— RM./1 m³, Fundamentbeton 40,— RM. je 1 m³.

die lichte Weite der Bogenöffnungen mit l. Die Angaben sind jeweils für Beton- und Steinbrücken gemacht unter den gleichen Annahmen wie bei den Kostenangaben je 1 m³ umbauten Raum.

Gesamtkosten von massiven Betonbrücken[1] (bzw. Eisenbetonbrücken) und Steinbrücken (auch mit Sparbögen im Überbeton) als Straßenbrücken Klasse IA (20 bis 25 m breit) in RM./1 m².

a) Flachbrücken (l/h > 2) als Fluß- und Flutbrücken.

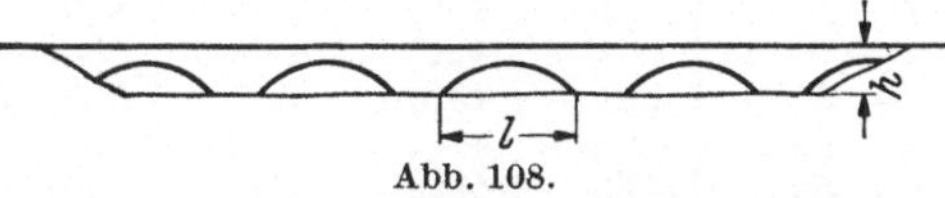

Abb. 108.

		$l=12$ m	$l=20$ m	$l=30$ m	$l=40$ m	$l=50$ m	$l=60$ m	$l=70$ m	$l=80$ m
$h=6$ m	Beton	280,—	320,—	380,—					
	Stein		560,—	680,—					
$h=10$ m	Beton		380,—	460,—	500,—	525,—	560,—	600,—	630,—
	Stein		650,—	780,—	920,—	1050,—	1160,—	1280,—	1380,—
$h=15$ m	Beton			560,—.	610,—	660,—	690,—	720,—	750,—
	Stein			950,—	1080,—	1210,—	1320,—	1400,—	1450,—
$h=20$ m	Beton				700,—	735,—	765,—	790,—	850,—
	Stein				1200,—	1310,—	1420,—	1520,—	1600,—
$h=25$ m	Beton					830,—	855,—	880,—	900,—
	Stein					1390,—	1500,—	1600,—	1700,—

Bemerkung: Für *2gleisige Eisenbahnbrücken* (Brückenbreite $b=9$ m, Lastenzug N) erhöhen sich obige Werte um *etwa 15%*.

b) Hochbrücken (l/h < 1), d. h. Viadukte mit hohen Pfeilern und Halbkreisbogen als Talbrücken.

Kosten RM./1 m².

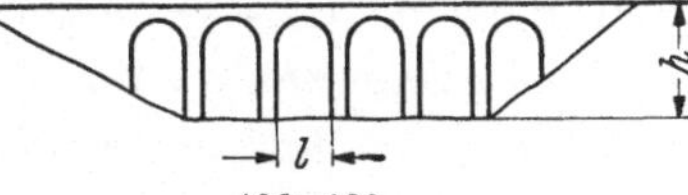

Abb. 109.

		$l=10$ m	$l=15$ m	$l=20$ m	$l=25$ m	$l=30$ m
$h=20$ m	Beton	360,—	410,—			
	Stein	550,—	590,—			
$h=30$ m	Beton	470,—	500,—	520,—	550,—	
	Stein	790,—	810,—	830,—	890,—	
$h=40$ m	Beton	580,—	600,—	620,—	660,—	
	Stein	1050,—	1020,—	1020,—	1080,—	
$h=50$ m	Beton		690,—	730,—	770,—	840,—
	Stein		1230,—	1230,—	1280,—	1320,—
$h=60$ m	Beton			850,—	880,—	950,—
	Stein			1440,—	1470,—	1510,—

Bemerkung: Für 2gleisige *Eisenbahnbrücken erhöhen* sich die oben angegebenen Kosten um *etwa 25%*.

---

[1] Die Werte für *Betonbogenbrucken* können auch auf *Klinkerbogenbrucken* bis 30 m Spannweite Anwendung finden.

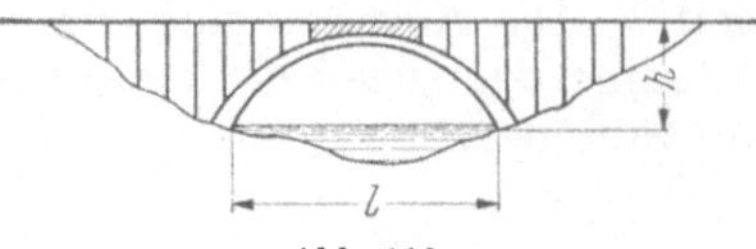

Abb 110.

c) Eisenbetonbogenbrücken (Straßenbrücken Klasse I A) mit aufgeständerter Fahrbahn (Eisenbetonfahrbahntafel und Eisenbetonstützen) als Fluß- und Talbrücken.

Kosten RM./1 m².

	$l=40$ m	$l=50$ m	$l=60$ m	$l=70$ m	$l=80$ m·	$l=90$ m	$l=100$ m	$l=120$ m
$h=15$ m	380,—	400,—	420,—	450,—	490,—	530,—	580,—	
$h=20$ m	410,—	420,—	440,—	480,—	520,—	550,—	580,—	650,—
$h=25$ m	430,—	450,—	460,—	500,—	550,—	580,—	610,—	670,—
$h=30$ m	450,—	470,—	490,—	525,—	560,—	595,—	630,—	700,—
$h=35$ m	480,—	490,—	510,—	550,—	590,—	620,—	645,—	740,—
$h=40$ m	500,—	520,—	540,—	575,—	610,—	645,—	680,—	760,—
$h=60$ m						835,—	870,—	950,—

Eisenbetonbalken- und Rahmenbrücken.

Baustelleneinrichtung ist besonders zu kalkulieren. Bei kleinen Eisenbetonbrücken bis 50 m Länge Lohnaufwand . . . 800 bis 2000 St$_{\text{mi}}$.

Vor allem ist die Aufstellung der maschinellen Anlagen, die Einrichtung der Wasserversorgung (Brunnenbohrung, Hochbehälter usw.) und Anlage von Fahrgerüsten auf Grund der örtlichen Verhältnisse sorgfältig zu berechnen.

Überschlägig kann man rechnen, daß die *Einrichtungskosten 4 bis 7%* *der Gesamtkosten* (bei Verträgen ohne Materiallieferung 6 bis 10% der Vertragssumme) betragen.

1. Erdaushub wie bei gewölbten Brücken. *Baugrubenumschließung* und *Wasserhaltung* besonders.

2. Fundamentbeton für Widerlager, Flügel und Pfeiler

    a) Ein- und Ausschalen je 1 m² Schalfläche . . 1,2 bis 1,5 Stz.

    b) Betonieren je 1 m³ . . . . 5 bis 6 Stb.

3. Aufgehender Beton für Pfeiler und Widerlager M. V. 1 : 8

    a) Betonieren je 1 m³ . . . . 5,5 bis 8 Stb.
    (beim Arbeiten mit Turmdrehkranen 4,5 bis 5 Stb.)

    b) Schalen je 1 m² Schalfläche . . . . 1,8 bis 2,0 Stz.
    (Höhen nicht über 5 m, sonst Höhenzuschläge!).

Bei *Natursteinverkleidung* entfällt b) Schalen, mit Ausnahme der Rückflächen der Widerlager und Flügel. Kosten der „Verkleidung" siehe unter gewölbte Brücken, S. 343.

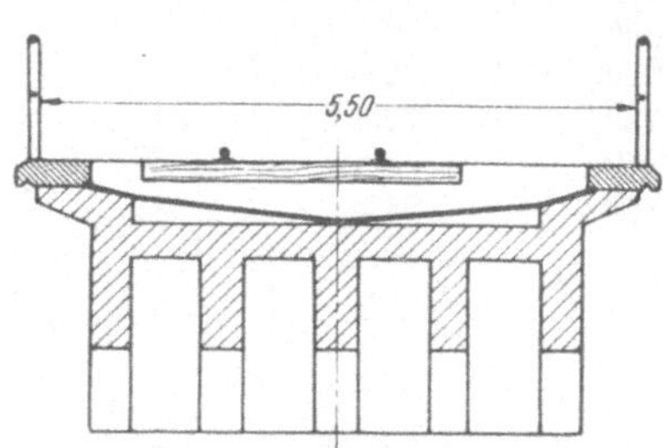

Abb 111.
Querschnitt einer Eisenbetonbahnbrucke.

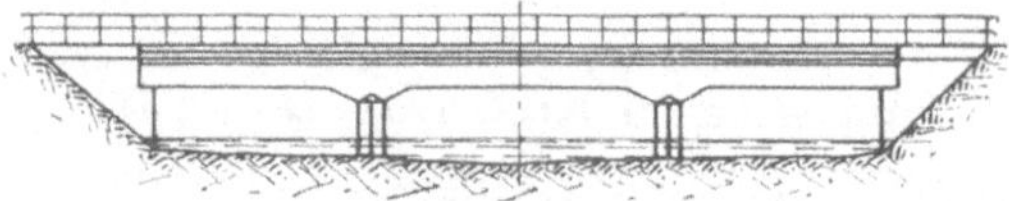

Abb. 112.
Ansicht einer Eisenbetonbalkenbrucke.

4. Eisenbeton der Auflagerquader (etwa 100 kg/1 m³)

    a) Betonieren je 1 m³ . . . . 9 Stb.

    b) Schalen je 1 m² Schalfläche . . . . 1,5 Stz.

    c) Armieren je 1 kg . . . . 0,12 Ste.

5. Eisenbeton der Fahrbahnplatte (etwa 150 kg R. E./1 m³) M. V. 1 : 5

    a) Betonieren je 1 m³ . . . . 9 Stb.

Bemerkung. Voraussetzung: Anlieferung der Zuschlagstoffe und der Bindemittel frei Verwendungsstelle. Bei feingliedrigen Konstruktionen und kleinen Massen kann man mit 10 bis 12 Stb. je 1 m³ Eisenbeton rechnen, während man andererseits bei Trägerbrücken mit großen Massen einschließlich der vorbereitenden Rüstarbeiten mit 6 bis 8 Stb. je 1 m³ Eisenbeton auskommen kann. Werden allerdings *hohe Betonfahrgerüste* oder *besondere Aufzugstürme* erforderlich, so ist deren Anlage besonders zu kalkulieren (s. Zimmerarbeiten!).

    b) Schalen (Ein- und Ausschalen). Schalfläche je 1 m³ Eisenbeton ist von Fall zu Fall zu berechnen (i. M. 4,5 bis 6 m²/m³).

Man kann an *Lohnaufwand für Schalarbeiten*[1] (Ein- und Ausschalen) rechnen

Eisenbetonfahrbahnplatte massiv mit ebener Untersicht
je 1 m² Schalfläche . . . . 1,8 Stz.

Eisenbetonfahrbahnplatte, aufgelöst mit Querrippen ohne Vouten
je 1 m² Schalfläche . . . . 2,5 Stz.

Desgl. wie vor mit allseitigen Vouten je 1 m² Schalfläche . . . 2,8 Stz.

Eisenbetonhauptträger mit ebener Untersicht je 1 m² Schalfläche 2,2 Stz.

Eisenbetonhauptträger mit ebenen Vouten je 1 m² Schalfläche 2,5 Stz.

Eisenbetonhauptträger mit runden Vouten je 1 m² Schalfläche 3,0 Stz.

Eisenbetonhauptträger mit gebogener Untersicht[2] und Voutenanschlüssen der Decke und Querträger je 1 m² Schalfläche . . 3,5 Stz.

Bauhilfsstoffverbrauch für die Schalung. Bei Eisenbetonbalkenbrücken, vor allem mit allseitigen Vouten, und erst recht bei gewölbter Untersicht von Eisenbetonrahmenbrücken, ist der *größte Teil der Schalbretter und des Kantholzes* (70 bis 80%) nach dem Ausschalen nur noch als Brennholz zu gebrauchen, sofern man nicht die Möglichkeit hat, anschließend ein Bauwerk von ähnlichen oder gleichen Abmessungen zu bauen.

Holzverbrauch. Es sind je *1 m² geschalter Fläche 0,7 m² Schalbretter 30 mm st. als Verbrauch* zu kalkulieren.

Verbrauch an Kleineisenzeug und Schaldraht.

Man kann für mittlere Verhältnisse rechnen je 1 m² geschalter Fläche:

        0,20 kg Drahtstifte,
        0,10 kg Schaldraht.

    c) Lehrgerüste. Zweckmäßig werden die Kosten der *Einrüstung von Eisenbetonbalken- und Rahmenbrücken* getrennt von den eigentlichen

---

[1] Reine Schalarbeiten ohne Einrüstung!
[2] Bei Rahmenbrücken.

Schalarbeiten berechnet, und zwar am besten an Hand einer Gerüstskizze.

Bei *gewölbter Untersicht von Rahmenbrücken* muß man genau, so *wie bei Bogenbrücken*, mit einem *normalen Lehrgerüst* (Konstruktion mit Verband) rechnen. Man vergleiche dazu Abschnitt XVII, „Zimmerarbeiten", Lehrgerüste S. 267 f. Für rohe Überschläge genügt es, den *Holzbedarf* (ohne Verschnitt) mit *5 bis 6% des verbauten Gerüstraums* (einschl. Belagbohlen, ohne Belag 4 bis 5%) zu schätzen (davon etwa 60% Rundholz und Halbrundholz, 40% Kantholz und Schnittholz). Kleineisenzeug etwa 25 kg je 1 m³ Holz.

Lohnaufwand je 1 m³ Rüstholz . . . . *30 Stz. bis 38 Stz.*

Bei *ebener Untersicht* (ohne bzw. mit Vouten) *der Hauptträger* genügt eine einfache *Einrüstung* mit Rundholzstempeln auf Keilen und Querschwellen mit Längs- und Querverschwertung durch Halbrundhölzer und Traghölzer (Kantholz 12/12 cm). Man kann dann rechnen:

Gerüsthöhe	Steifen ⌀ cm	Holzbedarf ohne Verschnitt je 1 m² Grundfläche		Insgesamt in Prozent des umbauten Gerüstraums	Lohnaufwand für Auf- und Abbau je 1 m² Grundfläche Stz.
		Rundholz und Halbrundholz m³	Kantholz und Schnittholz m³		
$h = 4$ m	16	0,10 (0,025)[1]	0,06 (0,015)[1]	4,0 (1,0)[1]	3,2
$h = 5$ m	18	0,15 (0,04)	0,075 (0,02)	4,5 (1,1)	4,5
$h = 6$ m	20	0,20 (0,05)	0,10 (0,025)	5,0 (1,2)	6,0

Der *Lohnaufwand* errechnet sich bei diesen Rüstungen als Konstruktionen ohne Verband nach dem Abschnitt XVII, Zimmerarbeiten, S. 256, bei Holzdurchmessern der Steifen von 15 bis 22 cm zu

18 bis 20 Stz. je 1 m³ verzimmertes Holz (ohne Verschnitt).

Entfallen also z. B. bei einem 6 m hohen Eisenbetonhauptträger mit ebener Untersicht auf 1 m² Grundfläche 2,2 m² geschalte Fläche, so ist bei den Schalarbeiten für Rüstung 6,0/2,2 = *2,8 Stz. je 1 m² Schalfläche* zuzuschlagen, d. h. Schalarbeiten einschließlich Einrüstung kosten an Lohn

$$2,2 + 2,8 = 5,0 \ \textit{Stz. je 1 m}^2 \ \textit{Schalfläche.}$$

Materialverbrauch für die Lehrgerüste. Bei *gewölbten* Untersichten gilt das im Abschnitt „Zimmerarbeiten" für Lehrgerüste Gesagte.

Bei *ebenen* Untersichten und normaler Einrüstung mit Rundholzsteifen kann man mit *4maliger Verwendung* des Rund- und Kantholzes rechnen, d. h. man kann bei Rüsthöhen von 4 bis 6 m den Holzverbrauch zu *1% bis 1,2% des verbauten Gerüstraums* in die Kalkulation einführen.

Verbrauch an Kleineisenzeug i. M. 20 kg Kleineisenzeug je 1 m³ Rüstholz.

Bemerkung. Bei schlechtem Untergrund müssen zur Unterstützung des Lehrgerüstes unter Umständen *Betonfundamente oder Pfahlrammungen* vorgesehen werden, welche dann besonders zu veranschlagen sind (Abschnitte „Betonarbeiten" und „Rammarbeiten").

---

[1] In Klammer der kalkulatorisch abzuschreibende *Holzverbrauch* in m³.

d) Eisenbewehrungsarbeiten. Für R. E. schneiden, biegen, sortieren, transportieren und verlegen kann man rechnen, je nach dem Umfang der Arbeiten, je nachdem das Biegen maschinell mit neuzeitlichen Maschinen oder auf der Biegebank erfolgt, je nach der mittleren Stärke der Rundeisen usw.

für 1 kg . . . . 0,07 bis 0,14 Ste.

Bemerkung. Wird Schweißen oder Zusammenschluß mit Spannschlössern bei langen Eisen erforderlich, so muß dies besonders berücksichtigt werden.

Nach dem Teilabschnitt „Eisenarbeiten bei Eisenbetonbauten" des Abschnitts „Beton- und Eisenbetonarbeiten", S. 237 kann man für *Eisenbetontragkonstruktionen* rechnen

je 1 t R. E. . . . . 80 Ste.

Beim *Biegen von Hand auf der Biegebank* und bei sehr langen schweren Eisen von Rahmenbrücken kann man rechnen

je 1 t R. E. . . . . 120 Ste.

6. *Konsolbeton M. V. 1 : 6* (etwa 40 kg R. E./1 m³ Beton) und *Abdeckplatten* (mit Fugen alle 2 bis 3 m und Aussparen der Löcher für die Geländer) siehe die entsprechende Position für „gewölbte Brücken".

7. *Glattstrich M. V. 1 : 2,2* cm stark auf dem Rücken der Fahrbahn und der Abdeckplatte aufgebracht, kostet

an *Lohn je 1 m²* . . . . 0,6 Stm. + 0,3 St.

8. *Abdichtung der Fahrbahntafel* mit 2 Lagen teerfreien Asphaltinplatten od. dgl. 4 mm stark auf den Glattstrich aufgeklebt und mit teerfreier Asphaltinmasse überstrichen. (Übertragung am besten an *Spezialfirma!*)

Preis Frühjahr 1937 *je 1 m²* . . . . i. M. 3,50 RM.

9. *Monierglattstrich 1 : 3, 3 cm stark (Schutzbeton)* mit Drahtnetzeinlagen von 60 mm Maschenweite und 5 mm Draht. Je 1 m² sind erforderlich

a) Lohn . . . . 1,0 Stm. + 0,8 St. + 0,3 Ste.
b) Material . . . . 0,03 m³ Beton 1 : 3
                                                5,5 kg R. E.

10. *Zweimaliges Streichen der Widerlagerrückflächen* mit Anstrichmasse (Inertol, Preolith od. dgl.) *je 1 m²*

an Lohn . . . . 0,5 St.
an Material . . . . 0,5 kg.

11. *Schmiedeeisernes Rohrgeländer* mit Pfosten aus I NP. 6 alle 1,0 bis 1,2 m und 3 Gasrohren 5/4″ mit Ausdehnungsvorrichtung liefern, versetzen und streichen (mit Grund- und 2 Deckanstrichen) je 1 lfd. m (= 60 kg)

Löhne (Werkstatt und Versetzen) . . . . 5 Stsl.
Material mit 180,— RM./t + 10% Verschnitt . . . . . . 11,90 RM.

12. *Stahlgußlager* für feste und bewegliche Auflager liefern und versetzen je 1 t

an Lohn . . . . 50 Stsl.
an Material . . . . 600,— bis 800,— RM.

Gesamtkosten von Eisenbetonbrücken.
(Preise Frühjahr 1939.)
Straßenbrücken Brückenklasse IA.

1. Mehrfeldrige Eisenbetonplatten- und Eisenbetonplattenbalken-brücken als Überführungen, Flutbrücken u. dgl. (mindestens 3 Öffnungen, Höhe der Fahrbahn über Gelände $h = 6{,}0$ bis $8{,}0$ m, Breite der Brücke 20 m und mehr, Länge der Brücke gemessen zwischen den Widerlager- bzw. Plattenenden) für *Lichtweiten von $l = 10$ m bis $l = 30$ m* kosten *je $1 m^2$ Fahrbahnfläche* (zwischen den Geländern):

a) Unverkleidet und unbearbeitet . . . . 240,— bis 300,— RM.

b) Mit Steinverkleidung für Pfeiler und Widerlager 330,— bis 400,— RM.

Beispiel 88. Eine 21 m breite Straßenbrücke, Brückenklasse IA, über einen Fluß in Eisenbeton mit 9 Öffnungen zu je 34 m Stützweite, 305 m Gesamtlänge und 8 m mittlerer Höhe der Fahrbahn über Gelände hat einen Verbrauch an Beton von 8300 m³, an Rundeisen von 600 t. Es sind überschlägig die *Kosten je $1 m^2$ Fahrbahnfläche* zu ermitteln.

Lösung. Man kann überschlägig für je 1 m² Fahrbahnfläche etwa wie folgt rechnen:

Einrichtung und Räumung $\dfrac{128000}{6405}$ . . . . 20,— RM.

Erd- und Felsarbeiten für Gründungen . . . . 60,— ,,

Beton der Fundamente und Pfeiler 1900 m³ oder

$\dfrac{1900}{6405} = 0{,}3$ m³ Beton zu 50,— . . . . 15,— ,,

Eisenbeton der Fahrbahnplatte (5 m² Schalung/1 m², 100 kg RE/1 m³)

$\dfrac{6400}{6405} = 1{,}0$ m³ zu 120,— RM. . . . . 120,— ,,

Lehrgerüste: 5% von $6405 \cdot 8 = 2500$ m³ Holz oder je 1 m² Fahrbahn
0,25 m³ zu 120,— RM. . . . . 30,— ,,

Isolierung, Geländer, Schutzbeton und Sonstiges . . . . 35,— ,,

Gesamtkosten je 1 m² Fahrbahnfläche . . . . *280,— RM.*

2. Eisenbetonbrücken mit 1 Öffnung als Platten-, Plattenbalken- oder Rahmenbrücken (für Unterführungen von Feldwegen unter Straßen Klasse IA, 20 m breit und mehr). Die Kosten werden zweckmäßig gerechnet *je 1 m lichter Weite und je 1 m Länge der Brücke, d. h. je $1 m^2$*

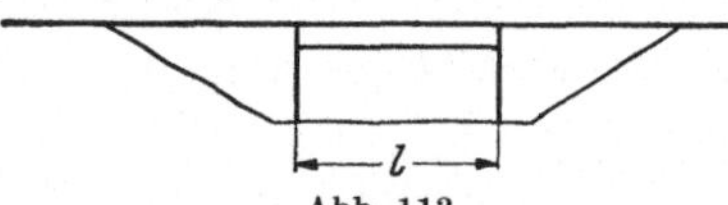

Abb. 113.

lichter Öffnung des Durchlasses bzw. der Unterführung (also nicht je 1 m² Brückenkonstruktion zwischen den Widerlagerenden).

Gesamtkosten in RM./1 m² lichter Öffnung[1].

$l =$ lichte Weite in m	Mit Werksteinverkleidung[2] der Widerlager und Flügel	Unbearbeitete Eisenbetonbrücke
5	800,—	650,—
6	700,—	550,—
8	650,—	530,—
12	600,—	480,—
20	550,—	450,—

[1] Preisgrundlage *Frühjahr 1939*.

[2] Als Preis der Verkleidungssteine in Hartgestein, grob gespitzt, 40 bis 50 cm stark, frei Baustelle (d. h. einschließlich Fracht und Anfuhr von etwa 20,— RM.) sind 100,— RM. je 1 m² angenommen.

Stahlbrücken.

Dinormen für Stahlbrückenbau.

DIN 996 Streichmaße für Stab- und Formeisen.

DIN 997 Wurzelmaße für Stab- und Formeisen.

DIN 998/999 Nietabstände für L-Eisen.

DIN 1000 Normalbedingungen für die Lieferung von *Stahlbauwerken*.

DIN 1013 bis 1029 Stahl, Belageisen, ⌐-Eisen, Ⲥ-Eisen, Z-Eisen, I-Eisen, L-Eisen.

DIN 1914 Richtlinien für die Prüfung von Schweißverbindungen.

Für *Gewichtsangaben* einzelner Profile usw. empfiehlt es sich, von dem Werk „Eisen im Hochbau" des Deutschen Stahlwerksverbands A.G. in Düsseldorf Gebrauch zu machen.

Eisen- und Stahlpreise für eiserne Brücken.

Die Eisen- und Stahlpreise für eiserne Brücken (Stahlbrücken) sind in den *Preislisten des Stahlwerksverbands A.G., Düsseldorf* festgelegt. In dem Abschnitt „Eisenarbeiten für Eisenbetonbauten", S. 231 sind die „Kaufbedingungen für Monierrundeisen" näher erläutert. Auch die Preise für Profileisen (I-Ⲥ-Eisen und Belageisen), welche in erster Linie für Stahlbrücken in Frage kommen, werden berechnet, ausgehend vom *Bruttostahlwerksverbandspreis* von 109,— RM. (Grundpreis) für 1000 kg ab Werk (Frachtgrundlage Neunkirchen) für Normallängen von 3 bis 15 m minus 5,— RM./t Treurabatt, d. h. einen *Nettogrundpreis von 104,— RM. je t ab Werk.*

Maßgebend für die Preisberechnung sind dann die Aufpreislisten, und zwar in erster Linie:

1. Inlandaufpreisliste für Stabeisen und Kleinformeisen in Flußstahl gewalzt vom 1. 8. 1931 mit Nachträgen I bis V. Nachtrag I besagt z. B., daß auf die Aufpreise ab 1. 12. 1931 ein *Nachlaß von 10%* gewährt wird. Für die *Güten* ist das Berichtigungsblatt vom 1. 11. 1935 maßgebend, worin Festigkeit, Mindestdehnung und Aufpreise festgelegt sind.

2. Inlandaufpreisliste für I- und Ⲥ-Eisen 80 mm Höhe und mehr sowie Belageisen vom 1. 8. 1931 mit Nachtrag I vom 1. 8. 1935. Dort sind auch die Höhen- und Gewichtsspielräume (nach DIN 1612) und die Aufpreise für fixe Längen, glatte und rechtwinklige Schnitte, gefräste Stäbe, Unterlängen, Lochung, Mengenvergütungen usw. festgelegt.

Gemäß Nachtrag I vom 1. 8. 1935 wird auf die Aufpreise der Liste vom 1. 8. 1931 ein *Nachlaß von 10%* gewährt und werden die *Gütebedingungen* wie folgt festgelegt:

Aufpreis je 1 t.

a) *Normalgüte* nach DIN-Bedingungen: St 37. 12. (37 bis 45 kg F., 20% M.-D.) in handelsüblicher Ausführung

ohne Werksabnahme und ohne Werksbescheinigung . . . . 1,— RM.

losweise Abnahme und Abnahme ohne besondere Vereinbarung . . . . 2,— RM.

schätzungsweise Abnahme . . . . 3,— RM.

b) *Handelsbaustahl*

ohne Werksabnahme und ohne Werksbescheinigung . . . . —,— RM.

mit Werksbescheinigung . .· . . . . 1,— RM.

mit losweiser Abnahme und Abnahme ohne besondere Vereinbarungen nach DIN 1612/1621 . . . . 1,50 RM.

c) Nachweis der Festigkeitsziffer bei Handelsgüte (St 00,12) durch Werksbescheinigung . . . . 1,— RM.

d) Handelsgüte (St 00,12) mit Probeenden ist zu streichen

e) 0,20 bis 0,30% Kupfergehalt, nur für Kupferzusatz . 7,— RM.

mindestens 0,25% Kupfergehalt, nur für Kupferzusatz . . 9,— RM.

f) *Reichsbahngüten* nach Bedingungen 919 15 vom April 1927 *Baustahl* St 48 (48 bis 58 kg F., 18% M.-D. längs der Walzrichtung am langen Proportionalstab Streckgrenze 29 kg), handelsübliche Ausführung innerhalb des Gewichtsspielraums von $\pm$ 4% . . . . 20,— RM.

g) Bedingungen 919 96 vom Juli 1930 (Stahlbauwerke), Bedingungen 958 49 vom Juni 1934 (Fahrzeugbau).

Baustahl St 52 (52 bis 62 kg F. bei Dicken bis 18 mm einschließlich, 52 bis 64 kg F. bei Dicken über 18 mm, M.-D. am langen Proportionalstab 20% längs der Walzrichtung, 36 kg Streckgrenze bei Dicken bis 18 mm einschließlich, 35 kg über 18 mm) handelsübliche Ausführung innerhalb eines Gewichtsspielraums von $\pm$ 4%, einschließlich Aufpreis für S.-M.-Güte

bis einschließlich 240 mm Höhe . . . . 37,— RM.

darüber . . . . 48,— RM.

Ermittlung des Gesamtstahlgewichts von stählernen Brücken[1].

Stahlüberbau. Zur überschlägigen Ermittlung der Kosten des Stahlüberbaues können Erfahrungsformeln, welche das gesamte Stahlgewicht von Brücken angeben, benützt werden.

---

[1] Die Umrechnung der Gewichte von Eisenbahnbrücken auf die neuen Lastenzüge und von Stahlbrücken überhaupt auf St 37, sowie die kritische Durchsicht der Gewichtsangaben in der sechsten Auflage verdanke ich Herrn Dipl.-Ing. SIEGFRIED KREUZINGER in Eger.

Die *Gesamtstahlgewichte* der Stahlüberbauten können nach folgenden Näherungsformeln berechnet werden, worin nur das *Stahlgewicht des Brückentragwerks ohne Fahrbahndeckentafel* enthalten ist.

Für das Gewicht der Hauptträger von stählernen Fachwerksbrücken gibt MELAN eine Formel an, die nach den „B E" 1934 für St_{37} umgerechnet folgenden Wert ergibt:

$$g_h = \frac{(g_f + 1{,}25\ p) \cdot l + 125}{440 - l} \ .$$

Es bedeuten auf 1 Meter Brückenlänge bezogen:

g_h = Gewicht der Hauptträger in Tonnen,
g_f = Gewicht der Fahrbahn und Querkonstruktion in Tonnen,
p = die Verkehrslast in Tonnen,
l = die Stützweite der Brücke in Metern.

Der *Belastungsgleichwert* (Verkehrslast), welcher die Radlastzüge ersetzt, beträgt: $p = \dfrac{8\ M_{max}}{l^2}$, das ergibt

für den Lastenzug N bei $l < 30$ m, $\quad p = 13{,}67$ t/m Gleis
$\qquad\qquad\qquad\qquad l = 30 - 75$ m, $\quad p = 13{,}67 - 0{,}028\ l$
$\qquad\qquad\qquad\qquad l > 75$ m, $\qquad p = 13{,}67 - 0{,}032\ l$

für den Lastenzug E bei $l < 50$ m, $\quad p = 8{,}89$ t/m Gleis
$\qquad\qquad\qquad\qquad l > 50$ m, $\qquad p = 8{,}89 - 0{,}004\ l$

für den Lastenzug G bei $l < 30$ m, $\quad p = 8{,}45$ t/m Gleis
$\qquad\qquad\qquad\qquad l = 30 - 75$ m, $\quad p = 8{,}18 - 0{,}022\ l$
$\qquad\qquad\qquad\qquad l > 75$ m, $\qquad p = 8{,}18 - 0{,}025\ l$

für Straßenbrücken   I. Klasse $p = 0{,}60$ t/m²
$\qquad\qquad\qquad\qquad$II.   „ $p = 0{,}50$ t/m²
$\qquad\qquad\qquad\qquad$III.   „ $p = 0{,}45$ t/m²

Überschlägig kann g_h auch angenommen werden

bei l = 15 20 25 30 35 40 45 50 60 70 80 90 100 m
mit g_h = 6,4 7,0 8,0 9,0 10,4 11,8 13,4 15,0 17,8 21,0 24,0 28,0 32,0%
von $(g_f + 1{,}25\ p)$.

Für Straßenbrücken kann g_h um 5% niedriger angenommen werden als obige Formeln ergeben.

Bei *hochwertigen Baustählen* ermäßigt sich das Gewicht der Hauptträger etwa im Verhältnis der zulässigen Spannungen.

·1. Eisenbahnbrücken.

a) Eingleisig.

Nachstehende von DIRCKSEN für den 17 t-Lastenzug ermittelten Werte sind für den *Lastenzug N (25 t)* und Stahl St_{37} umgerechnet.

Bauart der Brücke	Stütz-weite l m	Haupt-träger-ab-stand m	Hauptträger und Querverband, Windverband und Lager kg/lfd. m	Fahr-bahn-rost kg/m	Gesamtes Stahlgewicht kg/lfd. m	h/l
Blechträger, Bahn oben	A. Brücken ohne Schotterbettung					
	10 bis 30	1,8 2,0	$320 + 72\,l$	—	$320 + 72\,l$	$^1/_{10}$
Blechträger, Bahn versenkt	10 bis 30	3,0 3,3 3,7	$360 + 59\,l$ $360 + 59\,l$ $360 + 59\,l$	480 540 650	$840 + 59\,l$ $900 + 59\,l$ $1010 + 59\,l$	$^1/_{10}$
Fachwerksträger, Bahn oben	—	2,5 3,5	$730 + 36\,l$ $730 + 36\,l$	620 730	$1350 + 36\,l$ $1460 + 36\,l$	$^1/_8$
Fachwerksträger, Bahn versenkt	20 bis 40 40 bis 100	4,8 4,9 5,0 4,8 4,9 5,0	$675 + 36\,l$ $675 + 36\,l$ $675 + 36\,l$ $850 + 36\,l$ $850 + 36\,l$ $850 + 36\,l$	750 780 840 750 780 840	$1425 + 36\,l$ $1455 + 36\,l$ $1515 + 36\,l$ $1600 + 36\,l$ $1630 + 36\,l$ $1690 + 36\,l$	$^1/_8$
Blechträger	B. Brücken mit Schotterbettung					
	10 bis 25	3,3 3,7	$360 + 64\,l$ $360 + 64\,l$	940 1140	$1300 + 64\,l$ $1500 + 64\,l$	$^1/_{10}$
Fachwerksbrücken Bettungshöhe 36 cm Bettungshöhe 25 cm	20 bis 100	4,7 bis 5,0	$40 + 83\,l$ $40 + 74\,l$	1010 970	$1050 + 83\,l$ $1010 + 74\,l$	$^1/_8$
Blechträger mit durchgehender Schotterbettung über den Hauptträgern	Stahlgewicht für 1 m² Brücke					
	10 bis 25	—	$200 + 30\,l$	—	—	$^1/_{10}$

Bemerkung. Für den *Lastenzug E* sind die angegebenen Gewichtswerte um 25% zu ermäßigen; für den *Lastenzug G* um 32%.

Bei *hochwertigen Baustählen* ermäßigt sich das Gewicht der Hauptträger etwa im Verhältnis der zulässigen Spannungen.

Eine Gewichtserhöhung tritt ein nach MELAN bei Brücken in Gleiskurven (bei $R < 300$ m in den Hauptträgern bis 10%, im Fahrbahnrost bis 20%), bei schiefen Brücken (im Fahrbahnrost bis 20%), bei beschränkter Bauhöhe (im Fahrbahnrost bis 20%), bei niedrigen Hauptträgern (bei Blechträgern von 1/14 statt $1/10 \cdot l$ in den Hauptträgern um 20%, bei Fachwerkträgern von 1/12 statt $1/8 \cdot l$ um 15%).

b) Zweigleisige Eisenbahnbrücken.

Für den *Lastenzug „N"* kann das Gesamtstahlgewicht in kg/m für zweigleisige Eisenbahnbrücken ohne durchgehendes Schotterbett für Stützweiten von 50 bis 100 m angenommen werden mit *3100 + 86 l*.

Bemerkung. Die Gewichtsangaben in a) und b) gelten in erster Linie für Balkenträger über einer Öffnung. Bei Bogenträgern mit Zugband empfiehlt MELAN bei Stützweiten bis zu 50 m einen Zuschlag von 20% und bei Stützweiten bis 100 m von 10%.

II. Straßenbrücken.

Zu vorläufigen Kostenüberschlägen genügt die bereits genannte Formel von MELAN oder die folgenden Angaben für Straßenbrücken von ENGESSER und BERTSCHINGER:

Gewichtsangaben für Straßenbrücken mit Balkenträgern
nach ENGESSER.

Es bedeuten in den Formeln:

L die Stützweite in Metern (m),

g das Stahlgewicht der Hauptträger und des Fahrbahngerippes in kg für 1 m² Grundriß der Fahrbahn,

g_1 das Stahlgewicht der Fußwege außerhalb der Hauptträger einschließlich des durch sie bedingten Mehrgewichtes der Hauptträger, aber ohne Geländer, in kg für 1 m² Grundriß der Fußwege.

Landstraßenbrücken:

a) mit doppeltem Bohlenbelag $g = 105 + 2{,}3 \cdot L + 0{,}020 \cdot L^2$ kg/m²
b) mit Beschotterung . . . . $g = 125 + 2{,}8 \cdot L + 0{,}025 \cdot L^2$ kg/m²
c) Fußwege . . . . $g_1 = 60 + 2{,}3 \cdot L$ kg/m²

Stadtstraßenbrücken:

a) mit doppeltem Bohlenbelag $g = 155 + 2{,}7 \cdot L + 0{,}021 \cdot L^2$ kg/m²
b) mit Beschotterung . . . . $g = 170 + 3{,}2 \cdot L + 0{,}028 \cdot L^2$ kg/m²
c) mit Pflasterung[1] . . . . . $g = 180 + 3{,}7 \cdot L + 0{,}029 \cdot L^2$ kg/m²
d) Fußwege . . . . $g_1 = 80 + 2{,}7 \cdot L$ kg/m²

Gewichtsangaben für Straßenbrücken nach BERTSCHINGER.

Stahlgewicht des Fahrbahnträgerrostes einschließlich der stählernen Fahrbahntafel oder des etwa vorhandenen Bohlenbelages bei dem Hauptträgerabstande b

---

[1] Oder direkt befahrener Eisenbetontafel uber Längstragern.

für leichte Fahrbahn . . . . $70 + 14 \cdot b$

für mittelschwere Fahrbahn . . . . $100 + 14 \cdot b$

für schwere Fahrbahn . . . . $120 + 16 \cdot b$

Stahlgewicht der außerhalb der Hauptträger liegenden Gehwege, einschließlich Gehwegtafel aber ohne Geländer bei der Gehwegbreite b_1

$$g_1 = 30 + 30 \cdot b_1.$$

Stahlgewicht der Hauptträger 'samt Quer- und Windverband in kg/m² Gesamtgrundrißfläche:

Brücken mit massiver Fahrbahndecke:

1. Blechträgerbrücken ohne Fußwege . . . . $60 + 5 \cdot L$

2.   „   mit Fußwegen . . . . $20 + 5 \cdot L$

3. Fachwerksbrücken mit Fußwegen innerhalb der Hauptträger:
   a) Parallelträger $L = 15 - 40$ m . . . . $50 + 3,7 \cdot L$
   b) Krummgurtige Träger $L = 15 - 40$ m . . . . . $30 + 3,7 \cdot L$
   c)   „   „ $L = 40 - 60$ m . . . . . $60 + 3,7 \cdot L$

4. Fachwerksbrücken mit Fußwegen außerhalb der Hauptträger:
   a) Parallelträger $L = 15 - 40$ m . . . . $40 + 2,8 \cdot L$
   b) Krummgurtiger Träger $L = 15 - 40$ m . . . . . $20 + 2,8 \cdot L$
   c)   „   „ $L = 40 - 200$ m $50 + 2 \cdot L + 0,01 \cdot L^2$
   d) Stabbogen mit Versteifungsbalken $L = 30 - 60$ m $40 + 2,8 \cdot L$
   e) Bogenträger mit Zugband $L = 30 - 200$ m $100 + 2 \cdot L + 0,01 \cdot L^2$
   f)   „   ohne Zugband, Pfeilhöhe $= f$ $(15 + 0,002 \cdot L^2) \cdot L/f$

Bemerkung. Die Formeln von ENGESSER und BERTSCHINGER zeigen für Kostenanschläge eine hinreichend gute Übereinstimmung und genügen neben der Melan-Formel meist auch für die Gewichtsannahme zur statischen Berechnung, wenngleich es wünschenswert ist, die Gewichte von ausgeführten ähnlichen Brücken zum Vergleich mit heranzuziehen.

Alle angeführten Gewichtsformeln gelten für *genietete* Konstruktionen. Bei *geschweißten* Stahlbrücken kann mit einer Gewichtsverminderung von 10 bis 20% gerechnet werden.

Bei *durchlaufenden Trägern* über mehrere Öffnungen tritt gleichfalls eine Gewichtsverminderung um etwa 15 bis 20% ein.

Kostenaufbau für Stahlbrücken.

Die nachstehenden Ausführungen gelten zwar allgemein, sind aber in erster Linie auf eiserne Blechträger- und Fachwerkträgerbrücken mit 1 oder mehreren Öffnungen zugeschnitten, besonders soweit Preise genannt sind. Als Material ist *St 37* angenommen. Für Sonderstähle, wie St 52, sind die entsprechenden Zuschläge zu machen. Soweit nichts Besonderes gesagt ist, sind *genietete Konstruktionen* bzw. in der *Werkstatt geschweißte und an der Baustelle genietete* Konstruktionsteile gemeint.

Für *Baustellenschweißung* und auch für Werkstattschweißung von Sonderstählen ist ein entsprechender Zuschlag (im letzteren Falle ein Wagniszuschlag) zu machen.

Der Kostenaufbau ist nun am *Beispiel einer kontinuierlichen Trägerbrücke* mit Öffnungen von 50 bis 150 m gezeigt (s. Abb. 114).

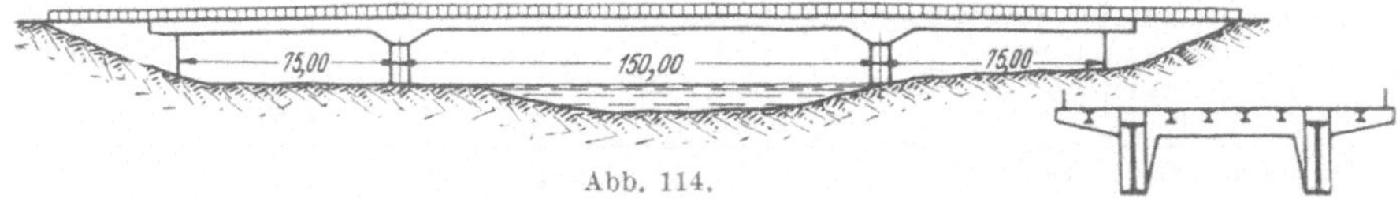

Abb. 114.

Die Kosten setzen sich wie folgt zusammen und werden je 1 t angeboten:

1. Baustoffkosten frei Werkstatt.

2. Werkstattkosten.

3. Fracht und Fuhrkosten bis zur Baustelle
   a) für Stahlkonstruktionen,
   b) für Geräte, Werkzeuge, Baracken und Gerüste.

4. Aufstellungskosten (Montagekosten): Einrichtungskosten, Gerätekosten, Löhne und Betriebstoffe für Nieten, Schweißen usw. der einzelnen Konstruktionsteile beim Zusammenbau.

5. Löhne und Bauhilfstoffe für *Hilfsgerüste* (Montagegerüste) und *Fördergerüste*.

Beispiel 88. Als Beispiel sei der Kostenaufbau des Preises je 1 t Konstruktion für eine kontinuierliche Stahlträgerbrücke vorgeführt.

1. **Baustoffkosten frei Werkstatt**   je 1 t Konstruktion
   5000 t St 37 Baustoffkosten, einschließlich Zuschlägen
   für Geschäftskosten, Wagnis und Gewinn . . . . . 167,— RM.
   Vorfracht . . . . 10,— „
   Zuschlag für teilweise Verwendung von St 52 . . . . . 13,— „
   Zuschlag für Buckelbleche . . . . 10,— „

   Baustoffkosten für Werkstatt je 1 t . . . . *200,— RM.*

2. **Werkstattkosten je 1 t** (je nach Konstruktion. Schweißen bis + 20%).
   50 Stsl. (mit Zuschlägen) zu 2,10 RM. . . . . 105,— RM.
   Zuschlag für Bearbeitung von Sonderstählen wie St 52   5,— „
   Für Wagnis + 10% von 110,— RM. . . . . 11,— „

   Insgesamt für Werkstattkosten . . . . *121,— RM.*

3. **Fracht- und Fuhrkosten** für die Stahlkonstruktion, Geräte, Baracken, Werkzeuge, Rüstholz usw. je nach Örtlichkeit, Bahn- oder Wasserförderung.

Werden z. B. die *Frachten für die Stahlkonstruktion* selbst *vom Bauherrn* getragen und beträgt die Entfernung des Lagerplatzes der Unternehmung von der *Brückenbaustelle 500 km* (Bahn-km), so setzen sich die Kosten bei 5000 t Konstruktionsgewicht und den nachstehend aus der „Geräteliste" entnommenen Gewichten z. B. wie folgt zusammen:

Art der Geräte	Ge-wicht	Tarif-klasse	An- und Rück-transport + Hin- und Rückfracht	
	t		je 1 t RM.	insgesamt RM.
Geräte (Krane, Rammen, Preßluftanlage, Loks, Gleis, Förderwagen, Reparaturwerkstätte usw.)	250	F	42,—	10500,—
Baracken 500 m² (Werkstatt, Baubüro, Unter-tretbaracken usw.)	60	F	42,—	2520,—
Holz für Transport- und Montagegerüste 500 m³ zu 0,7 t	350	E	50,—	17500,—
Insgesamt für Gerätebeförderung	660			30520,—

oder Kosten der *Gerätebeförderung* 30520/5000 = *6,10 RM./t.*

Die *Kosten der Anfuhr der Stahlteile* der eigentlichen *Brückenkonstruktion* einschließlich Überladen vom Waggon an dem Empfangsbahnhof auf Lastkraftwagen, richten sich nach den örtlichen Verhältnissen, Straßenzustand, Größe der Stahlteile (Spezialtransportwagen) und in erster Linie nach der Entfernung der Baustelle vom Entladebahnhof. Für mittlere Verhältnisse kann man etwa folgende *Förderkosten* annehmen je 1 t Anfuhr (für Krankosten sind 1,50 RM./t eingesetzt am Bahnhof und auf der Baustelle):

km Förderlänge	bis 5 km	bis 7 km	bis 9 km	bis 11 km	bis 12 km
Anfuhrkosten RM./t	4,—	4,80	5,50	6,20	6,60
+ Entladen an der Baustelle RM.	2,50	2,50	2,50	2,50	2,50
Insgesamt RM.	*6,50*	*7,30*	*8,—*	*8,70*	*9,10*

Unter Umständen muß der *Bau von Zufuhrwegen* oder *zusätzlicher Gleistransport* bei unwegsamem Gelände berücksichtigt werden (s. Abschnitt X, Förderkosten).

4. Aufstellungskosten (Montagekosten). Diese setzen sich zusammen wie folgt:

a) Kosten der *Vorhaltung* von Geräten und maschinellen Anlagen (Krane, Preßluftanlage, Stromerzeugung), Baracken, Werkzeugen, Werkstätten usw.

b) Aufbau und Abbau der vorgenannten Anlagen.

c) Unterhaltung und Betriebskosten (außer Löhnen) dieser Anlagen[1].

d) Löhne für Montage (einschl. der Löhne für „allgemeine Arbeiten").

e) Kosten der Bauleitung und Allgemeine Geschäftskosten.

Im vorliegenden Beispiel kann man bei *Baustellennietung* rechnen je 1 t:

Löhne (reine) 10 Stsl. + 32 St. . . . . 45,— RM.
Geräteabschreibung und Unterhaltung (mit Kleingeräte) . . . . . . 1,50 „
Betriebsstoffe 35 kWh zu 0,06 RM. . . . . 2,10 „
Sonstige Betriebsstoffe + 20% von 2,10 RM. . . . . 0,40 „
Gemeinkosten und Geschäftskosten 50% von L, 10% von M . . . 23,— „
Selbstkosten je 1 t . . . . 72,— RM.
+ 10% für Wagnis, Gewinn und Umsatzsteuer . . . . 7,20—„
Zuschlag für Teile aus St 52 . . . . 2,80 „
Aufstellungskosten insgesamt . . . . *82,— RM.*

Hier und auch bei den folgenden Angaben ist angenommen *1 Stsl. = 1,— RM.* (ohne Auslösungen, Überstunden-Nacht-Sonntags-Zuschlägen usw. Mit diesen Zuschlägen 1 Stsl. = 1,50 RM.).

---

[1] Vor allem 1. Betriebsstoffe (Kohle, Schmiermittel, Rohöl), Strom und Wasser. 2. Kleingeräte und Werkzeuge (etwa 0,50 RM./t). Bei den Betriebsstoffen überwiegt der *Stromverbrauch*, den man für Nieten und Schweißen mit *30 bis 35 kWh je 1 t* rechnen kann (beim Strompreis sind die Kosten der elektrischen Einrichtung, Transformatormieten u. dgl. zu beachten). Alle übrigen Stoffe (Benzin, Öl, Kohle, Wasser) betragen höchstens 15 bis 20% davon.

Man kann dann bei rohen Überschlägen bei *Baustellennietung* etwa mit folgenden Sätzen rechnen (bei *Baustellenschweißung* sind die Sätze um etwa 20% zu erhöhen):

Tabelle 41. Aufstellungskosten (Selbstkosten ohne Gewinn) bei Blechbalken- und kontinuierlichen Trägerbrücken sowie Fachwerksbrücken (Nietung) in St 37 in RM./1 t bei Stsl. = 1,— RM.

Spannweite der Brucke	10 bis 30 m	30 bis 50 m	50 bis 80 m	80 bis 150 m	150 bis 300 m
RM./t [1]	60,—	65,—	68,—	70,—	75,—

Dazu kommen noch kleine Zuschläge bei Verwendung von *Sonderstählen, Buckelblechen* u. dgl. m.

5. Montagegerüste und Fördergerüste werden zweckmäßig an Hand des *Montageprogramms* und der Aufstellungsskizzen von Fall zu Fall ermittelt. Sie hangen in erster Linie von der *Höhenlage der Brückenkonstruktion* über Gelände bzw. über Flußsohle ab.

Man ermittelt den *Holzbedarf, Holzverbrauch* (mit Kleineisenzeug) und *Lohnaufwand* für Aufstellen nebst Abbrechen von besonderen *Fördergerüsten* nach den im Kapitel „Zimmerarbeiten", S. 262 gegebenen Richtlinien an Hand eines Skizzenentwurfs (als Beispiel siehe Abb. 115, welche die Montageskizze einer Flußbrücke zeigt). Für *Montagegerüste* kann man die Ausführungen über *Lehrgerüste* sinngemäß anwenden, wobei der *Materialbedarf* höchstens dem von Untergerüsten nahekommt, da das Gewicht von eisernen Brücken je 1 m² Grundflache bei gleichen Spannweiten *wesentlich niederer* ist (z. B. etwa 0,5 t/m² bei $L = 80$ bis 100 m). Auch die Verzimmerung (Abbinden) ist einfacher. Man kann daher, soweit Gerüste gestellt werden (beim Freivorbau mit Kranen ist dies nur teilweise der Fall), überschlägig mit folgenden Werten rechnen:

Materialbedarf an Rundholz und Kantholz (ohne Belagbohlen) 2,0 bis 3,0% (i. M. 2,5%) des verbauten Gerüstraumes.

Kleineisenzeug (Bolzen, Schrauben, Klammern) 15 bis 25 kg je 1 m³ Gerüstholz.

Über den abzuschreibenden „Holzverbrauch" vgl. Kapitel XXVII, „Zimmerarbeiten", S. 272.

Lohnaufwand für Aufbau und Abbau *30 bis 35 Stz.* je 1 m³ Gerüstholz (einschließlich Belagbohlen).

Je nach den Holzpreisen und Zimmererlöhnen lassen sich dann die Gerüstkosten und *Gerüstzuschläge je 1 t Konstruktion ermitteln.*

Rammarbeiten sind nach den im Kapitel XIV. gegebenen Richtlinien zu berechnen.

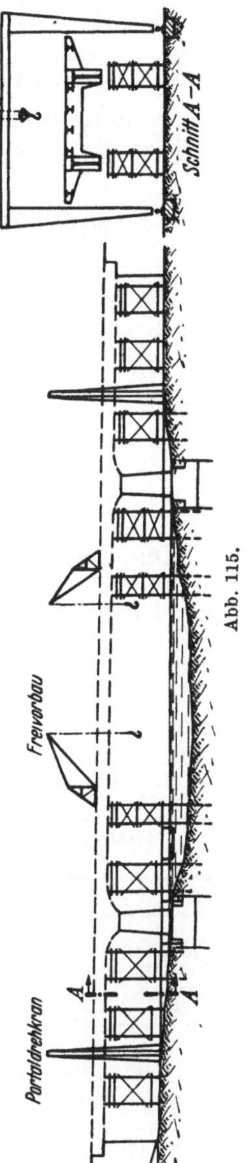

---

[1] Einschließlich Auslosungen usw. für Stammarbeiter. Angenommen mittlere Stundenlöhne 1 Stsl = 1,50 RM., 1 St = 0,85 RM. Nicht enthalten sind die Kosten für besondere soziale Maßnahmen (Trennungsentschadigung, Wegegelder, Wochenendheimfahrten usw.).

Die *Gerüstzuschläge* müssen von Fall zu Fall ermittelt werden. Im allgemeinen werden sie sich zwischen 10,— und 25,— RM. je 1 t bewegen.

6. Stahlbrückenanstrich (1 Grundanstrich, 2 Deckanstriche):

a) Materialverbrauch: Farbverbrauch 0,5 kg/1 m² (bei 9 m² je 1 t Stahlkonstruktion: 4,5 kg je 1 t Stahlkonstruktion).

b) Lohnaufwand: 0,3 bis 0,4 Malerstunden/1 m² (Preis 1939 ohne Farblieferung 0,55 bis 0,70 RM/1 m²).

Im übrigen muß auf die Spezialliteratur über Kalkulation von Stahlbrücken verwiesen werden[1].

Gesamtbaukosten von Brücken mit Stahlüberbau.
(Preise Frühjahr 1939.)

Für rohe Kostenüberschläge können die nachstehenden Angaben der Gesamtbaukosten[2] von Stahlbrücken dienen.

A. Straßenbrücken, Brückenklasse IA (20 m breit und mehr).
Baukosten in RM./1 m².

1. Blechträger- und Fachwerksbrücken in St 37 mit mehreren Öffnungen.

Die *Klammerwerte* gelten für Brücken mit nur *1 Öffnung*. Es ist angenommen, daß Pfeiler und Widerlageransichten mit Werksteinen verkleidet sind.

a) Flußbrücken (10 bis 12 m hoch).

	$l = 20$ m	$l = 40$ m	$l = 60$ m
Unterbau	210,— (350,)	190,— (310,—)	190,— (230,—)
Stahlüberbau und Fahrbahn	150,— (200,—)	210,— (250,—)	280,— (350,—)
Baukosten RM./m² .	360,— (550,—)	400,— (560,—)	470,— (580,—)

	$l = 80$ m	$l = 100$ m	$l = 150$ m
Unterbau	180,— (210,—)	170,— (190,—)	150,— (180,—)
Stahlüberbau und Fahrbahn	350,— (420,—)	390,— (480,—)	500,— (600,—)
Baukosten RM./m² .	530,— (630,—)	560,— (670,—)	650,— (780,—)

Bemerkung: Für die größeren Spannweiten (ab 80 m) sind Fachwerksbrücken im allgemeinen wirtschaftlicher.

---

[1] Das Problem der Kalkulation von Stahlbrücken wird in dem Aufsatz Dr. ERICH WILLMES „Die Kalkulationssysteme der Praxis im Stahlhoch- und Brückenbau", in der Zeitschrift „Der Bauingenieur" 1938 Heft 13/14 eingehend unter Angabe von Literatur behandelt.

[2] Nicht inbegriffen sind die Kosten für besondere soziale Maßnahmen, welche der Bauherr trägt. Die Mehrkosten schwieriger Gründungen sind auch besonders zu berücksichtigen.

b) *Flutbrücken und Talbrücken*[1] *(Viadukte)*.

Angenommen sind kontinuierliche Stahlträgerbrücken mit mindestens 4 Öffnungen. Für Pfeiler und Widerlager ist Werksteinverkleidung gerechnet. Wenn l die Stützweite und h die Höhe der Fahrbahn über Talsohle in Metern bezeichnen, betragen die ungefähren

Baukosten in RM./1 m²

	$l = 20$ m	$l = 40$ m	$l = 60$ m	$l = 80$ m	$l = 100$ m	$l = 150$ m
$h = 10$ m	340,—	380,—	440,—	490,—	530,—	620,—
$h = 20$ m		460,—	515,—	555,—	580,—	660,—
$h = 30$ m		540,—	590,—	620,—	630,—	700,—
$h = 50$ m			740,—	750,—	750,—	785,—
$h = 70$ m			890,—	880,—	870,—	870,—

Bemerkung: Bei *Betonpfeilern ohne Steinverkleidung* verringern sich die obigen Werte um etwa $\dfrac{200}{l}$ *RM. je 1 m Pfeilerhöhe.* Ein Viadukt mit Stahlüberbau $l = 50$ m, $h = 30$ m mit Betonpfeilern und 3,30 m Höhe der Stahlkonstruktion kostet demnach $565 - \dfrac{200}{50}\,(30 - 3{,}3) = 458{,}—\ RM./m^2$.

2. Stahlbogenbrücken in St 37
zur Überbrückung von Flüssen, Tälern usw.

Pfeilverhältnis des Bogens $f/l = 1 : 5$.

Gesamtbaukosten in RM./1 m² Fahrbahnfläche.

	$l = 40$ m	$l = 60$ m	$l = 80$ m	$l = 100$ m	$l = 120$ m
Unterbau	180,—	230,—	250,—	260,—	280,—
Stahlüberbau mit Fahrbahntafel . .	170,—	220,—	250,—	280,—	330,—
Insgesamt	350,—	450,—	500,—	540,—	610,—

Bemerkung: Die Anwendung dieses Brückentyps setzt günstige Baugrundverhältnisse voraus.

B. Gesamtbaukosten von zweigleisigen Eisenbahnbrücken in RM. je lfd. m Brücke.

Überbau: *Blechträger oder Fachwerkträger* (kontinuierlich) mit mehreren Öffnungen.

Unterbau: Pfeiler und Widerlager in Beton mit Werksteinverkleidung.

Belastung: Lastenzug N.

---

[1] Die Kosten des Stahlüberbaus mit Fahrbahn bleiben dieselben wie bei a) Flußbrücken.

Baukosten in RM./1 lfd. m Brücke.

	$l = 40$ m	$l = 60$ m	$l = 80$ m	$l = 100$ m
$h = 10$ m	4200,—	5100,—	5800,—	6500,—
	(5800,—)	(6600,—)	(7100,—)	(8000,—)
$h = 20$ m	4900,—	5800,—	6400,—	7000,—
$h = 30$ m	5900,—	6800,—	7200,—	7800,—

Die *Klammerwerte* gelten für Brücken mit nur *1 Öffnung*.

XXIV. Steinmetzarbeiten und Steinbrucharbeiten.

Allgemeines.

Der *Zeitaufwand* bei der Herstellung von Steinmetzarbeiten hängt ab:

a) von der Art der Oberfläche, d. h. ob man ebene (gerade), einfach gekrümmte (wie Zylinderkegel usw.) oder doppelt gekrümmte, gewundene oder schraubenförmige Flächen zu bearbeiten hat;

b) von der Größe und Gestalt der zu bearbeitenden Fläche, d. h. ob man eine größere oder kleinere Steinmenge abzuarbeiten hat;

c) von der Größe des Abfalls, d. h. von der Menge des außerhalb des gewöhnlichen Arbeitszolles befindlichen Steines, die abzuarbeiten ist;

d) von der Art der Flächenbehandlung, d. h. ob die Fläche gespitzt, gestockt, gekrönelt usw. wird;

e) von der Härte des Gesteins.

Als Härteklassen des Gesteins seien angenommen:

Klasse 1 = weicher Sandstein, Tuff.
„   2 = harter Sandstein, weicher Kalkstein (Muschelkalk).
„   3 = sehr harter Sandstein, harter Kalkstein, Porphyr, weicher Granit, Beton.
„   4 = harter Granit, Syenit, Marmor.

Abarbeiten des Abfalles bei runden Flächen oder des Arbeitszolles. Bei Schichtstärken bis zu 10 cm kann man für eine Stärke von x *cm* setzen:

Für 1 m³

Klasse 1	*Klasse 2*	*Klasse 3*	*Klasse 4*
$(50 - 3\,x)$ Stst.	$(65 - 4\,x)$ Stst.	$(80 - 5\,x)$ Stst.	$(100 - 6\,x)$ Stst.

Ebene Flächen mit ringsum gehendem Schlag *grob spitzen* (prellen) kostet *für 1 m²*

Klasse 1	*Klasse 2*	*Klasse 3*	*Klasse 4*
1,3 Stst.	*1,6* Stst.	*2,5* Stst.	*3,3* Stst.

Ebene Fläche fein spitzen kostet *für 1 m²*

Klasse 1	*Klasse 2*	*Klasse 3*	*Klasse 4*
1,5 Stst.	2,0 Stst.	3,0 Stst.	3,5 Stst.

Ebene Flächen gerade zu scharrieren kostet *für 1 m²*

Klasse 1	*Klasse 2*	*Klasse 3*	*Klasse 4*
2,0 Stst.	2,8 Stst.	3,5 Stst.	4,5 Stst.

Ebene Flächen fein scharrieren (gestemmte und geschliffene Flächen) kostet *für 1 m²*

Klasse 1	*Klasse 2*	*Klasse 3*	*Klasse 4*
2,8 Stst.	3,8 Stst.	4,8 Stst.	5,8 Stst.

Ebene Flächen zu kröneln oder zu *stocken* (bei hartem Gestein) kostet *für 1 m²*

Klasse 1	*Klasse 2*	*Klasse 3*	*Klasse 4*
2,0 Stst.	2,5 Stst.	3,5 Stst.	5,0 Stst.

Aufgeschlagene (mit durchgehenden Rillen versehene) *Flächen* kosten *für 1 m²*

Klasse 1	*Klasse 2*	*Klasse 3*	*Klasse 4*
2,5 Stst.	3,5 Stst.	4,2 Stst.	5,2 Stst.

Gekrümmte Flächen.

Einfach gekrümmte Oberflächen zu bearbeiten kosten *1,5 mal* mehr.

Doppelt gekrümmte Oberflächen zu bearbeiten kosten *2,2 mal* mehr.

Quaderbearbeitung (für Brückenverkleidung und dgl.).

Quader zu trennen (schroten), d. h. Rinne einhauen und mit Keilen trennen, kostet für 1 m Rillenlänge:

    a) bei weichen Steinen . . . . 0,7 Stst.
    b) bei mittelharten Steinen . . . . 1,2 Stst.
    c) bei harten Steinen . . . . 2,4 Stst.

Quader zu bearbeiten, d. h. alle 6 Flächen eines Quaders einigermaßen zu spitzen für Fundament, kostet für 1 m³:

    bei weichen Steinen . . . . 10 Stst.
    bei mittelharten Steinen . . . . 15 Stst.
    bei harten Steinen . . . . 25 Stst.

Glatte Ansichtsquader (bei Brücken) zu bearbeiten, und zwar 5 Flächen zu spitzen, Vorderfläche zu kröneln und die 4 Vorderkanten mit einem Schlag zu versehen, kostet für 1 m³:

    bei weichen Steinen . . . . 15 Stst.
    bei mittelharten Steinen. . . . . 25 Stst.
    bei harten Steinen . . . . 35 Stst.

Glatte Auflagerquader (für eiserne Brücken) zu bearbeiten, und zwar 4 Flächen zu spitzen, 2 Flächen zu kröneln und 7 Kanten mit Schlag zu versehen, kostet für 1 m³:

    bei weichen Steinen . . . . 20 Stst.
    bei mittelharten Steinen . . . . 30 Stst.
    bei harten Steinen . . . . 50 Stst.

Gewölbequader zu bearbeiten kostet für 1 m³:

    bei weichen Steinen . . . . 25 Stst.
    bei mittelharten Steinen . . . . 35 Stst.
    bei harten Steinen . . . . 55 Stst.

Dreieckige Wassernasenrille von etwa 3 cm Breite und 2 cm Tiefe aushauen kostet für 1 lfd. m Länge:

    bei weichen Steinen . . . . 0,3 Stst.
    bei mittelharten Steinen . . . . 0,5 Stst.
    bei harten Steinen . . . . 1,0 Stst.

Der Bearbeitung der Steine gehen die eigentlichen *Steinbrucharbeiten*, d. h. die *Gewinnung von* geeigneten *Bruchsteinen* voraus. Mit Rücksicht auf die außerordentliche Verschiedenheit der Gesteine nach Härte, Spaltbarkeit, Zähigkeit, Lagerung und Überlagerung des Gesteins im Bruch usw. können die folgenden Sätze natürlich nur Anhaltspunkte geben. Es muß von Fall zu Fall nach den jeweils vorliegenden Verhältnissen kalkuliert werden, zumal die Transportverhältnisse (z. B. Förderbahn, Drahtseilbahn, Bremsberg u. dgl.) und die Verkehrsverhältnisse (Gleisanschluß, Wasseranschluß usw.) für die Abbeförderung der Steine eine große Rolle spielen. Auch die Möglichkeit der Verwendung des Gesteinabfalls und der Umfang des Abraums sind zu beachten.

Erzeugung von Bruchsteinen.

Der Abraum (Erde oder Schutt), der sich über den Felsmassen befindet, muß besonders in Rechnung gestellt werden. Das Sprengen und Erzeugen von lagerhaften Bruchsteinen einschließlich Brechen der Steine, Verführung bis auf 20 m Entfernung, Aufsetzen in meßbare Haufen oder Aufladen und Räumung des sich beim Sprengen ergebenden Abfalles kostet je 1 m³ an Lohnaufwand[1]:

a) Bei weichem zutage stehendem, dünn geschichtetem, zerklüfteten oder verwitterten Gestein, das sich noch mit Keilen oder Spitzhake lösen läßt, für 1 m³ . . . . 1,5 Sts. +2,0 St.

b) Bei Felsen, der teils mit Pulver gesprengt werden muß, für 1 m³ (etwa 0,15 kg Pulver) . . . . 2,0 Sts. +3,0 St.

c) Bei mittelhartem Felsen, der nur gesprengt werden kann, für 1 m³ (etwa 0,25 kg Pulver) . . . . 3,0 Sts. +4,0 St.
bei sehr harten Felsarten (etwa 0,5 kg Pulver) . . . 6,0 Sts. +4,0 St.

Das Erzeugen von Steinen, die eine regelmäßige, vorgeschriebene Form haben sollen (Stufen, Fenstergewände, Auflagerquader usw.) von höch-

---

[1] Kabelkrananlagen, Bremsberge u. dgl. zum Hoch- oder Tieffördern der Steine und Geräte für die Gewinnung sind hierin *nicht* enthalten.

stens 0,5 m³ einschließlich des Aufladens auf Wagen, jedoch ohne die reine Bearbeitung von Bruchflächen, kostet einschließlich Geräte für 1 m³:

bei weichem Sand oder Kalkstein . . . . 30 Sts. $+$ 10 St.

bei hartem Sand oder Kalkstein, Porphyr, weicherem Granit 40 Sts. $+$ 12 St.

bei hartem grobkörnigem Granit, Quarzit u. dgl. . . 50 Sts. $+$ 15 St.

Beispiel 89. Was kostet 1 m³ Verblendstein (Ansichtquader etwa 30 cm Schichthöhe, $^1/_2$ Läufer und $^1/_2$ Binder, Läufer etwa 75 cm lang, 30 cm tief, Binder 40 bis 45 cm tief) fertig bearbeitet in Granit ab Werk, wenn die Stundenlöhne einschließlich Sozialaufwand, Gemeinkosten und Geschäftskosten (auch Gerätekosten) betragen: 1 Stst. = 2,10 RM., 1 Sts. = 1,80 RM., 1 St. = 1,30 RM.? Der Stein sei harter feinkörniger Granit.

Lösung. Aus S. 365 und 367 ergibt sich je 1 m³

$$30 \text{ Stst.} + 50 \text{ Sts.} + 15 \text{ St.} = 30 \cdot 2,10 + 50 \cdot 1,80 + 15 \cdot 1,30 = \mathit{172,50 \ RM. \ je \ 1 \ m^3}$$
$$\text{oder } 172,50 \cdot 0,38 = \mathit{66,— \ RM. \ je \ 1 \ m^2}.$$

Kosten für Verkleidungssteine von Brücken.

Verkleidungssteine von Brückenpfeilern und Brückenwiderlagern werden entweder als *glatte Ansichtsquader* (S. 365) hergestellt oder als *Bossenmauerwerk* (flache Spaltbossen) bzw. als *grob gespitztes Verblendmauerwerk.*

Für die Läufer kann eine Schichthöhe $h = 0,20$ bis $0,50$ m, für die Steinlänge $l = 1,5$ bis $2,5 \, h$ und für die Stärke $d = 25$ bis 40 cm gewählt werden. Die Einbindetiefe der Bindersteine soll 30 bis 50 cm betragen und auf 1 m² mindestens 2 Steine einbinden. Die Versetzung der Steine erfolgt nach „Schichtenplan" oder „Versetzplan". Die Steine müssen an den Ansichtsflächen geradlinig und rechtwinklig bis auf mindestens 10 cm Tiefe an den Fugen abgeprellt sein und dürfen in der Schichthöhe nur eine größte Toleranz von 0,5 cm aufweisen. Die Rückenflächen können bruchrauh oder roh gespitzt bleiben. *Abdecksteine* für Auflagerbänke müssen besonders sorgfältig bearbeitet werden (obere Kanten abrunden). Sie werden nach lfd. m oder nach m³ abgerechnet. *Bogensteine* für Brückenbögen oder Pfeileröffnungen (Stirnflächen bossiert oder grob gespitzt, Leibung fein gespitzt) werden nach m³ berechnet.

Die nachstehende Zusammenstellung gibt auf der Preis- und Lohnbasis 1939 (1 Steinmetzstunde = 1,10 RM., 1 Tiefbauarbeiterstunde = 0,70 RM.) einige Anhaltspunkte für die Kosten von Verkleidungssteinen für Brückenpfeiler.

Kosten von Brückenverkleidungssteinen

mit grob gespitzten Ansichtsflächen von 0,20 bis 0,50 cm Schichthöhe:

Gesteinsart	1 m² gerade Verkleidungssteine			1 m² gebogene Verkleidungssteine			1 lfd. m Abdecksteine für		1 m³ Bogensteine
	20/25 cm	30/35 cm	35/40 cm	20/25 cm	30/35 cm	35/40 cm	Auflagerbänke 60/40 cm	Brüstung 15/50 cm	
	RM.	RM.	RM.	RM.	RM.	RM.	RM.	RM.	RM.
1. Muschelkalk (weich) .	20,—	30,—	45,—	25,—	35,—	50,—	30,—	25,—	160,—
2. Harter Muschelkalk, Porphyr und weiche Granite	30,—	40,—	60,—	35,—	45,—	65,—	40,—	30,—	220,—
3. Harte Granite . . .	35,—	50,—	70,—	40,—	55,—	80,—	60,—	35,—	280,—

Als Beispiel sei ein *Kostenanschlag* für die Lieferung der Verkleidungssteine der Pfeiler und Widerlager einer Flußbrücke angegeben:

Kostenanschlag
für die Lieferung der Verkleidungssteine zur Strombrücke
über den .... bei ....

Lieferbedingungen: Besondere Vertragsbedingungen VOB. usw.
Material: Gesunder, blaugrauer Granit aus dem Bruch ....
Lieferstation: Preise gelten frei Reichsbahnhof ....
Lieferfrist: Widerlagersteine bis .... Pfeilersteine bis.................
Planunterlagen: Versetzplan.
Toleranz der Schichthöhen: $^1/_2$ cm max.
Abrechnung: Gebogene Flächen werden in der Abwicklung gemessen, Bogensteine nach dem kleinsten umschriebenen Rechteck.

			Geldbetrag	
Nr.	Menge	Bezeichnung der Arbeit	je Einheit RM.	im ganzen RM.
1	800 m²	*Gerade Verkleidungssteine* für die Widerlager, Pfeiler und Flügelmauern mit durchlaufenden Schichten nach dem Versetzplan in Schichthöhen von $h = 20$ bis 50 cm, Steinlängen $l = 1{,}5$ bis $3\,h$ und Steinstärken der Läufer von 30 bis 35 cm, mindestens 2 Binder von etwa 40 bis 45 cm Länge auf 1 m². Die Steine sind grob gespitzt, Kanten der Ansichtsfläche rechtwinklig und geradlinig zu liefern. Rückflächen bruchrauh. Fugen 1,5 cm stark, müssen mindestens 15 cm volle Tiefe haben. Die Steine sind zu liefern frei Bahnwagen Reichsbahnhof . . . . für 1 m²	60,—	48000,—
2	250 m²	*Gebogene Verkleidungssteine* für die runden Widerlagerecken und die Pfeilerköpfe mit $R = 1{,}0$ m, sonst wie Nr. 1 frei Bahnwagen Reichsbahnhof ...... zu liefern für 1 m²	80,—	20000,—
3	150 lfd. m	*Gerade Abdecksteine* für die Auflagerbänke der Pfeiler und Widerlager $d = 0{,}40$ m, $h = 0{,}60$ m, $l = 0{,}80$ m, Ansichtsflächen fein gespitzt, Oberkante mit $R = 12$ cm abgerundet, Kanten in der Ansicht geradlinig und rechtwinklig, mindestens 10 cm volle Flächen in den 1,5 cm starken Fugen. Im übrigen nach Zeichnung Nr. ... Rückflächen abbossiert, sonst wie Nr. 1 für 1 lfd. m	60,—	9000,—
4	25 lfd. m	*Gebogene Abdecksteine* für die Ausrundung der Ecken von Widerlagern und Pfeilerköpfen mit $R = 1{,}0$ m, sonst wie Nr. 3 für 1 lfd. m	80,—	2000,—
5	10 m³	*Scheitrechte Bogensteine* als Abschluß der Pfeileröffnungen mit $R = 1{,}20$ m in der Leibung. Stirnfläche bossiert, Leibungsfläche gespitzt. Stirnstein 0,50 m, Leibungsstein 0,30 m stark. Sonst nach Zeichnung Nr. ... für 1 m³	280,—	2800,—
		Gesamtsumme des Angebots:		*81800,—*

Anhang.

Die Nachkalkulation und ihre Organisation auf der Baustelle.

Allgemeines.

Bei der Organisation der Kostennachrechnung ist wohl zu beachten, daß die Aufgabe der *technischen* Nachkalkulation eine grundsätzlich andere ist, als die der *kaufmännischen* Nachkalkulation. Während letzterer in erster Linie die Aufgabe zufällt, durch entsprechende Kontenführung kaufmännisch in der Baubuchhaltung den finanziellen Erfolg der Arbeiten nachzuweisen, soll die *technische Nachkalkulation* in der hierfür brauchbarsten' Form die *technischen Unterlagen für die Kostenvorrechnung* liefern. Da die Kostenvorrechnungen für die Preisermittlung stets Schätzungen sind, brauchen demgemäß technische Kostennachrechnungen auch nicht den Grad der Genauigkeit zu besitzen wie kaufmännische Buchungen. Ihr Wert besteht eben darin, daß sie nicht in Geldbeträgen, sondern in Einheiten rechnen, welche unabhängig sind von zeitlichen Schwankungen in Währungssystemen, Lohntarifen usw. Die Ergebnisse der technischen Nachkalkulation lassen sich daher auch leicht auf gänzlich anders geartete Verhältnisse übertragen, sofern nur die Arbeiten selbst ähnlicher Natur sind. Denn es wird hier der *Lohnanteil nach Lohnstunden je Einheit der Leistung und der Materialanteil nach Materialmenge je Einheit der Leistung* gerechnet. Die *technische Nachkalkulation* kann sich daher auch in den Fällen, wo eine gute kaufmännische Buchführung vorhanden ist, auf die *Ermittlung eines Teiles der Selbstkosten*, und zwar in erster Linie von Löhnen, Baustoffen, Betriebstoffen und Bauhilfstoffen in bezug auf die einzelnen Leistungen des Kostenanschlags (Bauvertrags) beschränken. Beide Arten von Nachkalkulationen sind notwendig und jede hat ihren besonderen Wert. Die Unkostensätze z. B. ergeben sich einzig und allein aus der kaufmännischen Nachkalkulation.

Die *kaufmännische Buchhaltung* einer Bauunternehmung bzw. einer Baustelle vermag wohl über die *finanzielle* Lage des Unternehmens bzw. der Baustelle *nach Beendigung* der Bauarbeiten in der *Schlußbilanz* oder während der Bauausführung in *Zwischenbilanzen* genaue Auskunft zu geben. Sie kann aber auch dieses nur in enger Fühlungnahme mit der technischen Leitung, da die Bewertung der tatsächlichen vertraglichen Leistungen — diese sind ja maßgebend für die Beurteilung und nicht etwa die seitens des Bauherrn geleisteten Abschlagszahlungen — nur dem Betriebsleiter zusteht. Selbstverständlich wird kein guter Bauleiter den Wert von kaufmännischen Zwischenbilanzen unterschätzen. Jedenfalls hinken aber alle Ergebnisse der kaufmännischen Buchhaltung nach und wenn sie bekannt werden, ist an dem guten oder schlechten

Ergebnis nichts mehr zu ändern oder aus dem Ergebnis auf die Fehlerquellen zu schließen. Je verwickelter aber die Buchhaltungen ihre Kontenführung aufbauen — in dem Bestreben, die technische Nachkalkulation zu ersetzen —, desto mehr machen sich auch die genannten Nachteile geltend. Man kann daher den Ergebnissen häufig nur den Wert einer nachträglichen *Baustellenstatistik* beimessen. Demgegenüber gibt aber die *technische Nachkalkulation* dem Bauleiter jederzeit *für jede einzelne Arbeit einen Maßstab zu ihrer Bewertung*. Die wunden Stellen des Betriebes werden durch die zwischenzeitlichen technischen Nachkalkulationen, *Zwischenkalkulationen* genannt, aufgedeckt und der wachsame Bauleiter und Unternehmungsleiter hat die Möglichkeit, rechtzeitig einzugreifen und die erforderlichen technischen Verbesserungen vorzunehmen. Wenn aber Fehler in der Baustellenorganisation nicht vorliegen und trotz bester Leistungen eine weitere Herabminderung der Kosten unter den gegebenen Verhältnissen sich nicht erreichen läßt, so ist der Beweis erbracht, daß die Kostenvorrechnung unrichtig war. Für die *Betriebskontrolle* ist die technische Nachberechnung daher von größter Bedeutung. Der Hauptvorteil der kaufmännischen Nachberechnung ist ihre Genauigkeit. Denn ein buchhalterischer Abschluß muß natürlich auf den Pfennig genau stimmen, während für die Ergebnisse technischer Nachberechnungen die Rechenschiebergenauigkeit genügt. Der Kalkulator vermag ja den Lohnstundenverbrauch einzelner Arbeiten doch nie auf die erste und noch weniger auf die zweite Dezimale genau vorauszuschätzen. Der Verfasser macht ausdrücklich diese Bemerkung, weil Betriebstheoretiker nur zu leicht geneigt sind, eine Genauigkeit in diese praktischen Wissenschaften hineinzutragen, welche diese nie haben können und sollen.

I. Technische Nachkalkulation.

Der Zweck der technischen Nachkalkulation als Grundlage für die Vorkalkulation und als Hilfsmittel der Betriebskontrolle liegt fest: Eine ins einzelne gehende technische Nachberechnung — und sie muß ins einzelne gehen und vor allem jede Leistung des Kostenanschlages getrennt erfassen, damit ihre Ergebnisse auf andere ähnliche Arbeiten übertragbar sind — ermöglicht allein die Feststellung, ob die einzelnen Arbeiten an den verschiedenen Stellen eines Baubetriebes wirtschaftlich durchgeführt werden. Sie ermöglicht auch jederzeit einen *Vergleich zwischen den tatsächlichen und den kalkulierten Kosten*, und zwar im einzelnen, nicht nur im gesamten. Sie ermöglicht also eine Gewinn- oder Verlustrechnung jeder vertraglichen Leistung. Der Bauleiter erhält so auch einen *Maßstab zur Beurteilung der Wirtschaftlichkeit von Gruppenarbeiten*. Außer dieser wertvollen Betriebskontrolle gewinnt der Bauleiter aus der technischen Nachkalkulation jeder einzelnen, auch der kleinsten Arbeit, die Erfahrungen, welche ihm beim Abschluß von Gruppenakkorden oder zur Festlegung der Grundleistungen bei Gewährung von Leistungsprämien zur Verfügung stehen müssen.

Zur Frage der *praktischen Organisation der technischen Nachkalkulation* auf Baustellen ist zu bemerken, daß es sich empfiehlt, für Baustellen mit über 300 Arbeitern einen Techniker fast ausschließlich mit der Bearbeitung dieser Aufgabe zu betrauen. Die letzte Auswertung der Ergebnisse liegt jedoch beim Bauleiter selbst.

Auf welche *Kostenelemente* soll sich nun die technische Nachkalkulation bei ihren Untersuchungen erstrecken? Die Hauptkostenarten (Löhne, Material, Gerätekosten, Gemeinkosten und allgemeine Geschäftskosten) würden an und für sich natürlich alle interessieren. Da nun aber die *allgemeinen Geschäftskosten in der kaufmännischen Nachkalkulation* erfaßt und ihre Höhe dem Kalkulator jeweils nach der Geschäftslage von der Geschäftsleitung angegeben wird (man vergleiche darüber Abschnitt II, § 7, S. 46), schaltet dieser Kostenfaktor von selbst aus. Auch die *Gerätekosten* lassen sich bei der Vorkalkulation von Angeboten sehr leicht an Hand der Geräteliste und des Betriebsplans ermitteln. Häufig sind die Gerätekosten bei den Unternehmungen durch die Abschreibungssätze (Geräteleihgebühren) festgelegt und die technische Nachkalkulation erstreckt sich hier fast ausschließlich auf Ermittlungen über die Kosten der Aufstellung und des Abbaues der Geräte (Abschnitt II, § 3, S. 22). Denn die Geräteunterhaltungskosten (Abschnitt II, § 2, S. 18) und die verbrauchten Bauhilfstoffe können erst nach Beendigung der Arbeiten festgestellt werden. Auch der *Baumaterialienverbrauch* wird von der Materialbuchhaltung auf dem Baubüro bzw. der Lagerbuchhaltung im Magazin nach Kosten getrennt erfaßt (zweckmäßig in einer Materialkartothek). Außerdem ist der Materialverbrauch je Einheit der Leistung bei den meisten Bauarbeiten ziemlich feststehend und bekannt. Zur Kontrolle genügen im allgemeinen *monatliche Materialbestandsaufnahmen, nach Bauwerken und Verbrauchsstellen getrennt,* damit zwischenzeitlich möglichst gleichzeitig mit den Leistungsaufnahmen für die Bauabrechnung und nach Baubeendigung der *tatsächliche Materialverbrauch je Einheit der Leistung* festgestellt werden kann.

Die technische Nachkalkulation beschränkt sich demnach, besonders bei größeren *Tiefbauarbeiten,* in erster Linie auf die Nachprüfung des tatsächlichen *Lohn- und Betriebstoffverbrauchs.* An erster Stelle stehen die *Lohnkosten,* zumal auch andere Auslagen, man denke z. B. an die sozialen Aufwendungen, in unmittelbarer Abhängigkeit von den verausgabten Löhnen stehen, und zwar nicht nur kalkulatorisch, sondern tatsächlich. *In der technischen Nachkalkulation spielt demnach die Erfassung der Löhne die wichtigste Rolle.* Selbst bei Tiefbauten ist die Erfassung der Betriebstoffe nicht so wichtig, weil sich der Betriebstoffverbrauch mit der für die Praxis erforderlichen Genauigkeit auch auf anderem Wege errechnen läßt (nämlich durch Annahme der täglichen bzw. stündlichen Durchschnittsleistungen der Maschinen und den aus jeder geordneten Gerätekartothek zu entnehmenden Ziffern für den Betriebstoffverbrauch).

Als einzig brauchbares Maß zur Erfassung der Lohnkosten von Bauleistungen gilt die *Anzahl der verbrauchten Lohnstunden je Einheit der Leistung* (vgl. Abschnitt II, § 4, S. 30f.).

A. Organisation der technischen Nachkalkulation von Tiefbauarbeiten.

Die technische Nachkalkulation gruppiert sich nach den obigen Ausführungen in   1. Nachkalkulation der Löhne,
2. Nachkalkulation der Betriebstoffe.

1. Nachkalkulation der Löhne.

Die Unterlagen für die Nachberechnung liefern in erster Linie die *Arbeitsberichte der Schachtmeister* und des sonstigen Aufsichtspersonals, die in übersichtlicher Form alle die Angaben enthalten sollen, auf welchen sich die Nachkalkulation aufbaut. Der Bauleiter entwirft daher am besten auf großen Tiefbaustellen jeweils eigene *Berichtformulare*, in Anpassung an die besonderen örtlichen Verhältnisse. Beim Entwurf von Vordrucken für Berichtformulare sind folgende Grundsätze zu beachten: Möglichst wenig Schreibarbeit für das Aufsichtspersonal; das Formular soll zur Berichterstattung im Sinn der Kostennachrechnung zwingen, so daß Rückfragen möglichst vermieden werden. Musterbeispiele von Berichtformularen sind für verschiedene Tiefbauarbeiten vorgeschlagen (Formulare Nr. 1 bis 15). Mit *einem einzigen* Berichtformular, welches einheitlich für alle Arbeiten Verwendung findet, ist keinesfalls auszukommen. Bei den späteren Ausführungen über die Nachkalkulation von Erdarbeiten sind z. B. 5 verschiedene Berichtformulare empfohlen.

Diese *Tagesberichte der Meister* bilden nun die Unterlage für die tägliche und monatliche Nachberechnung des Lohnstundenverbrauchs aller Arbeiten auf der Baustelle. Man kann sich bei etwas primitiverer Nachkalkulation damit begnügen, die auf die einzelnen Vertragstitel entfallenden Leistungen und Lohnstunden festzustellen (Ausscheidung der Lohnstunden nach den Titeln des Bauvertrags in den Tagesberichten durch die Bauführer und Eintragung in Listen). Diese primitive Art der „*Austeilung*" nach Positionen des Vertrages mag für untergeordnete Leistungen auch genügen, während für den Haupttitel (bei Erdarbeiten die Erdbewegung) eine mehr ins einzelne gehende Aufstellung unbedingt erwünscht ist, mit Rücksicht auf die spätere Wiederverwendung dieser Unterlagen bei Vorkalkulationen.

Um nun dem Bauleiter und der Zentrale der Unternehmung einen Überblick über die täglichen Leistungen des Betriebes, also eine *tägliche Nachkalkulation* zu geben, wird zweckmäßig *täglich* ein *Baustellenbericht* in doppelter Ausfertigung für die Bauleitung und die Zentrale der Unternehmung ausgearbeitet. Dieser Bericht, welchem die Schachtmeisterberichte mit den Bemerkungen der Bauführer zugrunde liegen, soll in übersichtlicher Form Leistungen und verbrauchte Lohnstunden der einzelnen Teile des Betriebes (bzw. Titel des Vertrags) und des Gesamtbetriebes enthalten mit Angaben über Witterungsverhältnisse, Erschwernisse, größere Reparaturen, Stillegung von Geräten u. a. m. Bei sehr großen Baustellen ist in der Bauberichterstattung eine *Unterteilung in mehrere Bauabschnitte* erforderlich (Beispiel eines Tagesberichtformulars Vordruck Nr. 6).

Notwendig ist eine Kontrolle, ob die Lohnstundensumme aus den Tagesberichten mit der *Lohnstundensumme der* aus den Lohnbüchern zusammengestellten *Lohnlisten* in der Lohnbuchhaltung übereinstimmt.

Zur Durchführung der *Nachkalkulation in größeren Zeitabschnitten* (am besten monatlich) empfiehlt sich, wie langjährige Erfahrungen erweisen, die Anlage eigener „*Betriebstabellen*“, in welche möglichst täglich die Lohnstunden aus den Schachtmeisterberichten übertragen werden. Aus den Abschlußzahlen der Betriebstabellen am Monatsende stellt der Bauleiter einen *Monatsbericht,* d. h. die mit dem Monat abgeschlossene Nachkalkulation (von Baubeginn bis Monatsende) zusammen, welche in einem Exemplar auf der Baustelle verbleibt und in einem zweiten Exemplar der Zentrale der Unternehmung übermittelt wird. Aus derartigen tabellarisch angeordneten Monatsübersichten muß in wenigen Augenblicken zu übersehen sein, ob wirtschaftlich gearbeitet wird. Die Betriebstabellen können, soweit „Einrichtungsarbeiten“ und „allgemeine Arbeiten“ in Frage kommen, für alle Tiefbauarbeiten in gleicher Weise gehandhabt werden, während bei der „Bauausführung im engeren Sinne“ eine Trennung nach verschiedenen Bauobjekten erfolgt.

Richtlinien für die Lohnzergliederung bei Anlage von Betriebstabellen und Baustellenberichten zur täglichen und monatlichen Nachkalkulation.

Allgemeines. Die Betriebstabellen müssen *sämtliche* auf der Baustelle angefallenen *Lohnstunden* enthalten. Sie werden zweckmäßig nach einzelnen Betrieben (einzelne Bagger, Handschächte usw.) getrennt aufgestellt und für die monatliche Nachkalkulation aufaddiert. Es müssen alle Lohnstunden (auch von Tagelohnarbeiten) des betreffenden *Baukontos* in den Betriebstabellen in Erscheinung treten, da sonst ein Vergleich mit den Lohnlisten nicht möglich ist. Bei Akkord- und Prämienarbeiten werden Akkordüberschüsse und Leistungsprämien nachträglich zweckmäßig in Lohnstunden umgerechnet.

Bei Anlage der Betriebstabellen ist scharf zu trennen zwischen den *Einrichtungsarbeiten* (Einrichtung und Abräumung der Baustelle) und den *Arbeiten der Bauausführung.*

Einrichtungsarbeiten.

Unter Einrichtungsarbeiten werden folgende Arbeiten verstanden:

1. Antransport und Entladen von Geräten und Bauhilfstoffen. Hierunter fallen das Verladen der Geräte am Lagerplatz, das Ausladen auf Entladebahnhöfen und Überladen auf eigene Förderwagen (oder Abladen von Eisenbahnwagen und Überladen auf Fuhrwerke nebst Transport zur Baustelle), der Transport zur Verwendungsstelle und das Abladen daselbst. Auch die Anlage eines *Überladebahnhofs,* welche bei großen Baustellen mit Bahnanschluß erforderlich wird, fällt unter diesen Anteil der Einrichtungsarbeiten, soweit man nicht die Materialkosten damit belasten kann. Auch der Abtransport von Bauhilfstoffen, wie Schalungen und Rüstungen, gehört hierher, während die Anfuhr der sonstigen Bau- und Betriebstoffe zur „Bauausführung“ gehört. Man kann indessen auch bei Tiefbauarbeiten das Entladen der Betriebstoffe (Kohle, Schmiermittel usw.) unter die „Lagerplatzarbeiten“ rechnen, da diese Arbeiten doch stets von den Lagerplatzarbeitern vorgenommen werden. Der Lohnaufwand wird ermittelt in *Lohnstunden je 1 t.*

Zu den Lohnkosten kommen die *Frachten, Anschluß- und Zustell-gebühren* und gegebenenfalls Kosten von Lastkraftwagentransporten. (Man vergleiche hierzu Abschnitt II, § 6, S. 40.)

2. *Aufbau der Geräte*, bei Erdarbeiten also die Aufstellung von Baggern, Absetzapparaten und sonstigen Großgeräten unter Einschluß des Transports von der Entladestelle zur Verwendungsstelle. Bei Betonarbeiten kommen in Frage die Aufstellung von Kiessortieranlagen, Betonmisch-anlagen, Turmdrehkranen, Kabelbahnen usw. (vgl. Abschnitt II, § 3, S. 24).

Bemerkung. Die in 1. und 2. genannten Arbeiten wurden in den Betriebs-tabellen den Einrichtungsarbeiten zugeteilt, obgleich sie nach dem Grundplan bei den „Gerätekosten" aufgeführt sind. Bei der Nachkalkulation werden sie aber besser hier geführt. Wo der Bauvertrag einen besonderen Titel „Einrichtungs-kosten" vorsieht, erscheinen sie auch bei der Vorkalkulation unter den „Einrich-tungslöhnen".

3. *Erster Gleisbau.* Hier sind die Lohnkosten anzugeben für das *erstmalige* Legen der Betriebsgleise auf der Baustelle. Hierunter fällt auch das erste Legen von Anschlußgleisen, Gleisen auf dem Lagerplatz, von Lade- und Kippgleisen, während das Umlegen der Ladegleise, wie auch das Rücken von Kippgleisen, zusammen mit der Gleisunterhaltung unter den Titel „Transport- und Gleisarbeiten" bei der Bauausführung fällt. Die Leistung dieser Arbeiten wird nach *lfd. m Gleis* bemessen. In die Leistung inbegriffen sind: Schaffen eines Planums, Vorschaffen von Schienen und Schwellen auf Gleishunden (Untergestelle von Förderwagen), Nageln des Gleises, Einbringung von Bettungsmaterial, sowie erstes Unter-stopfen des Gleises bis zur Betriebsfähigkeit. Das Entladen des Gleises aus den Eisenbahnwaggons dagegen fällt unter 1. und das spätere Nach-richten des Gleises im Laufe des Betriebes unter die „Gleisunterhaltung".

4. *Aufstellen von Baubaracken.* Dieser Titel umfaßt die Erstellung von Baubüros, Magazinen, Werkstätten, Unterkunftsbaracken, Kantinen, Zementschuppen usw. Die Leistung wird nach m² überbauter Fläche bzw. m³ umbauten Raumes angegeben.

5. *Herrichten des Lagerplatzes.* Dazu gehören Anlagen wie Kohlen-bunker, Ölkeller, sowie erforderlichenfalls Erdbewegungen zur Rodung der Lagerflächen usw. Das Gleislegen auf den Lagerplätzen fällt dagegen unter „erstes Gleislegen".

6. *Einrichtung der Reparaturwerkstätte.* Sie umfaßt die Herstellung von Maschinenfundamenten, Aufstellung der Maschinen, Transmissionen u. dgl. (vgl. Abschnitt II, § 3, S. 27).

7. *Einrichtung einer Wasserversorgung* (Speisewasser für Bagger, Lokomotiven, Betonbereitung usw.). Dazu gehört das Bohren von Brunnen oder die Anlage von Wasserfassungen, das Aufstellen von Pumpen und Hochbehältern, sowie das erstmalige Verlegen der Wasser-leitungsrohre über die ganze Baustelle (nebst Aushub und Wiederverfüllen der Rohrgräben). Das spätere Umlegen von Leitungen (Baggerzulei-tungen u. dgl.) zählt zur Bauausführung. Unter die Einrichtungsarbeiten fällt auch bei Verwendung von Wasserreinigungsapparaten deren erste Aufstellung.

Bemerkung. Nicht zu übersehen sind die *Materialkosten* der Wasserversorgung. Es wird sich daher vielfach eine getrennte Kostenberechnung der Wasserversorgung und Umrechnung der Gesamtkosten auf 1 m³ Wasser empfehlen.

8. Ausrüstung der Baustelle mit einer Kraftzentrale für die *Erzeugung von elektrischem Strom und Druckluft*, Aufstellen der Transformatorenstation und Legen der Niederspannungsleitungen. Ferner Einrichtung der *Lichtversorgung* der Baustelle (Büro, Lagerplatz, Magazine, Werkstätten und Baubetrieb). Die laufenden Auslagen für Strom fallen unter „Betriebstoffverbrauch" mit Ausnahme der Löhne für die Bedienung der genannten Anlagen, welche unter „allgemeine Arbeiten" des Betriebes fallen.

9. Einrichtung von Wasserhaltungen. Diese wird zweckmäßig bei der Kalkulation zusammen mit den laufenden Wasserhaltungskosten ermittelt und erscheint dort als *Einrichtungspauschale* für jedes Pumpenaggregat gesondert.

10. Einrichtung von Streckentelephon u. dgl.

11. Rodungsarbeiten. Ob diese zu den Einrichtungsarbeiten zu zählen sind, hängt davon ab, ob sie im Vertrag als besondere Leistung in einem eigenen Titel aufgeführt sind. In letzterem Fall zählen sie nicht zu den Einrichtungsarbeiten, sondern zur Bauausführung mit Ausnahme von Rodungsarbeiten, welche nicht in unmittelbarem Zusammenhang mit den eigentlichen Bauarbeiten stehen (Roden von Lagerplätzen usw.). Die Rodungsarbeiten umfassen das Entfernen stehengebliebener Wurzelstöcke, welche mit Hebebäumen ausgegraben oder aber ausgeschossen werden. Die ungefähre Anzahl der Stöcke je 1 m² Fläche und ihr mittlerer Durchmesser sind anzugeben und der Lohnstundenaufwand sodann auf 1 m² Fläche umzurechnen.

12. Sonstige Einrichtungsarbeiten. Hierunter können alle unter 1. bis 11. nicht besonders aufgeführten Einrichtungsarbeiten zusammengefaßt werden, z. B. Anlage von Garagen, Pferdestallungen u. dgl. m.

Bemerkung. Für die „*Abräumung der Baustelle*" sind die Kosten des Abbruchs der unter 1. bis 12. bezeichneten Anlagen in gleicher Weise zu erfassen.

Bauausführung.
I. Allgemeine Arbeiten.

Bei der Bauausführung kommen zunächst eine Reihe *Arbeiten allgemeiner Natur* in Frage, welche nicht unmittelbar zum Betrieb gehören, aber doch zur Durchführung der Bauarbeiten unbedingt erforderlich sind. Oder anders ausgedrückt *Arbeiten, welche alle Bauarbeiten gleichermaßen belasten, aber nicht in unmittelbarem Zusammenhang mit den Bauarbeiten selbst stehen.* Unter diese allgemeinen Arbeiten fallen folgende Lohnkosten, welche auf die einzelnen Titel des Vertrags anteilig zu verteilen sind, sofern man nicht zur Vereinfachung der Kalkulation es vorzieht, die Hauptarbeit (bei Baulosen, welche vorwiegend Erdarbeiten umfassen, also die Bodenbewegung) mit diesen Kosten zu belasten:

a) Reparaturwerkstätte. Die für die Reparatur von Maschinen, Förderwagen und sonstigen Geräten in der Werkstätte verbrauchten Lohnstunden[1] (fast ausschließlich Facharbeiterstunden) fallen unter diesen Titel. Eine Trennung nach den verschiedenen Facharbeiterkategorien (Maschinenschlosser, Dreher, Schmiede, Stellenmacher usw.) ist meist nicht erforderlich, da es keine Schwierigkeiten macht, den „*mittleren*

____
[1] Diese Lohnaufwendungen kann man auch unter den *Gerätekosten* als *Lohnkosten der Geräteunterhaltung* bezeichnen.

Werkstattlohn" hinreichend genau zu ermitteln. Es kann angestrebt werden, die Werkstattlöhne in der Nachkalkulation auf die einzelnen Gerätegattungen wie Bagger, Lokomotiven, Förderwagen usw. zu verteilen, so daß die auf die einzelnen Geräte aufgewandten Reparaturkosten in Erscheinung treten.

b) Magazin, Lagerplatz, Bewachung, Kraftwagenführer usw. Erfaßt werden hier die Lohnstunden des Magazinverwalters und der ihm zeitweise zur Verfügung gestellten Hilfskräfte. Ferner der Lohn des Nachtwächters (welcher zweckmäßig gleichzeitig als Nachtheizer Verwendung findet), weiter die Löhne für Lagerplatzarbeiter (Aufladen von Baugeräten, Stapelung von Geräten und Aufräumungsarbeiten, Sandrösten, Kohleladen usw.) und für Bedienungspersonal von Last- und Personenkraftwagen (eventuell Titel „Förderkosten"!). Auch die Bedienung einer Kraftzentrale und Überwachung der elektrischen Anlagen kann unter diesem Titel geführt werden, obgleich es sich auf Baustellen, wo eine größere Kraftzentrale ständige Bedienung erfordert, empfiehlt „Kraftgewinnung und Stromverteilung" als eigenen Titel zu führen.

c) Unterhaltung von Bau- und Wohnbaracken (eventuell Zuschüsse zu Unterkunft und Verpflegung der Belegschaft).

d) Wasserversorgung der Baustelle. Bedienung von Pumpanlagen, Hochbehältern u. dgl. Alle im Zusammenhang mit der eigentlichen Bauausführung stehenden Arbeiten für die Wasserversorgung (z. B. Zuleitung zu den Baggern) zählen nicht zu den „allgemeinen Arbeiten".

Bemerkung. Bei diesem Titel ist in der Kostenvorrechnung neben den Lohnkosten der Betriebsstoffverbrauch nicht zu übersehen, wenngleich er gegenüber dem Gesamtverbrauch an Betriebstoffen kaum ins Gewicht fallen wird.

e) Wegeverlegungen, Notbrücken u. dgl. Bei den letzteren wird auch das Materialkonto belastet, was nicht übersehen werden darf.

f) Vermessungsarbeiten. Die Hilfskräfte bei Absteckungsarbeiten aller Art sind hier zu erfassen, während der Vormessungstechniker das Unkostenkonto als Angestellter belastet.

g) Sonstige Arbeiten allgemeiner Art, z. B. Hochwasserschutzarbeiten.

Bemerkung. Auf der Kostenstelle „Werkstättenbetrieb" werden neben Löhnen noch Betriebstoffe, sowie Reparaturmaterialien und Ersatzteile verbraucht. Die Betriebstoffe sind aber ganz geringfügig gegenüber den im Gesamtbetrieb verbrauchten Betriebstoffen. Die verbrauchten Reparaturmaterialien und Ersatzteile zählen bei den „Geräteunkosten" unter die „Geräteunterhaltung".

II. Die Bauausführung im engeren Sinne.

Die Lohnkosten für die *Bauausführung im engeren Sinne* werden in der Nachkalkulation zweckmäßig nach den Titeln des im Bauvertrage enthaltenen Leistungsverzeichnisses (Kostenanschlags) getrennt. Die Schachtmeisterberichte sollen daher möglichst eine eigene Spalte enthalten, worin vom Bauführer die entsprechende Position des Vertrages vermerkt wird („Austitelung").

Die Richtlinien für die Baustellenberichterstattung und Aufstellung der Betriebstabellen müssen bei der Bauausführung im engeren Sinne eine *Trennung nach den wichtigsten Tiefbauarbeiten* erfahren: *Erdarbeiten, Betonarbeiten, Rammarbeiten, Brückenbauten, Maurer- und Steinbrucharbeiten, Schachtungen und Rohrverlegungen* (nachstehend nicht behandelt), *Brunnengründungen und Druckluftgründungen, Stollenbau.*

A. Erdarbeiten.

I. Baggerbetriebe.

Die folgenden Ausführungen beziehen sich in erster Linie auf sog. *Trockenbaggerbetriebe* (Eimerkettenbagger und Löffelbagger) wie sie in Abraumbetrieben, bei Eisenbahn- und Kanalbauten, Flußkorrektionen usw. Verwendung finden. Ihre sinngemäße Anwendung auf Naßbaggerbetriebe (Schwimmbagger) dürfte indessen keine Schwierigkeiten bereiten.

Die Anlage von *Betriebstabellen* erfolgt zweckmäßig für jeden einzelnen Bagger getrennt. Bei gleichartigen Verhältnissen und gemeinsamen Kippen (Einbaustellen) können auch mehrere Baggerbetriebe gemeinsam in *einer* Betriebstabelle geführt werden. Die Betriebstabellen sollen auf

Abb. 116.

ihrer Umschlagseite möglichst nähere Angaben enthalten, welche ein genaues Bild über die Art der Arbeiten geben, also neben Skizzen über die ausgeführten Baggerschnitte Angaben über Bodenbeschaffenheit, Transportentfernung zur Kippe, Steigungen in den Betriebsgleisen, verwandtes Fördergeräte u. dgl. m. In einer eigenen Spalte „Bemerkungen" sind anzugeben die Witterungsverhältnisse, Schwierigkeiten beim Lösen und Einbauen des Materials, Ursachen für Stillstand von Baggern, Art und Beschaffenheit der Kippen (Höhe der Kippen, Verhalten des Bodens beim Kippen, Unterscheidung nach Damm- und Ablagerungskippen, Angabe von Hilfsmitteln wie Einebnungspflügen u. dgl.), Erleichterung der Arbeit durch Wegfall des Transportes (seitliches Aussetzen des gewonnenen Bodens), Angabe des Systems der verwandten Fördergeräte (Selbstkipper usw.). Diese Beschreibung wird zweckmäßig durch Lichtbilder und eine graphische Darstellung der Baggerleistungen unterstützt (Beispiele finden sich in dem Werk von Dr.-Ing. RATJENs „Erfahrungsergebnisse über Trockenbaggerbetriebe").

Die *Lohnzergliederung* bei Erdarbeiten mit Baggerbetrieben erfolgt am besten nach folgenden 3 Titeln:

1. Bagger, 2. Transport und Gleis, 3. Kippe (Einbau).

1. Bagger. Unter diesem Titel, welcher das Lösen und Laden mit dem Bagger umfaßt, wird der Lohnaufwand für folgende Arbeiten wiedergegeben:

a) Baggerschacht. Umfassend die Bedienung des Baggers (bei Löffelbaggern auf Schienenstößen 1 Baggermeister, 1 Löffelzieher, 1 Heizer; bei Eimerbaggern 1 Baggermeister, 1 Maschinist, 1 Heizer), die Vorstrecker bzw. Gleisrücker (bei Löffelbaggern mit Raupen kommt diese Mannschaft in günstigen Fällen in Fortfall. Bei Löffelbaggern mit Schienenstößen sind wenigstens 2 Mann zum Herstellen des Planums und zum Vorlegen der Baggerstöße erforderlich. Beim Eimerbagger kommen hier in Frage die Lohnkosten für Freimachen des Gleises und Rücken des Baggergleises von Hand oder mit Gleisrückmaschinen).

b) Nebenarbeiten. Löhne für Böschungsarbeiten und Sohlenplanie bei Einschnittsbaggerungen, Herstellung von Gräben zur Entwässerung der Baggersohle, Verlegen bzw. Umlegen der Wasserleitungen, welche dem Bagger das Speisewasser zuführen (bei elektrischen Baggern treten an ihre Stelle die Arbeiten an den Fahrleitungsmasten der Stromzuführung.

Bemerkung. Sofern das Lösen nicht unmittelbar durch Bagger erfolgen kann, sondern eine Lockerung des Bodens durch Sprengschüsse oder überhaupt ein *Sprengen des Bodens* erforderlich ist, sind diese Kosten für das Lösen des Bodens den oben genannten Lohnkosten zuzufügen und der Verbrauch an Sprengstoffen bei der Nachkalkulation der Betriebstoffe mit zu berücksichtigen.

2. Transport und Gleis. Unter die Lohnkosten für diesen Titel fallen die Löhne

a) für Transportpersonal im engeren Sinne, d. h. Lokomotivführer, Heizer, Weichensteller, Bremser usw.

b) für Gleisarbeiten, umfassend den Lohnaufwand für Gleisumbauten im Baggerschacht und auf der Kippe, sowie die laufende Gleisunterhaltung (Gleisregulierung) in den Baggerlade- und Transportgleisen. Es wird sich meistens empfehlen, die Gleisrichterstunden gleichmäßig auf die einzelnen Bagger zu verteilen.

Bemerkung. Bei seitlichem Aussetzen des gewonnenen Baggergutes fällt der Titel b) fort. Bei gleislosem Transport, also z. B. bei Verwendung von Drahtseil- oder Kabelbahnen muß statt des Gleispersonals das Bedienungspersonal der Seilbahn (1 Kranführer und das Personal zum An- und Abhängen sowie Verschieben der Krankübel) hier aufgeführt werden.

3. Kippe (Einbau). Dieser Titel umfaßt die Löhne für

a) das Kippersonal, d. h. die Löhne für Kippmeister und Kippkolonnen, deren Besetzung in erster Linie von den Verhältnissen auf der Kippe und der Art des Transportgerätes (Selbstkipper verschiedener Systeme und Wageninhalte, gewöhnliche Holzkastenkipper) abhängt.

b) Nebenarbeiten auf der Kippe. Hierunter fallen die Löhne für Regulierung der Dammböschungen bei Dammschüttungen bzw. für Planiearbeiten bei Ablagerungen.

Bemerkung. Bei *Spülkippen* ist noch die Bedienung der Pumpanlage zu berücksichtigen. Bei Verwendung von *Absetzapparaten* auf der Kippe sind die *Gerätekosten* und Betriebskosten dieser Apparate zu ermitteln. Die Lohnkosten beschränken sich in diesem Fall auf die Löhne für das Bedienungspersonal (1 Baggermeister, 1 Maschinist, 1 Schmierer), für die Arbeiter zum Kippen der Förderwagen und Unterhalten sowie Umlegen der Absetzergleise, Umlegen der Hochspannungsleitungen und Planiearbeiten.

II. Handschächte.

Bei *kleineren Handschächten*, wo der Boden von Hand (oder mittels Sprengung bei festem Gestein) gelöst und auf Kipploren geladen wird, welche mit Hand oder mit Pferden zur Einbaustelle befördert und dort gekippt werden, wird es im allgemeinen genügen, den Lohnaufwand in Lohnstunden je 1 m³ festzustellen.

Bei *Handschächten mit Lokomotivbetrieb*, wie sie beispielsweise im Bahnbau häufig vorkommen, empfiehlt sich, um eine Anwendung der Ergebnisse bei neuen Kalkulationen zu erleichtern, bei der Nachkalkulation in ähnlicher Weise wie bei den Baggerarbeiten eine Unterteilung in folgende 3 Titel:

1. Ladeschacht,
2. Lokomotivbetrieb (Transport und Gleis),
3. Einbau.

Es soll bei dieser Gelegenheit noch besonders darauf hingewiesen werden, daß derartige Nachberechnungen nur dann einen Wert für die Zukunft besitzen, wenn diesen Aufschreibungen eine genaue Beschreibung der Arbeit mit Skizzen und näheren Angaben über Bodenbeschaffenheit, Transportentfernung, Transportgeräte, Steigungen in den Betriebsgleisen, Verhältnissen auf der Kippe usw. beigegeben sind.

III. Wasserhaltungsarbeiten.

Im Zusammenhang mit größeren Erdarbeiten werden sehr häufig *Wasserhaltungsarbeiten* erforderlich. Die Lohnkosten hierfür werden bei

Abb. 117.

der Nachkalkulation, soweit *Einrichtungskosten* (z. B. Anlage eines Pumpenschachts) *und allgemeine Arbeiten* in Frage kommen, nach den früher gegebenen Richtlinien ermittelt, während sie sich für die *Bauausführung im engeren Sinne* (Unterhaltung der Anlagen) wie folgt zergliedern:

1. Löhne für Wartung der Pumpanlagen.

2. Löhne für Reinigung der Pumpenschächte, Offenhalten von Zulaufgräben, Vertiefung von Pumpensümpfen und Anlagen von Drainagen in der Baugrubensohle (bei Bauwerken).

3. Löhne für Erstellung, Unterhaltung und Beseitigung von *Fangedämmen* und ähnliche Arbeiten im Zusammenhang mit der Wasserhaltung.

Durch Zusammenfassung der Ergebnisse aus I, II, III und der Kosten für „allgemeine Arbeiten" erhält man in bestimmten Zeitabständen einen endgültigen *Abschluß der Nachkalkulation für Erdarbeiten*. Die Zusammenstellung solcher Abschlüsse erfolgt am besten auch in Tabellenform. Sollen derartige Monats- oder Vierteljahrsabschlüsse aber ein getreues Bild der Lohnkosten geben, so muß man die Forderung stellen, daß außer den *reinen Löhnen* auch der „*mittlere Stundenlohn*" infolge von Prämienzahlungen, Akkordüberschüssen, Auslösungen, Zulagen u. dgl. Lohnkosten berücksichtigt wird. Der „*mittlere Stundenlohn*" ist nach den Lohnlisten der Lohnbuchhaltung zu ermitteln und in Beziehung zu setzen zum Erdarbeiterlohn. Es gilt dann die Gleichung: Verbrauchte Lohnstunden je 1 m³ Erdbewegung × mittlerer Stundenlohn = Lohnkosten je 1 m³ Bodenbewegung.

Berichterstattung der Baustelle bei Erdarbeiten.

Da nach den früheren Ausführungen die Arbeitsberichte der Schachtmeister und des sonstigen Aufsichtspersonals die Grundlage jeder technischen Nachkalkulation auf Baustellen bilden, sind nachstehend eine Anzahl von *Entwürfen für Vordrucke zu Schachtmeisterrapporten, Baustellenberichten* und *Betriebstabellen* beigegeben, wie sie bei Erdarbeiten Verwendung finden können.

Tagesberichte des Aufsichtspersonals. Für *Baggerarbeiten* empfiehlt sich die Verwendung von 5 verschiedenen Vordrucken für Werkstätte, Maschinenbetrieb (Außendienst), Bagger, Kippen und sonstige Arbeiten (Entladearbeiten, Handschächte usw.) entsprechend den Vordrucken 1 bis 5.

Tagesberichte der Bauleitung an die Zentrale der Unternehmung. Vordruck Nr. 6 zeigt ein Formular für einen solchen Tagesbericht bei Erdarbeiten. Es darf nicht übersehen werden, daß derartige Berichte im Erdbau allerdings eine kleine Ungenauigkeit enthalten, insofern die angegebenen Massen nicht das Ergebnis eines genauen Aufmaßes sind, sondern auf Grund des sog. „Wagenmaßes" (geschätzter Inhalt der Förderwagen) errechnet sind.

Monatsberichte der Baustelle. Sie stellen lediglich einen Auszug aus den *Betriebstabellen* dar. Diese zusammenfassende Übersicht für die Zentrale der Bauunternehmung wird von der Baustelle zweckmäßig in Tabellenform angelegt und ist in dieser gedrängten Form dann nichts anderes als eine *monatliche Nachkalkulation,* welche die Abschlüsse der Betriebstabellen zur Grundlage hat und durch entsprechende Bemerkungen über die besonderen Umstände und Erschwernisse bei den

Nr. 1.

Firma .... *Maschinenbetrieb* (Außendienst)

Tagesbericht Nr. .... vom .... 19........

Wetter .... Baustelle ....

Es waren beschäftigt	Lohnstunden						Gesamtzahl der	
für Bagger	Nr. 1	Nr. 2	Nr. 3	Nr. 4	Nr. 5	Absetz-apparat	h	Arbeiter
Baggerstunden								
Baggermeister .								
Baggermaschinist								
Löffelführer . .								
Klappenschläger .								
Baggerheizer . .								
Summe.								
Lokführer . . .								
Lokheizer. . . .								
Bremser								
Hilfsarbeiter . .								
Summe.								

	Rangier-dienst		Transporte			Handschächte		
	An-zahl	h	t	An-zahl	h	m³	An-zahl	h
Lokführer . . .								
Lokheizer. . . .								
Bremser								
Summe.								

Sonstige Arbeiten	Wasser-leitung					Insgesamt		
	An-zahl	h	An-zahl	h	An-zahl	h	h	Arbeiter
Facharbeiter . .								
Hilfsarbeiter . .								

Der Bauleiter: Der Maschineningenieur: Der Maschinenmeister:

....

Nr. 2.

Firma .... *Werkstätte*

Tagesbericht Nr. .... vom .... 19........

Betriebstunden ....

darunter Überstunden ....   Baustelle ....

Pos.	Es waren beschäftigt	h	Bezeichnung der Arbeiten
......	...... Maschinenmeister		
......	...... Stellmacher . . .		
......	...... Dreher		
......	...... Schlosser		
......	...... Schmiede		
......	...... Zuschläger . . .		
Summe A			
......	...... Hilfsarbeiter . . .		
......	...... Magazingehilfe .		
......	...... Kraftfahrer . . .		
......	...... Wächter		
Summe B.			
Summe A+B			
darunter Überstunden . .			

Reparaturen:

Bagger	h	Lokomotive	h	Sonstige Geräte	h
Nr.		Nr.		...... Wagen	
,, ...		,, ...		Absetzapparat .	
,, ...		,, ...		Planierpflug . .	
,, ...		,, ...			
,, ...		,, ...			
,, ...		,, ...			

Der Bauleiter: Der Maschineningenieur: Der Maschinenmeister:

Nr. 3.

Firma.. **Bagger** *Nr.*...............

Tagesbericht Nr. .... vom .... 19...........

Arbeitsstelle bei Station km .... Baustelle ....

...... Züge mit { ...... Wagen je ...... m³ } = ... m³   Wasserhaltung:.
            { ...... Wagen je ...... m³ }   ...... Pumpen ...... ⌀

Wetter .... Bodenart .... ohne / mit Sprengen

Schichtdauer von ...... bis ...... = ... Betriebstd.   Baggerstd. ....

Pos.	Es waren beschäftigt	-h	Bezeichnung der Arbeiten Bemerkung über Störungen
......	Schachtmeister . .		
......	Mann am Bagger		
......	Böschungsplanierer		
Summe			
	für Gleisarbeiten:		
......	Weichensteller . .		
......	Wagenschmierer		
......	Gleisrichter . .		
......	Arbeiter . . .		
Summe			
	**Wasserabführung:* *Mutterboden abheben:*		Station ....
......	Vorarbeiter . . .		m², ... cm stark = ... m³
......	Arbeiter		Wagen je ...... m³ = ... m³
Summe			
	Sprengarbeiten:		Sprengstoffverbrauch:
......	Schießmeister . .		Art des Sprengstoffes ....
......	Arbeiter		Ladungen à ...... Patronen/kg = ... Patronen/kg
Summe			
	Sonstige Arbeiten:		
......	Vorarbeiter . . .		
......	Arbeiter		
Summe			

* Nicht Zutreffendes zu durchstreichen.

Der Bauleiter: .... Der Bauführer: .... Der Schachtmeister: ....

Nr. 4.

Firma ....   **Kippe**

Tagesbericht Nr. .... vom .... 19...........

Kippe für .... Bagger Nr. .... bei Station ....

...... Züge mit { ...... Wagen je ...... m³ } = ... m³   Baustelle:
            { ...... Wagen je ...... m³ }

Wetter .... Bodenart ....

Schichtdauer von .... bis .... = ... Betriebstunden

Pos.	Es waren beschäftigt	h	Bezeichnung der Arbeiten Bemerkung über Störungen
......	Kippmeister . .		
......	Vorarbeiter . .		
......	Arbeiter . . .		
......	Weichensteller . .		
Summe . . .			

Kippe für .... Bagger Nr. .... bei Station ....

...... Züge mit { ...... Wagen je ...... m³ } = ... m³
            { ...... Wagen je ...... m³ }

Bodenart .... Arbeitszeit .... Betriebstunden

*mit / ohne Pflug ....   *aufgedämmt / ausgekippt

Pos.	Es waren beschäftigt	h	
......	Kippmeister . . .		
......	Vorarbeiter . . .		
......	Arbeiter		
......	Weichensteller . .		
......	für Planieren . .		
Summe			
......	für Gleisvorstrecken		lfd. m ...... mm Spur
......	für Gleisabbrechen		lfd. m ...... mm Spur
Summe			

* Nicht Zutreffendes zu durchstreichen.

Der Bauleiter: .... Der Bauführer: .... Der Schachtmeister: ....

Arbeiten zu ergänzen ist. Die Massenermittlung erfolgt hier, zumindest in 2- bis 3monatlichen Zeitabständen, durch „Aufmaß" zur Ausschaltung der zuvor erwähnten Ungenauigkeit. Die Vordrucke Nr. 7 bis 10 geben Anhaltspunkte, wie der Kopf von *Betriebstabellen für große Erdarbeiten* angelegt werden kann. Der *Kopf der Tabellen* braucht bei Anlage in Heftform, die sich unbedingt empfiehlt, natürlich *nur einmal* geschrieben werden.

Die einzelnen *Monatsabschlüsse* können dann unter Benützung des gleichen Kopfes am Schluß des Heftes zusammengestellt werden, so daß dann in jedem Augenblick ein Abschluß der Betriebstabelle, d. h. eine technische Nachkalkulation der betreffenden Arbeit vom Zeitpunkt des Baubeginnes bis zum Abschluß möglich ist. Bei Anlage empfiehlt sich Anpassung an den Bauvertrag und die Eigentümlichkeiten der jeweiligen Arbeit. Der Anfänger muß davor gewarnt werden, Betriebstabellen zu sehr ins einzelne gehend zu entwerfen, da sich in diesem Fall der Arbeitsaufwand nicht lohnt und nur die Übersicht leidet.

Nr. 5.

Firma ....   **Sonstige Arbeiten**

Tagesbericht Nr. .... vom .... 19 ....

Wetter ....   Baustelle ....

Schichtdauer von .... bis .... = ... Betriebstunden

Pos.	Es waren beschäftigt	h	Bezeichnung der Arbeiten		
	Auslade- und Transport-Arbeiten:		*Entladene Waggons*		
			Anzahl	Ges.-Gew. t	Ladegut
....	.... Schachtmeister . . .	....	....	....	....
....	.... Vorarbeiter	....	....	....	....
....	.... Arbeiter	....	....	....	....
Summe		....	....	....	....
	Handschacht:		.... Wagen je .... m³ = ... m³.		
....	.... Vorarbeiter	....			
....	.... Arbeiter	....			
Summe					
....	.... Schachtmeister . .	....			
....	.... Vorarbeiter	....			
....	.... Arbeiter	....			
....	.... Vorarbeiter	....			
....	.... Arbeiter	....			
....	.... Vorarbeiter	....			
....	.... Arbeiter	....			
....	....	....			
....	....	....			
....	....	....			
....	....	....			
Gesamtsumme		....			

Tagelohnarbeiten sind besonders aufzuführen.

Der Bauleiter: ....   Der Bauführer: ....   Der Schachtmeister: ....

Nr. 6.

Tagesbericht vom .... 19........... Nr. ....   Baustelle ....

Wetter .... Schichtdauer von .... bis .... = ... Betriebstunden   Bauleiter ....

Aufgewandte Lohnstunden für:

Bezeichnung der Arbeit und Arbeitsstelle	Position	Baggerschacht				Transport				Gleisbau und Gleisunterhaltung				Kippbetrieb				Wasserhaltung			Sonstige Arbeiten				Summe der Lohnstunden	Leistungen	Einheit	Lohnstunden je Einheit	Kosten je Einheit RM.	Anzahl der Arbeiter
		Aufsicht	Facharbeiter	Arbeiter	Zusammen	Aufsicht	Facharbeiter	Arbeiter	Zusammen	Aufsicht	Facharbeiter	Arbeiter	Zusammen	Aufsicht	Facharbeiter	Arbeiter	Zusammen	Facharbeiter	Arbeiter	Zusammen	Aufsicht	Facharbeiter	Arbeiter	Zusammen						

Bemerkungen: ....

Nr. 7. I. Einrichtungsarbeiten.

Datum 1941	1 Antransport und Entladen von Geräten und Betriebstoffen				2 Gleisbau, erstmalig		3 Aufstellen von Baracken				4 Herrichten des Lagerplatzes				5 Einrichtung der Werkstatt				6 Wasserversorgung			7 Aufbau der Geräte		8 Einrichtung einer Kraftzentrale			9 Sonstige Einrichtungsarbeiten			10 Summe 1. bis 9.			11 Bemerkungen
	t	Facharbeiter h	Arbeiter h	Gesamt h	lfd. m	Arbeiter h	m²	Facharbeiter h	Arbeiter h	Gesamt h	Schachtmeister h	Vorarbeiter h	Arbeiter h	Gesamt h	Maschinenmeister h	Facharbeiter h	Arbeiter h	Gesamt h	Facharbeiter h	Arbeiter h	Gesamt h	Bagger Nr. h	Bagger Nr. h	Facharbeiter h	Arbeiter h	Gesamt h	Facharbeiter h	Arbeiter h	Gesamt h	Facharbeiter h	Arbeiter h	Gesamt h	
1. 1.																																	
2. 1.																																	

Nr. 8. II. Bauausführung. 1. Allgemeine Arbeiten.

Datum	1	2	3				4	5	4 + 5		6	7			8		
	Ver-messung	Wege-verlegung und Notbrücken	Wasserversorgung				Reparatur-werkstatt	Lagerplatz, Magazin, Wache, Kraftfahrer			Bedienung der Kraft-zentrale	Sonstige allgemeine Arbeiten			Summe 1 + 2 + 3 + 4 + 5 + 6 + 7		
			Fach-arbeiter	Ar-beiter	Gesamt						Fach-arbeiter	Fach-arbeiter	Ar-beiter	Gesamt	Fach-arbeiter	Ar-beiter	Gesamt
	h	h	h	h	h.	m³	h	h	h	h/m³	h	h	h	h	h	h	h

Nr. 9. Pos. 1. Erdarbeiten.

Datum 1941	Handschacht			Baggerarbeiten																						Baggerarbeiten insgesamt						Erdarbeiten insgesamt			Bemerkungen
				Bagger Nr.						Bagger Nr.						Bagger Nr.																		
					h						h						h						h					
	m³	h	h/m³	m³	Bagger	Transport und Gleis	Kippe	Insgesamt	h/m³	m³	Bagger	Transport und Gleis	Kippe	Insgesamt	h/m³	m³	Bagger	Transport und Gleis	Kippe	Insgesamt	h/m³	m³	Bagger	Transport und Gleis	Kippe	Insgesamt	h/m³	m³	h	h/m³	
2. 1.																															
3. 1.																															

Nr. 10. Nachkalkulation von Erdarbeiten. III. Wasserhaltungsarbeiten.

Allgemeine Angaben				1				2			3			Wasserhaltung 1 + 2 + 3			Bemerkungen (über Versagen von Pumpen, Dammbrüche usw.) Beschreibung der Anlage (mit Photo oder Skizzen)
				Wartung der Pumpanlagen				Pumpenschacht, Gräben, Drainagen usw.			Fangedämme u. dgl.						
Datum 1941	Wetter	Anzahl der Pumpen	Ø der Saug-rohre	Be-trieb-stunden	Maschi-nist	Ar-beiter	Ins-gesamt	Fach-arbeiter	Ar-beiter	Ins-gesamt	Fach-arbeiter	Ar-beiter	Ins-gesamt	Fach-arbeiter	Ar-beiter	Ins-gesamt	
				h	h	h	h	h	h	h	h	h	h	h	h	h	
1. 1.																	
2. 1.																	

B. Betonarbeiten.

Im Ingenieurbau begegnen wir Betonarbeiten beim Bau von Krafthäusern, Schleusen, Wehranlagen, Brücken, Talsperren, Stützmauern usw. Wenn auch in der Praxis bei Bauverträgen die Betonarbeiten nur in Verbindung mit anderen Bauleistungen zusammen vorkommen (Erdaushub, Rammarbeiten u. dgl.), so sollen nachstehend doch nur die *reinen Betonarbeiten* mit den dazugehörigen Hilfsarbeiten Berücksichtigung finden. Für den Baugrubenaushub großer Betonwerke gilt das unter A. über Erdarbeiten Gesagte, für Rammarbeiten der Abschnitt C usw.

Die reinen Betonarbeiten lassen sich bei Betonbauten, gleichgültig welche Bauverfahren für den Einbau und die Förderung der Betonmassen zur Verwendung kommen, gleichermaßen in folgende Einzelleistungen auflösen, welche bei der *Nachkalkulation der Löhne* auch zweckmäßig zu trennen sind:

Abb. 118.

1. Einrichtung und Abräumung der Baustelle, nach den S. 373 gegebenen Richtlinien.

Der „Aufbau der Geräte" bei Betonarbeiten bezieht sich auf die Aufstellung und Wiederentfernung von Aufbereitungsanlagen, Betonmaschinen, Betonaufzügen, Gießturmanlagen, Turmdrehkranen, Kabelbahnen usw. Die *Kraftversorgung der Baustelle* ist bei größeren Betonbaustellen, wo zumeist der elektrische Antrieb gewählt wird, besonders zu beachten. Denn die Einrichtung des Stromanschlusses (Transformatorenanlage) und der ganzen elektrischen Anlagen verursacht ganz beträchtliche Kosten, nicht nur an Löhnen, sondern auch an Gerätekosten (Materialinvestierungen).

2. Allgemeine Arbeiten, nach den auf S. 375 gegebenen Richtlinien.

3. Schalarbeiten. Diese zerfallen in

a) Einschalen, umfassend das Herrichten der Schalungen oder Schaltafeln, die Beförderung derselben zur Verwendungsstelle und das Aufstellen der Schalung.

b) Ausschalen, umfassend die Abnahme der Schalungen nach Erhärtung des Betons, Ausnageln der Hölzer, Reinigen sowie Sortieren und Rücktransportieren des verbliebenen Holzes zu einer Stapelstelle.

Bemerkung. Die Vornahme der Abschreibungen für *Bauhilfstoffe* (Schalholz, Draht, Nägel usw.), welche bei Schalarbeiten von Wichtigkeit ist, kann nur im Benehmen mit der kaufmännischen Nachkalkulation nach Baubeendigung vorgenommen werden. Immerhin empfiehlt es sich für die Bauleitung, auch ihrerseits Feststellungen über den *Verbrauch einzelner Bauhilfstoffe, bezogen auf 1 m² Schalung,* machen zu lassen. Zu beachten ist ferner, daß die mit dem *Antransport und der Stapelung des Schalholzes* sowie mit dem *Rücktransport* (Aufladen an der Baustelle und Wiederabladen und Stapeln im Gerätehof der Unternehmung, sowie Frachten) *nach dem Lagerplatz* verbundenen Lohnkosten nicht vergessen werden.

4. Betonieren. Der hierauf bezügliche Arbeitsprozeß zerfällt in Erzeugung (Herstellung), Förderung und Einbau der Betonmassen. Bei der Nachberechnung der Löhne wird es zumeist den Bedürfnissen der Praxis genügen, die Lohnkosten der genannten drei Teilarbeiten zusammenzufassen. Das Betonieren zerfällt demnach in

a) Herstellung des Betons, umfassend das Ausladen, Lagern und Heranschaffen von Bindemitteln und Zuschlagstoffen vor die Betonmischmaschinen, sowie Bedienung der Mischmaschinen und Aufbereitungsanlagen.

Bemerkung. Es ist hier vorausgesetzt, daß die Zuschlagstoffe nicht an Ort und Stelle gewonnen werden können, sondern „frei Verwendungsstelle" geliefert werden. Für den Fall der *Gewinnung auf der Baustelle* gelten die für Erdarbeiten aufgestellten Richtlinien. Auch das *Waschen der Zuschlagstoffe,* sofern es auf der Baustelle geschieht, darf nicht übersehen werden.

b) Fördern des Betons, in horizontaler oder vertikaler Richtung mit Lokomotiven, Aufzügen, Kabelbahnen, Gießtürmen, Förderbändern oder mit Loren von Hand.

c) Einbau des Betons, umfassend die Abnahme, das Verteilen und Stampfen bzw. Einrühren und Einrütteln der Betonmassen.

Bemerkung. Bei Stampfbetonarbeiten muß unter dem Titel „Fördern des Betons" auch das „Rüsten" berücksichtigt werden, worunter das Verlegen und Umlegen von Betongleisen innerhalb des Bauwerks, das Herrichten von einfachen Holzrutschen oder Hosenrohren und ähnliche vorbereitende Arbeiten verstanden werden.

5. Herstellung großer Transport- und Lehrgerüste. Die Herstellung derartiger Gerüste kann bei großen Bauwerken (wie z. B. Krafthausern und Betonbogenbrücken) ganz beträchtliche Lohnkosten verursachen. Bei der Nachkalkulation der Löhne für solche Gerüstarbeiten wird zweckmäßig die folgende Dreigliederung des Arbeitsprozesses vorgenommen:

a) Abbinden des Gerüstes, umfassend das Abladen, Sortieren und Abbinden des Gerüstholzes auf einem zu diesem Zweck hergestellten Lehrboden (Kosten der Erstellung des Lehrbodens nicht vergessen!).

b) Aufstellen des Gerüstes, umfassend den Transport des abgebundenen Gerüstholzes zur Verwendungsstelle und Zusammenfügen der Hölzer an Ort und Stelle.

c) Abbruch des Gerüstes, zuzüglich Rücktransport der nach dem Abbruch verbleibenden Hölzer.

Trotzdem bei der Kostenvorrechnung diese Dreiteilung kaum Verwendung findet, sondern vielmehr meist nur der gesamte Lohnaufwand für die Herstellung von Gerüsten in *Lohnstunden je 1 m³ Holz des fertig abgebundenen Gerüstes* geschätzt wird, empfiehlt sich trotzdem auf der Baustelle aus Gründen der Betriebskontrolle bei der Kostennachrechnung die Unterteilung in die drei Teilarbeiten. Über Kosten von Transport- und Lehrgerüsten siehe Abschnitt XVII, S. 262 f.

Bemerkung. Die Höhe der *Abschreibung* für den „Verbrauch an Holz und Kleineisenzeug" hängt vor allem auch von der Möglichkeit einer baldigen Wiederverwendung des zurückgewonnenen Holzes ab. Die Kosten für den Rücktransport des zurückgewonnenen Holzes zum Lagerplatz sind bei der Vorkalkulation nicht zu übersehen!

6. Rundeisenbewehrung. Die Herstellung der Bewehrung mit Rundeisen bei Eisenbetonarbeiten wird in der Kostennachrechnung (ebenfalls mit Rücksicht auf die Betriebskontrolle und weniger zu Zwecken der Kostenvorrechnung) zweckmäßig in folgende zwei Teilarbeiten zergliedert:

a) Biegen der Eisen, umfassend das Abladen, Sortieren, Schneiden und Biegen der Rundeisen.

b) Verlegen der Eisen, umfassend den Transport der gebogenen Eisen zur Verwendungsstelle und Flechten der Bewehrung auf den Schalungen.

Da die Kosten für Bewehrungsarbeiten wesentlich von den maschinellen Hilfsmitteln für Schneiden und Biegen der Rundeisen abhängen, ist ein Vermerk hierüber in den Aufzeichnungen der Betriebstabellen erforderlich.

Bemerkung. Feststellungen über *Materialverbrauch* auf der Baustelle haben sich hier zu erstrecken einerseits auf den *Eisenverschnitt* in Prozent des Liefergewichts und andererseits auf den Verbrauch an *Flechtdraht je 1 kg verlegtes Rundeisen.*

7. Wasserhaltung (während der Ausführung der Betonarbeiten, einschließlich der Herstellung von Drainagen auf der Fundamentsohle). Man vergleiche dazu die Ausführungen III, Seite 379, A. Erdarbeiten.

Bemerkung. Betonarbeiten enthalten vielfach die verschiedenartigsten Bauteile (Fundamente, Stützmauern, Turbinenkammern, Saugschläuche, Kranbahnträger usw.) an ein und demselben Bauwerk. Da der Arbeitsaufwand je 1 m^3 Beton für die verschiedenen Bauteile ein sehr verschiedener sein wird, so sind *nur gleichartige Bauteile* in der Nachkalkulation gemeinsam aufzuführen und im übrigen möglichst eine *scharfe Trennung nach Bauteilen* durchzuführen. Erst nach Beendigung der ganzen Bauarbeiten kann man noch alle die verschiedenen Betonarbeiten zusammenfassen und den *Arbeitsaufwand je 1 m^3 Betonmasse* ermitteln. Bei gleichartigen Bauwerken wie z. B. Schleusen, Brückenwiderlager u. dgl. kann in manchen Fällen schon eine Trennung nach Fundamentbeton und aufgehendem Beton genügen.

Bauberichterstattung bei Betonarbeiten.

Die Anlage von *Betriebstabellen* macht nach den obigen Ausführungen keine Schwierigkeiten.

Der *Monatsbericht* gibt auch lediglich eine übersichtliche tabellarische Zusammenstellung der Monatsabschlüsse der Betriebstabellen und ist möglichst durch graphische Darstellungen über den *Baufortschritt* zu ergänzen. Der errechnete „*mittlere Stundenlohn*" ist anzugeben.

Hinsichtlich der *Polierberichte* empfiehlt sich für größere Betonbaustellen ebenfalls der Entwurf verschiedener Vordrucke für die Tagesberichte der Poliere entsprechend dem besonderen Charakter der Baustelle. Außer einem Vordruck für den Bericht des Maschinenmeisters, aus welchem die Lohnstunden für den *Werkstattbetrieb* wie auch für die *Bedienung der maschinellen Anlagen* ersichtlich ist, und einem Formular für *verschiedene Arbeiten* (Entladearbeiten, Gleisarbeiten, Transporte usw.) empfiehlt sich noch der Entwurf von zwei weiteren Formularen für die eigentlichen Betonarbeiten, und zwar *ein Vordruck für Betonpoliere* (Betonieren und Armieren) und *ein Vordruck für Zimmerpoliere* (Schal- und Gerüstarbeiten). Die Vordrucke Nr. 11 und 12 können als Muster dienen.

Nr. 11. Betonarbeiten.

Firma ....
Beton- (Maurer-) Polier ....   Zementverbrauch .... Sack.   .... t Armierung

Tagesbericht Nr. .... vom .... 19.....   Betonmaschine Nr. .... l Mischungen 1: ...... = ... m³   .... m² Glattstrich

Wetter ....   Betonmaschine Nr. .... l Mischungen 1: ...... = ... m³   .... m² Putz

Schicht Nr. .... von .... bis .... Uhr   Betonmaschine Nr. .... l Mischungen 1: ...... = ... m³   .... m² Mauerwerk

.... Betriebstunden   Betonmaschine Nr. .... l Mischungen 1: ...... = ... m³   .... Stück Ziegel

Pos.	Beschreibung der Arbeit	Mengen (Leistung)		Lohnstunden							Insgesamt Arbeiter				h je Einheit
				Polier	Vor-arbeiter	Maurer	Beto-nierer	Ma-schinist	Fach-arbeiter	Hilfs-arbeiter	Zahl	Fach-arbeiter	Hilfs-arbeiter	Gesamt	
			Arbeiterzahl ·h												
			Arbeiterzahl h												

Bemerkungen: ....

Bauführer: ....   Bauleiter: ....

Nr. 12. Zimmerarbeiten.

Firma ....
Zimmerpolier ....

Tagesbericht Nr. .... vom .... 19......
Geschalte Fläche:

Wetter ....
vorbereitet aufgestellt ausgeschalt   Bauteil

Schicht Nr. .... von .... bis .... Uhr
.... m²   .... m²   .... m²   ....

.... Betriebstunden
.... m²   .... m²   .... m²   ....

...... Bandsägestunden ...... Kreissägestunden
.... m²   .... m²   .... m²   ....

Nägel .... kg   Schaldraht .... kg

Holzkonstruktionen:

	abgebunden		aufgestellt (abgebrochen)		Bezeichnung der Konstruktion
	lfd. m	m²	lfd. m	m²	

Nägel .... kg, Schrauben .... kg, Klammern .... kg

Pos.	Beschreibung der Arbeit	Menge		Lohnstunden						Insgesamt Arbeiter				h je Einheit
				Polier	Vor-arbeiter	Zimmer-leute	Ma-schinist	Fach-arbeiter	Hilfs-arbeiter	Zahl	Fach-arbeiter	Hilfs-arbeiter	Gesamt	
			Arbeiterzahl h											
			Arbeiterzahl h											

Bemerkungen: ....

Bauführer: ....   Bauleiter: ....

C. Rammarbeiten.

Rammarbeiten kommen in der Ingenieurpraxis hauptsächlich vor bei Gründungen aller Art als Spundwandrammungen hölzerner oder eiserner Spundwände zur dauernden oder vorübergehenden Sicherung von Fundamenten gegen Unterspülen, zur Umschließung von Baugruben und als Pfahlrammungen bei Pfahlgründungen. Betriebstabellen für Rammarbeiten müssen in erster Linie eine genaue Beschreibung der Arbeit enthalten mit Angaben über Beschaffenheit des Untergrundes, Wasserstand, Art und Abmessungen der verwandten Bohlen oder Pfähle, Konstruktionsart der verwandten Ramme usw.

Abb. 119.

Bei der *Nachkalkulation der Löhne* kann man den Arbeitsprozeß in folgende Teilarbeiten zerlegen:

1. Einrichtungs- und Aufräumungsarbeiten. Beischaffen, Aufbau und Abbau der Ramme, des Rammgleises und sonstiger Geräte (Kran zum Hochheben der Pfähle u. dgl.).

2. Allgemeine Arbeiten. Solche fallen eigentlich nur bei sehr großen Rammarbeiten an, wo sich der Bauauftrag hauptsächlich auf Rammarbeiten beschränkt. Dann gelten die früher gegebenen Richtlinien. Wo indessen Rammarbeiten im Zusammenhang mit Erd- oder Betonarbeiten zur Ausführung kommen, belastet man mit den „allgemeinen Arbeiten" die Hauptleistung des Vertrages und nicht die Rammarbeiten.

3. Herstellung von Rammgerüsten und Abbruch derselben.

4. Rammen von Spundwänden und Pfählen. Diese Arbeitsleistung besteht aus folgenden Teilarbeiten:

a) Beischaffen der Spundbohlen oder Pfähle zum Lagerplatz.

b) Zuspitzen der Bohlen oder Pfähle bzw. Versehen mit Pfahlschuhen.

c) Zusammenfassen der Bohlen zu Rammelementen und Rammen der Spundwände oder Pfähle einschließlich Anbringen von Führungszangen, Legen und Verlegen des Rammgleises sowie Drehen der Ramme an den Ecken und Verschieben der Ramme.

5. Abschneiden der Spundwände oder Pfähle bzw. *Ziehen der Spundwände* nach Gebrauch (oder Bearbeiten des Pfahlkopfes von Eisenbetonpfählen mit dem Drucklufthammer).

Die Angabe der Leistung erfolgt bei Spundwänden nach *m^2 gerammter Fläche*, bei Pfählen nach *stgd. m gerammtem Pfahl*. Die Lohnstunden sind bei der Nachkalkulation nach Facharbeitern und Hilfsarbeitern zu trennen (zwecks Errechnung des „mittleren Stundenlohns") und als Schlußergebnis der *Lohnaufwand in h/m^2* bzw. *$h/stgd. m$* zu ermitteln.

Ergänzend ist auf der Baustelle der Betriebstoffverbrauch (Kohle und Schmiermittel) festzustellen, und zwar am besten in kg/m^2 bzw. $kg/stgd.\ m$ auszudrücken, wodurch sich eine Wiederverwendung der Ergebnisse bei der Kostenvorrechnung erleichtert, da diese Werte bei ähnlichen Arbeiten und Rammgeräten wenig voneinander abweichen.

Bauberichterstattung bei Rammarbeiten.

Nach der vorausgegangenen Anleitung dürfte die Anlage von *Betriebstabellen* und *Monatsberichten* bei Rammarbeiten keine Schwierigkeiten machen. Bezüglich der *Rammeisterberichte* empfiehlt sich bei großen Rammarbeiten der Entwurf eines besonderen Vordruckes, während bei kleineren Rammarbeiten im Rahmen sonstiger großer Bauarbeiten ein einfaches Berichtformular, etwa nach Vordruck Nr. 13, genügt. Die Nachberechnung der *Herstellung von Eisenbetonpfählen* erfolgt nach den für Eisenbetonarbeiten gültigen Gesichtspunkten.

Nr. 13.

Firma .... Baustelle ...., den .... 19..........

Tagesbericht Nr. .... des Schachtmeisters .... Wetter ....

Schichtdauer von .... bis .... Uhr Leistung .... Wagen zu .... m^3 = ... m^3

Pos.	Leistung	Benennung der Arbeit	Arbeiter-zahl Sch./F./A.	Lohnstunden				h je Einheit
				Schacht-meister	Fach-arbeiter	Ar-beiter	Ins-gesamt	
			1/2/15					

Bemerkungen: ....

....

.... Bauführer: ....

D. Stollenbau.

Die *Einrichtung von Stollenbaustellen* besteht neben den üblichen Barackenbauten vor allem in der Erstellung der maschinellen Anlage (Kompressorenstation, Ventilatoren usw.), einer kleinen Werkstätte (zum Schärfen der Bohrer und für die Reparatur der Förderwagen), sowie in der ersten Anlage der Fördergleise und Druckluftleitungen (auch elektrische Leitungen). Die Unterhaltung dieser Anlagen während des Baues zählt in der Nachkalkulation mit zu den „allgemeinen Arbeiten".

Bei der Nachkalkulation der Löhne für die *Bauausführung im engeren Sinne* kann das folgende *Kostenschema* als Grundlage für die Anlage von Betriebstabellen dienen. Alle Nachberechnungen von Löhnen und Material (Baumaterialien, Betriebstoffe, Sprengstoffe) haben sich auf *1 lfd. m Stollen* von ... m^2 Querschnitt und außerdem auf *1 m^3 Ausbruchmasse* zu beziehen. In beiden Fällen ergeben sich je nach der Bodenart und den sonstigen örtlichen Verhältnissen (Gesteinshärte, Stollenlänge, Druckverhältnisse im Stollen usw.) charakteristische Zahlenwerte.

Kostenschema.

I. Stollenausbruch.

1. Gewinnen des Ausbruchs, bestehend aus dem

a) Bohren der Bohrlöcher, Laden, Schießen und Lüften

.... Häuerstunden.

b) Schuttern, d. h. Beseitigen und Aufladen des durch Schießen gewonnenen Materials in Förderwagen

.... Schlepperstunden.

2. Fördern des Ausbruchmaterials, umfassend die Lohnkosten für den Transport im engeren Sinne zuzüglich der erforderlichen Gleisarbeiten. Diese Arbeiten entsprechen dem Titel „Transport und Gleis" bei Erdarbeiten. In der Nachberechnung erscheinen also

.... Lokomotivführerstunden,

(........ Pferde- und Pferdeführerstunden),

.... Gleisrichterstunden.

3. Kippen der Förderwagen .... Tiefbauarbeiterstunden.

Zimmerarbeiten.

Die Lohnkosten für die Stollenverzimmerung werden zweckmäßig bei der Nachberechnung auf 1 lfd. m Stollen und außerdem 1 m³ Rundholz (bzw. 1 lfd. m Rundholz von ... cm Stärke) bezogen.

4. Einbau der Stollenzimmerung

...... Zimmerpolierstunden + ... Zimmererstunden.

Zur Ermittlung des *Materialverbrauchs* ist das *tatsächlich verbrauchte Holz in m³ und Kleineisenzeug in kg* (Klammern u. dgl.) nach Baubeendigung festzustellen, so daß sich Erfahrungswerte ergeben, mit *wievielmaliger Verwendung des Holzes* gerechnet werden kann.

II. Stollenauskleidung.

5. Betonierungsarbeiten (s. auch unter „Betonarbeiten") bezogen auf 1 m³ Beton

...... Facharbeiterstunden + ... Hilfsarbeiterstunden.

6. Schalarbeiten für die Stollenauskleidung bezogen auf 1 m² geschalte Fläche

.... Zimmererstunden.

(Materialverbrauch für *Lehrgerüste* beachten!).

7. Rundeisenbewehrung bezogen auf 1 t Bewehrungseisen

...... Facharbeiterstunden.

8. Putzarbeiten, bezogen auf 1 m² geputzte Fläche

...... Maurerstunden.

Bemerkung. Bei der Nachberechnung der *Materialkosten* von Stollenbauten ist vor allem wichtig die Ermittlung des *Sprengstoffverbrauchs* (... kg Sprengstoff, ... Stück Zündkapseln, ... lfd. m Zündschnur) wie auch des *Karbid- und Stromverbrauchs* für die Beleuchtung der Baustelle.

Bei der Nachberechnung der *Geräteunterhaltung* (Materialkosten hierfür: Reparaturmaterialien und Ersatzteile, Kleingeräte und Werkzeuge. Lohnkosten: Werkstattlöhne) ist der Verschleiß an Bohrern, Kleineisenzeug für Gleise,

Rohrleitungen usw. zu ermitteln. Diese Feststellungen ergeben sich indessen leichter aus der kaufmännischen Nachkalkulation (man vgl. das Kapitel „Kaufmännische Nachkalkulation").

Bauberichterstattung für Stollenbauten.

Für den *Schießmeisterbericht* genügt ein einfaches Berichtformular (ähnlich Vordruck Nr. 13). Für die Stollenzimmerung und Schalungsarbeiten kann Formular. Nr. 12, für Betonierarbeiten gegebenenfalls Vordruck Nr. 11 zweckmäßig Verwendung finden. Zur Orientierung des Bauleiters kann ein Betriebsbericht (Kopf nach Vordruck Nr. 14) dienen, welcher täglich von den Schichtbauführern anzufertigen ist.

Nr. 14[1].

Tagesbericht vom .... 19............ 24 h ....-stollen

Datum	Zahl der Betriebsstunden	Zahl der Angriffe	1. Bohren					2. Laden und Schießen						
			Je 1 Angriff durchschnittlich	Bohrloch			Reine Bohrzeit	Lohnkosten Häuer		Reine Zeit		Sprengstoffverbrauch		Schießmeister	Feuerwerker
				d mm	Zahl	Länge		Zahl	h	für Laden und Schießen	für Lüften	kg	Zündschnur	Zündkapseln	
			h				h			h	h		m	Stück	h	h

Reine Zeit für Schuttern	3. Schuttern und Fördern einschließlich Kippen									Stollenfortschritt		4. Einbau (und Ausbau)						
	Schlepper		Beladene Wagen		Förderpersonal Lokomotivführer		Kipppersonal				Rundholz			Zimmerer		Zimmererstunden	
	Zahl	h	Zahl	m³ Ausbruch	Zahl	h	Mann	h	m	m³	lfd. m	d cm	m³	Zahl	h	je lfd. m	je m³
h																	

5. Löhne und Betriebstoffe aus 1. bis 4.							Sprengstoff	Bemerkungen über Temperatur, Betriebstörungen, Wasserverhältnisse, Lagerung des Gesteins usw.
insgesamt			je 1 m³ Ausbruch					
Meister	Facharbeiter	Tiefbauarbeiter	Meister	Facharbeiter	Tiefbauarbeiter	Gesamt		
h	h	h	h	h	h	h	kg	

---

[1] Der zu diesem Formular gehörende Kopf ist aus satztechnischen Gründen in 3 Teilen untereinander angeordnet worden. Der Kopf ist wie üblich fortlaufend von links zu lesen.

E. Brückenbauten.

Brückenbauten sind in der Praxis stets mit anderen Bauarbeiten verknüpft, welche mit der eigentlichen Brückenkonstruktion nichts zu tun haben. (Die Gründungsarbeiten, umfassend den Erdaushub sowie Pfeilerschachtung, Widerlager- und Pfeilerbetonierung, Rammarbeiten, Wasserhaltung u. dgl. m.) Diese Arbeiten sind bereits an anderer Stelle behandelt. Es soll also nur die *reine Brückenkonstruktion* ins Auge gefaßt werden.

An *Brückenkonstruktionen* unterscheidet man Holzbrücken, eiserne Brücken und Massivbrücken, welche bei der Nachkalkulation auch eine getrennte Behandlung erforderlich machen. Zwar gelten für Betonbrücken im allgemeinen die Ausführungen des Kapitels B., „Betonarbeiten". Indessen erscheint es doch zweckmäßig, mit Rücksicht auf die große Verschiedenheit der einzelnen Betonarbeiten bei Brückenbauten und mit Rücksicht auf die sonstigen dabei vorkommenden Arbeiten, die maßgebenden Gesichtspunkte für die Nachkalkulation vorzuführen.

I. Holzbrücken.

Hier und auch bei den folgenden Konstruktionen wird nur die *Bauausführung im engeren Sinne* berücksichtigt, während für die Einrichtungsarbeiten und allgemeinen Arbeiten (Herstellung des Reißbodens beachten!) die früher gegebenen Richtlinien Gültigkeit haben.

Bei der *Nachkalkulation der Löhne* für die Herstellung der Holzkonstruktion von Holzbrücken wird man unterscheiden:

a) Abbinden der Hölzer, umfassend das Abladen, Sortieren und Abbinden der Hölzer auf einem Reißboden.

b) Aufstellen der Holzkonstruktion, umfassend den Transport des abgebundenen Holzes zur Verwendungsstelle und Zusammenfügen der Hölzer.

Die verbrauchten Löhne sind im Schlußergebnis der Nachrechnung auf *1 m³ fertige Holzkonstruktion* zu beziehen.

Bemerkung. Bei größeren Fachwerkbrücken kann als dritte Leistung die Aufstellung von *Montagegerüsten* (Hilfsgerüsten) in Frage kommen. Für diese gilt das über Transportgerüste bei Betonarbeiten Gesagte.

II. Stahlbrücken.

Da üblicherweise die einzelnen Konstruktionsteile von Stahlbrücken aus der Werkstatt fertig zur Montage auf die Baustelle gelangen, besteht die Aufgabe der Baustelle bei Erfassung der Kosten für die Bauausführung im engeren Sinne nur darin, die *Kosten der Aufstellung an Ort und Stelle* zu erfassen. Es gilt daher, den *Lohnaufwand* für folgende Teilarbeiten zu ermitteln:

a) Herstellung von Montagegerüsten. Diese Arbeiten werden in gleicher Weise behandelt wie die Herstellung von Transport- und Lehrgerüsten bei Betonarbeiten.

b) Aufstellung der Stahlkonstruktion. Diese umfaßt den Transport der Konstruktionsteile zur Verwendungsstelle, Vernietung, Verschraubung oder Schweißung der einzelnen Teile sowie Bedienung der erforderlichen maschinellen Anlagen (Preßluftanlage, Krane usw.).

c) Ölfarbenanstrich der *Stahl*konstruktion.

Zum Schluß erfolgt die Umrechnung des *Lohnaufwands* (fast ausschließlich Facharbeiter) auf *1 t Konstruktionsgewicht.*

III. Beton- und Eisenbetonbrücken.

Man kann *Betonbrücken* in konstruktiver Hinsicht unterteilen in

a) Eisenbetonbalken- und Rahmenbrücken,

b) Bogenbrücken (mit oder ohne Eiseneinlagen).

Bei Eisenbetonbogenbrücken in aufgelöster Konstruktion vereinigen sich die beiden Typen, insofern der obere Teil mit der Fahrbahn eine Eisenbetonbalkenbrücke und der untere Teil eine Bogenbrücke darstellt. Bei beiden Brückentypen umfaßt die Bauausführung im engeren Sinne für die Herstellung der eigentlichen Brückenkonstruktion folgende Bauteile:

1. Fundamentbeton (s. „Betonarbeiten").
2. Widerlager- und Pfeilerbeton.
3. Gewölbebeton

    a) Betonieren und Rüsten ..... h/m³.
    b) Hilfsgerüste ..... Zimmererstunden.
    c) Lehrgerüste ..... Zimmererstunden.
    d) Armieren des Bogens ..... h/t.

4. Überbeton

    a) Betonieren ..... h/m³.
    b) Schalen ..... Zimmererstunden/m².

Bzw. 4a. Fahrbahnbetonierung

    a) Betonieren und Rüsten ..... h/m³.
    b) Schalen ..... Zimmererstunden/m².
    c) Fahrgerüste ..... Zimmererstunden.
    d) Armieren ..... h/t.

5. Glattstrich der Fahrbahn ..... Maurerstunden/m².
6. Vorsatzbeton ..... h/m².
7. Konsolbeton und Abdeckplatten ..... h/m³ und ..... h/m.
8. Brüstungsbeton: Betonieren ..... h/m³, Schalen ..... h/m².
9. Fahrbahnisolierung (Asphaltplatten u. dgl.) ..... h/m².
10. Steinbeigung (hinter Widerlager) ..... h/m³.
11. Schmiedeeisernes Geländer ..... h/lfd. m, ... h/kg.

Es empfiehlt sich, bei Brückenbauten im Anschluß an die Nachkalkulation nach Beendigung der Arbeiten die *tatsächlichen Kosten* (laut Abrechnung) auf *1 m² Fahrbahnfläche* (die Fahrbahnfläche zwischen den Geländern) umzurechnen, da diese Werte für überschlägige Kostenberechnungen von Nutzen sind. Bei der Verbuchung ist darauf zu achten, daß Erschwernisse wie schwierige Gründungen und auch der Zweck der Brücke (Straßenbrücke oder Eisenbahnbrücke mit Belastungsangaben) besonders vermerkt werden.

IV. Bauberichterstattung für Brückenbauten.

Den obigen Richtlinien entsprechend erfolgt die Anlage von *Betriebstabellen* und *Baustellenberichten*. Für die *Polierberichte* eignen sich am besten Formulare, welche links genügend Platz für die Beschreibung der Arbeiten enthalten, während rechtsseitig die Lohnstunden nach Arbeiterkategorien getrennt vermerkt werden. Die Berichte müssen auch Leistungsangaben (Anzahl der Betonmischungen) enthalten. Ausführliche Vordrucke speziell für Brücken zu entwerfen, dürfte sich mit Rücksicht auf die Verschiedenartigkeit der vorkommenden Arbeiten nicht lohnen. Empfehlen wird sich bei *großen Massivbrückenbauten* die Verwendung von drei verschiedenen Berichtformularen, nämlich ein Vordruck für *Zimmerpolierberichte* und ein Vordruck für *Betonpolierberichte* (s. die Vordrucke Nr. 11 und 12) sowie ein Vordruck für Schachtarbeiten und sonstige Arbeiten (Vordruck Nr. 13).

F. Maurer- und Steinbrucharbeiten.

In Tiefbaubetrieben können auch heute noch umfangreiche Maurerarbeiten vorkommen, z. B. bei der Verblendung von Schleusen, Brückenbögen und Brückenpfeilern. Wenn auch Talsperrenbauten in Bruchsteinmauerwerk kaum mehr ausgeführt werden, so ist die Ausführung großer Betonbauten dieser Art doch häufig mit einer *Steinbruch- und Brecheranlage* in der Nähe der Baustelle verbunden. Steinbruchanlagen finden im Tiefbau auch Verwendung für die Herstellung von Packlagesteinen, Pflastersteinen, Randsteinen usw. im Eisenbahn- und Straßenbau.

I. Steinbrucharbeiten.

Neben den Einrichtungsarbeiten und den allgemeinen Arbeiten (z. B. Unterhaltung einer kleinen Schmiede zum Schärfen der Bohrer und Brechstangen) besteht die Bauausführung im engeren Sinne bei Steinbruchbetrieben aus folgenden Teilarbeiten:

1. Gewinnen von Bruchsteinen, und zwar

a) Brechen der Steine mit Brechstangen, Steinkeilen usw., erforderlichenfalls vorausgehendes Bohren von Sprenglöchern mit oder ohne Maschinen (Druckluftbohrhämmer) und Sprengen des Gesteins nebst darauffolgendem Zerkleinern zu lagerhaften Bruchsteinen bzw. zu einer für den Brecher geeigneten Steingröße.

Bemerkung. Bei Pflastersteinen, Stufen u. dgl. schließen sich die *Steinmetzarbeiten* an.

b) Abdecken des Steinbruchs, d. h. Entfernen von Abraum, Humusboden, brüchigem Gestein, Gesteinsabfällen usw. einschließlich Transport nach einer Kippstelle und Abkippen daselbst.

c) Transport der gewonnenen Steine zu einem Stapelplatz, von wo aus in gewissen Zeitabständen der Abtransport zur Baustelle erfolgt (unter günstigen Verhältnissen kann diese Zwischenlagerung ausfallen).

d) Aufladen der Steine auf Transportgefäße (von Hand oder mit Baggern).

2. Transport der Steine zur Verwendungsstelle (Brecheranlage, Steinbeigungen usw.) mit Lokomotivzügen, Bremsbergen oder Seilbahnen und anderen Transportmitteln.

Bei der *Nachkalkulation* ist der Lohnaufwand nur nach 1. und 2. ohne weitere Zergliederung festzustellen. Auf die Transportarbeiten können die diesbezüglichen Ausführungen in dem Kapitel A., „Erdarbeiten" Anwendung finden. Die Umrechnung der Lohnkosten erfolgt meist auf *1 m³ lose geschichtete Bruchsteine* (Wagenmaß).

Der *Betriebsstoffverbrauch* für 1. und 2., bestehend aus dem Verbrauch von Sprengstoffen und Energie (bei maschineller Bohrung der Sprenglöcher) einerseits und dem Verbrauch an Kohlen, Schmiermitteln usw. für die Fördermittel andererseits, wird in *kg je 1 m³ Bruchsteine* ausgedrückt. Auch der *Verschleiß an Werkzeugen* (Bohrstahl u. dgl.) ist festzustellen.

II. Brecheranlagen[1].

Brecheranlagen zur Zerkleinerung von Bruchsteinen zu Schotter und Brechsand mit den zugehörigen Elevatoren, Sieben, Silos usw. erfordern ganz beträchtliche *Einrichtungskosten*. „Allgemeine Arbeiten" entstehen kaum, wenn man annimmt, daß gelegentliche Reparaturen von dem Bedienungspersonal selbst bzw. von der vorhandenen Reparaturwerkstatt der Baustelle ausgeführt werden. Wo allerdings Baustellen fast ausschließlich der Schottergewinnung dienen, belasten Werkstätte, Wasserversorgung und andere Kostenstellen den Schotterbetrieb als „allgemeine Arbeiten".

Die technische Nachkalkulation der Betriebskosten für die *Bauausführung im engeren Sinne* erstreckt sich in erster Linie auf die Kosten für den Arbeitsverbrauch, und zwar

1. Löhne.

a) Facharbeiterstunden für Bedienung der maschinellen Anlagen,

b) Hilfsarbeiterstunden für Heranfahren der Steine vom Stapel zum Brecher nebst Abkippen der Steine ins Brechmaul und Bedienung der Silos, der Waschanlage usw.

2. Betriebsstoffe und Energie. Man vergleiche dazu das Kapitel „Nachkalkulation der Betriebsstoffe".

Sowohl Lohnaufwand wie Betriebsstoffverbrauch sind auf *1 m³ fertigen Schotter* zu beziehen (gemessen nach Wagenmaß, wobei man etwa annehmen kann, daß 1 m³ loser Bruchsteine nach Wagenmaß gemessen auch etwa 1 m³ Schotter ergibt). Bei Ermittlung der *Selbstkosten* müssen natürlich noch die *Einrichtungskosten* und *Gerätekosten* berücksichtigt werden.

III. Mauern von Bruchsteinmauerwerk.

Von den eigentlichen Maurerarbeiten getrennt zu ermitteln sind bei der Nachkalkulation die Kosten für

1. die *Herstellung des Mörtels* von Hand oder mit Maschinen.

Der *Lohnaufwand* für die Maurerarbeiten zerfällt im übrigen in

2. Vermauern der Steine in Mörtel mit Bearbeitung der Sichtflächen und Verfugen

... , Maurerstunden.

---

[1] Sinngemäß anzuwenden auf Kiessortieranlagen.

3. Antransport (horizontal und vertikal) von Steinen und Mörtel zur Verwendungsstelle

...... Maschinistenstunden + ... Hilfsarbeiterstunden.

4. Herstellung von Mauergerüsten ... m² Ansichtsfläche des Gerüstes
.... Facharbeiterstunden.

Zum Schluß wird der Verbrauch an Maurer- und Hilfsarbeiterstunden je *1 m³ fertiges Mauerwerk* ermittelt.

Bauberichterstattung für Maurer- und Steinbrucharbeiten.

Für die *Schachtmeisterberichte* (Bruchmeister, Schießmeister) genügen im allgemeinen ganz einfache Formulare (Vordruck Nr. 13). Für große Steinbruch- und Brecherbetriebe, wo mit Baggern geladen wird, empfiehlt sich der Entwurf von besonderen Berichtformularen (siehe Richtlinien für Baggerarbeiten).

G. Brunnengründungen und Druckluftgründungen.

I. Brunnengründungen.

Siehe Abschnitt IX, „Gründung und Untergrundentwässerung".

II. Druckluftgründungen.

Die *Einrichtungsarbeiten* auf Baustellen, wo Druckluftgründungen vorwiegen, bestehen im wesentlichen aus folgenden Arbeiten:

Errichtung der erforderlichen Baracken (Büro, Werkstätte, Kraftzentrale).

Aufstellung der Maschinen für die Erzeugung von Druckluft, Kraft- und Lichtstrom (Dieselmotor oder Lokomobile, Kompressoren, Dynamo).

Aufstellung von Betonmaschinen, Fördermaschinen und Hebezeugen.

Anlage einer Wasserversorgung und eines Lagerplatzes mit Gleisanschluß und Entladevorrichtungen (Portalkran).

Entladen von Geräten aller Art.

Erste Gleisanlage für Boden- und Materialtransporte nebst Bau der hierzu erforderlichen Gerüste.

Unter den *„allgemeinen Arbeiten"* bildet die Unterhaltung der Werkstatt mit der Schmiede, Dreherei und Schlosserei sowie die Bedienung des Lagerplatzes (Magazinverwalter, Nachtwächter usw.) den Hauptanteil.

Für die *Bauausführung im engeren Sinne* kommen bei Caissongründungen folgende Teilarbeiten in Frage, welche in der Nachkalkulation getrennt zu erfassen sind:

1. Herstellung der Senkkästen.

In *Eisenbeton:*

a) Herstellen des Lehrgerüstes und der Schalung.
b) Herstellen der Rundeisenarmierung.
c) Betonieren.
d) Glattstrich.

In *Eisen:*

Montage der Eisenteile .... Stsl./t.

2. Transport der Senkkästen (Einschwimmen) zur Versenkstelle, sofern man die Senkkästen nicht über der Versenkstelle montieren kann.

3. Herstellung von Versenkgerüsten und Montageböden, unter Einschluß der im Fluß erforderlichen Pfahlrammungen und der Montage einer Kranbahn.

Oder aber statt 2. und 3.:

3a) Herstellung einer künstlichen Schüttung aus Kies, welche zwischen vorher gerammte Spundwände eingebracht wird und über welcher die Senkkästen montiert werden. Dazu kommt noch die Herstellung von Gerüsten zum Auswechseln der Schachtrohre.

4. Ablassen der Senkkästen bis zur Flußsohle
bzw.

4a) Absenken der Senkkästen ohne Druckluft in der künstlichen Schüttung (s. Brunnengründung, S. 120).

5. Pneumatisches Absenken der Senkkästen nach Anbringung der Schleusen- und Schachtrohre, bestehend aus:

    a) Bedienung der pneumatischen Anlage.

    b) Bodenaushub unter Druckluft im Caisson.

    c) Abtransport und Verkippen des Bodens.

Bemerkung. Auch das Anbringen sowie Wiederentfernen der pneumatischen Anlage fällt natürlich unter diesen Titel.

6. Betonieren des Aufbaus über den Senkkästen, und zwar

    a) Schalen,

    b) Betonieren.

7. Ausbetonieren der Arbeitskammer unter Druckluft.

Bauberichterstattung für Brunnen- und Druckluftgründungen.

Die *Betriebstabellen* sind nach obigen Richtlinien anzulegen. Für die *Schachtmeisterberichte* genügen bei Brunnengründungen Formulare einfachster Art mit Leistungs- und Stundenangaben (Formular Nr. 13), während man für Druckluftgründungen zweckmäßig drei verschiedene Formulare verwendet, und zwar

1 Berichtformular für Werkstatt- und Maschinenbetrieb (Maschinenmeister),

1 Berichtformular für Ramm- und Zimmerarbeiten (Zimmerpolier) und

1 Berichtformular für die Schacht- und Betonarbeiten (Schachtmeister bzw. Betonpolier).

2. Nachkalkulation der Betriebstoffe.

Eine besondere Rolle spielt bei Tiefbauarbeiten, vor allem Erdarbeiten, der *Betriebstoffverbrauch.* Bei Hochbauarbeiten dagegen ist der Kostenanteil für Betriebstoffverbrauch von ganz untergeordneter Bedeutung.

Der Nachkalkulation des Betriebstoffverbrauches auf Tiefbaustellen dienen einerseits die täglichen Aufzeichnungen des Magazinverwalters über die ausgegebenen Schmiermittel und andererseits die *Maschinen-*

berichte der im Betrieb tätigen Maschinisten (Baggermeister, Lokomotivführer usw.). Ein für Bagger und Lokomotiven geeignetes Berichtformular zeigt Vordruck Nr. 15. Da sich die Aufzeichnungen der Maschinenberichte, soweit sie sich auf den Schmiermittelverbrauch beziehen, leicht kontrollieren lassen an Hand der Aufzeichnungen des Magazinverwalters über die an die einzelnen Maschinen ausgegebenen Putz- und Schmiermittel, so macht es keine Schwierigkeiten, den Verbrauch der einzelnen Maschinen an Putz- und Schmiermitteln (Maschinenöl, Zylinderöl, Putzwolle, Staufferfett usw.) in regelmäßigen Zeitabständen genau nachzurechnen und das Ergebnis etwa in *Monatsberichten* festzulegen. Auch der *Kohlenverbrauch* der einzelnen Maschinen (vor allem der Dampflokomotiven, welche auch heute in Tiefbaubetrieben meist noch bevorzugt werden) müßte sich hinreichend genau ergeben. Praktisch wird es allerdings immer schwer sein, aus den Berichten der Maschinenführer ein genaues Bild über den Kohlenverbrauch der einzelnen Maschinen zu erhalten. Da aber die Einrichtung eigener Kohlenausgabestellen in Tiefbaubetrieben sich nicht lohnt, kann diese Ungenauigkeit nur durch Vornahme einer *monatlichen Bestandsaufnahme von Kohle und Schmiermitteln* durch die Magazinverwaltung ausgeglichen werden. Solche Bestandsaufnahmen ermöglichen die *Feststellung des gesamten Verbrauches an Betriebstoffen von Baubeginn an.* Man braucht nämlich nur den Bestand von der gesamten Liefermenge abziehen, welche auf den Karten der *Materialkartothek* (Formular Nr. 19) verzeichnet ist.

Auch der *Verbrauch jeder einzelnen Maschine an Betriebstoffen je 1 Betriebstunde* läßt sich dann, wenn man etwas ausgleicht (leider wird dies selten zu umgehen sein), mit genügender Genauigkeit ermitteln. Die Materialbuchhaltung hat dann die Aufgabe, auf Grund dieser Ermittlungen, entsprechend dem Monatsbericht zur Nachkalkulation der Löhne, einen *monatlichen Maschinenbericht* auszufertigen, welcher den *Betriebstoffverbrauch* der einzelnen Maschinen oder Maschinengruppen enthält. Vordruckformular Nr. 16 wird man z. B. vorteilhaft bei großen Erdarbeiten verwenden können. Die Erfassung des *Betriebstoffverbrauches je 1 Betriebstunde für jede einzelne Maschine* ist gleichzeitig eine Betriebskontrolle der einzelnen Maschinen und Maschinenführer. Dagegen ist es bei dieser Art von Berichterstattung kaum möglich, die einzelnen Baggerbetriebe (einschl. der zugehörigen Lokomotivbetriebe) für sich getrennt zu behandeln. Das ist aber meist an und für sich nicht leicht, da im Laufe der Berichtperiode einzelne Lokomotiven vielfach doch für verschiedene Bagger fahren. Es ist auf alle Fälle aber darauf zu achten, daß der Verbrauch, in bezug auf die *reinen Betriebstunden* (nach Abzug der Stunden für das Auswaschen der Lokomotiven und der Reparaturstunden an der kalt gestellten Maschine) ermittelt wird. Wichtig ist ferner, daß der auf Grund des gesamten Verbrauches an Betriebstoffen in dem Maschinenbericht sich ergebende *Bestand* mit dem tatsächlichen Bestand der monatlichen Bestandsaufnahme übereinstimmt.

Die für den *stündlichen Betriebstoffverbrauch der einzelnen Maschinen* sich ergebenden Ziffern kann man als *Kennziffern* ansprechen, welche bei ähnlichen Betriebsverhältnissen nur geringe Abweichungen zeigen dürfen (vgl. Abschnitt II, § 5, S. 35f.).

Nr. 15.

Erdarbeiten

Firma ....

Maschinenbericht der Baustelle .... vom .... 19........ .

über Bagger-Nr. ...., Lok.-Nr. .... Wetter ....

Schicht von .... bis .... Uhr = ... Betriebstunden, ... h für Auswaschen, ... Reparaturstunden

Maschinenführer ....

Lfd. Nr. der Züge	Wagen-zahl	Bagger			Büro! Transport Entfernung km	Kippe		Büro!				Bemerkungen
		Nr.	Ankunft	Abfahrt		Ankunft	Abfahrt	Ladezeit min	Voll Fahrzeit zur Kippe min	Kippzeit min	Leer Rück-fahrzeit min	
1.												
2.												
3.												
4.												
5.												
6.												
7.												
8.												
							Summe:					
							Durchschnitt:					

Kohlenverbrauch .... Stück Briketts

Für Anheizen .... Stück Briketts

Bauführer: ....

Nr. 16.

Monat .... 19 .... Durchschnittliche Betriebszeit .... h.

Verbrauch an Betriebstoffen insgesamt

Datum	Ma-schine	Fabrikat	Baujahr	Betriebstunden (Tage)	Maschinenöl (kg)	Sattdampfzylinderöl (kg)	Heißdampfzylinderöl (kg)	Wagenöl (kg)	Putzöl (kg)	Putzwolle (kg)	Staufferfett (kg)	Petroleum (kg)	Karbid (kg)	Benzol (kg)	Autoöl (kg)	Talg (kg)	Transformatoröl (kg)	Motorenöl (kg)	Strom (kW)	Steinkohle (t)	Brennholz (Ztr.)	Schmiedekohlen (t)
1.8. bis 31.8.41																						
1.8. bis 31.8.41																						
Von Baubeginn bis 31.7.41																						
Von Baubeginn bis 31.8.41																						

Verbrauch je Geräte je 1 Betriebstunde (Tag)

Datum	Maschinenol (kg)	Sattdampfzylinderöl (kg)	Heißdampfzylinderöl (kg)	Wagenöl (kg)	Putzöl (kg)	Putzwolle (kg)	Staufferfett (kg)	Petroleum (kg)	Karbid (kg)	Benzol (kg)	Autoöl (kg)	Talg (kg)	Transformatoröl (kg)	Motorenöl (kg)	Strom (kW)	Steinkohle (t)	Brennholz (Ztr.)	Schmiedekohle (t)
1.8. bis 31.8.41																		

Verbrauch in RM.

	Summe	Leistung m³	kg/m³		kW/m³	Rpf./m³			Gesamt
			Kohle	Öle		Kohle	Öle	Strom	

Der *Kohlenverbrauch*, welcher z. B. bei Erdarbeiten die Hauptrolle spielt, hängt natürlich in erster Linie von dem *Maß der Inanspruchnahme der Maschine* im Betrieb ab, d. h. von der tatsächlich geleisteten mechanischen Arbeit, welche aber schwer zu erfassen ist. Bei Arbeitsmaschinen (Bagger, Betonmaschinen usw.) wird unter sonst gleichen Bedingungen die *Stundenleistung* (z. B. in m³) immerhin einen Maßstab bilden. Bei Förderlokomotiven in Baubetrieben sind nach den Untersuchungen des Verfassers[1] in erster Linie maßgebend der sog. „Grad der Ausnützung der Lokomotive", d. h. das Verhältnis zwischen reiner Fahrzeit und gesamter Betriebszeit der Maschine (gleichgültig durch welche Ursachen dieses Verhältnis bedingt ist) und an zweiter Stelle die „Ausnützung der Zugkraft der Lokomotive des Vollzugs".

Aus der Erkenntnis heraus, daß der „Grad der Ausnützung" primär bestimmend ist für den Kohlenverbrauch (und auch Stromverbrauch) von Baumaschinen, empfiehlt sich zur *Berechnung des Kohlenverbrauches einzelner Baumaschinen* in der Praxis die nachstehend gegebene Berechnungsart: Man geht dabei aus von Erfahrungswerten über den Kohlenverbrauch von Baggern, Lokomotiven usw. bezogen auf 1 PSh. Dabei stellt allerdings die PSh hier nicht ein Leistungsmaß, sondern lediglich einen rechnerischen Wert dar, welchen man dadurch erhält, daß man die Betriebsstärke der Maschine in PS mit der Betriebszeit multipliziert. Es ergibt sich dann z. B. bei Feststellung eines Kohlenverbrauches von 800 kg bei 200 PS-Lokomotiven und 10stündiger Betriebszeit ein Kohlenverbrauch von $\frac{800}{200 \cdot 10} = 0{,}4 \; kg/PSh$.

Diese Kohlenverbrauchswerte schwanken trotz der Verschiedenheit der Verhältnisse bei verschiedenen Bauarbeiten für Maschinen gleicher Stärke innerhalb verhältnismäßig enger Grenzen. (Man vergleiche darüber die graphischen Darstellungen Abschnitt II, § 5, S. 38f.)

Bei allen Berechnungen des Betriebstoffverbrauches darf man nicht übersehen, daß auch die *Güte der Betriebstoffe* einen maßgebenden Einfluß auf den Verbrauch hat. Die Güte der *Kohle* darf auch nicht allein nach dem sog. Heizwert beurteilt werden (bei bester Ruhrkohle zwischen 7500 und 8200 Kalorien). Stark schlackende Kohle wirkt z. B. sehr ungünstig auf den Kohlenverbrauch. Bei den Putz- und Schmiermitteln hängt die Höhe des Verbrauches auch sehr davon ab, ob man billige oder teure Ölsorten im Betrieb bevorzugt.

Die *Nachkalkulation der Putz- und Schmiermittel* (Maschinenöl, Zylinderöl, Wagenöl, Staufferfett, Putzwolle usw.) ist im übrigen von mehr untergeordneter Bedeutung gegenüber dem *Hauptbetriebstoff* (Kohle, Strom, Rohöl). Es betragen z. B. bei großen Erdarbeiten die Kosten für Putz- und Schmiermittel etwa 14 bis 20% der Ausgaben für Kohle (je nach der größeren oder kleineren Entfernung der Kohlegewinnungsstätten). Bei vorwiegend *elektrischem Betrieb* auf Baustellen ist möglichst für die einzelnen Maschinen und für den gesamten Betrieb der Verbrauch an Strom in kWh je Leistungseinheit (1 m³ Beton usw.) in gewissen Zeitabständen (am besten monatlich) zu ermitteln.

---

[1] BAUMEISTER: Über die Berechnung des Kohlenverbrauches von Baulokomotiven bei Baggerarbeiten. „Der Bauingenieur" 1933 Heft 13/14.

Da für die Nachkalkulation der Betriebstoffe auf Baustellen in erster Linie die *Materialbuchhaltung und Magazinverwaltung* die Unterlagen liefern müssen, seien noch kurz Anhaltspunkte für eine zweckmäßige Berichterstattung gegeben: Der Magazinverwalter hat von allen eingehenden Materialien Bericht zu erstatten auf *Eingangsberichtformularen* gemäß Vordruck Nr. 17. Gleichzeitig erfolgt der Eintrag in die *Lagereingangsbücher*, welche gemäß Vordruck Nr. 18 angelegt werden können. (Die Gruppierung erfolgt zweckmäßig nach 1. Großgeräte, 2. Kleingeräte und Werkzeuge, 3. Bau- und Bauhilfstoffe, 4. *Betriebstoffe*, 5. Reparaturmaterialien und Ersatzteile.)

Nr. 17.

Firma ....   Baustelle ....

Tagesbericht über *eingegangene Materialien* usw.

Lfd. Nr.	Eingangs-		Bezeichnung der Gegenstände	kg	m³	m, m²	Stück	Lieferant bzw. Absender
	Monat	Tag						
....	....	....	....	....	....	....	....	....

Bemerkungen : ....

....

....................., den .... 19........   ....

Materialienverwalter.

Nr. 18.   **4. Betriebstoffe.**

Gegenstand ....

Datum	Einheit	Empfänger bzw. Lieferant	Datum	Einheit	Empfänger bzw. Lieferant
....	Bestand :	....	....	Übertrag :	....
....	...gang [1] :	....	....	....gang [1] :	....
....	Sa. :	....	....	Sa. :	....
....	...gang [1] :	....	....	....gang [1] :	....

Über jeden Betriebstoff wird eigens Buch geführt. Der Ausgang an Betriebstoffen, d. h. in erster Linie der vom Magazinverwalter ausgegebenen Putz- und Schmiermittel, ist täglich nach einzelnen Maschinen getrennt zu verbuchen. Der Lagerbestand wird von der Magazinverwaltung zweckmäßig jeden Monat ermittelt zur Kontrolle der Betriebstoffverbrauchsziffern. Auf Grund aller dieser Maßnahmen der Magazinverwaltung wird dann von der *Materialverwaltung* die *Materialkartothek* geführt, deren zweckmäßig mit farbigen Emaillereitern versehene Karten etwa nach Vordruck Nr. 19, angelegt werden können. Von der Materialverwaltung wird dann auch jeden Monat der bereits erwähnte *Monatsbericht des Betriebstoffverbrauches* etwa nach Formular Nr. 16 aufgestellt.

Wie die Ergebnisse der Nachkalkulation des Betriebstoffverbrauches der einzelnen Maschinen verwertet werden können, zeigt der Vordruck Nr. 20 für das Kartothekblatt einer Dampflokomotive (Rückseite).

---

[1] Eingang bzw. Ausgang.

Nr. 19.

Firma .... Gruppe ....

Gegenstand ....

Einheit ....

Lager Nr. ....

Gruppe ....

Fach Nr. ....

Nr. .... der Karte

Fester Bestand

Datum	Eingang von / Ausgang nach	Einheitspreis		Zugang	Abgang	Lager-bestand	Datum	Eingang von / Ausgang nach	Einheitspreis		Zugang	Abgang	Lager-bestand
		RM.	Rpf.						RM.	Rpf.			

		Inventur			Bilanzwert	
Datum	Menge	Einheit	Einheitspreis			
			RM.	Rpf.	RM.	Rpf.

Nr. 20 (Vorderseite).

| *Bauunternehmung* .... Baustelle .... | Maschinengruppe:
Lokomotiven. | M. L. 5. |

| Fabrik-Nr. .... | Erbauer: Henschel u. So., Kassel. | Erworben am 6. 10. 1937. |
| Kessel-Nr. .... | Baujahr 1930. Anschaffungspreis 15000,— RM. | Lieferant .... |

| Spur 900 mm | PS 160/180 | Atm. 12. | Heizfläche:
Wasserberührt 44 m². Feuerberührt 38 m². | Kaufpreis .... RM. |

Siederohre:

Stückzahl: 108.

Photo.

Länge: 2300 mm.
Äußerer Durchmesser: 42 mm.
Wandstärke: 2,5 mm.

Baustelle bzw. Bauwerk	Verwendet		Voraussichtlich verfügbar
	vom	bis	

Maßskizze der Roststäbe:

Abmessungen und sonstige technische Daten.

Länge (einschl. Puffer): 6700 mm. Breite: 2200 mm. Höhe: 3300 mm. Achszahl: 2.
Achsabstand: 1800 mm. Tenderinhalt: 1,9 m³. Bunkerinhalt: .... kg.
Leergewicht etwa 15000 kg. Dienstgewicht etwa 19000 kg.

Zubehör zur Lokomotive: ....

Bemerkungen: ....

Nr. 20 (Rückseite).

1. Größere Reparaturen.

Datum	Art der Reparatur	Beleg Nr.	Kosten in RM.				Ort der Reparatur
			Löhne und Sozialaufwand	Material	Unkosten	Insgesamt	

2. Gerätemiete.

Einschichtig für 1 Tag: .... RM.

Mehrschichtig für 1 Tag: .... RM.

3. Auf- und Abladen.

Datum	Lohnstunden für		Gewicht t	St./t
	Abladen	Aufladen		

5. Bemerkungen (über Verwendbarkeit, Fehler usw.):

4. Betriebstoffverbrauch.

Betriebsdauer .... h .... Bedienung .... Maschinist.

	Für 1 Tag		Für 1 h		Für 1 PSh	
	kg	RM.	kg	RM.	kg	RM.
Kohlen . . .						
Maschinenöl .						
Zylinderöl . .						
Putzwolle . .						
Wasser . . .						
Gesamtkosten .						

Dazu für Anheizen der Lokomotive:

.... kg Kohle zu .... Rpf. = ... Rpf.

.... m³ Holz zu .... Rpf. = ... Rpf.

Aufgestellt: ....

Unterschrift: ....

B. Organisation der technischen Nachkalkulation für Hoch- und Eisenbetonbauten.

Während bei Tiefbauarbeiten, insbesondere Erdarbeiten, die Löhne und die Gerätekosten die Hauptkostenfaktoren (Ausnahme Betonarbeiten) bilden und von den Baustoffen nur die Betriebstoffe eine Rolle spielen, liegen die Verhältnisse für *Hoch- und Eisenbetonarbeiten* ganz anders. Hier bilden die *Baustoffkosten,* mit etwa 50% der Gesamtkosten, den *Hauptkostenanteil.* Zwar spielen auch die Lohnkosten bei Hochbauten immer noch eine hervorragende Rolle (etwa 33% der Gesamtkosten), andererseits treten aber die *Gerätekosten,* sogar bei gut mechanisierten Eisenbetonbetrieben, verhältnismäßig stark zurück. (Sie betragen z. B. in dem Rechnungsbeispiel Abschnitt XVI, S. 244 3,6% der Gesamtkosten, während sie bei Eisenbetonhochbauten höchstens 2% der Gesamtkosten und bei einfachen Hochbauten höchstens 1% betragen.) Der *Verbrauch an Betriebstoffen* ist bei Hochbauten so geringfügig, daß man sich damit begnügen kann, den Betriebstoffverbrauch den *Gerätekosten* zuschlagen. (Selbst bei Gußbetonhochbauten betragen

Abb. 120.

die Betriebstoffkosten nur 0,5 bis 0,8% der Gesamtbaukosten.) Dagegen spielen, wenigstens bei Eisenbetonhochbauten, neben den Baumaterialien die *Bauhilfstoffe* eine ganz hervorragende Rolle (vgl. das Kapitel „Kaufmännische Nachkalkulation", S. 412 f.).

Die anteiligen Kosten für die „*Einrichtungsarbeiten*" und die „*allgemeinen Arbeiten*" sind bei Hochbauten gleichfalls so unbedeutend, daß sie bei der Vorkalkulation in den Lohnkosten bzw. in den „Unkosten der Baustelle" mitberücksichtigt werden.

Eine besondere Zergliederung der Lohnkosten der verschiedenen Bauleistungen (wie z. B. im Tiefbau) ist bei der technischen Nachkalkulation im *Hochbau* nicht erforderlich. Es genügt die *Angabe des Lohnstundenverbrauches je Leistungseinheit,* getrennt nach Facharbeiter- und Hilfsarbeiterstunden. Die Ergebnisse weichen in geordneten Betrieben unter ähnlichen Verhältnissen (Stockwerkshöhe, Mauerstärke, maschinelle Hilfsmittel usw.) wenig voneinander ab.

Was die *Form der praktischen Durchführung von technischen Nachkalkulationen bei Hoch- und Eisenbetonbauten* anbelangt, so wird man zweckmäßig in Anlehnung an den Kostenanschlag des Bauvertrags *Betriebstabellen* anlegen (Vordruck Nr. 21) und dabei die zwei Hauptarbeitsgruppen: 1. Einrichtungsarbeiten und allgemeine Arbeiten, 2. Bauausführung (eventuell durch verschiedenfarbige Karten) unterscheiden. Man kann die weitere Unterteilung innerhalb ein und derselben Gruppe bei Verwendung steifer Kartenblätter durch farbige Emaillereiter betonen, auf welchen die Benennung der Arbeiten (bzw. Position des Kostenanschlags) vermerkt ist. Sonst erscheint diese Angabe am rechten Rand des Blattes. Wie aus Vordruck Nr. 21 ersichtlich, knüpfen die Eintragungen in die Betriebstabellen an *Wochenberichte* der Baustelle an (s. Bauberichterstattung). Der Umschlag des Heftes, in das die Betriebstabellen eingeheftet sind, muß eine kurze Beschreibung der Arbeit mit Skizzen, Photos usw. enthalten. Selbstverständlich ist zeitweise *nachzuprüfen, ob sich die Lohnstundensumme der Betriebstabellen mit derjenigen der Lohnlisten deckt.*

Nr. 21.

Pos. ...... des Vertrags .... vom .... 19......

Benennung der Arbeit ....

Vorkalkuliert: .... Facharbeiterstunden + ... Hilfsarbeiterstunden

Bericht		Leistung m³ (m²)		Verbrauchte Lohnstunden				Lohnstunden je Einheit				Bemerkung (z. B. Leistungsprämien)
				nach Bericht		Summe		nach Bericht		insgesamt		
vom	bis	nach Bericht	Summe	Facharbeiter	Hilfsarbeiter	Facharbeiter	Hilfsarbeiter	Facharbeiter	Hilfsarbeiter	Facharbeiter	Hilfsarbeiter	

Rechter Rand (Daumenregister):

- Baustelleneinrichtung[1]
- Allgemeine Arbeiten
- Pos. 1. Erdarbeiten
- Pos. 2. Fundamentbeton
- Pos. 3. Ziegelmauerwerk 2 Stein stark
- Pos. 4. Ziegelmauerwerk 1½ Stein stark
- Pos. 5. Ziegelmauerwerk 1 Stein stark

Richtlinien für die Lohnzergliederung bei der Nachkalkulation von Hoch- und Eisenbetonbauten.

1. Erdarbeiten. Bei kleineren Erdarbeiten, welche von Hand mit Hilfe von Schubkarren oder Loren ausgeführt werden, genügt die Feststellung der je 1 m³ Erdaushub insgesamt verbrauchten Lohnstunden. Bei größeren Erdarbeiten mit Baggerbetrieb werden die Lohnstunden nach den früher gegebenen Gesichtspunkten zergliedert (I. A., Erdarbeiten). Bei Baggerarbeiten muß dann auch der Betriebstoffverbrauch (Kohle, Öle usw.), bezogen auf 1 m³ Bodenbewegung, ermittelt werden (Abschnitt „Nachkalkulation der Betriebstoffe").

Bei Zuhilfenahme anderer maschineller Hilfsmittel beim Baugrubenaushub (Schrägaufzüge, Krane, Förderbänder usw.) ist die Bedienung der Maschinen getrennt zu erfassen und der Betriebstoffverbrauch zu ermitteln.

---

[1] Daumenregister zum Auffinden des gewünschten Titels des Bauvertrags.

2. Maurerarbeiten. Die Betriebstabellen für Maurerarbeiten müssen neben einer kurzen Beschreibung der Arbeit (mit Skizzen, Photos od. dgl.) folgende Angaben enthalten: Die Leistung in m³ Mauerwerk (Angabe der Wandstärke), wobei die Leistung in regelmäßigen Zeitabständen aufgemessen bzw. nach der Anzahl der vermauerten Steine geschätzt wird. Möglichst getrennt zu erfassen sind die Löhne für die *Gerüstarbeiten* (nach m² Ansichtsfläche des Gerüsts), wie auch die *Herstellung des Mörtels* von Hand oder mit Maschinen. Für die eigentlichen *Maurerarbeiten* wird getrennt zwischen Maurerstunden und Hilfsarbeiterstunden (für Ziegeltragen, Mörteltragen, Beschickung von Ziegel- und Mörtelaufzügen).

Wo für den *maschinellen Transport* von Ziegeln, Mörtel, Werksteinen usw. bei umfangreichen Hochbauten Spezialkrane, Aufzüge, Turmdrehkrane usw. zur Verwendung kommen, sind die *Maschinenkosten* (einschl. Bedienung) sowie Kosten für Auf- und Abbau der Maschinen getrennt zu erfassen.

Die Leistungen für *Verfugen und Verputz von Mauerwerk* werden in m² gemessen und die Löhne nach Maurerstunden und Hilfsarbeiterstunden ausgeschieden. Die Kosten der erforderlichen *Gerüstarbeiten* werden in gleicher Weise auf m² verfugter bzw. verputzter Fläche bezogen.

3. Beton- und Eisenbetonarbeiten. Bei Fundamentbeton sind die Löhne für Schalarbeiten (bezogen auf 1 m² abgewickelte Schalfläche) zu trennen von den Lohnstunden für das Betonieren (einschl. aller mit dem Betonieren zusammenhängenden Arbeiten wie Gleislegen, Anlage von Betonrutschen und kleiner Gerüste).

Bei *Eisenbetonbauten* (Deckenkonstruktionen, Säulen usw.) hat man folgende drei Titel zu unterscheiden:

a) Betonieren, b) Schalen, c) Armieren.

a) Betonieren (Angabe über Umfang der Arbeit, Mischmaschinentyp, Transportmittel und Transportentfernung, Materiallagerung usw.). Bei Arbeiten kleineren Umfangs sind die Löhne (nach Facharbeitern und Hilfsarbeitern getrennt) für die gesamten, mit dem Betonieren zusammenhängenden Arbeitsvorgänge (Betonbereitung, Transporte, Aufzüge und Einbau des Betons) unter diesem Titel zusammenzufassen und auf 1 m³ Beton zu beziehen.

Bei umfangreichen Eisenbetonarbeiten empfiehlt es sich mit Rücksicht auf die Betriebskontrolle, die Betriebstabellen etwa nach folgender Zergliederung anzulegen:

Nr. 22.

Datum	Menge	1. Herstellen des Betons mit Materialbeifuhr				2. Transport und Aufzüge			3. Einbau des Betons (einschl. Transport auf der Decke)				1 + 2 + 3	
		Ma-schinist	Be-tonierer	Hilfs-arbeiter	Ge-samt	Trans-port	Auf-zug	Ge-samt	m³	Be-tonierer	Hilfs-arbeiter	Ge-samt	h	h/m³
	m³	h	h	h	h	h	h	h		h	h	h		

Sind bei Beton- und Eisenbetonarbeiten eigens größere *Lehr- oder Transportgerüste* erforderlich, so müssen die Lohnkosten hierfür gesondert erfaßt und auf 1 m³ Rüstholz bezogen werden (man vergleiche hierzu I. B., „Betonarbeiten", S. 387 f.).

b) Schalen. Der Lohnaufwand für die Schalarbeiten wird möglichst getrennt nach *Einschalen* (Vorbereitung und Aufstellung der Schalung) und *Ausschalen* (Ausschalen und Ausnageln, sowie Stapeln des zurückgewonnenen Holzes). Die Leistung wird nach der Anzahl m² abgewickelter Schalfläche vollkommen genügen. Will man aber für Balken- und Säulenschalung getrennt die Stundensätze ermitteln, so muß man „Zeitbeobachtungen" im Betriebe anstellen.

Wichtig ist bei Schalarbeiten die Ermittlung des *Verbrauchs an Bauhilfstoffen*, welcher sich darstellt als die Differenz zwischen den angelieferten und den zurückgewonnenen Bauhilfstoffen (Trennung nach Rundholz, Schnittholz und Kleineisenzeug).

c) Armieren. Bei Ermittlung des Lohnstundenaufwands für die Rundeisenbewehrung ist möglichst zu trennen zwischen *Eisenbiegen* (einschl. Abschneiden der Eisen, Sortieren usw.) und *Eisenverlegen* (Flechten). Diese Trennung dient jedoch mehr dem Zwecke der Betriebskontrolle als dem der Vorkalkulation, wo man die gesamten Bewehrungsarbeiten zusammenzufassen pflegt. Leistungsmaß ist das kg bzw. 1000 kg = 1 t fertig verlegter Rundeisen.

4. Sonstige Arbeiten. Für alle übrigen Arbeiten dürfte es genügen, den Lohnaufwand in Lohnstunden je Einheit der Leistung in den Betriebstabellen zu erfassen.

Die wichtigsten *Ergebnisse der technischen Kostennachrechnung* werden nach Beendigung der Bauarbeiten (Abschlüsse der Betriebstabellen!) in der Zentrale der Unternehmung in ein Kartothekblatt einer *Nachkalkulationskartothek* eingetragen, wo auch die Baukosten, bezogen auf große Einheiten (1 m³ umbauter Raum, 1 m² überbaute Fläche) erscheinen (siehe III., „Die Nachkalkulationskartothek").

Bauberichterstattung für Hoch- und Eisenbetonbauten.

Auch für Hoch- und Eisenbetonarbeiten bilden die Baustellenberichte, welche auf den *Tagesberichten der Poliere* und Meister fußen, die Hauptgrundlage der technischen Nachkalkulation. Nur auf sehr *großen Baustellen* empfiehlt sich die tägliche Verarbeitung der Polierberichte zu einem *Sammelbericht für den Bauleiter.* Da es indessen bei Hochbauarbeiten selten möglich sein wird, täglich auch nur einigermaßen genaue Leistungsangaben zu erhalten, werden die *Baustellenberichte* an die Zentrale der Unternehmung zweckmäßig als *Wochenberichte* im Zusammenhang mit wöchentlichen Aufmaßen aufgestellt, so daß die Leistungsangaben einigermaßen genau sind.

Als Formular für die Polierberichte kann ein Vordruck gemäß Formular Nr. 23 Verwendung finden. Der Polier trägt darin die Anzahl der Arbeiter und die verbrauchten Lohnstunden nebst Bezeichnung der Arbeit ein. Der Eintrag 3/25 besagt dann z. B., daß 3 Arbeiter beschäftigt waren mit einem Gesamtlohnaufwand von 25 Lohnstunden. Am Ende jeder Woche erfolgt der Eintrag der Leistungen.

Für die *Wochenberichte* der Baustelle an die Zentrale kann gleichfalls Formular Nr. 23 Verwendung finden. In der Zentrale erfolgt der Übertrag der Lohnstunden aus den Wochenberichten in *Betriebstabellen* (Vordruck Nr. 21). Bei solcher Anlage der Betriebstabellen ist auch jederzeit ein Vergleich zwischen vorkalkulierten und tatsächlich verbrauchten Löhnen möglich.

Nr. 23.

Tagesbericht vom .... 19............ Nr. .... Baustelle ....
(Wochenbericht)

Bauunternehmung ....

Wetter................ Schichtdauer von .... bis .... Uhr = ... Betriebstunden

Bezeichnung der Arbeit und Arbeitsstelle	Position des Vertrags	Aufgewandte Lohnstunden für																	Summe der Lohnstunden	Leistungen	Einheit	Lohnstunden je Einheit	Lohnkosten je Einheit R.M.	Anzahl der Arbeiter
		Polier	Vorarbeiter	Maschinist	Maurer	Zimmermann	Armaturarb.	Schmied	Schlosser	Schreiner	Erdarbeiter	Pflasterer		Hilfsarbeiter	Lehrling									
....	....	1/9	1/9	1/9	5/45	6/50	....	1/8	1/8	....	3/25	....	....	....	....	....	....	....	....	....	....	....	....
....	....	....	....	....	....	....	....	....	....	....	....	....	....	....	....	....	....	....	....	....	....	....	....

Bemerkungen: ....
.... **Polier:** .... **Bauleiter:** ....

Auf sehr großen Hochbaustellen mit umfangreichen Eisenbetonarbeiten ist allerdings die Verwendung verschiedener *Polierberichtformulare* zu erwägen, und zwar 1. für Maurerpoliere (Vordruck Nr. 13), 2. für Betonpoliere (Vordruck Nr. 11), 3. für Zimmerpoliere (Vordruck Nr. 12).

II. Kaufmännische Nachkalkulation.

Die Übertragung der gesamten Nachkalkulation auf die Baubuchhaltung wäre praktisch zwar möglich, jedoch weder wirtschaftlich noch zweckmäßig. Eine kaufmännische Verbuchung in Anlehnung an die Titel des Bauvertrags etwa in Form eines Kartensystems mit verschiedenfarbigen Karten als Gegenstück zu Fabrikbuchhaltungen wäre durchaus denkbar. Sie würde allerdings viel technisches Verständnis beim kaufmännischen Personal der Baustellen voraussetzen. Auch die Ausscheidung der Löhne in den Lohnlisten nach einzelnen Titeln des Bauvertrags ließe sich trotz mancher Schwierigkeiten in der Praxis erreichen. Die Umrechnung der Lohnbeträge in Lohnstunden würde bei stets gleichbleibenden Löhnen ebenfalls keine Schwierigkeiten bereiten. Für die Baubetriebe wäre aber eine Personalerweiterung unvermeidlich. Das kaufmännische Personal müßte technisch geschult sein bzw. technisches Personal in der Buchhaltung mitwirken. Die Lohnbuchhaltung vor allem hätte eine schwierige Aufgabe zu lösen. Für die Betriebskontrolle könnte eine rein kaufmännische Nachkalkulation kaum nutzbar gemacht werden. Die Folge wäre, daß eine solche Buchhaltung bald nur für sich existieren würde, ohne dem Betriebe und der technischen Leitung zu nützen.

Trotzdem hat die kaufmännische Buchhaltung in der Kostennachrechnung sehr wichtige Aufgaben zu erfüllen. Ihre wichtigste Aufgabe ist wohl die Feststellung des finanziellen Erfolges in *Zwischenbilanzen*, d. h. die *finanzielle Nachkalkulation*, welche unter II. C, S. 416 kurz besprochen wird.

Der Nachkalkulation unmittelbar dienen in der kaufmännischen Buchhaltung die sog. *Selbstkostenbücher*, in welchen die Selbstkosten nach verschiedenen Bauaufträgen oder *Baukonten* und jedes Baukonto nach Kostenarten getrennt verbucht werden. Diese Selbstkostenbücher werden auf größeren Baustellen am besten an Ort und Stelle von der Baubuchhaltung geführt. Wenn sämtliche die Baustelle betreffenden Rechnungen (auch wenn sie nicht von dieser, sondern von der Zentrale bezahlt wurden) der Baustelle zur Verbuchung zugehen — dieser Geschäftsgang ist schon mit Rücksicht auf die Nachprüfung der Rechnungen geboten —, so ist die Baubuchhaltung in der Lage, die Rechnungsbeträge auf die entsprechenden Titel des Selbstkostenbuches zu übertragen. Wenn dann der Baustelle noch über die Gerätemieten (Geräteleihgebühren) und über die anteiligen Geschäftskosten der Zentrale Rechnung erteilt wird (mindestens einmal im Jahr im Zusammenhang mit der Bilanz), so kann der Bauleiter die gesamten *Selbstkosten der Baustelle nach Kostenarten getrennt* überblicken. Wo nun verschiedene Bauaufträge gleichzeitig durch ein und dieselbe Bauleitung zur Ausführung gelangen, können die ållgemeinen Baukosten der Bauleitung zunächst nicht nach verschiedenen Baukonten getrennt werden. Vielmehr wird man zunächst diese Unkosten (wie auch die Geschäftskosten der Zentrale) für alle Baukonten gemeinsam führen und muß sie dann nachträglich nach einem bestimmten Schlüssel (am besten im Verhältnis der Bausummen) auf die einzelnen Konten übertragen.

Die Frage, welche und wieviele *Selbstkostentitel* man für Bauarbeiten führen soll, kann nicht allgemein beantwortet werden. Bei *Tiefbauten*, im besonderen Baggerarbeiten, wo Maschinenarbeit vorwiegt, und wenig Baustoffe verbraucht werden, muß der Hauptwert bei der Titelführung des Selbstkostenbuches auf eine weitere *Zergliederung der Gerätekosten* gelegt werden, so daß neben den Geräteleihgebühren und den Fracht- und Transportkosten für Geräte auch der *Materialverbrauch für die Geräteunterhaltung*, und zwar 1. Reparaturmaterialien- und Ersatzteilverbrauch, 2. Werkzeug- und Kleingeräteverbrauch und 3. Schwellenverbrauch, als getrennte Titel im Selbstkostenbuch erscheinen. Für den *allgemeinen Hochbau* (Wohnungsbau) wie auch für *Eisenbetonbauten* (Fabrikbau, Hallenbau usw.) ist bei dem verhältnismäßig geringen Anteil der Gerätekosten an den Selbstkosten eine solche Zergliederung weder erwünscht noch zweckmäßig. Bei kleineren Hochbauten können die Gerätekosten sogar in die allgemeinen Geschäftskosten miteinbezogen werden. Man sieht also hier grundsätzlich verschiedene Bedürfnisse der Titelführung von Selbstkostenbüchern im Hochbau einerseits und im Tiefbau andererseits. Es gilt hier unbedingt der *Grundsatz, bei der Unterteilung der Selbstkosten in der kaufmännischen Nachkalkulation nicht weiter zu gehen, als mit Rücksicht auf den Aufbau der Kalkulation für die betreffenden Arbeiten und* mit Rücksicht *auf die Wichtigkeit der verschiedenen Titel bei der Selbstkostenrechnung geboten erscheint.*

A. Organisation der kaufmännischen Nachkalkulation von Tiefbauarbeiten.

Ein einheitliches Schema der Titelführung von Selbstkostenbüchern für Tiefbauarbeiten kann nicht gegeben werden. Vielmehr wird die Titelführung trotz vielfacher Übereinstimmung sich nach den Bedürfnissen der Kostenvorrechnung für den einzelnen Bauvertrag verändern. Nachstehend sollen an Hand der vorgeführten *Titel für Erdarbeiten*, welche durchaus charakteristisch sind, verschiedene Abweichungen bei anderen Tiefbauarbeiten erörtert werden. Durch Beachtung der so gegebenen Richtlinien wird der Bauleiter in die Lage versetzt, in jedem besonderen Fall die *zweckmäßigste Selbstkostenzergliederung* selbst zu *entwerfen*.

Selbstkostenzergliederung für Erdarbeiten.

1. Löhne (reine Lohnkosten).
2. Kohlen (frei Baustelle).
3. Schmiermittel (Öle, Fette usw.) Licht- und Kraftstrom, Wasser.
4. Reparaturmaterialien (auch Bauholz für Wagenreparaturen).
5. Ersatzteile für Maschinen (Großgeräte).
6. Verbrauchte Werkzeuge und Kleingeräte (einschl. Schwellen) oder
6a. Gleisschwellen.
7. Geräteleihgebühren.
8. Frachten und Fuhrkosten für Gerätean- und Rücktransport.
9. Baustoffe (frei Baustelle).
10. Sozialversicherungen und sonstige soziale Aufwendungen[1].
11. Allgemeine Baukosten der Bauleitung.
12. Anteilige Kosten der Zentrale und Steuern.

Zu dieser Titelführung soll vorweg bemerkt werden, daß bei vorwiegend *elektrischem Betrieb* auf der Baustelle, wie auch bei Verwendung einzelner elektrischer Bagger und Absetzapparate oder elektrischem Antrieb bei großen Wasserhaltungen, der in Titel 3. mit aufgeführte *Stromverbrauch* unbedingt *als getrennter Titel* zu führen ist. Durch die Führung der Titel 1., 2. und 3. erhält man eine nicht unerwünschte Kontrolle der technischen Nachkalkulation für die gesamten Lohnkosten und Aufwendungen für *Betriebstoffe*. Die Titel 4. bis 8. umfassen Kosten, welche die technische Nachkalkulation nicht erfaßt und welche als *Gerätekosten* (im weiteren Sinne des Wortes) einen um so größeren Anteil der Selbstkosten ausmachen, je mehr bei einer Bauausführung Maschinen die Handarbeit ersetzen. Besonderen Wert haben dabei die Erfahrungssätze, welche aus der Verbuchung der *Materialkosten für die Geräteunterhaltung* unter den Titeln 4., 5. und 6. gewonnen werden. Diese *Materialkosten der Geräteunterhaltung* — die Lohnkosten werden unter dem Titel „Reparaturwerkstätte" in der technischen Nachkalkulation erfaßt — rechnet man dann, zwecks Wiederverwendung bei Vorkalkulationen, auf Jahreskosten in Prozent des Geräteneuwerts um oder auf die Einheit der Leistung, d. h. 1 m³ Erdbewegung (man vgl. Abschnitt II, § 2, S. 20).

Bei dem Titel 6. „Werkzeuge und Kleingeräte" und unter Umständen auch bei Titel 4. und 5. (wenn nämlich größere Vorräte vorhanden sind) ist nur darauf zu achten, daß bei zwischenzeitlichen Abschlüssen der Bestand abgesetzt und nur das *tatsächlich verbrauchte Material* in die Bilanz eingesetzt wird.

Die Titel 10. und 11. zählen zu den „*Gemeinkosten*". Titel 12. sind die sogenannten *allgemeinen Geschäftskosten*. Die Kosten aus Titel 10.

---

[1] Als besonderer Titel sind die *Kosten der besonderen sozialen Maßnahmen* (Trennungsentschädigungen, Wochenendheimfahrten usw.) zu führen.

(und zweckmäßig auch Titel 11.) werden *in Prozent der Lohnkosten* ausgedrückt, von welchen sie auch unmittelbar abhängen. Titel 11. und 12. werden nach Beendigung der Arbeiten *in % der Selbstkosten* bzw. Gesamtkosten ausgedrückt und in Form von „*Zuschlägen*" auf *Lohn und Material* für Zwecke der Vorkalkulation umgerechnet.

Bei *Betonarbeiten*, deren Ausführung meist mit einem größeren Verbrauch an elektrischem Strom verbunden ist, wird der Titel „Stromverbrauch" getrennt geführt. Die Titel 4., 5. und 6. können bei Betonarbeiten unter *einem* Titel, als Verbrauchsmaterial für „Geräteunterhaltung" zusammengefaßt werden. Bei dem Titel 9. „Baustoffe" muß, wie bei Hoch- und Eisenbetonarbeiten, eine Zergliederung Platz greifen einerseits nach den *zum Einbau bestimmten Baumaterialien*, umfassend die Zuschlagstoffe (Kies, Schotter, Sand), die Bindemittel (Zement, Traß, Kalk) und Rundeisen, andererseits nach *Bauhilfstoffen* (Schalholz, Rüstholz und Kleineisenzeug).

Nach ähnlichen Erwägungen kann in Anlehnung an die Selbstkostenzergliederung für Erdarbeiten, auch bei allen übrigen Tiefbauarbeiten die Auswahl der jeweils geeigneten Titel für die Selbstkostenbücher erfolgen. Bemerkt sei nur noch, daß für die übrigen Tiefbauarbeiten die Titel 4., 5. und 6. (Verbrauchsmaterialien) zusammengefaßt werden können.

B. Organisation der kaufmännischen Nachkalkulation von Hoch- und Eisenbetonbauten.

Charakteristisch ist das *Vorherrschen der Baustoffkosten* und das Zurücktreten der Gerätekosten. Während die Gerätekosten summarisch erfaßt werden können, müssen für die wichtigsten *Baustoffe* und *Bauhilfstoffe* eigene Titel geführt werden. Bei den *Arbeiten für den Innenausbau*, welche von den Bauunternehmungen meist an die zuständigen Handwerksmeister oder Spezialfirmen[1] weiter vergeben werden (z. B. Schreiner- und Glaserarbeiten für Fenster und Türen, Malerarbeiten, Dachdeckerarbeiten, Klempnerarbeiten, Heizungsanlagen usw.), müssen die Kosten dieser Titel einzeln vermerkt werden. Wieder etwas anders als bei *reinen Hochbauten* gestaltet sich das Titelschema bei *Industriebauten* (Hallenbauten für Werkstätten, Lagerhäuser, Kesselhäuser usw.), wo der *Rohbau in Eisenbeton* oder *Stahl* die Hauptkosten verursacht, während der Innenausbau mehr zurücktritt.

Es soll nun mit Vordruck Nr. 24 ein *Titelschema für Selbstkostenbücher* gegeben werden, wie es bei *Hochbauten mit Eisenbetondecken* verwendbar ist. Dieser Entwurf soll indessen nicht ein Normalschema für alle Hoch- und Eisenbetonbauten ohne Unterschied darstellen. Vielmehr muß sich das Titelschema auch hier der Eigenart des Bauwerks und den Bedürfnissen der Vorkalkulation anpassen.

Die Verbuchung der für die einzelnen *Baustoffe* verausgabten Geldbeträge in den Selbstkostenbüchern gibt die Möglichkeit, die *durchschnittlichen Preise der einzelnen Baustoffe frei Baustelle* zu ermitteln. Man braucht nur zuvor der „Materialkartothek" (Vordruck Nr. 19) die gelieferten Baustoffmengen zu entnehmen.

---

[1] In der Ostmark als „Professionistenarbeiten" bezeichnet.

Nr. 24[1].

Rechnung		1	2								
Nr.	Datum	*Löhne*	*Baustoffe* (frei Baustelle einschl. Fracht und Fuhrkosten)								
			Ziegel	Zement	Kalk	Kies	Sand	Kantholz und Schnittholz	Rundeisen und Flechtdraht	Sonstige Baustoffe	
		RM. Rpf.	RM. Rpf.	RM. Rpf.	RM. Rpf.	RM. Rpf.	RM. Rpf.	RM. Rpf.	RM. Rpf.	RM. Rpf.	RM. Rpf.

3			4	5	6	7	
Bauhilfstoffe			*Betriebstoffe und elektrischer Strom*	*Gerätekosten*	*Sozialversicherung*	*Unkosten* der	
Schalholz	Rüstholz	Kleineisenzeug (Nägel usw.)				Bauleitung	Zentrale Steuern usw.
RM. Rpf.	RM. Rpf.	RM. Rpf.	RM. Rpf.	RM. Rpf.	RM. Rpf.	RM. Rpf.	RM. Rpf.

8							
Malerarbeiten	Schreiner- und Glaserarbeiten (Fenster und Türen)	Dacharbeiten und Klempnerarbeiten	Heizung und Lüftung	Elektroinstallation	Wasserleitung und Kanalisation		
RM. Rpf.	RM. Rpf.	RM. Rpf.	RM. Rpf.	RM. Rpf.	RM. Rpf.	RM. Rpf.	RM. Rpf.

C. Bilanz und Zwischenbilanz als finanzielle Nachkalkulation.

Die *Kontrolle des finanziellen Erfolges* von Baubetrieben und Baustellen in regelmäßigen Zeitabständen (am besten monatliche „Zwischenbilanz") und nach Beendigung der Bauarbeiten („Endbilanz"), ist das Ziel der kaufmännischen Kostennachrechnung. Eine Zwischenbilanz läßt sich wie folgt aufstellen: Im Anschluß an ein Aufmaß der einzelnen Leistungen der Baustelle (am besten zum Monatsende) wird aus dem Leistungsverzeichnis des Bauvertrags der *Gegenwert der Leistungen* errechnet. Durch eine Aufnahme der *Materialbestände* muß deren Gegenwert in RM. ermittelt werden. In Fällen, wo die Aufnahme der Bestände etwas schwieriger ist (z. B. Kies, Sand u. dgl.), genügt es vollkommen, den Materialverbrauch nach Erfahrungssätzen gemäß den geleisteten Massen von den gelieferten Materialmengen in Abzug zu bringen. — Erfahrungsgemäß ist es zweckmäßig, die ganzen Leistungen stets *vom Beginn der Bauarbeiten ausgehend* zu berechnen und nicht den monatlichen Leistungszuwachs für sich. Der Gegenwert

---

[1] Der zu diesem Formular gehörende Kopf ist aus satztechnischen Gründen in 3 Teilen untereinander angeordnet worden. Der Kopf ist wie üblich fortlaufend von links zu lesen.

der Leistungen nach dem Kostenanschlag und der Gegenwert der Materialbestände in RM. addiert, bilden den *Gegenwert der Bauleistungen in RM*.

Bei Finanzierung der Baustelle durch die Zentrale sind demgegenüber die Geldbeträge in RM. festzustellen, welche von der Zentrale zur Verfügung gestellt wurden, wobei der Kassenbestand und nicht bezahlte Rechnungen für Material u. dgl. zu berücksichtigen sind. Wenn der Gegenwert der Leistungen nicht der zur Verfügung gestellten Geldsumme, abzüglich des Kassenbestands, nach Bezahlung aller Rechnungen entspricht, muß die Ursache der Kostenüberschreitung untersucht werden.

Zur Errechnung des *Gewinns* bzw. *Verlusts* werden die Einnahmen den Ausgaben gegenübergestellt.

Als *Einnahmen* sind anzusehen:

1. Das gesamte *Guthaben aus dem Bauvertrag* und andere Guthaben:
    a) Vom Bauherrn und Dritten bezahlte Rechnungen und Abschlagszahlungen.
    b) An den Bauherrn eingereichte und noch nicht bezahlte Rechnungen (auch vorläufig als Sicherheit einbehaltene Beträge).
    c) Gegenwert für noch nicht in Rechnung gestellte Leistungen.
    d) Rechnungen an Dritte (noch nicht bezahlt).
2. Der Gegenwert der *Materialbestände:*
    a) Baustoffe.
    b) Betriebstoffe.

Als *Ausgaben* sind gegenüberzustellen:

1. Bezahlte Rechnungen (in den Selbstkostenbüchern verbuchte Selbstkosten).

Bemerkung zu 1. Der Verbuchung der Selbstkosten liegen Rechnungsbelege zugrunde (bei den Löhnen die Lohnlisten). Eine gewisse Schwierigkeit liegt darin, daß unter Umständen bei zentralem Einkauf noch nicht alle Rechnungen vorliegen. Dann muß die Materialkartothek herangezogen werden.

2. Rechnungen von Dritten an die Baustelle oder Unternehmung (nicht bezahlte Rechnungen).

3. An die Zentrale abzuführende Beträge oder abzubuchende Beträge, also z. B.
    a) Gerätemieten (Geräteleihgebühren).
    b) Anteilige allgemeine Geschäftskosten der Zentrale und Steuern.
    c) Verbrauch an Bauhilfstoffen wie Schal- und Rüstholz, Nägeln, Draht usw.
    d) Verbrauch an Kleingeräten und Werkzeugen (auch Gleisschwellen).

Der *Unterschied zwischen Einnahmen und Ausgaben* ist der *Gewinn* oder, bei negativem Ergebnis, der *Verlust*.

III. Die Nachkalkulationskartothek.

Die Sammlung der Erfahrungen über die Baukosten von ausgeführten Bauarbeiten erfolgt zweckmäß in der Zentrale der Unternehmung kartothekmäßig in einer *Sammelkartothek* (Cardex-System od. dgl.). Es werden steife Kartenblätter in DIN-Normenformat verwendet. Als Beispiel ist ein Vordruck (Nr. 25) für Hochbauten entworfen.

Nr. 25 (Vorderseite).

Lfd. Nr. .... Bauherr: ....

Baustelle: .... Bauwerk: ....

Größe: .... m³ umbauter Raum .... m² überbaute Fläche

Kosten gesamt: .... RM.

19........../..........

Gebäudegruppe: ....

Photo und Skizzen:

Kosten je 1 m³ umbauter Raum		Kostenarten	RM.	%
.... RM.		1. Löhne		
1.......................		2. Baustoffe[1]		
2.......................		3. Gemeinkosten[2]		
3.......................		4. Allgemeine Geschäftskosten[3]		
4.......................		Selbstkosten[3]:		100

Kosten der Hauptbaumaterialien .... RM.

Ziegel 1000 Stück	Kantholz 1 m³	Kies 1 m³	Sand 1 m³	Rundeisen 1 t	Zement 100 kg	Dacheisen 1 t	Bruchstein 1 m³	Transport km/t		Treppen 1 Stufe	Dachdeckung 1 m²	Kamine 1 stgd. m	Malerarbeit 1 m²
										Zentralheizung	Wasserleitung und Kanalisation	Elektrische Beleuchtung	Ventilation

Mittlere Löhne .... RM. je 1 h.

Maurer	Zimmerleute	Armierer	Erdarbeiter	Stukkateure	Hilfsarbeiter		Sozialaufwand %	Zwischenwände 1 m³			
								Ziegel ¹/₄ St.	Ziegel ¹/₂ St.	Holz m³	

Kosten einzelner Arbeiten (Preise in RM.

Erdarbeiten 1 m³	Bruchsteinmauerwerk 1 m³	Betonfundamente 1 m³	Eisenbetonkonstruktion 1 m³ RM.	kg R.E. je 1 m³	1 m² Decke Nutzlast .... kg	Ziegelmauerwerk 1 m³	Putz 1 m²	Fenster 1 m²	Türen 1 m²	Holzkonstruktion 1 m³	Fußböden 1 m²

[1] Und Bauhilfsstoffe. [2] Einschließlich Gerätekosten und allgemeine Baukosten. [3] Ohne Umsatzsteuer, Wagnis und Gewinn.

Nr. 25 (Rückseite). **Nachkalkulation:** Gerätekosten und Löhne.

Gerätekosten.

Geräte	Neu-wert	Abschreibung und Verzinsung		Unter-haltung		Betriebskosten					Ge-samt-kosten	Be-triebs-stunden	Durch-schnittliche Leistung/ Betriebs-stunde
						Löhne und Sozialaufw. Fach-arbeiter	Betriebstoffe						
		%	Monat RM.	%	RM.	h	kWh	RM.	Öle kg	RM.			
St.	RM.										RM.		
1.	……	……	……	……	……	……	……	……	……	……	……	……	……
2.	……	……	……	……	……	……	……	……	……	……	……	……	……
3.	……	……	……	……	……	……	……	……	……	……	……	……	……
4.	……	……	……	……	……	……	……	……	……	……	……	……	……
……	……	……	……	……	……	……	……	……	……	……	……	……	……

Einrichtungsarbeiten.

Fach-arbeiter h	Hilfs-arbeiter h	Gesamt h	RM.

Allgemeine Arbeiten.

Werkstätte, Magazin, Lagerplatz usw.		Sonstige allgemeine Arbeiten	
Fach-arbeiter h	Hilfs-arbeiter h	Fach-arbeiter h	Hilfs-arbeiter h

= maschine						Aufstellen von Hilfsbaracken			Entladen von Geräten	
Montage h	Demontage h	Montage h	Demontage h	Montage h	Demontage h	m²	Lohn h	h/m²	t	h/t

Lohnkosten in h/Einheiten.

1. Erdarbeiten			2. Maurerarbeiten				Gerüste		3. Betonfundamente					4. Eisenbetonarbeiten						
						Gesamt				Betonierer	Hilfs-arbeiter	Gesamt		Betonieren		Schalen			Armieren	
m³	Lohn	h/m³	m³	Maurer	Hilfs-arbeiter				m³	h	h	h	m³	Fach-arbeiter …… h	Hilfs-arbeiter …… h	m²	Fach-arbeiter …… h	Hilfs-arbeiter …… h	t	h
	h			h	h	· h/m³	m²	h		h/m³	h/m³	h/m³								
			St. st.	h/m³	h/m³		h/m²			…………	…………	…………	…· m³			h/m²				h/t

5. Putz			6. Zimmerarbeiten			7. Schlosserarbeit			8. Fußböden			9. Treppen			10. Dachdecken		
m²	Stukkateur h	h/1 m²	m³	Zimmerer h	h/m³	kg	Schlosser h	h/kg	m²	Zimmerer h	h/m²	Stufen	h	h/1 Stufe	m²	h	h/m²

11. Fenster			12. Türen			13. Malerarbeit			14. Kamine		15. Heizung 1 Heizkörper RM.	16. Wasserleitung und Kanalisation RM.	17. Elektrische Beleuchtung 1 Brennstelle RM.
m²	h	h/m²	m²	h	h/m²	m²	h	h/m²	stgd. m	h/stgd. m			

27*

Berichtigungen.

S. 42, Zeile 5: Statt AT. 2 B 23 ist zu setzen AT. 2 B 1.

S. 42, Tabelle 13 ist zu ersetzen durch folgende Tabelle:

Frachttarife.
Tabelle 13. Frachten in RM/1 t[1].

km	Klasse				AT. 5 B 1	AT. 2 B 1
	B	D	E	F		
5	1,25	1,15	1,10	1,10	1,00	1,10
10	2,00	1,80	1,70	1,60	1,30	1,30
20	2,80	2,30	2,10	1,90	1,50	1,50
30	3,60	2,80	2,50	2,20	1,80	1,80
40	4,60	3,60	3,10	2,70	2,20	2,20
50	5,40	4,10	3,60	3,00	2,40	2,50
60	6,30	4,60	4,00	3,40	2,60	2,80
70	7,50	5,50	4,60	3,80	2,80	3,10
80	8,30	6,00	5,00	4,20	3,00	3,30
90	9,20	6,60	5,60	4,50	3,20	3,50
100	10,50	7,60	6,40	5,20	3,40	3,70
125	12,40	9,00	7,50	6,10	3,90	4,30
150	14,30	10,30	8,60	7,00	4,30	4,90
175	16,20	11,70	9,70	7,80	4,70	5,50
200	18,10	13,00	10,80	8,70	5,10	6,10
250	21,60	15,40	12,70	10,30	6,00	7,10
300	25,00	17,80	14,70	11,80	6,80	8,20
350	28,00	19,90	16,40	13,20	7,60	9,10
400	31,00	22,00	18,20	14,50	8,40	10,00
450	33,60	23,80	19,60	15,70	9,00	10,80
500	36,20	25,60	21,10	16,80	9,70	11,50
550	38,30	27,10	22,30	17,80	10,90	12,20
600	40,60	28,60	23,60	18,80	12,20	12,90
650	42,30	29,80	24,50	19,60	13,30	13,50
700	43,90	31,00	25,50	20,30	14,30	13,90
800	46,50	32,80	27,00	21,50	16,30	14,70
900	48,20	34,00	28,00	22,20		
1000	50,00	35,20	29,00	23,10		

[1] Die Tabelle soll die *überschlägige* Ermittlung von *Frachtkosten* ermöglichen. Da die Frachtsätze nur bis 30. 9. 1942 auf jederzeitigen Widerruf Gültigkeit haben, sind sie erforderlichenfalls zu berichtigen. Für genaue Frachtberechnungen ist der „Frachtsatzzeiger der Deutschen Reichsbahn" zu benutzen.

S. 49, Zeile 30 ist zu setzen 75% statt 70%.

S. 254 *„Klassierung von Rundholz"* muß ersetzt werden:

Klassierung von Rundholz.

Die Holzvermessungsvorschriften (Holzmaßanweisung „Homa") sind durch
Verordnung vom 1. 4. 1936 einheitlich festgelegt (Deutscher Reichsanzeiger
Nr. 89, 1936).

Langholz.

a) Stammholz.

Fichte, Tanne	Mindestlänge	Mindestzopf ⌀
	m	cm
Klasse I	6	8
„ II	10	12
„ III	14	14
„ IV	16	17
„ V	18	22
„ VI	18	30

Für Kiefer und Lärche sind für Mindestlängen von 6 m die Klassen Ia, Ib, IIa
IIb, IIIa, IIIb, IV, V und VI für Mittendurchmesser von < 15 cm bis > 60 cm
unterschieden.

Bei Langholz in größeren Längen als in den betreffenden Klassen angegeben,
soll die Zopfstärke der nächst niederen Klasse nicht unterschritten werden.

b) Abschnitte.

Dies sind Stammteile, welche trotz ihrer stärkeren Abmessungen sich nicht
in die Stammholzklassen einreihen lassen. Klasseneinteilung wie bei Kiefer.

Stangenholz.

Baustangen 11 bis 14 cm ⌀ (mit Rinde).

Klasse IIIa	9 bis 12 m lang
„ IIIb	12 „ 15 m „
„ IIIc	15 „ 18 m „

S. 354, Zeile 7: Statt „schätzungsweise Abnahme" muß es heißen „schmelzungs-
weise Abnahme".